선형대수학

제 5 판

김응태 · 박승안

KM 경문사

머 리 말

원래 선형대수학은 연립일차방정식을 푸는 문제와 행렬식을 계산하는 문제에 기초를 두고 탄생된 학문이지만, 현재에는 엄밀한 이론적인 전개 과정을 거쳐 더욱 폭 넓게 발전되어 벡터공간이라는 추상적 개념의 연구로부터 출발하게 되었다. 이와 같은 현대적 선형대수학은 수학의 모든 분야뿐만 아니라 자연과학, 정보과학, 암호학, 부호이론 그리고 인문과학과 사회과학 등 여러 분야의 연구에 유용하게 응용된다.

이 책의 주된 목적은 선형대수학의 주요 내용을 다루는 방법과 여러 가지 응용면을 해설함으로써 독자의 수학적 능력을 높여 주고 현대대수학이 어떻게 구성되어 있는지를 보여 주는 데 있다. 이를 위하여 이 책에서는 정리의 증명을 상세히 논하고 이에 대한 많은 보기를 제시함으로써 독자로 하여금 선형대수학에 관한 기초 개념과 정리의 증명 방법을 스스로 이해하게 하고 문제 해결력을 가지도록 하였다.

이 책은 '線型代數學, 제 4 판'을 토대로 하여 완전히 새로 집필하였으며 학생의 학습 능력과 여러 가지 실정을 고려하여 기초적인 사항을 보강하고 보다 더 이해하기 쉽도록 이론 전개와 설명을 상세히 하였고 또 한 학기 또는 두 학기에 걸쳐 강의하는 데 어려움이 없도록 내용을 전개하였다.

이 책은 8 개의 장으로 이루어져 있다.

먼저 제 1 장에서는, 선형대수학을 공부하는 데 기초가 되는 사항을 다룬다. 이 장에서는 '體'라는 개념을 사용하여 행렬, 다항식, 행렬식, 연립일차방정식 그리고 유클리드 공간에 대하여 논한다.

이 책에서 다루는 보기는 모두 실수체 $\mathbb{R}$와 복소수체 $\mathbb{C}$에 대한 것이지만, 일반적인 체에 대해서도 이와 유사한 보기를 생각할 수 있다.

제 2 장에서는, 벡터공간을 추상적으로 정의하고 또 정의를 바탕으로 하여 벡터공간의 부분공간, 일차독립성과 일차종속성, 기저와 차원에 대하여 논하고 또 동차 연립일차방정식의 해공간에 대하여 논한다.

제 3 장에서는, 선형변환과 선형변환의 성질을 논하고, 두 벡터공간 사이의 선형사상 전체의 집합과 한 벡터공간 위에서의 선형변환 전체의 집합의 대수적 성질을 논한다.

일반적인 선형변환에 대해서는 제 7 장에서 다룬다.

제 4 장에서는, 행렬의 고유치, 고유벡터, 고유공간, 고유다항식에 관한 여러 가지 성질과 행렬의 대각화 문제를 다루고 또 벡터공간의 직합과 정사영에 대하여 논한다. 그리고, 벡터공간의 직합에 대하여 논하고 정사영과 멱등행렬에 대하여 논한다.

벡터공간 위의 선형변환의 고유치와 고유벡터와 대각화 문제에 대해서는 제 7 장에서 논한다.

제 5 장에서는, 유클리드 공간 $\mathscr{E}^n$ 의 직교정규기저, Gram-Schmidt 의 직교화 과정, 직교행렬과 직교변환, 이차형식, 이차곡선과 이차곡면에 대하여 논하고 양의 정부호 대칭행렬과 양의 정부호 이차형식에 대하여 논한다.

제 6 장에서는, 유니타리 공간 $\mathscr{C}^n$ 의 직교정규기저와 Gram-Schmidt 의 직교화 과정, 유니타리 행렬과 유니타리 변환, 에르미트 행렬, 에르미트 변환, 정규행렬과 정규변환에 대하여 논한다.

그리고, 일반적인 내적공간에 대한 정의와 정리에 대하여 논한다.

제 7 장에서는, 제 3 장과 제 4 장에 이어 일반적인 벡터공간 위의 선형변환과 행렬과의 관계에 대하여 논하고, 또 선형변환의 고유치, 고유벡터, 고유공간, 고유다항식과 선형변환의 대각화에 대하여 논하며 직합에 대한 정리와 선형변환의 대각화 가능성에 대한 정리를 증명한다.

제 8 장에서는, 벡터공간 위에서의 선형변환의 불변 부분공간, 순환 부분공간, Cayley-Hamiton 의 정리, 최소다항식에 대하여 논하고, 또 선형변환과 행렬의 유리 표준형과 Jordan 표준형에 대하여 논하며, 실수체 $\mathbb{R}$ 위의 행렬의 무한급수에 대하여 논한다.

각 절에는 많은 연습문제를 실었으며 이 중에서 어렵거나 중요하다고 생각되는 문제에 *표를 붙여 이에 대한 모범 답안과 본문에 대한 해설을 http://kms.webhard.co.kr(아이디, 비밀번호: kyungmoon) 에 올려놓아 학습에 도움이 되게 하였다.

다음 그림은 이 책의 각 장 사이의 관련성을 나타내는 계통도이다.

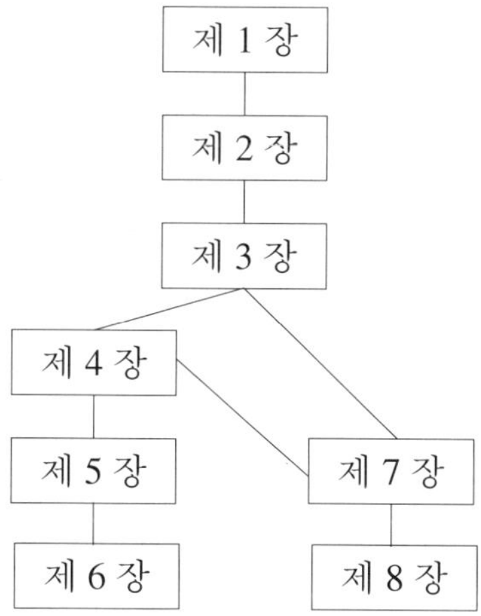

이 책을 교재로 하여 한 학기 또는 두 학기 동안 강의할 때에는 다음 표를 참조하되 형편에 따라 정리의 상세한 증명은 생략하여도 좋다.

한 학기 과정

제 1 장, 제 2 장, 제 3 장, 제 4 장, 제 5 장의 일부, 제 7 장의 일부

두 학기 과정

첫째 학기 : 제 1 장, 제 2 장, 제 3 장, 제 4 장, 제 5 장의 일부

둘째 학기 : 제 5 장의 일부, 제 6 장, 제 7 장, 제 8 장

이제 1991 년에 '線型代數學'을 출간하고 1994 년에 '線型代數學, 제 2 판', 2000 년에 '線型代數學, 제 3 판', 2006 년에 '선형대수학, 제 4 판'을 출간한 후에 오랜 기간 동안의 집필을 거쳐 '선형대수학, 제 5 판'을 출간하게 된 것을 기쁘게 생각한다.

2010 년 1 일

김응태, 박승안

차　　례

제 3 장 선형사상과 행렬

제 4 장 행렬의 대각화

제 5 장 유클리드 공간

제 6 장 유니테리 공간과 내적공간

그리스 문자

A α (alpha)	I ι (iota)	P ρ (rho)
B β (beta)	K κ (kappa)	Σ σ (sigma)
Γ γ (gamma)	Λ λ (lambda)	T τ (tau)
Δ δ (delta)	M μ (mu)	Υ υ (upsilon)
E ϵ (epsilon)	N ν (nu)	Φ φ, ϕ (phi)
Z ζ (zeta)	Ξ ξ (xi)	X χ (chi)
H η (eta)	O o (omicron)	Ψ ψ (psi)
Θ θ (theta)	Π π (pi)	Ω ω (omega)

제 1 장

행렬과 행렬식

한 집합 위에 연산(들)이 정의되어 있으면서 이 연산(들)에 관하여 특정한 公理系를 만족시킬 때, 이 집합과 연산(들)을 함께 묶어 이를 대수적 체계(algebraic system)라 하고 '이 집합은 대수적 구조(algebraic structure)를 가지고 있다'고 한다.

이 장에서는, '체'라는 대수적 체계를 도입하고 행렬, 다항식, 행렬의 기본 변형과 계급수, 연립일차방정식, 행렬식의 정의와 특성 그리고 유클리드 공간에 대하여 논한다.

이 책에서 보기를 들 때에는 실수체 $\mathbb{R}$와 복소수체 $\mathbb{C}$에서의 보기만을 들기로 한다.

§ 1.1 집합

두 집합 A, B에 대하여 B가 A의 부분집합(subset)일 때 이 사실을 $B \subseteq A$ 또는 $A \supseteq B$로 나타내고, 또 B가 A의 진부분집합(proper subset)일 때 이 사실을 $B \subsetneq A$, $A \supsetneq B$ 또는 $B \subset A$, $A \supset B$로 나타낸다.

그리고, 공집합(empty set)을 $\emptyset$으로 나타낸다.

한 조건 p를 만족시키는 원소 x 전체의 집합을

$$\{x \mid p(x)\}$$

로 나타내고, 집합 A의 원소 중에서 조건 p를 만족시키는 원소 x 전체의 집합을

$$\{x \in A \mid p(x)\} \quad \text{또는} \quad \{x \mid x \in A,\ p(x)\}$$

로 나타낸다. 두 집합 A, B에 대하여 A와 B의 합집합(union), 교집합(intersection)과 차집합(difference)을 각각 $A \cup B$, $A \cap B$, $A - B$로 나타낸다. 즉,

$$A \cup B = \{x \mid x \in A \text{ 또는 } x \in B\},$$
$$A \cap B = \{x \mid x \in A \text{ 이고 } x \in B\},$$
$$A - B = \{x \in A \mid x \notin B\}$$

또, 공집합이 아닌 두 집합 A, B에서 원소 $a \in A$, $b \in B$를 택하여 이 순서대로 늘어놓아 만든 순서쌍(ordered pair) (a, b) 전체의 집합을 A, B의 **곱집합** 또는 **데칼트 곱**(Cartesian product)이라 하고 이 집합을 $A \times B$로 나타낸다. 즉,

$$A \times B = \{(a, b) \mid a \in A,\ b \in B\}$$
$$(a, b) = (c, d) \Longleftrightarrow a = c,\ b = d$$

두 조건 p, q에 대하여 'p이면, q이다.'가 참일 때, 이 사실을

$$p \Longrightarrow q$$

로 나타내고, p를 q의 (q이기 위한) **충분조건**(sufficient condition)이라 하고 q를 p의 (p이기 위한) **필요조건**(necessary condition)이라고 한다.

그리고, $p \Longrightarrow q$인 동시에 $q \Longrightarrow p$일 때, 이 사실을

$$p \Longleftrightarrow q$$

로 나타내고

'p일 때 그리고 이때에만 q이다(p if and only if q)'

라고 읽는다. 또, $p \Longleftrightarrow q$일 때,

'p는 q의 (q이기 위한) 필요충분조건이다',

'q는 p의 (p이기 위한) 필요충분조건이다'

이라 하고 두 조건 p, q는 서로 **同値**(equivalent)라고 한다.

공집합이 아닌 집합 A에서 임의의 원소 $x, y \in A$에 대하여 A의 단 한 개의 원소 z를 대응시키는 규칙을 A 위의 **이항연산**(binary operation) 또는 간단히 **연산**이라 하고 z를 x, y의 합, 곱 또는 합성이라고 한다. 또 이 경우에 $\circ$와 같은 기호를 사용하여

$$x \circ y = z$$

로 나타내고 $\circ$를 A 위의 연산이라고 하며

'A 위에 연산 $\circ$이 **정의되어 있다**(defined)'

고 한다. 이항연산을 나타내는 기호로는 $\circ$, $*$, $+$, $\times$, $\cdot$ 등이 쓰인다.

공집합이 아닌 집합 A 위에 연산 $\circ$이 정의되어 있을 때, A의 부분집합 $B\,(\neq \emptyset)$에 대하여

$$a, b \in B \Longrightarrow a \circ b \in B$$

인 경우에 'B는 연산 $\circ$에 관하여 **닫혀 있다**(closed)'고 한다.

이 책에서 기호 $\mathbb{Q}$, $\mathbb{R}$, $\mathbb{C}$는 각각 다음과 같은 집합을 나타낸다.

$\mathbb{Q}$: 유리수(rational number) 전체의 집합,
$\mathbb{R}$: 실수(real number) 전체의 집합,
$\mathbb{C}$: 복소수(complex number) 전체의 집합

§1.2 체와 행렬

실수 전체의 집합 $\mathbb{R}$ 위에는 덧셈 $+$ 와 곱셈 $\cdot$ 이 정의되어 있다.

정의 1.2.1 집합 F 위에 덧셈 $+$ 와 곱셈 $\cdot$ 이 정의되어 있고 또 임의의 원소 $a, b, c \in F$ 에 대하여 다음이 성립할 때, F 를 **체**(field)라고 한다.

A.1 : $(a+b)+c = a+(b+c)$ (덧셈에 관한 결합법칙)

A.2 : $a+b = b+a$ (덧셈에 관한 교환법칙)

A.3 : 특정한 원소 $0 \in F$ 이 존재하여, 모든 원소 $a \in F$ 에 대하여 등식 $a+0 = 0+a = a$ 가 성립한다.

A.4 : 각 원소 $a \in F$ 에 대하여 $a+b = b+a = 0$ 인 원소 $b \in F$ 가 존재한다. 이러한 원소 b 를 a 의 덧셈에 관한 **역원**이라 하고 이것을 $-a$ 로 나타낸다.

M.1 : $(a \cdot b) \cdot c = a \cdot (b \cdot c)$ (곱셈에 관한 결합법칙)

M.2 : $a \cdot b = b \cdot a$ (곱셈에 관한 교환법칙)

M.3 : 특정한 원소 $1 \in F$, $1 \neq 0$ 이 존재하여, 모든 원소 $a \in F$ 에 대하여 등식 $a \cdot 1 = 1 \cdot a = a$ 가 성립한다.

M.4 : 각 원소 $a \in F$, $a \neq 0$ 에 대하여 $a \cdot b = b \cdot a = 1$ 인 원소 $b \in F$ 가 존재한다. 이러한 원소 b 를 a 의 곱셈에 관한 **역원**이라 하고 이것을 a^{-1} 로 나타낸다.

D : $a \cdot (b+c) = a \cdot b + a \cdot c$, $(a+b) \cdot c = a \cdot c + b \cdot c$ (분배법칙)

체 F 에서의 뺄셈과 나눗셈은 각각 다음과 같이 정의한다.

$$a - b = a + (-b), \quad a \div b = \frac{a}{b} = a \cdot b^{-1} \ \ (b \neq 0)$$

보기 1.2.1 유리수 전체의 집합, 실수 전체의 집합, 복소수 전체의 집합을 각각 $\mathbb{Q}$, $\mathbb{R}$, $\mathbb{C}$ 라고 하면, 이들 집합은 흔히 사용하는 덧셈과 곱셈에 관하여 체를 이룬다. 이러한 의미에서 $\mathbb{Q}$, $\mathbb{R}$, $\mathbb{C}$를 각각 **유리수체**(rational number field), **실수체**(real number field), **복소수체**(complex number field)라고 한다.

보기 1.2.2 두 원소 0, 1로 이루어진 집합 $\mathbb{F}_2 = \{0, 1\}$는 다음과 같이 정의된 덧셈과 곱셈에 관하여 체를 이룬다.

+	0	1
0	0	1
1	1	0

·	0	1
0	0	0
1	0	1

$1+1=0, \quad -1=1,$

$1\cdot 1=1, \quad 1^{-1}=1$

보기 1.2.3 세 원소 0, 1, 2로 이루어진 집합 $\mathbb{F}_3 = \{0, 1, 2\}$는 다음과 같이 정의된 덧셈과 곱셈에 관하여 체를 이룬다.

+	0	1	2
0	0	1	2
1	1	2	0
2	2	0	1

+	0	1	2
0	0	0	0
1	0	1	2
2	0	2	1

$-1=2, \quad -2=1,$

$2\cdot 2=1, \quad 2^{-1}=2$

체 F에 속하는 n개의 원소 $x_1, \cdots, x_n$을 이 순서대로 늘어놓아 괄호로 묶어놓은 $(x_1, \cdots, x_n)$을 **순서 n조**(ordered n-tuple)라 하고, 또 이와 같은 순서 n조 전체의 집합을 F^n으로 나타내자. 즉,

$$F^n = \{(x_1, \cdots, x_n) \mid x_1, \cdots, x_n \in F\}$$

$$(a_1, \cdots, a_n) = (b_1, \cdots, b_n) \Longleftrightarrow a_1 = b_1, \cdots, a_n = b_n$$

집합 F^n의 두 원소 $v = (a_1, \cdots, a_n)$, $w = (b_1, \cdots, b_n)$과 $a \in F$에 대하여 다음과 같이 정의한다.

$$v + w = (a_1 + b_1, \cdots, a_n + b_n)$$

$$a\,v = (a\,a_1, \cdots, a\,a_n)$$

$$-v = (-1)\,v = (-a_1, \cdots, -a_n)$$

$$v - w = (a_1 - b_1, \cdots, a_n - b_n)$$

그리고, $\mathbf{0} = (0, \cdots, 0)$이라고 할 때, 다음 정리가 성립한다.

정리 1.2.2 체 F의 원소로 이루어진 순서 n조 전체의 집합 F^n에서 임의의 $v, w, u \in F^n$와 $a, b \in F$에 대하여 다음이 성립한다.

(1) $(v+w)+u = v+(w+u)$ (덧셈에 관한 결합법칙)

(2) $v+w = w+v$ (덧셈에 관한 교환법칙)

(3) $v+\mathbf{0} = \mathbf{0}+v = v$

(4) $v+(-v) = (-v)+v = \mathbf{0}$

(5) $a(v+w) = av+aw$, $(a+b)v = av+bv$

$(ab)v = a(bv)$, $1v = v$

보기 1.2.4 $\mathbb{R}^3 = \{(x_1, x_2, x_3) \mid x_1, x_2, x_3 \in \mathbb{R}\}$에서 다음이 성립한다.

$(1, 2, 3)+(4, -2, 0) = (5, 0, 3)$, $2(1, 2, 3) = (2, 4, 6)$

$(1, 2, 3)-(4, -2, 0) = (-3, 4, 3)$

양의 정수 m, n에 대하여 체 F의 원소 $a_{ij}\,(1 \le i \le m,\ 1 \le j \le n)$를 다음과 같이 직사각형의 모양으로 늘어놓아 괄호로 한 데 묶어놓은 것을 체 F 위의 $\boldsymbol{m \times n}$ **행렬**(matrix) 또는 **크기**(size)가 $m \times n$인 행렬이라고 한다.

$$A = \begin{bmatrix} a_{11} & a_{12} & \cdots & a_{1n} \\ a_{21} & a_{22} & \cdots & a_{2n} \\ \vdots & \vdots & \cdots & \vdots \\ a_{m1} & a_{m2} & \cdots & a_{mn} \end{bmatrix}$$

위의 행렬 A에서 각 a_{ij}를 이 행렬의 (i, j) **성분**(component, entry)이라고 한다. 여기서, 각 i $(1 \le i \le m)$에 대하여 $a_{i1}, a_{i2}, \cdots, a_{in}$은 A의 제 i행(i-th row)을 이루고 각 j $(1 \le j \le n)$에 대하여 $a_{1j}, a_{2j}, \cdots, a_{mj}$는 제 j열(j-th column)을 이룬다.

위의 행렬 A를 간단히 $A = [a_{ij}]_{m\times n}$로 나타낸다. 그리고, 한 원소 a로 이루어진 1×1 행렬 $[a]$는 원소 a와 同一視한다.

책에 따라서는 행렬을 나타낼 때 각괄호 [ ] 대신에 둥근 괄호 ( )를 써서 나타내기도 한다.

체 F 위의 $m \times n$ 행렬 전체의 집합을 $\mathrm{Mat}_{m\times n}(F)$로 나타내자. 그리고, $A=[a_{ij}]_{m\times n}$, $B=[b_{ij}]_{m\times n} \in \mathrm{Mat}_{m\times n}(F)$와 $a \in F$에 대하여 다음과 같이 정의한다.

$$A=B \iff a_{ij}=b_{ij} \quad (1 \le i \le m,\ 1 \le j \le n)$$
$$A+B=[\,a_{ij}+b_{ij}\,]_{m\times n},$$
$$aA=[\,a\,a_{ij}\,]_{m\times n}, \quad -A=(-1)A=[-a_{ij}]_{m\times n}$$
$$A-B=[\,a_{ij}-b_{ij}\,]_{m\times n}$$

또, 모든 성분이 0인 $m \times n$ 행렬을 **영행렬**(zero matrix)이라 하고, 이것을 $O_{m\times n}$ 또는 O로 나타낸다. 다음 정리가 성립함을 쉽게 밝힐 수 있다.

정리 1.2.3 체 F 위의 $m \times n$ 행렬 전체의 집합 $\mathrm{Mat}_{m\times n}(F)$에서 임의의 $A, B, C \in \mathrm{Mat}_{m\times n}(F)$와 $a, b \in F$에 대하여 다음이 성립한다.

(1) $(A+B)+C=A+(B+C)$ (덧셈에 관한 결합법칙)

(2) $A+B=B+A$ (덧셈에 관한 교환법칙)

(3) $A+O_{m\times n}=O_{m\times n}+A=A$

(4) $A+(-A)=(-A)+A=O_{m\times n}$

(5) $a(A+B)=aA+aB,\quad (a+b)A=aA+bA$

$(ab)A=a(bA),\quad 1A=A$

보기 1.2.5 집합 $\mathrm{Mat}_{2\times 3}(\mathbb{R})$에서 다음이 성립한다.

$$\begin{bmatrix}1&2&3\\4&5&6\end{bmatrix}+\begin{bmatrix}0&1&4\\1&-3&2\end{bmatrix}=\begin{bmatrix}1&3&7\\5&2&8\end{bmatrix}, \quad 2\begin{bmatrix}1&2&3\\4&3&0\end{bmatrix}=\begin{bmatrix}2&4&6\\8&6&0\end{bmatrix}$$

정의 1.2.4 체 F 위의 $m \times n$ 행렬 $A=[a_{ij}]_{m\times n}$와 그리고 $n \times r$ 행렬 $B=[b_{ij}]_{n\times r}$에 대하여 곱 AB는 다음과 같이 정의된 $m \times r$ 행렬이다.

$$AB=[c_{ij}]_{m\times r}$$

$$c_{ij}=\sum_{k=1}^{n} a_{ik}b_{kj}=a_{i1}b_{1j}+\cdots+a_{in}b_{nj} \qquad (1 \le i \le m,\ 1 \le j \le r)$$

보기 1.2.6 실수체 $\mathbb{R}$ 위의 행렬에 대하여 다음이 성립한다.

(1) ($1\times n$ 행렬)($n\times r$ 행렬) $\longrightarrow$ ($1\times r$ 행렬)

$$[a\ \ b\ \ c]\begin{bmatrix} x \\ y \\ z \end{bmatrix} = ax + by + cz, \qquad [1\ \ 2\ \ 3]\begin{bmatrix} 1 & 0 \\ 2 & 3 \\ 0 & 1 \end{bmatrix} = [5\ \ 9]$$

(2) ($m\times n$ 행렬)($n\times r$ 행렬) $\longrightarrow$ ($m\times r$ 행렬)

$$\begin{bmatrix} 0 & 1 \\ 1 & 0 \end{bmatrix}\begin{bmatrix} 1 & 3 & 5 \\ 2 & 4 & 6 \end{bmatrix} = \begin{bmatrix} 2 & 4 & 6 \\ 1 & 3 & 5 \end{bmatrix}, \quad \begin{bmatrix} 1 \\ 2 \end{bmatrix}[2\ \ 3\ \ 4] = \begin{bmatrix} 2 & 3 & 4 \\ 4 & 6 & 8 \end{bmatrix}$$

(3) ($n\times n$ 행렬)($n\times n$ 행렬) $\longrightarrow$ ($n\times n$ 행렬)

$$\begin{bmatrix} 1 & 0 \\ 0 & 0 \end{bmatrix}\begin{bmatrix} 0 & 1 \\ 0 & 0 \end{bmatrix} = \begin{bmatrix} 0 & 1 \\ 0 & 0 \end{bmatrix}, \qquad \begin{bmatrix} 0 & 1 \\ 0 & 0 \end{bmatrix}\begin{bmatrix} 1 & 0 \\ 0 & 0 \end{bmatrix} = \begin{bmatrix} 0 & 0 \\ 0 & 0 \end{bmatrix}$$

정리 1.2.5 체 F 위의 행렬 $A = [a_{ij}]_{m\times n}$, $B = [b_{ij}]_{n\times r}$, $C = [d_{ij}]_{r\times s}$, $D = [d_{ij}]_{n\times r}$ 와 $a \in F$ 에 대하여 다음이 성립한다.

(1) $(AB)\,C = A\,(BC)$

(2) $A\,(B+D) = AB + AD$, $\quad (B+D)\,C = BC + DC$

(3) $a\,(AB) = (a\,A)\,B = A\,(a\,B)$

(4) $A\,O_{n\times r} = O_{m\times r}$, $\quad O_{r\times m}\,A = O_{r\times n}$

증 명 (1) 두 행렬 $(AB)C$, $A(BC)$ 의 (i, j) 성분은 각각

$$\sum_{t=1}^{r}\Big(\sum_{k=1}^{n} a_{ik}\,b_{kt}\Big)\,c_{tj}, \qquad \sum_{k=1}^{n} a_{ik}\Big(\sum_{t=1}^{r} b_{kt}\,c_{tj}\Big)$$

이고 이 두 성분은 서로 같으므로 $(AB)C = A(BC)$ 이다.

(2) 두 행렬 $A(B+D)$, $AB + AD$ 의 (i, j) 성분은 각각

$$\sum_{k=1}^{n} a_{ik}\,(b_{kj} + d_{kj}), \qquad \sum_{k=1}^{n} a_{ik}\,b_{kj} + \sum_{k=1}^{n} a_{ik}\,d_{kj}$$

이고 이 두 성분은 서로 같으므로 $A(B+D) = AB + AD$ 이다.

마찬가지로, $(B+D)\,C = BC + DC$ 이다.

(3) 세 행렬 $a\,(AB)$, $(a\,A)B$, $A(a\,B)$ 의 (i, j) 성분은 각각

$$a \sum_{k=1}^{n} a_{ik}\, b_{kj}\,, \quad \sum_{k=1}^{n} (a\, a_{ik})\, b_{kj}, \quad \sum_{k=1}^{n} a_{ik}\, (a\, b_{kj})$$

이고 이들은 모두 서로 같으므로 $a(AB) = (aA)B = A(aB)$ 이다.

(4) 분명히 (4)가 성립한다.

정의 1.2.6 체 F 위의 $m \times n$ 행렬 $A = [a_{ij}]_{m \times n}$에 대하여 각 (i, j) 성분이 a_{ji}인 $n \times m$ 행렬을 A의 **전치행렬**(transpose)이라 하고 이 행렬을 A^T로 나타낸다. 즉,

$$A^T = [a_{ij}']_{n \times m},$$

$$a_{ij}' = a_{ji} \quad (1 \le i \le n,\ 1 \le j \le m)$$

$$A^T = \begin{bmatrix} a_{11} & a_{21} & \cdots & a_{m1} \\ a_{12} & a_{22} & \cdots & a_{m2} \\ \vdots & \vdots & \cdots & \vdots \\ a_{1n} & a_{2n} & \cdots & a_{mn} \end{bmatrix}$$

정의에 의하여 다음 정리가 성립한다.

정리 1.2.7 체 F 위의 두 행렬 $A = [a_{ij}]_{m \times n}$, $B = [b_{ij}]_{m \times n}$와 $a \in F$에 대하여 다음이 성립한다.

(1) $(A^T)^T = A$

(2) $(A+B)^T = A^T + B^T$, $(aA)^T = a A^T$

정리 1.2.8 체 F 위의 $m \times n$ 행렬 A와 $n \times r$ 행렬 B에 대하여 곱 AB가 정의되고 또 $(AB)^T = B^T A^T$ 이다.

증 명 이제 $A = [a_{ij}]_{n \times m}$, $B = [b_{ij}]_{n \times r}$ 이라 하고 또

$$A^T = [a_{ij}']_{n \times m}, \qquad B^T = [b_{ij}']_{r \times n}, \qquad AB = [c_{ij}]_{m \times r}$$

$$(AB)^T = [c_{ij}']_{r \times m}, \qquad B^T A^T = [d_{ij}]_{r \times m}$$

이라고 하면, 각 i, j $(1 \le i \le m,\ 1 \le j \le r)$ 에 대하여

$$c_{ij}' = c_{ji} = \sum_{k=1}^{n} a_{jk}\, b_{ki}, \quad d_{ij} = \sum_{k=1}^{n} b_{ik}'\, a_{kj}' = \sum_{k=1}^{n} b_{ki}\, a_{jk} = \sum_{k=1}^{n} a_{ik}\, b_{ki}$$

이므로 $c_{ij}' = d_{ij}$ 이다. 따라서 $(AB)^T = B^T A^T$ 이다.

보기 1.2.7 실수체 $\mathbb{R}$ 위에서 두 행렬

$$A = \begin{bmatrix} 1 & 2 \\ 1 & 1 \end{bmatrix}, \qquad B = \begin{bmatrix} 1 & 0 & 3 \\ 1 & 1 & 0 \end{bmatrix}$$

에 대하여 다음이 성립한다.

$$A^T = \begin{bmatrix} 1 & 1 \\ 2 & 1 \end{bmatrix}, \quad B^T = \begin{bmatrix} 1 & 1 \\ 0 & 1 \\ 3 & 0 \end{bmatrix}, \quad AB = \begin{bmatrix} 3 & 2 & 3 \\ 2 & 1 & 3 \end{bmatrix},$$

$$(AB)^T = \begin{bmatrix} 3 & 2 \\ 2 & 1 \\ 3 & 3 \end{bmatrix}, \quad B^T A^T = \begin{bmatrix} 3 & 2 \\ 2 & 1 \\ 3 & 3 \end{bmatrix}$$

따라서 $(AB)^T = B^T A^T$ 이다. 그러나, $A^T B^T$ 는 정의조차 되지 않는다.

정의 1.2.9 행렬

$$A = [a_{ij}]_{m\times n}, \quad B = [b_{ij}]_{m\times r}, \quad C = [c_{ij}]_{s\times n}, \quad D = [d_{ij}]_{s\times r}$$

에 대하여 다음과 같이 이들 행렬의 대응하는 열 또는 행을 차례로 연이어 놓아 만든 행렬을 **덧붙인 행렬**(augmented matrix)이라고 한다.

$$[A \mid B] = \left[\begin{array}{ccc|ccc} a_{11} & \cdots & a_{1n} & b_{11} & \cdots & b_{1r} \\ a_{21} & \cdots & a_{2n} & b_{21} & \cdots & b_{2r} \\ \vdots & \cdots & \vdots & \vdots & \cdots & \vdots \\ a_{m1} & \cdots & a_{mn} & b_{m1} & \cdots & b_{mr} \end{array}\right],$$

$$\begin{bmatrix} A \\ C \end{bmatrix} = \left[\begin{array}{ccc} a_{11} & \cdots & a_{1n} \\ \vdots & \cdots & \vdots \\ a_{m1} & \cdots & a_{mn} \\ \hline c_{11} & \cdots & c_{1n} \\ \vdots & \cdots & \vdots \\ c_{s1} & \cdots & c_{sn} \end{array}\right], \quad \begin{bmatrix} A & B \\ C & D \end{bmatrix} = \left[\begin{array}{ccc|ccc} a_{11} & \cdots & a_{1n} & b_{11} & \cdots & b_{1r} \\ a_{21} & \cdots & a_{2n} & b_{21} & \cdots & b_{2r} \\ \vdots & \vdots & \vdots & \vdots & \vdots & \vdots \\ a_{m1} & \cdots & a_{mn} & b_{m1} & \cdots & b_{mr} \\ \hline c_{11} & \cdots & c_{1n} & d_{11} & \cdots & d_{1r} \\ c_{21} & \cdots & c_{2n} & d_{21} & \cdots & d_{2r} \\ \vdots & \vdots & \vdots & \vdots & \vdots & \vdots \\ c_{s1} & \cdots & c_{sn} & d_{s1} & \cdots & d_{sr} \end{array}\right]$$

또, 주어진 행렬을 위와 같이 나타내는 것을 **분할한다**(partition)고 한다.

연 습 문 제 (1.2)

1. 실수체 $\mathbb{R}$ 위에서 다음을 구하여라.

(1) $(2, 1, 0, 1) + (1, 0, 1, 0)$, $(2, 1, 0, 1) - (1, 0, 1, 0)$

(2) $(1, 2, 3, 4) + (2, 0, 5, 1)$, $(1, 2, 3, 4) - (2, 0, 5, 1)$

(3) $4\,(1, 2, 3) + 5\,(1, 2, 3)$, $(4+5)\,(1, 2, 3)$

2. 실수체 $\mathbb{R}$ 위에서 다음을 구하여라.

(1) $\begin{bmatrix} 2 & 5 & 3 \\ 1 & 0 & 7 \end{bmatrix} + \begin{bmatrix} 4 & 2 & 5 \\ 5 & 3 & 2 \end{bmatrix}$

(2) $2\begin{bmatrix} 1 & 2 & 3 \\ 5 & 0 & 8 \end{bmatrix} - 3\begin{bmatrix} 0 & 2 & 1 \\ 2 & 4 & 5 \end{bmatrix}$

(3) $\begin{bmatrix} 2 & 5 & -3 \\ -1 & 0 & 7 \end{bmatrix}\begin{bmatrix} 4 \\ 2 \\ 1 \end{bmatrix}$

(4) $\begin{bmatrix} 1 & 0 \\ 0 & 1 \\ 1 & 1 \end{bmatrix}\begin{bmatrix} 1 & 2 \\ 3 & 4 \end{bmatrix}$

***3.** 실수체 $\mathbb{R}$ 위에서 행렬에 관한 세 등식

$$A\begin{bmatrix} 1 \\ 2 \\ 3 \end{bmatrix} = \begin{bmatrix} 0 \\ 3 \end{bmatrix}, \quad A\begin{bmatrix} 4 \\ 5 \\ 6 \end{bmatrix} = \begin{bmatrix} 1 \\ 4 \end{bmatrix}, \quad A\begin{bmatrix} 7 \\ 8 \\ 9 \end{bmatrix} = \begin{bmatrix} 2 \\ 5 \end{bmatrix}$$

를 한 등식으로 나타내어라.

4. 실수체 $\mathbb{R}$ 위의 행렬

$$A = \begin{bmatrix} 1 & 0 \\ 3 & 1 \end{bmatrix}, \quad B = \begin{bmatrix} 1 & 2 & 0 \\ 2 & 1 & 3 \end{bmatrix}, \quad C = \begin{bmatrix} -1 & 0 & 2 \\ 0 & 2 & 1 \end{bmatrix}$$

에 대하여 $AB + AC$ 와 $A(B + C)$ 를 비교하여라.

***5.** 실수체 $\mathbb{R}$ 위의 두 행렬

$$A = \begin{bmatrix} 1 & 0 \\ 1 & 1 \end{bmatrix}, \quad B = \begin{bmatrix} 1 & 2 \\ 3 & 4 \end{bmatrix}$$

에 대하여 $(AB)^T$, A^TB^T, B^TA^T 를 비교하여라.

§ 1.3 정사각행렬

행렬 중에서 $n \times n$ 행렬을 **n 차의 정사각행렬**(square matrix of degree n) 또는 **n 차의 행렬**이라고 한다. 그리고, n 차의 행렬 중에서 주대각선(main diagonal) 위에 있는 원소는 모두 1 이고 나머지 성분은 모두 0 인 행렬을 n 차의 **항등행렬**(identity matrix) 또는 **단위행렬**(unit matrix)이라 하고 이것을

$$I_n = \begin{bmatrix} 1 & 0 & \cdots & 0 \\ 0 & 1 & \cdots & 0 \\ \vdots & \vdots & \ddots & \vdots \\ 0 & 0 & \cdots & 1 \end{bmatrix}$$

I_n, I, E_n, E 로 나타낸다. 또, n 차의 영행렬을 O_n 또는 O 로 나타낸다.

이제 체 F 위의 n 차의 행렬 전체의 집합을 $\mathrm{Mat}_n(F)$ 로 나타내면, 임의의 행렬 $A = [a_{ij}]_{n\times n}$, $B = [b_{ij}]_{n\times n} \in \mathrm{Mat}_n(F)$ 와 $a \in F$ 에 대하여

$$A+B = [a_{ij}+b_{ij}]_{n\times n}, \qquad aA = [a\,a_{ij}]_{n\times n},$$

$$AB = [c_{ij}]_{n\times n}, \qquad c_{ij} = \sum_{k=1}^{n} a_{ik}b_{kj} \quad (1 \le i, j \le n)$$

는 모두 $\mathrm{Mat}_n(F)$ 에 속하고, 또 다음이 성립한다(정리 1.2.3, 정리 1.2.5).

정리 1.3.1 체 F 위의 n 차의 행렬 전체의 집합 $\mathrm{Mat}_n(F)$ 에서 임의의 행렬 $A, B, C \in \mathrm{Mat}_n(F)$ 와 $a, b \in F$ 에 대하여 다음이 성립한다.

(1) $(A+B)+C = A+(B+C)$ (덧셈에 관한 결합법칙)

(2) $A+B = B+A$ (덧셈에 관한 교환법칙)

(3) $A+O_n = O_n+A = A$

(4) $A+(-A) = (-A)+A = O_n$

(5) $a(A+B) = aA+aB$, $\quad (a+b)A = aA+bA$
$\quad (ab)A = a(bA)$, $\quad 1A = A$

(6) $(AB)C = A(BC)$, $\quad AI_n = I_nA = A$

(7) $A(B+C) = AB+AC$, $\quad (A+B)C = AC+BC$ (분배법칙)

(8) $a(AB) = (aA)B = A(aB)$, $\quad AO_n = O_nA = O_n$

집합 $\mathrm{Mat}_n(F)$ 에서 두 행렬 A, B 에 대하여 $AB \neq BA$ 일 수 있다. 예를 들면, $\mathrm{Mat}_2(F)$ 에서 두 행렬

$$A = \begin{bmatrix} 1 & 0 \\ 0 & 0 \end{bmatrix}, \quad B = \begin{bmatrix} 0 & 1 \\ 0 & 0 \end{bmatrix}$$

에 대하여 다음이 성립한다.

$$AB = \begin{bmatrix} 1 & 0 \\ 0 & 0 \end{bmatrix}\begin{bmatrix} 0 & 1 \\ 0 & 0 \end{bmatrix} = \begin{bmatrix} 0 & 1 \\ 0 & 0 \end{bmatrix},$$

$$BA = \begin{bmatrix} 0 & 1 \\ 0 & 0 \end{bmatrix}\begin{bmatrix} 1 & 0 \\ 0 & 0 \end{bmatrix} = \begin{bmatrix} 0 & 0 \\ 0 & 0 \end{bmatrix}$$

정의 1.3.2 체 F 위의 행렬 $A \in \mathrm{Mat}_n(F)$ 와 음이 아닌 정수 m 에 대하여 A^m 을 다음과 같이 귀납적으로 정한다.

$$A^0 = I_n, \quad A^1 = A, \quad A^2 = AA, \quad A^m = A^{m-1}A$$

위의 정의에 의하여 음이 아닌 정수 m, k 에 대하여 다음이 성립한다.

$$A^m A^k = A^{m+k}, \qquad (A^m)^k = A^{mk}$$

보기 1.3.1 실수체 $\mathbb{R}$ 위의 행렬

$$A = \begin{bmatrix} 1 & 0 \\ a & 1 \end{bmatrix}$$

에 대하여

$$A^2 = \begin{bmatrix} 1 & 0 \\ a & 1 \end{bmatrix}\begin{bmatrix} 1 & 0 \\ a & 1 \end{bmatrix} = \begin{bmatrix} 1 & 0 \\ 2a & 1 \end{bmatrix}$$

이고, 또 임의의 양의 정수 m 에 대하여 다음이 성립함을 알 수 있다.

$$A^m = \begin{bmatrix} 1 & 0 \\ ma & 1 \end{bmatrix}$$

보기 1.3.2 실수 $\theta_1, \theta_2, \theta$ 에 대하여 다음 등식이 성립한다.

$$\sin(\theta_1+\theta_2) = \sin\theta_1\cos\theta_2 + \cos\theta_1\sin\theta_2,$$
$$\cos(\theta_1+\theta_2) = \cos\theta_1\cos\theta_2 - \sin\theta_1\sin\theta_2,$$
$$\cos^2\theta + \sin^2\theta = 1, \quad \sin 2\theta = 2\sin\theta\cos\theta,$$
$$\cos 2\theta = \cos^2\theta - \sin^2\theta = 2\cos^2\theta - 1 = 1 - 2\sin^2\theta$$

임의의 실수 θ 에 대하여

$$A = \begin{bmatrix} \cos\theta & -\sin\theta \\ \sin\theta & \cos\theta \end{bmatrix}$$

이라고 할 때, 위의 등식을 이용하면 임의의 양의 정수 m 에 대하여 다음 등식이 성립함을 알 수 있다(문제 3 참조).

$$A^m = \begin{bmatrix} \cos m\theta & -\sin m\theta \\ \sin m\theta & \cos m\theta \end{bmatrix}$$

정의 1.3.3 체 F 위의 n 차의 행렬 $A\ (\neq O_n)$ 에 대하여

$$AB = BA = I_n$$

인 행렬 $B \in \mathrm{Mat}_n(F)$ 가 존재할 때, A 를 **정칙행렬**(non-singular matrix)이라고 한다. 이 경우에 B 를 A 의 **역행렬**(inverse)이라 하고 B 를 A^{-1} 로 나타낸다. 즉 $AA^{-1} = A^{-1}A = I_n$ 이다.

그리고, 체 F 위의 n 차의 행렬 $A\ (\neq O_n)$ 에 대하여

$$AC = O_n \quad \text{또는} \quad CA = O_n$$

인 행렬 $C \in \mathrm{Mat}_n(F)$, $C \neq O_n$ 가 존재할 때, A 를 **영인자**(zero-divisor)라고 한다.

위의 정의에서 A 가 정칙행렬일 때, A 의 역행렬은 단 하나뿐이다. 실제로, 행렬 $B, C \in \mathrm{Mat}_n(F)$ 에 대하여 $AB = BA = I_n$, $AC = CA = I_n$ 이라고 하면, $B = BI_n = B(AC) = (BA)C = I_nC = C$ 이다.

보기 1.3.3 체 F 위에서 두 행렬

$$A=\begin{bmatrix} a & b \\ c & d \end{bmatrix},\qquad A'=\begin{bmatrix} d & -b \\ -c & a \end{bmatrix}$$

에 대하여 다음이 성립한다.

$$AA'=A'A=\begin{bmatrix} ad-bc & 0 \\ 0 & ad-bc \end{bmatrix}$$

먼저 $A\neq O_2$, $ad-bc\neq 0$ 일 때,

$$B=\frac{1}{ad-bc}A'=\begin{bmatrix} \dfrac{d}{ad-bc} & \dfrac{-b}{ad-bc} \\ \dfrac{-c}{ad-bc} & \dfrac{a}{ad-bc} \end{bmatrix}$$

이라고 하면 $AB=BA=I_2$ 이므로 A는 정칙행렬이고 $A^{-1}=B$ 이다.

한편, $A\neq O_2$ 일 때, $ad-bc=0$ 이면

$$AA'=A'A=O_2,\quad A\neq O_2,\quad A'\neq O_2$$

이므로 A는 영인자이다.

그러므로 $\mathrm{Mat}_2(F)$ 는 영행렬, 정칙행렬, 영인자로 이루어져 있다.

정리 1.3.4 체 F 위의 n차의 정칙행렬에 대하여 다음이 성립한다.

(1) A, B가 정칙행렬이면, AB도 정칙행렬이고 $(AB)^{-1}=B^{-1}A^{-1}$ 이다.

(2) 항등행렬 I_n은 정칙행렬이고 또 $I_n{}^{-1}=I_n$ 이다.

(3) 각 정칙행렬 A에 대하여 A^{-1}는 정칙행렬이고 $(A^{-1})^{-1}=A$ 이다.

(4) A가 정칙행렬이면, A^T는 정칙행렬이고 $(A^T)^{-1}=(A^{-1})^T$ 이다.

증 명 (1) A, B가 정칙행렬이면, A^{-1}, B^{-1}가 존재하고 또

$$(AB)(B^{-1}A^{-1})=A(BB^{-1})A^{-1}=AI_nA^{-1}=AA^{-1}=I_n,$$
$$(B^{-1}A^{-1})(AB)=B^{-1}(A^{-1}A)B=B^{-1}I_nB=B^{-1}B=I_n$$

이므로 AB는 정칙행렬이고 $(AB)^{-1}=B^{-1}A^{-1}$ 이다.

(2) $I_n I_n = I_n$ 이므로 I_n은 정칙행렬이고 또 $I_n^{-1} = I_n$ 이다.

(3) A가 정칙행렬일 때, $AA^{-1} = A^{-1}A = I_n$ 이므로 정의에 의하여 A^{-1}는 정칙행렬이고 또 $(A^{-1})^{-1} = A$ 이다.

(4) A가 정칙행렬이면, $AA^{-1} = A^{-1}A = I_n$ 이므로

$$(AA^{-1})^T = (A^{-1}A)^T = I_n^T$$

이고 따라서 정리 1.2.8에 의하여

$$(A^{-1})^T A^T = A^T (A^{-1})^T = I_n$$

이므로 A^T는 정칙행렬이고 $(A^T)^{-1} = (A^{-1})^T$ 이다.

보기 1.3.4 실수체 $\mathbb{R}$ 위에서 두 정칙행렬

$$A = \begin{bmatrix} 1 & 2 \\ 0 & 1 \end{bmatrix}, \qquad B = \begin{bmatrix} 1 & 3 \\ 2 & 5 \end{bmatrix}$$

에 대하여 다음이 성립한다.

$$A^{-1} = \begin{bmatrix} 1 & -2 \\ 0 & 1 \end{bmatrix}, \quad B^{-1} = \begin{bmatrix} -5 & 3 \\ 2 & -1 \end{bmatrix}$$

$$AB = \begin{bmatrix} 5 & 13 \\ 2 & 5 \end{bmatrix}, \quad B^{-1}A^{-1} = \begin{bmatrix} -5 & 13 \\ 2 & -5 \end{bmatrix} = (AB)^{-1}$$

$$A^T = \begin{bmatrix} 1 & 0 \\ 2 & 1 \end{bmatrix}, \quad (A^T)^{-1} = \begin{bmatrix} 1 & 0 \\ -2 & 1 \end{bmatrix} = (A^{-1})^T$$

체 F 위의 n차의 행렬 A가 정칙행렬일 때, 양의 정수 m에 대하여

$$A^{-m} = (A^{-1})^m$$

으로 정한다. 이 때, 임의의 정수 m, k에 대하여 다음이 성립한다.

$$(A^m)^{-1} = (A^{-1})^m = A^{-m}$$

$$A^m A^k = A^{m+k}, \qquad (A^m)^k = A^{mk}$$

보기 1.3.5 실수체 $\mathbb{R}$ 위의 행렬

$$A = \begin{bmatrix} 1 & 0 \\ a & 1 \end{bmatrix}$$

는 정칙행렬이고 그 역행렬은 다음과 같다.

$$A^{-1} = \begin{bmatrix} 1 & 0 \\ -a & 1 \end{bmatrix}$$

그리고, 임의의 양의 정수 m에 대하여 다음이 성립한다(보기 1.3.1).

$$A^m = \begin{bmatrix} 1 & 0 \\ ma & 1 \end{bmatrix}, \quad A^{-m} = (A^m)^{-1} = \begin{bmatrix} 1 & 0 \\ -ma & 1 \end{bmatrix}$$

보기 1.3.6 임의의 실수 θ에 대하여

$$A = \begin{bmatrix} \cos\theta & -\sin\theta \\ \sin\theta & \cos\theta \end{bmatrix}$$

이라고 할 때, $\cos^2\theta + \sin^2\theta = 1 \neq 0$ 이므로 A는 정칙행렬이다. 또,

$$A^{-1} = \begin{bmatrix} \cos\theta & \sin\theta \\ -\sin\theta & \cos\theta \end{bmatrix} = \begin{bmatrix} \cos(-\theta) & -\sin(-\theta) \\ \sin(-\theta) & \cos(-\theta) \end{bmatrix}$$

이고, 임의의 양의 정수 m에 대하여 다음이 성립한다(보기 1.3.2 참조).

$$A^m = \begin{bmatrix} \cos m\theta & -\sin m\theta \\ \sin m\theta & \cos m\theta \end{bmatrix},$$

$$A^{-m} = (A^m)^{-1} = \begin{bmatrix} \cos(-m\theta) & -\sin(-m\theta) \\ \sin(-m\theta) & \cos(-m\theta) \end{bmatrix}$$

정의 1.3.5 체 F 위의 n차의 행렬 $A = [a_{ij}]_{n\times n}$에서 A의 주대각선 위의 성분의 합을 A의 **트레이스**(trace)라 하고 이것을 $\mathrm{tr}\,A$로 나타낸다.

즉, $$\mathrm{tr}\,A = \sum_{i=1}^{n} a_{ii} = a_{11} + a_{22} + \cdots + a_{nn} \in F$$

정리 1.3.6 체 F 위의 n차의 행렬 A, B와 $a \in F$에 대하여 다음이 성립한다.

(1) $\mathrm{tr}\, A^T = \mathrm{tr}\, A$

(2) $\mathrm{tr}\,(A+B) = \mathrm{tr}\, A + \mathrm{tr}\, B, \qquad \mathrm{tr}\,(aA) = a\,\mathrm{tr}\, A$

(3) $\mathrm{tr}\,(AB) = \mathrm{tr}\,(BA)$

증 명 (1), (2) 정의에 의하여 분명히 (1), (2)가 성립한다.

(3) 체 F 위의 n차의 행렬 $A = [a_{ij}]_{n\times n}$, $B = [b_{ij}]_{n\times n}$에 대하여

$$AB = [c_{ij}]_{n\times n}, \qquad BA = [d_{ij}]_{n\times n}$$

이라고 하면,

$$c_{ij} = \sum_{k=1}^{n} a_{ik}\, b_{kj}, \qquad d_{ij} = \sum_{k=1}^{n} b_{ik}\, a_{kj} \qquad (1 \le i, j \le n)$$

이므로

$$\mathrm{tr}\,(AB) = \sum_{i=1}^{n} c_{ii} = \sum_{i=1}^{n} (\sum_{k=1}^{n} a_{ik}\, b_{ki}),$$

$$\mathrm{tr}\,(BA) = \sum_{i=1}^{n} d_{ii} = \sum_{i=1}^{n} (\sum_{k=1}^{n} b_{ik}\, a_{ki})$$

$$= \sum_{i=1}^{n} (\sum_{k=1}^{n} a_{ki}\, b_{ik}) = \sum_{i=1}^{n} (\sum_{k=1}^{n} a_{ik}\, b_{ki})$$

이고 따라서 $\mathrm{tr}\,(AB) = \mathrm{tr}\,(BA)$이다.

보기 1.3.7 실수체 $\mathbb{R}$ 위의 두 행렬

$$A = \begin{bmatrix} 1 & 2 \\ 3 & 4 \end{bmatrix}, \qquad B = \begin{bmatrix} -1 & 0 \\ 1 & 2 \end{bmatrix}$$

대하여 다음이 성립한다.

$$AB = \begin{bmatrix} 1 & 4 \\ 1 & 8 \end{bmatrix}, \quad BA = \begin{bmatrix} -1 & -2 \\ 7 & 10 \end{bmatrix},$$

$$\mathrm{tr}\,(AB) = 1 + 8 = 9,$$

$$\mathrm{tr}\,(BA) = -1 + 10 = 9$$

$$\begin{bmatrix} a_{11} & a & \cdots & b \\ a & a_{22} & \cdots & c \\ \vdots & \vdots & \ddots & \vdots \\ b & c & \cdots & a_{nn} \end{bmatrix}$$

정의 1.3.7 행렬 $A = [a_{ij}]_{n\times n}$ 에서

$$A^T = A \quad \text{즉} \quad a_{ji} = a_{ij} \quad (1 \le i, j \le n)$$

일 때, A를 **對稱행렬**(symmetric matrix)이라 하고,

$$A^T = -A \text{ 즉 } a_{ji} = -a_{ij} \quad (1 \le i, j \le n)$$

일 때, A를 **交代행렬**(alternating matrix)이라고 한다.

$$\begin{bmatrix} a_{11} & a_{12} & \cdots & a_{1n} \\ 0 & a_{22} & \cdots & a_{2n} \\ \vdots & \vdots & \ddots & \vdots \\ 0 & 0 & \cdots & a_{nn} \end{bmatrix}$$

정의 1.3.8 행렬 $A = [a_{ij}]_{n\times n}$ 에서 주대각선 아래쪽에 [위쪽에] 있는 성분이 모두 0일 때, A를 **上 [下] 삼각행렬**(upper [lower] triangular matrix)이라 하고, 상 삼각행렬과 하 삼각행렬을 통틀어 **삼각행렬**이라고 한다.

행렬 $A = [a_{ij}]_{n\times n}$ 에서 주대각선 위의 성분 $a_{11}, a_{22}, \cdots, a_{nn}$을 제외한 성분이 모두 0일 때, A를 **對角행렬**(diagonal matrix)이라 하고 이 행렬을

$$\begin{bmatrix} a_{11} & 0 & \cdots & 0 \\ 0 & a_{22} & \cdots & 0 \\ \vdots & \vdots & \ddots & \vdots \\ 0 & 0 & \cdots & a_{nn} \end{bmatrix}$$

$$A = \text{diag}\{a_{11}, a_{22}, \cdots, a_{nn}\}$$

으로 나타내고, 특히

$$a I_n = \text{diag}\{a, a, \cdots, a\}$$

를 **스칼라 행렬**(scalar matrix)이라고 한다.

연 습 문 제 (1.3)

1. 실수체 $\mathbb{R}$ 위의 행렬

$$A = \begin{bmatrix} 0 & 0 \\ a & 0 \end{bmatrix}, \qquad B = \begin{bmatrix} a & 0 \\ 0 & a \end{bmatrix}$$

에 대하여 다음 물음에 답하여라.

*(1) 양의 정수 m에 대하여 mA와 A^m을 구하여라.

(2) 양의 정수 m에 대하여 mB와 B^m을 구하여라.

2. 실수체 $\mathbb{R}$ 위의 행렬

$$A=\begin{bmatrix} a & 0 & 0 \\ 0 & b & 0 \\ 0 & 0 & c \end{bmatrix}, \qquad B=\begin{bmatrix} 0 & 0 & 0 \\ a & 0 & 0 \\ 0 & b & 0 \end{bmatrix}$$

에 대하여 다음 물음에 답하여라.

(1) 양의 정수 m에 대하여 mA와 A^m을 구하여라.

(2) 양의 정수 m에 대하여 mB와 B^m을 구하여라.

***3.** 보기 1.3.2 의 결과가 성립함을 밝혀라.

4. 체 F 위의 정사각행렬 A에서 한 행 또는 한 열의 성분이 모두 0이면, A는 정칙행렬이 아니다. 다음 행렬를 이용하여 이 사실을 증명하여라.

(1) $A=\begin{bmatrix} a_{11} & a_{12} & \cdots & a_{1n} \\ a_{21} & a_{22} & \cdots & a_{2n} \\ \vdots & \vdots & \cdots & \vdots \\ 0 & 0 & \cdots & 0 \end{bmatrix}$ (2) $A=\begin{bmatrix} 0 & a_{12} & \cdots & a_{1n} \\ 0 & a_{22} & \cdots & a_{2n} \\ \vdots & \vdots & \cdots & \vdots \\ 0 & a_{n2} & \cdots & a_{nn} \end{bmatrix}$

5. 체 F 위에서 다음 행렬이 정칙행렬이기 위한 필요충분조건을 구하고 또 이 행렬이 정칙행렬인 경우에 그 역행렬을 구하여라.

(1) $A=\begin{bmatrix} a & 0 & 0 \\ 0 & b & 0 \\ 0 & 0 & c \end{bmatrix}$ (2) $A=\begin{bmatrix} 0 & 0 & a \\ 0 & b & 0 \\ c & 0 & 0 \end{bmatrix}$

6. 실수체 $\mathbb{R}$ 위의 두 행렬

$$A=\begin{bmatrix} 1 & 2 \\ 0 & 1 \end{bmatrix}, \qquad B=\begin{bmatrix} 1 & 0 \\ 1 & 1 \end{bmatrix}$$

에 대하여 $(AB)^T=B^TA^T$, $(AB)^{-1}=B^{-1}A^{-1}$임을 확인하여라.

7. 체 F 위의 n차의 행렬 A, B에 대하여 다음이 성립함을 확인하여라.

(1) $AB=BA \Longleftrightarrow (A+B)^2=A^2+2AB+B^2$

(2) $AB=BA \Longleftrightarrow (A+B)(A-B)=A^2-B^2$

*8. 체 F 위의 n 차의 행렬 A 가 정칙행렬일 때 다음이 성립함을 밝혀라.

(1) 체 F 위의 $n\times r$ 행렬 $[r\times m$ 행렬$]$ B, C 에 대하여

$$AB = AC \Longrightarrow B = C \qquad [BA = CA \Longrightarrow B = C]$$

(2) 체 F 위의 $n\times r$ 행렬 $[r\times m$ 행렬$]$ X, B 에 대하여

$$AX = B \Longrightarrow X = A^{-1}B \qquad [XA = B \Longrightarrow X = BA^{-1}]$$

(3) 체 F 위의 n 차의 행렬 X 에 대하여 $AX = A$ 이면, $X = I_n$ 이다.

(4) 체 F 위의 n 차의 행렬 Y 에 대하여 $YA = A$ 이면, $Y = I_n$ 이다.

*9. 체 F 위에서 다음 행렬은 정칙행렬임을 밝히고 그 역행렬을 구하여라.

(1) $A = \begin{bmatrix} 1 & 0 & 0 \\ a & 1 & 0 \\ 0 & a & 1 \end{bmatrix}$ (2) $A = \begin{bmatrix} 1 & 0 & 0 & 0 \\ a & 1 & 0 & 0 \\ 0 & a & 1 & 0 \\ 0 & 0 & a & 1 \end{bmatrix}$

10. 실수체 $\mathbb{R}$ 또는 복소수체 $\mathbb{C}$ 위에서 n 차의 행렬 $A = [a_{ij}]_{n\times n}$ 가 교대행렬이면, $a_{11} = \cdots = a_{nn} = 0$ 임을 밝혀라.

*11. 실수체 $\mathbb{R}$ 또는 복소수체 $\mathbb{C}$ 위의 n 차의 행렬 A 는 단 한 가지 방법으로 다음과 같은 꼴로 나타내어짐을 밝혀라.

$$A = B + C \qquad (B\text{는 대칭행렬, } C\text{는 교대행렬})$$

12. 체 F 위의 두 n 차의 행렬 A, B 와 원소 $a \in F$ 에 대하여 다음이 성립함을 밝혀라.

(1) A, B 가 대칭행렬이면, $A+B$ 와 aA 는 대칭행렬이다.

(2) A, B 가 교대행렬이면, $A+B$ 와 aA 는 교대행렬이다.

(3) A, B 가 대각행렬이면, $A+B$ 와 aA, AB 는 대각행렬이다.

*13. 체 F 위의 두 n 차의 행렬 A, B 에 대하여 다음이 성립함을 밝혀라.

(1) A 가 대칭행렬이고 정칙행렬이면, A^{-1} 는 대칭행렬이다.

(2) A 가 교대행렬이고 정칙행렬이면, A^{-1} 는 교대행렬이다.

§1.4 다항식

체 F의 원소와 x로 이루어진 다음과 같은 꼴의 형식적인 무한합(formal infinite sum)을 체 F 위의 (x에 관한) **다항식**(polynomial)이라고 한다.

$$f(x) = a_0 + a_1 x + a_1 x^2 + \cdots + a_n x^n + \cdots \qquad (a_i \in F)$$

(유한 개를 제외한 모든 i에 대하여 $a_i = 0$)

여기서 $n < i$인 모든 i에 대하여 $a_i = 0$일 때, $f(x)$를

$$f(x) = a_0 + a_1 x + a_1 x^2 + \cdots + a_n x^n$$

으로 나타내고 $a_0, a_1, \cdots, a_n$을 다항식 $f(x)$의 **계수**(coefficient)라고 한다.

그리고, $a_0, a_1 x, a_2 x^2, \cdots, a_n x^n$을 $f(x)$의 **항**(term)이라 하고 특히 a_0를 $f(x)$의 **상수항**(constant term)이라고 한다. 또, 상수항을 제외한 계수가 모두 0인 다항식을 **상수다항식**(constant polynomial)이라 하고, 특히 모든 계수가 0인 다항식을 **영다항식**(zero polynomial)이라고 한다.

체 F 위의 x에 관한 다항식 전체의 집합을 $F[x]$로 나타내자.

두 다항식 $f(x), g(x) \in F[x]$가 주어져 있을 때, 이들 두 다항식을

$$f(x) = a_0 + a_1 x + \cdots + a_n x^n,$$
$$g(x) = b_0 + b_1 x + \cdots + b_n x^n$$

과 같이 나타낼 수 있고, 이때 다음과 같이 정한다.

$$f(x) = g(x) \Longleftrightarrow a_0 = b_0,\ a_1 = b_1, \cdots, a_n = b_n$$
$$f(x) + g(x) = (a_0 + b_0) + (a_1 + b_1) x + \cdots + (a_n + b_n) x^n$$
$$a f(x) = a a_0 + a a_1 x + \cdots + a a_n x^n \qquad (a \in F)$$
$$-f(x) = (-1) f(x) = -a_0 - a_1 x - \cdots - a_n x^n$$
$$f(x) g(x) = c_0 + c_1 x + \cdots + c_{m+m} x^{m+m}$$
$$c_i = \sum_{k=0}^{i} a_k b_{i-k} = a_0 b_i + a_1 b_{i-1} + \cdots + a_i b_0$$

정리 1.4.1 체 F 위의 x에 관한 다항식 전체의 집합 $F[x]$에서 임의의 다항식 $f(x), g(x), h(x) \in F[x]$와 $a, b \in F$에 대하여 다음이 성립한다.

(1) $(f(x)+g(x))+h(x) = f(x)+(g(x)+h(x))$ (덧셈에 관한 결합법칙)

(2) $f(x) + g(x) = g(x) + f(x))$ (덧셈에 관한 교환법칙)

(3) $f(x) + 0 = 0 + f(x) = f(x)$ (0은 영다항식)

(4) $f(x) + (-f(x)) = (-f(x)) + f(x)) = 0$ (0은 영다항식)

(5) $a(f(x)+g(x)) = af(x) + ag(x)$,
$(a+b)f(x) = af(x) + bf(x)$,
$(ab)f(x) = a(bf(x))$, $1f(x) = f(x)$ $(1 \in F)$

(6) $(f(x)g(x))h(x) = f(x)(g(x)h(x))$ (곱셈에 관한 결합법칙)

(7) $f(x)g(x) = g(x)f(x)$ (곱셈에 관한 교환법칙)

(8) $1 \cdot f(x) = f(x) \cdot 1 = f(x)$ (1은 상수다항식)

(9) $f(x)(g(x)+h(x)) = f(x)g(x) + f(x)h(x)$
$(f(x)+g(x))h(x) = f(x)h(x) + g(x)h(x)$ (분배법칙)

(10) $a(f(x)g(x)) = (af(x))g(x) = f(x)(ag(x))$

위의 정리가 성립함을 쉽게 확인할 수 있다.

영다항식이 아닌 다항식 $f(x) = a_0 + a_1x + \cdots + a_nx^n$에서 $a_n \neq 0$일 때, n을 $f(x)$의 **차수**(degree)라 하고 이 사실을 $\deg f(x) = n$으로 나타낸다. 그리고, 이 경우에 $f(x)$를 ***n*차의 다항식**이라 하고 a_n을 $f(x)$의 **최고차 항의 계수**(leading coefficient)라고 한다.

한편, 영다항식의 차수는 $-\infty$로 정한다.

정리 1.4.2 체 F 위의 다항식 $f(x)$와 영다항식이 아닌 다항식 $g(x)$에 대하여 다음과 같은 두 다항식 $q(x), r(x) \in F[x]$가 존재한다.

$$f(x) = g(x)q(x) + r(x),$$
$$r(x) \text{는 영다항식 또는 } 0 \leq \deg r(x) < \deg g(x)$$

여기서, 두 다항식 $q(x)$, $r(x)$를 각각 $f(x)$를 $g(x)$로 나누었을 때의 **몫**(quotient), **나머지**(remainder)라고 한다.

정의 1.4.3 체 F 위의 두 다항식 $f(x)$, $g(x) \in F[x]$에 대하여

$$f(x) = g(x)\,h(x)$$

인 다항식 $h(x) \in F[x]$가 존재할 때, $g(x)$를 $f(x)$의 **약수**(divisor) 또는 **인수**(factor)라 하고 $f(x)$를 $g(x)$의 **배수**(multiple)라고 한다.

정의 1.4.4 체 F 위의 다항식 $f(x) = a_0 + a_1 x + \cdots + a_n x^n$와 원소 $a \in F$에 대하여 $f(a)$를 $f(a) = a_0 + a_1 a + \cdots + a_n a^n$으로 정한다.

또한, $f(a) = 0$인 경우에 a를 다항식 $f(x)$의 **근**(root) 또는 방정식 $f(x) = 0$의 **근**이라고 한다.

다음 정리가 성립함을 알 수 있다.

정리 1.4.5 (나머지 정리, 인수 정리) 체 F 위의 다항식 $f(x) \in F[x]$와 원소 $a \in F$에 대하여

$$f(x) = (x-a)\,g(x) + r$$

인 다항식 $g(x) \in F[x]$와 $r \in F$가 존재하고 이때 $r = f(a)$이다.

특히, $f(a) = 0$일 때 그리고 이때에만 $f(x) = (x-a)\,g(x)$이다.

양의 정수 m에 대하여 $m! = 1 \cdot 2 \cdot \cdots \cdot m$을 m의 **계승**(factorial)이라 하고 $0! = 1$으로 정한다. 그리고, $0 \leq r \leq m$인 정수 r에 대하여 양의 정수 $\binom{m}{r} = \dfrac{m!}{(m-r)!\,r!}$를 **이항계수**(binomial coefficient)라고 한다.

체 F의 임의의 두 원소 a, b에 대하여 $ab = ba$이므로, 양의 정수 m에 대하여 다음이 성립함을 알 수 있다(이항 정리, Binomial Theorem).

$$\begin{aligned}(a+b)^m &= \sum_{r=0}^{m} \binom{m}{r} a^{m-r} b^r \\ &= a^m + \binom{m}{1} a^{m-1} b + \cdots + \binom{m}{r} a^{m-r} b^r + \cdots + b^m\end{aligned}$$

마찬가지로, 체 F 위의 정사각행렬에 대하여 다음 정리가 성립한다.

정리 1.4.6 (이항 정리) 체 F 위의 두 n차의 행렬 A, B에 대하여 $AB = BA$일 때, 양의 정수 m에 대하여 다음이 성립한다.

$$\begin{aligned}(A+B)^m &= \sum_{r=0}^{m} \binom{m}{r} A^{m-r} B^r \\ &= A^m + \binom{m}{1} A^{m-1} B + \cdots + \binom{m}{r} A^{m-r} B^r + \cdots + B^m\end{aligned}$$

정의 1.4.7 체 F 위의 n차의 행렬 A와 체 F 위의 다항식

$$f(x) = a_0 + a_1 x + \cdots + a_m x^m$$

에 대하여 $f(A)$는 다음과 같은 행렬을 나타낸다.

$$f(A) = a_0 I_n + a_1 A + \cdots + a_m A^m$$

다음 정리가 성립함을 쉽게 알 수 있다(문제 4 참조).

정리 1.4.8 체 F 위의 두 다항식 $f(x)$, $g(x)$와 $a \in F$에 대하여

$$h(x) = f(x) + g(x), \quad k(x) = a f(x), \quad l(x) = f(x) g(x)$$

이라고 할 때, 체 F 위의 n차의 행렬 A에 대하여 다음이 성립한다.

(1) $h(A) = f(A) + g(A)$, $\quad f(A) + g(A) = g(A) + f(A)$

(2) $k(A) = a f(A)$

(3) $l(A) = f(A) g(A)$, $\quad f(A) g(A) = g(A) f(A)$

보기 1.4.1 체 F 위의 2차의 행렬

$$A = \begin{bmatrix} a & b \\ c & d \end{bmatrix}$$

에 대하여 $f(x) = x^2 - (a+d)x + (ad-bc)$이라고 하면 다음이 성립한다.

$$\begin{aligned}f(A) &= A^2 - (a+d)A + (ad-bc) I_2 \\ &= \begin{bmatrix} a & b \\ c & d \end{bmatrix}^2 - (a+d) \begin{bmatrix} a & b \\ c & d \end{bmatrix} + (ad-bc) I_2 = O_2\end{aligned}$$

보기 1.4.2 실수체 $\mathbb{R}$ 위의 행렬

$$A = \begin{bmatrix} 2 & 3 \\ 1 & 1 \end{bmatrix}$$

에 대하여 $f(x) = x^2 - 3x - 1$ 이라고 하면, $f(A) = A^2 - 3A - I_2 = O_2$ 이고, 또 다항식 $g(x) = x^3 - 2x^2 - 3x + 2$ 에 대하여

$$g(x) = (x+1)f(x) + x + 3$$

이므로 $g(A)$ 는 다음과 같다.

$$\begin{aligned} g(A) &= A^3 - 2A^2 - 3A + 2I_2 = (A+I_2)f(A) + A + 3I_2 \\ &= A + 3I_2 = \begin{bmatrix} 2 & 3 \\ 1 & 1 \end{bmatrix} + \begin{bmatrix} 3 & 0 \\ 0 & 3 \end{bmatrix} = \begin{bmatrix} 5 & 3 \\ 1 & 4 \end{bmatrix} \end{aligned}$$

연 습 문 제 (1.4)

1. 실수체 $\mathbb{R}$ 위의 다항식 $f(x) = 2x^3 + x^2 + 3x - 2$ 를 $g(x) = x^2 + x + 1$ 로 나누었을 때의 몫과 나머지를 구하여라.

2. 실수체 $\mathbb{R}$ 위의 행렬

$$A = \begin{bmatrix} 1 & 2 \\ 3 & 4 \end{bmatrix}$$

과 다항식 $g(x) = x^3 - 5x^2 - 3x - 4$ 에 대하여 $g(A)$ 를 구하여라.

3. 실수체 $\mathbb{R}$ 위의 다음과 같은 행렬 A 와 정수 $m\ (\geq 2)$ 에 대하여 A^m 을 구하여라.

*(1) $A = \begin{bmatrix} a & 0 \\ 1 & a \end{bmatrix}$ (2) $A = \begin{bmatrix} a & 0 & 0 \\ 1 & a & 0 \\ 0 & 1 & a \end{bmatrix}$

***4.** 정리 1.4.8 이 성립함을 증명하여라.

§ 1.5 행렬의 기본변형

이 절에서는, 행렬의 행과 열에 대한 변형에 대하여 논한다.

정의 1.5.1 체 F 위의 행렬 A에 대하여 행 [열]에 관한 다음과 같은 유형의 변형을 **기본 행 [열] 변형**(elementary row [column] operation)이라 하고, 이러한 변형을 통틀어 **기본변형**이라고 한다($i \neq j$, $a \in F$, $a \neq 0$).

제 I 변형 : A의 제 i 행과 제 j 행 [제 i 열과 제 j 열]을 서로 맞바꾼다.

제 II 변형 : A의 제 i 행 [제 i 열]을 a배 한다.

제 III 변형 : A의 제 i 행에 제 j 행의 a배를 더한다.

[A의 제 j 열에 제 i 열의 a배를 더한다.]

그리고, 다음 행렬과 같이 n차의 항등행렬 I_n에 기본 행 변형 I, II, III를 시행하여 얻은 행렬을 n차의 **기본행렬**(elementary matrix)이라고 한다.

$$C_{ij} = \begin{bmatrix} 1 & \cdots & 0 & \cdots & 0 & \cdots & 0 \\ \vdots & & \vdots & & \vdots & & \vdots \\ 0 & \cdots & 0 & \cdots & 1 & \cdots & 0 \\ \vdots & & \vdots & & \vdots & & \vdots \\ 0 & \cdots & 1 & \cdots & 0 & \cdots & 0 \\ \vdots & & \vdots & & \vdots & & \vdots \\ 0 & \cdots & 0 & \cdots & 0 & \cdots & 1 \end{bmatrix} \begin{matrix} \\ \\ i \\ \\ j \\ \\ \\ \end{matrix}$$

$$D_{ii}(a) = \begin{bmatrix} 1 & \cdots & 0 & \cdots & 0 & \cdots & 0 \\ \vdots & & \vdots & & \vdots & & \vdots \\ 0 & \cdots & a & \cdots & 0 & \cdots & 0 \\ \vdots & & \vdots & & \vdots & & \vdots \\ 0 & \cdots & 0 & \cdots & 1 & \cdots & 0 \\ \vdots & & \vdots & & \vdots & & \vdots \\ 0 & \cdots & 0 & \cdots & 0 & \cdots & 1 \end{bmatrix} \begin{matrix} \\ \\ i \\ \\ \\ \\ \\ \end{matrix}$$

$$E_{ij}(a) = \begin{bmatrix} 1 & \cdots & 0 & \cdots & 0 & \cdots & 0 \\ \vdots & & \vdots & & \vdots & & \vdots \\ 0 & \cdots & 1 & \cdots & a & \cdots & 0 \\ \vdots & & \vdots & & \vdots & & \vdots \\ 0 & \cdots & 0 & \cdots & 1 & \cdots & 0 \\ \vdots & & \vdots & & \vdots & & \vdots \\ 0 & \cdots & 0 & \cdots & 0 & \cdots & 1 \end{bmatrix} \begin{matrix} \\ \\ i \\ \\ j \\ \\ \\ \end{matrix}$$

보기 1.5.1 집합 $\mathrm{Mat}_2(\mathbb{R})$에서 다음이 성립한다.

$$C_{12} = \begin{bmatrix} 0 & 1 \\ 1 & 0 \end{bmatrix} = C_{21}, \qquad {C_{12}}^T = \begin{bmatrix} 0 & 1 \\ 1 & 0 \end{bmatrix} = {C_{12}}^{-1} = C_{12},$$

$$D_{22}(5) = \begin{bmatrix} 1 & 0 \\ 0 & 5 \end{bmatrix}, \qquad D_{22}(5)^T = \begin{bmatrix} 1 & 0 \\ 0 & 5 \end{bmatrix} = D_{22}(5),$$

$$D_{22}(5)^{-1} = \begin{bmatrix} 1 & 0 \\ 0 & 5^{-1} \end{bmatrix} = D_{22}(5^{-1}), \quad E_{12}(3) = \begin{bmatrix} 1 & 3 \\ 0 & 1 \end{bmatrix},$$

$$E_{12}(3)^T = \begin{bmatrix} 1 & 0 \\ 3 & 1 \end{bmatrix} = E_{21}(3), \qquad E_{12}(3)^{-1} = \begin{bmatrix} 1 & -3 \\ 0 & 1 \end{bmatrix} = E_{12}(-3)$$

다음 정리가 성립함을 쉽게 알 수 있다.

정리 1.5.2 체 F 위의 n차의 기본행렬은 모두 정칙행렬이다. 그리고, E가 기본행렬이면, E^T와 E^{-1}도 E와 동일한 유형의 기본행렬이다. 즉,

$$\begin{aligned} {C_{ij}}^T &= C_{ji} = C_{ij}, \quad D_{ii}(a)^T = D_{ii}(a), \quad E_{ij}(a)^T = E_{ji}(a), \\ {C_{ij}}^{-1} &= C_{ji} = C_{ij}, \quad D_{ii}(a)^{-1} = D_{ii}(a^{-1}), \quad E_{ij}(a)^{-1} = E_{ij}(-a) \end{aligned}$$

보기 1.5.2 집합 $\mathrm{Mat}_3(\mathbb{R})$에서 다음이 성립한다.

$$C_{12} = \begin{bmatrix} 0 & 1 & 0 \\ 1 & 0 & 0 \\ 0 & 0 & 1 \end{bmatrix} = C_{21}, \qquad {C_{12}}^T = \begin{bmatrix} 0 & 1 & 0 \\ 1 & 0 & 0 \\ 0 & 0 & 1 \end{bmatrix} = {C_{12}}^{-1} = C_{12},$$

$$D_{33}(5) = \begin{bmatrix} 1 & 0 & 0 \\ 0 & 1 & 0 \\ 0 & 0 & 5 \end{bmatrix}, \qquad D_{33}(5)^T = \begin{bmatrix} 1 & 0 & 0 \\ 0 & 1 & 0 \\ 0 & 0 & 5 \end{bmatrix} = D_{33}(5),$$

$$D_{33}(5)^{-1} = \begin{bmatrix} 1 & 0 & 0 \\ 0 & 1 & 0 \\ 0 & 0 & 5^{-1} \end{bmatrix} = D_{33}(5^{-1}), \quad E_{12}(4) = \begin{bmatrix} 1 & 4 & 0 \\ 0 & 1 & 0 \\ 0 & 0 & 1 \end{bmatrix},$$

$$E_{12}(4)^T = \begin{bmatrix} 1 & 0 & 0 \\ 4 & 1 & 0 \\ 0 & 0 & 1 \end{bmatrix} = E_{21}(4), \qquad E_{12}(4)^{-1} = \begin{bmatrix} 1 & -4 & 0 \\ 0 & 1 & 0 \\ 0 & 0 & 1 \end{bmatrix} = E_{12}(-4)$$

보기 1.5.3 실수체 $\mathbb{R}$ 위에서 다음이 성립한다.

$$C_{23}\begin{bmatrix} x_1 & y_1 \\ x_2 & y_2 \\ x_3 & y_3 \end{bmatrix} = \begin{bmatrix} 1 & 0 & 0 \\ 0 & 0 & 1 \\ 0 & 1 & 0 \end{bmatrix}\begin{bmatrix} x_1 & y_1 \\ x_2 & y_2 \\ x_3 & y_3 \end{bmatrix} = \begin{bmatrix} x_1 & y_1 \\ x_3 & y_3 \\ x_2 & y_2 \end{bmatrix},$$

$$\begin{bmatrix} x_1 & x_2 & x_3 \\ y_1 & y_2 & y_3 \end{bmatrix} C_{23} = \begin{bmatrix} x_1 & x_3 & x_2 \\ y_1 & y_3 & y_2 \end{bmatrix}$$

$$D_{22}(3)\begin{bmatrix} x_1 \\ x_2 \\ x_3 \end{bmatrix} = \begin{bmatrix} 1 & 0 & 0 \\ 0 & 3 & 0 \\ 0 & 0 & 1 \end{bmatrix}\begin{bmatrix} x_1 \\ x_2 \\ x_3 \end{bmatrix} = \begin{bmatrix} x_1 \\ 3x_2 \\ x_3 \end{bmatrix},$$

$$\begin{bmatrix} x_1 & x_2 & x_3 \\ y_1 & y_2 & y_3 \end{bmatrix} D_{22}(3) = \begin{bmatrix} x_1 & 3x_2 & x_3 \\ y_1 & 3y_2 & y_3 \end{bmatrix}$$

$$E_{23}(4)\begin{bmatrix} x_1 \\ x_2 \\ x_3 \end{bmatrix} = \begin{bmatrix} 1 & 0 & 0 \\ 0 & 1 & 4 \\ 0 & 0 & 1 \end{bmatrix}\begin{bmatrix} x_1 \\ x_2 \\ x_3 \end{bmatrix} = \begin{bmatrix} x_1 \\ x_2+4x_3 \\ x_3 \end{bmatrix},$$

$$\begin{bmatrix} x_1 & x_2 & x_3 \\ y_1 & y_2 & y_3 \end{bmatrix} E_{23}(4) = \begin{bmatrix} x_1 & x_2 & x_3+4x_2 \\ y_1 & y_2 & y_3+4y_2 \end{bmatrix}$$

위의 보기에서와 같이 $m \times n$ 행렬 A 에 기본 행 [열] 변형 I, II, III 를 한 번 시행할 때, 이러한 변형에 대응하는 m 차의 [n 차의] 기본행렬을 각각 C_{ij}, $D_{ii}(a)$, $E_{ij}(a)$ 이라고 하면 A 는 각각 다음 행렬로 변형된다.

$$C_{ij}A,\ D_{ii}(a)A,\ E_{ij}(a)A \qquad [AC_{ij},\ AD_{ii}(a),\ AE_{ij}(a)]$$

일반적으로, 다음 정리가 성립한다.

정리 1.5.3 체 F 위의 $m \times n$ 행렬 $A = [a_{ij}]_{m\times n}$ 에 기본 행 [열] 변형을 유한 번 시행하여 얻은 행렬을 B 이라고 할 때, 이들 기본변형에 대응하는 m 차의 [n 차의] 기본행렬을 차례로 $E_1, E_2, \cdots, E_s$ 이라고 하면

$$B = E_s \cdots E_2 E_1 A \qquad [B = AE_1 E_2 \cdots E_s]$$

이고 $P = E_s \cdots E_2 E_1$ 는 [$Q = E_1 E_2 \cdots E_s$ 는] 정칙행렬이다.

보기 1.5.4 다음은 실수체 $\mathbb{R}$ 위의 행렬 A에 기본 행 변형을 유한 번 시행하여 행렬 B를 얻는 과정을 보여 주고 있다.

$$A=\begin{bmatrix}2&6&16\\3&8&22\end{bmatrix}\longrightarrow\begin{bmatrix}2&6&16\\1&2&6\end{bmatrix}\longrightarrow\begin{bmatrix}1&2&6\\2&6&16\end{bmatrix}$$
$$\longrightarrow\begin{bmatrix}1&2&6\\0&2&4\end{bmatrix}\longrightarrow\begin{bmatrix}1&2&6\\0&1&2\end{bmatrix}\longrightarrow\begin{bmatrix}1&0&2\\0&1&2\end{bmatrix}=B$$

이 때, $B=E_{12}(-2)\,D_{22}(2^{-1})\,E_{21}(-2)\,C_{12}\,E_{21}(-1)\,A$ 이다.

행렬 A와 기본행렬 E에 대하여 $AE=(E^T A^T)^T$ 이고 또 E^T는 E와 동일한 유형의 기본행렬이므로 A에 열 변형을 시행하는 것은 A의 전치행렬 A^T에 기본 행 변형을 시행한 행렬을 전치시키는 것과 같다.

정의 1.5.4 아래의 조건 중에서 두 조건 (i), (ii)를 만족시키는 행렬을 **행 사다리꼴 행렬**(matrix in row-echelon form)이라고 한다. 그리고, 아래의 세 조건 (i), (ii), (iii)를 모두 만족시키는 행렬을 **기약 행 사다리꼴 행렬**(matrix in reduced row-echelon form)이라고 한다.

(i) 행 중에서 0만으로 이루어진 행은 아래쪽에 놓여 있다.

(ii) 각 행에서 **선두성분**(leading component) 즉 처음으로 0이 아닌 성분은 1이고, 이 1은 행의 번호가 커질수록 오른쪽에 더 치우쳐 놓여있다.

(iii) 각 행의 선두성분 1을 포함하는 열의 나머지 성분은 모두 0이다.

그리고, 영행렬은 기약 행 사다리꼴 행렬이라고 생각한다.

보기 1.5.5 다음 행렬은 모두 행 사다리꼴 행렬이고, 또 마지막 행렬을 제외한 행렬은 모두 기약 행 사다리꼴 행렬이다.

$$\begin{bmatrix}\mathbf{1}&\mathbf{0}&2\\0&\mathbf{1}&3\end{bmatrix},\quad\begin{bmatrix}\mathbf{1}&2&\mathbf{0}&5&3\\0&0&\mathbf{1}&0&4\end{bmatrix},\quad\begin{bmatrix}0&\mathbf{1}&\mathbf{0}&2&3\\0&0&\mathbf{1}&0&4\end{bmatrix},$$
$$\begin{bmatrix}\mathbf{1}&\mathbf{0}&4\\0&\mathbf{1}&2\\0&0&0\end{bmatrix},\quad\begin{bmatrix}\mathbf{1}&2&\mathbf{0}&4&3\\0&0&\mathbf{1}&0&3\\0&0&0&0&0\end{bmatrix},\quad\begin{bmatrix}\mathbf{1}&\mathbf{0}&2&\mathbf{3}\\0&\mathbf{1}&4&\mathbf{5}\\0&0&0&\mathbf{1}\end{bmatrix}$$

행렬 A에 기본 행 변형을 유한 번 시행하면 기약 행 사다리꼴 행렬 A'으로 변형시킬 수 있다. 이와 같이 기약 행 사다리꼴로 변형시키는 방법은 여러 가지 있으나, A'은 유일하게 결정된다(증명 생략).

보기 1.5.6 다음은 행렬 A에 적당한 기본 행 변형을 유한 번 시행하여 A를 기약 행 사다리꼴 행렬 A'으로 변형시키는 과정을 보여준다.

$$A = \begin{bmatrix} 1 & 3 & -2 & 0 \\ 2 & 6 & -3 & 4 \\ 3 & 9 & -4 & 8 \end{bmatrix} \longrightarrow \begin{bmatrix} 1 & 3 & -2 & 0 \\ \mathbf{0} & \mathbf{0} & 1 & 4 \\ 3 & 9 & -4 & 8 \end{bmatrix} \longrightarrow \begin{bmatrix} 1 & 3 & -2 & 0 \\ \mathbf{0} & \mathbf{0} & 1 & 4 \\ \mathbf{0} & \mathbf{0} & 2 & 8 \end{bmatrix}$$

$$\longrightarrow \begin{bmatrix} 1 & 3 & -2 & 0 \\ \mathbf{0} & \mathbf{0} & 1 & 4 \\ \mathbf{0} & \mathbf{0} & \mathbf{0} & \mathbf{0} \end{bmatrix} \longrightarrow \begin{bmatrix} 1 & 3 & \mathbf{0} & 8 \\ \mathbf{0} & \mathbf{0} & \mathbf{1} & 4 \\ \mathbf{0} & \mathbf{0} & \mathbf{0} & \mathbf{0} \end{bmatrix} = A'$$

정리 1.5.3에 의하여 다음 정리가 성립한다.

정리 1.5.5 체 F 위의 $m \times n$ 행렬 A에 기본 행 변형을 유한 번 시행하여 얻은 기약 행 사다리꼴 행렬을 A'이라고 할 때, 이들 기본 행 변형에 대응하는 m차 기본행렬을 차례로 $E_1, E_2, \cdots, E_s$이라고 하면

$$A' = E_s \cdots E_2 E_1 A$$

이고 또 $P = E_s \cdots E_2 E_1$는 정칙행렬이다.

위의 정리에서 $m \times n$ 행렬 A와 m차의 항등행렬 I_m은 각각

$$\begin{aligned} A &\longrightarrow E_1 A \longrightarrow E_2 E_1 A \longrightarrow \cdots \longrightarrow E_s \cdots E_2 E_1 A = A' \\ I_m &\longrightarrow E_1 \longrightarrow E_2 E_1 \longrightarrow \cdots \longrightarrow E_s \cdots E_2 E_1 = P \end{aligned}$$

로 변형되므로 덧붙인 행렬 $[A \mid I_m]$은 이들 변형에 의하여 다음과 같이 변형된다.

$$[A \mid I_m] \longrightarrow [E_1 A \mid E_1] \longrightarrow [E_2 E_1 A \mid E_2 E_1] \longrightarrow \cdots \longrightarrow [A' \mid P]$$

이 때, $A' = PA$이고, 이러한 정칙행렬 P는 여러 개 존재할 수 있다.

보기 1.5.7 실수체 $\mathbb{R}$ 위에서 다음과 같은 행렬을 생각해 보자.

$$A=\begin{bmatrix}1&3&2&0\\2&6&5&4\\3&9&8&8\end{bmatrix}$$

덧붙인 행렬 $[A \mid I_3]$는 기본 행 변형에 의하여 다음과 같이 변형된다.

$$[A \mid I_3]=\left[\begin{array}{cccc|ccc}1&3&2&0&1&0&0\\2&6&5&4&0&1&0\\3&9&8&8&0&0&1\end{array}\right]\longrightarrow\left[\begin{array}{cccc|ccc}1&3&2&0&1&0&0\\0&0&1&4&-2&1&0\\0&0&2&8&-3&0&1\end{array}\right]$$

$$\longrightarrow\left[\begin{array}{cccc|ccc}1&3&0&-8&5&-2&0\\0&0&1&4&-2&1&0\\0&0&0&0&1&-2&1\end{array}\right]=[A' \mid P]$$

한편, $[A' \mid P]$의 제 1 행에서 제 3 행를 빼면 다음과 같이 변형된다.

$$[A' \mid P]\longrightarrow\left[\begin{array}{cccc|ccc}1&3&0&-8&4&0&-1\\0&0&1&4&-2&1&0\\0&0&0&0&1&-2&1\end{array}\right]=[A' \mid Q]$$

$$A'=\begin{bmatrix}1&3&0&-8\\0&0&1&4\\0&0&0&0\end{bmatrix},\quad P=\begin{bmatrix}5&-2&0\\-2&1&0\\1&-2&1\end{bmatrix},\quad Q=\begin{bmatrix}4&0&-1\\-2&1&0\\1&-2&1\end{bmatrix}$$

여기서, $A'=PA=QA$ 이고 P, Q는 정칙행렬이다.

정의 1.5.6 체 F 위의 $m\times n$ 행렬 $A\,(\neq O_{m\times n})$ 에 기본 행 변형을 유한 번 시행하여 얻은 기약 행 사다리꼴 행렬 A' 에서 선두성분 1 을 포함하는 행의 개수를 A 의 **계급수**(rank)라 하고 이것을 $r(A)$ 로 나타낸다.

$$A'=\left[\begin{array}{cccccccccc}1&*&0&*&\cdots&*&0&*&\cdots&*\\0&0&1&*&\cdots&*&0&*&\cdots&*\\\vdots&&&\vdots&&\vdots&\vdots&\vdots&&\vdots\\0&0&0&0&\cdots&0&1&*&\cdots&*\\0&0&0&0&\cdots&0&0&0&\cdots&0\\\vdots&&&\vdots&&\vdots&\vdots&&&\vdots\\0&0&0&0&\cdots&0&0&0&\cdots&0\end{array}\right]r$$

그리고, 영행렬의 계급수는 0 으로 정한다.

체 F 위의 $m\times n$ 행렬 A에 대하여 다음이 성립한다.

$$r(A)=r(A')=(\text{선두성분 1을 포함하는 행의 개수})$$
$$=(\text{선두성분 1을 포함하는 열의 개수})$$
$$0\le r(A)\le m,\quad 0\le r(A)\le n,$$
$$A=O_{m\times n}\Longleftrightarrow r(A)=0$$

임의의 원소 $k\in F$, $k\neq 0$에 대하여 $r(kA)=r(A)$이다.

체 F 위의 정사각행렬에 대해서는 다음이 성립한다('해설 105' 참조).

정리 1.5.7 체 F 위의 n차의 행렬 $A=[a_{ij}]_{n\times n}$에 기본 행 변형을 유한 번 시행하여 얻은 기약 행 사다리꼴 행렬을 A'이라고 할 때, 다음 네 조건은 서로 동치이다.

(1) A는 정칙행렬이다.

(2) $A'=I_n$

(3) $r(A)=n$

(4) A는 유한 개의 기본행렬의 곱으로 나타내어진다.

증 명 정리 1.5.5에 의하면, 적당한 n차의 기본행렬 $E_1, E_2, \cdots, E_s$에 대하여 $A'=E_s\cdots E_2E_1A$이고 이때 $P=E_s\cdots E_2E_1$은 정칙행렬이다.

(1) $\Longrightarrow$ (2) 행렬 A가 정칙행렬이면, 정리 1.3.4에 의하여 $A'=PA$는 정칙행렬이고 따라서 A'의 행 중에는 0만으로 이루어진 행은 없으므로 $A'=I_n$이다(문제 1.3.4 참조).

$$\begin{bmatrix}1&0&0&0\\0&1&0&0\\0&0&1&0\\0&0&0&1\end{bmatrix},\quad \begin{bmatrix}1&0&0&0\\0&0&1&0\\0&0&0&1\\0&0&0&0\end{bmatrix},\quad \begin{bmatrix}1&0&0&0\\0&0&1&0\\0&0&0&0\\0&0&0&0\end{bmatrix}$$

(2) $\Longleftrightarrow$ (3) 위의 행렬에서 보는 바와 같이 $A'=I_n$일 때 그리고 이때에만 $r(A)=r(A')=n$이다.

(2) $\Longrightarrow$ (4) 조건 (2)가 성립하면, $E_s\cdots E_2E_1A=A'=I_n$이므로

$$A = (E_s \cdots E_2 E_1)^{-1} = {E_1}^{-1} {E_2}^{-1} \cdots {E_s}^{-1}$$

이고 ${E_1}^{-1}, {E_s}^{-1} \cdots, {E_s}^{-1}$는 기본행렬이다(정리 1.3.4, 정리 1.5.2).

(4) $\Longrightarrow$ (1) 행렬 A가 기본행렬 $E_1, E_2, \cdots, E_s$의 곱

$$A = E_1 E_2 \cdots E_s$$

으로 나타내어지면, 정리 1.5.2에 의하여 기본행렬 $E_1, E_2, \cdots, E_s$는 모두 정칙행렬이므로 A는 정칙행렬이다(정리 1.3.4).

체 F 위의 n차의 행렬 A에 적당한 기본 행 변형을 유한 번 시행하여 얻은 기약 행 사다리꼴 행렬을 A'이라 하고 이러한 기본 행 변형에 대응하는 기본행렬을 차례로 $E_1, E_2, \cdots, E_s$이라고 하자. 이 때, 덧붙인 행렬 $[A \mid I_n]$은 이러한 변형에 의하여

$$[A \mid I_n] \longrightarrow [E_1 A \mid E_1] \longrightarrow \cdots \longrightarrow [A' \mid P]$$

로 변형되고 또 행렬 A가 정칙행렬일 때 그리고 이때에만 $A' = I_n$이다(정리 1.5.7). 특히, A가 정칙행렬이면, $PA = A' = I_n$이므로 $P = A^{-1}$이고 따라서 덧붙인 행렬 $[A \mid I_n]$은

$$[A \mid I_n] \longrightarrow [E_1 A \mid E_1] \longrightarrow \cdots \longrightarrow [I_n \mid A^{-1}]$$

로 변형되고 또 체 F 위의 임의의 $n \times m$ 행렬 B에 대하여 $[A \mid B]$는

$$[A \mid B] \longrightarrow [E_1 A \mid E_1 B] \longrightarrow \cdots \longrightarrow [I_n \mid A^{-1} B]$$

로 변형된다. 그런데, A가 정칙행렬일 때, 등식 $AX = B$를 만족시키는 행렬 X는 $X = A^{-1}B$이므로 위와 같이 덧붙인 행렬 $[A \mid B]$에 기본 행 변형을 유한 번 시행하여 X를 구할 수 있다(문제 1.3.8).

보기 1.5.8 실수체 $\mathbb{R}$ 위에서 다음 두 행렬을 생각해 보자.

$$A = \begin{bmatrix} 1 & 2 & 1 \\ 2 & 5 & 1 \\ 2 & 4 & 1 \end{bmatrix}, \qquad B = \begin{bmatrix} 2 & -1 \\ 1 & 3 \\ 0 & 2 \end{bmatrix}$$

덧붙인 행렬 $[A \mid I_3]$는 기본 행 변형에 의하여 다음과 같이 변형된다.

$$[A \mid I_3] = \left[\begin{array}{ccc|ccc} 1 & 2 & 1 & 1 & 0 & 0 \\ 2 & 5 & 1 & 0 & 1 & 0 \\ 2 & 4 & 1 & 0 & 0 & 1 \end{array}\right] \longrightarrow \left[\begin{array}{ccc|ccc} 1 & 2 & 1 & 1 & 0 & 0 \\ 0 & 1 & -1 & -2 & 1 & 0 \\ 0 & 0 & -1 & -2 & 0 & 1 \end{array}\right]$$

$$\longrightarrow \left[\begin{array}{ccc|ccc} 1 & 2 & 1 & 1 & 0 & 0 \\ 0 & 1 & -1 & -2 & 1 & 0 \\ 0 & 0 & 1 & 2 & 0 & -1 \end{array}\right] \longrightarrow \left[\begin{array}{ccc|ccc} 1 & 2 & 0 & -1 & 0 & 1 \\ 0 & 1 & 0 & 0 & 1 & -1 \\ 0 & 0 & 1 & 2 & 0 & -1 \end{array}\right]$$

$$\longrightarrow \left[\begin{array}{ccc|ccc} 1 & 0 & 0 & -1 & -2 & 3 \\ 0 & 1 & 0 & 0 & 1 & -1 \\ 0 & 0 & 1 & 2 & 0 & -1 \end{array}\right] = [I_3 \mid A^{-1}]$$

따라서 A는 정칙행렬이고 A의 역행렬 A^{-1}는 다음과 같다.

$$A^{-1} = \begin{bmatrix} -1 & -2 & 3 \\ 0 & 1 & -1 \\ 2 & 0 & -1 \end{bmatrix}$$

한편, $AX = B$일 때, $X = A^{-1}B$이고 또 덧붙인 행렬 $[A \mid B]$는 기본 행 변형에 의하여 다음과 같이 변형된다.

$$[A \mid B] = \left[\begin{array}{ccc|cc} 1 & 5 & 1 & 2 & -1 \\ 2 & 5 & 1 & 1 & 3 \\ 2 & 4 & 1 & 0 & 2 \end{array}\right] \longrightarrow \left[\begin{array}{ccc|cc} 1 & 2 & 1 & 2 & -1 \\ 0 & 1 & -1 & -3 & 5 \\ 0 & 0 & -1 & -4 & 4 \end{array}\right]$$

$$\longrightarrow \left[\begin{array}{ccc|cc} 1 & 2 & 1 & 2 & -1 \\ 0 & 1 & -1 & -3 & 5 \\ 0 & 0 & 1 & 4 & -4 \end{array}\right] \longrightarrow \left[\begin{array}{ccc|cc} 1 & 2 & 0 & -2 & 3 \\ 0 & 1 & 0 & 1 & 1 \\ 0 & 0 & 1 & 4 & -4 \end{array}\right]$$

$$\longrightarrow \left[\begin{array}{ccc|cc} 1 & 0 & 0 & 4 & 1 \\ 0 & 1 & 0 & 1 & 1 \\ 0 & 0 & 1 & 4 & -4 \end{array}\right] = [I_3 \mid A^{-1}B]$$

따라서 다음 결과를 얻는다.

$$X = A^{-1}B = \begin{bmatrix} -4 & 1 \\ 1 & 1 \\ 4 & -4 \end{bmatrix}$$

보기 1.5.9 실수체 $\mathbb{R}$ 위에서 다음과 같은 행렬을 생각해 보자.

$$A = \begin{bmatrix} 1 & 4 & 6 \\ 2 & -1 & 4 \\ 1 & 4 & 6 \end{bmatrix}$$

덧붙인 행렬 $[A \mid I_3]$는 기본 행 변형에 의하여 다음과 같이 변형된다.

$$[A \mid I_3] = \left[\begin{array}{ccc:ccc} 1 & 4 & 6 & 1 & 0 & 0 \\ 2 & -1 & 4 & 0 & 1 & 0 \\ 1 & 4 & 6 & 0 & 0 & 1 \end{array}\right] \longrightarrow \left[\begin{array}{ccc:ccc} 1 & 4 & 6 & 1 & 0 & 0 \\ 0 & -9 & -8 & -2 & 1 & 0 \\ 0 & 0 & 0 & -1 & 0 & 1 \end{array}\right]$$

따라서 행렬 A는 정칙행렬이 아니다.

연 습 문 제 (1.5)

1. 집합 $\mathrm{Mat}_4(\mathbb{R})$ 에서 다음 기호를 행렬로 나타내어라.

(1) C_{24} (2) $D_{33}(5)$ (3) $E_{14}(2)$ (4) $E_{41}(2)$

2. 실수체 $\mathbb{R}$ 위에서 다음과 같은 행렬 A에 유한 번의 기본 행 변형을 시행하여 기약 행 사다리꼴 행렬 A'으로 변형하고, 또 $A' = PA$인 정칙행렬 P를 구하여라.

(1) $A = \begin{bmatrix} 2 & -1 & 1 \\ 1 & 2 & 3 \end{bmatrix}$ (2) $A = \begin{bmatrix} 1 & 1 \\ 2 & 2 \end{bmatrix}$

(3) $A = \begin{bmatrix} 1 & 4 & 1 & 3 \\ 2 & 8 & 3 & 5 \\ 1 & 4 & 2 & 7 \end{bmatrix}$ (4) $A = \begin{bmatrix} 1 & 2 & 4 & 3 \\ 2 & 4 & 3 & 5 \\ 3 & 4 & 2 & 0 \\ 1 & 3 & 0 & 2 \end{bmatrix}$

3. 실수체 $\mathbb{R}$ 위에서 다음 행렬이 정칙행렬인 경우에 이 행렬을 기본행렬의 곱으로 나타내어라.

*(1) $A = \begin{bmatrix} 0 & 3 \\ 5 & 10 \end{bmatrix}$ (2) $A = \begin{bmatrix} 2 & 1 \\ 3 & 2 \end{bmatrix}$

4. 실수체 $\mathbb{R}$ 위에서 다음 행렬이 정칙행렬인 경우에 이 행렬을 기본행렬의 곱으로 나타내어라.

*(1) $A=\begin{bmatrix}0&1&0\\0&0&2\\3&0&0\end{bmatrix}$ (2) $A=\begin{bmatrix}2&1&1\\0&1&1\\1&0&1\end{bmatrix}$

***5.** 실수체 $\mathbb{R}$ 위에서 다음 행렬 A의 역행렬 A^{-1}가 존재하는 경우에 행렬 A에 기본 행 변형을 시행하여 A^{-1}를 구하여라.

(1) $A=\begin{bmatrix}2&1&2\\4&0&1\\2&3&4\end{bmatrix}$ (2) $A=\begin{bmatrix}0&2&0\\0&1&0\\1&0&0\end{bmatrix}$ (3) $A=\begin{bmatrix}6&2&3\\1&1&0\\8&4&3\end{bmatrix}$

6. 실수체 $\mathbb{R}$ 위에서 다음 행렬 A의 역행렬 A^{-1}가 존재하는 경우에 행렬 A에 기본 행 변형을 시행하여 A^{-1}를 구하여라.

(1) $A=\begin{bmatrix}2&1&0&2\\0&0&1&0\\4&0&0&1\\2&3&0&4\end{bmatrix}$ (2) $A=\begin{bmatrix}1&1&0&1\\0&1&1&0\\1&1&0&0\\1&1&1&1\end{bmatrix}$

***7.** 실수체 $\mathbb{R}$ 위의 3×4 행렬

$$A=\begin{bmatrix}2&-2&2&4\\-2&4&2&-1\\6&-2&4&14\end{bmatrix}$$

에 제 Ⅲ 기본 행 변형을 시행하면, A는 다음과 같은 행 사다리꼴 행렬 U로 변형된다.

$$A=\begin{bmatrix}2&-2&2&4\\-2&4&2&-1\\6&-2&4&14\end{bmatrix}\xrightarrow[E_{21}(1)]{}\begin{bmatrix}2&-2&2&4\\0&2&4&3\\6&-2&4&14\end{bmatrix}$$

$$\xrightarrow[E_{31}(-3)]{}\begin{bmatrix}2&-2&2&4\\0&2&4&3\\0&4&-2&2\end{bmatrix}\xrightarrow[E_{32}(-2)]{}\begin{bmatrix}2&-2&2&4\\0&2&4&3\\0&0&-10&-4\end{bmatrix}=U$$

이 때, $A=LU$인 정칙행렬 L을 구하고 또 L이 下 삼각형렬임을 확인하여라.

§1.6 연립일차방정식과 Gauss-Jordan 소거법

체 F의 원소 $a_1, a_2, \cdots, a_n, b$와 미지수 $x_1, x_2, \cdots, x_n$에 대하여 다음과 같은 꼴의 방정식을 체 F에서의 미지수 $x_1, x_2, \cdots, x_n$에 관한 **일차방정식** (linear equation)이라고 한다.

$$a_1 x_1 + a_2 x_2 + \cdots + a_n x_n = b$$
$$(a_1, a_2, \cdots, a_n \text{ 중에서 적어도 하나는 } \neq 0)$$

그리고, 체 F에서의 m개의 일차방정식으로 이루어진 연립방정식

$$\begin{cases} a_{11}x_1 + a_{12}x_2 + \cdots + a_{1n}x_n = b_1 \\ a_{21}x_1 + a_{22}x_2 + \cdots + a_{2n}x_n = b_2 \\ \quad\vdots \\ a_{m1}x_1 + a_{m2}x_2 + \cdots + a_{mn}x_n = b_m \end{cases} \qquad (a_{ij}, b_j \in F)$$

을 체 F에서의 미지수 $x_1, x_2, \cdots, x_n$에 관한 **연립일차방정식**(system of linear equations)이라고 한다(단, $m=1$인 경우도 포함하여).

여기서 행렬 $A=[a_{ij}]_{m\times n} \neq O_{m\times n}$를 위의 연립일차방정식의 **계수행렬** (coefficient matrix)이라 하며, 이 연립방정식은 다음과 같이 나타내어진다.

$$A\begin{bmatrix} x_1 \\ \vdots \\ x_n \end{bmatrix} = B, \qquad B = \begin{bmatrix} b_1 \\ \vdots \\ b_m \end{bmatrix}$$

그리고, 위의 연립일차방정식에 대응하는 행렬

$$[A \mid B] = \left[\begin{array}{cccc:c} a_{11} & a_{12} & \cdots & a_{1n} & b_1 \\ a_{21} & a_{22} & \cdots & a_{2n} & b_2 \\ \vdots & \vdots & \cdots & \vdots & \vdots \\ a_{m1} & a_{m2} & \cdots & a_{mn} & b_m \end{array}\right]$$

를 이 연립일차방정식의 **덧붙인 행렬**(augmented matrix)이라고 한다.

체 F 의 원소 $c_1, \cdots, c_n$ 에 대하여 $x_1 = c_1, \cdots, x_n = c_n$ 이 연립일차방정식의 모든 일차방정식을 동시에 만족시킬 때, $(c_1, \cdots, c_n) \in F^n$ 을 이 연립일차방정식의 **해**(solution)라 하고 이 해를 다음과 같이 나타낸다.

$$\begin{cases} x_1 = c_1 \\ \vdots \\ x_n = c_n \end{cases} \quad \text{또는} \quad \begin{bmatrix} x_1 \\ \vdots \\ x_n \end{bmatrix} = \begin{bmatrix} c_1 \\ \vdots \\ c_n \end{bmatrix} \quad \text{또는} \quad (x_1, \cdots, x_n) = (c_1, \cdots, c_n)$$

보기 1.6.1 실수체 $\mathbb{R}$에서 다음 연립일차방정식의 해를 구해 보자.

연립일차방정식	덧붙인 행렬
$\begin{cases} 2x_1 + x_2 = 8 \cdots ① \\ x_1 + 3x_2 = 9 \cdots ② \end{cases}$	$\left[\begin{array}{cc:c} 2 & 1 & 8 \\ 1 & 3 & 9 \end{array}\right]$
① 과 ② 를 서로 바꾼다.	제 1 행과 제 2 행을 서로 바꾼다.
$\begin{cases} x_1 + 3x_2 = 9 \cdots ①' \\ 2x_1 + x_2 = 8 \cdots ②' \end{cases}$	$\left[\begin{array}{cc:c} \mathbf{1} & 3 & 9 \\ 2 & 1 & 8 \end{array}\right]$
$②' + ①' \times (-2)$	제 2 행에 제 1 행의 (-2) 배를 더한다.
$\begin{cases} x_1 + 3x_2 = 9 \cdots ①'' \\ -5x_2 = -10 \cdots ②'' \end{cases}$	$\left[\begin{array}{cc:c} \mathbf{1} & 3 & 9 \\ \mathbf{0} & -5 & -10 \end{array}\right]$
$②'' \times (-\frac{1}{5})$	제 2 행을 $-\frac{1}{5}$ 배 한다.
$\begin{cases} x_1 + 3x_2 = 9 \cdots ①''' \\ x_2 = 2 \cdots ②''' \end{cases}$	$\left[\begin{array}{cc:c} \mathbf{1} & 3 & 9 \\ \mathbf{0} & \mathbf{1} & 2 \end{array}\right]$
$①''' + ②''' \times (-3)$	제 1 행에 제 2 행의 (-3) 배를 더한다.
$\begin{cases} x_1 = 3 \\ x_2 = 2 \end{cases}$	$\left[\begin{array}{cc:c} \mathbf{1} & \mathbf{0} & 3 \\ \mathbf{0} & \mathbf{1} & 2 \end{array}\right]$

따라서 위의 연립일차방정식의 해는 다음과 같이 나타낼 수 있다.

$$\begin{cases} x_1 = 3 \\ x_2 = 2 \end{cases} \quad \text{또는} \quad \begin{bmatrix} x_1 \\ x_2 \end{bmatrix} = \begin{bmatrix} 3 \\ 2 \end{bmatrix} \quad \text{또는} \quad (x_1, x_2) = (3, 2)$$

연립일차방정식의 해 전체를 구하는 것을 이 **연립방정식을 푼다**고 한다. 연립일차방정식을 풀 때에는, 다음과 같은 유형의 기본 변형을 유한 번 시행하여 새로운 연립일차방정식으로 고친다.

(1) 서로 다른 두 방정식을 맞바꾸어 놓는다.
(2) 한 방정식을 a 배 한다($a \in F$, $a \neq 0$).
(3) 한 방정식에 다른 방정식의 a 배를 더한다($a \in F$, $a \neq 0$).

이 때, 이들 두 연립일차방정식을 서로 **同値**(equivalent)이라고 한다.

연립일차방정식에 기본변형 (1), (2), (3)을 시행한다는 것은 덧붙인 행렬에 기본 행 변형 I, II, III를 시행한다는 것과 마찬가지이다(정의 1.5.1).

보기 1.6.2 실수체 $\mathbb{R}$에서 다음 연립일차방정식의 해를 구해 보자.

$$\begin{cases} 3x_1 - 4x_2 + 2x_3 = 8 \\ 2x_1 - 3x_2 + x_3 = 5 \end{cases}$$

위의 연립일차방정식의 계수행렬과 덧붙인 행렬을 각각 A, $[A \mid B]$라고 하면, $[A \mid B]$는 기본 행 변형에 의하여 오른쪽과 같이 기약 행 사다리꼴 행렬로 변형된다. 따라서

$$r([A \mid B]) = r(A) = 2$$

이고, 위의 연립일차방정식은 다음 연립일차방정식과 동치이다.

$$[A \mid B] = \left[\begin{array}{ccc|c} 3 & 4 & 2 & 8 \\ 2 & 3 & 1 & 5 \end{array}\right] \longrightarrow \left[\begin{array}{ccc|c} 1 & 1 & 1 & 3 \\ 2 & 3 & 1 & 5 \end{array}\right] \longrightarrow \left[\begin{array}{ccc|c} 1 & 1 & 1 & 3 \\ 0 & 1 & -1 & -1 \end{array}\right] \longrightarrow \left[\begin{array}{ccc|c} 1 & 0 & 2 & 4 \\ 0 & 1 & -1 & -1 \end{array}\right]$$

$$\begin{cases} x_1 + 2x_3 = 4 \\ x_2 - x_3 = -1 \end{cases} \quad \text{즉} \quad \begin{cases} x_1 = 4 - 2x_3 \\ x_2 = -1 + x_3 \end{cases}$$

따라서 주어진 연립일차방정식은 위의 연립일차방정식과 동치이고, 또 x_3가 어떠한 실수값을 택하더라도 이에 따라 결정되는 x_1, x_2, x_3의 값은 위의 연립일차방정식의 해이다. 이제 매개변수(parameter) t를 도입하여 $x_3 = t$이라고 놓으면 주어진 연립일차방정식의 해 전체는 다음과 같다.

$$\begin{cases} x_1 = \quad 4 - 2t \\ x_2 = -1 + \quad t \\ x_3 = \qquad\quad t \end{cases} \quad (t \in \mathbb{R}) \qquad \begin{bmatrix} x_1 \\ x_2 \\ x_3 \end{bmatrix} = \begin{bmatrix} 4 \\ -1 \\ 0 \end{bmatrix} + t \begin{bmatrix} -2 \\ 1 \\ 1 \end{bmatrix} \quad (t \in \mathbb{R})$$

보기 1.6.3 실수체 $\mathbb{R}$에서 다음 연립일차방정식의 해를 구해보자.

$$\begin{cases} x_1 - 3x_2 - 2x_3 \qquad\quad = 1 \\ 2x_1 - 6x_2 - 3x_3 + 4x_4 = 4 \\ 3x_1 - 9x_2 - 4x_3 + 8x_4 = 7 \end{cases}$$

이 연립일차방정식의 계수행렬과 덧붙인 행렬을 각각 A, $[A \mid B]$라고 하면, $[A \mid B]$는 기본 행 변형에 의하여 오른쪽과 같이 기약 행사다리꼴 행렬로 변형되므로

$$[A \mid B] = \left[\begin{array}{cccc:c} 1 & -3 & -2 & 0 & 1 \\ 2 & -6 & -3 & 4 & 4 \\ 3 & -9 & -4 & 8 & 7 \end{array}\right] \longrightarrow \left[\begin{array}{cccc:c} 1 & -3 & -2 & 0 & 1 \\ 0 & 0 & 1 & 4 & 2 \\ 0 & 0 & 2 & 8 & 4 \end{array}\right] \longrightarrow \left[\begin{array}{cccc:c} 1 & -3 & 0 & 8 & 5 \\ 0 & 0 & 1 & 4 & 2 \\ 0 & 0 & 0 & 0 & 0 \end{array}\right]$$

$$r([A \mid B]) = r(A) = 2$$

이고, 또 주어진 연립일차방정식은 다음 연립일차방정식과 동치이다.

$$\begin{cases} x_1 - 3x_2 \qquad + 8x_4 = 5 \\ \qquad\qquad x_3 + 4x_4 = 2 \end{cases} \quad \text{즉} \quad \begin{cases} x_1 = 5 + 3x_2 - 8x_4 \\ x_3 = 2 \qquad\quad - 4x_4 \end{cases}$$

따라서 위의 연립일차방정식의 해 전체는 다음과 같다.

$$\begin{cases} x_1 = 5 + 3t_1 - 8t_2 \\ x_2 = \qquad t_1 \\ x_3 = 2 \qquad\quad - 4t_2 \\ x_4 = \qquad\qquad\quad t_2 \end{cases} \quad (t_1, t_2 \in \mathbb{R})$$

$$\begin{bmatrix} x_1 \\ x_2 \\ x_3 \\ x_4 \end{bmatrix} = \begin{bmatrix} 5 \\ 0 \\ 2 \\ 0 \end{bmatrix} + t_1 \begin{bmatrix} 3 \\ 1 \\ 0 \\ 0 \end{bmatrix} + t_2 \begin{bmatrix} -8 \\ 0 \\ -4 \\ 1 \end{bmatrix} \quad (t_1, t_2 \in \mathbb{R})$$

$$(x_1, x_2, x_3, x_4) = (5, 0, 2, 0) + t_1(3, 1, 0, 0) + t_2(-8, 0, -4, 1) \quad (t_1, t_2 \in \mathbb{R})$$

보기 1.6.4 실수체 $\mathbb{R}$에서 다음 연립일차방정식의 해를 구해 보자.

$$\begin{cases} 3x_1 + 4x_2 - 2x_3 = 4 \\ 2x_1 + 3x_2 + 2x_3 = 1 \\ 4x_1 + 5x_2 - 6x_3 = 8 \end{cases}$$

이 연립일차방정식의 계수행렬과 덧붙인 행렬을 각각 A, $[A \mid B]$ 이라고 하면, $[A \mid B]$는 기본 행 변형에 의하여 오른쪽과 같이 기약 행 사다리꼴 행렬로 변형되고 이에 대응하는 연립일차방정식은

$$\begin{cases} x_1 - 14x_3 = 0 \\ x_2 + 10x_3 = 0 \\ \qquad\quad 0 = 1 \end{cases}$$

이므로 주어진 연립일차방정식의 해는 존재하지 않는다.

여기서 $r([A \mid B]) \neq 2 = r(A)$ 이다.

$$[A \mid B] = \left[\begin{array}{ccc|c} 3 & 4 & -2 & 4 \\ 2 & 3 & 2 & 1 \\ 4 & 5 & -6 & 8 \end{array}\right] \longrightarrow \left[\begin{array}{ccc|c} 1 & 1 & -4 & 3 \\ 2 & 3 & 2 & 1 \\ 4 & 5 & -6 & 8 \end{array}\right] \longrightarrow \left[\begin{array}{ccc|c} 1 & 1 & -4 & 3 \\ 0 & 1 & 10 & -5 \\ 0 & 1 & 10 & -4 \end{array}\right] \longrightarrow \left[\begin{array}{ccc|c} 1 & 0 & -14 & 8 \\ 0 & 1 & 10 & -5 \\ 0 & 0 & 0 & 1 \end{array}\right]$$

주어진 연립일차방정식의 계수행렬과 덧붙인 행렬이 각각 A, $[A \mid B]$ 일 때, $[A \mid B]$에 기본 행 변형을 유한 번 시행하여 얻은 기약 행 사다리꼴 행렬을 $[A' \mid B']$이라고 하면 이에 대응하는 두 연립일차방정식

$$A\begin{bmatrix} x_1 \\ \vdots \\ x_n \end{bmatrix} = B, \qquad A'\begin{bmatrix} x_1 \\ \vdots \\ x_n \end{bmatrix} = B'$$

는 동치이고 둘째 연립일차방정식을 이용하여 주어진 연립일차방정식의 해 전체를 구하거나 또는 해의 존재 여부를 판정할 수 있다.

앞의 여러 보기에서 알아 본 바와 같이 $r([A \mid B]) = r(A) = r$ 인 경우에 이 연립일차방정식의 해는 존재하고 또 해 전체는 $n-r$ 개의 매개변수로 나타내어진다. 한편, $r([A \mid B]) \neq r(A)$ 인 경우에는 연립일차방정식의 해는 존재하지 않는다. 이와 같은 방법으로 연립일차방정식을 푸는 방법을 **Gauss-Jordan 소거법**(ellimination) 이라고 한다.

체 F의 원소 $a_1, a_2, \cdots, a_n$과 미지수 $x_1, x_2, \cdots, x_n$에 대하여 다음과 같이 상수항이 0인 일차방정식을 체 F에서의 **동차 일차방정식**(homogeneous linear equation)이라고 한다.

$$a_1 x_1 + a_2 x_2 + \cdots + a_n x_n = 0$$
$$(a_1, a_2, \cdots, a_n \text{ 중에서 적어도 하나는 } \neq 0)$$

또, 다음과 같이 n개의 미지수에 관한 m개의 동차 일차방정식으로 이루어진 연립일차방정식을 체 F에서의 **동차 연립일차방정식**(homogeneous system of linear equations)이라고 한다($m = 1$인 경우도 포함하여).

$$\begin{cases} a_{11} x_1 + a_{12} x_2 + \cdots + a_{1n} x_n = 0 \\ a_{21} x_1 + a_{22} x_2 + \cdots + a_{2n} x_n = 0 \\ \quad \vdots \\ a_{m1} x_1 + a_{m2} x_2 + \cdots + a_{mn} x_n = 0 \end{cases} \qquad (a_{ij} \in F)$$

위의 동차 연립일차방정식은 적어도 한 개의 해 $(0, 0, \cdots, 0)$을 가진다. 이 해를 **자명한 해**(trivial solution)라고 한다.

보기 1.6.5 실수체 $\mathbb{R}$에서 다음 동차 연립일차방정식의 해를 구해보자.

$$\begin{cases} x_1 - 2x_2 + x_3 + 2x_4 = 0 \\ 2x_1 - 3x_2 \qquad + 4x_4 = 0 \end{cases}$$

이 동차 연립일차방정식의 계수행렬 A는 기본 행 변형에 의하여 오른쪽과 같이 기약 행 사다리꼴 행렬 A'으로 변형되므로

$$r(A) = r(A') = 2$$

이고 또 A'에 대응하는 동차 연립일차방정식은 다음과 같다.

$$A = \begin{bmatrix} 1 & -2 & 1 & 2 \\ 2 & -3 & 0 & 4 \end{bmatrix} \longrightarrow \begin{bmatrix} 1 & -2 & 1 & 2 \\ 0 & 1 & -2 & 0 \end{bmatrix} \longrightarrow \begin{bmatrix} 1 & 0 & -3 & 2 \\ 0 & 1 & -2 & 0 \end{bmatrix} = A'$$

$$\begin{cases} x_1 \qquad - 3x_3 + 2x_4 = 0 \\ \qquad x_2 - 2x_3 \qquad = 0 \end{cases} \quad \text{즉} \quad \begin{cases} x_1 = 3x_3 - 2x_4 \\ x_2 = 2x_3 \end{cases}$$

따라서 주어진 동차 연립일차방정식의 해 전체는 다음과 같다.

$$\begin{cases} x_1 = 3t_1 - 2t_2 \\ x_2 = 2t_1 \\ x_3 = \quad t_1 \\ x_4 = \qquad\quad t_2 \end{cases} \qquad (t_1,\ t_2 \in \mathbb{R})$$

$$\begin{bmatrix} x_1 \\ x_2 \\ x_3 \\ x_4 \end{bmatrix} = t_1 \begin{bmatrix} 3 \\ 2 \\ 1 \\ 0 \end{bmatrix} + t_2 \begin{bmatrix} -2 \\ 0 \\ 0 \\ 1 \end{bmatrix} \quad (t_1,\ t_2 \in \mathbb{R})$$

$$(x_1, x_2, x_3, x_4) = t_1(3, 2, 1, 0) + t_2(-2, 0, 0, 1) \quad (t_1,\ t_2 \in \mathbb{R})$$

보기 1.6.6 실수체 $\mathbb{R}$ 에서 다음 동차 연립일차방정식의 해를 구해보자.

$$\begin{cases} \ \ x_1 + 2x_2 = 0 \\ 2x_1 + 5x_2 = 0 \\ 3x_1 + 8x_2 = 0 \end{cases}$$

이 동차 연립일차방정식의 계수행렬 A 는 기본 행 변형에 의하여 오른쪽과 같이 기약 행 사다리꼴 행렬 A' 으로 변형되므로

$$r(A) = r(A') = 2$$

이고 위의 동차 연립일차방정식의 해는 자명한 해 $(x_1, x_2) = (0, 0)$ 뿐이다.

$$A = \begin{bmatrix} 1 & 2 \\ 2 & 5 \\ 3 & 8 \end{bmatrix} \longrightarrow \begin{bmatrix} 1 & 2 \\ 0 & 1 \\ 0 & 2 \end{bmatrix} \longrightarrow \begin{bmatrix} 1 & 0 \\ 0 & 1 \\ 0 & 0 \end{bmatrix} = A'$$

체 F 위의 행렬 $A = [a_{ij}]_{m \times n} \neq O_{m \times n}$ 에 기본 행 변형을 유한 번 시행하여 얻은 기약 행 사다리꼴 행렬이 A' 일 때, 두 동차 연립일차방정식

$$A \begin{bmatrix} x_1 \\ \vdots \\ x_n \end{bmatrix} = \begin{bmatrix} 0 \\ \vdots \\ 0 \end{bmatrix}, \qquad A' \begin{bmatrix} x_1 \\ \vdots \\ x_n \end{bmatrix} = \begin{bmatrix} 0 \\ \vdots \\ 0 \end{bmatrix}$$

은 서로 동치이고 또 $r(A) = r(A') = r$ 이라고 하면 $1 \leq r \leq n$ 이다.

먼저 $r = n$ 이면,

$$A' = \begin{bmatrix} 1 & 0 & 0 & \cdots & 0 \\ 0 & 1 & 0 & \cdots & 0 \\ \vdots & \vdots & \ddots & \vdots & \vdots \\ 0 & 0 & 0 & \cdots & 1 \\ 0 & 0 & 0 & \cdots & 0 \\ \vdots & \vdots & \vdots & \vdots & \vdots \\ 0 & 0 & 0 & 0 & 0 \end{bmatrix} n$$

이므로 해는 자명한 해 $(0, \cdots, 0)$ 뿐이다. 한편, $1 \le r < n$ 이면, A' 은

$$A' = \begin{bmatrix} 1 & * & 0 & * & \cdots & * & 0 & * & \cdots & * \\ 0 & 0 & 1 & * & \cdots & * & 0 & * & \cdots & * \\ \vdots & \vdots & \vdots & \vdots & & \vdots & \vdots & & & \vdots \\ 0 & 0 & 0 & 0 & \cdots & 0 & 1 & * & \cdots & * \\ 0 & 0 & 0 & 0 & \cdots & 0 & 0 & 0 & \cdots & 0 \\ \vdots & \vdots & \vdots & \vdots & & \vdots & \vdots & & & \vdots \\ 0 & 0 & 0 & 0 & \cdots & 0 & 0 & 0 & \cdots & 0 \end{bmatrix} r$$

와 같은 꼴이고 보기 1.6.5 에서와 같이 이 동차 연립일차방정식의 해는 $n-r$ 개의 매개변수로 나타내어지고 따라서 자명한 해 $(0, \cdots, 0)$ 이외의 해를 가진다. 좀더 자세한 사항에 대해서는 §2.7 에서 다시 논한다.

특히, 이 결과와 정리 1.5.7 에 의하여 다음 정리가 성립한다.

정리 1.6.1 체 F 에서의 n 개의 미지수 $x_1, x_2, \cdots, x_n$ 에 관한 n 개의 동차 일차방정식으로 이루어진 동차 연립일차방정식

$$\begin{cases} a_{11}x_1 + a_{12}x_2 + \cdots + a_{1n}x_n = 0 \\ a_{21}x_1 + a_{22}x_2 + \cdots + a_{2n}x_n = 0 \\ \quad \vdots \\ a_{n1}x_1 + a_{n2}x_2 + \cdots + a_{nn}x_n = 0 \end{cases}$$

에서 $A = [a_{ij}]_{n \times n} \neq O_{m \times n}$ 이라고 할 때, 다음 세 조건은 서로 동치이다.

(1) A 는 정치행렬이다.

(2) $r(A) = n$

(3) 위의 동차 연립일차방정식의 해는 자명한 해 $(0, 0, \cdots, 0)$ 뿐이다.

보기 1.6.7 실수체 $\mathbb{R}$에서 다음 연립일차방정식의 해를 구해 보자.

(1) $\begin{cases} x_1 + 2x_2 - 2x_3 = 0 \\ 2x_1 + 5x_2 + x_3 = 0 \end{cases}$ (2) $\begin{cases} x_1 + 2x_2 - 2x_3 = 1 \\ 2x_1 + 5x_2 + x_3 = 4 \end{cases}$

먼저 (1)의 계수행렬과 (2)의 덧붙인 행렬은 각각 다음과 같다.

$$A = \begin{bmatrix} 1 & 2 & -2 \\ 2 & 5 & 1 \end{bmatrix}, \qquad [A \mid B] = \left[\begin{array}{ccc|c} 1 & 2 & -2 & 1 \\ 2 & 5 & 1 & 4 \end{array}\right]$$

한편, 덧붙인 행렬 $[A \mid B]$는 기본 행 변형에 의하여 오른쪽과 같이 기약 행 사다리꼴 행렬로 변형되므로, 연립일차방정식 (1)과 (2)의 해는 각각 다음과 같다.

$$[A \mid B] \longrightarrow \left[\begin{array}{ccc|c} 1 & 2 & -2 & 1 \\ 0 & 1 & 5 & 2 \end{array}\right] \longrightarrow \left[\begin{array}{ccc|c} 1 & 0 & -12 & -3 \\ 0 & 1 & 5 & 2 \end{array}\right]$$

$$\begin{cases} x_1 = 12t \\ x_2 = -5t \quad (t \in \mathbb{R}) \\ x_3 = t \end{cases} \qquad \begin{cases} x_1 = -3 + 12t \\ x_2 = 2 - 5t \quad (t \in \mathbb{R}) \\ x_3 = t \end{cases}$$

따라서 연립일차방정식 (2)의 해는 동차 연립차방정식 (1)의 해

$$(x_1, x_2, x_3) = t\,(12, -5, 1) \quad (t \in \mathbb{R})$$

와 (2)의 특수한 해 $(-3, 2, 0)$을 더한 것이다.

연 습 문 제 (1.6)

1. 실수체 $\mathbb{R}$ 위에서 다음 연립일차방정식을 풀어라.

(1) $\begin{cases} x_1 + 2x_2 + x_3 = 0 \\ x_1 - x_2 - x_3 = 0 \end{cases}$ (2) $\begin{cases} x_1 + x_2 = 2 \\ 3x_1 - x_2 = 2 \\ x_1 - x_2 = 0 \end{cases}$

(3) $\begin{cases} x_1 + x_2 + x_3 = -1 \\ 2x_1 + x_2 - 2x_3 = 2 \end{cases}$ (4) $\begin{cases} 5x_1 + x_2 + x_3 = 7 \\ 3x_1 + x_2 - 2x_3 = 2 \end{cases}$

*2. 실수체 $\mathbb{R}$ 위에서 다음 연립일차방정식을 풀어라.

$$\begin{cases} x_1 + x_2 + x_3 + x_4 = 0 \\ 2x_1 + 3x_2 + 2x_3 + x_4 = 0 \\ 3x_1 + 4x_2 + 3x_3 + 2x_4 = 0 \end{cases}$$

3. 실수체 $\mathbb{R}$ 위에서 다음 연립일차방정식의 해를 구하여라.

$$\begin{cases} x_1 + 2x_2 - x_3 + 2x_4 + x_5 = 2 \\ -x_1 - 2x_2 + x_3 + 2x_4 + 3x_5 = 6 \\ 2x_1 + 4x_2 - 3x_3 + 2x_4 = 3 \\ -3x_1 + 6x_2 - 2x_3 + 3x_5 = 9 \end{cases}$$

4. 실수체 $\mathbb{R}$ 위에서 다음 일차방정식의 해를 구하여라.

(1) $x_1 + 3x_2 - 2x_3 = 0$ (2) $x_1 + 3x_2 - 2x_3 = 4$

*5. 실수체 $\mathbb{R}$ 위의 행렬

$$A = \begin{bmatrix} 3 & 1 & -1 \\ 2 & 2 & -1 \\ 2 & 2 & 0 \end{bmatrix}, \qquad X = \begin{bmatrix} x_1 \\ x_2 \\ x_3 \end{bmatrix}$$

에 대하여 다음 물음에 답하여라.

(1) 등식 $AX = X$를 만족시키는 행렬 X를 구하여라.

(2) 등식 $(2I_3 - A)X = O_3$를 만족시키는 행렬 X를 구하여라.

6. 다음 연립방정식에서 두 변수 x', y'을 x, y에 관한 식으로 나타내어라.

(1) $\begin{cases} x = 3x' - 4y' \\ y = 4x' - 3y' \end{cases}$ (2) $\begin{cases} x = 2x' + 3y' \\ y = 5x' + 4y' \end{cases}$

*7. 다음 연립일차방정식이 해를 가지도록 실수 k의 값을 정하여라.

$$\begin{cases} 3x_1 - 6x_2 + 2x_3 - 2x_4 = -9 \\ 2x_1 - 4x_2 + 3x_3 - 3x_4 = 4 \\ 5x_1 - 10x_2 + 7x_3 - 7x_4 = k \end{cases}$$

§ 1.7 행렬식

쟈연수 $1, 2, \cdots, n$ 을 일렬로 늘어놓은 순열 전체의 개수는 $n!$ 개이다. 이와 같은 순열

$$\sigma : \ j_1, \ j_2, \ \cdots, \ j_n$$

에 대하여 다음과 같은 $\dfrac{n(n-1)}{2}$ 개의 순서쌍을 생각해 보자.

$$\begin{aligned} (j_1, \ j_2), \ \ (j_1, \ j_3), \ \ \cdots, \ \ (j_1, \ j_n), \\ (j_2, \ j_3), \ \ \cdots, \ \ (j_2, \ j_n), \\ \cdots\cdots\cdots\cdots\cdots\cdots, \\ (j_{n-1}, \ j_n) \end{aligned}$$

이러한 순서쌍 중에서 크기 순으로 되어 있지 않은 것이 있을 때, σ 에 **轉倒**(inversion)가 일어났다고 하고, 전도가 일어난 개수를 $\mu(\sigma)$ 로 나타낸다. 그리고 $\mu(\sigma)$ 가 짝수일 때 σ 를 **우순열**(even permutation)이라 하고 $\mu(\sigma)$ 가 홀수일 때 σ 를 **기순열**(odd permutation)이라고 하며,

$$\operatorname{sgn} \sigma = (-1)^{\mu(\sigma)}$$

를 σ 의 **부호**(sign, signum)라고 한다. 즉,

$$\operatorname{sgn} \sigma = \begin{cases} \ \ 1 & (\sigma \text{가 우순열일 때}) \\ -1 & (\sigma \text{가 기순열일 때}) \end{cases}$$

보기 1.7.1 자연수 1, 2, 3, 4, 5 의 한 순열

$$\sigma : 4, \ 1, \ 3, \ 5, \ 2$$

에 대하여 전도가 일어난 순서쌍은 다음과 같은 5 개의 순서쌍뿐이다.

(4, 1), (4, 3), (4, 2), (3, 2), (5, 2)

따라서 $\mu(\sigma) = 5$ 이므로 σ 는 기순열이고 $\operatorname{sgn} \sigma = -1$ 이다(오른쪽 그림 참조).

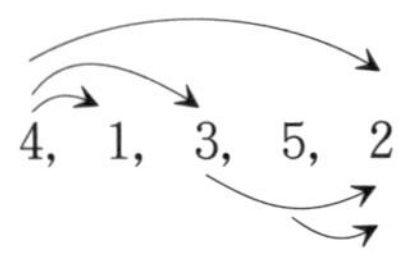

체 F 위의 n 차의 행렬

$$A=\begin{bmatrix} a_{11} & a_{12} & \cdots & a_{1n} \\ a_{21} & a_{22} & \cdots & a_{2n} \\ \vdots & \vdots & \cdots & \vdots \\ a_{n1} & a_{n2} & \cdots & a_{nn} \end{bmatrix}$$

에 대하여 A 의 제 1 행, 제 2 행, $\cdots$, 제 n 행에서 원소를 한 개씩 택하되 제 1 열, 제 2 열, $\cdots$, 제 n 열에서도 한 개씩만 나오도록 택한 n 개의 원소를 각각 $a_{1j_1}, a_{2j_2}, \cdots, a_{nj_n}$ 이라고 하면 $j_1, j_2, \cdots, j_n$ 은 $1, 2, \cdots, n$ 의 순열이다. 그리고, $1, 2, \cdots, n$ 의 순열 $j_1, j_2, \cdots, j_n$ 에 대하여 $a_{1j_1}, a_{2j_2}, \cdots, a_{nj_n}$ 은 A 의 각 행과 각 열에서 한 개씩만 택한 원소들이다.

정의 1.7.1 체 F 위의 n 차의 행렬 $A=[a_{ij}]_{n\times n}$ 에 대하여 다음과 같이 정의된 $\det A$ 를 A 의 **행렬식**(determinant) 이라고 한다.

$$\det A = \sum_{\sigma} (\operatorname{sgn} \sigma)\ a_{1j_1} a_{2j_2} \cdots a_{nj_n}$$

여기서 σ 는 $1, 2, \cdots, n$ 의 순열 $j_1, j_2, \cdots, j_n$ 을 나타내며, $\sum$ 는 이와 같은 $n!$ 개의 순열 σ 에 대한 총합을 나타낸다. 그리고, $\det A$ 를

$$|A| \quad \text{또는} \quad \begin{vmatrix} a_{11} & a_{12} & \cdots & a_{1n} \\ a_{21} & a_{22} & \cdots & a_{2n} \\ \vdots & \vdots & \cdots & \vdots \\ a_{n1} & a_{n2} & \cdots & a_{nn} \end{vmatrix}$$

으로도 나타내고 n 차의 행렬의 행렬식을 **n 차의 행렬식**이라고 한다.

특히, 1 차의 행렬 $[a]$ 의 행렬식은 a 와 일치한다.

보기 1.7.2 오른쪽 표는 자연수 1, 2 의 모든 순열을 분류한 표이다. 이 표로부터 다음 결과를 얻는다.

순열 σ	$\mu(\sigma)$	
1, 2	0	우순열
2, 1	1	기수열

$$\begin{vmatrix} a_{11} & a_{12} \\ a_{21} & a_{22} \end{vmatrix} = \sum_{\sigma} a_{1j_1} a_{2j_2} = a_{11}a_{22} - a_{12}a_{21}$$

보기 1.7.3 체 F 위에서 다음이 성립한다.

$$\begin{vmatrix} a_{11} & a_{12} & a_{13} \\ a_{21} & a_{22} & a_{23} \\ a_{31} & a_{32} & a_{33} \end{vmatrix} = \sum_{\sigma} (\operatorname{sgn} \sigma)\, a_{1j_1} a_{2j_2} a_{3j_3}$$
$$= a_{11}a_{22}a_{33} + a_{12}a_{23}a_{31} + a_{13}a_{21}a_{32} - a_{11}a_{23}a_{32} - a_{12}a_{21}a_{33} - a_{13}a_{22}a_{31}$$

순열 σ	$\mu(\sigma)$		순열 σ	$\mu(\sigma)$	
1, 2, 3	0	우순열	2, 3, 1	2	우순열
1, 3, 2	1	기순열	3, 1, 2	2	우순열
2, 1, 3	1	기순열	3, 2, 1	3	기순열

다음 두 그림은 2 차의 행렬식과 3 차의 행렬식을 구하는 방법을 보여 주고 있다. 그러나, 4 차 이상의 행렬식은 이와 같은 그림으로 얻을 수 없다.

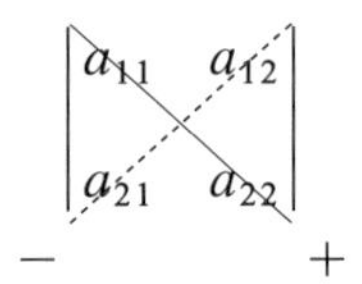

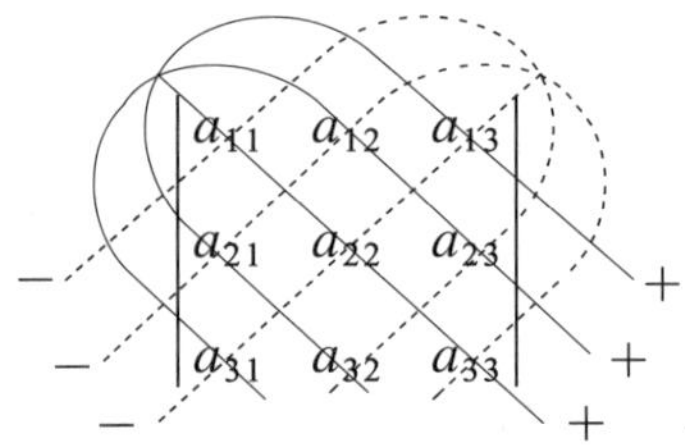

보기 1.7.4 다음 행렬식의 값을 구해 보자.

$$\begin{vmatrix} 0 & a_{12} & 0 & 0 \\ 0 & 0 & a_{23} & 0 \\ 0 & 0 & 0 & a_{34} \\ a_{41} & 0 & 0 & 0 \end{vmatrix}$$

이 행렬식의 항 중에서 0 이 아닌 항은 다음 항뿐이다.

$$(\operatorname{sgn} \sigma)\, a_{12}a_{23}a_{34}a_{41} \qquad (\text{단, } \sigma: \ 2,\ 3,\ 4,\ 1)$$

순열 σ 에서 전도가 일어나는 순서쌍은 $(2, 1)$, $(3, 1)$, $(4, 1)$ 뿐이므로 $\mu(\sigma) = 3$, $\operatorname{sgn} \sigma = -1$ 이고 따라서 이 행렬식의 값은 $-a_{12}a_{23}a_{34}a_{41}$ 이다.

다음 네 정리의 증명은 '해설 1071'을 참조하기 바란다. 아래 정리 1.7.2 에 의하면, 행렬식의 행에 대한 성질은 열에 대해서도 성립한다.

정리 1.7.2 체 F 위의 n차의 행렬 A에 대하여 $\det A^T = \det A$이다.

$$\begin{vmatrix} a_{11} & a_{21} & \cdots & a_{n1} \\ a_{12} & a_{22} & \cdots & a_{n2} \\ \vdots & \vdots & \cdots & \vdots \\ a_{1n} & a_{2n} & \cdots & a_{nn} \end{vmatrix} = \begin{vmatrix} a_{11} & a_{12} & \cdots & a_{1n} \\ a_{21} & a_{22} & \cdots & a_{2n} \\ \vdots & \vdots & \cdots & \vdots \\ a_{n1} & a_{n2} & \cdots & a_{nn} \end{vmatrix}$$

정리 1.7.3 체 F 위의 행렬 $A = [a_{ij}]_{n \times n}$에 대하여 A의 서로 다른 두 행 [열]을 서로 바꾸어 놓은 행렬을 B라고 하면, $\det B = -\det A$이다.

$$\begin{vmatrix} a_{11} & a_{12} & \cdots & a_{1n} \\ \cdots & \cdots & \cdots & \cdots \\ a_{j1} & a_{j2} & \cdots & a_{jn} \\ \cdots & \cdots & \cdots & \cdots \\ a_{i1} & a_{i2} & \cdots & a_{in} \\ \cdots & \cdots & \cdots & \cdots \\ a_{n1} & a_{n2} & \cdots & a_{nn} \end{vmatrix} = - \begin{vmatrix} a_{11} & a_{12} & \cdots & a_{1n} \\ \cdots & \cdots & \cdots & \cdots \\ a_{i1} & a_{i2} & \cdots & a_{in} \\ \cdots & \cdots & \cdots & \cdots \\ a_{j1} & a_{j2} & \cdots & a_{jn} \\ \cdots & \cdots & \cdots & \cdots \\ a_{n1} & a_{n2} & \cdots & a_{nn} \end{vmatrix}$$

즉, $\det C_{ij} A = -\det A$, $\det A C_{ij} = -\det A$이다.

특히, A의 서로 다른 두 행 [두 열]의 성분이 일치하면 $\det A = 0$이다.

정리 1.7.4 체 F 위의 행렬 $A = [a_{ij}]_{n \times n}$에 대하여 A의 한 행 [열]을 k배하여 얻은 행렬을 B라고 하면, $\det B = k \det A$이다.

$$\begin{vmatrix} a_{11} & a_{12} & \cdots & a_{1n} \\ \cdots & \cdots & \cdots & \cdots \\ k a_{i1} & k a_{i2} & \cdots & k a_{in} \\ \cdots & \cdots & \cdots & \cdots \\ a_{n1} & a_{n2} & \cdots & a_{nn} \end{vmatrix} = k \begin{vmatrix} a_{11} & a_{12} & \cdots & a_{1n} \\ \cdots & \cdots & \cdots & \cdots \\ a_{i1} & a_{i2} & \cdots & a_{in} \\ \cdots & \cdots & \cdots & \cdots \\ a_{n1} & a_{n2} & \cdots & a_{nn} \end{vmatrix}$$

즉, $\det D_{ii}(k) A = k \det A$, $\det A D_{ii}(k) = k \det A$이다.

정리 1.7.5 체 F 위의 행렬 $A = [a_{ij}]_{n \times n}$에서 제 i행의 성분이 차례로 $b_1 + c_1, b_2 + c_2, \cdots, b_n + c_n$일 때 다음이 성립한다.

$$\begin{vmatrix} a_{11} & a_{12} & \cdots & a_{1n} \\ \cdots & \cdots & \cdots & \cdots \\ b_1 + c_1 & b_2 + c_2 & \cdots & b_n + c_n \\ \cdots & \cdots & \cdots & \cdots \\ a_{n1} & a_{n2} & \cdots & a_{nn} \end{vmatrix} = \begin{vmatrix} a_{11} & a_{12} & \cdots & a_{1n} \\ \cdots & \cdots & \cdots & \cdots \\ b_1 & b_2 & \cdots & b_n \\ \cdots & \cdots & \cdots & \cdots \\ a_{n1} & a_{n2} & \cdots & a_{nn} \end{vmatrix} + \begin{vmatrix} a_{11} & a_{12} & \cdots & a_{1n} \\ \cdots & \cdots & \cdots & \cdots \\ c_1 & c_2 & \cdots & c_n \\ \cdots & \cdots & \cdots & \cdots \\ a_{n1} & a_{n2} & \cdots & a_{nn} \end{vmatrix}$$

앞의 정리 1.7.2 ~ 정리 1.7.5를 이용하면 다음 정리를 증명할 수 있다.

정리 1.7.6 체 F 위의 행렬 $A=[a_{ij}]_{n\times n}$에 대하여 다음이 성립한다.

(1) A의 서로 다른 두 행 [두 열]의 대응하는 성분이 비례하거나 또는 일치하면, $\det A=0$이다.

$$\begin{vmatrix} a_{11} & a_{12} & \cdots & a_{1n} \\ \cdots & \cdots & \cdots & \cdots \\ a_{i1} & a_{i2} & \cdots & a_{in} \\ \cdots & \cdots & \cdots & \cdots \\ ka_{i1} & ka_{i2} & \cdots & ka_{in} \\ \cdots & \cdots & \cdots & \cdots \\ a_{n1} & a_{n2} & \cdots & a_{nn} \end{vmatrix} = k \begin{vmatrix} a_{11} & a_{12} & \cdots & a_{1n} \\ \cdots & \cdots & \cdots & \cdots \\ a_{i1} & a_{i2} & \cdots & a_{in} \\ \cdots & \cdots & \cdots & \cdots \\ a_{i1} & a_{i2} & \cdots & a_{in} \\ \cdots & \cdots & \cdots & \cdots \\ a_{n1} & a_{n2} & \cdots & a_{nn} \end{vmatrix} = 0$$

특히, A의 한 행 [열]의 성분이 0이면, $\det A=0$이다.

(2) A의 한 행에 다른 행의 k배 [한 열에 다른 열의 k배]를 더하여 얻은 행렬을 B라고 하면, $\det B=\det A$이다.

$$\begin{vmatrix} a_{11} & a_{12} & \cdots & a_{1n} \\ \cdots & \cdots & \cdots & \cdots \\ a_{i1}+k\,a_{j1} & a_{i2}+k\,a_{j2} & \cdots & a_{in}+k\,a_{jn} \\ \cdots & \cdots & \cdots & \cdots \\ a_{j1} & a_{j2} & \cdots & a_{jn} \\ \cdots & \cdots & \cdots & \cdots \\ a_{n1} & a_{n2} & \cdots & a_{nn} \end{vmatrix} = \begin{vmatrix} a_{11} & a_{12} & \cdots & a_{1n} \\ \cdots & \cdots & \cdots & \cdots \\ a_{i1} & a_{i2} & \cdots & a_{in} \\ \cdots & \cdots & \cdots & \cdots \\ a_{j1} & a_{j2} & \cdots & a_{jn} \\ \cdots & \cdots & \cdots & \cdots \\ a_{n1} & a_{n2} & \cdots & a_{nn} \end{vmatrix}$$

즉, $\det E_{ij}(k)\,A=\det A$, $\det A\,E_{ij}(k)=\det A$이다.

정리 1.7.7 체 F 위의 행렬 $A=[a_{ij}]_{n\times n}$가 下 삼각행렬이거나 또는 上 삼각행렬이면, $\det A=a_{11}a_{22}\cdots a_{nn}$이다. 즉,

$$\begin{vmatrix} a_{11} & 0 & \cdots & 0 \\ a_{21} & a_{22} & \cdots & 0 \\ \vdots & \vdots & \ddots & \vdots \\ a_{n1} & a_{n2} & \cdots & a_{nn} \end{vmatrix} = \begin{vmatrix} a_{11} & a_{12} & \cdots & a_{1n} \\ 0 & a_{22} & \cdots & a_{2n} \\ \vdots & \vdots & \ddots & \vdots \\ 0 & 0 & \cdots & a_{nn} \end{vmatrix} = a_{11}a_{22}\cdots a_{nn}$$

특히, $A=\operatorname{diag}\{a_{11}, a_{22}, \cdots, a_{nn}\}$이면, $\det A=a_{11}a_{22}\cdots a_{nn}$이다.

증 명 행렬 A가 下 삼각행렬이면, $\det A = \sum_{\sigma} (\operatorname{sgn} \sigma)\, a_{1j_1} a_{2j_2} \cdots a_{nj_n}$에서 0이 아닌 항은 $a_{11} a_{22} \cdots a_{nn}$뿐이므로 $\det A = a_{11} a_{22} \cdots a_{nn}$이다.

또, A가 上 삼각행렬이면, A^T는 下 삼각행렬이므로 정리 1.7.2와 위의 결과에 의하여 $\det A = \det A^T = a_{11} a_{22} \cdots a_{nn}$이다.

보기 1.7.5 실수체 $\mathbb{R}$ 위에서 다음이 성립한다.

$$\begin{vmatrix} 2 & 8 & 7 \\ 1 & 1 & 2 \\ -3 & 5 & 1 \end{vmatrix} = -\begin{vmatrix} 1 & 1 & 2 \\ 2 & 8 & 7 \\ -3 & 5 & 1 \end{vmatrix} = -\begin{vmatrix} 1 & 1 & 2 \\ 0 & 6 & 3 \\ 0 & 8 & 7 \end{vmatrix}$$

$$= -3\begin{vmatrix} 1 & 1 & 2 \\ 0 & 2 & 1 \\ 0 & 8 & 7 \end{vmatrix} = -3\begin{vmatrix} 1 & 1 & 2 \\ 0 & 2 & 1 \\ 0 & 0 & 3 \end{vmatrix} = -18$$

정리 1.7.8 (Vandermonde의 행렬식) 체 F에서 다음이 성립한다.

$$V = \begin{vmatrix} 1 & 1 & \cdots & 1 \\ x_1 & x_2 & \cdots & x_n \\ x_1^2 & x_2^2 & \cdots & x_n^2 \\ \vdots & \vdots & \cdots & \vdots \\ x_1^{n-1} & x_2^{n-1} & \cdots & x_n^{n-1} \end{vmatrix} = (-1)^{\frac{(n-1)n}{2}} \prod_{i<j} (x_i - x_j)$$

즉,
$$\begin{aligned} V = (-1)^{\frac{(n-1)n}{2}} & (x_1 - x_2)(x_1 - x_3) \cdots (x_1 - x_n) \\ & (x_2 - x_3) \cdots (x_2 - x_n) \\ & \cdots\cdots\cdots\cdots \\ & (x_{n-1} - x_n) \end{aligned}$$

증 명 행렬식 V는 원소 $x_1, x_2, \cdots, x_n$에 관한 나항식으로 볼 수 있다. 한편, $1 \le i < j \le n$일 때 V에서 x_i 대신에 x_j를 대입하면, 정리 1.7.6에 의하여 $V = 0$이므로, V는 $x_i - x_j$를 인수로 가진다(정리 1.4.5).

따라서 $V = k \prod_{i<j} (x_i - x_j)$, $k \in F$이고 양변에서 $x_2 x_3^2 \cdots x_n^{n-1}$의 계수를 비교하면 $k = (-1)^{1+2+\cdots+(n-1)} = (-1)^{\frac{(n-1)n}{2}}$이다.

보기 1.7.6 체 F의 임의의 원소 a, b, c에 대하여 다음이 성립한다.

$$\begin{vmatrix} 1 & 1 & 1 \\ a & b & c \\ a^2 & b^2 & c^2 \end{vmatrix} = \begin{vmatrix} 1 & a & a^2 \\ 1 & b & b^2 \\ 1 & c & c^2 \end{vmatrix}$$
$$= -(a-b)(a-c)(b-c) = (a-b)(b-c)(c-a)$$

정리 1.7.9 체 F 위에서 n차의 행렬 A, B에 대하여 다음이 성립한다.

(1) $\det I_n = 1, \quad \det C_{ij} = -1, \quad \det D_{ii}(k) = k, \quad \det E_{ij}(k) = 1$

그리고, 기본행렬 E에 대하여 $\det EA = (\det E)(\det A)$이다.

(2) A가 정칙행렬일 때 그리고 이때에만 $\det A \neq 0$이다.

(3) $\det(AB) = (\det A)(\det B)$ 즉 $|AB| = |A|\,|B|$

증명 (1) 정리 1.7.7과 정리 1.7.3 ~ 정리 1.7.6에 의하여 (1)이 성립한다.

(2), (3) 행렬 A가 정칙행렬이라고 하자.

이 때, 적당한 기본행렬 $E_1, E_2, \cdots, E_s$에 대하여 $A = E_1 E_2 \cdots E_s$이다(정리 1.5.7 참조). 그런데, (1)에 의하여

$$\begin{aligned}\det A &= \det(E_1 E_2 \cdots E_s) = (\det E_1)(\det E_2 \cdots E_s) \\ &= \cdots = (\det E_1)(\det E_2) \cdots (\det E_s)\end{aligned}$$

이므로 $\det A \neq 0$이고, 또 다음이 성립한다.

$$\begin{aligned}\det(AB) &= \det(E_1 E_2 \cdots E_s B) = (\det E_1)(\det E_2 \cdots E_s B) \\ &= (\det E_1)(\det E_2) \cdots (\det E_s)(\det B) \\ &= (\det A)(\det B)\end{aligned}$$

다음에 A가 정칙행렬이 아니라고 하자.

이 때, A에 기본 행 변형을 시행하여 얻은 기약 행 사다리꼴 행렬을 A'이라고 하면, $A' = PA$인 정칙행렬 P가 존재한다(정리 1.5.5 참조). 또한 정리 1.5.7에 의하여 $r(A) < n$이므로, A'의 마지막 행은 0만으로 이루어져 있고 따라서 $A'B$의 마지막 행도 0만으로 이루어진 행렬이므로 $\det A' = 0$, $\det A'B = 0$이다(정리 1.5.8, 정리 1.7.6). 그런데, P는 정칙행렬이므로 위의 결과에 의하여 $\det P \neq 0$이고 또 다음이 성립한다.

$$(\det P)(\det A) = \det(PA) = \det A' = 0,$$

$$(\det P)(\det AB) = \det(P(AB)) = \det((PA)B) = \det A'B = 0$$

따라서 $\det A = 0$, $\det AB = 0$ 이므로 다음 등식이 성립한다.

$$\det(AB) = 0 = 0 \cdot \det B = (\det A)(\det B)$$

정리 1.7.10 체 F 위의 n 차의 행렬 A, B 에 대하여 다음이 성립한다.

(1) A 가 정칙행렬이면, $\det A^{-1} = (\det A)^{-1}$ 이다.

(2) $AB = I_n$ 이면, A 는 정칙행렬이고 $A^{-1} = B$ 이다.

$BA = I_n$ 이면, A 는 정칙행렬이고 $A^{-1} = B$ 이다.

증 명 (1) A 가 정칙행렬일 때, $AA^{-1} = I_n$ 이므로 정리 1.7.9 에 의하여

$$(\det A)(\det A^{-1}) = \det(AA^{-1}) = \det I_n = 1$$

이고 따라서 $\det A^{-1} = (\det A)^{-1}$ 이다.

(2) $AB = I_n$ 이면, 정리 1.7.9 에 의하여

$$(\det A)(\det B) = \det(AB) = \det I_n = 1$$

이므로 $\det A \neq 0$ 이고 따라서 A 는 정칙행렬이고 $A^{-1} = B$ 이다.

마찬가지로, $BA = I_n$ 이면, A 는 정칙행렬이고 $A^{-1} = B$ 이다.

정리 1.7.9 와 정리 1.3.4 에 의하여 다음이 성립한다.

정리 1.7.11 체 F 위의 n 차의 정칙행렬 전체의 집합을 $\mathrm{GL}_n(F)$ 로 나다내면,

$$\mathrm{GL}_n(F) = \{A \in \mathrm{Mat}_n(F) \mid \det A \neq 0\}$$

이고 또 다음이 성립한다.

(1) 임의의 $A, B \in \mathrm{GL}_n(F)$ 에 대하여 $AB \in \mathrm{GL}_n(F)$ 이다.

(2) $I_n \in \mathrm{GL}_n(F)$

(3) 각 $A \in \mathrm{GL}_n(F)$ 에 대하여 $A^{-1} \in \mathrm{GL}_n(F)$ 이다.

정리 1.7.9 와 정리 1.6.1 에 의하여 다음이 성립한다.

정리 1.7.12 체 F 에서의 n 개의 미지수 $x_1, \cdots, x_n$ 에 관한 n 개의 동차 일차방정식으로 이루어진 동차 연립일차방정식

$$(*) \qquad \begin{cases} a_{11}x_1 + a_{12}x_2 + \cdots + a_{1n}x_n = 0 \\ a_{21}x_1 + a_{22}x_2 + \cdots + a_{2n}x_n = 0 \\ \quad \vdots \\ a_{n1}x_1 + a_{n2}x_2 + \cdots + a_{nn}x_n = 0 \end{cases}$$

에서 계수행렬을 $A = [a_{ij}]_{n \times n}$ 이라고 하면 다음이 성립한다.

(1) A 는 정칙행렬일 때 즉 $\det A \neq 0$ 일 때 그리고 이때에만 $(*)$ 의 해는 $(0, 0, \cdots, 0)$ 뿐이다.

(2) A 가 정칙행렬이 아닐 때 즉 $\det A = 0$ 일 때 그리고 이때에만 $(*)$ 는 $(0, \cdots, 0)$ 이외의 해를 가진다.

보기 1.7.7 실수체 $\mathbb{R}$ 에서의 연립일차방정식

$$\begin{cases} 3x_1 + \ \ x_2 = kx_1 \\ 2x_1 + 2x_2 = kx_2 \end{cases} \quad 즉 \quad \begin{cases} (3-k)x_1 + \qquad\quad x_2 = 0 \\ \qquad\quad 2x_1 + (2-k)x_2 = 0 \end{cases}$$

이 자명한 해 $(0, 0)$ 이외의 해를 가질 필요충분조건은

$$\begin{vmatrix} 3-k & 1 \\ 2 & 2-k \end{vmatrix} = 0$$

즉 $k = 1$ 또는 $k = 4$ 인 것이다.

정의 1.7.13 체 F 위의 n 차 행렬 $A = [a_{ij}]_{n \times n}$ 의 행렬식 $\det A$ 는 제 i 행의 원소에 관하여 다음과 같이 전개할 수 있다.

$$\det A = a_{i1}A_{i1} + a_{i2}A_{i2} + \cdots + a_{in}A_{in} \qquad (1 \leq i \leq n)$$

위의 등식을 $\det A$ 의 제 i 행에 관한 **전개식**(expansion)이라 하고, 또 A_{ij} 를 A 또는 $\det A$ 에서의 a_{ij} 의 **여인수**(cofacor)라고 한다.

행렬 $A=[a_{ij}]_{n\times n}$의 제 i 행과 제 j 열을 없애어 얻은 행렬식을 M_{ij}로 나타내고 이것을 **소행렬식**(minor)이라고 한다.

$$M_{ij}=\begin{vmatrix} a_{11} & a_{12} & \cdots & a_{1j} & \cdots & a_{1n} \\ a_{21} & a_{22} & \cdots & a_{2j} & \cdots & a_{2n} \\ \vdots & \vdots & & \vdots & & \\ a_{i1} & a_{i2} & \cdots & a_{ij} & \cdots & a_{in} \\ \vdots & \vdots & & \vdots & & \\ a_{n1} & a_{n2} & \cdots & a_{nj} & \cdots & a_{nn} \end{vmatrix}$$

여기서, 다음이 성립함을 증명할 수 있다('해설 1072' 참조).

$$A_{ij}=(-1)^{i+j}M_{ij} \quad (1\le i,\ j\le n)$$

보기 1.7.8 체 F 위의 행렬 $A=[a_{ij}]_{3\times 3}$에 대하여

$$\begin{aligned} \det A &= \begin{vmatrix} a_{11} & a_{12} & a_{13} \\ a_{21} & a_{22} & a_{23} \\ a_{31} & a_{32} & a_{33} \end{vmatrix} \\ &= a_{11}(a_{22}a_{33}-a_{23}a_{32})+a_{12}(a_{23}a_{31}-a_{21}a_{33}) \\ &\quad + a_{13}(a_{21}a_{32}-a_{22}a_{31}) \\ \det A &= a_{11}A_{11}+a_{12}A_{12}+a_{13}A_{13} \end{aligned}$$

이므로 다음이 성립한다.

$$A_{11}=a_{22}a_{33}-a_{23}a_{32}=\begin{vmatrix} a_{22} & a_{23} \\ a_{32} & a_{23} \end{vmatrix}=M_{11},$$

$$A_{12}=a_{23}a_{31}-a_{21}a_{33}=-\begin{vmatrix} a_{21} & a_{23} \\ a_{31} & a_{33} \end{vmatrix}=-M_{12},$$

$$A_{13}=a_{21}a_{32}-a_{22}a_{31}=\begin{vmatrix} a_{21} & a_{22} \\ a_{31} & a_{32} \end{vmatrix}=M_{13}$$

정리 1.7.14 체 F 위의 행렬 $A=[a_{ij}]_{n\times n}$에 대하여 다음이 성립한다.

(1) 제 i 행에 관한 전개 $(1\le i\le n)$

$$\det A=a_{i1}A_{i1}+a_{i2}A_{i2}+\cdots+a_{ij}A_{ij}+\cdots+a_{in}A_{in}$$

(2) 제 j 열에 관한 전개 $(1\le j\le n)$

$$\det A=a_{1j}A_{1j}+a_{2j}A_{2j}+\cdots+a_{ij}A_{ij}+\cdots+a_{nj}A_{nj}$$

증 명 (1) 정의에 의하여 (1)이 성립한다.

(2) 정리 1.7.2에 의하여 $\det A^T = \det A$이고 또 A^T의 제 j행은 A의 제 j열이므로 (1)에 의하여 (2)가 성립한다.

보기 1.7.9 실수체 $\mathbb{R}$ 위에서 행렬

$$A = \begin{bmatrix} 1 & 2 & 3 \\ 4 & 5 & 6 \\ 7 & 8 & 10 \end{bmatrix}$$

에 대하여 A의 각 성분의 여인수은

$$\begin{array}{lll} A_{11} = 2, & A_{21} = 4, & A_{31} = -3, \\ A_{12} = 2, & A_{22} = -11, & A_{32} = 6, \\ A_{13} = -3, & A_{23} = 6, & A_{33} = -3 \end{array}$$

이고 따라서 $\det A$는 다음과 같다.

$$\begin{aligned} \det A &= a_{11} A_{11} + a_{12} A_{12} + a_{13} A_{13} \\ &= 1 \cdot 2 + 2 \cdot 2 + 3 \cdot (-3) = -3 \\ \det A &= a_{13} A_{13} + a_{23} A_{23} + a_{33} A_{33} \\ &= 3 \cdot (-3) + 6 \cdot 6 + 10 \cdot (-3) = -3 \end{aligned}$$

보기 1.7.10 체 F 위에서 다음이 성립한다(정리 1.7.14 참조).

$$\begin{vmatrix} 1 & 0 & 0 & 0 & 0 \\ 0 & 1 & 0 & 0 & 0 \\ b_1 & b_2 & b_{11} & b_{12} & b_{13} \\ c_1 & c_2 & b_{21} & b_{22} & b_{23} \\ d_1 & d_2 & b_{31} & b_{32} & b_{33} \end{vmatrix} = \begin{vmatrix} 1 & 0 & 0 & 0 \\ b_2 & b_{11} & b_{12} & b_{13} \\ c_2 & b_{21} & b_{22} & b_{23} \\ d_2 & b_{31} & b_{32} & b_{33} \end{vmatrix} = \begin{vmatrix} b_{11} & b_{12} & b_{13} \\ b_{21} & b_{22} & b_{23} \\ b_{31} & b_{32} & b_{33} \end{vmatrix}$$

(제 1 행에 관한 전개) (제 1 행에 관한 전개)

$$\begin{vmatrix} a_{11} & a_{12} & c_1 & c_2 \\ a_{21} & a_{22} & d_1 & d_2 \\ 0 & 0 & 1 & 0 \\ 0 & 0 & 0 & 1 \end{vmatrix} = \begin{vmatrix} a_{11} & a_{12} & c_1 \\ a_{21} & a_{22} & d_1 \\ 0 & 0 & 1 \end{vmatrix} = \begin{vmatrix} a_{11} & a_{12} \\ a_{21} & a_{22} \end{vmatrix}$$

(제 4 행에 관한 전개) (제 3 행에 관한 전개)

정리 1.7.15 체 F 위에서 다음이 성립한다.

(1)
$$\begin{vmatrix} a_{11} & \cdots & a_{1m} & c_{11} & \cdots & c_{1n} \\ \vdots & & \vdots & \vdots & & \vdots \\ a_{m1} & \cdots & a_{mm} & c_{m1} & \cdots & c_{mn} \\ 0 & \cdots & 0 & b_{11} & \cdots & b_{1n} \\ \vdots & & \vdots & \vdots & & \vdots \\ 0 & \cdots & 0 & b_{n1} & \cdots & b_{nn} \end{vmatrix} = \begin{vmatrix} a_{11} & \cdots & a_{1m} \\ \vdots & & \vdots \\ a_{m1} & \cdots & a_{mm} \end{vmatrix} \begin{vmatrix} b_{11} & \cdots & b_{1n} \\ \vdots & & \vdots \\ b_{n1} & \cdots & b_{nn} \end{vmatrix}$$

(2)
$$\begin{vmatrix} a_{11} & \cdots & a_{1m} & 0 & \cdots & 0 \\ \vdots & & \vdots & \vdots & & \vdots \\ a_{m1} & \cdots & a_{mm} & 0 & \cdots & 0 \\ d_{11} & \cdots & d_{1m} & b_{11} & \cdots & b_{1n} \\ \vdots & & \vdots & \vdots & & \vdots \\ d_{n1} & \cdots & d_{nm} & b_{n1} & \cdots & b_{nn} \end{vmatrix} = \begin{vmatrix} a_{11} & \cdots & a_{1m} \\ \vdots & & \vdots \\ a_{m1} & \cdots & a_{mm} \end{vmatrix} \begin{vmatrix} b_{11} & \cdots & b_{1n} \\ \vdots & & \vdots \\ b_{n1} & \cdots & b_{nn} \end{vmatrix}$$

증 명 위의 행렬식에서 $A=[a_{ij}]_{m\times m}$, $B=[b_{ij}]_{n\times n}$, $C=[c_{ij}]_{m\times n}$, $D=[d_{ij}]_{n\times m}$, $O=[0]_{n\times m}$, $O'=[0]_{m\times n}$ 이라고 하자. 이 때,

$$\begin{bmatrix} I_m & O' \\ O & B \end{bmatrix}\begin{bmatrix} A & C \\ O & I_n \end{bmatrix} = \begin{bmatrix} A & C \\ O & B \end{bmatrix}$$

이므로 정리 1.7.9 에 의하여 다음이 성립한다(보기 1.7.10 참조).

$$\begin{vmatrix} A & C \\ O & B \end{vmatrix} = \begin{vmatrix} I_m & O' \\ O & B \end{vmatrix}\begin{vmatrix} A & C \\ O & I_n \end{vmatrix} = |B||A| = |A||B|$$

마찬가지로,

$$\begin{bmatrix} A & O' \\ D & I_n \end{bmatrix}\begin{bmatrix} I_m & O' \\ O & B \end{bmatrix} = \begin{bmatrix} A & O' \\ D & B \end{bmatrix}$$

이므로 정리 1.7.9 에 의하여 다음이 성립한다(보기 1.7.10 참조).

$$\begin{vmatrix} A & O' \\ D & B \end{vmatrix} = \begin{vmatrix} A & O' \\ D & I_n \end{vmatrix}\begin{vmatrix} I_m & O' \\ O & B \end{vmatrix} = |A||B|$$

정의 1.7.16 체 F 위의 n차의 행렬 $A=[a_{ij}]_{n\times n}$에서 a_{ij}의 여인수 A_{ij}를 (i,j) 성분으로 가지는 n차의 행렬 $[A_{ij}]_{n\times n}$를 A의 **여인수 행렬**(cofactor matrix)이라고 하며, 여인수 행렬의 전치행렬을 A의 (고전적) **수반행렬**(classical adjoint)이라 하고 이것을 adj A로 나타낸다. 즉,

$$\text{adj}\,A=[A_{ij}]_{n\times n}{}^{T}=\begin{bmatrix} A_{11} & A_{21} & \cdots & A_{n1} \\ A_{12} & A_{22} & \cdots & A_{n2} \\ \vdots & \vdots & & \vdots \\ A_{1n} & A_{2n} & \cdots & A_{nn} \end{bmatrix}$$

또, 다음과 같이 정의된 δ_{ij}를 **크로넥커 델타**(Kronecker delta)라고 한다.

$$\delta_{ij}=\begin{cases} 1 & (i=j \text{ 인 경우}) \\ 0 & (i\neq j \text{ 인 경우}) \end{cases}$$

정리 1.7.17 체 F 위의 행렬 $A=[a_{ij}]_{n\times n}$에 대하여 다음이 성립한다.

(1) $a_{k1}A_{i1}+a_{k2}A_{i2}+\cdots+a_{kn}A_{in}=\delta_{ik}\det A \qquad (1\leq i,k\leq n)$

(2) $a_{1k}A_{1j}+a_{2k}A_{2j}+\cdots+a_{nk}A_{nj}=\delta_{kj}\det A \qquad (1\leq j,k\leq n)$

(3) $A\,(\text{adj}\,A)=(\text{adj}\,A)\,A=\begin{vmatrix} |A| & 0 & \cdots & 0 \\ 0 & |A| & \cdots & 0 \\ \vdots & \vdots & \ddots & \vdots \\ 0 & 0 & \cdots & |A| \end{vmatrix}=(\det A)\,I_n$

(4) $\det A\neq 0$이면, A는 정칙행렬이고, $A^{-1}=(\det A)^{-1}\,\text{adj}\,A$이다.

증 명 (1), (2) 등식 $\det A=a_{i1}A_{i1}+a_{i2}A_{i2}+\cdots+a_{in}A_{in}$의 양변에서 $a_{i1}, a_{i2}, \cdots, a_{in}$ 대신에 각각 $a_{k1}, a_{k2}, \cdots, a_{kn}$을 대입하면

$$\begin{vmatrix} a_{11} & a_{12} & \cdots & a_{1n} \\ \cdots & \cdots & \cdots & \cdots \\ a_{k1} & a_{k2} & \cdots & a_{kn} \\ \cdots & \cdots & \cdots & \cdots \\ a_{k1} & a_{k2} & \cdots & a_{kn} \\ \cdots & \cdots & \cdots & \cdots \\ a_{n1} & a_{n2} & \cdots & a_{nn} \end{vmatrix}\begin{matrix} \\ \\ i \\ \\ k \\ \\ \\ \end{matrix}=a_{k1}A_{i1}+a_{k2}A_{i2}+\cdots+a_{kn}A_{in}$$

이므로 정리 1.7.14와 정리 1.7.3에 의하여 (1)이 성립한다.

마찬가지 방법으로, (2)가 성립함을 증명할 수 있다.

(3) 이것은 (1), (2)를 행렬로 나타낸 것이다.

(4) $\det A \neq 0$ 이면, 체 F 안에 $(\det A)^{-1}$ 가 존재하므로 (3)에 의하여

$$A((\det A)^{-1}\operatorname{adj} A) = ((\det A)^{-1}\operatorname{adj} A)A = I_n$$

이고 따라서 A 는 정칙행렬이고 $A^{-1} = (\det A)^{-1}\operatorname{adj} A$ 이다.

보기 1.7.12 실수체 $\mathbb{R}$ 위의 행렬

$$A = \begin{bmatrix} 1 & 2 & 3 \\ 4 & 5 & 6 \\ 7 & 8 & 10 \end{bmatrix}$$

에 대하여 $\operatorname{adj} A$ 와 A^{-1} 는 다음과 같다(보기 1.7.9 참조).

$$\operatorname{adj} A = \begin{bmatrix} 2 & 4 & -3 \\ 2 & -11 & 6 \\ -3 & 6 & -3 \end{bmatrix}, \qquad A^{-1} = -\frac{1}{3}\operatorname{adj} A$$

정리 1.7.18 (Cramer의 공식) 체 F 위에서 n 개의 미지수 $x_1, \cdots, x_n$ 에 관한 n 개의 일차방정식으로 이루어진 연립일차방정식

$$\begin{cases} a_{11}x_1 + a_{12}x_2 + \cdots + a_{1n}x_n = b_1 \\ a_{21}x_1 + a_{22}x_2 + \cdots + a_{2n}x_n = b_2 \\ \quad\vdots \\ a_{n1}x_1 + a_{n2}x_2 + \cdots + a_{nn}x_n = b_n \end{cases}$$

에서 계수행렬 $A = [a_{ij}]_{n\times n}$ 가 정칙행렬일 때, 즉 $|A| \neq 0$ 일 때, 이 연립일차방정식은 단 한 개의 해를 가지며 그 해는 다음 식으로 주어진다.

$$x_j = \frac{\begin{vmatrix} a_{11} & a_{12} & \cdots & b_1 & \cdots & a_{1n} \\ a_{21} & a_{22} & \cdots & b_2 & \cdots & a_{2n} \\ \vdots & \vdots & & \vdots & & \vdots \\ a_{n1} & a_{n2} & \cdots & b_n & \cdots & a_{nn} \end{vmatrix}}{\begin{vmatrix} a_{11} & a_{12} & \cdots & a_{1j} & \cdots & a_{1n} \\ a_{21} & a_{22} & \cdots & a_{2j} & \cdots & a_{2n} \\ \vdots & \vdots & & \vdots & & \vdots \\ a_{n1} & a_{n2} & \cdots & a_{nj} & \cdots & a_{nn} \end{vmatrix}} \qquad (1 \leq j \leq n)$$

j

증 명 연립일차방정식

$$A\begin{bmatrix} x_1 \\ \vdots \\ x_n \end{bmatrix} = \begin{bmatrix} b_1 \\ \vdots \\ b_n \end{bmatrix}$$

에서 계수행렬 A가 정칙행렬일 때 다음이 성립한다(문제 1.3.8, 정리 1.7.17).

$$\begin{bmatrix} x_1 \\ \vdots \\ x_n \end{bmatrix} = A^{-1}\begin{bmatrix} b_1 \\ \vdots \\ b_n \end{bmatrix} = \frac{1}{|A|}\ \mathrm{adj}\, A \begin{bmatrix} b_1 \\ \vdots \\ b_n \end{bmatrix},$$

$$x_j = \frac{A_{1j}b_1 + A_{2j}b_2 + \cdots + A_{nj}b_n}{|A|} \qquad (1 \le j \le n)$$

따라서 정리가 성립한다(정리 1.7.17 의 증명 참조).

보기 1.7.13 실수체 $\mathbb{R}$ 위에서 연립일차방정식

$$\begin{cases} 7x - \ \ y + \ \ z = 0 \\ 10x - 2y - \ \ z = 8 \\ 6x + 3y + 2z = 7 \end{cases}$$

에서, 계수행렬의 행렬식의 값은

$$\begin{vmatrix} 7 & -1 & 1 \\ 10 & -2 & -1 \\ 6 & 3 & 2 \end{vmatrix} = \begin{vmatrix} 1 & -4 & -1 \\ 10 & -2 & -1 \\ 6 & 3 & 2 \end{vmatrix} = \begin{vmatrix} 1 & -4 & -1 \\ 0 & 38 & 9 \\ 0 & 27 & 8 \end{vmatrix} = 61 \neq 0$$

이므로 이 연립일차방정식은 단 한 개의 해를 가진다. 그리고,

$$\begin{vmatrix} 0 & -1 & 1 \\ 8 & -2 & -1 \\ 7 & 3 & 2 \end{vmatrix} = 61, \quad \begin{vmatrix} 7 & 0 & 1 \\ 10 & 8 & -1 \\ 6 & 7 & 2 \end{vmatrix} = 183, \quad \begin{vmatrix} 7 & -1 & 0 \\ 10 & -2 & 8 \\ 6 & 3 & 7 \end{vmatrix} = -244$$

이므로 이 연립일차방정식의 해는 다음과 같다(정리 1.7.18).

$$x = \frac{61}{61} = 1, \quad y = \frac{183}{61} = 3, \quad z = \frac{-244}{61} = -4$$

연 습 문 제 (1.7)

1. 실수체 $\mathbb{R}$ 위에서 다음 행렬식의 값을 구하여라.

(1) $\begin{vmatrix} 1 & 2 & 3 \\ 2 & 4 & 6 \\ 3 & 4 & 2 \end{vmatrix}$ (2) $\begin{vmatrix} 3 & 4 & 0 \\ 1 & 2 & 0 \\ 9 & 7 & 2 \end{vmatrix}$

(3) $\begin{vmatrix} 2 & 4 & 6 & 4 \\ 1 & 2 & 3 & 2 \\ 0 & 1 & 1 & 0 \\ 1 & 2 & 0 & 2 \end{vmatrix}$ (4) $\begin{vmatrix} 2 & 1 & 5 & 7 \\ 3 & 0 & 1 & -1 \\ 2 & 0 & 0 & 0 \\ 1 & 0 & 3 & 2 \end{vmatrix}$

*2. 체 F 위의 n 차의 행렬 A 와 $k \in F$ 에 대하여 다음이 성립함을 밝혀라.

(1) $\det(kA) = k^n \det A$ (2) $\det(A) = (-1)^n \det A$

3. 실수체 $\mathbb{R}$ 또는 복소수체 $\mathbb{C}$ 위의 n 차의 행렬 A 가 교대행렬일 때, n 이 홀수이면 $\det A = 0$ 임을 밝혀라.

*4. 실수체 $\mathbb{R}$ 위에서 다음이 성립함을 밝혀라.

(1) $\begin{vmatrix} a & b & b & b \\ a & b & a & a \\ a & a & b & a \\ b & b & b & a \end{vmatrix} = -(a-b)^4$

(2) $\begin{vmatrix} x & a_1 & a_2 & 1 \\ a_1 & x & a_2 & 1 \\ a_1 & a_2 & x & 1 \\ a_1 & a_2 & a_3 & 1 \end{vmatrix} = (x-a_1)(x-a_2)(x-a_3)$

(3) $\begin{vmatrix} a+b+c & -c & -b \\ -c & a+b+c & -a \\ -b & -a & a+b+c \end{vmatrix} = 2(a+b)(a+c)(b+c)$

5. 실수체 $\mathbb{R}$ 위에서 다음이 성립함을 밝혀라.

$$\begin{vmatrix} 0 & a & b & c \\ a & 0 & c & b \\ b & c & 0 & a \\ c & b & a & 0 \end{vmatrix} = -(a+b+c)(b+c-a)(c+a-b)(a+b-c)$$

6. 체 F 위에서 n차의 행렬 전체의 집합 $\mathrm{Mat}_n(F)$ 에서

$$\mathrm{SL}_n(F)=\{A\in\mathrm{Mat}_n(F)\mid \det A=1\}$$

이라고 할 때, $\mathrm{SL}_n(F)\subseteq\mathrm{GL}_n(F)$ 이고 다음이 성립함을 확인하여라.

(1) $A, B\in\mathrm{SL}_n(F)$ 이면 $AB\in\mathrm{SL}_n(F)$ 이고, 또 $I_n\in\mathrm{SL}_n(F)$ 이다.

(2) 각 $A\in\mathrm{SL}_n(F)$ 에 대하여 $A^{-1}\in\mathrm{SL}_n(F)$ 이다.

*7. 체 F 위의 $m\times n$ 행렬 A 와 $n\times m$ 행렬 B 에 대하여 AB 는 m 차의 행렬이고 따라서 $\det AB$ 가 정의된다. 이 경우에 $m>n$ 이면 $\det AB=0$ 이고, 따라서 $\det AB\neq 0$ 이면 $m\leq n$ 임을 밝혀라.

8. 실수체 $\mathbb{R}$ 에서 다음 동차 연립일차방정식이 자명한 해 이외의 해를 가지도록 k 의 값을 정하여라.

(1) $\begin{cases} x_1=4x_2+kx_1 \\ x_1=\ \ x_2+kx_2 \end{cases}$

(2) $\begin{cases} kx_1+x_2+x_3=0 \\ x_1+kx_2+x_3=0 \\ x_1+x_2+kx_3=0 \end{cases}$

*9. 정수를 성분으로가지는 n 차의 행렬 A 에 대하여 정수를 성분으로 가지는 역행렬이 존재하기 위한 필요충분조건은 $\det A=\pm 1$ 인 것임을 밝혀라.

10. 실수체 $\mathbb{R}$ 위에서 다음 행렬의 수반행렬과 역행렬을 구하여라.

(1) $A=\begin{bmatrix} 1 & 0 & 0 \\ 4 & 2 & 0 \\ 5 & 6 & 3 \end{bmatrix}$

(2) $A=\begin{bmatrix} 2 & 0 & 0 \\ 0 & 3 & 0 \\ 0 & 0 & 4 \end{bmatrix}$

11. 체 F 위의 n 차의 대각행렬 $A=\mathrm{diag}\{a_{11},\cdots,a_{nn}\}$ 가 정칙행렬이기 위한 필요충분조건을 구하고, A 가 정칙행렬인 경우에 그 역행렬을 구하여라.

*12. 체 F 위의 n 차의 행렬 A 에 대하여 다음이 성립함을 증명하여라.

(1) $|A|=0$ 일 때 그리고 이때에만 $|\mathrm{adj}\ A|=0$ 이다.

(2) $|A|\neq 0$ 이면, $\mathrm{adj}\ A$ 는 정칙행렬이고 그 역행렬은 다음과 같다.

$$(\mathrm{adj}\ A)^{-1}=|A|^{-1}A=\mathrm{adj}\ A^{-1}$$

13. 다음 연립방정식에서 두 변수 x', y' 을 x, y 에 관한 식으로 나타내어라.

(1) $\begin{cases} x = 2x' + 5y' \\ x = 3x' + 4y' \end{cases}$ (2) $\begin{cases} x = x' \cos\theta - y' \sin\theta \\ y = x' \sin\theta + y' \cos\theta \end{cases}$

14. 실수체 $\mathbb{R}$ 위에서 다음 연립일차방정식의 해를 구하여라.
단, 연립일차방정식 (1)에서 a, b, c 는 서로 다른 실수이다.

*(1) $\begin{cases} x + y + z = 1 \\ ax + by + cz = k \\ a^2x + b^2y + c^2z = k^2 \end{cases}$ (2) $\begin{cases} 3x_1 - 5x_2 - 2x_3 = 1 \\ x_1 - x_2 - x_3 = 4 \\ -x_1 + 2x_2 + x_3 = 5 \end{cases}$

***15.** 실수체 $\mathbb{R}$ 위의 n 차의 행렬

$$K = \begin{bmatrix} n-1 & -1 & -1 & \cdots & -1 & -1 \\ -1 & n-1 & -1 & \cdots & -1 & -1 \\ \vdots & \vdots & \vdots & \cdots & \vdots & \vdots \\ -1 & -1 & -1 & \cdots & n-1 & -1 \\ -1 & -1 & -1 & \cdots & -1 & n-1 \end{bmatrix}, \quad n \geq 2$$

에 대하여 $\det K = 0$ 임을 밝히고, 또 K 에서의 (1, 1) 성분의 여인수는 n^{n-2} 임을 밝혀라.

***16.** 체 F 위에서의 행렬 $A=[a_{ij}]_{m\times m}$, $B=[b_{ij}]_{n\times n}$, $C=[c_{ij}]_{m\times n}$, $D=[d_{ij}]_{n\times m}$ 와 $O = O_{n\times m}$, $O' = O_{m\times n}$ 에 대하여 다음 등식이 성립함을 정리 1.7.15 를 이용하여 증명하여라.

(1) $\begin{vmatrix} C & A \\ B & O \end{vmatrix} = (-1)^{mn} \mid A \mid \mid B \mid$ (2) $\begin{vmatrix} O' & A \\ B & D \end{vmatrix} = (-1)^{mn} \mid A \mid \mid B \mid$

***17.** 체 F 위의 n 차의 행렬 $A = [a_{ij}]_{n\times n}$, $B = [b_{ij}]_{n\times n}$ 에 대하여 다음 등식이 성립함을 정리 1.7.15 를 이용하여 증명하여라.

$$\begin{vmatrix} A & B \\ B & A \end{vmatrix} = \mid A+B \mid \mid A-B \mid$$

§ 1.8 유클리드 공간

실수체 $\mathbb{R}$ 의 원소로 이루어진 순서 n 조 전체의 집합

$$\mathbb{R}^n = \{(x_1, \cdots, x_n) \mid x_1, \cdots, x_n \in \mathbb{R}\}$$

에 대하여 정리 1.2.2가 성립한다는 의미에서 $\mathbb{R}^n$ 을 실수체 $\mathbb{R}$ 위의 **벡터 공간**(vector space)이라고 한다. 또, 벡터공간 $\mathbb{R}^n$ 의 원소 $v = (x_1, \cdots, x_n)$ 를 **벡터**(vector)라 하고, 특히 $\mathbf{0} = (0, \cdots, 0)$ 을 **영벡터**라고 한다.

정의 1.8.1 벡터공간 $\mathbb{R}^n$ 에서 두 벡터 $v = (a_1, \cdots, a_n)$, $w = (b_1, \cdots, b_n)$ 에 대하여 $v \cdot w$ 를 $v \cdot w = a_1 b_1 + \cdots + a_n b_n$ 으로 정한다. 그리고, 사상

$$\mathbb{R}^n \times \mathbb{R}^n \longrightarrow \mathbb{R}, \quad (v, w) \longmapsto v \cdot w$$

를 벡터공간 $\mathbb{R}^n$ 의 **표준내적**(standard inner product) 또는 **스칼라 곱**(scalar product, dot product)이라 하고, 표준내적이 정의되어 있는 벡터공간 $\mathbb{R}^n$ 을 **n 차원 유클리드 공간**(Euclidean space)이라 하고 이것을 $\mathscr{E}^n$ 으로 나타낸다. 특히, 유클리드 공간 $\mathscr{E}^2$ 을 **유클리드 평면**이라고 한다.

유클리드 공간에 대하여 다음 정리가 성립함을 알 수 있다.

정리 1.8.2 유클리드 공간 $\mathscr{E}^n$ 에서 벡터 v, w, u 와 실수 a, b 에 대하여 다음이 성립한다.

I.1 : $(v+u) \cdot w = v \cdot w + u \cdot w, \quad (a\,v) \cdot w = a\,(v \cdot w)$

I.2 : $v \cdot (u+w) = v \cdot u + v \cdot w, \quad v \cdot (a\,w) = a\,(v \cdot w)$

I.3 : $v \cdot w = w \cdot v$

I.4 : $v \cdot v \geq 0$ 이고, 특히 $v \cdot v = 0 \Longleftrightarrow v = \mathbf{0}$ 이다.

위의 정리에 의하여 유클리드 공간에서 다음이 성립한다.

$$\mathbf{0}\cdot w = v \cdot \mathbf{0} = 0, \qquad (-v)\cdot w = -v\cdot w = v\cdot(-w)$$

$$\left(\sum_{i=1}^{n} a_i v_i\right)\cdot w = \sum_{i=1}^{n} a_i (v_i \cdot w), \qquad v\cdot\left(\sum_{i=1}^{n} a_i w_i\right) = \sum_{i=1}^{n} a_i (v\cdot w_i)$$

유클리드 공간에 대해서는 제 5 장에서 상세히 논하기로 한다.

직교좌표계 O-$x_1 x_2$가 도입되어 있는 좌표평면(coordinate plane)에서 각 벡터 $v=(a_1, a_2) \in \mathscr{E}^2$는 점 A$(a_1, a_2)$를 나타내고 또 기하학적 벡터 $\overrightarrow{\mathrm{OA}}=(a_1, a_2)$를 나타내기도 한다. 그리고, 실수 k에 대하여 kv는 점 A$'(ka_1, ka_2)$를 나타내고 기하학적 벡터 $\overrightarrow{\mathrm{OA}'}$을 나타내기도 한다. 또, $v=(a_1, a_2)$, $w=(b_1, b_2)$에 대하여 네 점 O(0, 0), A(a_1, a_2), B(b_1, b_2), C(c_1, c_2)가 오른쪽 그림과 같이 평행사변형을 이룰 때,

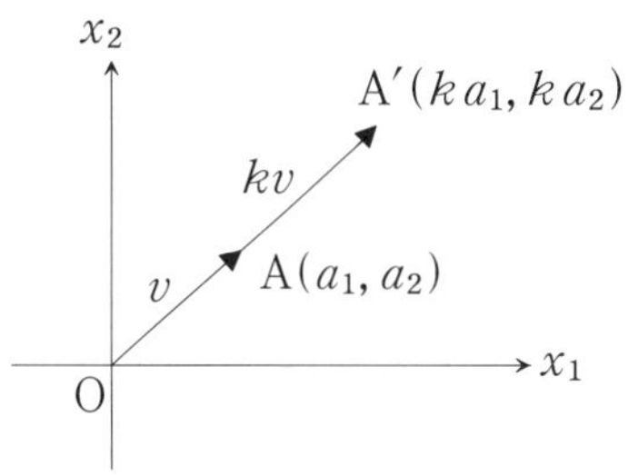

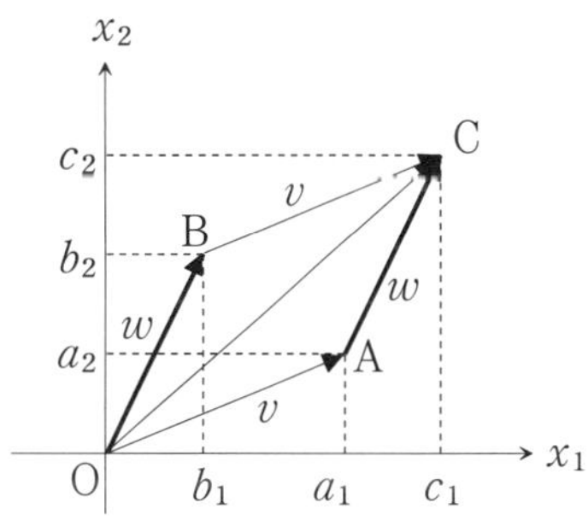

$$c_1 = a_1 + b_1, \qquad c_2 = a_2 + b_2$$

이므로

$$\overrightarrow{\mathrm{OC}} = (c_1, c_2) = (a_1, a_2) + (b_1, b_2) = \overrightarrow{\mathrm{OA}} + \overrightarrow{\mathrm{OB}} = v + w$$

이고, 따라서 $\overrightarrow{\mathrm{BC}}=\overrightarrow{\mathrm{OA}}$로 정하면 다음이 성립한다.

$$\overrightarrow{\mathrm{BC}} = \overrightarrow{\mathrm{OA}} = \overrightarrow{\mathrm{OC}} - \overrightarrow{\mathrm{OB}} = (c_1 - b_1, c_2 - b_2)$$

마찬가지로, 직교좌표계 O-$x_1 x_2 x_3$가 도입되어 있는 좌표공간(coordinate space)에서 벡터 $v=(a, a_2, a_3) \in \mathscr{E}^3$는 점 A$(a_1, a_2, a_3)$를 나타내기도 하고 기하학적 벡터 $\overrightarrow{\mathrm{OA}}=(a_1, a_2, a_3)$를 나타내기도 한다.

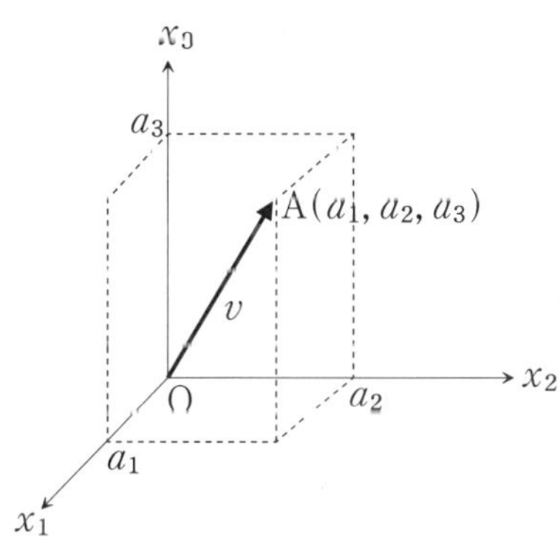

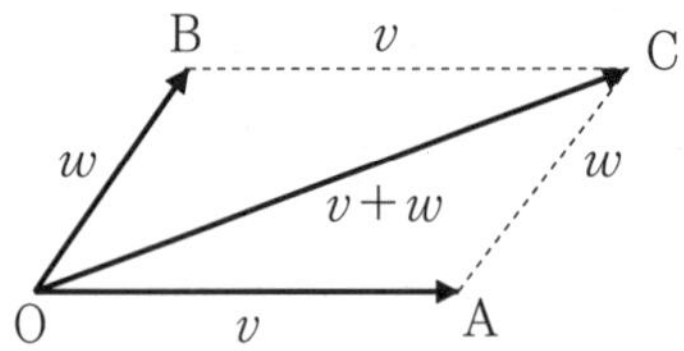

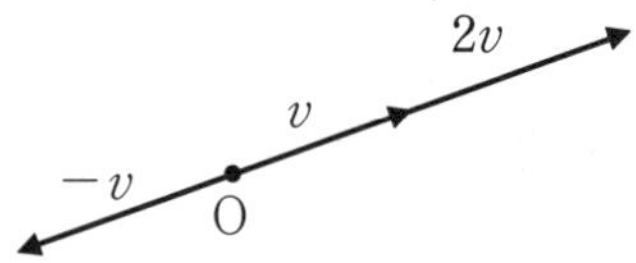

두 벡터 v, w에 대하여 $v+w$와 kv는 위의 그림에서와 같이 결정되는 벡터를 나타낸다. 여기서 □OABC는 평행사변형이다.

한편, $n>3$인 경우에는 유클리드 공간 $\mathscr{E}^n$을 기하학적으로 나타낼 수 없으나 앞에서 얻은 결과에 근거하여 직교좌표계 O-$x_1 \cdots x_n$이 도입되어 있는 좌표 n공간(coordinate n-space) 위에서 각 벡터 $v=(a_1, \cdots, a_n)$는 점 A$(a_1, \cdots, a_n)$를 나타내기도 하고 기하학적 벡터 $\overrightarrow{OA}=(a_1, \cdots, a_n)$를 나타내기도 한다고 생각한다. 또 두 점 B$(b_1, \cdots, b_n)$, C$(c_1, \cdots, c_n)$에 대하여 $\overrightarrow{BC}=\overrightarrow{OC}-\overrightarrow{OB}=(c_1-b_1, \cdots, c_n-b_n)$로 정한다.

정의 1.8.3 유클리드 공간 $\mathscr{E}^n$에서 벡터 $v=(a_1, \cdots, a_n)$에 대하여

$$\|v\| = = \sqrt{v \cdot v} = \sqrt{a_1^2 + \cdots + a_n^2}$$

를 v의 **노름**(Norm, 독일어) 또는 **길이**(length)라 하고, 특히 $\|v\|=1$일 때 즉 $v \cdot v = 1$일 때 v를 **단위벡터**(unit vector)라고 한다.

그리고, 두 벡터 v, w에 대하여

$$d(v, w) = \|w - v\|$$

를 v와 w 사이의 **거리**(distance)라고 한다.

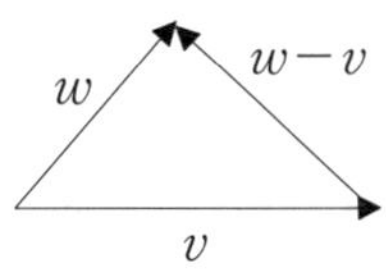

정리 1.8.4 유클리드 공간 $\mathscr{E}^n$에서 $v=(a_1, \cdots, a_n)$, $w=(b_1, \cdots, b_n)$에 대하여 다음이 성립한다.

$$|v \cdot w| \le \|v\|\|w\| \qquad \text{(Cauchy-Schwartz의 부등식)}$$

즉, $$\left(\sum_{i=1}^{n} a_i b_i\right)^2 \le \left\{\sum_{i=1}^{n} a_i^2\right\}\left\{\sum_{i=1}^{n} b_i^2\right\}$$

또, 위의 부등식에서 적당한 $k \in \mathbb{R}$에 대하여 $w=kv$ 또는 $v=kw$일 때 그리고 이때에만 등호가 성립한다.

증 명 먼저 $n=1$ 이면, $|v\cdot w| = |a_1 b_1| = |a_1|\,|b_1| = \|v\|\,\|w\|$ 이고, 또 적당한 실수 k 에 대하여 $w=kv$ 또는 $v=kw$ 이다.

다음에 $n \geq 2$ 이라고 하자. 이 때,

$$
\begin{aligned}
&\|v\|^2\|w\|^2 - |v\cdot w|^2 \\
&= (a_1^2+\cdots+a_n^2)(b_1^2+\cdots+b_n^2) - (a_1 b_1+\cdots+a_n b_n)^2 \\
&= \sum_{i=1}^{n}\sum_{j=1}^{n} a_i^2 b_j^2 - \sum_{i=1}^{n}\sum_{j=1}^{n} a_i b_i a_j b_j \\
&= \sum_{i\neq j}^{n} a_i^2 b_j^2 - \sum_{i\neq j} a_i b_i a_j b_j = \sum_{i<j}^{n} (a_i^2 b_j^2 + a_j^2 b_i^2 - 2a_i b_i a_j b_j) \\
&- \sum_{i<j}^{n} (a_i b_j - a_j b_i)^2 = \sum_{i<j}^{n} \begin{vmatrix} a_i & a_j \\ b_i & b_j \end{vmatrix}^2 \geq 0
\end{aligned}
$$

이므로 $\|v\|^2\|w\|^2 \geq |v\cdot w|^2$ 즉 $|v\cdot w| \leq \|v\|\,\|w\|$ 이다. 그리고,

$$a_i b_j - a_j b_i = 0 \quad (1\leq i<j\leq n) \quad \text{즉} \quad \frac{b_1}{a_1} = \cdots = \frac{b_n}{a_n}$$

일 때 그리고 이때에만 등호가 성립한다.

정리 1.8.5 유클리드 공간 $\mathscr{E}^n$ 에서 $v=(a_1,\cdots,a_n)$, $w=(b_1,\cdots,b_n)$ 와 $a\in\mathbb{R}$ 에 대하여 다음이 성립한다.

N.1 : $\|v\| \geq 0$ 이고, 특히 $\|v\|=0 \Longleftrightarrow v=\mathbf{0}$ 이다.

N.2 : $\|av\| = |a|\,\|v\|$ 이고, $v\neq\mathbf{0}$ 일 때 $\dfrac{v}{\|v\|}$ 는 단위벡터이다.

N.3 : $\|v+w\| \leq \|v\| + \|w\|$ (삼각형의 부등식)

즉 $$\left\{\sum_{i=1}^{n}(a_i+b_i)^2\right\}^{\frac{1}{2}} \leq \left\{\sum_{i=1}^{n} a_i^2\right\}^{\frac{1}{2}} + \left\{\sum_{i=1}^{n} b_i^2\right\}^{\frac{1}{2}}$$

D.1 : $d(v,w) \geq 0$ 이고, 특히 $d(v,w)=0 \Longleftrightarrow v=w$ 이다.

D.2 : $d(v,w) = d(w,v)$

D.3 : $d(v,w) \leq d(v,u) + d(u,w)$

증 명 N.1 : 정리 1.8.2 의 I.4 에 의하여 N.1 이 성립한다.

N.2 : 정리 1.8.2 에 의하여

$$\| a v \|^2 = (a v) \cdot (a v) = a^2 (v \cdot v) = a^2 \| v \|^2$$

이므로 $\| a v \| = | a | \| v \|$ 이다.

N.3 : 정리 1.8.2 와 정리 1.8.4 에 의하여

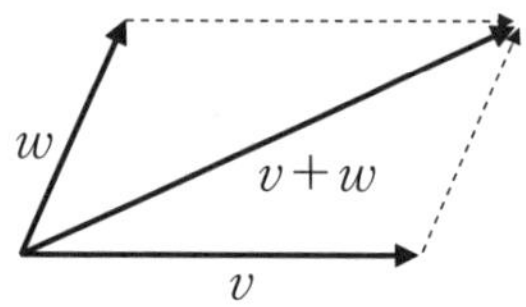

$$\begin{aligned} \| v+w \|^2 &= (v+w) \cdot (v+w) \\ &= v \cdot v + v \cdot w + w \cdot v + w \cdot w \\ &= \| v \|^2 + 2\, v \cdot w + \| w \|^2 \\ &\le \| v \|^2 + 2 \| v \| \| w \| + \| w \|^2 \\ &= (\| v \| + \| w \|)^2 \end{aligned}$$

이고, 따라서 $\| v+w \| \le \| v \| + \| w \|$ 이다.

D.1 : $d(v, w) = \| w-v \| \ge 0$ 이고, 또 다음이 성립한다.

$$d(v, w) = 0 \Longleftrightarrow \| w-v \| = 0 \Longleftrightarrow v-w = \mathbf{0} \Longleftrightarrow v = w$$

D.2 : $d(v, w) = \| w-v \| = \| v-w \| = d(w, v)$

D.3 : $d(v, w) = \| w-v \| = \| (u-v) + (w-u) \|$

$$\le \| u-v \| + \| w-u \| = d(v, u) + d(u, w)$$

보기 1.8.1 Cauchy-Schwartz 의 부등식에 의하면, 임의의 실수 a, b, c, x, y, z 에 대하여 다음 부등식이 성립한다.

$$(a x + b y)^2 \le (a^2 + b^2)(x^2 + y^2),$$
$$(a x + b y + c z)^2 \le (a^2 + b^2 + c^2)(x^2 + y^2 + z^2)$$

정의 1.8.6 유클리드 공간 $\mathscr{E}^n$ 에서 두 벡터 v, w 가 영벡터가 아닐 때, 정리 1.8.4 에 의하여 $-1 \le \dfrac{v \cdot w}{\| v \| \| w \|} \le 1$ 이므로

$$\cos\theta = \frac{v \cdot w}{\| v \| \| w \|} \quad \text{즉} \quad v \cdot w = \| v \| \| w \| \cos\theta$$

인 실수 θ $(0 \le \theta \le \pi)$ 가 단 하나 존재한다.

이러한 θ 를 v, w 사이의 **각의 크기**라고 한다.

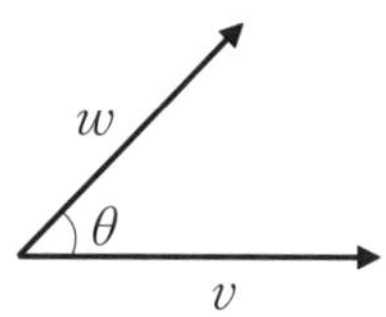

특히, $v \cdot w = 0 \Longleftrightarrow \theta = \dfrac{\pi}{2}$ 이다.

정의 1.8.7 유클리드 공간 $\mathscr{E}^n$에서 두 벡터 v, w에 대하여 $v \cdot w = 0$일 때 v, w는 서로 **직교한다**(orthogonal) 또는 **수직**(perpendicular)이라 하고, 또, 적당한 실수 k에 대하여 $w = kv$ 또는 $v = wk$일 때 v, w는 서로 **평행하다**(parallel)고 한다. 영벡터는 모든 벡터와 직교하는 동시에 평행하다.

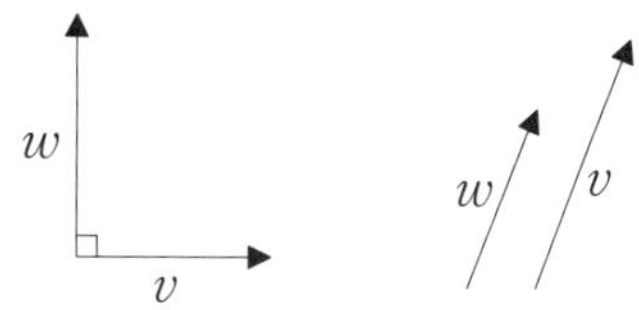

정리 1.8.8 (피타고라스의 정리) 유클리드 공간 $\mathscr{E}^n$에서 두 벡터 v, w가 서로 직교하면, $\|v+w\|^2 = \|v\|^2 + \|w\|^2$이다.

증 명 가정에 의하여 다음이 성립한다.

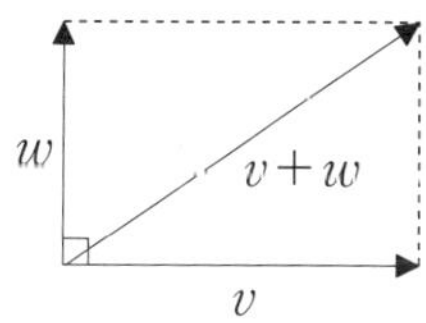

$$\begin{aligned}\|v+w\|^2 &= (v+w)\cdot(v+w) \\ &= v\cdot v + v\cdot w + w\cdot v + w\cdot w \\ &= v\cdot v + w\cdot w = \|v\|^2 + \|w\|^2\end{aligned}$$

유클리드 공간 $\mathscr{E}^n$에서 서로 다른 두 점 $\mathrm{A}(a_1, \cdots, a_n)$, $\mathrm{B}(b_1, \cdots, b_n)$에 대하여 다음과 같이 정의된 $\overline{\mathrm{AB}}$를 선분(line segment)이라고 한다.

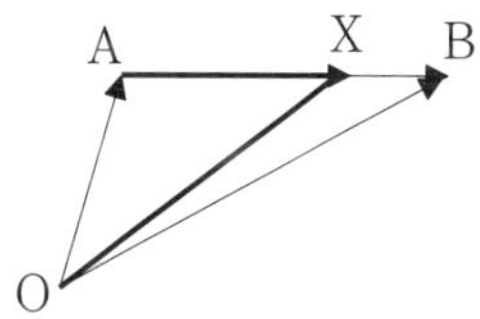

$$\begin{aligned}\overline{\mathrm{AB}} &= \{\mathrm{X} \in \mathscr{E}^n \mid \overrightarrow{\mathrm{OX}} = \overrightarrow{\mathrm{OA}} + t\,\overrightarrow{\mathrm{AB}},\ \ 0 \le t \le 1\} \\ &= \{\mathrm{X}(x_1, \cdots, x_n) \in \mathscr{E}^n \mid \overrightarrow{\mathrm{OX}} = (1-t)\,\overrightarrow{\mathrm{OA}} + t\,\overrightarrow{\mathrm{OB}},\ 0 \le t \le 1\} \\ &= \{(1-t)(a_1, \cdots, a_n) + t\,(b_1, \cdots, b_n) \mid 0 \le t \le 1\}\end{aligned}$$

그리고, $\overrightarrow{\mathrm{AB}}$의 길이를 두 점 A, B 사이의 **거리** 또는 선분 $\overline{\mathrm{AB}}$의 **길이**라 하고 이것을 $d(\mathrm{A}, \mathrm{B})$로 나타낸다. 즉,

$$d(\mathrm{A}, \mathrm{B}) = \sqrt{(b_1 - a_1)^2 + \cdots + (b_n - a_n)^2}$$

또, 서로 다른 세 점 A, B, C에 대하여 두 벡터 $\overrightarrow{\mathrm{AB}}, \overrightarrow{\mathrm{AC}}$가 이루는 각의 크기를 $\overline{\mathrm{AB}}, \overline{\mathrm{AC}}$가 이루는 **각의 크기**라고 한다.

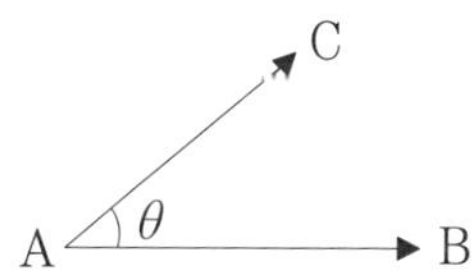

유클리드 공간 $\mathscr{E}^n$에서 한 점 $\mathrm{P}(p_1, \cdots, p_n)$와 벡터 $v = (a_1, \cdots, a_n) \neq \mathbf{0}$에 대하여 벡터 $\overrightarrow{\mathrm{PX}}$가 v와 평행하게 되는 점 $\mathrm{X}(x_1, \cdots, x_n)$ 전체의 집합은 다음과 같다.

$$\begin{aligned}&\{\mathrm{X} \in \mathscr{E}^n \mid \overrightarrow{\mathrm{PX}} = t(a_1, \cdots, a_n),\ t \in \mathbb{R}\}\\ =&\{\mathrm{X}(x_1, \cdots, x_n) \in \mathscr{E}^n \mid (x_1, \cdots, x_n) = (p_1, \cdots, p_n) + t(a_1, \cdots, a_n),\ t \in \mathbb{R}\}\end{aligned}$$

이 집합을 점 P를 지나 벡터 v와 평행한 **직선**(line, straight line)이라 하고 또 다음의 각 방정식을 이 직선의 **방정식**이라고 한다.

$$(x_1, \cdots, x_n) = (p_1, \cdots, p_n) + t\,(a_1, \cdots, a_n), \qquad t \in \mathbb{R}$$

$$\begin{bmatrix} x_1 \\ \vdots \\ x_n \end{bmatrix} = \begin{bmatrix} p_1 \\ \vdots \\ p_n \end{bmatrix} + t \begin{bmatrix} a_1 \\ \vdots \\ a_n \end{bmatrix} \quad (t \in \mathbb{R})$$

$$\begin{cases} x_1 = p_1 + t\,a_1 \\ \vdots \\ x_n = p_n + t\,a_n \end{cases} \qquad (t \in \mathbb{R})$$

$$\frac{x_1 - p_1}{a_1} = \cdots = \frac{x_n - p_n}{a_n}$$

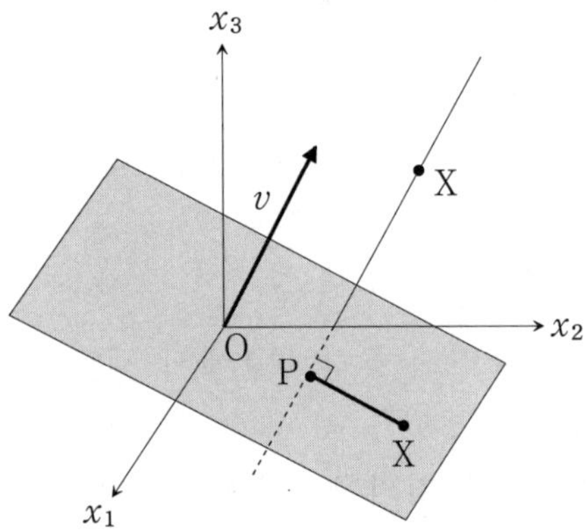

유클리드 공간 $\mathscr{E}^n$에서 한 점 $\mathrm{P}(p_1, \cdots, p_n)$와 벡터 $v = (a_1, \cdots, a_n) \neq \mathbf{0}$에 대하여 벡터 $\overrightarrow{\mathrm{PX}}$가 벡터 v에 수직으로 되는 점 $\mathrm{X}(x_1, \cdots, x_n)$ 전체의 집합은 다음과 같다.

$$\begin{aligned}&\{\mathrm{X} \in \mathscr{E}^n \mid v \cdot \overrightarrow{\mathrm{PX}} = 0\}\\ =&\{(x_1, \cdots, x_n) \in \mathscr{E}^n \mid a_1(x_1 - p_1) + \cdots + a_n(x_n - p_n) = 0\}\end{aligned}$$

이 집합을 점 P를 지나 벡터 v에 수직인 **초평면**(hyperplane)이라 하고 v를 이 초평면의 **법벡터**(normal vector)라고 하며, 방정식

$$a_1 x_1 + \cdots + a_n x_n = c \qquad (c = a_1 p_1 + \cdots + a_n p_n)$$

를 이 초평면의 **방정식**이라고 한다. 유클리드 공간 $\mathscr{E}^3$에서의 초평면은 평면(plane)을 뜻하고 유클리드 평면 $\mathscr{E}^2$에서의 초평면은 직선을 뜻한다.

보기 1.8.2 유클리드 평면 $\mathscr{E}^2$ 에서 서로 다른 두 점 $\mathrm{P}(a_1, a_2)$, $\mathrm{Q}(b_1, b_2)$ 를 지나는 직선의 방정식은

$$Ax_1 + Bx_2 + C = 0$$

와 같은 꼴이다. 이제 점 $\mathrm{X}(x, x_2)$ 를 이 직선 위의 임의의 점이라고 하면,

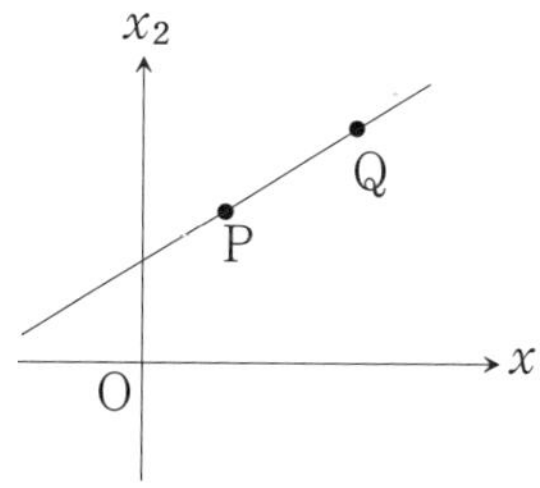

$$Ax_1 + Bx_2 + C = 0$$
$$Aa_1 + Ba_2 + C = 0$$
$$Ab_1 + Bb_2 + C = 0$$

이고, 또 $A \neq 0$ 또는 $B \neq 0$ 이므로 다음이 성립한다(정리 1.7.12).

$$(*) \qquad \begin{vmatrix} x_1 & x_2 & 1 \\ a_1 & a_2 & 1 \\ b_1 & b_2 & 1 \end{vmatrix} = 0$$

즉, $$(a_2 - b_2)\,x_1 - (a_1 - b_1)\,x_2 + a_1 b_2 - a_2 b_1 = 0$$

여기서 $a_1 \neq b_1$ 또는 $a_2 \neq b_2$ 이므로 위의 방정식은 x_1, x_2 에 관한 일차 방정식이고, 따라서 이 방정식은 두 점 P, Q 를 지나는 직선의 방정식이다.

보기 1.8.3 유클리드 평면 $\mathscr{E}^2$ 에서 영벡터가 아닌 두 벡터 $v = (a_1, a_2)$, $w = (b_1, b_2)$ 가 이루는 각의 크기를 θ $(0 < \theta < \pi)$ 이라고 하자.

이 때, $u = (b_2, -b_1)$ 이라고 하면, $\|u\| = \|w\|$ 이고 $w \cdot u = 0$ 이다.

따라서 아래 그림에서 평행사변형 □OACB 의 넓이와 △OAB 의 넓이는 다음과 같다.

$$\square\mathrm{OACB} = \|v\|\,\|w\| \sin\theta = \|v\|\,\|u\| \cos\left(\frac{\pi}{2} - \theta\right)$$
$$= \pm\, v \cdot u = \pm\,(a_1 b_2 - a_2 b_1)$$
$$= \pm \begin{vmatrix} a_1 & a_2 \\ b_1 & b_2 \end{vmatrix},$$

$$\triangle\mathrm{OAB} = \pm \frac{1}{2} \begin{vmatrix} a_1 & a_2 \\ b_1 & b_2 \end{vmatrix}$$

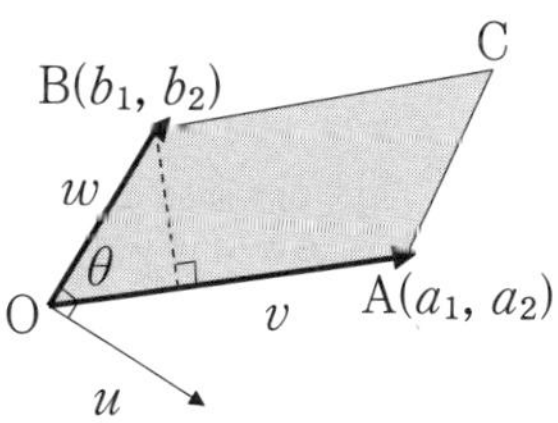

정의 1.8.9 유클리드 공간 $\mathscr{E}^3$ 에서 두 벡터

$$v=(a_1, a_2, a_3), \quad w=(b_1, b_2, b_3)$$

에 대하여 벡터

$$v\times w=\left(\begin{vmatrix} a_2 & a_3 \\ b_2 & b_3 \end{vmatrix}, -\begin{vmatrix} a_1 & a_3 \\ b_1 & b_3 \end{vmatrix}, \begin{vmatrix} a_1 & a_2 \\ b_1 & b_2 \end{vmatrix}\right)$$

를 v, w 의 **外積**(cross product)이라고 한다.

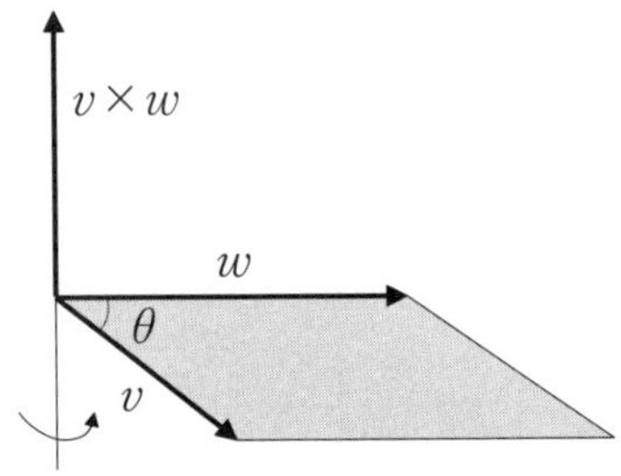

그리고, 세 벡터

$$v=(a_1, a_2, a_3), \quad w=(b_1, b_2, b_3), \quad u=(c_1, c_2, c_3)$$

에 대하여 $[v, w, u]=v\cdot(w\times u)$ 를 v, w, u 의 **Grassmann 곱**이라고 한다.

$$\begin{aligned}&[v, w, u]=v\cdot(w\times u)\\ &=a_1\begin{vmatrix} b_2 & b_3 \\ c_2 & c_3 \end{vmatrix}-a_2\begin{vmatrix} b_1 & b_3 \\ c_1 & c_3 \end{vmatrix}+a_3\begin{vmatrix} b_1 & b_2 \\ c_1 & c_2 \end{vmatrix}=\begin{vmatrix} a_1 & a_2 & a_3 \\ b_1 & b_2 & b_3 \\ c_1 & c_2 & c_3 \end{vmatrix}\end{aligned}$$

행렬식의 성질에 의하여 다음이 성립한다(정리 1.7.3, 정리 1.7.6).

$$\begin{aligned}&[v, w, u]=-[w, v, u]=-[u, w, v]=-[v, u, w]\\ &[v, w, u]=[w, u, v]=[u, v, w]\\ &[v, v, w]=[w, v, w]=[v, w, w]=[v, w, v]=0\end{aligned}$$

그리고, $v\cdot(v\times w)=[v, v, w]=0$, $w\cdot(v\times w)=[w, v, w]=0$ 이므로 $v\times w$ 는 v, w 와 직교한다.

영벡터가 아닌 두 벡터 $v=(a_1, a_2, a_3)$, $w=(b_1, b_2, b_3)$ 가 이루는 각의 크기를 θ $(0<\theta<\pi)$ 이라고 하면, $v\cdot w=\|v\|\|w\|\cos\theta$ 이고 따라서

$$\begin{aligned}\|v\times w\|^2&=\begin{vmatrix} a_2 & a_3 \\ b_2 & b_3 \end{vmatrix}^2+\begin{vmatrix} a_1 & a_3 \\ b_1 & b_3 \end{vmatrix}^2+\begin{vmatrix} a_1 & a_2 \\ b_1 & b_2 \end{vmatrix}^2\\ &=({a_1}^2+{a_2}^2+{a_3}^2)({b_1}^2+{b_2}^2+{b_3}^3)-(a_1b_1+a_2b_2+a_3b_3)^2\\ &=\|v\|^2\|w\|^2-(v\cdot w)^2 \qquad\qquad (\text{정리 1.8.4 의 증명})\\ &=\|v\|^2\|w\|^2-\|v\|^2\|w\|^2\cos^2\theta\\ &=\|v\|^2\|w\|^2(1-\cos^2\theta)=\|v\|^2\|w\|^2\sin^2\theta, \quad \sin\theta\geq 0\end{aligned}$$

이므로 $\|v \times w\| = \|v\|\|w\| \sin\theta$ 이다. 즉, $\|v \times w\|$는 v, w로 결정되는 평행사변형의 넓이와 같다. 특히, $v \cdot w = 0$ 이면, $\|v \times w\| = \|v\|\|w\|$ 이다.

그리고, 영벡터가 아닌 세 벡터

$$v = (a_1, a_2, a_3), \quad w = (b_1, b_2, b_3), \quad u = (c_1, c_2, c_3)$$

가 평행육면체를 결정하는 경우에 v와 $w \times u$가 이루는 각의 크기를 ϕ $(0 < \phi < \pi)$ 라고 하면 이 평행육면체의 부피는 다음과 같다.

$$\begin{aligned} &\|w \times u\|\|v\| (\pm \cos\phi) \\ &= \|v\|\|w \times u\| (\pm \cos\phi) \\ &= \pm\, v \cdot (w \times u) = \pm [v, w, u] \\ &= \pm \begin{vmatrix} a_1 & a_2 & a_3 \\ b_1 & b_2 & b_3 \\ c_1 & c_2 & c_3 \end{vmatrix} \end{aligned}$$

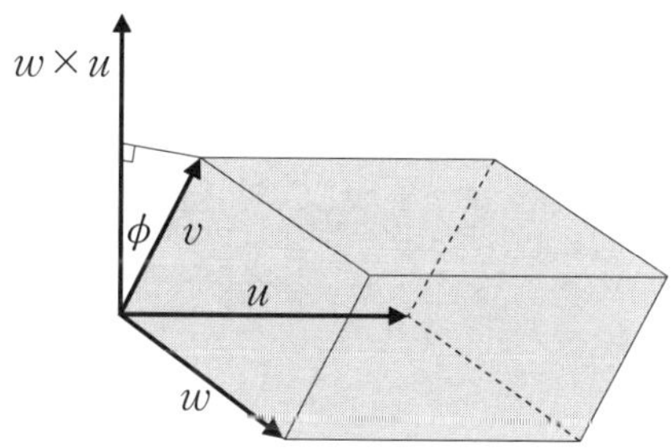

보기 1.8.4 유클리드 공간 $\mathscr{E}^3$에서 두 평면의 방정식이

$$x_1 + 2x_2 + x_3 = 4, \quad 2x_1 + 5x_2 - x_3 = 6$$

일 때, 이 두 일차방정식으로 이루어진 연립일차방정식의 해 전체는

$$\begin{cases} x_1 = 8 - 7t \\ x_2 = -2 + 3t \quad (t \in \mathbb{R}) \\ x_3 = t \end{cases}$$

이므로, 이들 두 평면이 만나는 직선의 방정식은 위와 같다.

$$\left[\begin{array}{ccc:c} 1 & 2 & 1 & 4 \\ 2 & 5 & -1 & 6 \end{array}\right] \longrightarrow \left[\begin{array}{ccc:c} 1 & 2 & 1 & 4 \\ 0 & 1 & -3 & -2 \end{array}\right], \left[\begin{array}{ccc:c} 1 & 0 & 7 & 8 \\ 0 & 1 & -3 & -2 \end{array}\right]$$

이 직선은 점 $(8, -2, 0)$을 지나 벡터 $(-7, 3, 1)$과 평행한 직선이다.

여기서 두 벡터 $v = (1, 2, 1)$, $w = (2, 5, -1)$는 각각 주어진 두 평면의 법벡터이고 $v \times w = (-7, 3, 1)$ 이다.

연 습 문 제 (1.8)

1. 유클리드 공간 $\mathscr{E}^3$ 에서 두 벡터 $v=(1,2,4)$, $w=(2,1,-1)$ 의 길이를 구하고 또 이들 두 벡터가 서로 직교하는지를 확인하여라.

2. 유클리드 평면 $\mathscr{E}^2$ 에서 점 $\mathrm{P}=(2,3)$ 을 지나 벡터 $v=(4,5)$ 에 수직인 직선의 방정식을 구하여라.

*3. 유클리드 평면 $\mathscr{E}^2$ 에서 세 점 $\mathrm{A}(a_1, a_2)$, $\mathrm{B}(b_1, b_2)$, $\mathrm{C}(c_1, c_2)$ 가 삼각형을 이룰 때, $\triangle \mathrm{ABC}$ 의 넓이는 다음과 같음을 밝혀라.

$$\triangle \mathrm{ABC} = \pm \frac{1}{2}\begin{vmatrix} a_1 & a_2 & 1 \\ b_1 & b_2 & 1 \\ c_1 & c_2 & 1 \end{vmatrix}$$

*4. 유클리드 평면 $\mathscr{E}^2$ 에서 두 직선의 방정식이 각각

$$a_1x_1 + a_2x_2 + a_3 = 0, \qquad b_1x_1 + b_2x_2 + b_3 = 0$$

일 때, 이들 두 직선의 위치 관계를 말하여라.

*5. 유클리드 공간 $\mathscr{E}^3$ 에서 세 점 $\mathrm{O}(0,0,0)$, $\mathrm{P}(a_1, a_2, a_3)$, $\mathrm{Q}(b_1, b_2, b_3)$ 가 한 직선 위에 있지 않을 때, 이들 세 점을 지나는 평면의 방정식을 구하여라.

6. 유클리드 공간 $\mathscr{E}^3$ 에서 두 평면의 방정식이

$$2x_1 - 3x_2 + x_3 = 0, \qquad 3x_1 + 4x_2 - 7x_3 = 0$$

일 때, 이들 두 평면의 교선의 방정식을 구하여라.

*7. 유클리드 공간 $\mathscr{E}^3$ 에서 평면의 방정식이

$$a_1x_1 + a_2x_2 + a_3x_3 + d = 0$$

이고 점 $\mathrm{A}(x_1, x_2, x_3)$ 에서 이 평면에 내린 수선의 발이 H 일 때, $\overline{\mathrm{AH}}$ 의 길이를 구하여라. 이 길이를 점 A 와 이 평면 사이의 거리라고 한다.

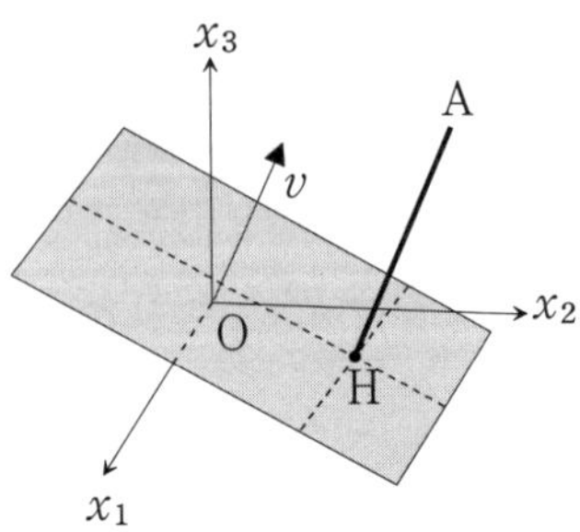

제 2 장

벡터공간

이 장에서는, 벡터공간과 부분공간을 정의하고 또 벡터공간의 여러 가지 특성과 이에 대한 보기를 논한다.

실제로, 벡터공간과 부분공간, 벡터의 일차독립과 일차종속, 벡터공간의 기저와 차원에 관한 정리에 대하여 논하고 또 부분공간의 차원, 행렬의 행공간과 열공간, 동차 연립일차방정식의 해공간에 대하여 논한다.

이 장에서 논하는 정의와 정리의 내용은 명확히 이해해야 하나, 경우에 따라서는 정리의 엄밀한 증명은 생략하여도 좋다. 이 장의 내용은 '현대대수학' 등 여러 분야의 수학과 '부호이론'을 공부하는 데 필요하다.

이 장에서, n은 양의 정수를 나타낸다.

§ 2.1 벡터공간

이 절에서는, 벡터공간을 정의하고 여러 가지 보기를 들기로 한다.

정의 2.1.1 체 F에 대하여 집합 $V(\neq \emptyset)$가 다음 두 조건을 만족시킬 때, V를 체 F 위의 **벡터공간**(vector space over F) 또는 $\boldsymbol{F}$**-벡터공간**(F-vector space) 또는 $\boldsymbol{F}$**-공간**(F-space) 이라고 한다.

(1) 집합 V 위에 덧셈 $+$가 정의되어 있고, 또 임의의 $v, w, u \in V$에 대하여 다음이 성립한다.

A.1 : $(v+w)+u = v+(w+u)$ (덧셈에 관한 결합법칙)

A.2 : $v+w = w+v$ (덧셈에 관한 교환법칙)

A.3 : 특정한 원소 $\mathbf{0} \in V$가 존재하여, 모든 원소 $v \in V$에 대하여 등식 $v+\mathbf{0} = \mathbf{0}+v = v$가 성립한다.

A.4 : 각 $v \in V$에 대하여 $v+w = w+v = \mathbf{0}$인 $w \in V$가 존재한다.
이러한 원소 w를 $-v$로 나타낸다. 즉, $v+(-v) = (-v)+v = \mathbf{0}$

(2) **스칼라 곱셈**(scalar multiplication)

$$F \times V \longrightarrow V, \quad (a, v) \longmapsto a \cdot v$$

가 정의되어 있고 임의의 $v, w \in V$와 $a, b \in F$에 대하여 다음이 성립한다.

SM.1 : $a \cdot (v+w) = a \cdot v + a \cdot w$ SM.2 : $(a+b) \cdot v = a \cdot v + b \cdot v$

SM.3 : $(ab) \cdot v = a \cdot (b \cdot v)$ SM.4 : $1 \cdot v = v$

벡터공간 V의 각 원소를 **벡터**(vector)라 하고, 특히 조건 A.3를 만족시키는 벡터 $\mathbf{0}$을 **영벡터**(zero vector)라고 한다. 또, 체 F를 벡터공간 V의 **기초체**(ground field)라 하고 체 F의 원소를 **스칼라**(scalar)라고 한다.

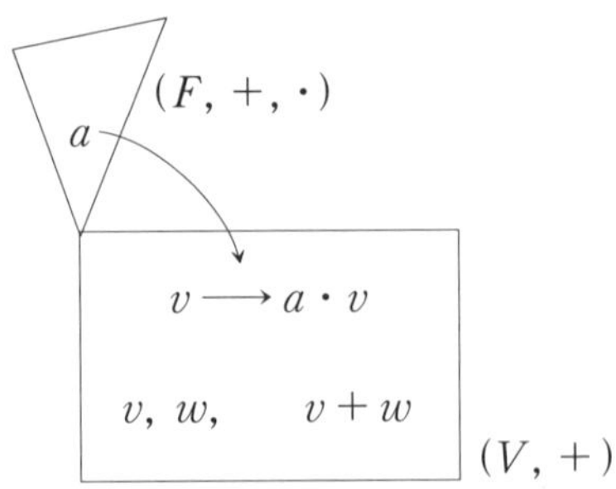

벡터공간이란 특정한 조건을 만족시키는 집합이고 벡터란 이러한 벡터공간을 이루는 원소일 뿐이지 어떤 물리적인 의미를 가진 대상이 아니다.

벡터공간 V 의 두 원소 v, w 에 대하여 $v+w$ 를 v 와 w 의 **합**(sum)이라 하고 $v \in V$ 와 $a \in F$ 에 대하여 $a \cdot v$ 를 a 에 의한 v 의 **스칼라 배**(scalar multiple)라고 한다. 앞으로 $a \cdot v$ 를 간단히 $a\,v$ 로 쓰기로 한다.

벡터공간 V 에서의 뺄셈은 덧셈을 이용하여 다음과 같이 정한다.

$$v - w = v + (-w)$$

보기 2.1.1 체 F 와 양의 정수 n 에 대하여 집합

$$F^n = \{(x_1, \cdots, x_n) \mid x_1, \cdots, x_n \in F\}$$

는 다음과 같이 정의된 덧셈과 스칼라 곱셈에 관하여 체 F 위의 벡터공간을 이룬다(정리 1.2.2 참조).

$$(a_1, \cdots, a_n) + (b_1, \cdots, b_n) = (a_1+b_1, \cdots, a_n+b_n)$$
$$a\,(a_1, \cdots, a_n) = (a\,a_1, \cdots, a\,a_n)$$

벡터공간 F^n 에서 영벡터는 $\mathbf{0} = (0, \cdots, 0)$ 이고 각 벡터 $v = (a_1, \cdots, a_n)$ 에 대하여 $-v = (-a_1, \cdots, -a_n)$이다.

보기 2.1.2 체 F 위의 $m \times n$ 행렬 전체의 집합

$$\mathrm{Mat}_{m\times n}(F) = \{[a_{ij}]_{m\times n} \mid a_{ij} \in F,\ 1 \le i \le m,\ 1 \le j \le n\}$$

는 다음과 같이 정의된 덧셈과 스칼라 곱셈에 관하여 체 F 위의 벡터공간을 이룬다(정리 1.2.3 참조).

$$[a_{ij}]_{m\times n} + [b_{ij}]_{m\times n} = [a_{ij}+b_{ij}]_{m\times n},$$
$$a\,[a_{ij}]_{m\times n} = [a\,a_{ij}]_{m\times n}$$

벡터공간 $\mathrm{Mat}_{m\times n}(F)$ 에서 영벡터는 영행렬 $O_{m\times n}$ 이고 각 $A = [a_{ij}]_{m\times n}$ 에 대하여 $-A = [-a_{ij}]_{m\times n}$ 이다.

특히, 체 F 위의 n 차의 행렬 전체의 집합 $\mathrm{Mat}_n(F)$ 는 체 F 위의 벡터공간이다(정리 1.3.1 참조).

보기 2.1.3 체 F 위의 다항식 전체의 집합 $F[x]$는 덧셈과 스칼라 곱셈에 관하여 체 F 위의 벡터공간을 이룬다(정리 1.4.1). 벡터공간 $F[x]$에서 영벡터는 영다항식 0이고, 다항식 $f(x) = a_0 + a_1 x + \cdots + a_n x^n \in F[x]$에 대하여 $-f(x) = -a_0 - a_1 x - \cdots - a_n x^n$이다.

보기 2.1.4 체 F의 원소로 이루어진 무한수열(infinite sequence)

$$a_0,\ a_1,\ a_2,\ \cdots,\ a_n,\ \cdots$$

를 $\{a_n\}$으로 나타내고 위의 각 원소를 $\{a_n\}$의 **항**(term)이라고 한다. 특히, 모든 항이 c인 무한수열을 **상수수열**(constant sequence)이라 하고 이 무한수열을 $\{c\}$로 나타내며, $\{0\}$을 **영수열**(zero sequence)이라고 한다.

체 F에서의 무한수열 전체의 집합을 F^ω로 나타내고 임의의 무한수열 $\{a_n\}, \{b_n\} \in F^\omega$와 $a \in F$에 대하여

$$\{a_n\} + \{b_n\} = \{a_n + b_n\}, \qquad a\{a_n\} = \{a\, a_n\}$$

으로 정의하면, 집합 F^ω는 이와 같이 정의된 덧셈과 스칼라 곱셈에 관하여 체 F 위의 벡터공간을 이룬다. 벡터공간 F^ω의 영벡터는 영수열 $\{0\}$이고 각 $\{a_n\} \in F^\omega$에 대하여 $-\{a_n\} = \{-a_n\}$이다.

예를 들면, 실수체 $\mathbb{R}$ 위의 벡터공간 $\mathbb{R}^\omega$에서 두 무한수열

$$\{a_n\} : 1, 2, 3, 4, 5, 6, \cdots; \qquad \{b_n\} : 1, 4, 9, 16, 25, 36, \cdots$$

에 대하여 $\{a_n\} + \{b_n\}$, $3\{a_n\}$는 다음과 같다.

$$\{a_n\} + \{b_n\} : 2, 6, 12, 20, 30, \cdots; \qquad 3\{a_n\} : 3, 6, 9, 12, 15, \cdots$$

정리 2.1.2 체 F 위의 벡터공간 V에서 벡터 $v, w, u \in V$와 $a \in F$에 대하여 다음이 성립한다.

(1) $v + u = w + u$이면, $v = w$이다. (덧셈에 관한 소약법칙)

(2) $-(-v) = v$

(3) $a\mathbf{0} = \mathbf{0}$, $a(-v) = -av$,

$$0v = \mathbf{0}, \quad (-a)v = -av, \quad (-1)v = -v$$

(4) $av = \mathbf{0}$이면, $a = 0$ 또는 $v = \mathbf{0}$이다.

증 명 (1) 이제 $v+u=w+u$ 이면, 다음이 성립한다.

$$\begin{aligned}
&(v+u)+(-u)=(w+u)+(-u), \\
&v+\{u+(-u)\}=w+\{u+(-u)\} && \text{A.1} \\
&v+\mathbf{0}=w+\mathbf{0} && \text{A.4} \\
&v=w && \text{A.3}
\end{aligned}$$

(2) 정의에 의하여 $v+(-v)=(-v)+v=\mathbf{0}$ 이므로 $-(-v)=v$ 이다.

(3) 정의 2.1.1 의 SM.1, A.3 에 의하여

$$a\mathbf{0}+a\mathbf{0}=a(\mathbf{0}+\mathbf{0})=a\mathbf{0}=\mathbf{0}+a\mathbf{0}$$

이므로 (1) 에 의하여 $a\mathbf{0}=\mathbf{0}$ 이다. 따라서

$$\begin{aligned}
&av+a(-v)=a\{v+(-v)\}=a\mathbf{0}=\mathbf{0}, \\
&a(-v)+av=a\{(-v)+v\}=a\mathbf{0}=\mathbf{0}
\end{aligned}$$

이므로, A.4 에 의하여 $a(-v)=-av$ 이다.

마찬가지 방법으로, $0v=\mathbf{0}$, $(-a)v=-av$ 임을 증명할 수 있다.

특히, $(-1)v=-1v=-v$ 이다.

(4) $av=\mathbf{0}$ 일 때, $a\neq 0$ 이라고 가정하면 체 F 에서 a 의 곱셈에 관한 역원 $a^{-1}\in F$ 가 존재하고(정의 1.2.1 의 M.4), 따라서

$$a^{-1}(av)=a^{-1}\mathbf{0},\quad (a^{-1}a)v=\mathbf{0},\quad 1v=\mathbf{0}$$

이므로 $v=\mathbf{0}$ 이다.

연 습 문 제 (2.1)

1. 실수체 $\mathbb{R}$ 위의 벡터공간 $\mathbb{R}^4$ 에서 $v=(1,2,3,4)$, $w=(0,1,-2,3)$ 에 대하여 $v+w$, $3v$, $v-w$, $2v+3w$ 를 구하여라.

2. 벡터공간 $\mathrm{Mat}_2(\mathbb{R})$ 에서 다음을 구하여라.

(1) $\begin{bmatrix}1&2\\3&4\end{bmatrix}+\begin{bmatrix}2&1\\5&2\end{bmatrix}$ (2) $\begin{bmatrix}1&2\\3&4\end{bmatrix}-\begin{bmatrix}2&1\\5&2\end{bmatrix}$

***3.** 체 F 위의 벡터공간 V 에서 벡터 $v, w \in V$ 와 $a, b \in F$ 에 대하여 다음이 성립함을 밝혀라.

(1) $v + w = \mathbf{0}$ 이면, $w = -v$ 이다.

(2) $v + w = v$ 이면, $w = \mathbf{0}$ 이다.

(3) $v + v = v$ 이면, $v = \mathbf{0}$ 이다.

(4) $a\,v = b\,v$ 이면, $a = b$ 또는 $v = \mathbf{0}$ 이다.

(5) $a\,v = a\,w$ 이면 $a = 0$ 또는 $v = w$ 이다.

***4.** 집합 $\mathbb{R}^2 = \{(x_1, x_2) \mid x_1, x_2 \in \mathbb{R}\}$ 는 다음과 같이 정의된 덧셈과 스칼라 곱셈에 관하여 실수체 $\mathbb{R}$ 위의 벡터공간이 아니다. 그 이유를 말하여라.

(1) $(a_1, a_2) + (b_1, b_2) = (a_1 + b_1,\ a_2 + b_2)$, $\quad a(a_1, a_2) = (a\,a_1, a_2)$

(2) $(a_1, a_2) + (b_1, b_2) = (a_1 + b_1,\ a_2 + b_2)$, $\quad a(a_1, a_2) = (a\,a_1, 0)$

(3) $(a_1, a_2) + (b_1, b_2) = (a_1 + b_1,\ a_2 + b_2)$, $\quad a(a_1, a_2) = (0, a_2)$

(4) $(a_1, a_2) + (b_1, b_2) = (a_1 - b_1,\ a_2 - b_2)$, $\quad a(a_1, a_2) = (a\,a_1,\ a\,a_2)$

(5) $(a_1, a_2) + (b_1, b_2) = (a_1 b_1,\ a_2 b_2)$, $\quad a(a_1, a_2) = (a\,a_1,\ a\,a_2)$

***5.** 한 구간 I $(I \subseteq \mathbb{R})$ 에서 실수체 $\mathbb{R}$ 로의 연속함수 $f : I \longrightarrow \mathbb{R}$ 전체의 집합을 $C(I)$ 로 나타내고, 임의의 두 연속 함수 $f, g \in C(I)$ 와 실수 $a \in \mathbb{R}$ 에 대하여 함수 $f+g$, $a\,f$ 를 다음과 같이 정의하자.

$$f + g \ :\ I \longrightarrow \mathbb{R},\ (f+g)(x) = f(x) + g(x),$$
$$a\,f \ :\ I \longrightarrow \mathbb{R},\ (a\,f)(x) = a\,f(x)$$

이 때, $C(I)$ 는 이와 같이 정의된 덧셈과 스칼라 곱셈에 관하여 실수체 $\mathbb{R}$ 위의 벡터공간을 이룸을 쉽게 알 수 있다. 벡터공간 $C(I)$ 의 영벡터를 정의하고 각 $f \in C(I)$ 에 대하여 $-f$ 를 정의하여라.

구간 I 가 폐구간 $[a, b]$ 일 때 $C(I)$ 를 $C[a, b]$ 로 나타내고, I 가 $\mathbb{R}$ 일 때 $C(I)$ 를 $C(\mathbb{R})$ 로 나타낸다.

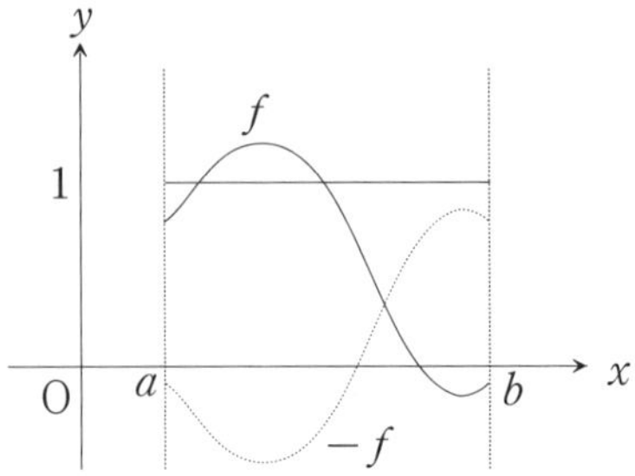

§2.2 부분공간

이 절에서는, 벡터공간의 특수한 부분집합에 대하여 논한다.

정의 2.2.1 체 F 위의 벡터공간 V 의 부분집합 $W\ (\neq \emptyset)$ 가 V 에서의 덧셈과 스칼라 곱셈에 관하여 체 F 위의 벡터공간을 이룰 때, W 를 V 의 **부분공간**(subspace)이라고 한다.

정리 2.2.2 체 F 위의 벡터공간 V 에서, V 의 부분집합 $W\ (\neq \emptyset)$ 에 대하여 다음 네 조건은 서로 동치이다.

(1) W 는 V 의 부분공간이다.

(2) W 는 V 의 덧셈과 스칼라 곱셈에 관하여 닫혀 있다. 즉,

$$w_1, w_2 \in W \Longrightarrow w_1 + w_2 \in W, \qquad a \in F,\ w \in W \Longrightarrow a\,w \in W$$

(3) $w_1, w_2 \in W \Longrightarrow w_1 - w_2 \in W, \qquad a \in F,\ w \in W \Longrightarrow a\,w \in W$

증 명 (1) $\Longleftrightarrow$ (2) 분명히 (1)이 성립하면 (2)가 성립한다.

역으로, (2)가 성립한다고 가정하자. 이 때, W 에서도 정의 2.1.1 의 A.1, A.2 와 SM.1 ~ SM.4 가 성립하고, 임의의 $w \in W$ 에 대하여

$$\mathbf{0} = 0\,w \in W, \quad -w = (-1)\,w \in W$$

이므로 W에서도 A.3, A.4 가 성립한다(정리 2.1.2 참조).

따라서 W 는 V 의 부분공간이다.

(2) $\Longleftrightarrow$ (3) 먼저 (2)가 성립하면, 임의의 $w_1, w_2 \subset W$ 에 대하여

$$-w_2 = (-1)\,w_2 \in W, \quad w_1 - w_2 = w_1 + (-w_2) \in W$$

이므로 (3)이 성립한다. 또, (3)이 성립하면, 임의의 $w_1, w_2 \in W$ 에 대하여

$$-w_2 = (-1)\,w_2 \in W, \quad w_1 + w_2 = w_1 - (-w_2) \in W$$

이므로 (2)가 성립한다.

체 F 위의 벡터공간 V 에서 V 자신과 $\{\mathbf{0}\}$ 은 V 의 부분공간이다.
그리고, W 가 벡터공간 V 의 부분공간이면, $\mathbf{0} \in W$ 이다.

보기 2.2.1 벡터공간 $\mathbb{R}^2$ 에서 $W = \{(x_1, x_2) \in \mathbb{R}^2 \mid x_1 \geq 0, x_2 \geq 0\}$ 이라고 하자. 이 때, $(0, 0) \in W$ 이고, 두 벡터

$$w = (a_1, a_2) \in W, \quad u = (b_1, b_2) \in W$$

에 대하여

$$w + u = (a_1 + b_1, a_2 + b_2) \in W$$

이므로 W 는 덧셈에 관하여 닫혀 있다.
그러나, $v = (1, 2) \in W$ 에 대하여

$$(-1)\,v = -v = (-1, -2) \notin W$$

이므로, W 는 $\mathbb{R}^2$ 의 부분공간이 아니다.

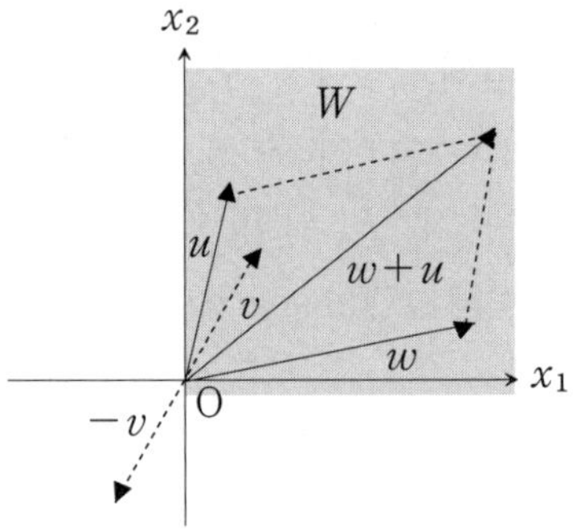

보기 2.2.2 체 F 위의 임의의 $m \times n$ 행렬 $A = [a_{ij}]_{m \times n}$ 에 대하여

$$U = \{(x_1, \cdots, x_n) \in F^n \mid A \begin{bmatrix} x_1 \\ \vdots \\ x_n \end{bmatrix} = \begin{bmatrix} 0 \\ \vdots \\ 0 \end{bmatrix}\}$$

이라고 하면, U 는 벡터공간 F^n 의 부분공간이다.
실제로, $(0, \cdots, 0) \in U$ 이고, 따라서 $U \neq \varnothing$ 이다.
또, $v = (c_1, \cdots, c_n) \in U$, $w = (d_1, \cdots, d_n) \in U$, $a \in F$ 이라고 하면,

$$A \begin{bmatrix} c_1 \\ \vdots \\ c_n \end{bmatrix} = \begin{bmatrix} 0 \\ \vdots \\ 0 \end{bmatrix}, \qquad A \begin{bmatrix} d_1 \\ \vdots \\ d_n \end{bmatrix} = \begin{bmatrix} 0 \\ \vdots \\ 0 \end{bmatrix}$$

이므로

$$A \begin{bmatrix} c_1 + d_1 \\ \vdots \\ c_n + d_n \end{bmatrix} = A \begin{bmatrix} c_1 \\ \vdots \\ c_n \end{bmatrix} + A \begin{bmatrix} d_1 \\ \vdots \\ d_n \end{bmatrix} = \begin{bmatrix} 0 \\ \vdots \\ 0 \end{bmatrix} + \begin{bmatrix} 0 \\ \vdots \\ 0 \end{bmatrix} = \begin{bmatrix} 0 \\ \vdots \\ 0 \end{bmatrix},$$

$$A\begin{bmatrix} a\,c_1 \\ \vdots \\ a\,c_n \end{bmatrix} = a\,A\begin{bmatrix} c_1 \\ \vdots \\ c_n \end{bmatrix} = a\begin{bmatrix} 0 \\ \vdots \\ 0 \end{bmatrix} = \begin{bmatrix} 0 \\ \vdots \\ 0 \end{bmatrix}$$

이고 따라서

$$v + w = (c_1 + d_1, \cdots, c_n + d_n) \in U, \quad a\,v = (a\,c_1, \cdots, a\,c_n) \in U$$

이므로 U는 벡터공간 F^n의 부분공간이다.

분명히 $A = O_{m\times n}$이면, $U = F^n$이다.

한편, $A \neq O_{m\times n}$인 경우에 U는 동차 연립일차방정식

$$A\begin{bmatrix} x_1 \\ \vdots \\ x_n \end{bmatrix} = \begin{bmatrix} 0 \\ \vdots \\ 0 \end{bmatrix} \quad \text{즉} \quad \begin{cases} a_{11}x_1 + a_{12}x_2 + \cdots + a_{1n}x_n = 0 \\ a_{21}x_1 + a_{22}x_2 + \cdots + a_{2n}x_n = 0 \\ \quad\vdots \qquad\quad \vdots \qquad\quad \cdots \qquad \vdots \\ a_{m1}x_1 + a_{m2}x_2 + \cdots + a_{mn}x_n = 0 \end{cases}$$

의 해 전체로 이루어진 부분공간이다. 이러한 의미에서 $A \neq O_{m\times n}$일 때 U를 위의 동차 연립방정식의 **해공간**(solution space)이라고 한다.

특히, 체 F 위에서의 동차 일차방정식

$$a_1 x_1 + \cdots + a_n x_n = 0$$

의 해 전체로 이루어진 해공간은 벡터공간 F^n의 부분공간이다.

보기 2.2.3 실수체 $\mathbb{R}$에서의 동차 일차방정식

$$2\,x_1 + 3\,x_2 = 0$$

의 해공간

$$U = \{(x_1, x_2) \in \mathbb{R}^2 \mid 2\,x_1 + 3\,x_2 = 0\}$$

는 벡터공간 $\mathbb{R}^2$의 부분공간이다.

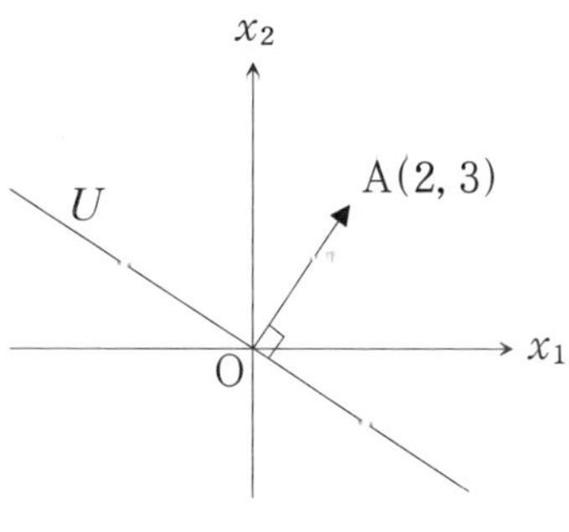

한편, 체 F에서 일차방정식

$$a_1 x_1 + \cdots + a_n x_n = c \qquad (c \neq 0)$$

의 해 전체의 집합은 벡터공간 F^n의 부분공간이 아니다.

보기 2.2.4 체 F 위의 벡터공간 $\mathrm{Mat}_2(F)$에서 집합

$$W = \{\begin{bmatrix} a & b \\ c & 0 \end{bmatrix} \mid a, b, c \in F\}$$

는 $\mathrm{Mat}_2(F)$ 의 부분공간을 이다(보기 2.1.2).

실제로, 다음이 성립한다.

$$\begin{bmatrix} a_1 & b_1 \\ c_1 & 0 \end{bmatrix} + \begin{bmatrix} a_2 & b_2 \\ c_2 & 0 \end{bmatrix} = \begin{bmatrix} a_1+a_2 & b_1+b_2 \\ c_1+c_2 & 0 \end{bmatrix} \in W,$$

$$k\begin{bmatrix} a & b \\ c & 0 \end{bmatrix} = \begin{bmatrix} k\,a & k\,b \\ k\,c & 0 \end{bmatrix} \in W \qquad (k \in F)$$

정리 2.2.3 체 F 위의 벡터공간 V 에서 V 의 부분공간 $W_1, \cdots, W_m$ 에 대하여 다음 두 집합은 V 의 부분공간이다.

$$W = W_1 \cap \cdots \cap W_m = \{w \mid w \in W_1, \cdots, w \in W_m\}$$

$$U = W_1 + \cdots + W_m = \{w_1 + \cdots + w_m \mid w_1 \in W_1, \cdots, w_m \in W_m\}$$

증 명 (1) 먼저 $\mathbf{0} \in W_1, \cdots, \mathbf{0} \in W_m$ 이므로 $\mathbf{0} \in W$ 이고 따라서 $W \neq \emptyset$ 이다.

그리고, $v, w \in W$, $a \in F$ 이라고 하면, 모든 i $(1 \leq i \leq m)$ 에 대하여 $v, w \in W_i$ 이므로 정리 2.2.2 에 의하여 $v + w \in W_i, av \in W_i$ 이고 따라서 $v + w$, $a\,v \in W$ 이다.

그러므로 W 는 V 의 부분공간이다(정리 2.2.2).

(2) 먼저

$$\mathbf{0} = \mathbf{0} + \cdots + \mathbf{0} \qquad\qquad (\mathbf{0} \in W_1, \cdots, \mathbf{0} \in W_m)$$

이므로 $\mathbf{0} \in U$ 이고 따라서 $U \neq \emptyset$ 이다.

그리고, v, $w \in U$, $a \in F$ 이라고 하면, v 와 w 는

$$v = v_1 + \cdots + v_m, \quad w = w_1 + \cdots + w_m \qquad (v_i, w_i \in W_i)$$

의 꼴로 나타내어지고 이때

$$v + w = (v_1 + w_1) + \cdots + (v_m + w_m) \qquad (v_i + w_i \in W_i)$$
$$a\,v = (a\,v_1) + \cdots + (a\,v_m) \qquad (a\,v_i \in W_i)$$

이므로 $v+w,\ a\,v \in U$ 이다.

따라서 U 는 V 의 부분공간이다(정리 2.2.2).

보기 2.2.5 체 F 에서의 동차 연립일차방정식

$$\begin{cases} a_{11}x_1 + a_{12}x_2 + \cdots + a_{1n}x_n = 0 \\ a_{21}x_1 + a_{22}x_2 + \cdots + a_{2n}x_n = 0 \\ \quad\vdots \\ a_{m1}x_1 + a_{m2}x_2 + \cdots + a_{mn}x_n = 0 \end{cases}$$

의 해공간을 W 이라고 할 때, 위의 각 동차 일차방정식의 해공간을 각각 $W_1, \cdots, W_m$ 이라고 하면 $W = W_1 \cap \cdots \cap W_m$ 이다(보기 2.2.2 참조).

따름정리 2.2.4 체 F 위의 벡터공간 V에서 V 의 두 부분공간 W_1, W_2 에 대하여

$$W_1 \cap W_2 = \{w \mid w \in W_1,\ w \in W_2\},$$
$$W_1 + W_2 = \{w_1 + w_2 \mid w_1 \in W_1,\ w_2 \in W_2\}$$

는 V 의 부분공간이고, 또 다음이 성립한다.

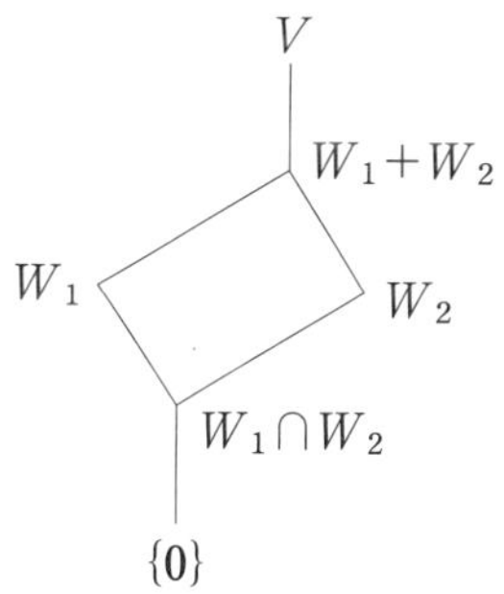

(1) $W_1 \subseteq W_1 + W_2, \quad W_2 \subseteq W_1 + W_2$

(2) V 의 부분공간 W 가 W_1 과 W_2 를 모두 포함하면, $W_1 + W_2 \subseteq W$ 이다.

증 명 정리 2.2.3에 의하여 $W_1 \cap W_2,\ W_1 + W_2$ 는 V 의 부분공간이다.

(1) 임의의 $w_1 \in W_1$ 과 $w_2 \subset W_2$ 에 대하여

$$w_1 = w_1 + 0, \qquad w_2 = 0 + w_2$$

이므로 $W_1 \subseteq W_1 + W_2,\ W_2 \subseteq W_1 + W_2$ 이다.

(2) V 의 부분공간 W 가 W_1 과 W_2 를 포함할 때, 임의의 $w_1 \in W_1$ 과 $w_2 \in W_2$ 에 대하여 $w_1 + w_2 \in W$ 이고 따라서 $W_1 + W_2 \subseteq W$ 이다.

보기 2.2.6 실수체 $\mathbb{R}$ 위의 벡터공간 $\mathbb{R}^3$ 에서 두 부분공간

$$W_1 = \{ (x_1, x_2, x_3) \in \mathbb{R}^3 \mid x_1 + x_2 - x_3 = 0\},$$
$$W_2 = \{ (x_1, x_2, x_3) \in \mathbb{R}^3 \mid 2x_1 + 3x_2 + x_3 = 0\}$$

에 대하여 $W_1 \cap W_2$ 는 동차 연립일차방정식

$$\begin{cases} x_1 + \ \ x_2 - x_3 = 0 \\ 2x_1 + 3x_2 + x_3 = 0 \end{cases} \quad \text{즉} \quad \begin{cases} x_1 = -2x_3 \\ x_2 = \ \ \ \ \ \ x_3 \end{cases}$$

$$\begin{bmatrix} 1 & 1 & 1 \\ 2 & 3 & 1 \end{bmatrix} \longrightarrow \begin{bmatrix} 1 & 0 & 2 \\ 0 & 1 & -1 \end{bmatrix}$$

의 해공간이고, 그 해 전체는 다음과 같다(§1.7 참조).

$$\begin{bmatrix} x_1 \\ x_2 \\ x_3 \end{bmatrix} = t \begin{bmatrix} -2 \\ 1 \\ 1 \end{bmatrix} \quad (t \in \mathbb{R})$$

$$(x_1, x_2, x_3) = t(-2, 1, 1) \quad (t \in \mathbb{R})$$

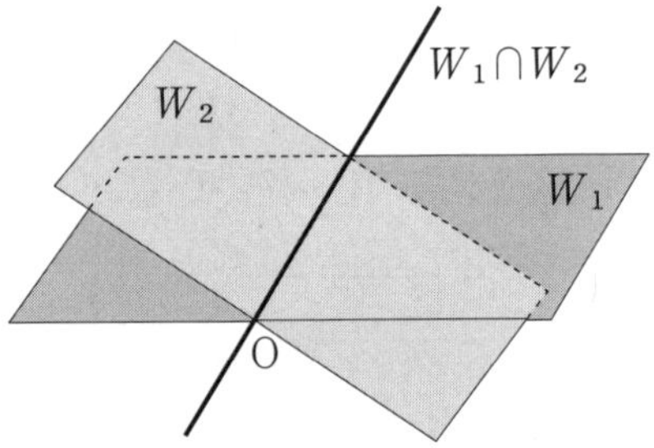

따라서 $W_1 \cap W_2$ 는 다음과 같다.

$$W_1 \cap W_2 = \{t(-2, 1, 1) \mid t \in \mathbb{R}\}$$

정리 2.2.5 체 F 위의 벡터공간 V 에서 벡터 $v_1, \cdots, v_n \in V$ 에 대하여

$$\langle v_1, \cdots, v_n \rangle = \{a_1 v_1 + \cdots + a_n v_n \mid a_1, \cdots, a_n \in F\}$$

이라고 하면, $\langle v_1, \cdots, v_n \rangle$ 은 V 의 부분공간이고 또 다음이 성립한다.

(1) $v_1, \cdots, v_n \in \langle v_1, \cdots, v_n \rangle$

(2) V 의 부분공간 W 가 $v_1, \cdots, v_n$ 을 포함하면, $\langle v_1, \cdots, v_n \rangle \subseteq W$ 이다.

증 명 이제 $v, w \in \langle v_1, \cdots, v_n \rangle$ 이라 하고 $a \in F$ 이라고 하면,

$$v = a_1 v_1 + \cdots + a_n v_n, \qquad w = b_1 v_1 + \cdots + b_n v_n$$

인 $a_1, \cdots, a_n, b_1, \cdots, b_n \in F$ 이 존재하고 이때

$$v + w = (a_1 + b_1) v_1 + \cdots + (a_n + b_n) v_n \qquad (a_i + b_i \in F)$$
$$a v = (a a_1) v_1 + \cdots + (a a_n) v_n \qquad (a a_i \in F)$$

이므로 $v + w, a v \in \langle v_1, \cdots, v_n \rangle$ 이다. 따라서 $\langle v_1, \cdots, v_n \rangle$ 은 V 의 부분

공간이다(정리 2.2.2). 그리고, 각 i $(1 \le i \le n)$ 에 대하여 다음이 성립한다.

$$v_i = 0\,v_1 + \cdots + 1\,v_i + \cdots + 0\,v_n \in \langle v_1, \cdots, v_n \rangle$$

또, V 의 부분공간 W 가 $v_1, \cdots, v_n$ 을 포함하면, 임의의 $a_1, \cdots, a_n \in F$ 에 대하여 $a_1 v_1 + \cdots + a_n v_n \in W$ 이므로 $\langle v_1, \cdots, v_n \rangle \subseteq W$ 이다.

정의 2.2.6 체 F 위의 벡터공간 V 에서 벡터 $v_1, \cdots, v_n \in V$ 에 대하여

$$v = a_1 v_1 + \cdots + a_n v_n \qquad (a_1, \cdots, a_n \in F)$$

와 같은 꼴의 벡터 v 를 $v_1, \cdots, v_n$ 의 **일차결합**(linear combination)이라 하고, 또 $v_1, \cdots, v_n$ 의 일차결합 전체로 이루어진 부분공간

$$\langle v_1, \cdots, v_n \rangle = \{a_1 v_1 + \cdots + a_n v_n \mid a_1, \cdots, a_n \in F\}$$

을 $v_1, \cdots, v_n$ 에 의하여 **생성된**(generated, spanned) 부분공간이라고 한다. 특히, $V = \langle v_1, \cdots, v_n \rangle$ 일 때, V 는 $v_1, \cdots, v_n$ 에 의하여 **생성된다**고 하고 $v_1, \cdots, v_n$ 은 V 를 **생성한다**고 한다.

위의 정의에서 한 벡터 $v \in V$ 에 대하여

$$\langle v \rangle = \{t\,v \mid t \in F\}$$

이고, 또 $\langle v_1, \cdots, v_n \rangle$ 은 $v_1, \cdots, v_n$ 의 순서에 관계없이 정의된다. 예를 들면,

$$\begin{aligned}\langle v_1, v_2 \rangle &= \{a_1 v_1 + a_2 v_2 \mid a_1, a_2 \in F\} \\ &= \{a_2 v_2 + a_1 v_1 \mid a_2, a_1 \in F\} \\ &= \langle v_2, v_1 \rangle\end{aligned}$$

이고 $\langle 0, v_2, \cdots, v_n \rangle = \langle v_2, \cdots, v_n \rangle$ 이다.

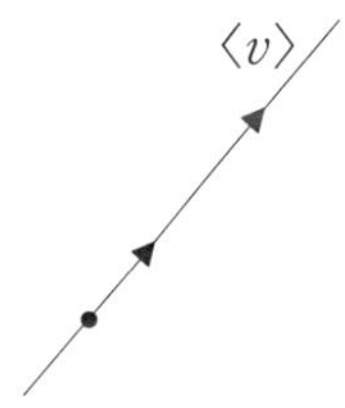

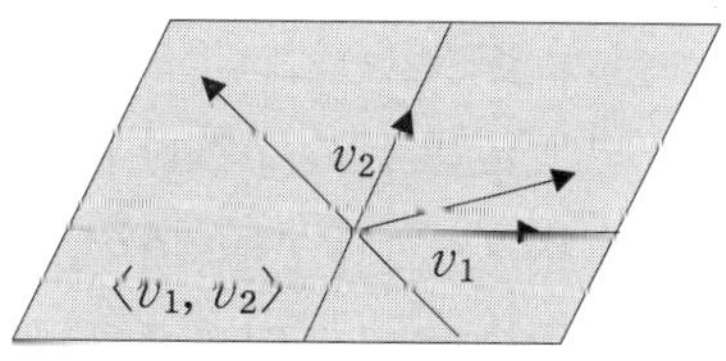

보기 2.2.7 벡터공간 $\mathbb{R}^2$ 에서 $W_1 = \langle (2, 2) \rangle$, $W_2 = \langle (1, 3) \rangle$ 이라고 하면 다음이 성립한다(따름정리 2.2.4).

$$W_1 + W_2 = \{a_1 (2, 2) + a_2 (1, 3) \mid a_1, a_2 \in \mathbb{R}\} = \langle (2, 2), (1, 3) \rangle$$

그리고, 임의의 벡터 $(x_1, x_2) \in \mathbb{R}^2$ 에 대하여

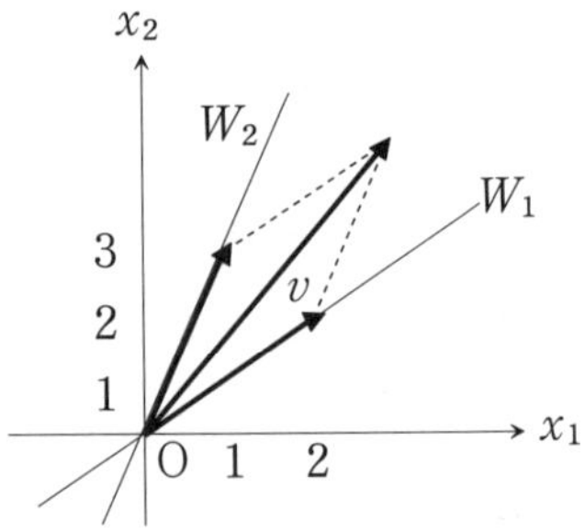

$(x_1,\ x_2) = a\,(2, 2) + b\,(1, 3) \quad (a, b \in \mathbb{R})$

이라고 하면,

$$\begin{cases} 2a + b = x_1 \\ 2a + 3b = x_2 \end{cases}$$

이므로 $a = \dfrac{3x_1 - x_2}{4}$, $b = \dfrac{-x_1 + x_2}{2}$ 이다. 즉,

$$(x_1,\ x_2) = \frac{3x_1 - x_2}{4}(2, 2) + \frac{-x_1 + x_2}{2}(1, 3)$$

따라서 $W_1 + W_2 = \langle (2, 2),\ (1, 3) \rangle = \mathbb{R}^2$ 이다.

한편, $w = W_1 \cap W_2$ 이라고 하면, 적당한 실수 a, b 에 대하여

$$w = a(2,\ 2) = b(1,\ 3) \quad 즉 \quad 2a = b,\ \ 2a = 3b$$

이고 이때 $a = b = 0$ 이므로 $w = (0,\ 0)$ 이다.

따라서 $W_1 \cap W_2 = \{(0,\ 0)\}$ 이다.

연 습 문 제 (2.2)

*1. 다음 집합이 벡터공간 $\mathbb{R}^2$ 의 부분공간인지를 판정하여라.

(1) $W = \{(x_1, x_2) \in \mathbb{R}^2 \mid x_1 + x_2 = 1\}$

(2) $W = \{(a\ , b+1) \mid a, b \in \mathbb{R}\}$

(3) $W = \{(a+2b,\ 5b) \mid a, b \in \mathbb{R}\}$

(4) $W = \{(a, b) \mid a, b \in \mathbb{Q}\}$, 여기서 $\mathbb{Q}$ 는 유리수체이다.

*2. 벡터공간 $\mathbb{R}^3$ 에서 두 부분공간

$$W_1 = \{(x_1, x_2, x_3) \in \mathbb{R}^3 \mid x_1 + x_2 - x_3 = 0\},$$
$$W_2 = \{(x_1, x_2, x_3) \in \mathbb{R}^3 \mid 3x_1 - x_2 - 5x_3 = 0\}$$

에 대하여 부분공간 $W_1 \cap W_2$ 를 구하여라.

3. 벡터공간 $\mathbb{R}^2$ 에서 두 부분공간 $W_1 = \langle (1,2) \rangle$, $W_2 = \langle (3,5) \rangle$ 에 대하여 $W_1 + W_2 = \mathbb{R}^2$, $W_1 \cap W_2 = \{ (0,0) \}$ 임을 밝혀라.

4. 체 F 위의 벡터공간 $F[x]$ 에서 다음 집합은 부분공간임을 밝혀라.

(1) $W = \{ a + bx \mid a, b \in F \}$

(2) $W = \{ a + bx + cx^2 \mid a, b, c \in F \}$

*5. 체 F 위의 벡터공간 $\mathrm{Mat}_2(F)$ 에서 다음 집합은 부분공간임을 밝혀라.

$$W = \left\{ \begin{bmatrix} a & b \\ c & a \end{bmatrix} \mid a, b, c \in F \right\}, \quad U = \left\{ \begin{bmatrix} 0 & a \\ -a & b \end{bmatrix} \mid a, b \in F \right\}$$

6. 체 F 위의 벡터공간 $\mathrm{Mat}_n(F)$ 에서 대칭행렬 전체의 집합, 교대행렬 전체의 집합, 上삼각행렬 전체의 집합, 下삼각행렬 전체의 집합, 대각행렬 전체의 집합을 각각 $\mathrm{Sym}_n(F)$, $\mathrm{Alt}_n(F)$, $\mathrm{UT}_n(F)$, $\mathrm{LT}_n(F)$, $\mathrm{D}_n(F)$ 로 나타낼 때, 이들 집합은 모두 $\mathrm{Mat}_n(F)$ 의 부분공간을 이룸을 확인하여라.

7. 구간 $I\ (I \subseteq \mathbb{R})$ 에서 실수체 $\mathbb{R}$ 로의 연속함수 $f : I \longrightarrow \mathbb{R}$ 전체로 이루어진 벡터공간 $C(I)$ 에서 $D(I)$ 를 미분가능한 함수 $f : I \longrightarrow \mathbb{R}$ 전체의 집합이라고 할 때, $D(I)$ 는 $C(I)$ 의 부분공간임을 밝혀라(문제 2.1.5 참조).

*8. 체 F 위의 벡터공간 V 에서 $W\ (\neq \varnothing)$ 가 V 의 부분집합일 때, 임의의 벡터 $w_1, w_2 \in W$ 와 원소 $a_1, a_2 \in F$ 에 대하여 $a_1 w_1 + a_2 w_2 \in W$ 이면 W 는 V 의 부분공간임을 증명하여라.

*9. 벡터공간 V 의 두 부분공간 W_1, W_2 에 대하여 $W_1 \cup W_2$ 가 V 의 부분공간이면, $W_1 \subseteq W_2$ 또는 $W_2 \subseteq W_1$ 임을 증명하여라.

*10. 체 F 위의 벡터공간 V 의 두 부분공간 W_1, W_2 에 대하여 $V = W_1 + W_2$ 일 때, $W_1 \cap W_2 \neq \{ \mathbf{0} \}$ 이면 각 벡터 $v \in V$ 는 여러 가지지 방법으로

$$v = w_1 + w_2 \qquad (w_1 \in W_1,\ w_2 \in W_2)$$

의 꼴로 나타내어짐을 밝혀라.

§ 2.3 일차독립과 일차종속

이 절에서는, 벡터공간의 벡터들 사이의 관계에 대하여 논하기로 한다.

정의 2.3.1 체 F 위의 벡터공간 V 에서 $v_1, \cdots, v_n \in V$ 이라고 하자.
적어도 하나는 0이 아닌(not all zero) $a_1, \cdots, a_n \in F$ 에 대하여

$$a_1 v_1 + \cdots + a_n v_n = \mathbf{0}$$

일 때, 벡터 $v_1, \cdots, v_n$ 은 **일차종속**(linearly dependent)이라고 한다.

한편, 벡터 $v_1, \cdots, v_n$ 이 일차종속이 아닐 때, 즉

$$a_1 v_1 + \cdots + a_n v_n = \mathbf{0} \ \ (a_1, \cdots, a_n \in F) \Longrightarrow a_1 = \cdots = a_n = 0$$

일 때, 벡터 $v_1, \cdots, v_n$ 은 **일차독립**(linearly independent)이라고 한다.

벡터의 일차종속性과 일차독립性은 이들 벡터의 순서와는 관계가 없다. 예를 들어, v_1, v_2, v_3 가 일차종속이면, v_2, v_1, v_3 도 일차종속이다.

보기 2.3.1 벡터공간 $\mathbb{R}^2$ 에서, 두 벡터 $(2, 1)$, $(4, 2)$ 에 대하여

$$2\,(2, 1) + (-1)\,(4, 2) = (0, 0)$$

이므로 이들 두 벡터는 일차종속이다.

한편, 두 벡터 $(2, 1)$, $(3, 4)$ 는 일차독립이다.

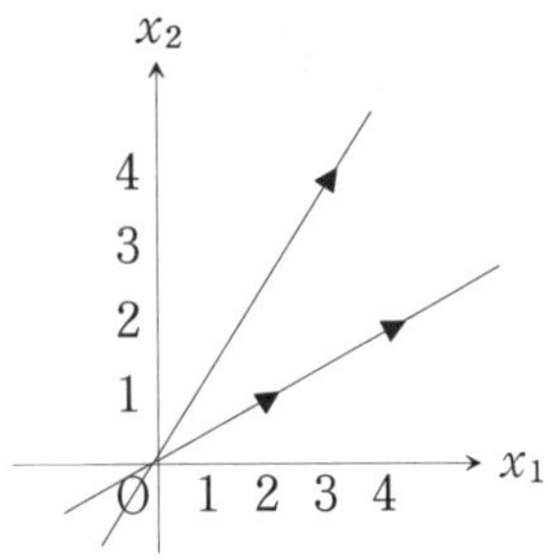

실제로, 실수 a, b 에 대하여

$$a\,(2, 1) + b\,(3, 4) = (0, 0)$$

이라고 가정하면,

$$\begin{cases} 2a + 3b = 0 \\ a + 4b = 0 \end{cases} \qquad \begin{vmatrix} 2 & 3 \\ 1 & 4 \end{vmatrix} = 5 \neq 0$$

이므로 $a = b = 0$ 이다(정리 1.7.18 참조).

보기 2.3.2 벡터공간 $\mathbb{R}^2$ 에서 세 벡터 $(1, 2)$, $(1, 3)$, $(3, 7)$ 에 대하여

$$a_1(1, 2) + a_2(1, 3) + a_3(3, 7) = (0, 0) \qquad (a_1, a_2, a_3 \in \mathbb{R})$$

이라고 하자. 이 때,

$$a_1\begin{bmatrix}1\\2\end{bmatrix} + a_2\begin{bmatrix}1\\3\end{bmatrix} + a_3\begin{bmatrix}3\\7\end{bmatrix} = \begin{bmatrix}0\\0\end{bmatrix} \quad \text{즉} \quad \begin{bmatrix}1 & 1 & 3\\2 & 3 & 7\end{bmatrix}\begin{bmatrix}a_1\\a_2\\a_3\end{bmatrix} = \begin{bmatrix}0\\0\end{bmatrix}$$

이고, 이 동차 연립일차방정식의 해 전체는 다음과 같다.

$$\begin{cases} a_1 = -2t \\ a_2 = \;\;-t \quad (t \in \mathbb{R}) \\ a_3 = \;\;\;\;\; t \end{cases} \qquad \begin{bmatrix}1 & 1 & 3\\2 & 3 & 7\end{bmatrix} \longrightarrow \begin{bmatrix}1 & 0 & 2\\0 & 1 & 1\end{bmatrix}$$

예를 들어, $a_1 = 2$, $a_2 = 1$, $a_3 = -1$ 은 해이므로

$$2(1, 2) + 1(1, 3) + (-1)(3, 7) = (0, 0)$$

이고, 따라서 세 벡터 $(1, 2)$, $(1, 3)$, $(3, 7)$ 은 일차종속이다.

정리 2.3.2 체 F 위의 n 차의 행렬 $A = [a_{ij}]_{n\times n}$ 에 대하여

$$v_i = (a_{i1}, a_{i2}, \cdots, a_{in}) \qquad (1 \le i \le n)$$
$$w_j = (a_{1j}, a_{2j}, \cdots, a_{nj}) \qquad (1 \le j \le n)$$

이라고 할 때, 다음 조건은 서로 동치이다.

(1) A 는 정칙행렬이다. 즉, $\det A \neq 0$ 이다.

(2) A^T 는 정칙행렬이다. 즉, $\det A^T \neq 0$ 이다.

(3) 벡터공간 F^n 에서 열벡터 $w_1, w_2, \cdots, w_n$ 은 일차독립이다.

(4) 벡터공간 F^n 에서 행벡터 $v_1, v_2, \cdots, v_n$ 은 일차독립이다.

증 명 행렬 A 가 정칙행렬일 때 그리고 이때에만 $\det A \neq 0$ 이고, 또 $\det A = \det A^T$ 이므로 (1)과 (2)는 동치이다(정리 1.7.9, 정리 1.7.2).

그리고, 적당한 $x_1, x_2, \cdots, x_n \in F$ 에 대하여

$$x_1 w_1 + x_2 w_2 + \cdots + x_n w_n = (0, 0, \cdots, 0)$$

이라고 가정하면,

$$\begin{bmatrix} a_{11} & a_{12} & \cdots & a_{1n} \\ a_{21} & a_{22} & \cdots & a_{2n} \\ \vdots & \vdots & \cdots & \vdots \\ a_{n1} & a_{n2} & \cdots & a_{nn} \end{bmatrix} \begin{bmatrix} x_1 \\ x_2 \\ \vdots \\ x_n \end{bmatrix} = \begin{bmatrix} 0 \\ 0 \\ \vdots \\ 0 \end{bmatrix}$$

이고 또 A가 정칙행렬일 때 그리고 이때에만 이 동차 연립일차방정식은 자명한 해 $(x_1, x_2, \cdots, x_n) = (0, 0, \cdots, 0)$을 가진다(정리 1.6.1).

따라서 (1)과 (3)은 동치이다. 마찬가지로, (2)와 (4)는 동치이다.

보기 2.3.3 벡터공간 $\mathbb{R}^3$의 세 벡터 $(1, 1, 0), (0, 1, 1), (1, 0, 1)$에 대하여

$$\begin{vmatrix} 1 & 1 & 0 \\ 0 & 1 & 1 \\ 1 & 0 & 1 \end{vmatrix} = \begin{vmatrix} 1 & 0 & 1 \\ 1 & 1 & 0 \\ 0 & 1 & 1 \end{vmatrix} = 2 \neq 0$$

이므로 이들 세 벡터는 일차독립이다.

정리 2.3.3 체 F 위의 벡터공간 V에서 벡터 $v_1, v_2, \cdots, v_n, v \in V$에 대하여 다음이 성립한다.

(1) $v \neq \mathbf{0}$일 때 그리고 이때에만 v는 일차독립이다.

(2) $v_1, v_2, \cdots, v_n$ 중에서 한 벡터가 영벡터이거나 또는 두 벡터가 서로 같으면, 벡터 $v_1, v_2, \cdots, v_n$은 일차종속이다.

(3) $v \in \langle v_1, \cdots, v_n \rangle$이면, 벡터 $v_1, \cdots, v_n, v$는 일차종속이다.

증 명 (1) 먼저 $v \neq \mathbf{0}$일 때, 적당한 원소 $a \in F$에 대하여 $a\,v = \mathbf{0}$이라고 가정하면 $a = 0$이므로 v는 일차독립이다(정리 2.1.2 참조).

한편, $v = \mathbf{0}$이면, $1\,v = v = \mathbf{0}$, $1 \neq 0$이므로 v는 일차종속이다.

(2) 예를 들어, $v_1 = \mathbf{0}$이면

$$1\,v_1 + 0\,v_2 + \cdots + 0\,v_n = \mathbf{0}, \qquad 1 \neq 0$$

이므로 $v_1, v_2, \cdots, v_n$은 일차종속이다. 그리고, 예를 들어 $v_1 = v_2$이면,

$$1\,v_1 + (-1)\,v_2 + \cdots + 0\,v_n = \mathbf{0}, \qquad 1 \neq 0$$

이므로 $v_1, v_2, \cdots, v_n$은 일차종속이다.

(3) $v \in \langle v_1, \cdots, v_n \rangle$ 이면, 적당한 $a_1, \cdots, a_n \in F$ 에 대하여

$$v = a_1 v_1 + \cdots + a_n v_n \quad \text{즉} \quad a_1 v_1 + \cdots + a_n v_n + (-1) v = \mathbf{0}$$

이므로 $v_1, \cdots, v_n, v$ 는 일차종속이다.

정리 2.3.4 체 F 위의 벡터공간 V 에서 벡터 $v_1, v_2, \cdots, v_n, v \in V$ 에 대하여 다음이 성립한다.

(1) 벡터 $v_1, \cdots, v_n, v$ 가 일차독립이면, 벡터 $v_1, \cdots, v_n$ 은 일차독립이다.

(2) 벡터 $v_1, \cdots, v_n$ 이 일차독립이면, 모든 정수 k $(1 \leq k \leq n)$ 에 대하여 벡터 $v_1, \cdots, v_k$ 는 일차독립이다.

증 명 (1) 벡터 $v_1, \cdots, v_n, v$ 가 일차독립이라고 하자. 이 때,

$$a_1 v_1 + \cdots + a_n v_n = \mathbf{0} \qquad (a_1, \cdots, a_n \in F)$$

이라고 가정하면, $a_1 v_1 + \cdots + a_n v_n + 0v = \mathbf{0}$ 이고 또 $v_1, \cdots, v_n, v$ 는 일차독립이므로 $a_1 = \cdots = a_n = 0$ 이다. 따라서 $v_1, \cdots, v_n$ 은 일차독립이다.

(2) 위의 (1)에 의하여 (2)가 성립한다.

위의 정리에 의하여 다음 정리가 성립한다.

정리 2.3.5 체 F 위의 벡터공간 V 에서 벡터 $v_1, v_2, \cdots, v_n, v \in V$ 에 대하여 다음이 성립한다.

(1) 벡터 $v_1, \cdots, v_n$ 이 일차종속이면, 벡터 $v_1, \cdots, v_n, v$ 는 일차종속이다.

(2) 적당한 정수 k $(1 \leq k < n)$ 에 대하여 벡터 $v_1, \cdots, v_k$ 가 일차종속이면, 벡터 $v_1, \cdots, v_n$ 은 일차종속이다.

정리 2.3.6 체 F 위의 벡터공간 V 에서 벡터 $v_1, \cdots, v_n$ 이 일차종속이기 위한 필요충분조건은 $v_1 = \mathbf{0}$ 이거나 또는 적당한 j $(2 \leq j \leq n)$ 에 대하여 $v_j \in \langle v_1, \cdots, v_{j-1} \rangle$ 인 것이다.

증 명 먼저 $v_1, \cdots, v_n$ 이 일차종속이라고 하자. 이 때, 적어도 하나는

0 이 아닌 $a_1, \cdots, a_n \in F$에 대하여 $a_1 v_1 + \cdots + a_n v_n = \mathbf{0}$ 이다.

여기서 $j = \max\{k \mid a_k \neq 0,\ 1 \leq k \leq n\}$ 이라고 하면 다음이 성립한다.

$$a_1 v_1 + \cdots + a_j v_j = 0, \qquad a_j \neq 0, \quad 1 \leq j \leq n$$

그런데 $j = 1$ 이면, $a_1 v_1 = \mathbf{0}$, $a_1 \neq 0$ 이므로 $v_1 = \mathbf{0}$ 이다(정리 2.1.2), 또 $2 \leq j \leq n$ 이면, 다음이 성립한다.

$$v_j = a_j^{-1} a_1 v_1 + \cdots + a_j^{-1} a_{j-1} v_{j-1} \in \langle v_1, \cdots, v_{j-1} \rangle$$

역으로, $v_1 = \mathbf{0}$ 이면, $v_1, \cdots, v_n$ 은 일차종속이다(정리 2.3.3). 또, 적당한 $j\ (2 \leq j \leq n)$ 에 대하여 $v_j \in \langle v_1, \cdots, v_{j-1} \rangle$ 이면, $v_1, \cdots, v_{j-1}, v_j$ 는 일차종속이고므로 $v_1, \cdots, v_j, \cdots, v_n$ 은 일차종속이다(정리 2.3.3, 정리 2.3.5).

앞의 정리에 의하여 다음 정리가 성립한다.

정리 2.3.7 체 F 위의 벡터공간 V 에서 벡터 $v_1, \cdots, v_n$ 이 일차독립이기 위한 필요충분조건은 다음이 성립하는 것이다.

$$v_1 \neq \mathbf{0}, \quad v_j \notin \langle v_1, \cdots, v_{j-1} \rangle \quad (2 \leq j \leq n)$$

즉, $v_2 \notin \langle v_1 \rangle$, $v_3 \notin \langle v_1, v_2 \rangle, \cdots,$
$v_n \notin \langle v_1, v_2, \cdots, v_{n-1} \rangle$

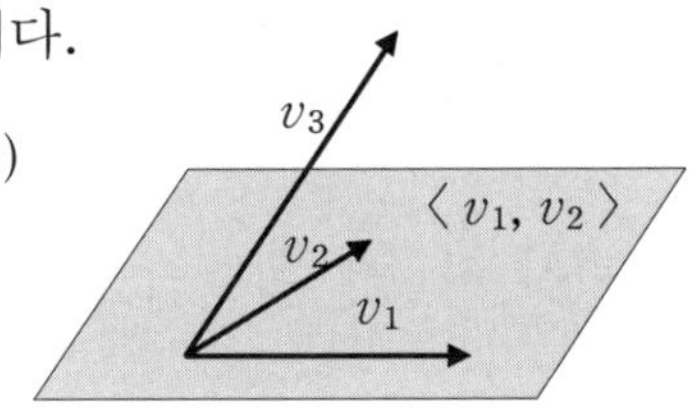

보기 2.3.4 벡터공간 $\mathbb{R}^3$ 에서 세 벡터

$$v_1 = (1, 1, 0), \quad v_2 = (0, 1, 1), \quad v_3 = (1, 0, 1)$$

는 일차독립이다(보기 2.3.3). 실제로, 다음이 성립한다.

$$v_1 \neq (0, 0, 0), \quad v_2 = (0, 1, 1) \notin \langle v_1 \rangle$$

$$\begin{aligned}\langle v_1, v_2 \rangle &= \{a(1, 1, 0) + b(0, 1, 1) \mid a, b \in \mathbb{R}\} \\ &= \{(a, a+b, b) \mid a, b \in \mathbb{R}\}, \qquad v_3 \notin \langle v_1, v_2 \rangle\end{aligned}$$

정리 2.3.7 과 정리 2.3.3 에 의하여 다음 정리가 성립한다.

정리 2.3.8 체 F 위의 벡터공간 V에서 벡터 $v_1, \cdots, v_n \in V$이 일차독립일 때, 벡터 $v \in V$에 대하여 다음이 성립한다.

(1) $v \notin \langle v_1, \cdots, v_n \rangle \iff v_1, \cdots, v_n, v$는 일차독립

(2) $v \in \langle v_1, \cdots, v_n \rangle \iff v_1, \cdots, v_n, v$는 일차종속

연 습 문 제 (2.3)

1. 정의에 따라 벡터공간 $\mathbb{R}^3$에서 다음 벡터들이 일차독립인지를 판정하여라.

(1) $(2, -1, 3), (4, -2, 6)$　　(2) $(1, 0, 1), (4, 2, 6), (1, 1, 2)$

(3) $(1, 2, 3), (0, 4, 5)$　　(4) $(1, 1, 0), (0, 1, 1), (-1, 0, 2)$

2. 벡터공간 $\mathbb{R}^3$에서 다음이 일차독립이기 위한 필요충분조건을 구하여라.

(1) $(1, a, 2), (1, 1, b)$　　(2) $(1, 2, 0), (a, b, 2), (1, 0, 1)$

***3.** 벡터공간 $\mathbb{R}^2$에서 벡터 $v_1 = (2, -4)$, $v_2 = (1, 3)$, $v_3 = (6, 3)$는 일차종속임을 밝히고 또 $\langle v_1, v_2 \rangle = \mathbb{R}^2$임을 밝혀라.

***4.** 체 F 위의 벡터공간 V에서 벡터 $v_1, \cdots, v_n$이 일차독립일 때, 영이 아닌 원소 $c_1, \cdots, c_n \in F$에 대하여 $c_1 v_1, \cdots, c_n v_n$은 일차독립임을 밝혀라.

***5.** 체 F 위의 벡터공간 F^s에서 $w_1 = (a_{11}, \cdots, a_{1s}), \cdots, w_r = (a_{r1}, \cdots, a_{rs})$가 일차독립이면, $s < n$일 때 벡터공간 F^n의 벡터

$$v_1 = (a_{11}, *, \cdots, *, a_{1s}, *), \cdots, v = (a_{r1}, *, \cdots, *, a_{rs}, *)$$

는 일차독립임을 밝혀라.

6. 실수체 $\mathbb{R}$ 위의 벡터공간 V에서 다음이 성립함을 증명하여라.

(1) 두 벡터 v, w가 일차독립이면, $v+w, v-w$는 일차독립이다.

(2) 두 벡터 $v, v+w$가 일차독립이면, 두 벡터 v, w는 일차독립이다.

§ 2.4 벡터공간의 기저와 차원

이 절에서는, 앞 절에 이어 벡터공간의 특성에 대하여 논한다.

정의 2.4.1 체 F 위의 벡터공간 $V\ (\neq \{\mathbf{0}\})$ 에서 다음 두 조건을 만족시키는 유한 부분집합 $\mathscr{B}=\{v_1, \cdots, v_n\}$가 존재할 때, $\mathscr{B}$를 벡터공간 V의 (유한) **基底**(finite basis)라고 한다.

(i) $V=\langle v_1, \cdots, v_n\rangle$, 즉 각 벡터 $v \in V$는 $v_1, \cdots, v_n$의 일차결합

$$v=a_1 v_1+\cdots+a_n v_n \qquad (a_1, \cdots, a_n \in F)$$

의 꼴로 나타내어진다.

(ii) $v_1, \cdots, v_n$은 일차독립이다. 즉,

$$a_1 v_1+\cdots+a_n v_n=\mathbf{0}\ \ (a_1, \cdots, a_n \in F) \Longrightarrow a_1=\cdots=a_n=0$$

위의 정의에서 $\mathscr{B}=\{v_1, \cdots, v_n\}$가 V의 기저일 때, $v_1, \cdots, v_n$은 모두 영벡터가 아니고 또 서로 다르므로 $|\mathscr{B}|=n$ 이다(정리 2.3.3).

보기 2.4.1 체 F 위의 벡터공간 F^n에서, n개의 벡터

$$e_1=(1, 0, \cdots, 0),\ e_2=(0, 1, \cdots, 0),\ \cdots,\ e_n=(0, \cdots, 0, 1)$$

은 F^n의 기저를 이룬다. 실제로, 임의의 $(a_1, \cdots, a_n) \in F^n$에 대하여

$$(a_1, \cdots, a_n)=(a_1, \cdots, 0)+\cdots+(0, \cdots, a_n)=a_1 e_1+\cdots+a_n e_n$$

이므로 $F^n=\langle e_1, \cdots, e_n\rangle$ 이다. 그리고

$$a_1 e_1+\cdots+a_n e_n=\mathbf{0} \qquad (a_1, \cdots, a_n \in F)$$

이라고 가정하면, $(a_1, \cdots, a_n)=(0, \cdots, 0)$ 이므로 $a_1=\cdots=a_n=0$ 이고 따라서 $e_1, \cdots, e_n$은 일차독립이다. 그러므로 $\mathscr{B}=\{e_1, \cdots, e_n\}$는 기저이다.

기저 $\mathscr{B}=\{e_1, \cdots, e_n\}$를 F^n의 **표준기저**(standard basts)라고 한다.

정리 2.4.2 체 F 위의 벡터공간 V 에서 $\mathscr{B} = \{v_1, \cdots, v_n\} \subseteq V$ 에 대하여 다음 두 조건은 서로 동치이다.

(1) $\mathscr{B} = \{v_1, \cdots, v_n\}$ 는 V 의 기저이다.

(2) 각 벡터 $v \in V$ 는 단 한 가지 방법으로 $v_1, \cdots, v_n$ 의 일차결합

$$v = a_1 v_1 + \cdots + a_n v_n \qquad (a_1, \cdots, a_n \in F)$$

의 꼴로 나타내어진다.

증 명 (1) $\Longrightarrow$ (2) 집합 $\mathscr{B} = \{v_1, \cdots, v_n\}$ 가 V 의 기저라고 하자. 이 때 $V = \langle v_1, \cdots, v_n \rangle$ 이므로 각 벡터 $v \in V$ 는 $v_1, \cdots, v_n$ 의 일차결합으로 나타내어진다. 그리고,

$$v = a_1 v_1 + \cdots + a_n v_n = b_1 v_1 + \cdots + b_n v_n \qquad (a_i, b_i \in F)$$

이라고 가정하면,

$$(a_1 - b_1) v_1 + \cdots + (a_n - b_n) v_n = \mathbf{0}$$

이고 또 $v_1, \cdots, v_n$ 은 일차독립이므로 $a_1 - b_1 = \cdots = a_n - b_n = 0$ 이고 따라서 $a_1 = b_1, \cdots, a_n = b_n$ 이다.

(2) $\Longrightarrow$ (1) 조건 (2)가 성립한다고 하자. 이 때, 각 $v \in V$ 는 $v_1, \cdots, v_n$ 의 일차결합으로 나타내어지므로 $V = \langle v_1, \cdots, v_n \rangle$ 이다. 그리고,

$$a_1 v_1 + \cdots + a_n v_n = 0 \qquad (a_1, \cdots, a_n \in F)$$

이라고 가정하면, $a_1 v_1 + \cdots + a_n v_n = \mathbf{0} = 0 v_1 + \cdots + 0 v_n$ 이고 따라서 $a_1 = \cdots = a_n = 0$ 이다. 그러므로 $\mathscr{B} = \{v_1, \cdots, v_n\}$ 는 V 의 기저이다.

보기 2.4.2 체 F 위의 $m \times n$ 행렬 중에서 (i, j) 성분은 1 이고 그 밖의 성분은 모두 0 인 행렬을 E_{ij} 로 나타내자.

$$E_{ij} = \begin{bmatrix} 0 & \cdots & 0 & \cdots & 0 \\ \vdots & & \vdots & & \vdots \\ 0 & \cdots & 1 & \cdots & 0 \\ \vdots & & \vdots & & \vdots \\ 0 & \cdots & 0 & \cdots & 0 \end{bmatrix}$$

이 때, 행렬 $A = [a_{ij}]_{m \times n} \in \mathrm{Mat}_{m \times n}(F)$ 는 단 한 가지 방법으로

$$A = \sum_{i=1}^{m} \sum_{j=1}^{n} a_{ij} E_{ij} \qquad (a_{ij} \in F)$$

으로 나타내어지므로 $\mathscr{B} = \{E_{ij} \mid 1 \le i \le m,\ 1 \le j \le n\}$는 $\mathrm{Mat}_{m\times n}(F)$의 기저이다. 기저 $\mathscr{B}$를 벡터공간 $\mathrm{Mat}_{m\times n}(F)$의 **표준기저**라고 한다.

정리 2.4.3 체 F 위의 벡터공간 V에서 벡터 $v_1, \cdots, v_n, v$에 대하여 다음이 성립한다.

(1) $\langle v_1, \cdots, v_n \rangle \subseteq \langle v_1, \cdots, v_n, v \rangle$

(2) $\langle v_1, \cdots, v_n, v \rangle = \langle v_1, \cdots, v_n \rangle \Longleftrightarrow v \in \langle v_1, \cdots, v_n \rangle$

증 명 (1) 부분공간 $\langle v_1, \cdots, v_n, v \rangle$는 벡터 $v_1, \cdots, v_n$을 포함하고, 따라서 $\langle v_1, \cdots, v_n \rangle \subseteq \langle v_1, \cdots, v_n, v \rangle$이다(정리 2.2.5).

(2) 먼저 $\langle v_1, \cdots, v_n, v \rangle = \langle v_1, \cdots, v_n \rangle$이면, 분명히 $v \in \langle v_1, \cdots, v_n \rangle$이다(정리 2.2.5). 이제 $v \in \langle v_1, \cdots, v_n \rangle$이라고 하자. 이 때,

$$v = a_1 v_1 + \cdots + a_n v_n \qquad (a_1, \cdots, a_n \in F)$$

이라고 하면, 임의의 $b_1, \cdots, b_n, b \in F$에 대하여

$$\begin{aligned} & b_1 v_1 + \cdots + b_n v_n + b\,v \\ = {} & b_1 v_1 + \cdots + b_n v_n + (b\,a_1) v_1 + \cdots + (b\,a_n) v_n \\ = {} & (b_1 + b\,a_1) v_1 + \cdots + (b_n + b\,a_n) v_n \in \langle v_1, \cdots, v_n \rangle \end{aligned}$$

이고 따라서 $\langle v_1, \cdots, v_n, v \rangle \subseteq \langle v_1, \cdots, v_n \rangle$이다.

그러므로 (1)에 의하여 $\langle v_1, \cdots, v_n, v \rangle = \langle v_1, \cdots, v_n \rangle$이다.

이 책을 처음 읽을 때에는 다음 정리의 증명은 생략하여도 좋다.

정리 2.4.4 체 F 위의 벡터공간 $V\ (\ne \{\mathbf{0}\})$에서 벡터 $v_1, \cdots, v_n$에 대하여 $V = \langle v_1, \cdots, v_n \rangle$일 때, 다음이 성립한다.

(1) 적당한 정수 $k\ (1 \le k \le n)$에 대하여 벡터 $v_1, \cdots, v_k$가 일차독립이면, $\{v_1, \cdots, v_k\} \subseteq \mathscr{B} \subseteq \{v_1, \cdots, v_n\}$인 V의 기저 $\mathscr{B}$가 존재한다.

(2) $\mathscr{B} \subseteq \{v_1, \cdots, v_n\}$인 V의 기저 $\mathscr{B}$가 존재한다.

증 명 (1) 먼저 $V = \langle v_1, \cdots, v_k \rangle$이면, $\mathscr{B} = \{ v_1, \cdots, v_k \}$는 V의 기저이다.

이제 $\langle v_1, \cdots, v_k \rangle \subsetneq V = \langle v_1, \cdots, v_n \rangle$이라고 하자. 이 때, $k < n$이다. 그리고, $v_{k+1}, \cdots, v_n \in \langle v_1, \cdots, v_k \rangle$이라고 가정하면, 정리 2.4.3에 의하여

$$V = \langle v_1, \cdots, v_k, v_{k+1}, \cdots, v_n \rangle = \langle v_1, \cdots, v_k \rangle$$

로 되어 모순이 생긴다. 따라서 $v_{k+1}, \cdots, v_n$ 중에는 $\langle v_1, \cdots, v_k \rangle$에 속하지 않는 벡터가 적어도 하나 존재한다.

한편, $v_1, \cdots, v_k$는 일차독립이므로, 각 정수 i $(k+1 \leq i \leq n)$에 대하여 $v_i \notin \langle v_1, \cdots, v_k \rangle$일 때 그리고 이때에만 $v_1, \cdots, v_k, v_i$는 일차독립이다 (정리 2.3.8). 따라서 $v_{k+1}, \cdots, v_n$ 중에서 다음 두 조건을 만족시키는 벡터 $u_1, \cdots, u_r$가 존재한다.

(i) $v_1, \cdots, v_k, u_1, \cdots, u_r$는 일차독립이다.

(ii) $v_{k+1}, \cdots, v_n \in \langle v_1, \cdots, v_k, u_1, \cdots, u_r \rangle$

이 때, 조건 (ii)와 정리 2.4.3에 의하여

$$V = \langle v_1, \cdots, v_k, v_{k+1}, \cdots, v_n \rangle = \langle v_1, \cdots, v_k, u_1, \cdots, u_r \rangle$$

이므로 조건 (i)에 의하여 $\mathscr{B} = \{v_1, \cdots, v_k, u_1, \cdots, u_r\}$는 V의 기저이다.

(2) 가정에 의하여 $\langle v_1, \cdots, v_n \rangle = V \neq \{\mathbf{0}\}$이므로 $v_1, \cdots, v_n$ 중에는 영벡터가 아닌 벡터가 존재한다. 이제 필요하다면 첨자의 번호를 재조정하여 $v_1 \neq \mathbf{0}$이라고 하자. 이 때, v_1은 일차독립이고(정리 2.3.3), 따라서 위의 (1)에 의하여 $\{v_1\} \subseteq \mathscr{B} \subseteq \{v_1, \cdots, v_n\}$인 기저 $\mathscr{B}$가 존재한다.

보기 2.4.3 벡터공간 $\mathbb{R}^3$가 다음 벡터들에 의하여 생성된다고 할 때, 이 사실을 이용하여 $\mathbb{R}^3$의 기저를 구해 보자

$$(2, 3, 4), \quad (6, 9, 12), \quad (1, 0, 1), \quad (0, 2, -1), \quad (4, 1, 7)$$

먼저 영벡터가 아닌 벡터 $v_1 = (2, 3, 4)$을 택하면,

$$(6, 9, 12) = 3\,(2, 3, 4) = 3\,v_1 \in \langle v_1 \rangle$$

이므로 $\langle v_1, (6, 9, 12) \rangle = \langle v_1 \rangle$이고, 또

$$v_2 = (1, 0, 1) \notin \langle (2, 3, 4) \rangle = \langle v_1 \rangle$$

이므로 v_1, v_2 는 일차독립이다(정리 2.3.7).

그리고, $v_3 = (0, 2, -1)$ 에 대하여

$$\begin{vmatrix} 2 & 3 & 4 \\ 1 & 0 & 1 \\ 0 & 2 & -1 \end{vmatrix} = 8 - 4 + 3 = 7 \neq 0$$

이므로, v_1, v_2, v_3 는 일차독립이다(정리 2.3.2). 더욱이

$$(4, 1, 7) = (2, 3, 4) + 2\,(1, 0, 1) - (0, 2, -1) \in \langle v_1, v_2, v_3 \rangle$$

이므로, $\mathscr{B} = \{v_1, v_2, v_3\}$ 는 벡터공간 $\mathbb{R}^3$ 의 기저이다.

이와 같은 문제에 대해서는 보기 2.6.4 에서 다시 논하기로 한다.

이 책을 처음 읽을 때에는 다음 정리의 증명은 생략하여도 좋다.

정리 2.4.5 체 F 위의 벡터공간 $V(\neq\{\mathbf{0}\})$ 에서 $V = \langle v_1, \cdots, v_n \rangle$ 일 때, V 의 m 개의 벡터 $w_1, \cdots, w_m$ 이 일차독립이면 $m \leq n$ 이고 따라서 V 의 $n+1$ 개 이상의 벡터는 일차종속이다.

증 명 이제 V 의 m 개의 벡터 $w_1, \cdots, w_m$ 이 일차독립이라고 하자.

이 때, $w_1 \in V = \langle v_1, \cdots, v_n \rangle$ 이므로, 정리 2.3.3 에 의하여 $w_1, v_1, \cdots, v_n$ 은 일차종속이고 또 정리 2.4.3 에 의하여

$$V = \langle v_1, \cdots, v_n \rangle \subseteq \langle w_1, v_1, \cdots, v_n \rangle \subseteq V$$

이므로 $\langle w_1, v_1, \cdots, v_n \rangle = \langle v_1, \cdots, v_n \rangle = V$ 이다.

그리고, $w_1, \cdots, w_m$ 은 일차독립이므로 w_1 은 일차독립이다(정리 2.3.4). 따라서 정리 2.4.4 에 의하여 다음과 같은 꼴의 V 의 기저 S_1 이 존재한다.

$$S_1 = \{w_1, v_{i_1}, \cdots, v_{i_s}\} \subseteq \{w_1, v_1, \cdots, v_n\}$$

여기서 $s+1$ 개의 벡터 $w_1, v_{i_1}, \cdots, v_{i_s}$ 는 일차독립이고 $w_1, v_1, \cdots, v_n$ 은 일차종속이므로 $s < n$ 즉 $s \leq n-1$ 이다.

다음에 $m \geq 2$ 이라고 하자.

이 때, $w_2 \in V = \langle w_1, v_{i_1}, \cdots, v_{i_s} \rangle$ 이므로, 앞에서 논한 바와 마찬가지로 $w_2, w_1, v_{i_1}, \cdots, v_{i_s}$ 는 일차종속이고 또 다음이 성립함을 알 수 있다.

$$\langle w_1, w_2, v_{i_1}, \cdots, v_{i_s} \rangle = \langle w_1, v_{i_1}, \cdots, v_{i_s} \rangle = V$$

한편, 벡터 $w_1, \cdots, w_m$ 은 일차독립이므로 두 벡터 w_1, w_2 는 일차독립이다(정리 2.3.4). 따라서 다음과 같은 꼴의 기저 S_2 가 존재한다(정리 2.4.4).

$$S_2 = \{w_1, w_2, v_{j_1}, \cdots, v_{j_t}\} \subseteq \{w_1, w_2, v_{i_1}, \cdots, v_{i_s}\}$$

여기서 $t+2$ 개의 벡터 $w_1, w_2, v_{j_1}, \cdots, v_{j_t}$ 는 일차독립이지만 $s+2$ 개의 벡터 $w_1, w_2, v_{i_1}, \cdots, v_{i_s}$ 는 일차종속이므로 $t < s$ 즉 $t \leq s-1 \leq n-2$ 이다.

이와 같은 과정을 되풀이하면, 다음과 같은 꼴의 V 의 기저를 얻는다.

$$S_{m-1} = \{w_1, w_2, \cdots, w_{m-1}, v_{k_1}, \cdots, v_{k_r}\}, \qquad r \leq n-(m-1)$$

한편, 가정에 의하여 $w_1, w_2, \cdots, w_m$ 은 일차독립이므로 정리 2.3.8 에 의하여 $w_m \notin \langle w_1, w_2, \cdots, w_{m-1} \rangle$ 이고 따라서 $\langle w_1, w_2, \cdots, w_{m-1} \rangle \subsetneq V$ 이다. 그런데, 이 사실은 $S_{m-1} \neq \{w_1, w_2, \cdots, w_{m-1}\}$ 임을 뜻한다.

그러므로 $r \geq 1$ 이고, 따라서 $n-(m-1) \geq r \geq 1$ 즉 $m \leq n$ 이다.

정리 2.4.6 체 F 위의 벡터공간 $V\,(\neq\{\mathbf{0}\})$ 가 유한 개의 벡터에 의하여 생성될 때, V 는 유한기저를 가지며 V 의 기저에 속해 있는 벡터의 개수는 그 기저에 관계없이 일정하다. 즉,

$$\mathscr{B} = \{v_1, \cdots, v_n\}, \qquad \mathscr{C} = \{w_1, \cdots, w_m\}$$

가 V 의 기저이면 $n = m$ 이다.

증 명 먼저 정리 2.4.4 에 의하여 V 는 유한 기저를 가진다.

다음에 $\mathscr{B} = \{v_1, \cdots, v_n\}$, $\mathscr{C} = \{w_1, \cdots, w_m\}$ 가 V 의 기저라고 하자. 이 때, $V = \langle v_1, \cdots, v_n \rangle$ 이고 $w_1, \cdots, w_m$ 은 일차독립이므로 정리 2.4.5 에 의하여 $m \leq n$ 이다. 마찬가지로, $V = \langle w_1, \cdots, w_m \rangle$ 이고 $v_1, \cdots, v_n$ 은 일차독립이므로 $n \leq m$ 이고, 따라서 $n = m$ 이다.

이제까지 얻은 결과에 근거하여 다음과 같은 정의를 내릴 수 있다.

정의 2.4.7 체 F 위의 벡터공간 $V\ (\neq \{\mathbf{0}\})$가 n개 $(n \geq 1)$의 벡터 $v_1, \cdots, v_n$으로 이루어진 유한 기저 $\mathscr{B} = \{v_1, \cdots, v_n\}$를 가질 때, V를 체 F 위의 **n차원** 벡터공간(n-dimensional vector space)이라 하고 또 n을 벡터공간 V의 **차원**(dimension)이라 하며 이 사실을

$$n = \dim_F V \quad \text{또는} \quad n = \dim V$$

로 나타낸다. 이와 같이 유한기저를 가지는 벡터공간을 **유한차원 벡터공간**(finite dimensional vector space)이라고 한다.

한편, $V = \{\mathbf{0}\}$인 경우에는 공집합 $\emptyset$를 기저로 생각하고 $\dim_F V = 0$으로 정하고, $V = \{\mathbf{0}\}$도 유한차원 벡터공간으로 생각하기로 한다.

또, 벡터공간 V가 유한기저를 가지지 않을 때, V를 **무한차원 벡터공간**(infinite dimensional vector space) 이라고 한다.

위의 정의와 정리 2.4.4에 의하여 다음 정리가 성립한다.

정리 2.4.8 체 F 위의 벡터공간 $V\ (\neq \{\mathbf{0}\})$가 n개의 벡터에 의하여 생성되면, V는 유한차원 벡터공간이고 $0 \leq \dim_F V \leq n$이다.

그리고, 체 F 위의 벡터공간 $V\ (\neq \{\mathbf{0}\})$가 유한 개의 벡터에 의하여 생성되지 않으면, V는 무한차원 벡터공간이다.

보기 2.4.4 체 F 위의 벡터공간

$$F^n = \{(x_1, \cdots, x_n) \mid x_1, \cdots, x_n \in F\},$$
$$\mathrm{Mat}_{m\times n}(F) = \{[a_{ij}]_{m\times n} \mid a_{ij} \in F,\ 1 \leq i \leq m,\ 1 \leq j \leq n\},$$
$$\mathrm{Mat}_n(F) = \{[a_{ij}]_{n\times n} \mid a_{ij} \in F,\ 1 \leq i, j \leq n\}$$

의 차원은 각각 다음과 같다(보기 2.4.1, 보기 2.4.2 참조).

$$\dim_F F^n = n, \quad \dim_F \mathrm{Mat}_{m\times n}(F) = m\,n, \quad \dim_F \mathrm{Mat}_n(F) = n^2$$

한편, 체 F 위의 벡터공간 $F[x]$는 무한차원 벡터공간이다(문제 8).

보기 2.4.5 체 F 는 체 F 자신 위의 벡터공간으로 볼 수 있고 이때 F 의 각 원소 a 는 단 한 가지 방법으로

$$a = a \cdot 1 \qquad\qquad (a \in F)$$

로 나타낼 수 있으므로 F 는 $\{1\}$을 기저로 가지는 1 차원 벡터공간이다. 따라서 $\dim_F F = 1$ 이다.

특히, 복소수체 $\mathbb{C}$ 는 $\mathbb{C}$ 위의 1 차원 벡터공간이다.

한편, 복소수체 $\mathbb{C}$ 는 실수체 $\mathbb{R}$ 위의 벡터공간으로 볼 수도 있다.

실제로, 임의의 복소수 $\alpha, \beta \in \mathbb{C}$ 와 실수 $a \in \mathbb{R}$ 에 대하여 $\alpha + \beta \in \mathbb{C}$, $a\alpha \in \mathbb{C}$ 이므로, 이러한 덧셈과 스칼라 곱셈에 관하여 $\mathbb{C}$ 는 실수체 $\mathbb{R}$ 위의 벡터공간이다.

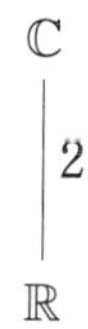

그리고, 각 복소수 $\alpha \in \mathbb{C}$ 는 단 한 가지 방법으로

$$\alpha = a \cdot 1 + b \cdot \sqrt{-1} \qquad (a, b \in \mathbb{R})$$

의 꼴로 나타내어지므로, $\mathbb{C}$ 는 실수체 $\mathbb{R}$ 위에서 $\{1, \sqrt{-1}\}$ 를 기저로 가지는 2 차원 벡터공간이다. 즉, $\dim_{\mathbb{R}} \mathbb{C} = 2$ 이다.

다음 정리는 앞으로 자주 이용된다.

정리 2.4.9 체 F 위의 벡터공간 $V\,(\neq \{0\})$ 가 n 차원 벡터공간일 때 다음이 성립한다.

(1) V 의 m 개의 벡터 $w_1, \cdots, w_m$ 이 일차독립이면 $m \leq n$ 이다.
따라서 $n < m$ 이면, V 의 임의의 m 개의 벡터는 일차종속이다.

(2) V 의 n 개의 벡터 $w_1, \cdots, w_n$ 이 일차독립이면, $\mathscr{C} = \{w_1, \cdots, w_n\}$ 는 V 의 기저이다.

(3) $V = \langle w_1, \cdots, w_m \rangle$ 이면, $n \leq m$ 이다.
특히, $V = \langle w_1, \cdots, w_n \rangle$ 이면, $\mathscr{C} = \{w_1, \cdots, w_n\}$ 는 V 의 기저이다.

(4) V 의 m 개의 벡터 $w_1, \cdots, w_m$ 이 일차독립일 때, $m < n$ 이면 이들 m 개의 벡터에 적당한 $r\,(= n - m)$ 개의 적당한 벡터 $u_1, \cdots, u_r$ 를 첨가하여 V 의 기저 $\mathscr{C} = \{w_1, \cdots, w_m, u_1, \cdots, u_r\}$ 를 얻을 수 있다.

증 명 (1) 가정에 따라 벡터공간 V 에는 n 개의 벡터로 이루어진 기저 $\mathscr{B}=\{v_1, \cdots, v_n\}$ 가 존재하고 이때 $V=\langle v_1, \cdots, v_n \rangle$ 이므로 정리 2.4.5 에 의하여 (1) 이 성립한다.

(2) V 의 n 개의 벡터 $w_1, \cdots, w_n$ 이 일차독립이라고 하자.

이 때, v 를 V 의 임의의 벡터라고 하면, (1) 에 의하여 $n+1$ 개의 벡터 $v, w_1, \cdots, w_n$ 은 일차종속이고 또 $w_1, \cdots, w_n$ 은 일차독립이므로 정리 2.3.8 에 의하여 $v \in \langle w_1, \cdots, w_n \rangle$ 이다.

따라서 $V=\langle w_1, \cdots, w_n \rangle$ 이므로 $\mathscr{C}=\{w_1, \cdots, w_n\}$ 는 V 의 기저이다.

(3) $V=\langle w_1, \cdots, w_m \rangle$ 이면, 정리 2.4.4 에 의하여 $\mathscr{C} \subseteq \{w_1, \cdots, w_m\}$ 인 V 의 기저 $\mathscr{C}$ 가 존재하고 또 $|\mathscr{C}|=n$ 이므로 $n \leq m$ 이다.

특히, $m=n$ 이면, $\mathscr{C}=\{w_1, \cdots, w_n\}$ 이다.

(4) V 의 m 개의 벡터 $w_1, \cdots, w_m$ 이 일차독립이고 $m<n$ 이라고 하자.

이 때, $\mathscr{B}=\{v_1, \cdots, v_n\}$ 를 V 의 기저라고 하면,

$$V=\langle v_1, \cdots, v_n \rangle \subseteq \langle w_1, \cdots, w_m, v_1, \cdots, v_n \rangle \subseteq V$$

이므로 $V=\langle w_1, \cdots, w_m, v_1, \cdots, v_n \rangle$ 이고 따라서 정리 2.4.4 에 의하여

$$\{w_1, \cdots, w_m\} \subseteq \mathscr{C} \subseteq \{w_1, \cdots, w_m, v_1, \cdots, v_n\}$$

인 V 의 기저 $\mathscr{C}$ 가 존재한다. 한편, 정리 2.4.6 에 의하여 $|\mathscr{C}|=n>m$ 이므로, 적당한 $r\ (=n-m)$ 개의 벡터 $u_1, \cdots, u_r \in \{v_1, \cdots, v_n\}$ 에 대하여 $\mathscr{C}=\{w_1, \cdots, w_m, u_1, \cdots, u_r\}$ 이다.

보기 2.4.6 벡터공간 $\mathbb{R}^3=\{(x_1, x_2, x_3) \mid x_1, x_2, x_3 \in \mathbb{R}\}$ 는 실수체 $\mathbb{R}$ 위의 3 차원 벡터공간이다(보기 2.4.4). 따라서 벡터공간 $\mathbb{R}^3$ 에서 벡터

$$(1, 0, 0), \quad (1, 1, 0), \quad (1, 1, 1), \quad (4, 1, 2)$$

는 일차종속이다. 실제로, 다음 두 등식이 성립한다.

$$(4, 1, 2)=3(1, 0, 0)-(1, 1, 0)+2(1, 1, 1)$$

$$3(1, 0, 0)-(1, 1, 0)+2(1, 1, 1)-(4, 1, 2)=(0, 0, 0)$$

정리 2.4.10 체 F 위의 n차의 행렬 $A=[a_{ij}]_{n\times n}$에 대하여

$$v_i=(a_{i1},\, a_{i2},\, \cdots,\, a_{in}) \qquad (1\le i\le n)$$
$$w_j=(a_{1j},\, a_{2j},\, \cdots,\, a_{nj}) \qquad (1\le j\le n)$$

이라고 할 때, 다음 조건은 서로 동치이다.

(1) A는 정칙행렬이다. 즉, $\det A\neq 0$이다.
(2) A^T는 정칙행렬이다. 즉, $\det A^T\neq 0$이다.
(3) 벡터공간 F^n에서 열벡터 $w_1, w_2, \cdots, w_n$은 일차독립이다.
(4) 벡터공간 F^n에서 행벡터 $v_1, v_2, \cdots, v_n$은 일차독립이다.
(5) $\{w_1, w_2, \cdots, w_n\}$은 벡터공간 F^n의 기저이다.
(6) $\{v_1, v_2, \cdots, v_n\}$은 벡터공간 F^n의 기저이다.

증 명 정리 2.3.2에 의하여 (1), (2), (3), (4)는 서로 동치이다. 그리고, $\dim_F F^n=n$이므로 정리 2.4.9에 의하여 (3)$\Longleftrightarrow$(5), (4)$\Longleftrightarrow$(6)이다.

보기 2.4.7 체 F 위의 벡터공간 $F^2=\{(x_1, x_2) \mid x_1, x_2\in F\}$는 2차원 벡터공간이다. 따라서 두 벡터 $v=(a_1, a_2)$, $w=(b_1, b_2)$에 대하여

$$\begin{vmatrix} a_1 & a_2 \\ b_1 & b_2 \end{vmatrix}\neq 0 \quad \text{즉} \quad \begin{vmatrix} a_1 & b_1 \\ a_2 & b_2 \end{vmatrix}\neq 0$$

일 때 그리고 이때에만 $\mathscr{C}=\{v, w\}$는 벡터공간 F^2의 기저이다.

또, 체 F 위의 벡터공간 $F^3=\{(x_1, x_2, x_3) \mid x_1, x_2, x_3\in F\}$는 3차원 벡터공간이다. 따라서 벡터공간 F^3의 세 벡터

$$v=(a_1, a_2, a_3),\quad w=(b_1, b_2, b_3),\quad u=(c_1, c_2, c_3)$$

에 대하여

$$\begin{vmatrix} a_1 & b_1 & c_1 \\ a_2 & b_2 & c_2 \\ a_3 & b_3 & c_3 \end{vmatrix}\neq 0 \quad \text{즉} \quad \begin{vmatrix} a_1 & a_2 & a_3 \\ b_1 & b_2 & b_3 \\ c_1 & c_2 & c_3 \end{vmatrix}\neq 0$$

일 때 그리고 이때에만 $\mathscr{C}=\{v, w, u\}$는 벡터공간 F^3의 기저이다.

연 습 문 제 (2.4)

1. 정의에 따라 다음 집합이 벡터공간 $\mathbb{R}^2$ 의 기저임을 밝혀라.

   *(1) $S = \{(2, 5), (1, 3)\}$ (2) $S = \{(1, -2), (5, 6)\}$

*2. 정의에 따라 벡터공간 $\mathbb{R}^3$ 에서

$$S = \{(1, 1, 0), (0, 1, 1), (-1, 0, 2)\}$$

   가 벡터공간 $\mathbb{R}^3$ 의 기저임을 밝혀라.

3. 정의에 따라 다음 집합이 벡터공간 $\mathbb{R}^3$ 의 기저인지를 판정하여라.

   (1) $S = \{(1, 0, 0), (1, 1, 0), (1, 1, 1)\}$

   (2) $S = \{(1, 0, -1), (12, 5, 1), (0, 4, 3)\}$

*4. 벡터공간 $\mathrm{Mat}_2(\mathbb{R})$ 에서

$$S = \left\{\begin{bmatrix} 0 & 1 \\ 0 & 0 \end{bmatrix}, \begin{bmatrix} 0 & 0 \\ 1 & 0 \end{bmatrix}, \begin{bmatrix} 1 & 0 \\ 0 & 1 \end{bmatrix}, \begin{bmatrix} 1 & 0 \\ 0 & -1 \end{bmatrix}\right\}$$

   가 $\mathrm{Mat}_2(\mathbb{R})$ 의 기저임을 밝혀라.

5. 체 F 위의 n 차원 벡터공간 V 에서 $\mathscr{B} = \{v_1, \cdots, v_n\}$ 가 V 의 기저이면, 영이 아닌 임의의 원소 $c_1, \cdots, c_n \in F$ 에 대하여

$$\mathscr{C} = \{c_1 v_1, \cdots, c_n v_n\} \text{는}$$

   V 의 기저임을 밝혀라.

*6. 실수체 $\mathbb{R}$ 위의 벡터공간 V 에서 두 벡터 v_1, v_2 에 대하여 $\mathscr{B} = \{v_1, v_2\}$ 가 V 의 기저일 때 그리고 이때에만 $\mathscr{C} = \{v_1, v_1 + v_2\}$ 는 V 의 기저임을 밝혀라.

7. 실수체 $\mathbb{R}$ 위의 벡터공간 V 에서 $\mathscr{B} = \{v_1, v_2, v_3\}$ 가 V 의 기저일 때 그리고 이때에만 $\mathscr{C} = \{v_1, v_1 + v_2, v_1 + v_2 + v_3\}$ 는 V 의 기저임을 밝혀라.

*8. 체 F 위의 다항식 전체로 이루어진 벡터공간 $F[x]$에 대하여 다음이 성립함을 증명하여라.

(1) $F[x]$는 체 F 위의 무한차원 벡터공간이다.

(2) 임의의 양의 정수 n에 대하여 n개의 다항식 $1, x, \cdots, x^{n-1}$은 일차독립이다.

9. 복소수체 $\mathbb{C}$를 실수체 $\mathbb{R}$ 위의 벡터공간으로 생각할 때, 다음 집합이 벡터공간 $\mathbb{C}$의 기저인지를 판정하여라.

*(1) $S=\{1+i,\ 1-i\}$ (2) $S=\{1+2i,\ 2+3i\}$

10. 벡터공간 $\mathbb{R}^3$에서 다음 집합이 $\mathbb{R}^3$의 기저인지를 정리 2.4.10을 이용하여 판정하여라.

(1) $S=\{(1, 2, 3),\ (0, 1, 4),\ (0, 0, 1)\}$

(2) $S=\{(1, 0, -1),\ (0, -4, 3),\ (2, 5, 1)\}$

11. 벡터공간 $\mathbb{R}^2$에서 벡터 $(1, 2)$를 포함하는 $\mathbb{R}^2$의 기저를 두 개만 구하여라.

12. 벡터공간 $\mathbb{R}^3$에서 두 벡터 $(2, -1, 3)$, $(4, 1, 1)$을 포함하는 $\mathbb{R}^3$의 기저를 두 개만 구하여라.

*13. 실수체 $\mathbb{R}$는 유리수체 $\mathbb{Q}$ 위의 벡터공간으로 생각할 수 있다(보기 2.4.5).

세 실수 $\sqrt{2}, \sqrt{3}, \sqrt{6}$이 무리수임을 이용하여 실수체 $\mathbb{R}$를 유리수체 $\mathbb{Q}$ 위의 벡터공간으로 생각할 때, 다음이 성립함을 밝혀라.

(1) $\sqrt{2}, \sqrt{3}$은 일차독립이다.

(2) $1, \sqrt{2}$은 일차독립이다.

(3) $1, \sqrt{2}, \sqrt{3}$은 일차독립이다.

§2.5 부분공간의 차원

이 절에서는, 유한차원 벡터공간의 부분공간에 대하여 논한다.

정리 2.5.1 체 F 위의 벡터공간 $V\,(\neq\{\mathbf{0}\})$가 유한차원 벡터공간일 때, V의 부분공간 W는 유한차원 벡터공간이고 또 다음이 성립한다.

(1) $0 \leq \dim_F W \leq \dim_F V$

(2) $\dim_F W = 0 \Longleftrightarrow W = \{\mathbf{0}\}$, $\quad \dim_F W = \dim_F V \Longleftrightarrow W = V$

증 명 분명히 $W = \{\mathbf{0}\} \Longleftrightarrow \dim_F W = 0$ 이다.

다음에 $\{\mathbf{0}\} \subsetneq W \subseteq V$ 이라고 하자. 이 때, W에는 벡터 $w_1 \neq \mathbf{0}$ 이 존재하고 벡터 w_1은 일차독립이다(정리 2.3.3). 이 사실을 이용하면, 다음 두 조건을 만족시키는 $w_1, \cdots, w_m \in W$ 이 존재함을 알 수 있다(정리 2.4.9).

(i) $w_1, \cdots, w_m$은 일차독립이다.

(ii) 모든 벡터 $w \in W$에 대하여 $w_1, \cdots, w_m, w$는 일차종속이다.

이 때, 정리 2.3.8에 의하여 모든 $w \in W$에 대하여 $w \in \langle w_1, \cdots, w_m \rangle$ 이므로 $W = \langle w_1, \cdots, w_m \rangle$ 이고, 따라서 $\mathscr{C} = \{w_1, \cdots, w_m\}$는 W의 기저이므로 $\dim_F W = m$ 이다.

한편, 정리 2.4.9에 의하여 $\dim_F W = m \leq \dim_F V$ 이다.

특히, $\dim_F W = \dim_F V = n$ 이면, W는 n개의 벡터로 이루어진 기저 $\{w_1, \cdots, w_n\}$을 가지므로 $W = \langle w_1, \cdots, w_n \rangle = V$ 이다(정리 2.4.9).

따름정리 2.5.2 체 F 위의 유한차원 벡터공간 $V\,(\neq\{\mathbf{0}\})$에서 V의 두 부분공간 W_1, W_2에 대하여 다음이 성립한다.

(1) $W_1 \subseteq W_2$ 이면, $\dim_F W_1 \leq \dim_F W_2$ 이다.

(2) $W_1 \subseteq W_2$ 일 때, $\dim_F W_1 = \dim_F W_2$ 이면 $W_1 = W_2$ 이다.

증 명 정리 2.5.1 에 의하여 V 의 부분공간 W_1, W_2 는 유한차원 벡터 공간이다. 그리고, $W_1 \subseteq W_2$ 이면, W_1 은 벡터공간 W_2 의 부분공간이기도 하므로 정리 2.5.1 에 의하여 (1), (2) 가 성립한다.

보기 2.5.1 체 F 위의 벡터공간 V 에서 벡터 $w_1, \cdots, w_m \in V$ 이 일차독립일 때, 이들 m 개의 벡터에 의하여 생성된 V 의 부분공간

$$W = \langle w_1, \cdots, w_m \rangle = \{a_1 w_1 + \cdots + a_m w_m \mid a_1, \cdots, a_m \in F\}$$

는 $\mathscr{C} = \{w_1, \cdots, w_m\}$ 를 기저로 가지는 m 차원 부분공간이다.

특히, $\mathscr{B} = \{v_1, \cdots, v_n\}$ 가 벡터공간 V 의 기저일 때, 부분공간

$$\{\mathbf{0}\} \subsetneqq \langle v_1 \rangle \subsetneqq \cdots \subsetneqq \langle v_1, \cdots, v_{n-1} \rangle \subsetneqq \langle v_1, \cdots, v_{n-1}, v_n \rangle = V$$

의 차원은 각각 $0, 1, \cdots, n-1, n$ 이다.

보기 2.5.2 체 F 위의 벡터공간 $F[x]$ 에서 양의 정수 n 에 대하여 n 개의 다항식 $1, x, \cdots, x^{n-1}$ 은 일차독립이다(문제 2.4.8 참조).

따라서 벡터공간 $F[x]$ 에서 $1, x, \cdots, x^{n-1}$ 에 의하여 생성된 부분공간

$$F_n[x] = \{a_0 + a_1 x + \cdots + a_{n-1} x^{n-1} \mid a_0, a_1, \cdots, a_{n-1} \in F\}$$

는 벡터공간 $F[x]$ 의 n 차원 부분공간이다. 즉, $\dim_F F_n[x] = n$ 이다.

기저 $\mathscr{B} = \{1, x, \cdots, x^{n-1}\}$ 를 벡터공간 $F_n[x]$ 의 **표준기저**라고 한다.

보기 2.5.3 체 F 위의 벡터공간 V 에서 각 $v \in V$, $v \neq \mathbf{0}$ 에 대하여

$$\langle v \rangle = \{kv \mid k \in F\}$$

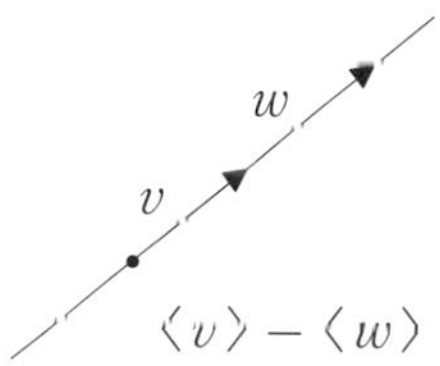

는 V 의 1 차원 부분공간이고, V 의 1 차원 부분공간은 모두 이와 같은 꼴로 나타내어진다.

그리고, 두 벡터 $v, w \in V$, $v \neq \mathbf{0}$, $w \neq \mathbf{0}$ 에 대하여 다음이 성립한다(문제 1 참조).

$$\langle v \rangle = \langle w \rangle \iff w \in \langle v \rangle \iff v \in \langle w \rangle$$

예를 들면, 체 F 위의 2차원 벡터공간 $F^2 = \{(x_1, x_2) \mid x_1, x_2 \in F\}$ 에서 각 벡터 $(a_1, a_2) \neq (0, 0)$ 에 대하여

$$\langle (a_1, a_2) \rangle = \{k(a_1, a_2) \mid k \in F\}$$

는 1차원 부분공간이고, 또 F^2 의 1차원 부분공간은 모두 이와 같은 꼴로 나타내어진다. 또한, 영벡터가 아닌 벡터 $(a_1, a_2), (b_1, b_2) \in F^2$ 에 대하여 다음이 성립한다.

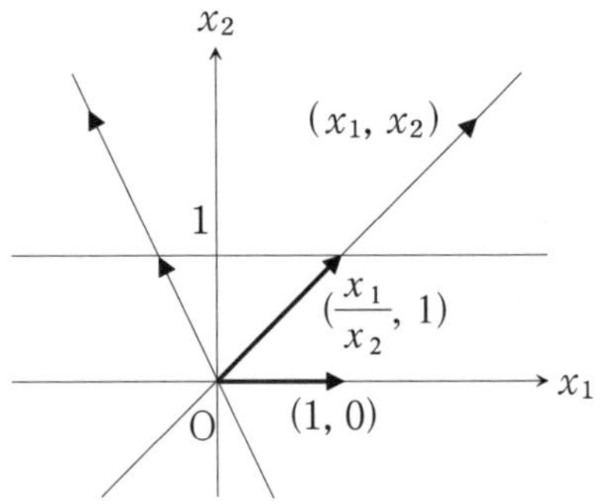

$\langle (a_1, a_2) \rangle = \langle (b_1, b_2) \rangle$

$\Longleftrightarrow$ 적당한 $k \in F$, $k \neq 0$ 에 대하여 $(b_1, b_2) = k(a_1, a_2)$

특히, 1차원 부분공간 $\langle (x_1, x_2) \rangle$ 는 다음과 같이 나타낼 수 있다.

$$\langle (x_1, x_2) \rangle = \begin{cases} \langle (\frac{x_1}{x_2}, 1) \rangle & (x_2 \neq 0 \text{ 인 경우}) \\ \langle (1, 0) \rangle & (x_2 = 0 \text{ 인 경우}) \end{cases}$$

보기 2.5.4 체 F 위의 벡터공간 F^3 에서

$$W = \{(a, b, a+b) \in F^3 \mid a, b \in F\}$$

이라고 할 때, 임의의 $a, b \in F$ 에 대하여

$$(a, b, a+b) = a(1, 0, 1) + b(0, 1, 1)$$

이므로 $W = \langle (1, 0, 1), (0, 1, 1) \rangle$ 이다.

한편, 두 원소 $a, b \in F$ 에 대하여

$$a(1, 0, 1) + b(0, 1, 1) = (0, 0)$$

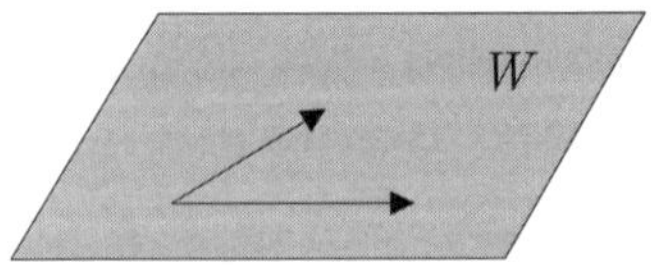

이라고 가정하면 $a = b = 0$ 이므로 벡터 $(1, 0, 1), (0, 1, 1)$ 은 일차독립이다.

그러므로 $\{(1, 0, 1), (0, 1, 1)\}$ 은 W 의 기저이고, 따라서 W 는 벡터공간 F^3 의 2차원 부분공간이다.

정리 2.5.3 체 F 위의 벡터공간 V 에서 벡터 $w_1, \cdots, w_m, u_1, \cdots, u_r$ 에 대하여 다음이 성립한다.

$$\langle w_1, \cdots, w_m \rangle + \langle u_1, \cdots, u_r \rangle = \langle w_1, \cdots, w_m, u_1, \cdots, u_r \rangle$$

증 명 임의의 $a_1, \cdots, a_m, b_1, \cdots, b_r \in F$ 에 대하여

$$\begin{aligned}&(a_1 w_1 + \cdots + a_m w_m) + (b_1 u_1 + \cdots + b_r u_r)\\ &= a_1 w_1 + \cdots + a_m w_m + b_1 u_1 + \cdots + b_r u_r\end{aligned}$$

이므로 정리의 등식이 성립한다.

정리 2.5.4 체 F 위의 유한차원 벡터공간 V 의 두 부분공간 W_1, W_2 에 대하여

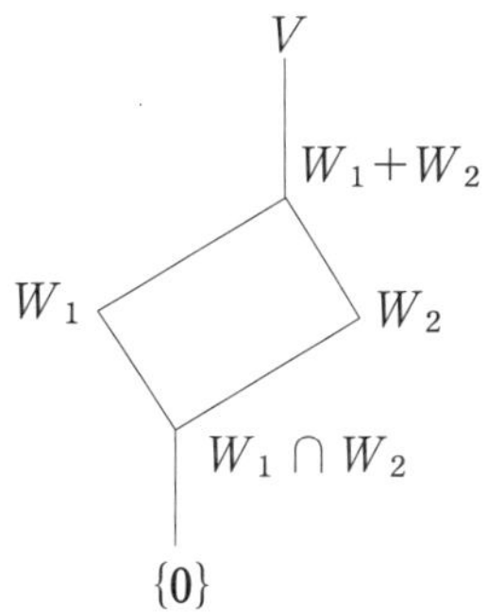

$$\begin{aligned}\dim_F (W_1+W_2) &= \dim_F W_1 + \dim_F W_2\\ &\quad - \dim_F (W_1 \cap W_2)\end{aligned}$$

이고, 특히 $W_1 \cap W_2 = \{0\}$ 이면 다음이 성립한다.

$$\dim_F (W_1+W_2) = \dim_F W_1 + \dim_F W_2$$

증 명 (1) $W_1 \cap W_2 = \{0\}$ 이라고 하자.

이 때, $W_1 = \{0\}$ 이면, $\dim_F W_1 = 0$ 이고 또한 $W_1+W_2 = W_2$ 이므로 $\dim_F (W_1+W_2) = \dim_F W_1 + \dim_F W_2$ 이다. 마찬가지로, $W_2 = \{0\}$ 이면, $\dim_F (W_1+W_2) = \dim_F W_1 + \dim_F W_2$ 이다.

다음에 $W_1 \neq \{0\}$, $W_2 \neq \{0\}$ 일 때, $\dim_F W_1 = m$, $\dim_F W_2 = r$ 이라 하고 $\mathscr{B}_1 = \{w_1, \cdots, w_m\}$, $\mathscr{B}_2 = \{u_1, \cdots, u_r\}$ 를 각각 W_1, W_2 의 기저라고 하자. 이 때, 정리 2.5.3 에 의하여 다음이 성립한다.

$$\begin{aligned}W_1+W_2 &= \langle w_1, \cdots, w_m \rangle + \langle u_1, \cdots, u_r \rangle\\ &= \langle w_1, \cdots, w_m, u_1, \cdots, u_r \rangle\end{aligned}$$

그리고, 적당한 원소 $a_1, \cdots, a_m, b_1, \cdots, b_r \in F$ 에 대하여

$$a_1 w_1 + \cdots + a_m w_m + b_1 u_1 + \cdots + b_r u_r = 0$$

이라고 가정하면,

$$a_1 w_1 + \cdots + a_m w_m = -(b_1 + \cdots + b_r u_r) \in W_1 \cap W_2 = \{\mathbf{0}\}$$

이므로 $a_1 w_1 + \cdots + a_m w_m = \mathbf{0}$, $b_1 u_1 + \cdots + b_r u_r = \mathbf{0}$ 이고 $w_1, \cdots, w_m$ 과 $u_1, \cdots, u_r$ 는 일차독립이므로 $a_1 = \cdots = a_m = 0$, $b_1 = \cdots = b_r = 0$ 이다.

따라서 $w_1, \cdots, w_m, u_1, \cdots, u_r$ 는 일차독립이다.

그러므로 $\mathscr{B} = \mathscr{B}_1 \cup \mathscr{B}_2 = \{w_1, \cdots, w_m, u_1, \cdots, u_r\}$ 는 $W_1 + W_2$ 의 기저이고 따라서 $\dim_F(W_1 + W_2) = m + r = \dim_F W_1 + \dim_F W_2$ 이다.

(2) $W_1 \cap W_2 \neq \{\mathbf{0}\}$ 이라고 하자.

먼저 $W_1 \cap W_2 = W_1$ 이면, $W_1 \subseteq W_2$ 이므로 $W_1 + W_2 = W_2$ 이고 따라서

$$\dim_F(W_1 + W_2) = \dim_F W_2, \quad \dim_F(W_1 \cap W_2) = \dim_F W_1$$

이므로 $\dim_F(W_1 + W_2) = \dim_F W_1 + \dim_F W_2 - \dim_F(W_1 \cap W_2)$ 이다.

마찬가지로, $W_1 \cap W_2 = W_2$ 인 경우에 위의 등식이 성립한다.

다음에 $\{\mathbf{0}\} \subsetneq W_1 \cap W_2 \subsetneq W_1$, $\{\mathbf{0}\} \subsetneq W_1 \cap W_2 \subsetneq W_2$ 이라고 하자.

이 때, $\dim_F(W_1 \cap W_2) = m$ 이라 하고 $\mathscr{D} = \{v_1, \cdots, v_m\}$ 를 $W_1 \cap W_2$ 의 기저라고 하면, $\mathscr{D}$ 에 각각 적당한 r 개의 벡터와 s 개의 벡터를 추가하여 W_1, W_2 의 기저

$$\mathscr{C}_1 = \{v_1, \cdots, v_m, u_1, \cdots, u_r\},$$
$$\mathscr{C}_2 = \{v_1, \cdots, v_m, w_1, \cdots, w_s\}$$

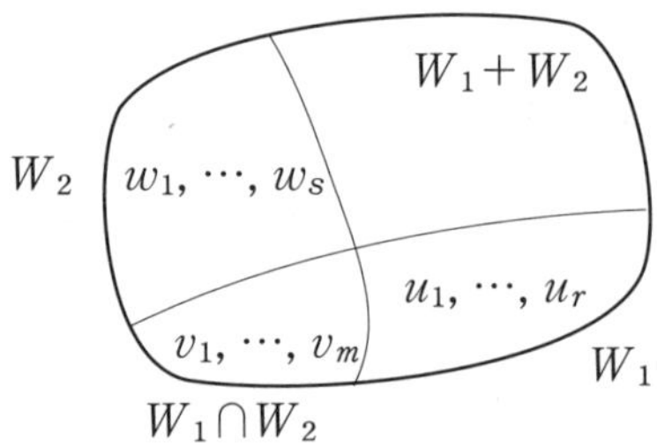

를 얻는다(정리 2.4.9). 이 때,

$$\begin{aligned} W_1 + W_2 &= \langle v_1, \cdots, v_m, u_1, \cdots, u_r \rangle + \langle v_1, \cdots, v_m, w_1, \cdots, w_s \rangle \\ &= \langle v_1, \cdots, v_m, u_1, \cdots, u_r, w_1, \cdots, w_s \rangle \end{aligned}$$

이고, 또 $v_1, \cdots, v_m, u_1, \cdots, u_r, w_1, \cdots, w_s$ 는 일차독립이다(문제 11 참조).

따라서 $\mathscr{C} = \mathscr{C}_1 \cup \mathscr{C}_2$ 는 $W_1 + W_2$ 의 기저이므로 다음이 성립한다.

$$\begin{aligned} \dim_F(W_1 + W_2) &= m + r + s = (m + r) + (m + s) - m \\ &= \dim_F W_1 + \dim_F W_2 - \dim_F(W_1 \cap W_2) \end{aligned}$$

보기 2.5.5 체 F 위의 벡터공간 F^3 에서

$$W_1 = \{(a, b, a+b) \in F^3 \mid a, b \in F\},$$
$$W_2 = \{(a, 0, b) \in F^3 \mid a, b \in F\}$$

이라고 할 때, W_1과 W_2는 2차원 부분공간이다(보기 2.5.4 참조).

한편, $(x_1, x_2, x_3) \in W_1 \cap W_2$ 일 때, 적당한 $a, b, c, d \in F$ 에 대하여

$$(x_1, x_2, x_3) = (a, b, a+b) = (c, 0, d)$$

이라고 하면 $x_1 = a = c,\quad x_2 = b = 0,\quad x_3 = a+b = d$ 이므로 $x_1 = a$, $x_2 = 0$, $x_3 = a$ 이다. 그러므로

$$W_1 \cap W_2 = \{(a, 0, a) \mid a \in F\} = \langle (1, 0, 1) \rangle$$

이고, 따라서 $W_1 \cap W_2$는 벡터공간 F^3 의 1차원 부분공간이다. 그리고,

$$\begin{aligned}\dim_F(W_1 + W_2) &= \dim_F W_1 + \dim_F W_2 - \dim_F(W_1 \cap W_2)\\ &= 2 + 2 - 1 = 3 = \dim_F F^3\end{aligned}$$

이므로 $W_1 + W_2 = F^3$ 이다.

연 습 문 제 (2.5)

*1. 보기 2.5.3 의 결과를 증명하여라.

2. 벡터공간 $\mathbb{R}^3$ 에서 다음 부분공간의 차원을 말하여라.

(1) $W = \langle (1, 0, 2), (2, 0, 4) \rangle$ (2) $W = \langle (0, 0, 0), (1, 2, 3) \rangle$

(3) $W = \langle (3, 6, 9), (1, 2, 3) \rangle$ (4) $W = \langle (1, 2, 3), (3, 0, 1) \rangle$

*3. 체 F 위의 벡터공간 $\mathrm{Mat}_{2\times 3}(F)$ 에서

$$W = \left\{ \begin{bmatrix} a & 0 & b \\ c & 2a-b & 0 \end{bmatrix} \;\middle|\; a, b, c \in F \right\}$$

는 $\mathrm{Mat}_{2\times 3}(F)$ 의 3차원 부분공간임을 밝혀라.

*4. 벡터공간 $\mathbb{R}^3$ 에서

$$W = \{ (x_1, x_2, x_3) \in \mathbb{R}^3 \mid x_1 + 3x_2 - 2x_3 = 0 \}$$

는 벡터공간 $\mathbb{R}^3$ 의 2 차원 부분공간임을 밝혀라.

5. 벡터공간 $\mathbb{R}_3[x]$ 에서 다음 집합이 $\mathbb{R}_3[x]$ 의 기저인지를 판정하여라.

(1) $S = \{x,\ 1-x,\ 3x^2\}$ (2) $S = \{x,\ 4x,\ x^2\}$

6. 벡터공간 $\mathbb{R}_5[x]$ 의 두 부분공간

$$W_1 = \{a + bx^2 + cx^4 \mid a, b, c \in \mathbb{R}\}, \quad W_2 = \{ax + bx^3 \mid a, b \in \mathbb{R}\}$$

에 대하여 부분공간 W_1, W_2, $W_1 \cap W_2$, $W_1 + W_2$ 의 차원을 구하여라.

*7. 체 F 위의 벡터공간 $\mathrm{Mat}_2(F)$ 에서 두 부분공간

$$W = \{ \begin{bmatrix} a & b \\ c & a \end{bmatrix} \mid a, b, c \in F\}, \qquad U = \{ \begin{bmatrix} 0 & a \\ -a & b \end{bmatrix} \mid a, b \in F\}$$

에 대하여 W, U, $W \cap U$, $W + U$ 를 구하고 그 차원을 구하여라.

8. 체 F 위의 벡터공간 $\mathrm{Mat}_3(F)$ 에서 上 삼각행렬 전체로 이루어진 부분공간 $\mathrm{UT}_3(F)$ 와 下 삼각행렬 전체로 이루어진 부분공간 $\mathrm{LT}_3(F)$ 에 대하여 부분공간 $\mathrm{UT}_3(F) + \mathrm{LT}_3(F)$, $\mathrm{UT}_3(F) \cap \mathrm{LT}_3(F)$ 의 차원을 구하여라.

*9. 벡터공간 $\mathrm{Mat}_3(\mathbb{R})$ 에서 대칭행렬 전체로 이루어진 부분공간 $\mathrm{Sym}_3(\mathbb{R})$ 의 차원과 교대행렬 전체로 이루어진 부분공간 $\mathrm{Alt}_3(\mathbb{R})$ 의 차원을 구하여라.

*10. 체 F 위의 벡터공간 V 에서 $\dim_F V = n \geq 2$ 일 때, V 의 서로 다른 두 $n-1$ 차원 부분공간 W_1, W_2 에 대하여 다음이 성립함을 밝혀라.

$$V = W_1 + W_2, \quad \dim_F (W_1 \cap W_2) = n - 2$$

*11. 정리 2.5.4 의 증명을 완성하여라.

§2.6 행렬의 행공간과 열공간

이 절에서는, 행렬과 관련하여 벡터공간 F^n 의 부분공간에 대하여 논한다.

정의 2.6.1 체 F 위의 $m\times n$ 행렬 $A=[a_{ij}]_{m\times n}$ 에 대하여 A 의 각 행의 성분으로 이루어진 벡터

$$v_1=(a_{11}, a_{12}, \cdots, a_{1n}),$$
$$v_2=(a_{21}, a_{22}, \cdots, a_{2n}),$$
$$\vdots$$
$$v_m=(a_{m1}, a_{m2}, \cdots, a_{mn})$$

을 A 의 **행벡터**(row vector)라 하고, A 의 각 열의 성분으로 이루어진 벡터

$$w_1=(a_{11}, a_{21}, \cdots, a_{m1}),$$
$$w_2=(a_{12}, a_{22}, \cdots, a_{m2}),$$
$$\vdots$$
$$w_n=(a_{1n}, a_{2n}, \cdots, a_{mn})$$

을 A 의 **열벡터**(column vector)라고 한다.

$$A=\begin{bmatrix} a_{11} & a_{12} & \cdots & a_{1n} \\ a_{21} & a_{22} & \cdots & a_{2n} \\ \vdots & \vdots & \cdots & \vdots \\ a_{m1} & a_{m2} & \cdots & a_{mn} \end{bmatrix}\begin{matrix} \leftarrow v_1 \\ \leftarrow v_2 \\ \\ \leftarrow v_m \end{matrix}$$
$$\uparrow\ w_1 \quad \uparrow\ w_2 \quad \uparrow\ w_n$$

$$A^T=\begin{bmatrix} a_{11} & a_{21} & \cdots & a_{m1} \\ a_{12} & a_{22} & \cdots & a_{m2} \\ \vdots & \vdots & \cdots & \vdots \\ a_{1n} & a_{2n} & \cdots & a_{mn} \end{bmatrix}\begin{matrix} \leftarrow w_1 \\ \leftarrow w_2 \\ \\ \leftarrow w_n \end{matrix}$$
$$\uparrow\ v_1 \quad \uparrow\ v_2 \quad \uparrow\ v_m$$

또, 벡터공간 F^n 에서 A 의 행벡터 $v_1, \cdots, v_m$ 에 의하여 생성된 부분공간

$$\langle v_1, \cdots, v_m \rangle = \{a_1 v_1 + \cdots + a_m v_m \mid a_1, \cdots, a_m \in F\} \subseteq F^n$$

을 행렬 A 의 **행공간**(row space)이라 하고, 벡터공간 F^m 에서 A 의 열벡터 $w_1, \cdots, w_n$ 에 의하여 생성된 부분공간

$$\langle w_1, \cdots, w_n \rangle = \{a_1 w_1 + \cdots + a_n w_n \mid a_1, \cdots, a_n \in F\} \subseteq F^m$$

을 행렬 A 의 **열공간**(column space)이라고 한다.

여기서 A 의 행벡터와 열벡터는 각각 전치행렬 A^T 의 열벡터, 행벡터이므로 다음이 성립한다.

(A 의 행공간) = (A^T 의 열공간), (A 의 열공간) = (A^T 의 행공간)

보기 2.6.1 실수체 $\mathbb{R}$ 위의 행렬

$$A = \begin{bmatrix} 1 & 0 & 3 \\ 0 & 1 & 2 \end{bmatrix}, \quad A^T = \begin{bmatrix} 1 & 0 \\ 0 & 1 \\ 3 & 2 \end{bmatrix}$$

에 대하여 $r(A) = 2$ 이고 또 다음이 성립한다.

$$(A \text{ 의 행공간}) = (A^T \text{ 의 열공간}) = \langle (1, 0, 3), (0, 1, 2) \rangle \subseteq \mathbb{R}^3$$

$$(A \text{ 의 열공간}) = (A^T \text{ 의 행공간}) = \langle (1, 0), (0, 1), (3, 2) \rangle = \mathbb{R}^2$$

정리 2.6.2 체 F 위의 벡터공간 V 에서 벡터 $v_1, \cdots, v_m \in V$ 에 대하여 $1 \leq i \neq j \leq m$, $a \in F$, $a \neq 0$ 일 때 다음이 성립한다.

(1) $\langle v_1, \cdots, v_i, \cdots, v_j, \cdots, v_m \rangle = \langle v_1, \cdots, v_j, \cdots, v_i, \cdots, v_m \rangle$

(2) $\langle v_1, \cdots, v_i, \cdots, v_m \rangle = \langle v_1, \cdots, a\, v_i, \cdots, v_m \rangle$

(3) $\langle v_1, \cdots, v_i, \cdots, v_j, \cdots, v_m \rangle = \langle v_1, \cdots, v_i + a\, v_j, \cdots, v_j, \cdots, v_m \rangle$

증 명 임의의 $a_1, \cdots, a_m, b_1, \cdots, b_m \in F$ 와 $a \in F, a \neq 0$ 에 대하여 다음이 성립한다.

(1)
$$\begin{aligned} & a_1 v_1 + \cdots + a_i v_i + \cdots + a_j v_j + \cdots + a_m v_m \\ &= a_1 v_1 + \cdots + a_j v_j + \cdots + a_i v_i + \cdots + a_m v_m \end{aligned}$$

(2)
$$\begin{aligned} & a_1 v_1 + \cdots + a_i v_i + \cdots + a_m v_m \\ &= a_1 v_1 + \cdots + a_i a^{-1} (a\, v_i) + \cdots + a_m v_m \end{aligned}$$

$$\begin{aligned} & b_1 v_1 + \cdots + b_i (a\, v_i) + \cdots + b_m v_m \\ &= b_1 v_1 + \cdots + (b_i a)\, v_i + \cdots + b_m v_m \end{aligned}$$

(3)
$$\begin{aligned} & a_1 v_1 + \cdots + a_i v_i + \cdots + a_j v_j + \cdots + a_m v_m \\ &= a_1 v_1 + \cdots + a_i (v_i + a\, v_j) + \cdots + (a_j - a_i a)\, v_j + \cdots + a_m v_m \end{aligned}$$

$$\begin{aligned} & b_1 v_1 + \cdots + b_i (v_i + a\, v_j) + \cdots + b_j v_j + \cdots + b_m v_m \\ &= b_1 v_1 + \cdots + b_i v_i + \cdots + (b_j + b_i a)\, v_j + \cdots + b_m v_m \end{aligned}$$

따라서 정리의 (1), (2), (3) 이 성립한다.

정리 2.6.3 체 F 위의 $m\times n$ 행렬 $A=[a_{ij}]_{m\times n}$ 에 기본 행 [열] 변형을 유한 번 시행하여 얻은 행렬을 B 라고 할 때, 이러한 기본변형에 대응하는 m 차의 [n 차의] 기본행렬을 차례로 $E_1, \cdots, E_s$ 이라고 하면 다음이 성립한다.

$$B = E_s \cdots E_1 A, \qquad (A \text{ 의 행공간}) = (B \text{ 의 행공간})$$
$$[\, B = A E_1 \cdots E_s, \qquad (A \text{ 의 열공간}) = (B \text{ 의 열공간})\,]$$

증 명 정리 1.5.3 에 의하여 $B=E_s\cdots E_1 A$, $[\,B=AE_1\cdots E_s\,]$ 이고, m 차의 [n 차의] 기본행렬 E 는 $C_{ij}, D_{ii}(a), E_{ij}(a)$ 와 같은 꼴이다.

이제 A 의 행벡터을 차례로 $v_1, \cdots, v_m$ 이라 하고 A 의 열벡터를 차례로 $w_1, \cdots, w_n$ 이라고 하면, 행렬

$$C_{ij}A, \quad D_{ii}(a)A, \quad E_{ij}(a)A \qquad [\, AC_{ij}, \quad AD_{ii}(a), \quad AE_{ij}(a)\,]$$

의 행벡터는 [열벡터는] 각각 다음과 같다.

$$v_1, \cdots, v_j, \cdots, v_i, \cdots, v_m\,; \qquad [\, w_1, \cdots, w_j, \cdots, w_i, \cdots, w_n\,]$$
$$v_1, \cdots, a\,v_i, \cdots, v_m\,; \qquad [\, w_1, \cdots, a\,w_i, \cdots, w_n\,]$$
$$v_1, \cdots, v_i + a\,v_j, \cdots, v_j, \cdots, v_m \qquad [\, w_1, \cdots, w_i, \cdots, w_j + a\,w_i, \cdots, w_n\,]$$

그러므로 정리 2.6.2 에 의하여 각 기본행렬 E 에 대하여

$$(A \text{ 의 행공간}) = (EA \text{ 의 행공간})$$
$$[(A \text{ 의 열공간}) = (AE \text{ 의 열공간})]$$

이고, 따라서 정리가 성립한다.

정리 2.6.4 체 F 위의 $m\times n$ 행렬 A 에 기본 행 변형을 유한 번 시행하여 얻은 기약 행 사다리꼴 행렬을 A' 이라고 하면,

$$(A \text{ 의 행공간}) = (A' \text{ 의 행공간})$$

이고 또 (A 의 행공간) 의 차원은 $r(A)$ 이다.

증 명 먼저 $r(A)=0$ 이면, A 와 A' 은 영행렬이고 A 의 행공간은 $\{\mathbf{0}\}$ 이므로 정리가 성립한다(정의 1.5.4, 정의 1.5.6).

이제 $r(A) = r \geq 1$ 이라고 하면, A' 은 다음과 같은 꼴의 행렬이다.

$$A' = \begin{bmatrix} 1 & * & 0 & * & \cdots & * & 0 & * & \cdots & * \\ 0 & 0 & 1 & * & \cdots & * & 0 & * & \cdots & * \\ \vdots & & & \vdots & & \vdots & \vdots & \vdots & & \vdots \\ 0 & 0 & 0 & 0 & \cdots & 0 & 1 & * & \cdots & * \\ 0 & 0 & 0 & 0 & \cdots & 0 & 0 & 0 & \cdots & 0 \\ \vdots & & & \vdots & & \vdots & \vdots & \vdots & & \vdots \\ 0 & 0 & 0 & 0 & \cdots & 0 & 0 & 0 & \cdots & 0 \end{bmatrix} r$$

이 때, 정리 2.6.3 에 의하여 (A 의 행공간) = (A' 의 행공간) 이다.

그리고, A' 의 처음 r 개의 행벡터를 $v_1', \cdots, v_r'$ 이라고 하면, 분명히 (A' 의 행공간) $= \langle v_1', \cdots, v_r' \rangle$ 이고 또 $v_1', \cdots, v_r'$ 은

$$\begin{aligned} v_1' &= (1, *, 0, *, \cdots, *, 0, *, \cdots, *) \\ &\vdots \\ v_r' &= (0, 0, 0, 0, \cdots, 0, 1, *, \cdots, *) \end{aligned}$$

와 같은 꼴이므로 $v_1', \cdots, v_r'$ 은 일차독립이다(문제 2.3.5 참조).

그러므로 $\mathscr{C} = \{v_1', \cdots, v_r'\}$ 는 (A' 의 행공간) 즉 (A 의 행공간) 의 기저이고 따라서 (A 의 행공간) 의 차원은 $r = r(A)$ 이다.

보기 2.6.2 실수체 $\mathbb{R}$ 위의 3×4 행렬

$$A = \begin{bmatrix} 1 & 2 & -2 & 1 \\ 1 & 2 & -1 & 3 \\ 2 & 4 & 0 & 10 \end{bmatrix}$$

는 기본 행 변형에 의하여 다음과 같이 기약 사다리꼴 행렬 A'으로 변형된다.

$$\begin{bmatrix} 1 & 2 & -2 & 1 \\ 1 & 2 & -1 & 3 \\ 2 & 4 & 0 & 10 \end{bmatrix} \longrightarrow \begin{bmatrix} 1 & 2 & -2 & 1 \\ 0 & 0 & 1 & 2 \\ 0 & 0 & 4 & 8 \end{bmatrix} \longrightarrow \begin{bmatrix} 1 & 2 & 0 & 5 \\ 0 & 0 & 1 & 2 \\ 0 & 0 & 0 & 0 \end{bmatrix} = A'$$

따라서 $r(A) = r(A') = 2$ 이고 (A 의 행공간) = (A' 의 행공간) 이므로 (A 의 행공간) 은 벡터공간 $\mathbb{R}^4$ 의 2 차원 부분공간이다.

그리고, $\mathscr{C} = \{(1, 2, 0, 5), (0, 0, 1, 2)\}$ 는 (A 의 행공간) 의 기저이다.

정리 2.6.5 체 F 위의 벡터공간 F^n 에서 부분공간 W 는 적당한 행렬의 행공간이다. 실제로, $W = \langle v_1, \cdots, v_m \rangle$ 이면, W 는 적당한 $m \times n$ 행렬의 행공간이다.

증 명 부분공간 $W = \langle v_1, \cdots, v_m \rangle$ 에 대하여 m 개의 벡터 $v_1, \cdots, v_m$ 을 행벡터로 가지는 $m \times n$ 행렬을 A 이라고 하면 $W = (A$ 의 행공간) 이다.

보기 2.6.3 벡터공간 $\mathbb{R}^4$ 에서 세 벡터

$$v_1 = (1, 2, -2, 1), \quad v_2 = (1, 2, -1, 3), \quad v_3 = (2, 4, 0, 10)$$

에 의하여 생성된 부분공간 $W = \langle w_1, w_2, w_3 \rangle$ 는 행렬

$$A = \begin{bmatrix} 1 & 2 & -2 & 1 \\ 1 & 2 & -1 & 3 \\ 2 & 4 & 0 & 10 \end{bmatrix}, \qquad A' = \begin{bmatrix} 1 & 2 & 0 & 5 \\ 0 & 0 & 1 & 2 \\ 0 & 0 & 0 & 0 \end{bmatrix},$$

$$G = \begin{bmatrix} 1 & 2 & 0 & 5 \\ 0 & 0 & 1 & 2 \end{bmatrix}$$

의 행공간이고 또 $\dim W = r(A) = 2$ 이다(보기 2.6.2).

체 F 위의 $m \times n$ 행렬 $A = [a_{ij}]_{m \times n}$ 에 대하여 A 의 열벡터를

$$w_j = (a_{1j}, a_{2j}, \cdots, a_{mj}) \in F^m \qquad (1 \le j \le n)$$

이라고 할 때, 등식

$$A \begin{bmatrix} x_1 \\ \vdots \\ x_n \end{bmatrix} = \begin{bmatrix} 0 \\ \vdots \\ 0 \end{bmatrix}$$

은 다음과 같이 고쳐 쓸 수 있다.

$$x_1 \begin{bmatrix} a_{11} \\ \vdots \\ a_{m1} \end{bmatrix} + \cdots + x_n \begin{bmatrix} a_{1n} \\ \vdots \\ a_{mn} \end{bmatrix} = \begin{bmatrix} 0 \\ \vdots \\ 0 \end{bmatrix}$$

즉, $$x_1 w_1 + x_2 w_2 + \cdots + x_n w_n = (0, 0, \cdots, 0) = \mathbf{0}$$

정리 2.6.6 체 F 위의 $m\times n$ 행렬 A의 열공간의 차원은 $r(A)$이다.

실제로, A에 기본 행 변형을 유한 번 시행하여 얻은 기약 행 사다리꼴을 A'이라 하고 A'의 열벡터 중에서 선두성분 1을 포함하는 열벡터 전체가 $w_{j_1}', w_{j_2}', \cdots, w_{j_r}'$일 때, 이에 대응하는 A의 열벡터 $w_{j_1}, w_{j_2}, \cdots, w_{j_r}$는 A의 열공간의 기저를 이루며 $r(A)=r$이다.

증 명 먼저 $r(A)=0$이면, A와 A'은 영행렬이고 또 A의 열공간의 차원은 0이다.

다음에 $r(A)=r(A')=r\geq 1$일 때, A의 열벡터를 차례로 $w_1, \cdots, w_n$이라 하고 A'의 열벡터를 차례로 $w_1', \cdots, w_n'$이라고 하자.

이 때, 두 동차 연립일차방정식

$$A\begin{bmatrix} x_1 \\ \vdots \\ x_n \end{bmatrix} = \begin{bmatrix} 0 \\ \vdots \\ 0 \end{bmatrix}, \qquad A'\begin{bmatrix} x_1 \\ \vdots \\ x_n \end{bmatrix} = \begin{bmatrix} 0 \\ \vdots \\ 0 \end{bmatrix}$$

은 서로 동치이므로, 등식

$$x_1 w_1 + x_2 w_2 + \cdots + x_n w_n = \mathbf{0}$$

이 성립할 때 그리고 이때에만 다음 등식이 성립한다.

$$x_1 w_1' + x_2 w_2' + \cdots + x_n w_n' = \mathbf{0}$$

이제 A'의 열벡터 중에서 선두성분 1을 포함하는 r개의 열벡터를 $w_{j_1}', w_{j_2}', \cdots, w_{j_r}'$이라고 하면,

$$A' = \begin{bmatrix} 1 & * & 0 & * & \cdots & * & 0 & * & \cdots & * \\ 0 & 0 & 1 & * & \cdots & * & 0 & * & \cdots & * \\ \vdots & & \vdots & & \vdots & & \vdots & \vdots & & \vdots \\ 0 & 0 & 0 & 0 & \cdots & 0 & 1 & * & \cdots & * \\ 0 & 0 & 0 & 0 & \cdots & 0 & 0 & 0 & \cdots & 0 \\ \vdots & & \vdots & & \vdots & & \vdots & \vdots & & \vdots \\ 0 & 0 & 0 & 0 & \cdots & 0 & 0 & 0 & \cdots & 0 \end{bmatrix}$$

$$\begin{aligned} w_{j_1}' &= (1, 0, \cdots, 0, \cdots, 0) = e_1, \\ w_{j_2}' &= (0, 1, \cdots, 0, \cdots, 0) = e_2, \\ &\vdots \\ w_{j_r}' &= (0, \cdots, 1, 0, \cdots, 0) = e_r \end{aligned}$$

이므로 $w_{j_1}', w_{j_2}', \cdots, w_{j_r}'$은 일차독립이고 또 다음이 성립한다.

$$\langle w_{j_1}', w_{j_2}', \cdots, w_{j_r}' \rangle = \{(x_1, \cdots, x_r, 0, \cdots, 0) \mid x_1, \cdots, x_r \in F\}$$

또한, $w_1', w_2', \cdots, w_n' \in \langle w_{j_1}', w_{j_2}', \cdots, w_{j_r}' \rangle$ 이고 따라서 정리 2.4.3 에 의하여

$$(A' \text{ 의 열공간}) = \langle w_1', w_2', \cdots, w_n' \rangle = \langle w_{j_1}', w_{j_2}', \cdots, w_{j_r}' \rangle$$

이므로 $\mathscr{C}' = \{w_{j_1}', w_{j_2}', \cdots, w_{j_r}'\}$ 은 (A' 의 열공간) 의 기저이다.

그러므로 (A' 의 열공간) 의 차원은 r 이다.

그런데, $w_{j_1}', w_{j_2}', \cdots, w_{j_r}'$ 에 대응하는 A 의 열벡터 $w_{j_1}, w_{j_2}, \cdots, w_{j_r}$ 는 일차독립이다. 실제로, 적당한 $a_1, a_2, \cdots, a_r \in F$ 에 대하여

$$a_1 w_{j_1} + a_2 w_{j_2} + \cdots + a_r w_{j_r} = 0$$

이라고 가정하면, 앞의 결과에 의하여 이 등식은

$$a_1 w_{j_1}' + a_2 w_{j_2}' + \cdots + a_r w_{j_r}' = 0$$

임을 뜻하고 또 $w_{j_1}', w_{j_2}', \cdots, w_{j_r}'$ 은 일차독립이므로 $a_1 = \cdots = a_r = 0$ 이다. 따라서 $w_{j_1}, w_{j_2}, \cdots, w_{j_r}$ 는 일차독립이다.

그리고, 각 j $(1 \leq j \leq n)$ 에 대하여 $w_j' \in \langle w_{j_1}', w_{j_2}', \cdots, w_{j_r}' \rangle$ 이므로 적당한 $b_1, b_2, \cdots, b_r \in F$ 에 대하여

$$w_j' = b_1 w_{j_1}' + b_2 w_{j_2}' + \cdots + b_r w_{j_r}'$$

이고 이때 앞의 결과에 의하여

$$w_j = b_1 w_{j_1} + b_2 w_{j_2} + \cdots + b_r w_{j_r}$$

이므로 다음이 성립한다(정리 2.4.3).

$$(A \text{ 의 열공간}) = \langle w_1, w_2, \cdots, w_n \rangle = \langle w_{j_1}, w_{j_2}, \cdots, w_{j_r} \rangle$$

그러므로 $\mathscr{C} = \{w_{j_1}, w_{j_2}, \cdots, w_{j_r}\}$ 는 (A 의 열공간) 의 기저이고, 따라서 (A 의 열공간) 의 차원은 $r = r(A)$ 이다.

앞의 정리에서 일반적으로 (A' 의 열공간) 과 (A 의 열공간) 은 다르다.

벡터공간 F^m 에서 $W = \langle w_1, w_2, \cdots, w_n \rangle$ 일 때, 앞의 정리를 이용하여 $\mathscr{C} \subseteq \{w_1, w_2, \cdots, w_n\}$ 인 W 의 기저 $\mathscr{C}$ 를 구할 수 있다(정리 2.4.4 참조).

보기 2.6.4 벡터공간 $\mathbb{R}^4$ 에서 벡터

$$w_1 = (1, -1, 2, -3), \quad w_2 = (2, -2, 4, -6),$$
$$w_3 = (2, 2, 2, -3), \quad w_4 = (1, 3, 1, 0), \quad w_5 = (5, 7, 6, -6)$$

에 대하여 부분공간 $W = \langle w_1, w_2, w_3, w_4, w_5 \rangle$ 의 기저를 구해 보자.

이 때, 이들 벡터를 열벡터로 가지는 행렬을 A 라고 하면,

$$A = \begin{bmatrix} 1 & 2 & 2 & 1 & 5 \\ -1 & -2 & 2 & 3 & 7 \\ 2 & 4 & 2 & 1 & 6 \\ -3 & -6 & -3 & 0 & -6 \end{bmatrix}$$

이고 $W =$ (A 의 열공간) 이다. 그리고, A 는 기본 행 변형에 의하여 다음과 같이 기약 행 사다리꼴 행렬 A' 으로 변형된다.

$$A \longrightarrow \begin{bmatrix} 1 & 2 & 2 & 1 & 5 \\ 0 & 0 & 1 & 1 & 3 \\ 0 & 0 & 0 & 1 & 2 \\ 0 & 0 & 0 & 0 & 0 \end{bmatrix} \longrightarrow \begin{bmatrix} 1 & 2 & 0 & 0 & 1 \\ 0 & 0 & 1 & 0 & 1 \\ 0 & 0 & 0 & 1 & 2 \\ 0 & 0 & 0 & 0 & 0 \end{bmatrix} = A'$$

이제 A' 의 열벡터를 차례로 $w_1', w_2', \cdots, w_5'$ 이라고 하면,

$$w_1' = (1, 0, 0, 0), \quad w_2' = 2\,w_1', \quad w_3' = (0, 1, 0, 0),$$
$$w_4' = (0, 0, 1, 0), \quad w_5' = w_1' + w_3' + 2\,w_4'$$

이므로 (A' 의 열공간) $= \langle w_1', w_3', w_4' \rangle$ 이다. 그러므로 w_1', w_3', w_4' 에 대응하는 A 의 열벡터 $w_1,\ w_3,\ w_4$ 는 일차독립이고 위의 결과에 의하여 $w_2 = 2\,w_1,\ w_5 = w_1 + w_3 + 2\,w_4$ 이므로 $W = \langle w_1, w_3, w_4 \rangle$ 이다.

따라서 $\mathscr{C} = \{w_1, w_3, w_4\}$ 는 W 의 기저이다.

정리 2.6.7 체 F 위의 $m \times n$ 행렬 A 에 대하여 다음이 성립한다.

(1) (A 의 행공간) 의 차원과 (A 의 열공간) 의 차원은 모두 $r(A)$ 이다.

(2) $r(A) = r(A^T)$

증 명 정리 2.6.4 와 정리 2.6.6 에 의하여 (1) 이 성립하고, 정의에 의하여 (A 의 열공간) = (A^T 의 행공간) 이므로 (1) 에 의하여 (2) 가 성립한다.

정리 2.6.8 체 F 위의 $m\times n$ 행렬 A에 대하여 다음이 성립한다.

(1) A에 기본 행 [열] 변형을 유한 번 시행하여 얻은 행렬을 B라고 할 때, $r(A)=r(B)$이다.

(2) 체 F 위의 m차의 정칙행렬 P와 n차의 정칙행렬 Q에 대하여 다음이 성립한다.

$$(PA\text{의 행공간}) = (A\text{의 행공간}),\quad r(PA)=r(A)$$
$$(AQ\text{의 열공간}) = (A\text{의 열공간}),\quad r(AQ)=r(A)$$

증 명 (1) 정리 2.6.3, 정리 2.6.7에 의하여 (1)이 성립한다.
(2) 정칙행렬은 유한 개의 기본행렬의 곱으로 나타내어진다(정리 1.5.7). 따라서 정리 2.6.3과 (1)에 의하여 (2)가 성립한다.

정리 2.6.9 체 F 위의 $m\times n$ 행렬 $A=[a_{ij}]_{m\times n}$에 대하여 A의 행벡터를 $v_1, \cdots, v_m$이라 하고 A의 열벡터를 $w_1, \cdots, w_n$이라고 하자.
이 때, 다음 네 조건은 서로 동치이다.

(1) 벡터공간 F^n에서 행벡터 $v_1, \cdots, v_m$은 일차독립이다.

(2) $r(A)=m$

(3) $w_1, \cdots, w_n$ 중에서 일차독립인 m개의 벡터를 택할 수 있다.

(4) 행렬 A에서 m개의 열을 택하여 만든 행렬식 중에 그 값이 $\neq 0$인 행렬식이 적어도 하나 존재한다.

마찬가지로, 다음 네 조건은 서로 동치이다.

(1)' 벡터공간 F^m에서 열벡터 $w_1, \cdots, w_n$은 일차독립이다.

(2)' $r(A)=n$

(3)' $v_1, \cdots, v_m$ 중에 일차독립인 n개의 벡터가 존재한다.

(4)' 행렬 A에서 n개의 행을 택하여 만든 행렬식 중에 그 값이 $\neq 0$인 행렬식이 적어도 하나 존재한다.

증 명 이제 $W=\langle v_1, \cdots, v_m\rangle$, $U=\langle w_1, \cdots, w_n\rangle$이라고 하자. 이 때, 정리 2.6.7에 의하여 $\dim_F W = r(A) = \dim_F U$이고 $r(A)\leq m$이다.

(1) $\Longleftrightarrow$ (2) 벡터 $v_1, \cdots, v_m$ 이 일차독립이면, $W = \langle v_1, \cdots, v_m \rangle$ 이므로 $\{v_1, \cdots, v_m\}$ 은 W 의 기저이고 따라서 $r(A) = \dim_F W = m$ 이다.

역으로, $r(A) = m$ 이면, $W = \langle v_1, \cdots, v_m \rangle$ 이고 $\dim_F W = m$ 이므로 $\{v_1, \cdots, v_m\}$ 은 W 의 기저이고 따라서 $v_1, \cdots, v_m$ 은 일차독립이다.

(2) $\Longleftrightarrow$ (3) 먼저 $r(A) = m$ 일 때,

$$U = \langle w_1, \cdots, w_n \rangle, \qquad \dim_F U = r(A) = m$$

이므로 벡터 $w_1, \cdots, w_n$ 중에서 일차독립인 m 개의 벡터를 택할 수 있다 (정리 2.4.4).

역으로, 벡터 $w_1, \cdots, w_n$ 중에서 일차독립인 m 개의 벡터 $w_{i_1}, \cdots, w_{i_m}$ 을 택할 수 있으면, $\langle w_{i_1}, \cdots, w_{i_m} \rangle \subseteq U$ 이고

$$m = \dim_F \langle w_{i_1}, \cdots, w_{i_m} \rangle \leq \dim_F U = r(A) \leq m$$

이므로 $\dim_F U = m$ 이고 따라서 $r(A) = m$ 이다.

(3) $\Longleftrightarrow$ (4) 정리 2.3.2 에 의하여 (3) $\Longleftrightarrow$ (4) 이다.

위의 증명에 의하여 네 조건 (1), (2), (3), (4) 는 서로 동치이다,

마찬가지로, 네 조건 (1)‘, (2)’, (3)‘, (4)’ 은 서로 동치이다,

보기 2.6.5 실수체 $\mathbb{R}$ 위에서 다음 행렬을 생각해 보자.

$$G = \begin{bmatrix} 1 & 0 & 0 & 2 & 0 & 1 & 2 \\ 0 & 1 & 0 & 3 & 1 & 3 & 0 \\ 1 & 0 & 2 & 4 & 2 & 0 & 3 \end{bmatrix}, \quad H = \begin{bmatrix} 1 & 2 & 1 & 0 & 0 \\ 0 & 3 & 0 & 1 & 0 \\ 3 & 4 & 0 & 0 & 1 \end{bmatrix}$$

행렬 G 에서

$$\begin{vmatrix} 1 & 0 & 0 \\ 0 & 1 & 0 \\ 1 & 0 & 2 \end{vmatrix} = 2 \neq 0$$

이므로 G 의 세 행벡터는 일차독립이고 따라서 $r(G) = 3$ 이다.

또한, 행렬 H 의 마지막 세 열벡터 $(1, 0, 0)$, $(0, 1, 0)$, $(0, 0, 1)$ 은 일차독립이고 따라서 $r(H) = 3$ 이다.

연 습 문 제 (2.6)

*1. 체 F 위의 $m\times n$ 행렬 $A=[a_{ij}]_{m\times n}$ 에 대하여 A 의 행공간은 다음과 같은 벡터 $(x_1, \cdots, x_n) \in F^n$ 전체로 이루어진 F^n 의 부분공간임을 밝혀라.

$$[x_1 \ \cdots \ x_n] = [a_1 \ \cdots \ a_m]A, \qquad (a_1, \cdots, a_m) \in F^m$$

2. 실수체 $\mathbb{R}$ 위에서 다음 행렬의 행공간의 기저와 차원을 구하여라.

*(1) $A=\begin{bmatrix} 3 & 6 & 1 & 5 \\ 2 & 4 & 1 & 4 \\ 4 & 8 & 2 & 8 \end{bmatrix}$ (2) $A=\begin{bmatrix} 1 & 1 & 0 & 1 \\ 2 & 1 & 1 & 2 \\ 1 & 1 & 1 & 4 \end{bmatrix}$

3. 실수체 $\mathbb{R}$ 위에서 다음 행렬의 행공간의 기저와 차원을 구하여라.

(1) $A=\begin{bmatrix} 2 & 1 \\ 0 & 4 \end{bmatrix}$ (2) $A=\begin{bmatrix} 1 & 3 \\ 1 & 4 \end{bmatrix}$

(3) $A=\begin{bmatrix} 1 & 2 & 3 \\ 3 & 6 & 1 \end{bmatrix}$ (4) $A=\begin{bmatrix} 2 & 1 & 0 \\ 0 & 4 & 3 \\ 3 & 1 & 0 \end{bmatrix}$

4. 체 F 위의 n 차의 대각행렬

$$D=\operatorname{diag}\{\lambda_1, \cdots, \lambda_r, 0, \cdots, 0\}$$

에서 $\lambda_1 \neq 0, \cdots, \lambda_r \neq 0$ 일 때, $r(D)=r$ 임을 밝혀라.

*5. 벡터공간 $\mathbb{R}^3$ 에서 세 벡터 $(1, 2, 3)$, $(2, 4, 5)$, $(4, 8, 11)$ 에 의하여 생성된 부분공간의 기저를 구하고, 또 이들 세 벡터가 일차독립인지를 판정하여라.

*6. 벡터공간 $\mathbb{R}^3$에서 네 벡터

$$w_1=(1, 0, 0), \quad w_2=(1, 1, 0), \quad w_3=(3, 1, 0), \quad w_4=(1, 1, 1)$$

에 대하여 $W=\langle w_1, w_2, w_3, w_4 \rangle$ 일 때, $\{w_1, w_2, w_3, w_4\}$ 에 포함되는 W 의 기저 $\mathscr{C}$ 를 구하여라.

7. 벡터공간 $\mathbb{R}^2$ 에서 세 벡터

$$w_1 = (1, 3), \quad w_2 = (2, 5), \quad w_3 = (1, 1)$$

에 대하여 $W = \langle w_1, w_2, w_3 \rangle$ 일 때, $\mathscr{C} \subseteq \{w_1, w_2, w_3\}$ 인 W 의 기저 $\mathscr{C}$ 를 구하여라.

8. 벡터공간 $\mathbb{R}^4$ 에서 세 벡터

$$w_1 = (1, 2, 3, 4), \quad w_2 = (1, 0, 0, 1), \quad w_3 = (3, 2, 3, 6)$$

에 대하여 $W = \langle w_1, w_2, w_3 \rangle$ 일 때, $\mathscr{C} \subseteq \{w_1, w_2, w_3\}$ 인 W 의 기저 $\mathscr{C}$ 를 구하여라.

***9.** 체 F 위의 $2 \times n$ 행렬

$$A = \begin{bmatrix} a_1 & a_2 & \cdots & a_n \\ b_1 & b_2 & \cdots & b_n \end{bmatrix} \neq O_{2\times n}, \qquad n \geq 2$$

에 대하여 $r(A) = 1$ 일 필요충분조건과 $r(A) = 2$ 일 필요충분조건을 구하여라.

10. 실수체 $\mathbb{R}$ 위에서 다음 행렬의 계급수를 구하여라.

(1) $G = \begin{bmatrix} 1 & 0 & 0 & 2 & 0 & 2 \\ 0 & 1 & 0 & 0 & 1 & 4 \\ 0 & 0 & 1 & 3 & 2 & 3 \end{bmatrix}$ (2) $H = \begin{bmatrix} 1 & 2 & 0 & 1 & 0 & 0 \\ 0 & 0 & 0 & 0 & 1 & 0 \\ 2 & 1 & 0 & 0 & 0 & 1 \\ 3 & 4 & 1 & 0 & 0 & 0 \end{bmatrix}$

11. 체 F 위의 $m \times n$ 행렬 A 에 대하여 $v_1, \cdots, v_m$ 과 $w_1, \cdots, w_n$ 을 각각 A 의 행벡터, 열벡터라고 할 때, 다음 명제 중에서 참인 명제를 찾아라.

(1) $r(A) < m$ 이면, 벡터공간 F^n 에서 $v_1, \cdots, v_m$ 은 일차종속이다.

(2) $r(A) < n$ 이면, 벡터공간 F^m 에서 $w_1, \cdots, w_n$ 은 일차종속이다.

(3) $n < m$ 이면, 벡터공간 F^n 에서 $v_1, \cdots, v_m$ 은 일차종속이다.

(4) $m < n$ 이면, 벡터공간 F^m 에서 $w_1, \cdots, w_n$ 은 일차종속이다.

§ 2.7 동차 연립일차방정식의 해공간

체 F 위의 임의의 $m \times n$ 행렬 $A = [a_{ij}]_{m \times n}$ 에 대하여

$$U = \{ (x_1, \cdots, x_n) \in F^n \mid A \begin{bmatrix} x_1 \\ \vdots \\ x_n \end{bmatrix} = \begin{bmatrix} 0 \\ \vdots \\ 0 \end{bmatrix} \}$$

는 벡터공간 F^n 의 부분공간이다(보기 2.2.2).

먼저 $A = O_{m \times n}$ 이면, $U = F^n$ 이고 $r(A) = 0$ 이다.

다음에 $A \neq O_{m \times n}$ 이라고 하자. 이 때, U 는 동차 연립일차방정식

$$A \begin{bmatrix} x_1 \\ \vdots \\ x_n \end{bmatrix} = \begin{bmatrix} 0 \\ \vdots \\ 0 \end{bmatrix} \quad \text{즉} \quad \begin{cases} a_{11}x_1 + a_{12}x_2 + \cdots + a_{1n}x_n = 0 \\ a_{21}x_1 + a_{22}x_2 + \cdots + a_{2n}x_n = 0 \\ \quad \vdots \qquad\quad \vdots \qquad \cdots \qquad \vdots \\ a_{m1}x_1 + a_{m2}x_2 + \cdots + a_{mn}x_n = 0 \end{cases}$$

의 해공간이며, 행렬 A 에 기본 행 변형을 유한 번 시행하여 얻은 기약 행사다리꼴 행렬을 A' 이라 하고 $r(A) = r(A') = r$ 라고 하면 $1 \leq r \leq m$, $1 \leq r \leq n$ 이다. 특히 $r = n$ 이면, 이 동차 연립일차방정식의 해는 자명한 $(0, \cdots, 0)$ 뿐이다(p. 45 참조).

이제 $1 \leq r < n$ 이라고 하자.

이 경우에 필요하다면 미지수의 순서를 바꾸어 A' 을 오른쪽과 같다고 하자. 이 때, 위의 동차 연립일차방정식은 동차 연립일차방정식

$$A' = \begin{bmatrix} 1 & 0 & \cdots & 0 & c_1 & \cdots & d_1 \\ 0 & 1 & \cdots & 0 & c_2 & \cdots & d_2 \\ \vdots & \vdots & \ddots & \vdots & \vdots & \cdots & \vdots \\ 0 & 0 & \cdots & 1 & c_r & \cdots & d_r \\ 0 & 0 & \cdots & 0 & 0 & \cdots & 0 \\ \vdots & \vdots & & \vdots & \vdots & & \vdots \\ 0 & 0 & \cdots & 0 & 0 & \cdots & 0 \end{bmatrix} r$$

$$\begin{cases} x_1 + c_1 x_{r+1} + \cdots + d_1 x_n = 0 \\ x_2 + c_2 x_{r+1} + \cdots + d_2 x_n = 0 \\ \quad \vdots \\ x_r + c_r x_{r+1} + \cdots + d_r x_n = 0 \end{cases} \quad \text{즉} \quad \begin{cases} x_1 = -c_1 x_{r+1} - \cdots - d_1 x_n \\ x_2 = -c_2 x_{r+1} - \cdots - d_2 x_n \\ \quad \vdots \\ x_r = -c_r x_{r+1} - \cdots - d_r x_n \end{cases}$$

과 동치이므로 위의 동차 연립일차방정식의 해 전체는 다음과 같다.

$$\begin{cases} x_1 = -c_1 t_1 - \cdots - d_1 t_{n-r} \\ x_2 = -c_2 t_1 - \cdots - d_2 t_{n-r} \\ \quad\vdots \\ x_r = -c_r t_1 - \cdots - d_r t_{n-r} \\ x_{r+1} = \quad t_1 \\ \quad\vdots \\ x_n = \qquad\qquad t_{n-r} \end{cases} \qquad (t_1, \cdots, t_{n-r} \in F)$$

$$\begin{bmatrix} x_1 \\ x_2 \\ \vdots \\ x_r \\ x_{r+1} \\ \vdots \\ x_n \end{bmatrix} = t_1 \begin{bmatrix} -c_1 \\ -c_2 \\ \vdots \\ -c_r \\ 1 \\ \vdots \\ 0 \end{bmatrix} + \cdots + t_{n-r} \begin{bmatrix} -d_1 \\ -d_2 \\ \vdots \\ -d_r \\ 0 \\ \vdots \\ 1 \end{bmatrix} \qquad (t_1, \cdots, t_{n-r} \in F)$$

그런데, 벡터공간 F^n 에서 $n-r$ 개의 벡터

$$(-c_1, -c_2, \cdots, -c_r, 1, \cdots, 0), \quad \cdots, \quad (-d_1, -d_2, \cdots, -d_r, 0, \cdots, 1)$$

는 일차독립이다(문제 2.3.5). 따라서 다음 정리가 성립한다.

정리 2.7.1 체 F 위의 $m \times n$ 행렬 A 에 대하여

$$U = \{ (x_1, \cdots, x_n) \in F^n \mid A \begin{bmatrix} x_1 \\ \vdots \\ x_n \end{bmatrix} = \begin{bmatrix} 0 \\ \vdots \\ 0 \end{bmatrix} \}$$

는 벡터공간 F^n 의 부분공간이고 또 $\dim_F U = n - r(A)$ 이다.

더욱이, 다음이 성립한다.

(1) $r(A) = 0$ 이면, $U = F^n$ 이고 $\dim_F U = n$ 이다.

(2) $r(A) = n$ 이면, $U = \{(0, \cdots, 0)\}$ 이고 $\dim_F U = 0$ 이다.

(3) $1 \le r(A) < n$ 이면, $\dim_F U = n - r(A) \ge 1$ 이다.

특히, $1 \le m < n$ 이면, $\dim_F U = n - r(A) \ge n - m \ge 1$ 이다.

여기서 부분공간 U 를 $m \times n$ 행렬 A 의 **退化空間**(Null space)이라 하고 또 $n(A) = n - r(A)$ 를 A 의 **退化次數**(nullity)라고 한다.

보기 2.7.1 실수체 $\mathbb{R}$ 에서의 동차 연립일차방정식

$$\begin{cases} x_1 - x_2 + 2x_3 = 0 \\ x_1 - x_2 + 3x_3 + 2x_4 = 0 \end{cases}$$

의 계수행렬 A 는 오른쪽과 같이 변형되므로 $r(A) = 2$ 이고, 이 동차 연립일차방정식은 동차 연립일차방정식

$$A = \begin{bmatrix} 1 & -1 & 2 & 0 \\ 1 & -1 & 3 & 2 \end{bmatrix} \longrightarrow \begin{bmatrix} 1 & -1 & 0 & -4 \\ 0 & 0 & 1 & 2 \end{bmatrix}$$

$$\begin{cases} x_1 - x_2 - 4x_4 = 0 \\ x_3 + 2x_4 = 0 \end{cases} \quad \text{즉} \quad \begin{cases} x_1 = x_2 + 4x_4 \\ x_3 = - 2x_4 \end{cases}$$

과 동치이므로 해 전체는 다음과 같다.

$$\begin{cases} x_1 = t_1 + 4t_2 \\ x_2 = t_1 \\ x_3 = - 2t_2 \\ x_4 = t_2 \end{cases} \quad \text{즉} \quad \begin{bmatrix} x_1 \\ x_2 \\ x_3 \\ x_4 \end{bmatrix} = t_1 \begin{bmatrix} 1 \\ 1 \\ 0 \\ 0 \end{bmatrix} + t_2 \begin{bmatrix} 4 \\ 0 \\ -2 \\ 1 \end{bmatrix} \qquad (t_1, t_2 \in \mathbb{R})$$

$$(x_1, x_2, x_3, x_4) = t_1 (1, 1, 0, 0) + t_2 (4, 0, -2, 1) \qquad (t_1, t_2 \in \mathbb{R})$$

위의 동차 연립일차방정식의 해공간을 U 라고 하면, U 는 벡터공간 $\mathbb{R}^4$ 에서 $\{(1, 1, 0, 0), (4, 0, -2, 1)\}$ 을 기저로 가지는 2 차원 부분공간이다.

보기 2.7.2 벡터공간 $\mathbb{R}^3$ 에서 다음 부분공간을 생각해 보자.

$$U = \{(x_1, x_2, x_3) \in \mathbb{R}^3 \mid x_1 - 2x_2 + 3x_3 = 0\}$$

동차 일차방정식 $x_1 - 2x_2 + 3x_3 = 0$ 즉 $x_1 = 2x_2 - 3x_3$ 의 해 전체는

$$\begin{cases} x_1 = 2t_1 - 3t_2 \\ x_2 = t_1 \\ x_3 = t_2 \end{cases} \quad \text{즉} \quad \begin{bmatrix} x_1 \\ x_2 \\ x_3 \end{bmatrix} = t_1 \begin{bmatrix} 2 \\ 1 \\ 0 \end{bmatrix} + t_2 \begin{bmatrix} -3 \\ 0 \\ 1 \end{bmatrix} \quad (t_1, t_2 \in \mathbb{R})$$

$$(x_1, x_2, x_3) = t_1 (2, 1, 0) + t_2 (-3, 0, 1) \qquad (t_1, t_2 \in \mathbb{R})$$

이므로 벡터공간 $\mathbb{R}^3$ 에서 U 는 $\{(2, 1, 0), (-3, 0, 1)\}$ 을 기저로 가지는 $\mathbb{R}^3$ 의 2 차원 부분공간이다.

정리 2.7.2 체 F 위의 벡터공간 F^n에서 동차 일차방정식

$$a_1 x_1 + \cdots + a_n x_n = 0$$

의 해공간은 벡터공간 F^n의 $n-1$차원 부분공간이다. 또, 벡터공간 F^n의 $n-1$차원 부분공간 W에 대하여 $\mathscr{C} = \{v_2, \cdots, v_n\}$가 W의 기저일 때,

$$v_i = (a_{i1}, a_{i2}, \cdots, a_{in}) \qquad (2 \le i \le n)$$

이라고 하면 W는 다음 동차 일차방정식의 해공간이다.

$$\begin{vmatrix} x_1 & x_2 & \cdots & x_n \\ a_{21} & a_{22} & \cdots & a_{2n} \\ \vdots & \vdots & \cdots & \vdots \\ a_{n1} & a_{n2} & \cdots & a_{nn} \end{vmatrix} = 0$$

증 명 정리 2.7.1에 의하여 정리의 첫째 부분이 성립한다.

벡터공간 F^n의 $n-1$차원 부분공간 W에 대하여

$$\mathscr{C} = \{v_2, \cdots, v_n\}, \quad v_i = (a_{i1}, a_{i2}, \cdots, a_{in}) \qquad (2 \le i \le n)$$

가 W의 기저일 때, $W = \langle v_2, \cdots, v_n \rangle$이고 또 $v_2, \cdots, v_n$은 일차독립이므로 정리 2.3.8과 정리 2.3.2에 의하여 벡터 $v = (x_1, x_2, \cdots, x_n) \in F^n$에 대하여 다음이 성립한다.

$$v \in W \iff v,\ v_2, \cdots, v_n \text{ 은 일차종속}$$

$$\iff \begin{vmatrix} x_1 & x_2 & \cdots & x_n \\ a_{21} & a_{22} & \cdots & a_{2n} \\ \vdots & \vdots & \cdots & \vdots \\ a_{n1} & a_{n2} & \cdots & a_{nn} \end{vmatrix} = 0$$

위의 행렬식에서 제 1 행의 원소 $x_1, \cdots, x_n$의 여인수를 각각 $a_1, \cdots, a_n$이라고 하면, 위의 행렬식은

$$a_1 x_1 + \cdots + a_n x_n = 0$$

으로 고쳐 쓸 수 있다. 그런데, $v_2, \cdots, v_n$은 일차독립이므로 $a_1, \cdots, a_n$ 중에서 적어도 하나는 $\neq 0$이다(정리 2.6.9).

따라서 W는 위의 동차 일차방정식의 해공간이다.

보기 2.7.3 체 F 위의 벡터공간 F^3 에서 두 벡터 (a_1, a_2, a_3), (b_1, b_2, b_3) 가 일차독립이라고 하자. 이 때, $W = \langle (a_1, a_2, a_3), (b_1, b_2, b_3) \rangle$ 이라고 하면 정리 2.7.2 에 의하여 W 는 다음 동차 일차방정식의 해공간이다.

$$\begin{vmatrix} x_1 & x_2 & x_3 \\ a_1 & a_2 & a_3 \\ b_1 & b_2 & b_3 \end{vmatrix} = 0$$

즉,
$$\begin{vmatrix} a_2 & a_3 \\ b_2 & b_3 \end{vmatrix} x_1 - \begin{vmatrix} a_1 & a_3 \\ b_1 & b_3 \end{vmatrix} x_2 + \begin{vmatrix} a_1 & a_2 \\ b_1 & b_2 \end{vmatrix} x_3 = 0$$

한편, 동차 연립일차방정식

$$(*) \qquad \begin{cases} a_1 x_1 + a_2 x_2 + a_3 x_3 = 0 \\ b_1 x_1 + b_2 x_2 + b_3 x_3 = 0 \end{cases}$$

에서 (a_1, a_2, a_3), (b_1, b_2, b_3) 는 일차독립이므로 다음 중에서 적어도 하나가 성립한다(문제 2.6.9).

$$\text{(i)} \begin{vmatrix} a_1 & a_2 \\ b_1 & b_2 \end{vmatrix} \neq 0 \qquad \text{(ii)} \begin{vmatrix} a_1 & a_3 \\ b_1 & b_3 \end{vmatrix} \neq 0 \qquad \text{(iii)} \begin{vmatrix} a_2 & a_3 \\ b_2 & b_3 \end{vmatrix} \neq 0$$

예를 들어 (i)가 성립하는 경우에 Cramer 의 공식(정리 1.7.18) 에 의하여

$$x_1 = \frac{\begin{vmatrix} -a_3 & a_2 \\ -b_3 & b_2 \end{vmatrix}}{\begin{vmatrix} a_1 & a_2 \\ b_1 & b_2 \end{vmatrix}} x_3, \qquad x_2 = \frac{\begin{vmatrix} a_1 & -a_3 \\ b_1 & -b_3 \end{vmatrix}}{\begin{vmatrix} a_1 & a_2 \\ b_1 & b_2 \end{vmatrix}} x_3$$

이므로 $(*)$ 의 해 전체는 다음과 같다.

$$x_1 = \begin{vmatrix} a_2 & a_3 \\ b_2 & b_3 \end{vmatrix} t, \quad x_2 = \begin{vmatrix} a_1 & a_3 \\ b_1 & b_3 \end{vmatrix} t, \quad x_3 = \begin{vmatrix} a_1 & a_2 \\ b_1 & b_2 \end{vmatrix} t \qquad (t \in F)$$

나머지 두 경우에 대해서도 같은 결과를 얻는다.

따라서 $(*)$ 의 해공간은 다음과 같다(정의 1.8.9 참조).

$$U = \left\langle \left(\begin{vmatrix} a_2 & a_3 \\ b_2 & b_3 \end{vmatrix}, -\begin{vmatrix} a_1 & a_3 \\ b_1 & b_3 \end{vmatrix}, \begin{vmatrix} a_1 & a_2 \\ b_1 & b_2 \end{vmatrix} \right) \right\rangle$$

체 F 위의 벡터공간 F^3 에서 벡터 $(a_1, a_2, a_3) \neq (0, 0, 0)$ 에 대하여

$$\langle (a_1, a_2, a_3) \rangle = \{ t\,(a_1, a_2, a_3) \mid t \in F \}$$

는 F^3 의 1 차원 부분공간이고, F^3 의 1 차원 부분공간은 모두 이와 같은 꼴로 나타내어진다. 그리고, F^3 에서 벡터 $(a_1, a_2, a_3) \neq (0, 0, 0)$ 에 대하여

$$[(a_1, a_2, a_3)] = \{ (x_1, x_2, x_3) \in F^3 \mid a_1 x_1 + a_2 x_2 + a_3 x_3 = 0 \}$$

이라고 하면, $[(a_1, a_2, a_3)]$ 는 F^3 의 2 차원 부분공간이고 또 F^3 의 2 차원 부분공간은 모두 이와 같은 꼴로 나타내어진다. 또, 영벡터가 아닌 벡터 (a_1, a_2, a_3), (b_1, b_2, b_3) 에 대하여 다음이 성립한다.

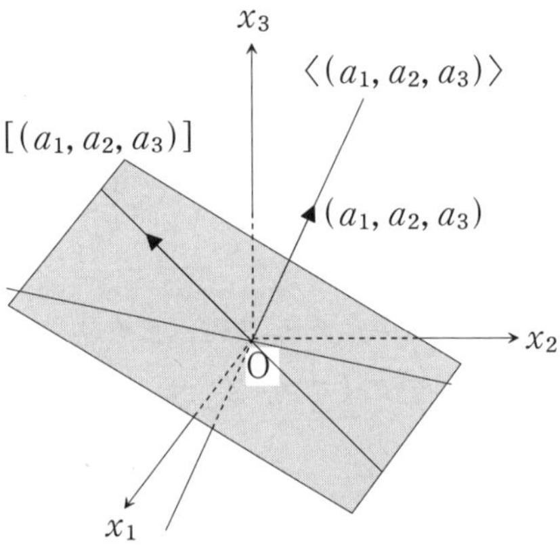

$$\begin{aligned} &\langle (a_1, a_2, a_3) \rangle = \langle (b_1, b_2, b_3) \rangle \\ \Longleftrightarrow\ &\text{적당한 } k \in F,\ k \neq 0 \text{ 에 대하여} \\ &(b_1, b_2, b_3) = k\,(a_1, a_2, a_3) \\ \Longleftrightarrow\ &[(a_1, a_2, a_3)] = [(b_1, b_2, b_3)] \end{aligned}$$

정리 2.7.3 체 F 위의 3 차원 벡터공간 F^3 에서 다음이 성립한다.

(1) 서로 다른 두 1 차원 부분공간 $\langle (a_1, a_2, a_3) \rangle$, $\langle (b_1, b_2, b_3) \rangle$ 를 모두 포함하는 2 차원 부분공간 $\langle (a_1, a_2, a_3), (b_1, b_2, b_3) \rangle$ 는 다음과 같다.

$$\left[\begin{vmatrix} a_2 & a_3 \\ b_2 & b_3 \end{vmatrix},\ -\begin{vmatrix} a_1 & a_3 \\ b_1 & b_3 \end{vmatrix},\ \begin{vmatrix} a_1 & a_2 \\ b_1 & b_2 \end{vmatrix} \right]$$

(2) 서로 다른 2 차원 부분공간 $[(a_1, a_2, a_3)]$, $[(b_1, b_2, b_3)]$ 에 동시에 포함되는 1 차원 부분공간 $[(a_1, a_2, a_3)] \cap [(b_1, b_2, b_3)]$ 는 다음과 같다.

$$\left\langle \left(\begin{vmatrix} a_2 & a_3 \\ b_2 & b_3 \end{vmatrix},\ -\begin{vmatrix} a_1 & a_3 \\ b_1 & b_3 \end{vmatrix},\ \begin{vmatrix} a_1 & a_2 \\ b_1 & b_2 \end{vmatrix} \right) \right\rangle$$

(3) 네 부분공간 $\langle (1, 0, 0) \rangle$, $\langle (0, 1, 0) \rangle$, $\langle (0, 0, 1) \rangle$, $\langle (1, 1, 1) \rangle$ 중에서 어느 세 부분공간도 동일한 2 차원 부분공간에 포함되지 않는다.

증 명 (1) 두 1차원 부분공간 $\langle (a_1, a_2, a_3) \rangle$, $\langle (b_1, b_2, b_3) \rangle$가 서로 다를 때, 두 벡터 (a_1, a_2, a_3), (b_1, b_2, b_3)는 일차독립이므로 이들 두 1차원 부분공간을 모두 포함하는 2차원 부분공간은

$$\langle (a_1, a_2, a_3) \rangle + \langle (b_1, b_2, b_3) \rangle = \langle (a_1, a_2, a_3), (b_1, b_2, b_3) \rangle$$

이고(정리 2.5.3), 따라서 보기 2.7.3에 의하여 (1)이 성립한다.

(2) 부분공간 $[(a_1, a_2, a_3)] \cap [(b_1, b_2, b_3)]$는 동차 연립일차방정식

$$\begin{cases} a_1 x_1 + a_2 x_2 + a_3 x_3 = 0 \\ b_1 x_1 + b_2 x_2 + b_3 x_3 = 0 \end{cases}$$

의 해공간이므로 보기 2.7.3에 의하여 (2)가 성립한다.

(3) 분명히

$$\begin{vmatrix} 1 & 0 & 0 \\ 0 & 1 & 0 \\ 0 & 0 & 1 \end{vmatrix} \neq 0, \quad \begin{vmatrix} 1 & 0 & 0 \\ 0 & 1 & 0 \\ 1 & 1 & 1 \end{vmatrix} \neq 0, \quad \begin{vmatrix} 1 & 0 & 0 \\ 0 & 0 & 1 \\ 1 & 1 & 1 \end{vmatrix} \neq 0, \quad \begin{vmatrix} 0 & 1 & 0 \\ 0 & 0 & 1 \\ 1 & 1 & 1 \end{vmatrix} \neq 0$$

이므로 (3)이 성립한다(보기 2.7.3).

보기 2.7.4 벡터공간 $\mathbb{R}^3$에서 두 부분공간 $\langle (5, 2, -3) \rangle$, $\langle (2, 1, 0) \rangle$을 모두 포함하는 2차원 부분공간 $W = \langle (5, 2, -3), (2, 1, 0) \rangle$는 다음 동차 일차방정식의 해공간이다.

$$\begin{vmatrix} x_1 & x_2 & x_3 \\ 5 & 2 & -3 \\ 2 & 1 & 0 \end{vmatrix} = 0 \quad 즉 \quad 3x_1 - 6x_2 + x_3 = 0$$

또, 두 동차일차방정식

$$5x_1 + 2x_2 - 3x_3 = 0, \qquad 2x_1 + x_2 = 0$$

의 해공간에 동시에 포함되는 1차원 부분공간은 $\langle (3, -6, 1) \rangle$이다.

앞의 정리 2.7.3은 체 F 위의 射影平面(projective plane)을 정의하는데 이용된다([3] 참조). 체 F 위의 벡터공간 F^n의 부분공간의 특성에 대해서는 §2.8에서 상세히 논하기로 한다.

연 습 문 제 (2.7)

*1. 벡터공간 $\mathbb{R}^4$ 에서 다음 동차 연립일차방정식의 해공간의 기저를 구하여라.

$$\begin{cases} x_1 + x_2 - x_3 + 2x_4 = 0 \\ x_1 + x_2 + 2x_3 = 0 \\ 2x_1 + 2x_2 + x_3 + 2x_4 = 0 \end{cases}$$

*2. 벡터공간 $\mathbb{R}^4$ 에서 부분공간

$$W = \{(x_1, x_2, x_3, x_4) \in \mathbb{R}^4 \mid x_1 + 2x_3 + x_4 = 0\}$$

의 기저와 차원을 구하여라.

*3. 벡터공간 $\mathbb{R}^3$ 에서 다음 부분공간을 미지수 x_1, x_2, x_3 에 관한 동차 일차방정식의 해공간으로 나타내어라.

(1) $W = \langle (3, 2, 1), (0, 2, 3) \rangle$

(2) $W = \langle (1, 1, 2), (0, 2, 4), (1, 5, 10) \rangle$

4. 벡터공간 $\mathbb{R}^4$ 에서

$$W = \langle (-1, 0, 0, 1), (0, 3, 5, -2), (1, 0, -3, 0) \rangle$$

를 미지수 x_1, x_2, x_3, x_4 에 관한 동차 일차방정식의 해공간으로 나타내어라.

5. 벡터공간 $\mathbb{R}^3$ 에서 다음 물음에 답하여라.

(1) 서로 다른 두 1차원 부분공간 $\langle (2, -1, 1) \rangle$, $\langle (0, 2, 3) \rangle$ 을 모두 포함하는 2차원 부분공간을 구하여라.

(2) 서로 다른 두 2차원 부분공간 $[(2, -1, 1)]$, $[(0, 2, 3)]$ 에 동시에 포함되는 1차원 부분공간을 구하여라.

(3) 세 1차원 부분공간 $\langle (2, -1, 1) \rangle$, $\langle (0, 2, 3) \rangle$, $\langle (6, -1, 6) \rangle$ 은 모두 한 2차원 부분공간에 포함됨을 밝혀라.

(4) 세 2차원 부분공간 $[(4, 0, 5)]$, $[(2, -1, 1)]$, $[(-2, 3, 2)]$ 는 모두 한 1차원 부분공간을 포함함을 밝혀라.

§ 2.8 벡터공간 F^n의 부분공간

이 책을 처음 읽을 때에는 이 절을 생략하여도 좋다.

이 절에서는, 벡터공간 F^n의 부분공간의 특성에 대하여 논하며 이 절의 내용은 부호이론에 이용된다([2], '해설 208' 참조).

정의 2.8.1 체 F 위의 벡터공간 F^n에서, 임의의 벡터 $v = (a_1, \cdots, a_n)$, $w = (b_1, \cdots, b_n)$에 대하여 $v \cdot w$를 다음과 같이 정의한다.

$$v \cdot w = \sum_{i=1}^{n} a_i b_i = a_1 b_1 + \cdots + a_n b_n$$

특히, $v \cdot w = 0$은 $a_1 b_1 + \cdots + a_n b_n = 0$임을 뜻한다.

정리 2.8.2 체 F 위의 벡터공간 F^n에서, 임의의 벡터 $v, w, u \in F^n$와 $a \in F$에 대하여 다음이 성립한다.

(1) $(v+u) \cdot w = v \cdot w + u \cdot w$, $\quad (a v) \cdot w = a (v \cdot w)$

(2) $v \cdot (u+w) = v \cdot u + v \cdot w$, $\quad v \cdot (a w) = a (v \cdot w)$

(3) $v \cdot w = w \cdot v$

유클리드 공간 $\mathscr{E}^n$의 표준내적에 대해서는 위의 정리가 성립하므로, 이 절에서 논하는 정리는 유클리드 공간에서도 성립한다(정리 1.8.2 참조).

더우이, 유클리드 공간에서는 모든 벡터 v에 대하여 $v \cdot v \geq 0$이고 또 $v \cdot v = 0 \Longleftrightarrow v = (0, \cdots, 0)$이다. 한편, 예를 들어 복소수체 $\mathbb{C}$ 위의 벡터공간 $\mathbb{C}^2$에서 $v = (1, \sqrt{-1}) \neq (0, 0)$에 대하여 $v \cdot v = 1 - 1 = 0$이다.

정리 2.8.3 체 F 위의 벡터공간 F^n에서 부분집합 $S\,(\neq \varnothing)$에 대하여

$$S^{\perp} = \{v \in F^n \mid \text{모든 } w \in S \text{에 대하여 } v \cdot w = 0\}$$

은 벡터공간 F^n의 부분공간이다. 여기서, $S^{\perp}$을 'S perp' 이라고 읽는다.

증 명 모든 $w \in S$ 에 대하여 $\mathbf{0} \cdot w = 0$ 이므로 $\mathbf{0} \in S^{\perp} \neq \emptyset$ 이다. 그리고, $v, v' \in S^{\perp}$, $a \in F$ 라고 하면, 임의의 $w \in S$ 에 대하여

$$(v+v') \cdot w = v \cdot w + v' \cdot w = 0 + 0 = 0,$$
$$(a\,v) \cdot w = a\,(v \cdot w) = a0 = 0$$

이므로 $v+v' \in S^{\perp}$, $a\,v \in S^{\perp}$ 이다. 따라서 $S^{\perp}$ 은 F^n 의 부분공간이다.

정리 2.8.4 체 F 위의 벡터공간 F^n 에서 부분공간 $W = \langle v_1, \cdots, v_m \rangle$ 에 대하여

$$v_i = (a_{i1}, a_{i2}, \cdots, a_{in}) \qquad (1 \leq i \leq m)$$

이라 하고 $A = [a_{ij}]_{m\times n}$ 이라고 하면 다음이 성립한다.

(1) $W^{\perp} = \{v_1, \cdots, v_m\}^{\perp}$

즉, $v \cdot v_1 = \cdots = v \cdot v_m = 0$ 일 때 그리고 이때에만 $v \in W^{\perp}$ 이다.

(2) $W = (A$ 의 행공간$)$, $\quad \dim_F W = r(A)$

$$W^{\perp} = \{ (x_1, \cdots, x_n) \in F^n \mid A \begin{bmatrix} x_1 \\ \vdots \\ x_n \end{bmatrix} = \begin{bmatrix} 0 \\ \vdots \\ 0 \end{bmatrix} \}$$

$\dim_F W^{\perp} = n(A) = n - r(A)$

(3) $\dim_F W^{\perp} = n - \dim_F W$, $\quad (W^{\perp})^{\perp} = W$

증 명 (1) 먼저 $v \in W^{\perp}$ 이면, $v_1, \cdots, v_m \in W$ 이므로 다음이 성립한다.

$$v \cdot v_1 = 0, \quad \cdots, \quad v \cdot v_m = 0$$

역으로, $v \cdot v_1 = 0, \cdots, v \cdot v_m = 0$ 일 때, 임의의 벡터 $w \in W$ 에 대하여

$$w = a_1\,v_1 + \cdots + a_m\,v_m \qquad (a_1, \cdots, a_m \in F)$$

이라고 하면

$$v \cdot w = a_1\,(v \cdot v_1) + \cdots + a_m\,(v \cdot v_m) = a_1\,0 + \cdots + a_m\,0 = 0$$

이므로 $v \in W^{\perp}$ 이다. 따라서 (1) 이 성립한다.

(2) $W = \langle v_1, \cdots, v_m \rangle$ 이므로 다음이 성립한다(정리 2.6.4).

$$W = (A \text{ 의 행공간}), \quad \dim_F W = r(A)$$

그리고, (1)에 의하여 벡터 $v = (x_1, \cdots, x_n) \in F^n$ 에 대하여

$$\begin{aligned} & v \in W^\perp \\ \Longleftrightarrow\ & v_i \cdot v = 0 \qquad (1 \le i \le m) \\ \Longleftrightarrow\ & a_{i1} x_1 + \cdots + a_{in} x_n = 0 \qquad (1 \le i \le m) \\ \Longleftrightarrow\ & A \begin{bmatrix} x_1 \\ \vdots \\ x_n \end{bmatrix} = \begin{bmatrix} 0 \\ \vdots \\ 0 \end{bmatrix} \end{aligned}$$

이고, 따라서 정리 2.7.1 에 의하여 (2)가 성립한다.

(3) 위의 (2)에 의하여 $\dim_F W^\perp = n - \dim_F W$ 이고, 이 등식은 $W^\perp$ 에 대해서도 성립하므로 $\dim_F (W^\perp)^\perp = n - \dim_F W^\perp = \dim_F W$ 이다.

그런데, 모든 벡터 $w \in W$ 와 모든 벡터 $v \in W^\perp$ 에 대하여 $v \cdot w = 0$ 이므로 $w \cdot v = 0$ 이고 따라서 $w \in (W^\perp)^\perp$ 이므로 $W \subseteq (W^\perp)^\perp$ 이다.

그러므로 $(W^\perp)^\perp = W$ 이다(따름정리 2.5.2).

보기 2.8.1 체 F 위의 벡터공간 F^n 에서 벡터 $(a_1, \cdots, a_n) \neq (0, \cdots, 0)$ 에 대하여 $W = \langle (a_1, \cdots, a_n) \rangle$, $U = W^\perp$ 이라고 하면 다음이 성립한다.

$$\begin{aligned} & U = W^\perp = \{ (x_1, \cdots, x_n) \in F^n \mid a_1 x_1 + \cdots + a_n x_n = 0 \} \\ & U^\perp = W = \langle (a_1, \cdots, a_n) \rangle \end{aligned}$$

보기 2.8.2 체 F 위의 벡터공간 F^3 에서 두 벡터 (a_1, a_2, a_3), (b_1, b_2, b_3) 가 일차독립일 때, 부분공간 $W = \langle (a_1, a_2, a_3), (b_1, b_2, b_3) \rangle$ 에 대하여 $W^\perp$ 은 다음과 같다(보기 2.7.3).

$$W^\perp = \langle (\begin{vmatrix} a_2 & a_3 \\ b_2 & b_3 \end{vmatrix}, -\begin{vmatrix} a_1 & a_3 \\ b_1 & b_3 \end{vmatrix}, \begin{vmatrix} a_1 & a_2 \\ b_1 & b_2 \end{vmatrix}) \rangle$$

보기 2.8.3 벡터공간 $\mathbb{R}^4$ 에서 다음 부분공간을 생각해 보자.

$$W = \langle (1, -1, 2, 1), (1, -1, 3, 2), (2, -2, 5, 3) \rangle$$

이제 A 를 위의 세 벡터를 행벡터로 가지는 행렬이라고 하면, W 는 A 의 행공간이고 또 $W^\perp$ 은 동차 연립일차방정식

$$\begin{cases} x_1 - x_2 + 2x_3 + x_4 = 0 \\ x_1 - x_2 + 3x_3 + 2x_4 = 0 \\ 2x_1 - 2x_2 + 5x_3 + 3x_4 = 0 \end{cases}$$

의 해공간이다. 그런데, A 는 기본 행변형에 의하여 오른쪽과 같이 기약 행사다리꼴 행렬로 변형된다. 따라서

$$A = \begin{bmatrix} 1 & -1 & 2 & 1 \\ 1 & -1 & 3 & 2 \\ 2 & -2 & 5 & 3 \end{bmatrix} \longrightarrow \begin{bmatrix} 1 & -1 & 2 & 1 \\ 0 & 0 & 1 & 1 \\ 0 & 0 & 1 & 1 \end{bmatrix} \longrightarrow \begin{bmatrix} 1 & -1 & 0 & -1 \\ 0 & 0 & 1 & 1 \\ 0 & 0 & 0 & 0 \end{bmatrix}$$

$$W = \langle (1, -1, 0, -1), (0, 0, 1, 1) \rangle,$$
$$\dim W = r(A) = 2$$

이고, $W^\perp$ 은 다음 동차 연립일차방정식의 해공간이기도 하다.

$$\begin{cases} x_1 - x_2 \qquad - x_4 = 0 \\ \qquad\qquad x_3 + x_4 = 0 \end{cases} \quad \text{즉} \quad \begin{cases} x_1 = x_2 + x_4 \\ x_3 = \qquad - x_4 \end{cases}$$

한편, 위의 동차 연립일차방정식의 해 전체는

$$\begin{cases} x_1 = t_1 + t_2 \\ x_2 = t_1 \\ x_3 = \quad - t_2 \\ x_4 = \quad t_2 \end{cases} \quad \text{즉} \quad \begin{bmatrix} x_1 \\ x_2 \\ x_3 \\ x_4 \end{bmatrix} = t_1 \begin{bmatrix} 1 \\ 1 \\ 0 \\ 0 \end{bmatrix} + t_2 \begin{bmatrix} 1 \\ 0 \\ -1 \\ 1 \end{bmatrix} \quad (t_1, t_2 \in \mathbb{R})$$

이므로 $W^\perp = \langle (1, 1, 0, 0), (1, 0, -1, 1) \rangle$, $\dim W^\perp = 2$ 이다.

또, $W = (W^\perp)^\perp$ 이므로 W 는 다음 동차 연립일차방정식의 해공간이다.

$$\begin{bmatrix} 1 & 1 & 0 & 0 \\ 1 & 0 & -1 & 1 \end{bmatrix} \begin{bmatrix} x_1 \\ x_2 \\ x_3 \\ x_4 \end{bmatrix} = \begin{bmatrix} 0 \\ 0 \end{bmatrix} \quad \text{즉} \quad \begin{cases} x_1 + x_2 \qquad\qquad = 0 \\ x_1 \qquad - x_3 + x_4 = 0 \end{cases}$$

정리 2.8.5 체 F에서 n개의 미지수 $x_1, \cdots, x_n$에 관한 동차 연립일차방정식의 해공간은 벡터공간 F^n의 부분공간이다.

그리고, 벡터공간 F^n의 부분공간 $W(\neq F^n)$는 n개의 미지수에 관한 적당한 동차 연립일차방정식의 해공간이다. 실제로, $\dim_F W = r < n$일 때, W는 n개의 미지수 $x_1, \cdots, x_n$에 관한 $n-r$개의 동차 일차방정식으로 이루어진 동차 연립방정식의 해공간이다.

증 명 정리 2.7.1에 의하여 정리의 첫째 부분이 성립한다.

벡터공간 F^n의 부분공간 $W \neq F^n$에 대하여 $\dim_F W = r < n$이라 하고 $m = n - r$이라고 할 때, $U = W^{\perp}$이라고 하면 $\dim_F U = n - r = m$이고 $W = (W^{\perp})^{\perp} = U^{\perp}$이다(정리 2.8.4).

그리고, 부분공간 U의 기저 $\{u_1, \cdots, u_m\}$을 택하여

$$u_i = (b_{i1}, b_{i2}, \cdots, b_{in}) \qquad (1 \leq i \leq m)$$

이라 하고 $H = [b_{ij}]_{m \times n}$이라고 하면, $W = U^{\perp}$은 행렬 H를 계수행렬로 가지는 동차 연립일차방정식의 해공간이다(정리 2.8.4).

정리 2.8.6 양의 정수 n, r, m에 대하여 $1 \leq r < n$, $m = n - r$일 때, 체 F 위의 $r \times n$ 행렬 $G = [a_{ij}]_{r \times n}$와 $m \times n$ 행렬 $H = [b_{ij}]_{m \times n}$에 대하여

$$r(G) = r, \quad r(H) = m, \quad G H^T = O_{(r \times m)} \text{ 즉 } H G^T = O_{m \times r}$$

이라고 하자. 이 때,

$$W = (G \text{의 행공간}), \qquad U = (H \text{의 행공간})$$

이라고 하면, $\dim_F W = r$, $\dim_F U = m$이고 또 다음이 성립한다.

$$W = U^{\perp} = \{(x_1, \cdots, x_n) \in F^n \mid H \begin{bmatrix} x_1 \\ \vdots \\ x_n \end{bmatrix} = \begin{bmatrix} 0 \\ \vdots \\ 0 \end{bmatrix}\},$$

$$U = W^{\perp} = \{(x_1, \cdots, x_n) \in F^n \mid G \begin{bmatrix} x_1 \\ \vdots \\ x_n \end{bmatrix} = \begin{bmatrix} 0 \\ \vdots \\ 0 \end{bmatrix}\}$$

증 명 행렬 G 의 행벡터를 $v_1, \cdots, v_r$ 라 하고 또 행렬 H 의 행벡터를 $u_1, \cdots, u_m$ 이라고 하면 다음이 성립한다(정리 2.8.4).

$$W = \langle v_1, \cdots, v_r \rangle, \qquad \dim_F W = r(G) = r,$$

$$U = \langle u_1, \cdots, u_m \rangle, \qquad \dim_F U = r(H) = m,$$

$$W^{\perp} = \{ (x_1, \cdots, x_n) \in F^n \mid G \begin{bmatrix} x_1 \\ \vdots \\ x_n \end{bmatrix} = \begin{bmatrix} 0 \\ \vdots \\ 0 \end{bmatrix} \}, \qquad \dim_F W^{\perp} = m,$$

$$U^{\perp} = \{ (x_1, \cdots, x_n) \in F^n \mid H \begin{bmatrix} x_1 \\ \vdots \\ x_n \end{bmatrix} = \begin{bmatrix} 0 \\ \vdots \\ 0 \end{bmatrix} \}, \qquad \dim_F U^{\perp} = r$$

한편, $H G^T = O_{m\times r}$ 이므로 다음이 성립한다.

$$H \begin{bmatrix} a_{i1} \\ \vdots \\ a_{in} \end{bmatrix} = \begin{bmatrix} 0 \\ \vdots \\ 0 \end{bmatrix} \quad 즉 \quad v_i \in U^{\perp} \qquad (1 \le i \le r)$$

따라서 $W = \langle v_1, \cdots, v_r \rangle \subseteq U^{\perp}$ 이고, 또 $\dim_F W = r = \dim_F U^{\perp}$ 이므로 $W = U^{\perp}$이다. 그리고 $W^{\perp} = (U^{\perp})^{\perp} = U$ 이다(정리 2.8.4).

다음 정리는 정리 2.8.6 의 조건을 만족시키는 행렬을 구할 때 이용된다.

정리 2.8.7 양의 정수 n, r, m 에 대하여 $1 \le r < n$, $m = n - r$ 일 때 다음이 성립한다.

(1) 체 F 위의 $r \times m$ 행렬 C 에 대하여

$$G = [\, I_r \mid C \,], \qquad H = [\, -C^T \mid I_m \,]$$

이면, $r(G) = r$, $r(H) = m$, $G H^T = O_{r\times m}$ 즉 $H G^T = O_{m\times r}$ 이다.

(2) 체 F 위의 $m \times r$ 행렬 D 에 대하여

$$H = [\, D \mid I_m \,], \qquad G = [\, I_r \mid -D^T \,]$$

이면, $r(G) = r$, $r(H) = m$, $G H^T = O_{r\times m}$ 즉 $H G^T = O_{m\times r}$ 이다.

증 명 (1) 행렬 G의 r개의 행벡터는 일차독립이므로 $r(G)=r$이고, H의 m개의 행벡터는 일차독립이므로 $r(H)=m$이다(정리 2.6.9). 또,

$$G\,H^T=[\,I_r \mid C\,]\begin{bmatrix}-C\\ I_m\end{bmatrix}=I_r\,(-C)+C\,I_m=-\,C+C=O_{r\times m}$$

이고 따라서 $H\,G^T=(G\,H^T)^T=O_{m\times r}$이다.

(2) 마찬가지 방법으로, (2)가 성립함을 증명할 수 있다.

보기 2.8.4 벡터공간 $\mathbb{R}^7$에서 동차 연립일차방정식

$$\begin{cases}2\,x_1+3\,x_2 \qquad\quad +x_4 \qquad\qquad\qquad =0\\ 4\,x_1 \qquad\quad +2\,x_3 \qquad +x_5 \qquad\qquad =0\\ \;\;x_1-5\,x_2 \qquad\qquad\qquad\qquad +x_6 \qquad =0\\ 2\,x_1-6\,x_2+3\,x_3 \qquad\qquad\qquad\qquad +x_7=0\end{cases}$$

의 해공간을 U라 하고 $W=U^{\perp}$이라고 하자.

이 동차 연립일차방정식의 계수행렬은

$$H=\left[\begin{array}{ccc:cccc}2&3&0&1&0&0&0\\4&0&2&0&1&0&0\\1&-5&0&0&0&1&0\\2&-6&3&0&0&0&1\end{array}\right]$$

이고 $r(H)=4$이므로, U는 벡터공간 $\mathbb{R}^7$의 3차원 부분공간이다. 한편,

$$G=\left[\begin{array}{ccc:cccc}1&0&0&-2&-4&-1&-2\\0&1&0&-3&0&5&6\\0&0&1&0&-2&0&-3\end{array}\right]$$

이라고 하면, $r(G)=3$, $G\,H^T=O_{3\times 4}$이므로 $U=(G$의 행공간$)$이고 또 G의 세 행벡터는 U의 기저를 이룬다. 또한, W는 행렬 H의 행공간인 동시에 행렬 G를 계수행렬로 가지는 동차 연립일차방정식

$$\begin{cases}x_1 \qquad\quad -2\,x_3-4\,x_4+\;\;x_5=0\\ \qquad x_2+3\,x_3-2\,x_4+5\,x_5=0\end{cases}$$

의 해공간이다.

보기 2.8.5 벡터공간 $\mathbb{R}^4$ 에서 1차원 부분공간 $W = \langle (1, -2, 0, 3) \rangle$ 는 행렬 $G = [1 \ -2 \ 0 \ 3]$ 의 행공간이고 $r(G) = 1$ 이다. 그런데,

$$H = \left[\begin{array}{c:ccc} 2 & 1 & 0 & 0 \\ 0 & 0 & 1 & 0 \\ -3 & 0 & 0 & 1 \end{array}\right]$$

이라고 하면, W 는 다음 동차 연립일차방정식의 해공간이다.

$$H \begin{bmatrix} x_1 \\ x_2 \\ x_3 \\ x_4 \end{bmatrix} = \begin{bmatrix} 0 \\ 0 \\ 0 \end{bmatrix} \quad \text{즉} \quad \begin{cases} 2x_1 + x_2 = 0 \\ \qquad\quad + x_3 = 0 \\ -3x_1 \qquad\quad + x_4 = 0 \end{cases}$$

연 습 문 제 (2.8)

1. 다음과 같은 행렬 $G \in \mathrm{Mat}_{3\times 6}(\mathbb{R})$ 에 대하여 $r(H) = 2$, $GH^T = O$ 인 행렬 $H \in \mathrm{Mat}_{2\times 5}(\mathbb{R})$ 를 구하여라.

(1) $G = \begin{bmatrix} 1 & 0 & 0 & 2 & 4 \\ 0 & 1 & 0 & 1 & 1 \\ 0 & 0 & 1 & 3 & 5 \end{bmatrix}$ (2) $G = \begin{bmatrix} 1 & 0 & 0 & 3 & -4 \\ 0 & 1 & 0 & 4 & 5 \\ 0 & 0 & 1 & 0 & 1 \end{bmatrix}$

2. 다음과 같은 행렬 $H \in \mathrm{Mat}_{2\times 5}(\mathbb{R})$ 에 대하여 $r(G) = 3$, $GH^T = O$ 인 행렬 $G \in \mathrm{Mat}_{3\times 5}(\mathbb{R})$ 를 구하여라.

(1) $H = \begin{bmatrix} 3 & 0 & 4 & 1 & 0 \\ 6 & 5 & 2 & 0 & 1 \end{bmatrix}$ (2) $H = \begin{bmatrix} 1 & 2 & 0 & 1 & 0 \\ 3 & 4 & 0 & 0 & 1 \end{bmatrix}$

3. 벡터공간 $\mathbb{R}^5$ 에서 $W = \langle (1, 0, 0, 1, 1), (2, 3, 5, -2, 4), (0, -1, 2, 3, 0) \rangle$ 를 x_1, x_2, x_3, x_4, x_5 에 관한 동차 연립일차방정식의 해공간으로 나타내어라.

***4.** 체 F 위의 벡터공간 F^n 에서 공집합이 아닌 두 부분집합 S, R 에 대하여 다음이 성립립함을 증명하여라.

(1) $S \subseteq R$ 이면, $R^\perp \subseteq S^\perp$ 이다. (2) $S \subseteq (S^\perp)^\perp$

제 3 장

선형사상과 행렬

이 장에서는, 벡터공간 사이의 선형사상과 선형변환을 정의하고 선형사상의 핵과 상공간, 동형사싱의 성질에 대하여 논힌다. 그리고, 두 벡터공간 사이의 선형사상 전체로 이루어진 집합과 한 벡터공간 V 위의 선형변환 전체로 이루어진 집합의 대수적 성질에 대하여 논한다. 또, 유한차원 벡터공간에서 각 벡터의 순서기저에 관한 좌표벡터에 대하여 논하고, 선형사상과 행렬과의 관계를 논하며 선형범함수에 대하여 논한다.

선형사상과 선형변환에 관한 좀더 상세한 사항에 대해서는 제 7 장과 제 8 장에서 논하기로 한다.

이 장에서, n 은 양의 정수를 나타낸다.

§3.1 사 상

함수 $f : A \longrightarrow B$를 흔히 **寫像**(map, mapping)이라고 한다.

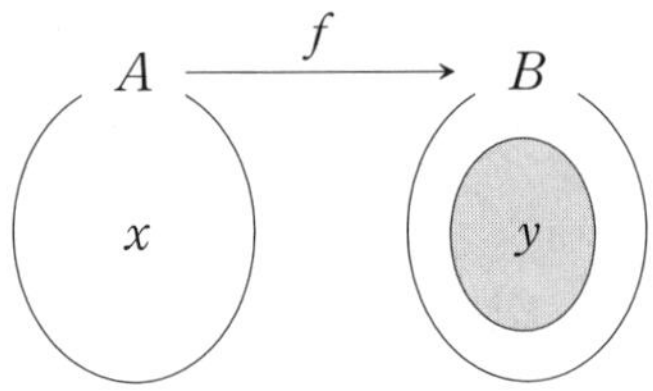

사상 $f : A \longrightarrow B$에 의한 상 전체로 이루어진 집합을 $\operatorname{im} f$ 또는 $f(A)$로 나타내고 이것을 f의 **像**(image)이라고 한다. 즉,

$$\operatorname{im} f = f(A) = \{f(x) \mid x \in A\}$$

그리고, 두 사상 $f : A \longrightarrow B$, $g : A \longrightarrow B$에서

$$\text{모든 원소 } x \in A \text{에 대하여 } f(x) = g(x)$$

일 때 f, g는 서로 같다고 하고 이 사실을 $f = g$로 나타낸다. 또, 사상

$$1_A : A \longrightarrow A, \quad 1_A(x) = x$$

를 A 위의 **항등사상**(항등함수, identity map)이라고 한다.

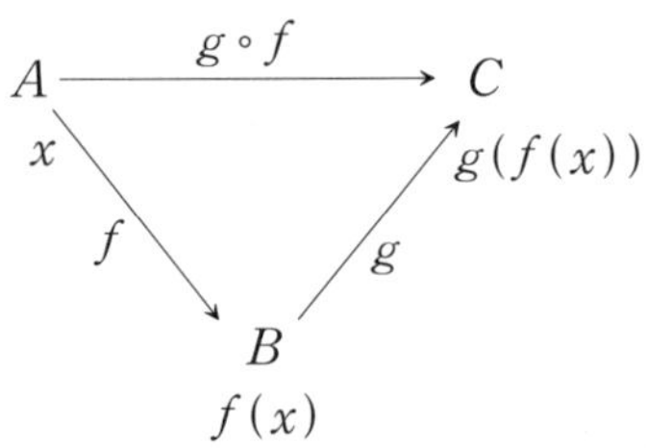

두 사상 $f : A \longrightarrow B$, $g : B \longrightarrow C$에 대하여 사상

$$g \circ f : A \longrightarrow C, \ (g \circ f)(x) = g(f(x))$$

를 f와 g의 **합성사상**(합성함수, composite)이라고 한다.

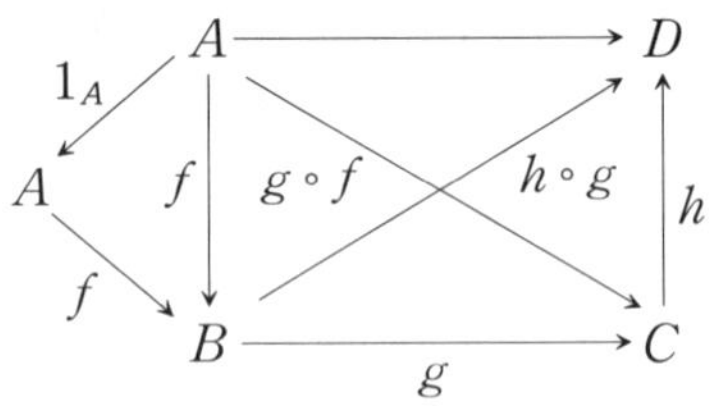

정리 3.1.1 세 사상 $f : A \longrightarrow B$, $g : B \longrightarrow C$, $h : C \longrightarrow D$에 대하여 다음이 성립한다.

(1) $h \circ (g \circ f) = (h \circ g) \circ f$

(2) $f \circ 1_A = f, \quad 1_B \circ f = f$

증 명 임의의 원소 $x \in A$에 대하여

$$((h \circ g) \circ f)(x) = (h \circ g)(f(x)) = h(g(f(x)))$$
$$= h((g \circ f)(x)) = (h \circ (g \circ f))(x),$$
$$(f \circ 1_A)(x) = f(1_A(x)) = f(x),$$
$$(1_B \circ f)(x) = 1_B(f(x)) = f(x)$$

이므로 $(h \circ g) \circ f = h \circ (g \circ f)$, $f \circ 1_A = f$, $1_B \circ f = f$ 이다.

정의 3.1.2 사상 $f : A \longrightarrow B$ 에서 원소 $x_1, x_2 \in A$ 에 대하여

$$x_1 \neq x_2 \Longrightarrow f(x_1) \neq f(x_2)$$

즉

$$f(x_1) = f(x_2) \Longrightarrow x_1 = x_2$$

일 때 f 를 **일대일 사상**(one-to-one map, injective map, injection)이라 하고,

$$\operatorname{im} f = B \quad \text{즉} \quad \{f(x) \mid x \in A\} = B$$

일 때, f 를 **위로의 사상**(onto map, surjective map, surjection)이라고 한다.

그리고, 사상 $f : A \longrightarrow B$ 가 일대일 사상인 동시에 위로의 사상일 때, f 를 **일대일 대응**(one-to-one correspondence)이라고 한다.

정리 3.1.3 사상 $f : A \longrightarrow B$ 가 일대일 대응이면,

$$(*) \qquad g \circ f = 1_A, \qquad f \circ g = 1_B$$

인 사상 $g : B \longrightarrow A$ 가 존재한다. 역으로, 사상 $f : A \longrightarrow B$ 에 대하여 $(*)$ 를 만족시키는 사상 $g : B \longrightarrow A$ 가 존재하면, f 는 일대일 대응이다.

증 명 먼저 $f : A \longrightarrow B$ 가 일대일 대응이면, 각 원소 $b \in B$ 에 대하여 $b = f(a)$ 인 원소 $a \in A$ 가 존재하고 또 이러한 원소 a 는 단 하나뿐이므로 임의의 $b \in B$ 에 대하여

$$g(b) = a \Longleftrightarrow f(a) = b$$

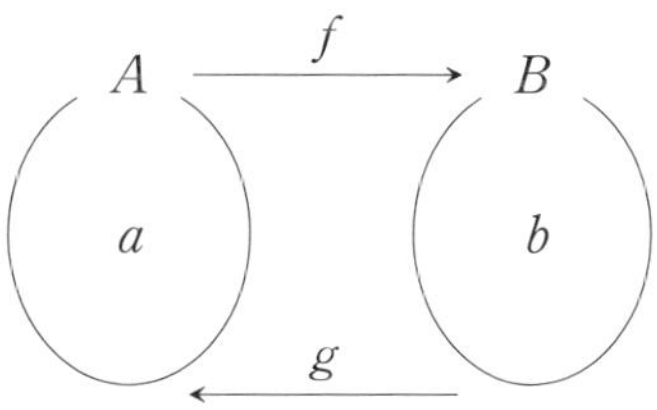

인 사상 $g : B \longrightarrow A$ 가 정의되고 이때 분명히 $(*)$ 가 성립한다.

역으로, 사상 $f : A \longrightarrow B$ 에 대하여

$g \circ f = 1_A$, $f \circ g = 1_B$ 인 사상 $g : B \longrightarrow A$ 가 존재한다고 하자.

이 때, $f(x_1) = f(x_2)$ 이라고 가정하면,

$$\begin{aligned} x_1 = 1_A(x_1) &= (g \circ f)(x_1) = g(f(x_1)) \\ &= g(f(x_2)) = (g \circ f)(x_2) = 1_A(x_2) = x_2 \end{aligned}$$

이므로 f 는 일대일 사상이다. 그리고, 임의의 $b \in B$ 에 대하여

$$b = 1_B(b) = (f \circ g)(b) = f(g(b))$$

이므로 $\mathrm{im}\, f = B$ 이고 따라서 f 는 위로의 사상이다.

정의 3.1.4 사상 $f : A \longrightarrow B$ 가 일대일 대응일 때, 즉

$$g \circ f = 1_A, \qquad f \circ g = 1_B$$

인 사상 $g : B \longrightarrow A$ 가 존재할 때, g 를 f 의 **역사상**(역함수, inverse map)이라 하고 또 g 를 f^{-1} 로 나타낸다. 즉,

$$f^{-1} \circ f = 1_A, \qquad f \circ f^{-1} = 1_B$$
$$f(a) = b \Longleftrightarrow f^{-1}(b) = a$$

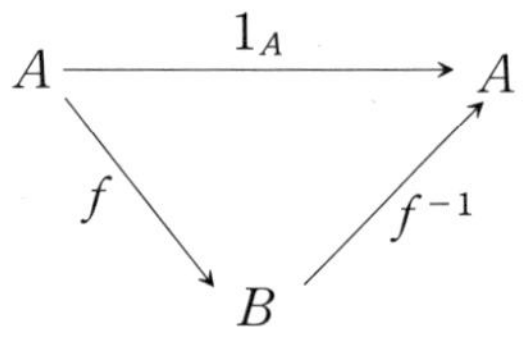

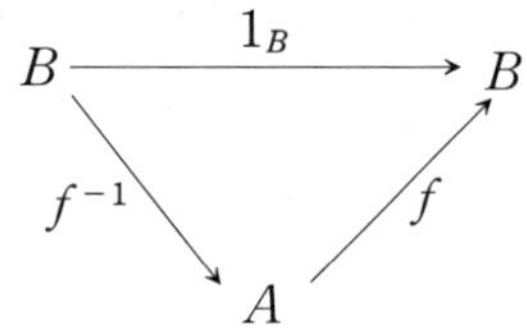

정리 3.1.3 과 정리 3.1.1 을 이용하여 다음 정리를 쉽게 증명할 수 있다.

정리 3.1.5 일대일 대응에 대하여 다음이 성립한다.

(1) 항등사상 $1_A : A \longrightarrow A$ 는 일대일 대응이고 $(1_A)^{-1} = 1_A$ 이다.

(2) 사상 $f : A \longrightarrow B$ 가 일대일 대응이면, f 의 역사상 $f^{-1} : B \longrightarrow A$ 가 존재하며 f^{-1} 는 일대일 대응이고 $(f^{-1})^{-1} = f$ 이다.

(3) 두 사상 $f : A \longrightarrow B$, $g : B \longrightarrow C$ 가 모두 일대일 대응이면, 합성사상 $g \circ f : A \longrightarrow C$ 는 일대일 대응이고 또 $(g \circ f)^{-1} = f^{-1} \circ g^{-1}$ 이다.

실제로, 이때 다음이 성립한다.

$$(f^{-1} \circ g^{-1}) \circ (g \circ f) = f^{-1} \circ (g^{-1} \circ g) \circ f = f^{-1} \circ f = 1_A,$$
$$(g \circ f) \circ (f^{-1} \circ g^{-1}) = g \circ (f \circ f^{-1}) \circ g^{-1} = g \circ g^{-1} = 1_C$$

§3.2 선형사상과 선형변환

앞으로, 집합 V 에서 집합 W 로의 사상을

$$T : V \longrightarrow W, \qquad \phi : V \longrightarrow W$$

와 같이 영문 대문자나 그리스 문자를 사용하여 나타내기로 한다.

정의 3.2.1 체 F 위의 벡터공간 V, W 에 대하여 사상 $T : V \longrightarrow W$ 가 벡터공간의 덧셈과 스칼라 곱셈을 보존시킬 때, 즉 임의의 $v, w \in V$ 와 $a \in F$ 에 대하여

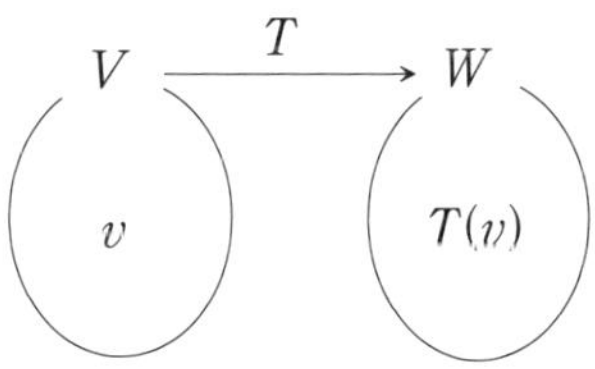

$$T(v+w) = T(v) + T(w),$$
$$T(a\,v) = a\,T(v)$$

일 때, T 를 V 에서 W 로의 **線型사상**(linear map) 또는 **벡터공간 準同型사상**(vector space homomorphism)이라고 한다.

특히, V 에서 V 자신으로의 선형사상 $T : V \longrightarrow V$ 를 V 위의 **線型變換**(linear transformation) 또는 **線型作用素**(linear operator)라고 한다.

보기 3.2.1 체 F 위의 고정된 $m \times n$ 행렬 A 에 대하여 사상

$$\phi : \mathrm{Mat}_{n\times r}(F) \longrightarrow \mathrm{Mat}_{m\times r}(F), \quad \phi(X) = A\,X$$

는 벡터공간 $\mathrm{Mat}_{n\times r}(F)$ 에서 벡터공간 $\mathrm{Mat}_{m\times r}(F)$ 로의 선형사상이다.

실제로, 임의의 $X, Y \in \mathrm{Mat}_{n\times r}(F)$ 와 $a \in F$ 에 대하여 다음이 성립한다.

$$\phi(X+Y) = A(X+Y) = AX + AY = \phi(X) + \phi(Y),$$
$$\phi(a\,X) = A(a\,X) = a\,(A\,X) = a\,\phi(X)$$

보기 3.2.2 체 F 위의 벡터공간 V 에서 항등사상

$$1_V : V \longrightarrow V, \quad 1_V(v) = v$$

는 선형변환이다. 선형변환 1_V 를 V 위의 **항등 선형변환**이라고 한다.

보기 3.2.3 체 F 위의 다항식 $f(x) = a_0 + a_1 x + a_2 x^2 + \cdots + a_n x^n$ 에 대하여 다항식

$$f'(x) = a_1 + 2a_2 x + \cdots + n a_n x^{n-1}$$

를 $f(x)$ 의 **형식적 미분**(formal derivative)이라고 한다. 사상

$$D : F[x] \longrightarrow F[x], \quad D(f(x)) = f'(x)$$

는 벡터공간 $F[x]$ 위의 선형변환이다. 실제로, 다음이 성립한다.

$$D(f(x) + g(x)) = f'(x) + g'(x) = D(f(x)) + D(g(x)),$$
$$D(af(x)) = af'(x) = aD(f(x))$$

정리 3.2.2 체 F 위의 벡터공간 V, W에 대하여 사상 $T : V \longrightarrow W$가 선형사상일 때, 임의의 벡터 $v, w, v_1, \cdots, v_n \in V$ 과 $a, b, a_1, \cdots, a_n \in F$ 에 대하여 다음이 성립한다.

(1) $T(\mathbf{0}) = \mathbf{0}$ ($\mathbf{0}$은 각각 V, W 의 영벡터)
$T(-v) = -T(v), \quad T(v-w) = T(v) - T(w)$

(2) $T(av + bw) = aT(v) + bT(w)$,
$T(a_1 v_1 + \cdots + a_n v_n) = a_1 T(v_1) + \cdots + a_n T(v_n)$

증 명 (1) 정의에 의하여

$$T(\mathbf{0}) = T(\mathbf{0} + \mathbf{0}) = T(\mathbf{0}) + T(\mathbf{0})$$

이므로 $T(\mathbf{0}) = \mathbf{0}$ 이다(문제 2.1.2). 따라서

$$\mathbf{0} = T(\mathbf{0}) = T(v + (-v)) = T(v) + T(-v)$$

이므로 $T(-v) = -T(v)$ 이다(정의 2.1.1 A.4). 또 다음이 성립한다.

$$\begin{aligned} T(v-w) &= T(v + (-w)) = T(v) + T(-w) \\ &= T(v) + (-T(w)) = T(v) - T(w) \end{aligned}$$

(2) $T(av + bw) = T(av) + T(bw) = aT(v) + bT(w)$,

$$\begin{aligned} T(a_1 v_1 + \cdots + a_n v_n) &= T(a_1 v_1) + \cdots + T(a_n v_n) \\ &= a_1 T(v_1) + \cdots + a_n T(v_n) \end{aligned}$$

정리 3.2.3 체 F 위의 벡터공간 F^n에서 $\mathscr{B}=\{e_1, e_2, \cdots, e_n\}$를 F^n의 표준기저라고 할 때, 다음이 성립한다.

(1) 체 F 위의 $m\times n$ 행렬 $A=[a_{ij}]_{m\times n}$에 대하여 다음과 같이 정의된 사상은 선형사상이다.

$$L_A : F^n \longrightarrow F^m, \quad (y_1, \cdots, y_m) = L_A(x_1, \cdots, x_n)$$

$$\begin{bmatrix} y_1 \\ \vdots \\ y_m \end{bmatrix} = A \begin{bmatrix} x_1 \\ \vdots \\ x_n \end{bmatrix} \quad \text{즉} \quad \begin{cases} y_1 = a_{11}x_1 + \cdots + a_{1n}x_n \\ y_2 = a_{21}x_1 + \cdots + a_{2n}x_n \\ \quad \vdots \\ y_m = a_{m1}x_1 + \cdots + a_{mn}x_n \end{cases}$$

그리고, 각 j $(1 \leq j \leq n)$에 대하여 $L_A(e_j) = (a_{1j}, a_{2j}, \cdots, a_{nj})$이다.

(2) 선형사상 $T : F^n \longrightarrow F^m$에 대하여

$$\begin{aligned} T(e_1) &= (a_{11}, a_{21}, \cdots, a_{m1}), \\ T(e_2) &= (a_{12}, a_{22}, \cdots, a_{m2}), \\ &\vdots \\ T(e_n) &= (a_{1n}, a_{2n}, \cdots, a_{mn}) \end{aligned} \qquad A = \begin{bmatrix} a_{11} & a_{12} & \cdots & a_{1n} \\ a_{21} & a_{22} & \cdots & a_{2n} \\ \vdots & \vdots & \cdots & \vdots \\ a_{m1} & a_{m2} & \cdots & a_{mn} \end{bmatrix}$$
$$\qquad\qquad\qquad\qquad \uparrow \qquad \uparrow \qquad\quad \uparrow$$
$$\qquad\qquad\qquad\quad T(e_1) \; T(e_2) \quad T(e_n)$$

일 때, $A=[a_{ij}]_{m\times n}$이라고 하면 $T=L_A$이다. 즉,

$$T = L_A \Longleftrightarrow T(e_j) = (a_{1j}, a_{2j}, \cdots, a_{mj}) \quad (1 \leq j \leq n)$$

행렬 A를 선형사상 T의 (표준기저 $\mathscr{B}$에 관한) **행렬**이라고 한다.

증 명 (1) 임의의 $v=(a_1, \cdots, a_n)$, $w=(b_1, \cdots, b_n) \in F^n$와 $a \in F$에 대하여 $L_A(v) = (c_1, \cdots, c_m)$, $L_A(w) = (d_1, \cdots, d_m)$이라고 할 때,

$$A \begin{bmatrix} a_1+b_1 \\ \vdots \\ a_n+b_n \end{bmatrix} = A \begin{bmatrix} a_1 \\ \vdots \\ a_n \end{bmatrix} + A \begin{bmatrix} b_1 \\ \vdots \\ b_n \end{bmatrix} = \begin{bmatrix} c_1 \\ \vdots \\ c_m \end{bmatrix} + \begin{bmatrix} d_1 \\ \vdots \\ d_m \end{bmatrix} = \begin{bmatrix} c_1+d_1 \\ \vdots \\ c_m+d_m \end{bmatrix},$$

$$A \begin{bmatrix} a\,a_1 \\ \vdots \\ a\,a_n \end{bmatrix} = aA \begin{bmatrix} a_1 \\ \vdots \\ a_n \end{bmatrix} = a \begin{bmatrix} c_1 \\ \vdots \\ c_m \end{bmatrix}$$

이므로

$$\begin{aligned} L_A(v+w) &= (c_1+d_1, \cdots, c_m+d_m) \\ &= (c_1, \cdots, c_m) + (d_1, \cdots, d_m) = L_A(v) + L_A(w), \end{aligned}$$

$$L_A(a\,v) = (a\,c_1, \cdots, a\,c_m) = a\,(c_1, \cdots, c_m) = a\,L_A(v)$$

이고, 따라서 L_A 는 선형사상이다. 그리고, 분명히 다음이 성립한다.

$$L_A(e_j) = (a_{1j}, a_{2j}, \cdots, a_{nj}) \qquad (1 \le j \le n)$$

(2) 선형사상 $T : F^n \longrightarrow F^m$ 에 대하여

$$T(e_j) = (a_{1j}, a_{2j}, \cdots, a_{mj}) \qquad (1 \le j \le n)$$

일 때, $T(x_1, \cdots, x_n) = (y_1, \cdots, y_m)$ 이라고 하자. 이 때,

$$\begin{aligned} (y_1, \cdots, y_m) &= T(x_1, \cdots, x_n) = T(x_1 e_1 + \cdots + x_n e_n) \\ &= x_1 T(e_1) + \cdots + x_n T(e_n) = \sum_{j=1}^{n} x_j T(e_j) \\ &= \sum_{j=1}^{n} x_j\,(a_{1j}, a_{2j}, \cdots, a_{mj}) \end{aligned}$$

이므로

$$y_i = \sum_{j=1}^{n} a_{ij}\,x_j \qquad (1 \le i \le n)$$

이고 따라서

$$\begin{bmatrix} y_1 \\ \vdots \\ y_m \end{bmatrix} = A \begin{bmatrix} x_1 \\ \vdots \\ x_n \end{bmatrix}$$

이므로 $T = L_A$ 이다.

체 F 위의 벡터공간 F^2 에서의 선형변환은 모두 다음과 같이 정의된다.

$$T : F^2 \longrightarrow F^2, \quad (y_1, y_2) = T(x_1, x_2)$$

$$\begin{bmatrix} y_1 \\ y_2 \end{bmatrix} = A \begin{bmatrix} x_1 \\ x_2 \end{bmatrix}, \qquad A = \begin{bmatrix} a & b \\ c & d \end{bmatrix}$$

보기 3.2.4 다음 사상은 벡터공간 $\mathbb{R}^2$ 위의 선형변환이다.

(1) $R_\theta : \mathbb{R}^2 \longrightarrow \mathbb{R}^2, \quad (y_1, y_2) = R_\theta(x_1, x_2)$

$$\begin{bmatrix} y_1 \\ y_2 \end{bmatrix} = \begin{bmatrix} \cos\theta & -\sin\theta \\ \sin\theta & \cos\theta \end{bmatrix} \begin{bmatrix} x_1 \\ x_2 \end{bmatrix}$$

$R_\theta(1, 0) = (\cos\theta, \sin\theta)$,

$R_\theta(0, 1) = (-\sin\theta, \cos\theta)$

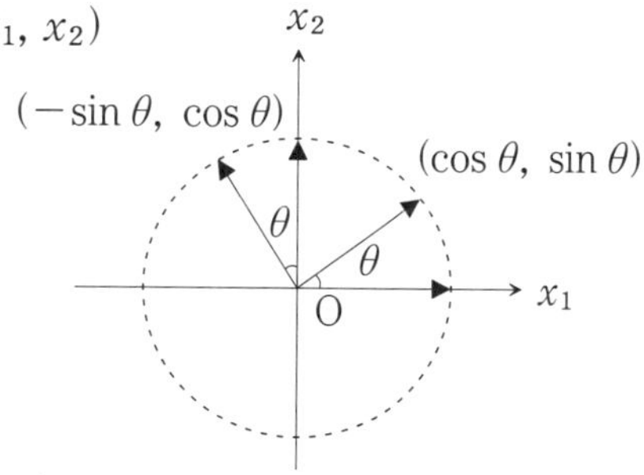

(2) $T : \mathbb{R}^2 \longrightarrow \mathbb{R}^2, \quad (y_1, y_2) = T(x_1, x_2)$

$$\begin{bmatrix} y_1 \\ y_2 \end{bmatrix} = \begin{bmatrix} 1 & 0 \\ 0 & -1 \end{bmatrix} \begin{bmatrix} x_1 \\ x_2 \end{bmatrix}$$

$T(1, 0) = (1, 0)$,

$T(0, 1) = (0, -1)$

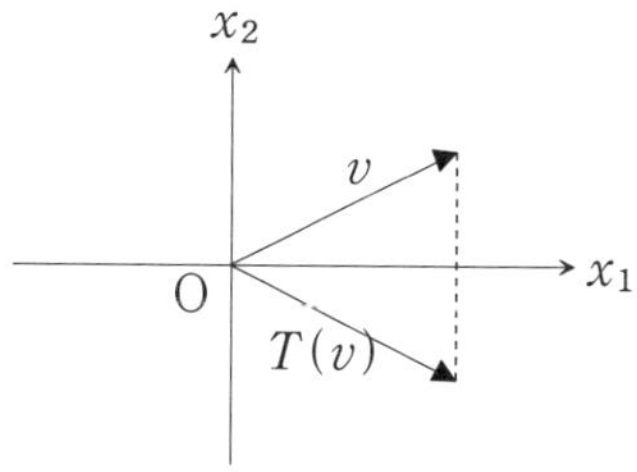

$S : \mathbb{R}^2 \longrightarrow \mathbb{R}^2, \quad (y_1, y_2) = S(x_1, x_2)$

$$\begin{bmatrix} y_1 \\ y_2 \end{bmatrix} = \begin{bmatrix} 0 & 1 \\ 1 & 0 \end{bmatrix} \begin{bmatrix} x_1 \\ x_2 \end{bmatrix}$$

$S(1, 0) = (0, 1)$,

$S(0, 1) = (1, 0)$

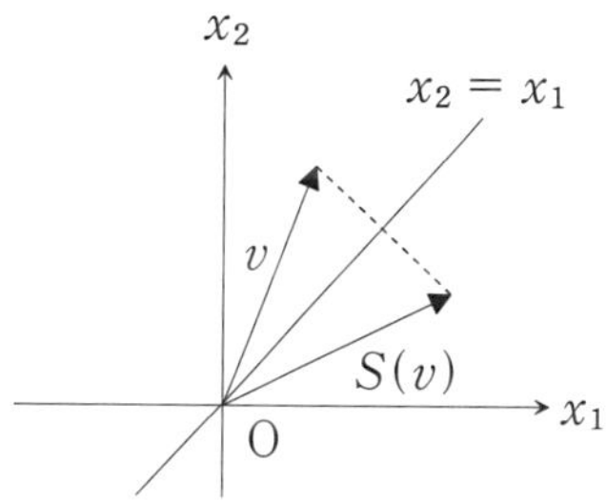

(3) $D_k : \mathbb{R}^2 \longrightarrow \mathbb{R}^2, \quad (y_1, y_2) = D_k(x_1, x_2)$

$$\begin{bmatrix} y_1 \\ y_2 \end{bmatrix} = \begin{bmatrix} k & 0 \\ 0 & k \end{bmatrix} \begin{bmatrix} x_1 \\ x_2 \end{bmatrix}$$

$D_k(1, 0) = (k, 0)$,

$D_k(0, 1) = (0, k)$

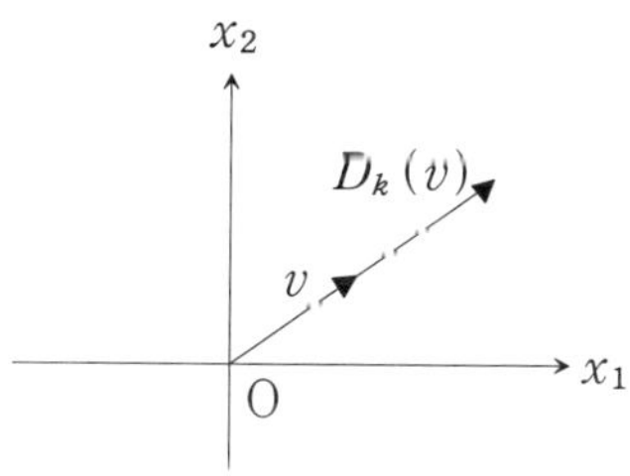

유클리드 평면 $\mathscr{E}^2$ 에서 생각하면, R_θ 는 원점 둘레의 θ 만큼의 회전이동(rotation)이고 T 와 S 는 각각 x_1 축, 직선 $x_2 = x_1$ 을 반사축으로 가지는 반사이동(reflection)이며 D_k 는 k 만큼의 확대변환(dilatation)이다.

보기 3.2.5 다음과 같이 정의된 사상은 선형사상이다.

$$T : \mathbb{R}^3 \longrightarrow \mathbb{R}^2, \quad (y_1, y_2) = T(x_1, x_2, x_3)$$

$$\begin{bmatrix} y_1 \\ y_2 \end{bmatrix} = \begin{bmatrix} 1 & 2 & 1 \\ 3 & 1 & 0 \end{bmatrix} \begin{bmatrix} x_1 \\ x_2 \\ x_3 \end{bmatrix}$$

이 때, $T(x_1, x_2, x_3) = (x_1+2x_2+x_3, 3x_1+x_2)$ 이고 다음이 성립한다.

$$T(1,0,0) = (1,3), \quad T(0,1,0) = (2,1), \quad T(0,0,1) = (1,0)$$

보기 3.2.6 다음 두 사상은 선형사상이 아니다.

$$S : \mathbb{R}^2 \longrightarrow \mathbb{R}^2, \quad S(x_1, x_2) = (x_1{}^2, x_1+x_2)$$
$$R : \mathbb{R}^2 \longrightarrow \mathbb{R}^2, \quad R(x_1, x_2) = (x_1+3x_2+1, 2x_1-x_2)$$

실제로, 다음이 성립한다.

$$S(2\,(1,0)) = S(2,0) = (4,2) \neq 2\,(1,1) = S(1,0),$$
$$R(0,0) = (1,0) \neq (0,0)$$

정리 3.2.4 체 F 위의 벡터공간 V, W, U 에 대하여 두 선형사상

$$T : V \longrightarrow W, \quad S : W \longrightarrow U$$

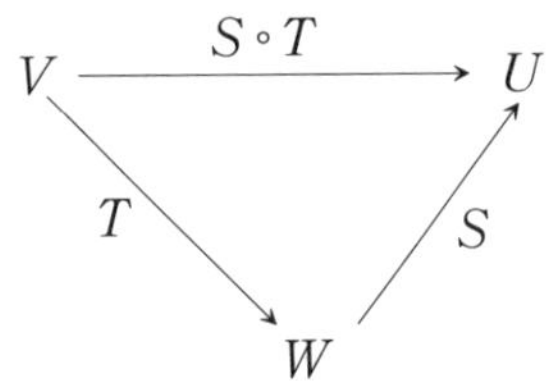

의 합성사상

$$S\circ T : V \longrightarrow U, \ (S\circ T)(v) = S(T(v))$$

는 선형사상이다.

증 명 임의의 $v_1, v_2, v \in V$ 와 $a \in F$ 에 대하여

$$\begin{aligned}(S\circ T)(v_1+v_2) &= S(T(v_1+v_2)) = S(T(v_1)+T(v_2)) \\ &= S(T(v_1)) + S(T(v_2)) \\ &= (S\circ T)(v_1) + (S\circ T)(v_2), \\ (S\circ T)(a\,v) &= S(T(a\,v)) = S(a\,T(v)) \\ &= a\,S(T(v)) = a\,((S\circ T)(v))\end{aligned}$$

이므로 $S\circ T$ 는 V 에서 U 로의 선형사상이다.

보기 3.2.7 체 F 위의 벡터공간 $F[x]$에서 두 사상

$$D : F[x] \longrightarrow F[x], \quad D(f(x)) = f'(x)$$
$$T : F[x] \longrightarrow F[x], \quad T(f(x)) = x f(x)$$

는 선형변환이고, 또

$$D \circ T : F[x] \longrightarrow F[x], \qquad T \circ D : F[x] \longrightarrow F[x]$$

는 각각 다음과 같이 정의된 선형변환이다.

$$(D \circ T)(f(x)) = D(T(f(x))) = D(x f(x)) = f(x) + x f'(x),$$
$$(T \circ D)(f(x)) = T(D(f(x)) = T(f'(x)) = x f'(x)$$

그런데, 예를 들어 $f(x) = x^2$에 대하여

$$(D \circ T)(f(x)) = D(T(f(x)) = D(x^3) = 3x^2,$$
$$(T \circ D)(f(x)) = T(D(f(x)) = T(2x) = 2x^2$$

이므로 $(D \circ T)(f(x)) \neq (T \circ D)(f(x))$이고 따라서 $D \circ T \neq T \circ D$이다.

정리 3.2.5 체 F 위의 $m \times n$ 행렬 A와 $n \times r$ 행렬 B에 대하여 선형사상 $L_A : F^n \longrightarrow F^m$, $L_B : F^r \longrightarrow F^n$의 합성사상 $L_A \circ L_B : F^r \longrightarrow F^m$는 $L_{AB} : F^r \longrightarrow F^m$와 일치한다. 즉, $L_A \circ L_B = L_{AB}$이다.

증 명 임의의 $(x_1, \cdots, x_r) \in F^r$에 대하여

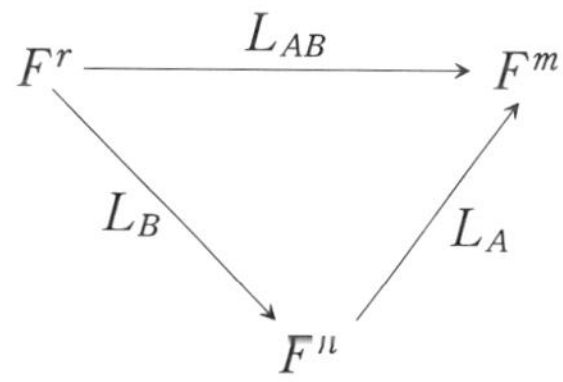

$$L_B(x_1, \cdots, x_r) = (z_1, \cdots, z_n),$$
$$L_A(z_1, \cdots, z_n) = (y_1, \cdots, y_m)$$

이라고 할 때,

$$\begin{aligned}(L_A \circ L_B)(x_1, \cdots, x_r) &= L_A(L_B(x_1, \cdots, x_r)) \\ &= L_A(z_1, \cdots, z_n) = (y_1, \cdots, y_m),\end{aligned}$$

$$\begin{bmatrix} y_1 \\ \vdots \\ y_m \end{bmatrix} = A \begin{bmatrix} z_1 \\ \vdots \\ z_n \end{bmatrix} = A\left(B \begin{bmatrix} x_1 \\ \vdots \\ x_r \end{bmatrix}\right) = (AB) \begin{bmatrix} x_1 \\ \vdots \\ x_r \end{bmatrix}$$

이므로 $L_A \circ L_B = L_{AB}$이다.

보기 3.2.8 두 선형사상

$$T : \mathbb{R}^2 \longrightarrow \mathbb{R}^2, \quad T(x_1, x_2) = (2x_1 + 5x_2,\ x_1 + 3x_2),$$
$$S : \mathbb{R}^2 \longrightarrow \mathbb{R}^3, \quad S(x_1, x_2) = (x_1 - x_2,\ 2x_1 - x_2,\ x_1 + x_2)$$

의 합성사상 $S \circ T : \mathbb{R}^2 \longrightarrow \mathbb{R}^3$ 는 다음과 같이 정의된 선형사상이다.

$$(S \circ T)(x_1, x_2) = (x_1 + 2x_2,\ 3x_1 + 7x_2,\ 3x_1 + 8x_2)$$

한편, S, T 의 행렬을 각각 A, B 이라고 하면 다음이 성립한다.

$$A = \begin{bmatrix} 1 & -1 \\ 2 & -1 \\ 1 & 1 \end{bmatrix}, \quad B = \begin{bmatrix} 2 & 5 \\ 1 & 3 \end{bmatrix}, \quad AB = \begin{bmatrix} 1 & 2 \\ 3 & 7 \\ 3 & 8 \end{bmatrix}$$

선형사상에 대하여 다음이 성립한다(정리 3.1.1 참조).

정리 3.2.6 체 F 위의 벡터공간 V, W, U, X 에 대하여 $T : V \longrightarrow W$, $S : W \longrightarrow U$, $R : U \longrightarrow X$ 가 선형사상일 때 다음이 성립한다.

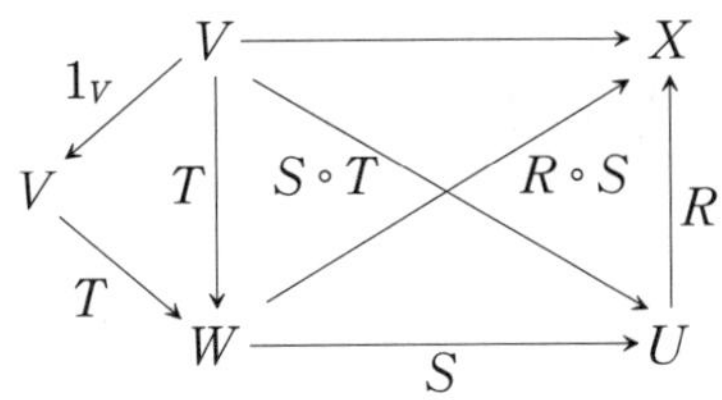

(1) $R \circ (S \circ T) = (R \circ S) \circ T$

(2) $T \circ 1_V = T, \quad 1_W \circ T = T$

연 습 문 제 (3.2)

*1. 다음 사상 중에서 선형사상인 것을 찾아라.

(1) $T : \mathbb{R}^3 \longrightarrow \mathbb{R}^2, \quad T(x_1, x_2, x_3) = (3x_1 + 2x_3,\ x_2)$

(2) $T : \mathbb{R}^2 \longrightarrow \mathbb{R}^2, \quad T(x_1, x_2) = (|x_1|,\ x_2)$

(3) $T : \mathbb{R}^2 \longrightarrow \mathbb{R}^2, \quad T(x_1, x_2) = (x_1 + 1,\ x_1 + x_2)$

(4) $T : \mathbb{R}^2 \longrightarrow \mathbb{R}^2, \quad T(x_1, x_2) = (x_1 + 3,\ x_2 + 3)$

(5) $T : \mathbb{R}^2 \longrightarrow \mathbb{R}_2[x], \quad T(a, b) = a + bx$

(6) $T : \mathbb{R}^3 \longrightarrow \mathbb{R}_3[x], \quad T(a, b, c) = 1 + ax + bx^2$

*2. 다음 선형변환 $T : \mathbb{R}^2 \longrightarrow \mathbb{R}^2$ 에 대하여 $T(1, 0)$, $T(0, 1)$을 구하고 또 T 의 행렬을 구하여라.

(1) $T : \mathbb{R}^2 \longrightarrow \mathbb{R}^2, \quad T(x_1, x_2) = (-x_1, -x_2)$

(2) $T : \mathbb{R}^2 \longrightarrow \mathbb{R}^2, \quad T(x_1, x_2) = (x_1, 0)$

3. 다음과 같이 정의된 선형사상 T 의 행렬을 구하여라.

$$T : \mathbb{R}^4 \longrightarrow \mathbb{R}^3, \quad (y_1, y_2, y_3) = T(x_1, x_2, x_3, x_4)$$

$$\begin{cases} y_1 = 4x_1 + 2x_2 - x_3 + x_4 \\ y_2 = \qquad\quad 2x_2 + x_3 + x_4 \\ y_3 = \ \ x_1 \qquad\qquad\quad + x_4 \end{cases}$$

4. 실수체 $\mathbb{R}$ 위의 두 행렬

$$A = \begin{bmatrix} 1 & 1 & 0 \\ 0 & 1 & 1 \end{bmatrix}, \quad B = \begin{bmatrix} 1 & 3 \\ 0 & 1 \end{bmatrix}$$

에 대하여 두 선형사상 $L_A : \mathbb{R}^3 \longrightarrow \mathbb{R}^2$, $L_B : \mathbb{R}^2 \longrightarrow \mathbb{R}^2$ 를 정의하고 또 $L_B \circ L_A : \mathbb{R}^3 \longrightarrow \mathbb{R}^2$ 를 정의하여라.

*5. 다음 두 선형변환에 대하여 $T \circ S$ 와 $S \circ T$ 를 정의하여라.

$$T : \mathbb{R}^2 \longrightarrow \mathbb{R}^2, \quad T(x_1, x_2) = (x_1 + 2x_2, -x_1 + 4x_2),$$
$$S : \mathbb{R}^2 \longrightarrow \mathbb{R}^2, \quad S(x_1, x_2) = (2x_1 - x_2, x_1 + 3x_2)$$

*6. 체 F 위의 두 벡터공간 V, W 에 대하여 사상 $T : V \longrightarrow W$ 가 다음 조건을 만족시킬 때, T 는 선형사상임을 밝혀라.

$$T(av + bw) = aT(v) + bT(w) \qquad (v, w \in V, \ a, b \in F)$$

7. 체 F 위의 $m \times n$ 행렬 A 에 대하여 다음과 같이 정의된 사상은 선형사상임을 밝혀라.

$$R_A : F^m \longrightarrow F^n, \quad (y_1, \cdots, y_n) = R_A(x_1, \cdots, x_m)$$
$$[y_1 \ \cdots \ y_n] = [x_1 \ \cdots \ x_m] A$$

§ 3.3 선형사상의 상공간과 핵

이 절에서는, 선형사상의 특성에 대하여 논한다.

정리 3.3.1 체 F 위의 벡터공간 V, W 에 대하여 사상 $T : V \longrightarrow W$ 가 선형사상이라고 하자. 이 때, V 의 부분공간 U 에 대하여

$$T(U) = \{T(u) \mid u \in U\}$$

는 W 의 부분공간이다. 특히,

$$\operatorname{im} T = T(V) = \{T(v) \mid v \in V\}$$

는 W 의 부분공간이다.

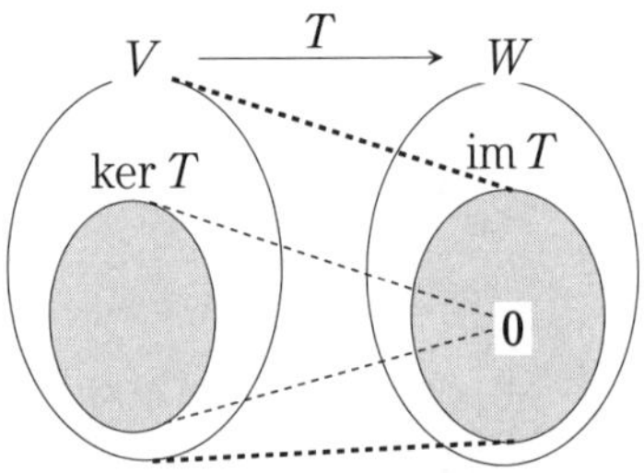

그리고,

$$\ker T = \{v \in V \mid T(v) = \mathbf{0}\}$$

이라고 하면, $\ker T$ 는 V 의 부분공간이다.

여기서 $\operatorname{im} T$ 를 T 의 **像공간**(imagee space, rank)이라 하고, 또 $\ker T$ 를 T 의 **核**(kernet) 또는 **退化공간**(null space)이라고 한다.

증 명 (1) 먼저 $\mathbf{0} \in U$ 이고 $T(\mathbf{0}) = \mathbf{0}$ 이므로 $\mathbf{0} \in T(U) \neq \varnothing$ 이다.

그리고, 임의의 $u, w \in U$ 와 $a \in F$ 에 대하여 $u+w, a u \in U$ 이고

$$T(u) + T(w) = T(u+w), \quad a T(u) = T(a u)$$

이므로 $T(u)+T(w) \in T(U)$, $a T(u) \in T(U)$ 이다.

따라서 $T(U)$ 는 W 의 부분공간이다.

(2) 먼저 $T(\mathbf{0}) = \mathbf{0}$ 이므로 $\mathbf{0} \in \ker T \neq \varnothing$ 이다.

그리고, 임의의 $v, w \in \ker T$ 와 $a \in F$ 에 대하여

$$T(v+w) = T(v) + T(w) = \mathbf{0} + \mathbf{0} = \mathbf{0},$$
$$T(a v) = a T(v) = a \mathbf{0} = \mathbf{0}$$

이므로 $v+w, a v \in \ker T$ 이고 따라서 $\ker T$ 는 V 의 부분공간이다.

보기 3.3.1 벡터공간 $\mathbb{R}^2$ 위의 선형변환

$$T : \mathbb{R}^2 \longrightarrow \mathbb{R}^2, \quad T(x_1, x_2) = (x_1, 0)$$

의 상공간과 핵은 각각 다음과 같다.

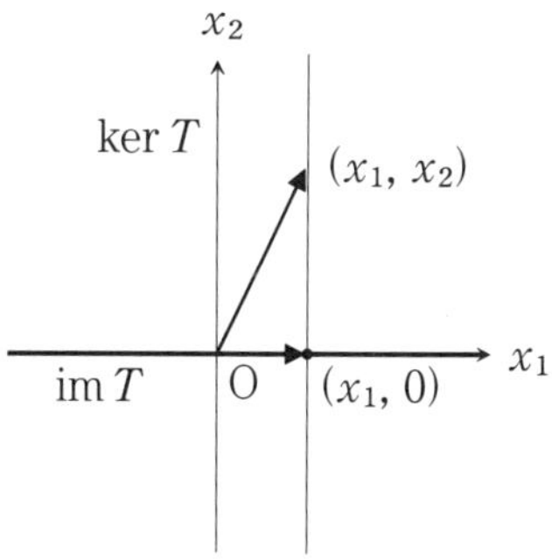

$$\begin{aligned} \operatorname{im} T &= \{T(x_1, x_2) \mid (x_1, x_2) \in \mathbb{R}^2\} \\ &= \{(x_1, 0) \mid x_1 \in \mathbb{R}\} = \langle (1, 0) \rangle \end{aligned}$$

$$\begin{aligned} \ker T &= \{(x_1, x_2) \in \mathbb{R}^2 \mid T(x_1, x_2) = (0, 0)\} \\ &= \{(0, x_2) \mid x_2 \in \mathbb{R}\} = \langle (0, 1) \rangle \end{aligned}$$

정리 3.3.2 체 F 위의 벡터공간 V, W 에 대하여 사상 $T : V \longrightarrow W$ 가 선형사상일 때, 나음이 성립한다.

(1) $\operatorname{im} T = W$ 일 때 그리고 이때에만 T 는 위로의 사상이다.

(2) $\ker T = \{\mathbf{0}\}$ 일 때 그리고 이때에만 T 는 일대일 사상이다.

(3) $T(v) = T(w) \iff v - w \in \ker T$

증 명 (1) 정의에 의하여 (1)이 성립한다(정의 3.1.2).

(2) $\ker T = \{\mathbf{0}\}$ 일 때, $T(v) = T(w)$ 이라고 가정하면

$$T(v-w) = T(v) - T(w) = \mathbf{0}$$

이므로 $v - w \in \ker T = \{\mathbf{0}\}$ 이고 따라서 $v - w = \mathbf{0}$ 즉 $v = w$ 이다.

그러므로 $\ker T = \{\mathbf{0}\}$ 이면, T 는 일대일 사상이다(정의 3.1.2).

역으로, T 가 일대일 사상일 때, $v \in \ker T$ 이라고 하면

$$T(v) = \mathbf{0} = T(\mathbf{0})$$

이므로 $v = \mathbf{0}$ 이고 따라서 $\ker T = \{\mathbf{0}\}$ 이다.

(3) 정리 3.2.2 에 의하여 다음이 성립한다.

$$\begin{aligned} T(v) = T(w) &\iff T(v) - T(w) = \mathbf{0} \\ &\iff T(v-w) = \mathbf{0} \\ &\iff v - w \in \ker T \end{aligned}$$

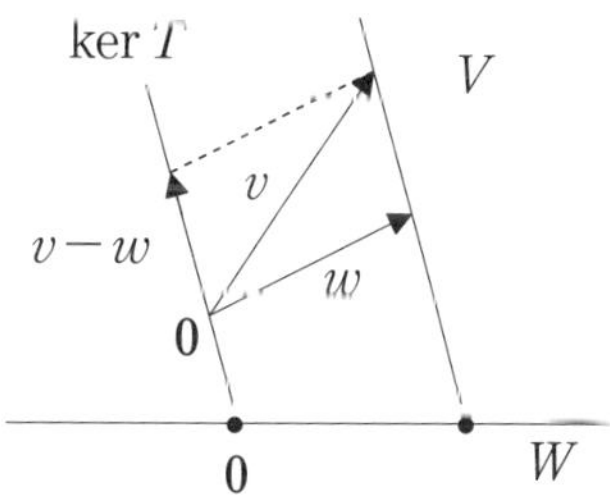

보기 3.3.2 벡터공간 V, W 에 대하여 사상

$$0 : V \longrightarrow W, \quad 0(v) = \mathbf{0}$$

은 선형사상이다. 이 선형사상을 **영 선형사상**이라고 한다.

선형사상 $T : V \longrightarrow W$ 에 대하여 다음이 성립한다.

$$\operatorname{im} T = \{\mathbf{0}\} \iff \ker T = V \iff T = 0 \text{ (영 선형사상)}$$

특히, 벡터공간 V 에서

$$0_V : V \longrightarrow V, \quad 0_V(v) = \mathbf{0}$$

는 선형변환이다. 이 선형변환 V 위의 **영 선형변환**이라고 한다.

정리 3.3.3 체 F 위의 벡터공간 V, W 에 대하여 사상 $T : V \longrightarrow W$ 가 선형사상일 때, 벡터 $v_1, \cdots, v_n \in V$ 에 대하여 다음이 성립한다.

$$T(\langle v_1, \cdots, v_n \rangle) = \langle T(v_1), \cdots, T(v_n) \rangle$$

특히, $V = \langle v_1, \cdots, v_n \rangle$ 이면, $\operatorname{im} T = \langle T(v_1), \cdots, T(v_n) \rangle$ 이다.

증 명 정의 2.2.6 과 정리 3.2.2 에 의하여

$$\langle v_1, \cdots, v_n \rangle = \{a_1 v_1 + \cdots + a_n v_n \mid a_1, \cdots, a_n \in F\},$$

$$T(a_1 v_1 + \cdots + a_n v_n) = a_1 T(v_1) + \cdots + a_n T(v_n)$$

이므로 $T(\langle v_1, \cdots, v_n \rangle) = \langle T(v_1), \cdots, T(v_n) \rangle$ 이다.

정리 3.3.4 체 F 위의 $m \times n$ 행렬 $A = [a_{ij}]_{m \times n}$ 에 의하여 정의된 선형사상 $L_A : F^n \longrightarrow F^m$ 에 대하여 다음이 성립한다.

(1) $\operatorname{im} L_A = (A \text{ 의 열공간}) = (A^T \text{ 의 행공간})$,

$\dim_F \operatorname{im} L_A = r(A^T) = r(A)$

(2) $\ker L_A = \left\{ (x_1, \cdots, x_n) \in F^n \;\middle|\; A \begin{bmatrix} x_1 \\ \vdots \\ x_n \end{bmatrix} = \begin{bmatrix} 0 \\ \vdots \\ 0 \end{bmatrix} \right\}$

$\dim_F \ker L_A = n(A) = n - r(A) = (A \text{ 의 퇴화차수})$

증 명 이제 $\mathscr{B} = \{e_1, \cdots, e_n\}$를 벡터공간 F^n의 표준기저라고 하면

$$w_j = L_A(e_j) = (a_{1j}, a_{2j}, \cdots, a_{mj}) \qquad (1 \leq j \leq n)$$

는 A의 열벡터이므로 다음이 성립한다(정리 3.2.3, 정리 3.3.3, 정리 2.6.7).

$$\operatorname{im} L_A = \langle w_1, \cdots, w_n \rangle = (A\text{ 의 열공간}) = (A^T\text{ 의 행공간}),$$
$$\dim_F \operatorname{im} L_A = r(A^T) = r(A)$$

그리고, 정의에 의하여 다음이 성립한다(정리 2.7.1).

$$\ker L_A = \left\{ (x_1, \cdots, x_n) \in F^n \;\middle|\; A \begin{bmatrix} x_1 \\ \vdots \\ x_n \end{bmatrix} = \begin{bmatrix} 0 \\ \vdots \\ 0 \end{bmatrix} \right\}$$
$$\dim_F \ker L_A = n(A) = n - r(A)$$

보기 3.3.3 다음과 같이 정의된 선형사상을 생각해 보자.

$$T : \mathbb{R}^3 \longrightarrow \mathbb{R}^2, \quad T(x_1, x_2, x_3) = (x_1 + 3x_2 + x_3,\ 2x_1 + 7x_2 - x_3)$$

이제

$$A = \begin{bmatrix} 1 & 3 & 1 \\ 2 & 7 & -1 \end{bmatrix}$$

이라고 하면, $T = L_A$이고 또 A^T는 기본 행 변형에 의하여 오른쪽과 같이 기약 행 사다리꼴 행렬로 변형된다. 따라서 $\operatorname{im} T$는 다음과 같다.

$$A^T = \begin{bmatrix} 1 & 2 \\ 3 & 7 \\ 1 & -1 \end{bmatrix} \longrightarrow \begin{bmatrix} 1 & 2 \\ 0 & 1 \\ 0 & -3 \end{bmatrix} \longrightarrow \begin{bmatrix} 1 & 0 \\ 0 & 1 \\ 0 & 0 \end{bmatrix}$$

$$\operatorname{im} T = \langle (1, 0), (0, 1) \rangle = \mathbb{R}^2,$$
$$\dim_{\mathbb{R}} \operatorname{im} T = 2 = r(A^T) = r(A)$$

한편, $\ker T$는 농차 연립일차방정식

$$\begin{bmatrix} 1 & 3 & 1 \\ 2 & 7 & 1 \end{bmatrix} \begin{bmatrix} x_1 \\ x_2 \\ x_3 \end{bmatrix} = \begin{bmatrix} 0 \\ 0 \\ 0 \end{bmatrix}$$

의 해공간이고, 또 A는 기본 행 변형에 의하여 오른쪽과 같이 기약 행 사다리꼴

$$A = \begin{bmatrix} 1 & 3 & 1 \\ 2 & 7 & -1 \end{bmatrix} \longrightarrow \begin{bmatrix} 1 & 3 & 1 \\ 0 & 1 & -3 \end{bmatrix} \longrightarrow \begin{bmatrix} 1 & 0 & 10 \\ 0 & 1 & -3 \end{bmatrix}$$

행렬로 변형된다. 따라서 $r(A) = 2$ 이고, 앞의 동차 연립일차방정식은

$$\begin{cases} x_1 + 10x_3 = 0 \\ x_2 - \ \ 3x_3 = 0 \end{cases} \quad \text{즉} \quad \begin{cases} x_1 = -10x_3 \\ x_2 = \quad\ 3x_3 \end{cases}$$

과 동치이므로 $\ker T$ 는 다음과 같다.

$$\ker T = \langle (-10, 3, 1) \rangle, \quad \dim_{\mathbb{R}} \ker T = 1 = n(A)$$

보기 3.3.4 체 F 위의 벡터공간 F^2 에서 다음 선형변환을 생각해 보자.

$$T : F^2 \longrightarrow F^2, \quad (y_1, y_2) = T(x_1, x_2)$$

$$\begin{bmatrix} y_1 \\ y_2 \end{bmatrix} = A \begin{bmatrix} x_1 \\ x_2 \end{bmatrix}, \qquad A = \begin{bmatrix} a & b \\ c & d \end{bmatrix} \neq O_2$$

먼저 A 가 정칙행렬일 때, 즉 $\det A \neq 0$ 일 때, $r(A) = 2$ 이고 따라서 $\operatorname{im} T = F^2$, $\ker T = \{\mathbf{0}\}$ 이다(정리 1.5.7, 정리 3.3.4).

한편, $\det A = 0$ 이면, $r(A) = r(A^T) = 1$ 이고 다음이 성립한다.

(1) $\operatorname{im} T = (A$ 의 열공간$) = \langle (a, c), (b, d) \rangle$, $\dim_F \operatorname{im} T = 1$

그런데, A 의 두 열벡터 (a, c), (b, d)는 일차종속이므로(정리 2.6.9),

$$(a, c) \neq (0, 0) \text{ 이면 } \operatorname{im} T = \langle (a, c) \rangle \text{ 이고}$$
$$(b, d) \neq (0, 0) \text{ 이면 } \operatorname{im} T = \langle (b, d) \rangle \text{ 이다.}$$

(2) $\ker T$ 는 동차 연립일차방정식

$$\begin{bmatrix} a & b \\ c & d \end{bmatrix} \begin{bmatrix} x_1 \\ x_2 \end{bmatrix} = \begin{bmatrix} 0 \\ 0 \end{bmatrix}$$

의 해공간이다. 한편, A 의 두 행벡터 (a, b), (c, d) 는 일차종속이므로 $\ker T$ 는 동차일차방정식

$$ax_1 + bx_2 = 0 \text{ 또는 } cx_1 + dx_2 = 0$$

의 해공간이고 $\dim_F \ker T = 1$ 이다.

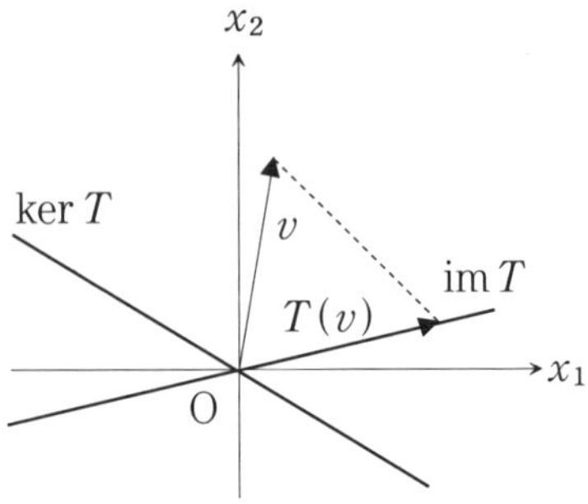

보기 3.3.5 다음과 같이 정의된 선형변환을 생각해 보자.

$$T : \mathbb{R}^2 \longrightarrow \mathbb{R}^2, \quad (y_1, y_2) = T(x_1, x_2)$$

$$\begin{bmatrix} y_1 \\ y_2 \end{bmatrix} = A \begin{bmatrix} x_1 \\ x_2 \end{bmatrix}, \qquad A = \begin{bmatrix} 1 & 2 \\ 4 & 8 \end{bmatrix}$$

이 때, $\det A = 0$ 이고 $\operatorname{im} T$ 는 다음과 같다.

$$\operatorname{im} T = (A^T \text{ 의 행공간}) = \langle (1, 4) \rangle, \qquad A^T = \begin{bmatrix} 1 & 4 \\ 2 & 8 \end{bmatrix}$$
$$\dim_{\mathbb{R}} \operatorname{im} T = 1 = r(A^T) = r(A)$$

한편, $\ker T$ 는 동차 일차방정식 $x_1 + 2x_2 = 0$ 의 해공간과 일치하므로 $\ker T$ 는 다음과 같다.

$$\ker T = \{ t(-2, 1) \mid t \in \mathbb{R} \} = \langle (-2, 1) \rangle, \qquad A = \begin{bmatrix} 1 & 2 \\ 4 & 8 \end{bmatrix}$$
$$\dim_{\mathbb{R}} \ker T = 1 = n(A) = 2 - r(A)$$

연 습 문 제 (3.3)

1. 다음 선형변환의 상공간과 핵을 구하여라.

(1) $T : \mathbb{R}^2 \longrightarrow \mathbb{R}^2, \quad T(x_1, x_2) = (3x_1 - x_2, x_2 + 2x_3)$

(2) $T : \mathbb{R}^2 \longrightarrow \mathbb{R}^2, \quad T(x_1, x_2) = (x_1 + 2x_2, 3x_1 + 6x_2)$

2. 다음 선형사상의 상공간과 핵을 구하여라.

*(1) $T : \mathbb{R}^3 \longrightarrow \mathbb{R}^2, \quad T(x_1, x_2, x_3) = (x_1 + 2x_2 + x_3, 3x_1 - x_2 + 2x_3)$

(2) $T : \mathbb{R}^3 \longrightarrow \mathbb{R}^3, \quad T(x_1, x_2, x_3) = (3x_1 - 2x_3, x_2, 2x_2 + x_3)$

***3.** 다음 선형사상에 대하여 아래 물음에 답하여라.

$$T : \mathbb{R}^4 \longrightarrow \mathbb{R}^3, \quad T(x_1, x_2, x_3, x_4) = (x_3 - 3x_4, 2x_1 + x_2, x_1 - x_4)$$

(1) 상공간 $\operatorname{im} T$ 와 핵 $\ker T$ 를 구하여라

(2) $T(1, 0, 1, 0)$을 구하여라. 또, $T(x_1, x_2, x_3, x_4) = T(1, 0, 1, 0)$ 인 벡터 $(x_1, x_2, x_3, x_4) \in \mathbb{R}^4$ 전체의 집합을 구하여라.

4. 다음 선형사상의 상공간의 차원과 핵의 차원을 구하여라.

*(1) $T : \mathbb{R}_3[x] \longrightarrow \mathbb{R}[x]$, $T(a+bx+cx^2) = a + (a-b)x^2$

(2) $T : \mathbb{R}^2 \longrightarrow \mathbb{R}_3[x]$, $T(a, b) = a+2b + (3a+6b)x + (2a+4b)x^2$

*5. 다음 선형변환은 위로의 사상이지만 일대일 사상은 아님을 확인하여라.

$$D : \mathbb{R}[x] \longrightarrow \mathbb{R}[x], \quad D(f(x)) = f'(x)$$

6. 벡터공간 $\mathbb{R}_3[x]$ 위에서 다음과 같이 정의된 선형변환은 일대일 사상도 아니고 위로의 사상도 아님을 확인하여라.

$$T : \mathbb{R}_3[x] \longrightarrow \mathbb{R}_3[x], \quad T(a_0+a_1x+a_2x^2) = a_1 + 2a_2x$$

*7. 체 F 위의 벡터공간 V, W 에 대하여 사상 $T : V \longrightarrow W$ 가 선형사상일 때, W 의 벡터 $w_1, \cdots, w_m$ 이 일차독립이면

$$T(v_i) = w_i \qquad (i = 1, \cdots, m)$$

인 벡터 $v_1, \cdots, v_m \in V$ 은 일차독립임을 증명하여라.

*8. 체 F 위의 $m \times n$ 행렬 $A = [a_{ij}]_{m\times n}$ 의 행벡터를 $v_1, \cdots, v_m$ 이라고 할 때, 다음 세 조건은 서로 동치임을 밝혀라.

(1) $L_A : F^n \longrightarrow F^m$ 는 위로의 사상이다. 즉, $\operatorname{im} L_A = F^m$ 이다.

(2) $r(A) = m$

(3) 벡터공간 F^n 에서 행벡터 $v_1, \cdots, v_m$ 은 일차독립이다.

9. 체 F 위의 $m \times n$ 행렬 $A = [a_{ij}]_{m\times n}$ 의 열벡터를 $w_1, \cdots, w_n$ 이라고 할 때, 다음 세 조건은 서로 동치임을 밝혀라.

(1) $L_A : F^n \longrightarrow F^m$ 는 일대일 사상이다. 즉, $\ker L_A = \{\mathbf{0}\}$ 이다.

(2) $r(A) = n$

(3) 벡터공간 F^m 에서 열벡터 $w_1, \cdots, w_n$ 은 일차독립이다.

§3.4 동형인 벡터공간

이 절에서는 특수한 선형사상에 대하여 논한다.

정의 3.4.1 체 F 위의 벡터공간 V, W 에 대하여 사상 $T : V \longrightarrow W$ 가 선형사상인 동시에 일대일 대응일 때, T 를 V 에서 W 위로의 (벡터공간) **同型사상**(isomorphism) 또는 **F-동형사상**(F-isomorphism)이라고 한다.

그리고, 동형사상 $T : V \longrightarrow W$ 가 존재할 때, V와 W 는 서로 **동형**인 (isomorphic) 벡터공간이라 하고 이 사실을 $V \cong W$ 로 나타낸다.

보기 3.4.1 체 F 위의 벡터공간 $\mathrm{Mat}_{m\times n}(F)$, $\mathrm{Mat}_{n\times m}(F)$ 에 대하여

$$\phi : \mathrm{Mat}_{m\times n}(F) \longrightarrow \mathrm{Mat}_{n\times m}(F), \quad \phi(A) = A^T$$

는 동형사상이고 따라서 $\mathrm{Mat}_{m\times n}(F) \cong \mathrm{Mat}_{n\times m}(F)$ 이다.

실제로, 임의의 $A, B \in \mathrm{Mat}_{m\times n}(F)$ 와 $a \in F$ 에 대하여

$$\phi(A+B) = (A+B)^T = A^T + B^T = \phi(A) + \phi(B),$$
$$\phi(a\,A) = (a\,A)^T = a\,A^T = a\,\phi(A)$$

이므로 ϕ는 선형사상이다(정리 1.2.7). 또, ϕ는 일대일 대응이다.

보기 3.4.2 체 F 위의 벡터공간 F^4 와 $\mathrm{Mat}_2(F)$에 대하여

$$T : F^4 \longrightarrow \mathrm{Mat}_2(F), \quad T(a, b, c, d) = \begin{bmatrix} a & b \\ c & d \end{bmatrix}$$

는 동형사상이고 따라서 $F^4 \cong \mathrm{Mat}_2(F)$ 이다(문제 1 참조).

두 벡터공간 V, W 가 동형이면, 벡터공간으로서 V 와 W 를 同一視한다 (identify). 위의 보기에서 곱셈은 생각하지 않고 덧셈과 스칼라 곱셈만을 생각한다면, 두 벡터공간 F^4, $\mathrm{Mat}_2(F)$ 는 본질적으로 동일하다.

다음 정리가 성립한다(정리 3.3.2, 정리 3.1.3).

정리 3.4.2 체 F 위의 벡터공간 V, W 에 대하여 사상 $T : V \longrightarrow W$ 가 선형사상일 때, 다음 세 조건은 서로 동치이다.

(1) T 는 동형사상이다.

(2) T 는 일대일 대응이다. 즉, $\ker T = \{\mathbf{0}\}$, $\operatorname{im} T = W$ 이다.

(3) $S \circ T = 1_V$, $T \circ S = 1_W$ 인 사상 $S : W \longrightarrow V$ 가 존재한다.

그리고, 이 경우에 S 는 T 의 역사상 T^{-1} 이고 따라서 다음이 성립한다.

$$T^{-1} \circ T = 1_V, \quad T \circ T^{-1} = 1_W, \quad T(v) = w \Longleftrightarrow T^{-1}(w) = v$$

정리 3.4.3 체 F 위의 벡터공간 V, W, U 에 대하여 다음이 성립한다.

(1) 항등 선형변환 $1_V : V \longrightarrow V$ 는 동형사상이고, 따라서 $V \cong V$ 이다.

(2) $T : V \longrightarrow W$ 가 동형사상이면, $T^{-1} : W \longrightarrow V$ 는 동형사상이고 또 $(T^{-1})^{-1} = T$ 이다. 따라서 $V \cong W$ 이면, $W \cong V$ 이다.

(3) $T : V \longrightarrow W$ 와 $S : W \longrightarrow U$ 가 동형사상이면, $S \circ T : V \longrightarrow U$ 는 동형사상이고 또 $(S \circ T)^{-1} = T^{-1} \circ S^{-1}$ 이다.

따라서 $V \cong W$, $W \cong U$ 이면, $V \cong U$ 이다.

증 명 (1) 분명히 $1_V : V \longrightarrow V$ 는 동형사상이다.

(2) 사상 $T : V \longrightarrow W$ 가 동형사상이라고 하자. 이 때, $T^{-1} : W \longrightarrow V$ 는 일대일 대응이고 $(T^{-1})^{-1} = T$ 이다(정리 3.1.5).

임의의 $w_1, w_2 \in W$ 와 $a \in F$ 에 대하여 $T^{-1}(w_1) = v_1$, $T^{-1}(w_2) = v_2$ 이라고 하면, $T(v_1) = w_1$, $T(v_2) = w_2$ 이므로

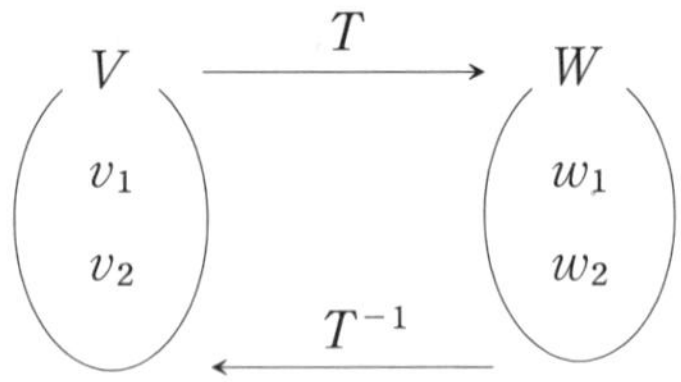

$$T(v_1 + v_2) = T(v_1) + T(v_2) = w_1 + w_2,$$
$$T(a v_1) = a T(v_1) = a w_1$$

이고 따라서

$$T^{-1}(w_1 + w_2) = v_1 + v_2 = T^{-1}(w_1) + T^{-1}(w_2),$$
$$T^{-1}(a w_1) = a v_1 = a T^{-1}(w_1)$$

이므로 T^{-1} 는 선형사상이고, 따라서 T^{-1} 는 동형사상이다.

(3) 두 사상 $T : V \longrightarrow W$, $S : W \longrightarrow U$ 가 동형사상이라고 하자. 이 때, $S \circ T : V \longrightarrow U$ 는 선형사상인 동시에 일대일 대응이므로 $S \circ T$ 는 동형사상이고 또 $(S \circ T)^{-1} = T^{-1} \circ S^{-1}$ 이다(정리 3.2.4, 정리 3.1.5).

정리 3.4.4 (보편 사상 성질, Universal Mapping Property) 체 F 위의 벡터공간 V 가 n 차원 벡터공간이고 $\mathscr{B} = \{v_1, \cdots, v_n\}$ 가 V 의 기저일 때, 체 F 위의 임의의 벡터공간 W와 임의의 $w_1, \cdots, w_n \in W$에 대하여

$$T(v_i) = w_i \qquad (1 \leq i \leq n)$$

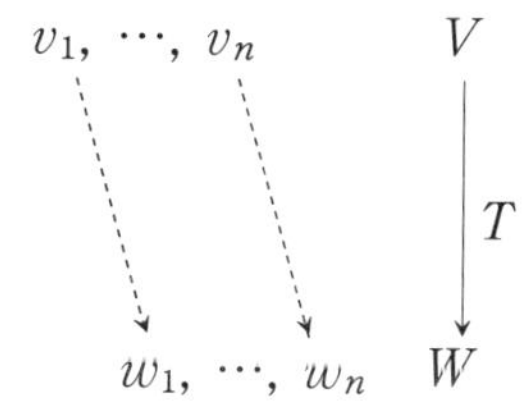

인 선형사상 $T : V \longrightarrow W$ 가 단 하나 존재하며 $T(\sum_{i=1}^{n} a_i v_i) = \sum_{i=1}^{n} a_i w_i$ 이다.

벡터 $w_1, \cdots, w_n$ 중에는 같은 것이 있을 수 있다.

증 명 (1) 각 벡터 $v \in V$ 는 단 한 가지 방법으로

$$v = a_1 v_1 + \cdots + a_n v_n = \sum_{i=1}^{n} a_i v_i \qquad (a_1, \cdots, a_n \in F)$$

의 꼴로 나타내어지므로 다음과 같은 사상이 정의된다(정리 2.4.2 참조).

$$T : V \longrightarrow W, \quad T(\sum_{i=1}^{n} a_i v_i) = \sum_{i=1}^{n} a_i w_i$$

이 때, 각 i $(1 \leq i \leq n)$ 에 대하여 $T(v_i) = w_i$ 이다. 그리고,

$$\begin{aligned} T(\sum_{i=1}^{n} a_i v_i + \sum_{i=1}^{n} b_i v_i) &= T(\sum_{i=1}^{n} (a_i + b_i) v_i) = \sum_{i=1}^{n} (a_i + b_i) w_i \\ &= \sum_{i=1}^{n} a_i w_i + \sum_{i=1}^{n} b_i w_i = T(\sum_{i=1}^{n} a_i v_i) + T(\sum_{i=1}^{n} b_i v_i) \end{aligned}$$

$$\begin{aligned} T(a \sum_{i=1}^{n} a_i v_i) &= T(\sum_{i=1}^{n} (a a_i) v_i) = \sum_{i=1}^{n} (a a_i) w_i \\ &= a \sum_{i=1}^{n} a_i w_i = a T(\sum_{i=1}^{n} a_i v_i) \end{aligned}$$

이므로 T 는 조건을 만족시키는 선형사상이다.

또, 선형사상 $S : V \longrightarrow W$ 에 대하여 $S(v_i) = w_i \quad (1 \le i \le n)$이면,

$$S(\sum_{i=1}^{n} a_i v_i) = \sum_{i=1}^{n} a_i S(v_i) = \sum_{i=1}^{n} a_i w_i = T(\sum_{i=1}^{n} a_i v_i)$$

이므로 $S = T$ 이다.

위의 정리의 증명에 의하여 다음 따름정리가 성립한다.

따름정리 3.4.5 체 F 위의 벡터공간 V가 n차원 벡터공간이고 또 $\mathscr{B} = \{v_1, \cdots, v_n\}$가 V 의 기저일 때, 체 F 위의 임의의 벡터공간 W 에 대하여 두 선형사상 $T : V \longrightarrow W$, $S : V \longrightarrow W$ 가

$$T(v_i) = S(v_i) \qquad (1 \le i \le n)$$

를 만족시키면 $T = S$ 이다.

보기 3.4.3 벡터공간 $\mathbb{R}^3$ 에서 $\mathscr{B} = \{(1, 0, 0), (2, 1, 0), (1, -1, 1)\}$는 기저이므로 다음과 같은 선형사상 $T : \mathbb{R}^3 \longrightarrow \mathbb{R}^2$ 가 단 하나 존재한다.

$$T(1, 0, 0) = (1, 2), \quad T(2, 1, 0) = (1, 2), \quad T(1, -1, 1) = (2, 5)$$

한편, A를 T의 행렬이라고 하면, 조건에 의하여 다음이 성립한다.

$$A\begin{bmatrix}1\\0\\0\end{bmatrix} = \begin{bmatrix}1\\2\end{bmatrix}, \quad A\begin{bmatrix}2\\1\\0\end{bmatrix} = \begin{bmatrix}1\\2\end{bmatrix}, \quad A\begin{bmatrix}1\\-1\\1\end{bmatrix} = \begin{bmatrix}2\\5\end{bmatrix}$$

즉,
$$AP = \begin{bmatrix}1 & 1 & 2\\2 & 2 & 5\end{bmatrix}, \quad P = \begin{bmatrix}1 & 2 & 1\\0 & 1 & -1\\0 & 0 & 1\end{bmatrix}$$

그런데, $\mathscr{B}$가 벡터공간 $\mathbb{R}^3$ 의 기저이므로 정리 2.4.10 에 의하여 P는 정칙행렬이고 따라서 A는 다음과 같다.

$$A = \begin{bmatrix}1 & 1 & 2\\2 & 2 & 5\end{bmatrix} P^{-1} = \begin{bmatrix}1 & 1 & 2\\2 & 2 & 5\end{bmatrix}\begin{bmatrix}1 & -2 & -3\\0 & 1 & 1\\0 & 0 & 1\end{bmatrix} = \begin{bmatrix}1 & -1 & 0\\2 & -2 & 1\end{bmatrix}$$

따라서 $T(x_1, x_2, x_3) = (x_1 - x_2,\ 2x_1 - 2x_2 + x_3)$ 이다.

정리 3.4.6 체 F 위의 벡터공간 V, W 에 대하여 선형사상 $T : V \longrightarrow W$ 가 일대일 사상일 때, 즉 $\ker T = \{\mathbf{0}\}$ 일 때 다음이 성립한다.

(1) 벡터 $v_1, \cdots, v_n \in V$ 이 일차독립이면, 벡터 $T(v_1), \cdots, T(v_n) \in W$ 도 일차독립이다.

(2) $\dim_F V = n$ 일 때, V 의 임의의 기저 $\mathscr{B} = \{v_1, \cdots, v_n\}$ 에 대하여 $\{T(v_1), \cdots, T(v_n)\}$ 은 $\operatorname{im} T$ 의 기저이고 따라서 $\dim_F \operatorname{im} T = \dim_F V$ 이다.

증 명 (1) 벡터 $v_1, \cdots, v_n$ 이 일차독립일 때,

$$a_1 T(v_1) + \cdots + a_n T(v_n) = \mathbf{0} \qquad (a_1, \cdots, a_n \in F)$$

이라고 가정하면,

$$T(a_1 v_1 + \cdots + a_n v_n) = \mathbf{0}$$

즉

$$a_1 v_1 + \cdots + a_n v_n \in \ker T = \{\mathbf{0}\}$$

이므로 $a_1 v_1 + \cdots + a_n v_n = \mathbf{0}$ 이고 따라서 $a_1 = \cdots = a_n = 0$ 이다.

그러므로 $T(v_1), \cdots, T(v_n)$ 은 일차독립이다.

(2) 가정에 의하여 $V = \langle v_1, \cdots, v_n \rangle$ 이고 또 $v_1, \cdots, v_n$ 은 일차독립이다. 따라서 정리 3.3.3 에 의하여 $\operatorname{im} T = \langle T(v_1), \cdots, T(v_n) \rangle$ 이고, 또 (1) 에 의하여 $T(v_1), \cdots, T(v_n)$ 은 일차독립이다. 그러므로 (2)가 성립한다.

정리 3.4.7 체 F 위의 벡터공간 V, W 가 유한차원 벡터공간일 때

$$V \cong W \iff \dim_F V = \dim_F W$$

이고, 특히 $F^m \cong F^n \iff m = n$ 이다. 실제로, 다음이 성립한다.

(1) $V \cong W$ 일 때, $T : V \longrightarrow W$ 를 동형사상이라고 하면 V 의 임의의 기저 $\mathscr{B} = \{v_1, \cdots, v_n\}$ 에 대하여 $\{T(v_1), \cdots, T(v_n)\}$ 은 W 의 기저이고 따라서 $\dim_F V = \dim_F W$ 이다.

(2) $\dim_F V = \dim_F W = n$ 일 때, $\mathscr{B} = \{v_1, \cdots, v_n\}$, $\mathscr{C} = \{w_1, \cdots, w_n\}$ 를 각각 V, W 의 기저라고 하면 다음과 같이 정의된 사상은 동형사상이다.

$$T : V \longrightarrow W, \quad T(a_1 v_1 + \cdots + a_n v_n) = a_1 w_1 + \cdots + a_n w_n$$

증 명 (1) 정리 3.4.6 에 의하여 (1) 이 성립한다.

(2) $\dim_F V = \dim_F W = n$ 일 때, $\mathscr{B} = \{v_1, \cdots, v_n\}$, $\mathscr{C} = \{w_1, \cdots, w_n\}$ 를 각각 V, W 의 기저라고 하자. 이 때, 정리 3.4.4 에 의하여 선형사상

$$T : V \longrightarrow W, \quad T(a_1 v_1 + \cdots + a_n v_n) = a_1 w_1 + \cdots + a_n w_n$$

가 정의되고 또 다음이 성립한다.

$$\operatorname{im} T = \{a_1 w_1 + \cdots + a_n w_n \mid a_1, \cdots, a_n \in F\} = W$$

그리고, $v = a_1 v_1 + \cdots + a_n v_n \in \ker T$ 이라고 가정하면,

$$\mathbf{0} = T(v) = a_1 w_1 + \cdots + a_n w_n$$

이고 $w_1, \cdots, w_n$ 은 일차독립이므로 $a_1 = \cdots = a_n = 0$ 이고 따라서 $v = \mathbf{0}$ 이므로 $\ker T = \{\mathbf{0}\}$ 이다. 그러므로 T 는 동형사상이다.

특히, 체 F 위의 벡터공간 F^n 은 n 차원 벡터공간이므로, 위의 두 결과에 의하여 $F^m \cong F^n \Longleftrightarrow m = n$ 이다.

따름정리 3.4.8 체 F 위의 벡터공간 V 가 n 차원 벡터공간일 때, V 의 임의의 기저 $\mathscr{B} = \{v_1, \cdots, v_n\}$ 에 대하여 다음 사상은 동형사상이다.

$$\phi_{\mathscr{B}} : V \longrightarrow F^n, \quad \phi_{\mathscr{B}}(a_1 v_1 + \cdots + a_n v_n) = (a_1, \cdots, a_n)$$

증 명 정리 3.4.7 에 의하면, V 의 임의의 기저 $\mathscr{B} = \{v_1, \cdots, v_n\}$ 와 벡터공간 F^n 의 표준기저 $\mathscr{C} = \{e_1, \cdots, e_n\}$ 에 대하여 사상

$$\phi_{\mathscr{B}} : V \longrightarrow W, \quad \phi_{\mathscr{B}}(a_1 v_1 + \cdots + a_n v_n) = a_1 e_1 + \cdots + a_n e_n$$

는 동형사상이고 여기서 $a_1 e_1 + \cdots + a_n e_n = (a_1, \cdots, a_n)$ 이다.

보기 3.4.4 체 F 위의 벡터공간 $F_n[x]$ 는 n 차원 벡터공간이고 따라서 $F_n[x] \cong F^n$ 이다(보기 2.5.2). 실제로, $\mathscr{B} = \{1, x, \cdots, x^{n-1}\}$ 를 벡터공간 $F_n[x]$ 의 표준기저라고 할 때, 다음 사상은 동형사상이다.

$$\phi_{\mathscr{B}} : F_n[x] \longrightarrow F^n, \quad \phi_{\mathscr{B}}(a_0 + \cdots + a_{n-1} x^{n-1}) = (a_0, \cdots, a_{n-1})$$

보기 3.4.5 체 F 위의 벡터공간 $\mathrm{Mat}_{m\times n}(F)$는 mn차원 벡터공간이므로 $\mathrm{Mat}_{m\times n}(F) \cong F^{mn}$이고 $\mathrm{Mat}_{1\times n}(F) \cong F^n \cong \mathrm{Mat}_{n\times 1}(F)$ 이다. 실제로,

$$\mathscr{B} = \{E_{11}, \cdots, E_{1n}, E_{21}, \cdots, E_{2n}, \cdots, \cdots, E_{m1}, \cdots, E_{mn}\}$$

를 벡터공간 $\mathrm{Mat}_{m\times n}(F)$의 표준기저라고 하면, 다음과 같이 정의된 사상 $\phi_{\mathscr{B}} : \mathrm{Mat}_{m\times n}(F) \longrightarrow F^{mn}$는 동형사상이다(보기 2.4.2).

$$\phi_{\mathscr{B}}([a_{ij}]_{m\times n}) = (a_{11}, \cdots, a_{1n}, a_{21}, \cdots, a_{2n}, \cdots, a_{m1}, \cdots, a_{mn})$$

정리 3.4.9 체 F 위의 두 벡터공간 V, W에 대하여 $T : V \longrightarrow W$가 선형사상일 때, V가 유한차원 벡터공간이면 $\mathrm{im}\, T$와 $\ker T$는 유한차원 부분공간이고 또 다음이 성립한다.

$$\dim_F \mathrm{im}\, T + \dim_F \ker T = \dim_F V$$

여기서 $r(T) = \dim_F \mathrm{im}\, T$, $n(T) = \dim_F \ker T$이라 하고 이것을 각각 T의 **계급수**(rank), **퇴화차수**(nullity)라고 한다. 즉,

$$r(T) + n(T) = \dim_F V$$

증 명 이제 $\dim_F V = n$이라고 하자. 이 때, $\ker T$는 V의 부분공간이므로 $\ker T$는 유한차원 부분공간이고 $0 \leq n(T) \leq n$이다(정리 2.5.1).

그런데, $n(T) = 0$이면, $\ker T = \{\mathbf{0}\}$이고 따라서 정리 3.4.6에 의하여 $r(T) = \dim_F \mathrm{im}\, T = \dim_F V = n$이므로 $r(T) + n(T) = n$이다.

그리고, $n(T) = n$이면, $\ker T = V$이므로 $\mathrm{im}\, T = \{\mathbf{0}\}$이고(보기 3.3.2), 따라서 $r(T) = 0$이므로 $r(T) + n(T) = n$이다.

나음에 $0 < n(T) < n$일 때, $n(T) = m$이라 하고 $\mathscr{C} = \{w_1, \cdots, w_m\}$를 $\ker T$의 기저라고 하자 그리고, $\mathscr{C}$에 적당한 r개의 벡터를 첨가하여 얻은 V의 기저를 $\mathscr{B} = \{w_1, \cdots, w_m, u_1, \cdots, u_r\}$이라고 하자(정리 2.4.9).

이 때, $V = \langle w_1, \cdots, w_m, u_1, \cdots, u_r \rangle$이므로 다음이 성립한다(정리 3.3.3).

$$\begin{aligned}\mathrm{im}\, T &= \langle T(w_1), \cdots, T(w_m), T(u_1), \cdots, T(u_r) \rangle \\ &= \langle \mathbf{0}, \cdots, \mathbf{0}, T(u_1), \cdots, T(u_r) \rangle = \langle T(u_1), \cdots, T(u_r) \rangle\end{aligned}$$

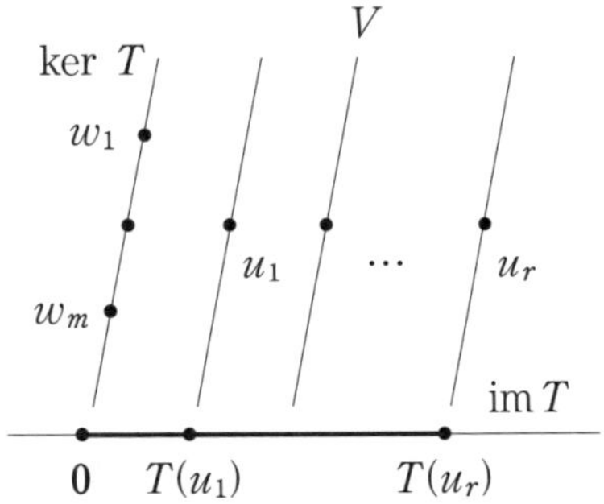

이제 적당한 $b_1, \cdots, b_r \in F$ 에 대하여

$$b_1 T(u_1) + \cdots + b_r T(u_r) = \mathbf{0}$$

이라고 가정하자. 이 때,

$$T(b_1 u_1 + \cdots + b_r u_r) = \mathbf{0}$$

이므로

$$b_1 u_1 + \cdots + b_r u_r \in \ker T$$

이고 따라서 적당한 $a_1, \cdots, a_m \in F$ 에 대하여

$$b_1 u_1 + \cdots + b_r u_r = a_1 w_1 + \cdots + a_m w_m$$

즉 $$a_1 w_1 + \cdots + a_m w_m + (-b_1) u_1 + \cdots + (-b_r) u_r = \mathbf{0}$$

이고 $w_1, \cdots, w_m, u_1, \cdots, u_r$ 는 일차독립이므로 $b_1 = \cdots = b_r = 0$ 이다.

따라서 $T(u_1), \cdots, T(u_r)$ 는 일차독립이다.

그러므로 $\{T(u_1), \cdots, T(u_r)\}$는 $\operatorname{im} T$ 의 기저이므로 $\dim_F \operatorname{im} T = r$ 이고, 따라서 $r(T) + n(T) = r + m = n$ 이다.

보기 3.4.5 체 F 위의 $m \times n$ 행렬 A 에 대하여 A 에 의하여 정의된 선형사상 $L_A : F^n \longrightarrow F^m$ 에 대하여 다음이 성립한다(정리 3.3.4).

$$r(L_A) = r(A), \qquad n(L_A) = n(A)$$

정리 3.4.10 체 F 위의 벡터공간 V, W 에서 $\dim_F V = \dim_F W = n$ 일 때, 선형사상 $T : V \longrightarrow W$ 에 대하여 다음 세 조건은 서로 동치이다.

(1) T 는 동형사상이다.

(2) T 는 일대일 사상이다. 즉, $\ker T = \{\mathbf{0}\}$, $n(T) = 0$

(3) T 는 위로의 사상이다. 즉, $\operatorname{im} T = W$, $r(T) = n$

증 명 먼저 T 가 동형사상이면, T 는 일대일 사상이고 위로의 사상이다. 또, 정리 3.4.9 에 의하여 $n(T) + r(T) = n$ 이므로 다음이 성립한다.

$$\begin{aligned}\ker T = \{\mathbf{0}\} &\Longleftrightarrow n(T) = 0\\ &\Longleftrightarrow r(T) = n\\ &\Longleftrightarrow \operatorname{im} T = W\end{aligned}$$

따라서 정리의 (1), (2), (3)은 서로 동치이다.

연 습 문 제 (3.4)

1. 체 F 위의 벡터공간 $\mathrm{Mat}_2(F)$, $F_4[x]$, $F_3[x]$과 벡터공간 $\mathrm{Mat}_{1\times3}(F)$, F^3에 대하여 다음 사상은 동형사상임을 밝혀라.

*(1) $T : \mathrm{Mat}_2(F) \rightarrow F^4,\quad T\left(\begin{bmatrix} a & b \\ c & d \end{bmatrix}\right) = (a, b, c, d)$

*(2) $T : F_3[x] \longrightarrow F^3,\quad T(a_0 + a_1 x + a_2 x^2) = (a_0, a_1, a_2)$

(3) $T : \mathrm{Mat}_2(F) \longrightarrow \mathrm{Mat}_2(F),\quad T\left(\begin{bmatrix} a & b \\ c & d \end{bmatrix}\right) = \begin{bmatrix} b & a \\ c & d \end{bmatrix}$

(4) $T : \mathrm{Mat}_{1\times3}(F) \longrightarrow F^3,\quad T([\, a \;\; b \;\; c \,]) = (a, b, c)$

2. 벡터공간 $\mathbb{R}^3$에 대하여 다음 사상은 동형사상임을 밝혀라.

(1) $T : \mathbb{R}^3 \longrightarrow \mathbb{R}^3,\quad T(x_1, x_2, x_3) = (x_2, x_1, x_3)$

(2) $T : \mathbb{R}^3 \longrightarrow \mathbb{R}^3,\quad T(x_1, x_2, x_3) = (x_1 + x_2, x_2 + x_3, x_1 + x_3)$

***3.** 선형변환 $T : \mathbb{R}^2 \longrightarrow \mathbb{R}^2$에 대하여

$$T(4, 3) = (7, 5),\quad T(2, 2) = (3, 2)$$

일 때, 임의의 $(x_1, x_2) \in \mathbb{R}^2$에 대하여 $T(x_1, x_2)$를 구하여라.

4. 선형사상 $T : \mathbb{R}^3 \longrightarrow \mathbb{R}^2$에 대하여

$$T(1, 1, 0) = (1, 0),\quad T(0, 1, 1) = (1, 1),\quad T(1, 0, 1) = (2, 4)$$

일 때, 임의의 $(x_1, x_2, x_3) \in \mathbb{R}^3$에 대하여 $T(x_1, x_2, x_3)$를 구하여라.

*5. 체 F 위의 n^2 차원 벡터공간 $\mathrm{Mat}_n(F)$ 에 대하여 사상

$$\phi : \mathrm{Mat}_n(F) \longrightarrow F, \quad \phi(A) = \mathrm{tr}\, A$$

는 선형사상이고 또

$$\ker \phi = \{A \in \mathrm{Mat}_n(F) \mid \mathrm{tr}\, A = 0\}$$

는 $\mathrm{Mat}_n(F)$ 의 n^2-1 차원 부분공간임을 밝혀라.

6. 체 F 위의 두 벡터공간 V, W 가 모두 유한차원 벡터공간일 때, 선형사상 $T : V \longrightarrow W$ 에 대하여 다음이 성립함을 증명하여라.

(1) $\dim_F V < \dim_F W$ 이면, T 는 위로의 사상이 아니다.

(2) $\dim_F V > \dim_F W$ 이면, T 는 일대일 사상이 아니다.

7. 체 F 위의 두 유한차원 벡터공간 V, W에 대하여 $\dim_F V = \dim_F W$ 일 때, 선형사상 $T : V \longrightarrow W$ 에 대하여 다음이 성립함을 증명하여라.

(1) $S \circ T = 1_V$ 인 선형사상 $S : W \longrightarrow V$ 가 존재하면, T 는 동형사상이고 또 $S = T^{-1}$ 이다.

(2) $T \circ S = 1_W$ 인 선형사상 $S : W \longrightarrow V$ 가 존재하면, T 는 동형사상이고 또 $S = T^{-1}$ 이다.

*8. 체 F 위의 유한차원 벡터공간 V, W, U 에 대하여 사상 $T : V \longrightarrow W$, $S : W \longrightarrow U$ 가 선형사상일 때, 다음이 성립함을 증명하여라.

(1) $r(S \circ T) \leq r(S), \quad r(S \circ T) \leq r(T)$

(2) T 가 위로의 사상이면, $r(S \circ T) = r(S)$ 이다.

(3) S 가 일대일 사상이면, $r(S \circ T) = r(T)$ 이다.

*9. 체 F 위의 $m \times n$ 행렬 A 와 $n \times r$ 행렬 B 에 대하여

$$r(AB) \leq r(A), \qquad r(AB) \leq r(B)$$

임을 밝혀라.

§3.5 두 벡터공간 사이의 선형사상

이 절에서는, 두 벡터공간 사이의 선형사상에 대하여 논한다.

정리 3.5.1 체 F 위의 벡터공간 V, W 사이의 선형사상

$$T : V \longrightarrow W, \quad S : V \longrightarrow W$$

와 $a \in F$ 에 대하여 다음과 같이 정의된 사상은 모두 선형사상이다.

$$\begin{aligned} T+S &: V \longrightarrow W, \quad (T+S)(v) = T(v)+S(v) \\ aT &: V \longrightarrow W, \quad (aT)(v) = aT(v) \\ -T &: V \longrightarrow W, \quad (-T)(v) = -T(v) \end{aligned}$$

증 명 임의의 벡터 $v, w \in V$ 와 $k \in F$에 대하여 다음이 성립한다.

$$\begin{aligned} (T+S)(v+w) &= T(v+w) + S(v+w) \\ &= T(v) + T(w) + S(v) + S(w) \\ &= T(v) + S(v) + T(w) + S(w) \\ &= (T+S)(v) + (T+S)(w), \\ (T+S)(kv) &= T(kv) + S(kv) \\ &= kT(v) + kS(v) = k\{T(v) + S(v)\} \\ &= k\{(T+S)(v)\}, \\ (aT)(v+w) &= a(T(v+w)) = a(T(v) + T(w)) \\ &= aT(v) + aT(w) \\ &= (aT)(v) + (aT)(w), \\ (aT)(kv) &= a(T(kv)) = a(kT(v)) \\ &= (ak)T(v) = k(aT(v)) = k((aT)(v)) \end{aligned}$$

따라서 $T+S$ 와 aT 는 선형사상이다.

그리고, $-T = (-1)T$ 이므로 $-T$ 는 선형사상이다.

보기 3.5.1 체 F 위의 벡터공간 $F[x]$ 위에서의 두 선형변환

$$T : F[x] \longrightarrow F[x], \quad T(f(x)) = x f(x),$$
$$D : F[x] \longrightarrow F[x], \quad D(f(x)) = f'(x)$$

에 대하여 $T+D$와 $3T$는 다음과 같이 정의된 선형변환이다.

$$T+D : F[x] \longrightarrow F[x], \quad (T+D)(f(x)) = x f(x) + f'(x)$$
$$3T : F[x] \longrightarrow F[x], \quad (3T)(f(x)) = 3x f(x)$$

이제 다음 정리를 생각해 보자.

정리 3.5.2 체 F 위의 벡터공간 V, W에 대하여 V에서 W로의 선형사상 전체의 집합을 $\mathrm{Hom}_F(V, W)$로 나타내고, 임의의 $T, S \in \mathrm{Hom}_F(V, W)$와 $a \in F$에 대하여 $T+S$, aT를 다음과 같이 정의하자.

(i) $T+S : V \longrightarrow W, \quad (T+S)(v) = T(v) + S(v)$

(ii) $aT : V \longrightarrow W, \quad (aT)(v) = a\,T(v)$

이 때, 이와 같이 정의된 덧셈과 스칼라 곱셈에 관하여 $\mathrm{Hom}_F(V, W)$는 체 F 위의 벡터공간을 이룬다. 실제로, 임의의 $T, S, R \in \mathrm{Hom}_F(V, W)$와 $a, b \in F$에 대하여 다음이 성립한다.

A.1 : $(T+S) + R = T + (S+R)$

A.2 : $T + S = S + T$

A.3 : $T + 0 = 0 + T = T$ $\qquad$ ($0 : V \longrightarrow W$은 영 선형사상)

A.4 : 각 $T \in \mathrm{Hom}_F(V, W)$에 대하여 $T + (-T) = (-T) + T = 0$인 선형사상 $-T \in \mathrm{Hom}_F(V, W)$가 존재한다.

SM.1 : $a(T+S) = aT + aS$ $\qquad$ SM.2 : $(a+b)T = aT + bT$

SM.3 : $(ab)T = a(bT)$ $\qquad$ SM.4 : $1T = T$

증 명 정리 3.5.1에 의하여 $\mathrm{Hom}_F(V, W)$ 위에 덧셈과 스칼라 곱셈이 정의된다. 이제 $T, S, R \in \mathrm{Hom}_F(V, W)$이라 하고 $a, b \in F$이라고 하자.

이 때, 임의의 벡터 $v \in V$에 대하여 다음이 성립한다.

$$\begin{aligned}((T+S)+R)(v) &= (T+S)(v) + R(v)\\ &= T(v) + S(v) + R(v) = T(v) + (S+R)(v)\\ &= (T+(S+R))(v),\end{aligned}$$

$$(T+S)(v) = T(v) + S(v) = S(v) + T(v) = (S+T)(v),$$

$$(T+0)(v) = T(v) + 0(v) = T(v) + \mathbf{0} = T(v),$$

$$(T+(-T))(v) = T(v) + (-T)(v) = T(v) - T(v) = \mathbf{0},$$

$$\begin{aligned}(a(T+S))(v) &= a((T+S)(v))\\ &= a(T(v)+S(v)) = aT(v) + aS(v)\\ &= (aT)(v) + (aS)(v) = (aT+aS)(v),\end{aligned}$$

$$\begin{aligned}((a+b)T)(v) &= (a+b)T(v) = aT(v) + bT(v)\\ &= (aT)(v) + (bT)(v) = (aT+bT)(v),\end{aligned}$$

$$\begin{aligned}((ab)T)(v) &= (ab)T(v) = a(bT(v))\\ &= a((bT)(v)) = (a(bT))(v),\end{aligned}$$

$$(1T)(v) = 1T(v) = T(v)$$

따라서

$$\begin{array}{ll} (T+S) + R = T + (S+R), & T + S = S + T,\\ T + 0 = 0 + T = T, & T + (-T) = (-T) + T = 0\\ a(T+S) = aT + aS, & (a+b)T = aT + bT\\ (ab)T = a(bT), & 1T = T \end{array}$$

이므로, $\mathrm{Hom}_F(V, W)$는 체 F 위의 벡터공간이다(정의 2.1.1 참조).

체 F 위의 행렬 $A = [a_{ij}]_{m\times n}$에 대하여 선형사상 $L_A : F^n \longrightarrow F^m$가 정의되고(정리 3.2.3), 따라서 사상

$$\Phi : \mathrm{Mat}_{m\times n}(F) \longrightarrow \mathrm{Hom}_F(F^n, F^m), \quad \Phi(A) = L_A$$

가 정의된다. 그리고, 이 사상에 대하여 다음 정리가 성립한다.

정리 3.5.3 체 F 위의 벡터공간 F^n, F^m 에 대하여 사상

$$\Phi : \mathrm{Mat}_{m\times n}(F) \longrightarrow \mathrm{Hom}_F(F^n, F^m), \quad \Phi(A) = L_A$$

는 벡터공간 동형사상이고 따라서 다음이 성립한다.

$$\mathrm{Hom}_F(F^n, F^m) \cong \mathrm{Mat}_{m\times n}(F), \quad \dim_F \mathrm{Hom}_F(F^n, F^m) = n\,m,$$

$$\mathrm{Hom}_F(F^n, F^m) = \{ L_A \mid A \in \mathrm{Mat}_{m\times n}(F) \}$$

실제로, 임의의 $A = [a_{ij}]_{m\times n}$, $B = [b_{ij}]_{m\times n} \in \mathrm{Mat}_{m\times n}(F)$ 와 $a \in F$ 에 대하여 다음이 성립한다.

(1) $L_{A+B} = L_A + L_B$, $\quad L_{aA} = aL_A$

(2) Φ 는 일대일 대응이다.

증 명 임의의 $(x_1, \cdots, x_n) \in F^n$ 에 대하여

$$(A+B)\begin{bmatrix} x_1 \\ \vdots \\ x_n \end{bmatrix} = A\begin{bmatrix} x_1 \\ \vdots \\ x_n \end{bmatrix} + B\begin{bmatrix} x_1 \\ \vdots \\ x_n \end{bmatrix}, \quad (aA)\begin{bmatrix} x_1 \\ \vdots \\ x_n \end{bmatrix} = a\left(A\begin{bmatrix} x_1 \\ \vdots \\ x_n \end{bmatrix}\right)$$

이므로

$$\begin{aligned} L_{A+B}(x_1, \cdots, x_n) &= L_A(x_1, \cdots, x_n) + L_B(x_1, \cdots, x_n) \\ &= (L_A + L_B)(x_1, \cdots, x_n), \\ L_{aA}(x_1, \cdots, x_n) &= a\,(L_A(x_1, \cdots, x_n)) = (a\,L_A)(x_1, \cdots, x_n) \end{aligned}$$

이고 따라서 $L_{A+B} = L_A + L_B$, $L_{aA} = a\,L_A$ 이다. 그러므로

$$\Phi(A+B) = L_{A+B} = L_A + L_B = \Phi(A) + \Phi(B),$$

$$\Phi(a\,A) = L_{aA} = a\,L_A = a\,\Phi(A)$$

이므로 Φ 는 선형사상이다.

그리고, $\mathscr{B} = \{e_1, \cdots, e_n\}$ 를 벡터공간 F^n 의 표준기저라고 하면,

$$\begin{aligned} L_A = L_B &\Longrightarrow L_A(e_j) = L_B(e_j) \quad (1 \le j \le n) \\ &\Longrightarrow (a_{1j}, a_{2j}, \cdots, a_{nj}) = (b_{ij}, b_{2j}, \cdots, b_{nj}) \quad (1 \le j \le n) \\ &\Longrightarrow A = B \end{aligned}$$

이므로 Φ는 일대일 사상이다. 또, 선형사상 $T \in \mathrm{Hom}_F(F^n, F^m)$ 에 대하여

$$T(e_j) = (a_{1j}, a_{2j}, \cdots, a_{mj}) \qquad (1 \le j \le n)$$

일 때 $A = [a_{ij}]_{m\times n}$ 이라고 하면 $\Phi(A) = L_A = T$ 이다(정리 3.2.3).

따라서 Φ는 위로의 사상이다. 그러므로 Φ는 벡터공간 동형사상이다.

보기 3.5.2 두 선형사상

$$T : \mathbb{R}^2 \longrightarrow \mathbb{R}^3, \quad T(x_1, x_2) = (x_1+4x_2,\ 2x_1+3x_2,\ 2x_2)$$

$$S : \mathbb{R}^2 \longrightarrow \mathbb{R}^3, \quad S(x_1, x_2) = (2x_1+x_2,\ 5x_2,\ 4x_1-2x_2)$$

체 대하여 선형사상 $T+S$, $2T$는 각각 다음과 같이 정의된 선형사상이다.

$$T+S : \mathbb{R}^2 \longrightarrow \mathbb{R}^3, \quad (T+S)(x_1, x_2) = (3x_1+5x_2,\ 2x_1+8x_2,\ 4x_1)$$

$$2T : \mathbb{R}^2 \longrightarrow \mathbb{R}^3, \quad (2T)(x_1, x_2) = (2x_1+8x_2,\ 4x_1+6x_2,\ 2x_2)$$

한편,

$$A = \begin{bmatrix} 1 & 4 \\ 2 & 3 \\ 0 & 2 \end{bmatrix}, \qquad B = \begin{bmatrix} 2 & 1 \\ 0 & 5 \\ 4 & -2 \end{bmatrix}$$

이라고 하면, $T = L_A$, $S = L_B$ 이고 또

$$A+B = \begin{bmatrix} 3 & 5 \\ 2 & 8 \\ 4 & 0 \end{bmatrix}, \qquad 2A = \begin{bmatrix} 2 & 8 \\ 4 & 6 \\ 0 & 4 \end{bmatrix}$$

이므로 $T+S = L_{A+B}$ 이고 $2T = L_{2A}$ 이다.

연 습 문 제 (3.5)

1. 다음 두 선형사상에 대하여 선형사상 $T+S$와 $2S$를 정의하여라.

$$T : \mathbb{R}^2 \longrightarrow \mathbb{R}_3[x], \quad T(a, b) = a + bx + (a+b)x^2$$

$$S : \mathbb{R}^2 \longrightarrow \mathbb{R}_3[x], \quad S(a, b) = ax + bx^2$$

2. 체 F 위의 두 벡터공간 F^2, $\mathrm{Mat}_2(F)$ 사이의 사상

$$T : F^2 \longrightarrow \mathrm{Mat}_2(F), \quad T(a, b) = \begin{bmatrix} a & 0 \\ 0 & b \end{bmatrix}$$

$$S : F^2 \longrightarrow \mathrm{Mat}_2(F), \quad S(a, b) = \begin{bmatrix} a & b \\ b & a \end{bmatrix}$$

가 선형사상임을 밝히고 또 $T+S$를 정의하여라.

3. 두 사상 T, S가 다음과 같이 정의된 선형사상이라고 하자.

$$T : \mathbb{R}^3 \longrightarrow \mathbb{R}^2, \quad (y_1, y_2) = T(x_1, x_2, x_3)$$

$$\begin{bmatrix} y_1 \\ y_2 \end{bmatrix} = \begin{bmatrix} 4 & -2 & 5 \\ 3 & 1 & 0 \end{bmatrix} \begin{bmatrix} x_1 \\ x_2 \\ x_3 \end{bmatrix}$$

$$S : \mathbb{R}^3 \longrightarrow \mathbb{R}^2, \quad (y_1, y_2) = S(x_1, x_2, x_3)$$

$$\begin{bmatrix} y_1 \\ y_2 \end{bmatrix} = \begin{bmatrix} 2 & 0 & 2 \\ 1 & 4 & 3 \end{bmatrix} \begin{bmatrix} x_1 \\ x_2 \\ x_3 \end{bmatrix}$$

이 때, 선형사상 $T+S$, $5T$, $2T-3S$를 정의하여라.

*4. 체 F 위의 벡터공간 F^n, F^m에 대하여 사상

$$\Phi : \mathrm{Mat}_{m\times n}(F) \longrightarrow \mathrm{Hom}_F(F^n, F^m), \quad \Phi(A) = L_A$$

는 벡터공간 동형사상이므로 벡터공간 $\mathrm{Mat}_{m\times n}(F)$의 표준기저

$$\mathscr{B} = \{E_{ij} \mid 1 \leq i \leq m,\ 1 \leq j \leq n\}$$

에 대하여

$$\{\Phi(E_{ij}) \mid 1 \leq i \leq m,\ 1 \leq j \leq n\}$$

는 $\mathrm{Hom}_F(F^n, F^m)$의 기저이다(정리 3.5.3, 정리 3.4.7 참조). 이제

$$T_{ij} = \Phi(E_{ij}) \qquad (1 \leq i \leq m,\ 1 \leq j \leq n)$$

이라고 할 때, 선형사상 $T_{ij} : F^n \longrightarrow F^m$를 정의하여라.

§3.6 선형변환 다원환

이 절에서는, 벡터공간 V 위의 선형변환 전체로 이루어진 집합에 대하여 논하기로 한다. 먼저 체 F 위의 n차의 행렬 전체의 집합 $\mathrm{Mat}_n(F)$에 대해서는 다음 정리가 성립한다(정리 1.3.1 참조).

정리 3.6.1 체 F 위의 n차의 행렬 전체의 집합 $\mathrm{Mat}_n(F)$ 위에는 덧셈, 스칼라 곱셈과 곱셈이 정의되어 있고, 또 임의의 행렬 $A, B, C \in \mathrm{Mat}_n(F)$와 $a, b \in F$에 대하여 다음이 성립한다.

A.1 : $(A+B)+C = A+(B+C)$ (덧셈에 관한 결합법칙)

A.2 : $A+B = B+A$ (덧셈에 관한 교환법칙)

A.3 : $A+O_n = O_n+A = A$

A.4 : 각 행렬 $A \in \mathrm{Mat}_n(F)$에 대하여 $A+(-A) = (-A)+A = O_n$인 행렬 $-A \in \mathrm{Mat}_n(F)$가 존재한다.

SM.1 : $a(A+B) = aA+aB$ SM.2 : $(a+b)A = aA+bA$

SM3 : $(ab)A = a(bA)$ SM4 : $1A = A$

M.1 : $(AB)C = A(BC)$ (곱셈에 관한 결합법칙)

M.2 : $AI_n = I_nA = A$

D : $A(B+C) = AB+AC$, $(A+B)C = AC+BC$ (분배법칙)

M.SM : $a(AB) = (aA)B = A(aB)$

위의 정리가 성립한다는 의미에서 $\mathrm{Mat}_n(F)$를 체 F 위의 ***n*차의 행렬 多元環**(algebra of matrices over F)이라고 한다. 특히, $\mathrm{Mat}_n(F)$는 체 F 위의 n^2차원 벡터공간을 이룬다(보기 2.4.4).

다원환 $\mathrm{Mat}_n(F)$에서는 곱셈에 관한 교환법칙이 성립하지 않는다.

한편, 체 F 위의 x에 관한 다항식 전체의 집합 $F[x]$에 대하여 다음 정리가 성립한다(정리 1.4.1 참조).

정리 3.6.2 체 F 위의 x 에 관한 다항식 전체의 집합 $F[x]$ 위에는 덧셈, 스칼라 곱셈과 곱셈이 정의되어 있고, 또 임의의 $f(x), g(x), h(x) \in F[x]$ 와 $a, b \in F$ 에 대하여 다음이 성립한다.

A.1 : $(f(x)+g(x)) + h(x) = f(x) + (g(x)+h(x))$
(덧셈에 관한 결합법칙)

A.2 : $f(x) + g(x) = g(x) + f(x)$ (덧셈에 관한 교환법칙)

A.3 : $f(x) + 0 = 0 + f(x) = f(x)$ (0 은 영다항식).

A.4 : 각 다항식 $f(x) \in F[x]$ 에 대하여

$$f(x) + (-f(x)) = (-f(x)+f(x)) = 0$$

인 다항식 $-f(x) \in F[x]$ 가 존재한다.

SM.1 : $(a+b)f(x) = af(x) + bf(x)$

SM.2 : $a(f(x) + g(x)) = af(x) + ag(x)$

SM.3 : $(ab)f(x) = a(bf(x))$

SM.4 : $1f(x) = f(x)$ $(1 \in F)$

M.1 : $(f(x)g(x))h(x) = f(x)(g(x)h(x))$ (곱셈에 관한 결합법칙)

M.2 : $f(x)g(x) = g(x)f(x)$ (곱셈에 관한 교환법칙)

M.3 : $1 \cdot f(x) = f(x) \cdot 1$ (1 은 상수다항식)

D : $f(x)(g(x) + h(x)) = f(x)g(x) + f(x)h(x)$,
$(f(x)+g(x))h(x)) = f(x)h(x) + g(x)h(x)$ (분배법칙)

M.SM : $a(f(x)g(x)) = (af(x))g(x) = f(x)(ag(x))$

위의 정리가 성립한다는 의미에서 $F[x]$를 체 F 위의 **다항식 多元環** (algebra of polynomials over F)이라고 한다. 특히, $F[x]$는 체 F 위의 무한차원 벡터공간을 이룬다(보기 2.4.4).

다음에 체 F 위의 벡터공간 V 위의 선형변환 전체의 집합을 생각하고, V 위의 영 선형변환과 항등 선형변환을 각각 0_V, 1_V 로 나타낸다. 즉,

$$0_V : V \longrightarrow V, \quad 0_V(v) = \mathbf{0}$$
$$1_V : V \longrightarrow V, \quad 1_V(v) = v$$

정리 3.6.3 체 F 위의 벡터공간 V 에서 V 위의 선형변환 전체의 집합을 $\mathrm{End}_F(V)$ 로 나타내자. 즉, $\mathrm{End}_F(V) = \mathrm{Hom}_F(V, V)$ 이다.

그리고, 임의의 선형변환 $T, S \in \mathrm{End}_F(V)$와 $a \in F$ 에 대하여 선형변환 $T+S$, aT, $S \circ T \in \mathrm{End}_F(V)$를 다음과 같이 정의하자.

(i) $T+S : V \longrightarrow V, \quad (T+S)(v) = T(v) + S(v)$

(ii) $aT : V \longrightarrow V, \quad (aT)(v) = aT(v)$

(iii) $S \circ T : V \longrightarrow V, \quad (S \circ T)(v) = S(T(v))$

이 때, 모든 $T, S, R \in \mathrm{End}_F(V)$와 $a, b \in F$ 에 대하여 다음이 성립한다.

A.1 : $(T+S)+R = T+(S+R)$ (덧셈에 관한 결합법칙)

A.2 : $T+S = S+T$ (덧셈에 관한 교환법칙)

A.3 : $T+0_V = 0_V+T = T$

A.4 : 각 $T \in \mathrm{End}_F(V)$ 에 대하여 $T+(-T) = (-T)+T = 0_V$ 인 선형변환 $-T \in \mathrm{End}_F(V)$ 가 존재한다.

SM.1 : $a(T+S) = aT + aS$ SM.2 : $(a+b)T = aT + bT$

SM.3 : $(ab)T = a(bT)$ SM.4 : $1T = T$

M.1 : $(T \circ S) \circ R = T \circ (S \circ R)$ (곱셈에 관한 결합법칙)

M.2 : $T \circ 1_V = 1_V \circ T = T$

D : $T \circ (S+R) = T \circ S + T \circ R, \quad (T+S) \circ R = T \circ R + S \circ R$ (분배법칙)

M.SM : $a(T \circ S) = (aT) \circ S = T \circ (aS)$

위의 정리가 성립한다는 의미에서 $\mathrm{End}_F(V)$를 벡터공간 V 의 **선형변환 多元環**(algebra of linear transformations)이라고 한다. 특히, $\mathrm{End}_F(V)$는 체 F 위의 벡터공간이다.

증 명 먼저 정리 3.5.2 에 의하여 A.1 ~ A.4, SM.1 ~ SM.4 가 성립하므로 $\mathrm{End}_F(V)$ 는 체 F 위의 벡터공간이다

이제 $T, R, S \in \mathrm{End}_F(V)$ 이라 하고 $a \in F$ 이라고 하자.

이 때, 다음이 성립한다(정리 3.2.6).

$$(T \circ S) \circ R = T \circ (S \circ R), \quad T \circ 1_V = 1_V \circ T = T$$

그리고, 임의의 $v \in V$ 에 대하여 다음이 성립한다.

$$\begin{aligned}(T \circ (S+R))(v) &= T((S+R)(v)) = T(S(v) + R(v)) \\ &= T(S(v)) + T(R(v)) \\ &= (T \circ S)(v) + (T \circ R)(v) = (T \circ S + T \circ R)(v),\end{aligned}$$

$$\begin{aligned}((T+S) \circ R))(v) &= (T+S)(R(v)) = T(R(v)) + S(R(v)) \\ &= (T \circ R)(v) + (S \circ R)(v) = (T \circ R + S \circ R)(v),\end{aligned}$$

$$(a(T \circ S))(v) = a((T \circ S)(v)) = a(T(S(v))),$$

$$(aT \circ S)(v) = (aT)(S(v)) = a(T(S(v))),$$

$$(T \circ (aS))(v) = T((aS)(v)) = T(aS(v)) = a(T(S(v)))$$

따라서

$$T \circ (S+R) = T \circ S + T \circ R,$$

$$(T+S) \circ R = T \circ R + S \circ R,$$

$$a(T \circ S) = (aT) \circ S = T \circ (aS)$$

이므로 정리가 성립한다.

정의 3.6.4 선형변환 $T \in \mathrm{End}_F(V)$ 와 음이 아닌 정수 m 에 대하여 T^m 을 다음과 같이 귀납적으로 정한다(정리 1.3.2 참조).

$$T^0 = 1_V, \quad T^1 = T, \quad T^m = T^{m-1} \circ T$$

위의 정의에 의하여, 음이 아닌 정수 m, k 에 대하여 다음이 성립한다.

$$T^m \circ T^k = T^{m+k}, \quad (T^m)^k = T^{mk}$$

정의 3.6.5 체 F 위의 벡터공간 V 에서 사상 $T : V \longrightarrow V$ 가 동형사상일 때, T 를 V 위의 **정칙 선형변환**(non-singular linear transformation)이라고 한다.

위의 정의와 정리 3.4.2 에 의하여 다음 정리가 성립한다.

정리 3.6.6 체 F 위의 벡터공간 V 위에서 선형변환 $T : V \longrightarrow V$ 에 대하여 다음 세 조건은 서로 동치이다.

(1) T 는 정칙 선형변환이다.

(2) T 는 일대일 대응이다. 즉, $\ker T = \{\mathbf{0}\}$, $\operatorname{im} T = V$ 이다.

(3) $S \circ T = T \circ S = 1_V$ 인 사상 $S : V \longrightarrow V$ 가 존재한다.

그리고, 이 경우에 $S = T^{-1}$ 이고 따라서 다음이 성립한다.

$$T^{-1} \circ T = T \circ T^{-1} = 1_V, \qquad T(v) = w \Longleftrightarrow T^{-1}(w) = v$$

정리 3.4.3 과 정리 3.4.10 에 의하여 다음 두 정리가 성립한다.

정리 3.6.7 체 F 위의 벡터공간 V 위에서 다음이 성립한다.

(1) 항등 선형변환 $1_V : V \longrightarrow V$ 는 정칙 선형변환이고 $(1_V)^{-1} = 1_V$ 이다.

(2) $T : V \longrightarrow V$ 가 정칙 선형변환이면, $T^{-1} : V \longrightarrow V$ 는 정칙 선형변환이고 또 $(T^{-1})^{-1} = T$ 이다.

(3) $T : V \longrightarrow V$, $S : V \longrightarrow V$ 가 정칙 선형변환이면, $S \circ T : V \longrightarrow V$ 는 정칙 선형변환이고 또 $(S \circ T)^{-1} = T^{-1} \circ S^{-1}$ 이다.

정리 3.6.8 체 F 위의 벡터공간 V 가 유한차원 벡터공간일 때, V 위의 선형변환 $T : V \longrightarrow V$ 에 대하여 다음 세 조건은 서로 동치이다.

(1) T 는 정칙 선형변환이다.

(2) T 는 일대일 사상이다. 즉, $\ker T = \{\mathbf{0}\}$ 이다.

(3) T 는 위로의 사상이다. 즉, $\operatorname{im} T = V$ 이다.

체 F 위의 정칙행렬의 경우와 마찬가지로, 선형변환 $T \in \operatorname{End}_F(V)$ 가 정칙 선형변환일 때 양의 정수 m 에 대하여 $T^{-m} = (T^{-1})^m$ 으로 정한다. 이 때, 임의의 정수 m, k 에 대하여 다음이 성립한다(p. 16 참조).

$$(T^m)^{-1} = (T^{-1})^m = T^{-m}$$

$$T^m \circ T^k = T^{m+k}, \quad (T^m)^k = T^{mk}$$

정리 3.6.9 체 F 위의 벡터공간 F^n 에 대하여 사상

$$\Phi : \mathrm{Mat}_n(F) \longrightarrow \mathrm{End}_F(F^n), \quad \Phi(A) = L_A$$

는 벡터공간 동형사상이고, 따라서 다음이 성립한다.

$$\mathrm{End}_F(F^n) \cong \mathrm{Mat}_n(F), \quad \dim_F \mathrm{End}_F(F^n) = n^2,$$
$$\mathrm{End}_F(F^n) = \{L_A \mid A \in \mathrm{Mat}_n(F)\}$$

실제로, 임의의 $A, B \in \mathrm{Mat}_n(F)$ 와 $a \in F$ 에 대하여 다음이 성립한다.

(1) $L_{A+B} = L_A + L_B, \quad L_{aA} = a\,L_A$

(2) Φ 는 일대일 대응이다.

(3) $L_{AB} = L_A \circ L_B, \qquad L_{I_n} = 1_V \qquad (V = F^n)$

(4) A 가 정칙행렬일 때 그리고 이때에만 L_A 는 정칙 선형변환이다.

그리고, A 가 정칙행렬일 때, ${L_A}^{-1} = L_{A^{-1}}$ 이다.

증 명 정리 3.5.3 에 의하여 (1), (2) 가 성립하므로 Φ 는 벡터공간 동형사상이다. 또, 정리 3.2.5 에 의하면, 두 행렬 $A, B \in \mathrm{Mat}_n(F)$ 에 대하여 $L_{AB} = L_A \circ L_B$ 이고 $L_{I_n} : F^n \longrightarrow F^n$ 은 벡터공간 $V = F^n$ 위의 항등 선형변환이다. 그리고,

$$\begin{aligned} AB = BA = I_n &\Longleftrightarrow L_{AB} = L_{BA} = 1_V \\ &\Longleftrightarrow L_A \circ L_B = L_B \circ L_A = 1_V \end{aligned}$$

이므로 A 가 정칙행렬일 때 그리고 이때에만 L_A 는 정칙 선형변환이고, 또 A 가 정칙행렬이면 ${L_A}^{-1} = L_{A^{-1}}$ 이다.

보기 3.6.1 다음과 같이 정의된 선형변환을 생각해 보자.

$$T : \mathbb{R}^2 \longrightarrow \mathbb{R}^2, \quad (y_1, y_2) = T(x_1, x_2)$$

$$\begin{bmatrix} y_1 \\ y_2 \end{bmatrix} = A \begin{bmatrix} x_1 \\ x_2 \end{bmatrix}, \qquad A = \begin{bmatrix} 2 & 1 \\ 7 & 3 \end{bmatrix}$$

이 때, $T = L_A$ 이다. 그런데, A 는 정칙행렬이고

$$A^{-1} = \begin{bmatrix} -3 & 1 \\ 7 & -2 \end{bmatrix}$$

이므로 T는 정칙 선형변환이고 T^{-1}는 다음과 같이 정의된 선형변환이다.

$$T^{-1} : \mathbb{R}^2 \longrightarrow \mathbb{R}^2, \quad T^{-1}(x_1, x_2) = (-3x_1 + x_2, 7x_1 - 2x_2)$$

보기 3.6.2 다음과 같이 정의된 선형변환을 생각해 보자(보기 3.2.3).

$$T : \mathbb{R}^2 \longrightarrow \mathbb{R}^2, \quad (y_1, y_2) = T(x_1, x_2)$$

$$\begin{bmatrix} y_1 \\ y_2 \end{bmatrix} = A \begin{bmatrix} x_1 \\ x_2 \end{bmatrix}, \qquad A = \begin{bmatrix} \cos\theta & -\sin\theta \\ \sin\theta & \cos\theta \end{bmatrix}$$

이 때, $T = L_A$이다. 한편, A는 정칙 행렬이고

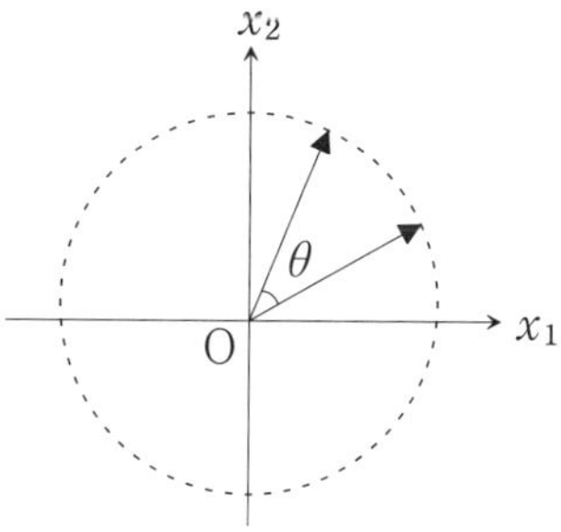

$$A^{-1} = \begin{bmatrix} \cos\theta & \sin\theta \\ -\sin\theta & \cos\theta \end{bmatrix}$$

이므로 T는 정칙 선형변환이고 T^{-1}는 다음과 같이 정의된 선형변환이다.

$$T^{-1} : \mathbb{R}^2 \longrightarrow \mathbb{R}^2, \quad (y_1, y_2) = T^{-1}(x_1, x_2)$$

$$\begin{bmatrix} y_1 \\ y_2 \end{bmatrix} = \begin{bmatrix} \cos\theta & \sin\theta \\ -\sin\theta & \cos\theta \end{bmatrix} \begin{bmatrix} x_1 \\ x_2 \end{bmatrix}$$

정의 3.6.10 체 F 위의 벡터공간 V에서의 선형변환 $T : V \longrightarrow V$와 체 F 위의 다항식

$$f(x) = a_0 + a_1 x + \cdots + a_m x^m$$

에 대하여 $f(T) : V \longrightarrow V$는 다음과 같이 정의된 선형변환을 나타낸다.

$$f(T) = a_0 1_V + a_1 T + \cdots + a_m T^m$$

즉, $$f(T)(v) = a_0 v + a_1 T(v) + \cdots + a_m T^m(v) \qquad (v \in V)$$

정사각행렬의 경우와 마찬가지로, 선형변환에 대해서도 다음이 성립함을 쉽게 밝힐 수 있다(정리 1.4.8 참조).

정리 3.6.11 체 F 위의 두 다항식 $f(x)$, $g(x)$와 $a \in F$에 대하여

$$h(x) = f(x)+g(x), \quad k(x) = a\,f(x), \quad l(x) = f(x)\,g(x)$$

이라고 할 때, 체 F 위의 벡터공간 V 위의 선형변환 T에 대하여 다음이 성립한다.

(1) $h(T) = f(T) + g(T), \quad f(T) + g(T) = g(T) + f(T)$

(2) $k(T) = a\,f(T)$

(3) $l(T) = f(T) \circ g(T), \quad f(T) \circ g(T) = g(T) \circ f(T)$

보기 3.6.3 실수체 $\mathbb{R}$ 위의벡터공간 V 위의 선형변환 $T : V \longrightarrow V$와 다항식 $f(x) = x^2 - 3x + 2$에 대하여 다음이 성립한다.

(1) $f(T) = T^2 - 3T + 2\,1_V$

$$f(T)(v) = T^2(v) - 3T(v) + 2v \qquad (v \in V)$$

(2) $f(x) = x^2 - 3x + 2 = (x-1)(x-2)$ 이므로 다음이 성립한다.

$$\begin{aligned} T^2 - 3T + 2\,1_V &= (T - 1_V) \circ (T - 2\,1_V) \\ &= (T - 2\,1_V) \circ (T - 1_V) \end{aligned}$$

연 습 문 제 (3.6)

1. 벡터공간 $\mathbb{R}^2$ 위에서 다음 선형변환이 정칙 선형변환인지를 판정하여라.

$$T : \mathbb{R}^2 \longrightarrow \mathbb{R}^2, \quad T(x_1, x_2) = (2x_1 + 3x_2, 4x_1 + 6x_2)$$

2. 벡터공간 $\mathbb{R}^2$ 위의 선형변환

$$T : \mathbb{R}^2 \longrightarrow \mathbb{R}^2, \quad T(x_1, x_2) = \left(-\frac{1}{2}x_1 - \frac{\sqrt{3}}{2}x_2, \frac{\sqrt{3}}{2}x_1 - \frac{1}{2}x_2\right)$$

가 정칙 선형변환임을 밝히고 $T^{-1} : \mathbb{R}^2 \longrightarrow \mathbb{R}^2$를 정의하여라.

*3. 벡터공간 $\mathbb{R}^2$위의 선형변환

$$T : \mathbb{R}^2 \longrightarrow \mathbb{R}^2, \quad T(x_1, x_2) = (x_1, 2x_1 + x_2)$$

가 정칙 선형변환임을 밝히고 다음 선형변환을 정의하여라(n은 양의 정수).

(1) T^{-1} (2) T^2 (3) T^n (4) T^{-n}

4. 실수체 $\mathbb{R}$ 위에서 다음 세 행렬 사이의 관계식을 구하여라.

$$A = \begin{bmatrix} 1 & 0 \\ 0 & -1 \end{bmatrix}, \quad B = \begin{bmatrix} -1 & 0 \\ 0 & 1 \end{bmatrix}, \quad C = \begin{bmatrix} -1 & 0 \\ 0 & -1 \end{bmatrix}$$

그리고, 세 선형변환

$$L_A : \mathbb{R}^2 \longrightarrow \mathbb{R}^2,$$
$$L_B : \mathbb{R}^2 \longrightarrow \mathbb{R}^2,$$
$$L_C : \mathbb{R}^2 \longrightarrow \mathbb{R}^2$$

를 정의하고, 또 이들 선형변환 사이의 관계식을 구하여라.

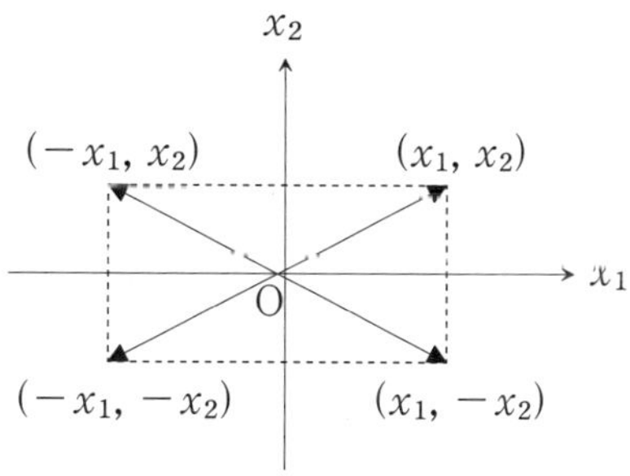

*5. 실수체 $\mathbb{R}$ 위의 정칙행렬

$$A = \begin{bmatrix} 1 & 0 & 0 \\ 0 & 0 & -1 \\ 0 & 1 & 0 \end{bmatrix}$$

에 대하여 $B = A^2$, $C = A^3$ 이라고 할 때, 벡터공간 $\mathbb{R}^3$ 위의 선형변환 L_A, L_B, L_C 와 이들 선형변환의 역 선형변환을 정의하여라.

6. 다음 선형변환은 정칙 선형변환이 아님을 밝혀라.

$$T : \mathbb{R}[x] \longrightarrow \mathbb{R}[x], \quad T(f(x)) = x f(x)$$

*7. 벡터공간 V $(\neq \{0\})$ 위의 선형변환 $T : V \longrightarrow V$ 에 대하여 다음이 성립함을 밝혀라.

(1) $T^2 = 0_V$ 일 때, $S = 1_V - T$ 는 정칙 선형변환이다.

(2) $T^3 = 0_V$ 일 때, $S = 1_V - T$ 는 정칙 선형변환이다.

§ 3.7 쌍대공간

체 F 위의 벡터공간 V에서 F로의 선형사상에 대하여 생각해 보자.

정의 3.7.1 체 F 위의 벡터공간 V 에서 F 로의 선형사상 $f : V \longrightarrow F$ 를 특히 V 위의 **선형汎함수**(linear functional) 라고 한다.
그리고, V 위의 선형범함수 전체로 이루어진 벡터공간 $\mathrm{Hom}_F(V, F)$ 를 V 의 **雙對空間**(dual space) 이라 하고 이 벡터공간을 V^* 로 나타낸다.

위의 정의에서 두 선형범함수 $f : V \longrightarrow F$, $g : V \longrightarrow F$ 와 $a \in F$ 에 대하여 $f + g$, af 는 각각 다음과 같이 정의된 선형범함수이다.

$$f+g : V \longrightarrow F, \quad (f+g)(v) = f(v) + g(v),$$
$$af : V \longrightarrow F, \quad (af)(v) = af(v)$$

보기 3.7.1 체 F 위의 벡터공간 F^n 에서 각 벡터 $(a_1, \cdots, a_n) \in F^n$ 에 대하여 사상

$$f : \ F^n \longrightarrow F, \quad f(x_1, \cdots, x_n) = a_1 x_1 + \cdots + a_n x_n$$

는 벡터공간 F^n 위의 선형범함수이고, 또 F^n 위의 선형범함수 $F^n \longrightarrow F$ 는 모두 이와 같은 꼴로 정의된다(정리 3.5.3 참조).

정리 3.7.2 체 F 위의 n차원 벡터공간 V 에서 $\mathscr{B} = \{v_1, \cdots, v_n\}$ 가 V 의 기저일 때, 각 i $(1 \leq i \leq n)$ 에 대하여 사상

$$v_i^* : V \longrightarrow F, \quad v_i^*(x_1 v_1 + \cdots + x_n v_n) = x_i$$

는 V 위의 선형범함수이고 또 $\mathscr{B}^* = \{v_1^*, \cdots, v_n^*\}$ 는 V^* 의 기저이다.
특히, $\dim_F V^* = \dim_F V = n$, $V^* \cong V$ 이다.
기저 $\mathscr{B}^*$ 를 벡터공간 V 의 기저 $\mathscr{B}$ 의 **雙對基底**(dual basis)라고 한다.

증 명 (1) 분명히 각 i $(1 \leq i \leq n)$ 에 대하여 사상

$$v_i^* : V \longrightarrow F, \quad v_i^*(x_1 v_1 + \cdots + x_n v_n) = x_i$$

는 V 위의 선형범함수이고 또 다음이 성립한다.

$$v_i^*(v_j) = \delta_{ij} \qquad (1 \leq i,\ j \leq n)$$

그리고, 임의의 선형범함수 $f \in V^*$ 에 대하여

$$g = f(v_1)\, v_1^* + \cdots + f(v_n)\, v_n^*$$

이라고 하면, $g : V \longrightarrow F$ 는 선형범함수이고 각 j $(1 \leq j \leq n)$ 에 대하여

$$g(v_j) = f(v_1)\, v_1^*(v_j) + \cdots + f(v_n)\, v_n^*(v_j) = f(v_j)$$

이므로 다음이 성립한다(따름정리 3.4.5).

$$f = g = f(v_1)\, v_1^* + \cdots + f(v_n)\, v_n^*$$

그러므로 $V^* = \langle v_1^*, \cdots, v_n^* \rangle$ 이다.

다음에 적당한 $a_1, \cdots, a_n \in F$ 에 대하여

$$a_1 v_1^* + \cdots + a_n v_n^* = 0 \qquad (\text{영 선형범함수})$$

이라고 하자. 이 때, 각 j $(1 \leq j \leq n)$ 에 대하여

$$a_1 v_1^*(v_j) + \cdots + a_n v_n^*(v_j) = 0 \quad \text{즉} \quad a_j v_j^*(v_j) = 0$$

이므로 $a_j = 0$ 이고, 따라서 $a_1 = \cdots = a_n = 0$ 이다.

그러므로 $v_1^*, \cdots, v_n^*$ 는 일차독립이다.

따라서 $\mathscr{B}^* = \{v_1^*, \cdots, v_n^*\}$ 는 쌍대공간 V^* 의 기저이다.

보기 3.7.3 벡터공간 $V = \mathbb{R}^2$ 의 기저 $\mathscr{B} = \{(1, 2), (1, 3)\}$ 에 대하여 V^* 에서의 $\mathscr{B}$ 의 쌍대기저 $\mathscr{B}^*$ 를 구해보자.

이제 $v_1 = (1, 2)$, $v_2 = (1, 3)$ 이라고 하면, v_1^*, v_2^* 는 각각 다음과 같은 꼴로 나타내어진다(보기 3.7.1).

$$v_1^* : V \longrightarrow \mathbb{R}, \quad v_1^*(x_1, x_2) = a_1 x_1 + a_2 x_2$$
$$v_2^* : V \longrightarrow \mathbb{R}, \quad v_2^*(x_1, x_2) = b_1 x_1 + b_2 x_2$$

그런데, 조건에 의하여

$$1 = v_1^*(1, 2) = a_1 + 2a_2, \qquad 0 = v_2^*(1, 2) = b_1 + 2b_2,$$
$$0 = v_1^*(1, 3) = a_1 + 3a_2, \qquad 1 = v_2^*(1, 3) = b_1 + 3b_2$$

이므로 $a_1 = 3,\ a_2 = -1,\ b_1 = -2,\ b_2 = 1$ 이고, 따라서 $v_1^*,\ v_2^*$ 는 각각 다음과 같이 정의된 선형범함수이다.

$$v_1^* : \mathbb{R}^2 \longrightarrow \mathbb{R}, \quad v_1^*(x_1, x_2) = 3x_1 - x_2,$$
$$v_2^* : \mathbb{R}^2 \longrightarrow \mathbb{R}, \quad v_2^*(x_1, x_2) = -2x_1 + x_2$$

연 습 문 제 (3.7)

1. 벡터공간 $\mathbb{R}^3$ 위의 선형범함수

$$f : \mathbb{R}^3 \longrightarrow \mathbb{R}, \quad f(x_1, x_2, x_3) = x_1 + 2x_2 + 3x_3$$

의 $\ker f$ 와 $\operatorname{im} f$ 를 구하고 이들 부분공간의 차원을 구하여라.

2. 벡터공간 $V = \mathbb{R}^3$ 의 기저 $\mathscr{B} = \{(1, 0, 1), (1, 2, 1), (0, 0, 1)\}$ 에 대하여 V^* 에서의 $\mathscr{B}$ 의 쌍대기저 $\mathscr{B}^*$ 를 구해보자.

***3.** 벡터공간 $V = \mathbb{R}^3$ 에서 f_1, f_2, f_3 를 다음과 같은 선형범함수라고 하자.

$$f_1 : V \longrightarrow \mathbb{R}, \quad f_1(x_1, x_2, x_3) = x_1 - 2x_2$$
$$f_2 : V \longrightarrow \mathbb{R}, \quad f_2(x_1, x_2, x_3) = x_1 + x_2 + x_3$$
$$f_3 : V \longrightarrow \mathbb{R}, \quad f_3(x_1, x_2, x_3) = x_2 - 2x_3$$

이 때, $\{f_1, f_2, f_3\}$ 는 쌍대공간 V^* 의 기저를 이룸을 증명하여라.

***4.** 체 F 위의 유한차원 벡터공간 V 에서 벡터 $v \in V$ 에 대하여 다음이 성립함을 증명하여라.

(1) $v \neq \mathbf{0}$ 이면, $f(v) \neq 0$ 인 선형범함수 $f \in V^*$ 가 존재한다.

(2) 모든 $f \in V^*$ 에 대하여 $f(v) = 0$ 이면, $v = \mathbf{0}$ 이다.

제 4 장

행렬의 대각화

이 장에서는, 체 F 위의 n차의 행렬의 고유치와 고유벡터, 고유공간과 고유다항식에 대하여 논하고 또 다항식의 특성을 이용하여 고유다항식과 고유치에 관한 정리를 증명하며 행렬의 대각화 문제에 대하여 논한다. 그리고, 벡터공간의 직합에 대하여 논하고 정사영과 멱등행렬에 대하여 논한다.

이 장에서 논한 내용은 제 5 장과 제 6 장에서 이용된다.

일반적인 유한차원 벡터공간 위의 선형변환의 고유치, 고유벡터, 고유공간 그리고 선형변환의 대각화 가능성에 대해서는 제 7 장에서 논한다.

§ 4.1 좌표벡터와 기저 바꾸기

유한차원 벡터공간의 기저 $\mathscr{B} = \{v_1, \cdots, v_n\}$에 속해 있는 벡터의 순서까지 생각하는 경우에 이 기저를 **순서기저**(ordered basis)라고 한다. 예를 들어, $\{v_1, v_2, v_3\}$가 기저일 때, $\{v_1, v_2, v_3\}$, $\{v_1, v_3, v_2\}$, $\{v_2, v_1, v_3\}$는 모두 서로 다른 순서기저이다.

정의 4.1.1 체 F 위의 n차원 벡터공간 V에서 $\mathscr{B} = \{v_1, \cdots, v_n\}$가 V의 순서기저일 때, 벡터 $v \in V$는 단 한 가지 방법으로

$$v = a_1 v_1 + \cdots + a_n v_n \qquad (a_1, \cdots, a_n \in F)$$

와 같은 꼴로 나타내어진다. 이 때, $(a_1, \cdots, a_n) \in F^n$을 기저 $\mathscr{B}$에 관한 v의 **좌표벡터**(coordinate vector)라 하고 이것을 $(v)_{\mathscr{B}}$로 나타낸다. 즉,

$$(v)_{\mathscr{B}} = (a_1, \cdots, a_n) \iff v = a_1 v_1 + \cdots + a_n v_n$$

보기 4.1.1 체 F 위의 벡터공간 F^n에서 $\mathscr{B} = \{e_1, \cdots, e_n\}$가 표준기저일 때, 벡터 $v = (a_1, \cdots, a_n) \in F^n$에 대하여

$$v = (a_1, \cdots, a_n) = a_1 e_1 + \cdots + a_n e_n$$

이므로 $(v)_{\mathscr{B}} = (a_1, \cdots, a_n) = v$이다.

그리고, 벡터공간 $\mathbb{R}^2$의 순서기저

$$\mathscr{B} = \{e_1, e_2\}, \ \mathscr{C} = \{(3, 1), (1, 2)\}$$

에 대하여 $v = (5, 5)$는

$$v = (5, 5) = 5\,(1, 0) + 5\,(0, 1)$$
$$v = (5, 5) = 1\,(3, 1) + 2\,(1, 2)$$

로 나타내어지므로 다음 결과를 얻는다.

$$(v)_{\mathscr{B}} = (5, 5) = v, \quad (v)_{\mathscr{C}} = (1, 2)$$

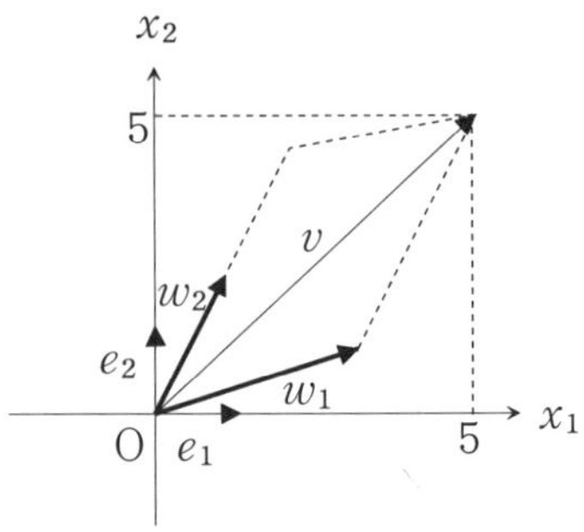

보기 4.1.2 벡터공간 $\mathbb{R}^3$ 의 순서기저 $\mathscr{C}=\{(1,1,1),\ (1,2,1),\ (1,3,2)\}$ 에 관하여 벡터 $v=(4,7,5)\in\mathbb{R}^3$ 의 좌표벡터를 구하기 위하여

$$(4,7,5)=a_1(1,1,1)+a_2(1,2,1)+a_3(1,2,2)$$

이라고 놓으면, 연립일차방정식

$$\begin{bmatrix}1&1&1\\1&2&3\\1&1&2\end{bmatrix}\begin{bmatrix}a_1\\a_2\\a_3\end{bmatrix}=\begin{bmatrix}4\\7\\5\end{bmatrix}$$

를 얻고 그 해는 $(a_1, a_2, a_3)=(2,1,1)$ 이다.

따라서 $(v)_{\mathscr{C}}=(2,1,1)$ 이다.

$$\left[\begin{array}{ccc:c}1&1&1&4\\1&2&3&7\\1&1&2&5\end{array}\right]\longrightarrow\left[\begin{array}{ccc:c}1&1&1&4\\0&1&2&3\\0&0&1&1\end{array}\right]\longrightarrow\left[\begin{array}{ccc:c}1&0&0&2\\0&1&0&1\\0&0&1&1\end{array}\right]$$

정리 4.1.2 체 F 위의 n차원 벡터공간 V 에서 $\mathscr{B}=\{v_1,\cdots,v_n\}$가 V 의 순서기저일 때, 선형변환 $T:V\longrightarrow V$ 에 대하여

$$\begin{aligned}T(v_1)&=a_{11}v_1+a_{21}v_2+\cdots+a_{n1}v_n\\T(v_2)&=a_{12}v_1+a_{22}v_2+\cdots+a_{n2}v_n\\&\ \vdots\\T(v_n)&=a_{1n}v_1+a_{2n}v_2+\cdots+a_{nn}v_n\end{aligned}$$

$$A=\begin{bmatrix}a_{11}&a_{12}&\cdots&a_{1n}\\a_{21}&a_{22}&\cdots&a_{2n}\\\vdots&\vdots&\cdots&\vdots\\a_{n1}&a_{n2}&\cdots&a_{nn}\end{bmatrix}$$
$$\quad\ \ \uparrow\qquad\ \ \uparrow\qquad\quad\ \uparrow$$
$$T(v_1)\ \ T(v_2)\ \ \ T(v_n)$$

인 경우에 행렬 $[a_{ij}]_{n\times n}$을 **기저 $\mathscr{B}$에 관한 T의 행렬**이라 하고 이 행렬을 $[T]_{\mathscr{B}}$로 나타낸다. 즉,

$$(T(v_j))_{\mathscr{B}}=(a_{1j},a_{2j},\cdots,a_{nj})\qquad(1\le j\le n)$$

$$[T]_{\mathscr{B}}=[a_{ij}]_{n\times n}\Longleftrightarrow T(v_j)=\sum_{i=1}^{n}a_{ij}v_i\qquad(1\le j\le n)$$

보기 4.1.3 체 F 위의 벡터공간 F^n 에서 $\mathscr{B}=\{e_1,\cdots,e_n\}$가 표준기저일 때, 체 F 위의 n차의 행렬 $A=[a_{ij}]_{n\times n}$에 의하여 정의된 선형변환 $L_A:F^n\longrightarrow F^n$ 의 $\mathscr{B}$ 에 관한 행렬은 $[L_A]_{\mathscr{B}}=A$ 이다(정리 3.2.3). 즉,

$$L_A(e_j)=(a_{1j},a_{2j},\cdots,a_{nj})=a_{1j}e_1+a_{2j}e_2+\cdots+a_{nj}e_n$$
$$(1\le j\le n)$$

보기 4.1.4 실수체 $\mathbb{R}$ 위의 2차원 벡터공간 V 에서 $\mathscr{B} = \{v_1, v_2\}$ 가 순서기저일 때, 선형변환 $T : V \longrightarrow V$ 에 대하여

$$T(v_1) = 2\,v_1 + 3\,v_2$$
$$T(v_2) = 4\,v_1 + 5\,v_2$$

인 경우에 T 의 기저 $\mathscr{B}$ 에 관한 행렬은 다음과 같다.

$$[\,T\,]_{\mathscr{B}} = \begin{bmatrix} 2 & 4 \\ 3 & 5 \end{bmatrix}$$

정리 4.1.3 체 F 위의 벡터공간 F^n 에서 n 개의 벡터

$$w_j = (p_{1j}, p_{2j}, \cdots, p_{nj}) \quad (1 \le j \le n)$$

에 대하여 $P = [p_{ij}]_{n\times n}$ 이라고 하자.

$$P = \begin{bmatrix} p_{11} & p_{12} & \cdots & p_{1n} \\ p_{21} & p_{22} & \cdots & p_{2n} \\ \vdots & \vdots & \cdots & \vdots \\ p_{n1} & p_{n2} & \cdots & p_{nn} \end{bmatrix}$$
$$\quad\ \uparrow \quad\ \uparrow \qquad\quad \uparrow$$
$$\quad w_1 \quad w_2 \qquad\ w_n$$

이 때, $\mathscr{C} = \{w_1, \cdots, w_n\}$ 가 벡터공간 F^n 의 기저이기 위한 필요충분조건은 P 가 정칙행렬인 것이다.

그리고, $\mathscr{C} = \{w_1, \cdots, w_n\}$ 가 벡터공간 F^n 의 기저일 때 다음이 성립한다.

(1) 임의의 벡터 $v = (x_1, \cdots, x_n) \in F^n$ 에 대하여

$$v = x_1'\,w_1 + \cdots + x_n' w_n \quad 즉 \quad (v)_{\mathscr{C}} = (x_1', \cdots, x_n')$$

일 때, 이들 좌표벡터 사이에 다음 관계식이 성립한다.

$$\begin{bmatrix} x_1 \\ \vdots \\ x_n \end{bmatrix} = P \begin{bmatrix} x_1' \\ \vdots \\ x_n' \end{bmatrix}, \qquad \begin{bmatrix} x_1' \\ \vdots \\ x_n' \end{bmatrix} = P^{-1} \begin{bmatrix} x_1 \\ \vdots \\ x_n \end{bmatrix}$$

(2) 체 F 위의 n 차의 행렬 $A = [a_{ij}]_{n\times n}$ 에 대하여

$$L_A(w_j) = \sum_{i=1}^{n} b_{ij}\,w_i \qquad\qquad (1 \le j \le n)$$

일 때, $B = [\,L_A\,]_{\mathscr{C}} = [b_{ij}]_{n\times n}$ 이라고 하면 $B = P^{-1}A\,P$ 이다.

증 명 정리 2.4.10에 의하여 (1)이 성립한다.

이제 $\mathscr{C} = \{w_1, \cdots, w_n\}$가 벡터공간 F^n의 기저이라고 하자.

(1) 벡터 $v = (x_1, x_2, \cdots, x_n) \in F^n$에 대하여

$$(x_1, x_2, \cdots, x_n) = v = x_1' w_1 + x_2' w_2 + \cdots + x_n' w_n$$

이라고 하면,

$$\begin{bmatrix} x_1 \\ x_2 \\ \vdots \\ x_n \end{bmatrix} = \begin{bmatrix} p_{11} & p_{12} & \cdots & p_{1n} \\ p_{21} & p_{22} & \cdots & p_{2n} \\ \vdots & \vdots & \cdots & \vdots \\ p_{n1} & p_{n2} & \cdots & p_{nn} \end{bmatrix} \begin{bmatrix} x_1' \\ x_2' \\ \vdots \\ x_n' \end{bmatrix}$$

이므로 다음이 성립한다.

$$\begin{bmatrix} x_1 \\ x_2 \\ \vdots \\ x_n \end{bmatrix} = P \begin{bmatrix} x_1' \\ x_2' \\ \vdots \\ x_n' \end{bmatrix}, \qquad \begin{bmatrix} x_1' \\ x_2' \\ \vdots \\ x_n' \end{bmatrix} = P^{-1} \begin{bmatrix} x_1 \\ x_2 \\ \vdots \\ x_n \end{bmatrix}$$

(2) 선형변환 $L_A : F^n \longrightarrow F^n$에 대하여

$$L_A(w_j) = \sum_{i=1}^{n} b_{ij} w_i = (c_{1j}, c_{2j}, \cdots, c_{nj}) \qquad (1 \le j \le n)$$

이라고 하자. 이 때, 각 j $(1 \le j \le n)$에 대하여

$$L_A(p_{1j}, p_{2j}, \cdots, p_{nj}) = L_A(w_j) = (c_{1j}, c_{2j}, \cdots, c_{nj})$$
$$(c_{1j}, c_{2j}, \cdots, c_{nj}) = b_{1j} w_1 + b_{2j} w_2 + \cdots + b_{nj} w_n$$

이므로

$$A \begin{bmatrix} p_{1j} \\ p_{2j} \\ \vdots \\ p_{nj} \end{bmatrix} = \begin{bmatrix} c_{1j} \\ c_{2j} \\ \vdots \\ c_{nj} \end{bmatrix}, \qquad \begin{bmatrix} c_{1j} \\ c_{2j} \\ \vdots \\ c_{nj} \end{bmatrix} = \begin{bmatrix} p_{11} & p_{12} & \cdots & p_{2n} \\ p_{21} & p_{22} & \cdots & p_{2n} \\ \vdots & \vdots & \cdots & \vdots \\ p_{n1} & p_{n2} & \cdots & p_{nn} \end{bmatrix} \begin{bmatrix} b_{1j} \\ b_{2j} \\ \vdots \\ b_{nj} \end{bmatrix}$$

이고 따라서 다음 등식 성립한다.

$$A \begin{bmatrix} p_{11} & p_{12} & \cdots & p_{1n} \\ p_{21} & p_{22} & \cdots & p_{2n} \\ \vdots & \vdots & \cdots & \vdots \\ p_{n1} & p_{n2} & \cdots & p_{nn} \end{bmatrix} = \begin{bmatrix} c_{11} & c_{12} & \cdots & c_{1n} \\ c_{21} & c_{22} & \cdots & c_{2n} \\ \vdots & \vdots & \cdots & \vdots \\ c_{n1} & c_{n2} & \cdots & c_{nn} \end{bmatrix} = P \begin{bmatrix} b_{11} & b_{12} & \cdots & b_{1n} \\ b_{21} & b_{22} & \cdots & b_{2n} \\ \vdots & \vdots & \cdots & \vdots \\ b_{n1} & b_{n2} & \cdots & b_{nn} \end{bmatrix}$$

그러므로 $B = [L_A]_{\mathscr{C}} = [b_{ij}]_{n\times n}$ 이라고 하면, $AP = PB$ 이고 또 P 는 정칙행렬이므로 $B = P^{-1}AP$ 이다.

여기서, $w_1, \cdots, w_n$ 의 선택 방법에 따라 P 는 달라진다.

보기 4.1.5 벡터공간 $\mathbb{R}^2$ 에서 두 벡터

$$w_1 = (1, 1), \quad w_2 = (-1, 2)$$

에 대하여

$$P = \begin{bmatrix} 1 & -1 \\ 1 & 2 \end{bmatrix}$$

이라고 하면, 행렬 P 는 정칙행렬이므로 $\mathscr{C} = \{w_1, w_2\}$ 는 벡터공간 $\mathbb{R}^2$의 기저이다.

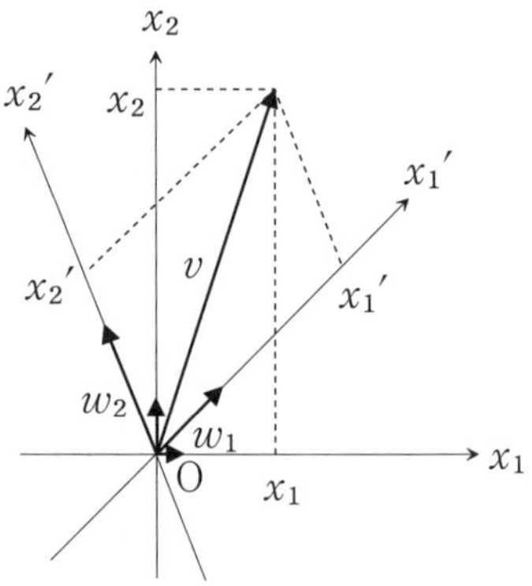

그리고, 임의의 벡터 $v = (x_1, x_2) \in \mathbb{R}^2$ 에 대하여

$$v = x_1' w_1 + x_2' w_2 \quad 즉 \quad (v)_{\mathscr{C}} = (x_1', x_2')$$

이라고 하면 두 좌표벡터 (x_1, x_2), (x_1', x_2') 사이에 다음 관계식이 성립한다.

$$\begin{bmatrix} x_1 \\ x_2 \end{bmatrix} = P \begin{bmatrix} x_1' \\ x_2' \end{bmatrix} \qquad 즉 \quad \begin{cases} x_1 = x_1' - x_2' \\ x_2 = x_1' + 2x_2' \end{cases}$$

$$\begin{bmatrix} x_1' \\ x_2' \end{bmatrix} = P^{-1} \begin{bmatrix} x_1 \\ x_2 \end{bmatrix} \qquad 즉 \quad \begin{cases} x_1' = \dfrac{2}{3}x_1 + \dfrac{1}{3}x_2 \\ x_2' = -\dfrac{1}{3}x_1 + \dfrac{1}{3}x_2 \end{cases}$$

예를 들면, 벡터 $v = (3, 9)$ 에 대하여 $(v)_{\mathscr{C}} = (5, 2)$ 이다.

직교좌표계 O-x_1x_2 가 도입되어 있는 유클리드 평면 $\mathscr{E}^2$ 에서 위의 그림과 같이 w_1 방향과 w_2 방향을 새로운 좌표축 x_1' 축, x_2' 축의 양의 방향으로 택하면 새로운 좌표계 O-$x_1'x_2'$ 이 도입된다. 한편, 두 벡터 w_1, w_2 는 단위벡터가 아니고 서로 직교하지도 않으므로 좌표계 O-$x_1'x_2'$ 은 직교좌표계가 아니다.

보기 4.1.6 실수체 $\mathbb{R}$ 위의 행렬

$$A = \begin{bmatrix} -\frac{1}{2} & -\frac{\sqrt{3}}{2} \\ \frac{\sqrt{3}}{2} & -\frac{1}{2} \end{bmatrix} \quad \text{즉} \quad A = \begin{bmatrix} \cos\frac{2\pi}{3} & -\sin\frac{2\pi}{3} \\ \sin\frac{2\pi}{3} & \cos\frac{2\pi}{3} \end{bmatrix}$$

에 의하여 다음과 같은 벡터공간 $\mathbb{R}^2$ 위의 선형변환이 정의된다.

$$L_A : \mathbb{R}^2 \longrightarrow \mathbb{R}^2, \quad L_A(x_1, x_2) = (-\frac{1}{2}x_1 - \frac{\sqrt{3}}{2}x_2, \frac{\sqrt{3}}{2}x_1 - \frac{1}{2}x_2)$$

유클리드 평면에서 L_A는 원점을 중심으로 하여 $\frac{2\pi}{3}$ 만큼의 회전이동이다.

이제 $w_1 = (1, 0)$, $w_2 = (-\frac{1}{2}, \frac{\sqrt{3}}{2})$ 이라고 하면, 행렬

$$P = \begin{bmatrix} 1 & -\frac{1}{2} \\ 0 & \frac{\sqrt{3}}{2} \end{bmatrix}$$

는 정칙행렬이므로 $\mathscr{C} = \{w_1, w_2\}$ 는 벡터공간 $\mathbb{R}^2$ 의 기저이다. 한편,

$$L_A(w_1) = w_2 = 0\,w_1 + 1\,w_2$$
$$L_A(w_2) = \quad -1\,w_1 - 1\,w_2$$

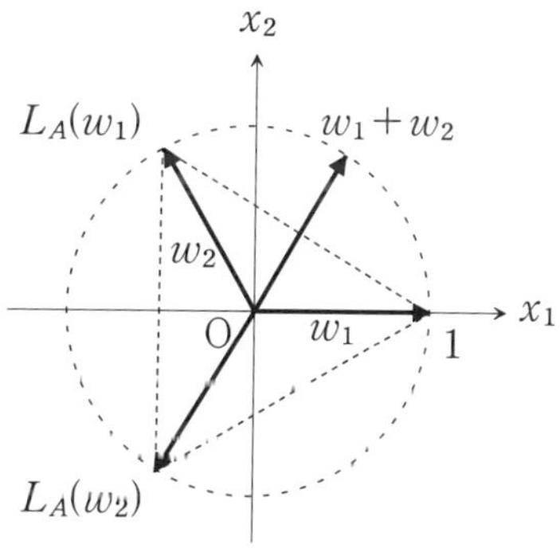

이므로 $[L_A]_{\mathscr{C}} = B$ 이라고 하면

$$B = \begin{bmatrix} 0 & -1 \\ 1 & -1 \end{bmatrix}$$

이고 $B = P^{-1}AP$ 이다.

정의 4.1.4 체 F 위의 n 차의 두 행렬 $A, B \in \mathrm{Mat}_n(F)$에 대하여

$$P^{-1}AP = B$$

인 정칙행렬 $P \in \mathrm{Mat}_n(F)$가 존재할 때, A와 B는 서로 **닮은 행렬**(similar matrix)이라고 한다.

보기 4.1.7 실수체 $\mathbb{R}$ 위에서 다음 행렬은 서로 닮은 행렬이다.

$$A=\begin{bmatrix}1&0&0\\0&-1&0\\0&0&-1\end{bmatrix},\quad B=\begin{bmatrix}-1&0&0\\0&1&0\\0&0&-1\end{bmatrix},\quad C=\begin{bmatrix}-1&0&0\\0&-1&0\\0&0&1\end{bmatrix}$$

실제로, 다음이 성립한다(정의 1.5.1 참조).

$$C_{12}{}^{-1}AC_{12}=B,\quad C_{13}{}^{-1}AC_{13}=C,\quad C_{23}{}^{-1}BC_{23}=C$$

보기 4.1.8 체 F 위의 n 차의 스칼라 행렬 $\lambda I_n=\operatorname{diag}\{\lambda,\ \cdots,\ \lambda\}$와 닮은 행렬은 λI_n 자기 뿐이다.

실제로, 모든 정칙행렬 $P\in \mathrm{Mat}_n(F)$ 에 대하여 $P^{-1}(\lambda I_n)P=\lambda I_n$ 이다.

정리 4.1.5 체 F 위의 n 차의 행렬 A, B, C 에 대하여 다음이 성립한다.

(1) A 는 A 와 닮은 행렬이다.

(2) A 가 B 와 닮은 행렬이면, B 는 A 와 닮은 행렬이다.

(3) A 가 B 와 닮은 행렬이고 B 가 C 와 닮은 행렬이면, A 는 C 와 닮은 행렬이다.

(4) 정칙행렬 $P\in \mathrm{Mat}_n(F)$와 양의 정수 k 에 대하여 다음이 성립한다.

$$(P^{-1}AP)(P^{-1}BP)=P^{-1}(AB)P,\quad (P^{-1}AP)^k=P^{-1}A^kP$$

증 명 (1) 분명히 $A=I_n{}^{-1}AI_n$ 이므로 A 는 A 와 닮은 행렬이다.

(2) A 가 B 와 닮은 행렬이면, 적당한 정칙행렬 $P\in \mathrm{Mat}_n(F)$에 대하여 $B=P^{-1}AP$ 이고 이때 $A=PBP^{-1}=(P^{-1})^{-1}B(P^{-1})$ 이므로 B 는 A 와 닮은 행렬이다.

(3) 정칙행렬 $P,\ Q\in \mathrm{Mat}_n(F)$ 에 대하여 $B=P^{-1}AP,\ C=Q^{-1}BQ$ 이면, $(PQ)^{-1}A(PQ)=Q^{-1}(P^{-1}AP)Q=Q^{-1}BQ=C$ 이다.

(4)
$$\begin{aligned}(P^{-1}AP)(P^{-1}BP)&=P^{-1}A(PP^{-1})BP\\&=P^{-1}AI_nBP=P^{-1}(AB)P\end{aligned}$$

특히, $(P^{-1}AP)^2 = P^{-1}A^2P$, $(P^{-1}AP)^3 = P^{-1}A^3P$ 이고 또 양의 정수 k에 대하여 $(P^{-1}AP)^k = P^{-1}A^kP$ 임을 알 수 있다.

정리 4.1.6 체 F 위의 두 n차의 행렬 A, B가 서로 닮은 행렬일 때, $\operatorname{tr} A = \operatorname{tr} B$, $\det A = \det B$ 이다.

증 명 적당한 정칙행렬 $P \in \mathrm{Mat}_n(F)$ 에 대하여 $B = P^{-1}AP$ 이라고 할 때, 정리 1.3.6과 정리 1.7.9, 정리 1.7.10에 의하여 다음이 성립한다.

$$\begin{aligned}\operatorname{tr} B &= \operatorname{tr}(P^{-1}AP) = \operatorname{tr}(P^{-1}(AP)) \\ &= \operatorname{tr}((AP)P^{-1}) = \operatorname{tr}(A(PP^{-1})) = \operatorname{tr} A\end{aligned}$$

$$\begin{aligned}\det B &= \det(P^{-1}AP) \\ &= (\det P^{-1})(\det A)(\det P) \\ &= (\det P)^{-1}(\det A)(\det P) \\ &= (\det A)(\det P)^{-1}(\det P) = \det A\end{aligned}$$

연 습 문 제 (4.1)

1. 벡터공간 $\mathbb{R}^2$의 순서기저 $\mathscr{B} = \{(1, 2), (2, 5)\}$에 관하여 다음 벡터의 좌표벡터를 구하여라.

   (1) $v = (1, 2)$ (2) $v = (2, 5)$ (3) $v = (7, 10)$

2. 벡터공간 $\mathbb{R}^2$에서 $\mathscr{C} = \{(3, 1), (-1, 3)\}$가 $\mathbb{R}^2$의 기저임을 밝혀라. 그리고, 벡터 $v = (x_1, x_2)$의 $\mathscr{C}$에 관한 좌표벡터 $(v)_{\mathscr{C}}$를 구하여라.

*3. 벡터공간 $\mathbb{R}^2$에서 $\mathscr{C} = \{(1, 1), (-1, 0)\}$가 $\mathbb{R}^2$의 기저임을 밝혀라. 그리고, 벡터 $v = (x_1, x_2)$의 기저 $\mathscr{C}$에 관의 좌표벡터 $(v)_{\mathscr{C}}$를 구하고, 선형변환

$$T : \mathbb{R}^2 \longrightarrow \mathbb{R}^2, \quad T(x_1, x_2) = (4x_1 - x_2,\ 3x_1 + 2x_2)$$

의 기저 $\mathscr{C}$에 관한 행렬을 구하여라.

*4. 벡터공간 $\mathbb{R}^3$ 위의 선형변환

$$T : \mathbb{R}^3 \longrightarrow \mathbb{R}^3, \quad T(x_1, x_2, x_3) = (2x_1 + 4x_3, 3x_2, 4x_1 + 8x_3)$$

에 대하여 $\mathbb{R}^3$의 표준기저 $\mathscr{B} = \{e_1, e_2, e_3\}$에 관한 T의 행렬 $[T]_{\mathscr{B}}$와 순서기저 $\mathscr{C} = \{(1, 0, 2), (0, 2, 0), (2, 0, -1)\}$에 관한 T의 행렬 $[T]_{\mathscr{C}}$를 구하고 또 $[T]_{\mathscr{C}} = P^{-1}[T]_{\mathscr{B}}P$인 정칙행렬 P를 구하여라.

*5. 벡터공간 $\mathbb{R}^2$ 위의 선형변환 $T : \mathbb{R}^2 \longrightarrow \mathbb{R}^2$에 대하여 벡터공간 $\mathbb{R}^2$의 순서기저 $\mathscr{C} = \{(2, 1), (5, 3)\}$에 관한 T의 행렬이

$$[T]_{\mathscr{C}} = \begin{bmatrix} 1 & 1 \\ 3 & 2 \end{bmatrix}$$

일 때, 임의의 벡터 $(x_1, x_2) \in \mathbb{R}^2$에 대하여 $T(x_1, x_2)$를 정하여라.

6. 벡터공간 $\mathbb{R}_4[x]$의 표준기저 $\mathscr{B} = \{1, x, x^2, x^3\}$에 관한 선형변환

$$D : \mathbb{R}_4[x] \longrightarrow \mathbb{R}_4[x], \quad D(f(x)) = f'(x)$$

의 행렬을 구하여라.

*7. 벡터공간 $\mathrm{Mat}_2(\mathbb{R})$의 기저 $\mathscr{B} = \{E_{11}, E_{12}, E_{21}, E_{22}\}$에 관한 선형변환

$$T : \mathrm{Mat}_2(\mathbb{R}) \longrightarrow \mathrm{Mat}_2(\mathbb{R}), \quad T(A) = A^T$$

의 행렬 $[T]_{\mathscr{B}}$를 구하여라(보기 2.4.2 참조).

8. 체 F 위의 n차의 행렬 A, B와 정칙행렬 P에 대하여 $B = P^{-1}AP$일 때, 임의의 $k \in F$, $k \neq 0$에 대하여 $Q = kP$이라고 하면 Q는 정칙행렬이고 $B = Q^{-1}AQ$임을 밝혀라.

*9. 실수체 $\mathbb{R}$ 위의 다음 두 행렬 A, B가 서로 닮은 행렬인지를 판정하여라.

(1) $\begin{bmatrix} 0 & 1 \\ 1 & 0 \end{bmatrix}, \begin{bmatrix} 1 & 0 \\ 0 & -1 \end{bmatrix}$　　(2) $\begin{bmatrix} 1 & 2 \\ 1 & 1 \end{bmatrix}, \begin{bmatrix} 1 & 2 \\ 0 & 1 \end{bmatrix}$

§4.2 행렬의 고유치와 고유벡터

이 절에서는, 주로 정사각행렬에 대하여 논한다.

정의 4.2.1 체 F 위의 벡터공간 V에서의 선형변환 $T: V \longrightarrow V$와 $\lambda \in F$에 대하여

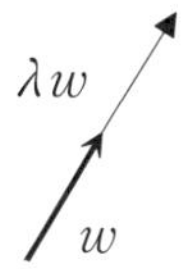

$$T(w) = \lambda w, \qquad w \neq 0$$

인 벡터 $w \in V$가 존재할 때, λ를 T의 **고유치**(eigenvalue) 또는 **특성치**(characteristic value)라 하고 w를 고유치 λ에 대응하는 T의 **고유벡터**(eigenvector) 또는 **특성벡터**(characteristic vector)라고 한다.

여기서, eigen (아이겐)은 '고유하다'는 뜻의 독일어이다.

정리 4.2.2 체 F 위의 벡터공간 V 위에서의 선형변환 $T: V \longrightarrow V$와 $\lambda \in F$에 대하여 $E_\lambda = \{w \in V \mid T(w) = \lambda w\}$이라고 하면 다음이 성립한다.

(1) E_λ는 V의 부분공간이다.

(2) $\lambda \in F$가 T의 고유치일 때 그리고 이때에만 $\{0\} \subsetneq E_\lambda$이다.

특히, $\lambda \in F$가 T의 고유치일 때, 부분공간 E_λ를 고유치 λ에 대응하는 T의 **고유공간**(eigenspace) 또는 **특성공간**(characteristic space)이라고 한다.

증 명 (1) 분명히 $T(0) = 0 = \lambda 0$이므로 $0 \in E_\lambda \neq \emptyset$이다.

또, 임의의 벡터 $w, u \in E_\lambda$와 $a \in F$에 대하여

$$T(w+u) = T(w) + T(u) = \lambda w + \lambda u = \lambda(w+u),$$
$$T(aw) = aT(w) = a(\lambda w) = \lambda(aw)$$

이므로 $w+u, aw \in E_\lambda$이고, 따라서 E_λ는 V의 부분공간이다.

(2) 고유벡터는 영벡터가 아니므로 (2)가 성립한다.

고유공간 E_λ는 영벡터와 λ에 대응하는 고유벡터 전체로 이루어져 있다.

정의 4.2.3 체 F 위의 n차의 행렬 $A=[a_{ij}]_{n\times n}$에 대하여 선형변환 $L_A: F^n \longrightarrow F^n$의 고유치, 고유벡터, 고유공간을 각각 행렬 A의 **고유치, 고유벡터, 고유공간**이라고 한다. 실제로, $\lambda \in F$에 대하여

$$L_A(c_1, \cdots, c_n) = \lambda(c_1, \cdots, c_n), \qquad (c_1, \cdots, c_n) \neq (0, \cdots 0)$$

즉
$$A\begin{bmatrix} c_1 \\ \vdots \\ c_n \end{bmatrix} = \lambda \begin{bmatrix} c_1 \\ \vdots \\ c_n \end{bmatrix}, \qquad \begin{bmatrix} c_1 \\ \vdots \\ c_n \end{bmatrix} \neq \begin{bmatrix} 0 \\ \vdots \\ 0 \end{bmatrix}$$

인 벡터 $w=(c_1, \cdots, c_n) \in F^n$가 존재할 때, λ를 A의 [L_A의] 고유치라 하고 w를 λ에 대응하는 A의 [L_A의] 고유벡터라고 한다.

그리고, λ가 고유치일 때, 벡터공간 F^n의 부분공간

$$\begin{aligned} \mathrm{E}_\lambda &= \{w \in F^n \mid L_A(w) = \lambda w\} \\ &= \left\{ (x_1, \cdots, x_n) \in F^n \mid A\begin{bmatrix} x_1 \\ \vdots \\ x_n \end{bmatrix} = \lambda \begin{bmatrix} x_1 \\ \vdots \\ x_n \end{bmatrix} \right\} \end{aligned}$$

를 λ에 대응하는 A의 [L_A의] 고유공간이라고 한다.

보기 4.2.1 체 F 위의 벡터공간 V에서 $\lambda \in F$에 대하여 선형변환

$$\lambda 1_V : V \longrightarrow V, \quad (\lambda 1_V)(v) = \lambda v$$

의 고유치는 λ뿐이고 또 이에 대응하는 고유공간은 $\mathrm{E}_\lambda = V$이다.

특히, 영 선형변환 0_V의 고유치는 0뿐이고 항등 선형변환 1_V의 고유치는 1뿐이다.

마찬가지로, 체 F 위의 n차의 스칼라행렬 $A=\lambda I_n$를 생각하면, 모든 벡터 $(x_1, \cdots, x_n) \in F^n$에 대하여

$$L_A(x_1, \cdots, x_n) = \lambda(x_1, \cdots, x_n)$$

이므로 A의 고유치는 λ뿐이고 이에 대응하는 고유공간은 $\mathrm{E}_\lambda = F^n$이다.

특히, 영행렬 O_n의 고유치는 0뿐이고 항등행렬 I_n의 고유치는 1뿐이며, 이에 대응하는 고유공간은 F^n이다.

정리 4.2.4 체 F 위의 n차의 행렬 $A=[a_{ij}]_{n\times n}$에 대하여 $\lambda\in F$가 A의 [L_A의] 고유치이기 위한 필요충분조건은

$$\det(\lambda I_n-A)=0 \quad 즉 \quad \det(A-\lambda I_n)=0$$

인 것이다. 또, $\lambda\in F$가 A의 [L_A의] 고유치일 때, E_λ를 λ에 대응하는 고유공간이라고 하면 다음이 성립한다.

(1) $A=\lambda I_n$이면, A의 고유치는 λ뿐이고 $\mathrm{E}_\lambda=F^n$이다.

(2) $A\neq\lambda I_n$이면, E_λ는 동차 연립일차방정식

$$(\lambda I_n-A)\begin{bmatrix}x_1\\ \vdots\\ x_n\end{bmatrix}=\begin{bmatrix}0\\ \vdots\\ 0\end{bmatrix} \quad 또는 \quad (A-\lambda I_n)\begin{bmatrix}x_1\\ \vdots\\ x_n\end{bmatrix}=\begin{bmatrix}0\\ \vdots\\ 0\end{bmatrix}$$

의 해공간이고 $\dim_F \mathrm{E}_\lambda=n-r(\lambda I_n-A)=n-r(A-\lambda I_n)\geq 1$이다.

증 명 원소 $\lambda\in F$가 A의 고유치이기 위한 필요충분조건은 등식

$$A\begin{bmatrix}x_1\\ \vdots\\ x_n\end{bmatrix}=\lambda\begin{bmatrix}x_1\\ \vdots\\ x_n\end{bmatrix} \quad 즉 \quad (\lambda I_n-A)\begin{bmatrix}x_1\\ \vdots\\ x_n\end{bmatrix}=\begin{bmatrix}0\\ \vdots\\ 0\end{bmatrix}$$

을 만족시키는 $w=(c_1,\cdots,c_n)\in F^n$, $w\neq(0,\cdots,0)$이 존재하는 것이다.

먼저 $A=\lambda I_n$ 즉 $\lambda I_n-A=O_n$이면, $\det(\lambda I_n-A)=0$이고 또 A의 고유치는 λ뿐이며 $\mathrm{E}_\lambda=F^n$이다(보기 4.2.1).

다음에, $A\neq\lambda I_n$ 즉 $\lambda I_n-A\neq O_n$이라고 하자.

이 때, 위의 동차 연립일차방정식은 $\det(\lambda I-A)=0$일 때 그리고 이 때에만 $(0,\cdots,0)$ 이외의 해를 가지며 $\dim_F \mathrm{E}_\lambda=n-r(\lambda I_n-A)\geq 1$이다(정리 1.7.12, 정리 2.7.1). 한편, 위의 동차 연립일차방정식은

$$(A-\lambda I_n)\begin{bmatrix}x_1\\ \vdots\\ x_n\end{bmatrix}=\begin{bmatrix}0\\ \vdots\\ 0\end{bmatrix}$$

으로 고쳐 쓸 수 있고 또한 $\det(A-\lambda I_n)=0 \Longleftrightarrow \det(\lambda I_n-A)=0$, $r(\lambda I_n-A)=r(A-\lambda I_n)$이므로 (2)가 성립한다(문제 1.7.2, p. 33 참조).

정의 4.2.5 체 F 위의 n 차의 행렬 $A=[a_{ij}]_{n\times n}$ 에 대하여 다항식

$$f(x)=\det(xI_n-A)=\begin{vmatrix} x-a_{11} & -a_{12} & \cdots & -a_{1n} \\ -a_{21} & x-a_{22} & \cdots & -a_{2n} \\ \vdots & \vdots & \ddots & \vdots \\ -a_{n1} & -a_{n2} & \cdots & x-a_{nn} \end{vmatrix}$$

를 A 의 [L_A 의] **고유다항식**(characteristic polynomial) 또는 **특성다항식**이라 하고, 방정식 $f(x)=0$ 을 A 의 [L_A 의] **고유방정식**(characteristic equation) 또는 **특성방정식**이라고 한다.

고유다항식 $f(x)$ 는 $f(x)=x^n+a_{n-1}x^{n-1}+\cdots+a_1x+a_0$ 와 같은 꼴의 최고차 항의 계수가 1 인 n 차의 다항식이다. 이와 같이 최고차의 항이 1 인 다항식을 **모닉**(monic) 다항식이라고 한다.

정리 4.2.4 와 정의 4.2.5 에 의하여 다음이 성립한다.

정리 4.2.6 체 F 위의 n 차의 행렬 $A=[a_{ij}]_{n\times n}$ 에 대하여 $f(x)$ 를 A 의 [L_A 의] 고유다항식이라고 할 때, 다음 두 조건은 동치이다.

(1) $\lambda\in F$ 는 A 의 [L_A 의] 고유치이다.

(2) $f(\lambda)=0$, 즉 $\lambda\in F$ 는 고유방정식 $f(x)=0$ 의 근이다.

위의 정리가 성립한다는 의미에서 고유치를 **고유근**(characteristic root)이라고도 한다. 체 F 위의 n 차의 행렬 A 와 $\lambda\in F$ 에 대하여 $A\neq\lambda I_n$ 일 때, 동차 연립일차방정식

$$(\lambda I_n-A)\begin{bmatrix} x_1 \\ \vdots \\ x_n \end{bmatrix}=\begin{bmatrix} 0 \\ \vdots \\ 0 \end{bmatrix} \quad \text{또는} \quad (A-\lambda I_n)\begin{bmatrix} x_1 \\ \vdots \\ x_n \end{bmatrix}=\begin{bmatrix} 0 \\ \vdots \\ 0 \end{bmatrix}$$

의 해공간은 λI_n-A 또는 $A-\lambda I_n$ 에 기본 행 변형을 시행하여 얻은 기약 행 사다리꼴 행렬을 이용하여 구한다(§1.6 참조).

이 장에서는, λI_n-A 에 기본 행 변형을 시행하여 구하기로 한다.

보기 4.2.2 실수체 $\mathbb{R}$ 위에서 다음 행렬을 생각해 보자.

$$A = \begin{bmatrix} 0 & 1 \\ 1 & 0 \end{bmatrix}$$

행렬 A 의 [L_A 의] 고유다항식은

$$f(x) = \det(xI_2 - A) = \begin{vmatrix} x & -1 \\ -1 & x \end{vmatrix} = x^2 - 1$$

이므로 A 의 [L_A 의] 고유치는 $\lambda_1 = 1$, $\lambda_2 = -1$ 이다.

먼저 E_1 을 고유치 $\lambda_1 = 1$ 에 대응하는 고유공간이라고 하면, E_1 은 동차 연립일차방정식

$$\begin{bmatrix} 1 & -1 \\ -1 & 1 \end{bmatrix}\begin{bmatrix} x_1 \\ x_2 \end{bmatrix} = \begin{bmatrix} 0 \\ 0 \end{bmatrix}$$

$$I_2 - A = \begin{bmatrix} 1 & -1 \\ 1 & 1 \end{bmatrix} \longrightarrow \begin{bmatrix} 1 & -1 \\ 0 & 0 \end{bmatrix}$$

의 해공간이고 이 동차 연립일차방정식은 동차 일차방정식 $x_1 - x_2 = 0$ 과 동치이므로 그 해 전체는 다음과 같다(보기 3.3.4).

$$\begin{bmatrix} x_1 \\ x_2 \end{bmatrix} = t\begin{bmatrix} 1 \\ 1 \end{bmatrix} \quad (t \in \mathbb{R}) \qquad \text{즉} \quad (x_1, x_2) = t(1, 1) \quad (t \in \mathbb{R})$$

따라서 $E_1 = \langle ((1, 1) \rangle$, $\dim_{\mathbb{R}} E_1 = 1 = 2 - r(I_2 - A)$ 이다.

마찬가지로, E_2 를 고유치 $\lambda_2 = -1$ 에 대응하는 고유공간이라고 하면, E_2 는 동차 연립일차방정식

$$\begin{bmatrix} -1 & -1 \\ -1 & -1 \end{bmatrix}\begin{bmatrix} x_1 \\ x_2 \end{bmatrix} = \begin{bmatrix} 0 \\ 0 \end{bmatrix}$$

$$-I_2 - A = \begin{bmatrix} 1 & 1 \\ -1 & -1 \end{bmatrix} \longrightarrow \begin{bmatrix} 1 & 1 \\ 0 & 0 \end{bmatrix}$$

의 해공간이고 이 동차 연립일차방정식은 동차 일차방정식 $x_1 + x_2 = 0$ 과 동치이다.

따라서 $E_2 = \langle (-1, 1) \rangle$, $\dim_{\mathbb{R}} E_2 = 1 = 2 - r(-I_2 - A)$ 이다.

이제 $w_1 = (1, 1)$, $w_2 = (-1, 1)$ 이라고 하면, 행렬

$$P=\begin{bmatrix}1 & -1\\ 1 & 1\end{bmatrix}$$

는 정칙행렬이므로 $\mathscr{C}=\{w_1,\ w_2\}$는 벡터공간 $\mathbb{R}^2$의 기저이고 $w_1,\ w_2$는 각각 1, -1에 대응하는 고유벡터이므로

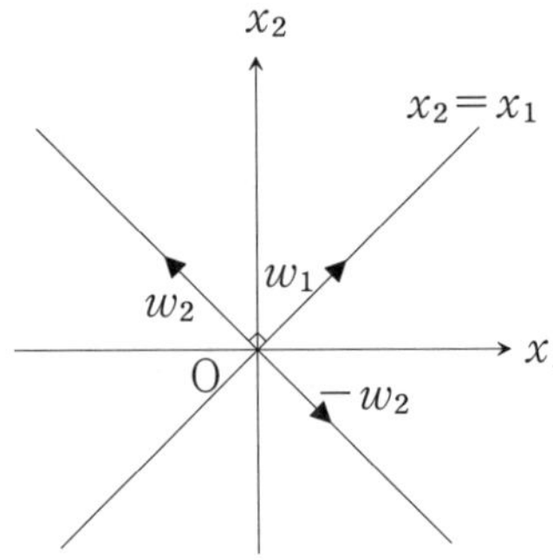

$$L_A(w_1)=w_1$$
$$L_A(w_2)=\ -w_2$$

이고 따라서 다음이 성립한다.

$$[L_A]_{\mathscr{C}}=\begin{bmatrix}1 & 0\\ 0 & -1\end{bmatrix}=D,$$
$$P^{-1}AP=D$$

정의 4.2.7 체 F 위의 n차의 다항식 $f(x)$에 대하여 $\lambda\in F$가 방정식 $f(x)=0$의 근일 때, 다음과 같은 다항식 $h(x)\in F[x]$가 존재한다.

$$f(x)=(x-\lambda)^m h(x) \qquad (m\geq 1,\ h(\lambda)\neq 0)$$

이 때, m을 근 $x=\lambda$의 **중복도**(complexity)라고 한다.

특히, $m=1$인 경우에 $x=\lambda$를 **단근**(simple root)이라 하고, $m\geq 2$인 경우에 $x=\lambda$를 ***m*** **중근**(multiple root)이라고 한다.

보기 4.2.3 실수체 $\mathbb{R}$ 위의 다항식 $g(x)=x^2-bx+c$에 대하여 이차방정식 $g(x)=0$의 판별식을 $\mathrm{D}=b^2-4c$이라고 하면 다음이 성립한다.

(1) $\mathrm{D}>0$이면, 이차방정식 $g(x)=0$은 실수체 $\mathbb{R}$ 안에서 서로 두 실근(실수인 근) $\lambda_1,\ \lambda_2$를 가지며 이때 $g(x)=(x-\lambda_1)(x-\lambda_2)$이다.

또, $\mathrm{D}=0$이면, 이차방정식 $g(x)=0$은 실수체 $\mathbb{R}$ 안에서 이중근 λ를 가지며 이때 $g(x)=(x-\lambda)^2$이다.

(2) $\mathrm{D}<0$이면, 이차방정식 $g(x)=0$은 실수체 $\mathbb{R}$ 안에서 근을 가지지 않으며 $g(x)$는 두 일차다항식의 곱으로 인수분해되지 않는다.

행렬 A의 고유방정식 $f(x)=0$이 체 F 안에서 중복을 허락하여 n개의 근 $\lambda_1, \cdots, \lambda_n$을 가지면, $f(x)=(x-\lambda_1)\cdots(x-\lambda_n)$이다.

Gausss의 정리(대수학의 기본 정리)에 의하면, 복소수를 계수로 가지는 n차의 방정식은 중복을 허락하여 n개의 복소수 근을 가진다. 한편, 실수를 계수로 가지는 n차의 방정식은 n개 이하의 실근을 가진다.

이 사실과 정리 4.2.6에 의하여 다음 정리가 성립한다.

정리 4.2.8 체 F 위의 n차의 행렬 A에 대하여 행렬 A와 선형변환 L_A는 중복을 허락하여 n개 이하의 고유치를 가진다.

특히, 복소수체 $\mathbb{C}$ 위의 n차의 행렬 A는 [L_A는] 중복을 허락하여 꼭 n개의 고유치를 가지며, 실수체 $\mathbb{R}$ 위의 n차의 행렬 A는 [L_A는] 중복을 허락하여 n개 이하의 (실수인) 고유치를 가진다.

보기 4.2.4 체 F 위의 n차의 대각행렬 $D=\operatorname{diag}\{\lambda_1, \lambda_2, \cdots, \lambda_n\}$의 고유다항식은

$$f(x)=\det(xI_n-D)=\begin{vmatrix} x-\lambda_1 & 0 & 0 & \cdots & 0 \\ 0 & x-\lambda_2 & 0 & \cdots & 0 \\ \vdots & \vdots & \vdots & \ddots & \vdots \\ 0 & 0 & 0 & \cdots & x-\lambda_n \end{vmatrix}$$
$$=(x-\lambda_1)\cdots(x-\lambda_n)$$

이고, 따라서 D는 중복을 허락하여 n개의 고유치 $\lambda_1, \lambda_2, \cdots, \lambda_n$을 가진다.

보기 4.2.5 실수체 $\mathbb{R}$ 위에서 다음 행렬을 생각해 보자.

$$A=\begin{bmatrix} 0 & 1 \\ -1 & 1 \end{bmatrix}$$

행렬 A의 [L_A의] 고유다항식은 $f(x)=x^2-x+1$이고, 고유방정식 $f(x)=0$의 실근은 존재하지 않으므로 A의 고유치와 고유벡터는 존재하지 않는다.

한편, 복소수체 $\mathbb{C}$ 안에서 고유방정식 $x^2 - x + 1 = 0$ 은 서로 다른 두 근을 가지므로, A 를 복소수체 $\mathbb{C}$ 위의 행렬로 생각하면 A 는 서로 다른 두 고유치를 가지며 이들 고유치에 대응하는 고유벡터가 존재한다(문제 5).

보기 4.2.6 실수체 $\mathbb{R}$ 위에서 다음 행렬을 생각해 보자.

$$A = \begin{bmatrix} \cos\theta & -\sin\theta \\ \sin\theta & \cos\theta \end{bmatrix} \qquad (0 \le \theta < 2\pi)$$

행렬 A 의 [L_A 의] 고유다항식은 다음과 같다.

$$f(x) = \det(xI_2 - A) = \begin{vmatrix} x - \cos\theta & \sin\theta \\ -\sin\theta & x - \cos\theta \end{vmatrix} = x^2 - 2\cos\theta\, x + 1$$

먼저 $\theta \neq 0$, $\theta \neq \pi$ 이면,

$$4\cos^2\theta - 4 = 4(\cos^2\theta - 1) < 0$$

이므로 실수체 $\mathbb{R}$ 안에서 고유방정식

$$x^2 - 2\cos\theta\, x + 1 = 0$$

은 근을 가지지 않으며 따라서 A 의 고유치는 존재하지 않는다.

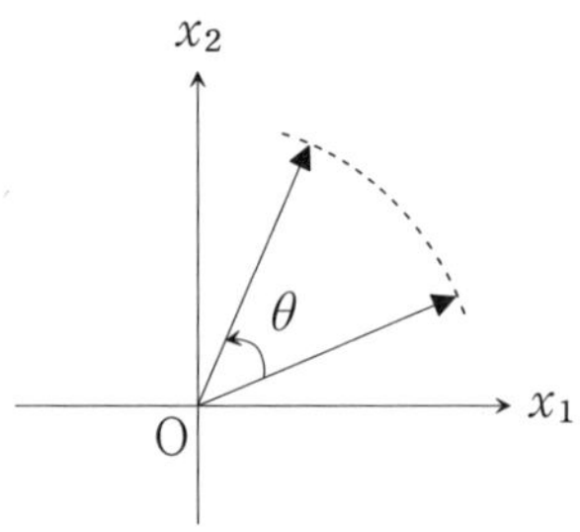

한편, $\theta = 0$ 이면, $A = I_2$ 이므로 A 의 고유치는 1뿐이고 이에 대응하는 고유공간은 $\mathbb{R}^2$ 이다(보기 4.2.1).

마찬가지로, $\theta = \pi$ 이면, $A = -I_2$ 이므로 A 의 고유치는 -1 뿐이고 이에 대응하는 고유공간은 $\mathbb{R}^2$ 이다.

기하학적으로 생각하면, 이 결과를 쉽게 알 수 있다.

정리 4.2.9 체 F 위의 n 차의 행렬 A, B 에 대하여 다음이 성립한다.

(1) A 의 고유다항식과 A^T 의 고유다항식은 일치한다.

(2) A 와 B 가 서로 닮은 행렬이면, A 의 고유다항식과 B 의 고유다항식은 일치하고 따라서 A 의 고유치와 B 의 고유치는 일치한다.

증 명 (1) 정리 1.7.2에 의하여

$$\det(xI_n - A^T) = \det\{(xI_n - A)^T\} = \det(xI_n - A)$$

이므로 (1)이 성립한다.

(2) A와 B가 서로 닮은 행렬일 때, 적당한 정칙행렬 $P \in \mathrm{Mat}_n(F)$에 대하여 $B = P^{-1}AP$이고 이때 정리 1.7.9에 의하여 다음이 성립한다.

$$\begin{aligned}\det(xI_n - B) &= \det(xI_n - P^{-1}AP)\\ &= \det\{P^{-1}(xI_n - A)P\}\\ &= (\det P)^{-1}(\det(xI_n - A))(\det P)\\ &= \det(xI_n - A)\end{aligned}$$

따라서 (2)가 성립한다.

보기 4.2.7 실수체 $\mathbb{R}$위의 두 행렬

$$A = \begin{bmatrix} 0 & 1 \\ 1 & 0 \end{bmatrix}, \qquad D = \begin{bmatrix} 1 & 0 \\ 0 & -1 \end{bmatrix}$$

는 닮은 행렬이며, 이들 두 행렬의 고유다항식은 모두 $f(x) = x^2 - 1$이고 고유치는 1, -1이다(보기 4.2.2). 한편, 고유치 1, -1에 대응하는 A의 고유공간은 각각 $\langle (1,1) \rangle$, $\langle (-1, 1) \rangle$이지만, 고유치 1, -1에 대응하는 D의 고유공간은 각각 $\langle (1,0) \rangle$, $\langle (0,1) \rangle$이다(문제 3 참조).

정리 4.2.10 체 F 위의 n차의 행렬 A에 대하여 그 고유다항식이

$$f(x) = x^n + a_{n-1}x^{n-1} + \cdots + a_1 x + a_0$$

일 때 다음이 성립한다.

(1) $a_{n-1} = -\operatorname{tr} A, \quad a_0 = (-1)^n \det A$

(2) A가 [L_A가] 중복을 허락하여 n개의 고유치 $\lambda_1, \cdots, \lambda_n \in F$을 가질 때, $\operatorname{tr} A$와 $\det A$는 각각 다음과 같다.

$$\operatorname{tr} A = \lambda_1 + \cdots + \lambda_n, \qquad \det A = \lambda_1 \cdots \lambda_n$$

증 명 (1) 정의에 의하여

$$f(x) = \det(x I_n - A) = \begin{vmatrix} x-a_1 & -a_{12} & \cdots & -a_{1n} \\ -a_{21} & x-a_{22} & \cdots & -a_{2n} \\ \vdots & \vdots & \cdots & \vdots \\ -a_{n1} & -a_{n2} & \cdots & x-a_{nn} \end{vmatrix}$$

이고 이 행렬식을 전개한 식이 $f(x) = x^n + a_{n-1}x^{n-1} + \cdots + a_1 x + a_0$ 이므로 x^{n-1} 의 계수 a_{n-1} 은 행렬식에서 $(x-a_{11})(x-a_{22})\cdots(x-a_{nn})$ 을 전개할 때 얻는 x^{n-1} 의 계수와 같다. 따라서

$$a_{n-1} = -(a_{11} + a_{22} + \cdots + a_{nn}) = -\operatorname{tr} A$$

이고, 또 상수항을 비교하면 다음 등식을 얻는다(문제 1.7.2 참조).

$$a_0 = f(0) = \det(-A) = (-1)^n \det A$$

(2) 이 경우에 $f(x) = (x-\lambda_1)\cdots(x-\lambda_n)$ 이므로

$$a_{n-1} = -(\lambda_1 + \cdots + \lambda_n), \qquad a_{n-1} = -\operatorname{tr} A,$$
$$a_0 = f(0) = (-1)^n \lambda_1 \cdots \lambda_n, \qquad a_0 = (-1)^n \det A$$

임을 알수 있고 따라서 $\operatorname{tr} A = \lambda_1 + \cdots + \lambda_n$, $\det A = \lambda_1 \cdots \lambda_n$ 이다.

보기 4.2.8 체 F 위의 2 차의 행렬 A 의 고유다항식은

$$f(x) = x^2 - (\operatorname{tr} A)\, x + \det A$$

이고 또 $f(A) = A^2 - (\operatorname{tr} A)\, A + (\det A)\, I_2 = O_2$ 이다(보기 1.4.1 참조).

연 습 문 제 (4.2)

1. 실수체 $\mathbb{R}$ 위에서 다음 행렬의 고유치와 고유공간을 구하여라.

*(1) $A = \begin{bmatrix} 10 & 4 \\ 9 & 2 \end{bmatrix}$　　　(2) $A = \begin{bmatrix} 3 & 8 \\ 0 & -1 \end{bmatrix}$

2. 실수체 $\mathbb{R}$ 위에서 다음 행렬 A에 대하여 A, A^T, A^{-1}의 고유치와 고유공간을 구하여라.

*(1) $A=\begin{bmatrix}1 & -1\\ 0 & 2\end{bmatrix}$ (2) $A=\begin{bmatrix}\frac{\sqrt{3}}{2} & \frac{1}{2}\\ \frac{1}{2} & -\frac{\sqrt{3}}{2}\end{bmatrix}$

3. 체 F 위의 대각행렬 $D=\operatorname{diag}\{\lambda_1, \lambda_2\}$에서 $\lambda_1 \neq \lambda_2$일 때, D의 고유치와 이에 대응하는 고유공간을 구하여라.

4. 다음과 같이 정의된 선형변환의 고유치와 고유공간을 구하여라.

*(1) $T:\mathbb{R}^2 \longrightarrow \mathbb{R}^2,\quad T(x_1, x_2)=(2x_1, 3x_2)$

(2) $T:\mathbb{R}^2 \longrightarrow \mathbb{R}^2,\quad T(x_1, x_2)=(x_1, -2x_1+3x_2)$

***5.** 보기 4.2.5에서 A를 복소수체 위의 행렬로 생각할 때, 이 행렬의 고유치와 이에 대응하는 고유공간을 구하여라.

6. 복소수체 $\mathbb{C}$ 위에서 다음 행렬의 고유치와 고유공간을 구하여라($i=\sqrt{-1}$).

(1) $A=\begin{bmatrix}1 & 1\\ -1 & 0\end{bmatrix}$ (2) $A=\begin{bmatrix}1 & i\\ i & 1\end{bmatrix}$

***7.** 체 F 위의 n차의 행렬 A가 정칙행렬이 아닐 때 그리고 이때에만 0은 A의 고유치임을 밝혀라.

***8.** 체 F 위의 3차의 행렬 $A=[a_{ij}]_{3\times 3}$의 고유다항식을

$$f(x)=x^3+a\,x^2+b\,x+c$$

이라고 할 때, 다음이 성립함을 확인하여라.

$$a=-\operatorname{tr} A,\quad b=\begin{vmatrix}a_{11} & a_{12}\\ a_{21} & a_{22}\end{vmatrix}+\begin{vmatrix}a_{11} & a_{13}\\ a_{31} & a_{33}\end{vmatrix}+\begin{vmatrix}a_{22} & a_{23}\\ a_{32} & a_{33}\end{vmatrix},\quad c=-\det A$$

§ 4.3 고유다항식과 고유치

체 F 위의 다항식 $f(x)=a_n x^n+a_{n-1}x^{n-1}+\cdots+a_0$와 원소 $a\in F$에 대하여 $f(x)$를 $x-a$로 나누었을 때의 몫과 나머지를 각각

$$g(x)=b_{n-1}x^{n-1}+b_{n-2}x^{n-2}+\cdots+b_0,\quad r$$

이라고 하면, $f(x)=(x-a)g(x)+r$이고 $r=f(a)$이며 이때

$$f(x)=b_{n-1}x^n+(b_{n-2}-a\,b_{n-1})x^{n-1}+\cdots+(b_0-a\,b_1)x+r-a\,b_0$$

이므로 다음이 성립한다.

$$a_n=b_{n-1},\ a_{n-1}=b_{n-2}-a\,b_{n-1},\ \cdots,\ a_1=b_0-a\,b_1,\ a_0=r-a\,b_0$$

$$b_{n-1}=a_n,\ b_{n-2}=a_{n-1}+a\,b_{n-1},\ \cdots,\ b_0=a_1+a\,b_0,\quad r=a_0+a\,b_0$$

아래 표를 이용하여 몫 $g(x)$의 계수와 나머지 r를 순차적으로 계산하는 방법을 **조립제법**(synthetic division)이라고 한다.

$$\begin{array}{c|cccccc} a & a_n & a_{n-1} & a_{n-2} & \cdots & a_1 & a_0 \\ & & a\,b_{n-1} & a\,b_{n-2} & \cdots & a\,b_1 & a\,b_0 \\ \hline & b_{n-1}(=a_n) & b_{n-2} & b_{n-3} & \cdots & b_0 & \boxed{r} \end{array}$$

보기 4.3.1 실수체 $\mathbb{R}$ 위에서 다음 행렬을 생각해 보자.

$$A=\begin{bmatrix}3&1&-1\\2&2&-1\\2&2&0\end{bmatrix}$$

행렬 A의 [L_A의] 고유다항식은 다음과 같다.

$$f(x)=\det(x\,I_3-A)=\begin{vmatrix}x-3&-1&1\\-2&x-2&1\\-2&-2&x\end{vmatrix}$$
$$=x^3-5x^2+8x-4=(x-1)(x-2)^2$$

$$\begin{array}{c|cccc} 1 & 1 & -5 & 8 & -4 \\ & & 1 & -4 & 4 \\ \hline & 1 & -4 & 4 & \boxed{0} \end{array}$$

따라서 A의 [L_A의] 고유치는 $\lambda_1=1$, $\lambda_2=2$ (이중근) 이다.

먼저 E_1 을 고유치 $\lambda_1 = 1$ 에 대응하는 고유공간이라고 하면, E_1 은

$$\begin{bmatrix} 1-3 & -1 & 1 \\ -2 & 1-2 & 1 \\ -2 & -2 & 1-0 \end{bmatrix}\begin{bmatrix} x_1 \\ x_2 \\ x_3 \end{bmatrix} = \begin{bmatrix} 0 \\ 0 \\ 0 \end{bmatrix}$$

$$I_3 - A = \begin{bmatrix} -2 & -1 & 1 \\ -2 & -1 & 1 \\ -2 & -2 & 1 \end{bmatrix} \longrightarrow \begin{bmatrix} 1 & 0 & -\frac{1}{2} \\ 0 & 1 & 0 \\ 0 & 0 & 0 \end{bmatrix}$$

의 해공간이고 그 해 전체는 다음과 같다.

$$\begin{bmatrix} x_1 \\ x_2 \\ x_3 \end{bmatrix} = t \begin{bmatrix} \frac{1}{2} \\ 0 \\ 1 \end{bmatrix} \qquad (t \in \mathbb{R})$$

따라서 $\mathrm{E}_1 = \langle\, (\frac{1}{2},\ 0,\ 1)\, \rangle$, $\dim_{\mathbb{R}} \mathrm{E}_1 = 1 = 3 - r(I_3 - A)$ 이다.

또, E_2 를 고유치 $\lambda_2 = 2$ 에 대응하는 고유공간이라고 하면, E_2 는 다음 동차 연립일차방정식의 해공간이다.

$$2I_3 - A = \begin{bmatrix} -1 & -1 & 1 \\ -2 & 0 & 1 \\ -2 & -2 & 2 \end{bmatrix} \longrightarrow \begin{bmatrix} 1 & 0 & -\frac{1}{2} \\ 0 & 1 & -\frac{1}{2} \\ 0 & 0 & 0 \end{bmatrix}$$

$$\begin{bmatrix} -1 & -1 & 1 \\ -2 & 0 & 1 \\ -2 & -2 & 2 \end{bmatrix}\begin{bmatrix} x_1 \\ x_2 \\ x_3 \end{bmatrix} = \begin{bmatrix} 0 \\ 0 \\ 0 \end{bmatrix}$$

따라서 $\mathrm{E}_2 = \langle\, (\frac{1}{2},\ \frac{1}{2},\ 1)\, \rangle$, $\dim_{\mathbb{R}} \mathrm{E}_2 = 1 = 3 - r(2\,I_3 - A) < 2$ 이다.

보기 4.3.2 실수체 $\mathbb{R}$ 위에서 다음 행렬을 생각해 보자.

$$A = \begin{bmatrix} 1 & 0 & 2 \\ 0 & 3 & 0 \\ 2 & 0 & 1 \end{bmatrix}$$

행렬 A 의 [L_A 의] 고유다항식은 다음과 같다.

$$f(x) = \begin{vmatrix} x-1 & 0 & -2 \\ 0 & x-3 & 0 \\ -2 & 0 & x-1 \end{vmatrix} = (x-3)\begin{vmatrix} x-1 & -2 \\ -2 & x-1 \end{vmatrix}$$

$$= (x-3)(x^2 - 2x - 3) = (x+1)(x-3)^2$$

따라서 A 의 [L_A 의] 고유치는 $\lambda_1 = -1$, $\lambda_2 = 3$ (이중근) 이다.

먼저 E_1 을 고유치 $\lambda_1 = -1$ 에 대응하는 고유공간이라고 하면, E_1 은

$$\begin{bmatrix} -2 & 0 & -2 \\ 0 & -4 & 0 \\ -2 & 0 & -2 \end{bmatrix}\begin{bmatrix} x_1 \\ x_2 \\ x_3 \end{bmatrix} = \begin{bmatrix} 0 \\ 0 \\ 0 \end{bmatrix}$$

$$-I_3 - A = \begin{bmatrix} -2 & 0 & -2 \\ 0 & -4 & 1 \\ -2 & 0 & -2 \end{bmatrix} \longrightarrow \begin{bmatrix} 1 & 0 & 1 \\ 0 & 1 & 0 \\ 0 & 0 & 0 \end{bmatrix}$$

의 해공간이고 그 해 전체는 다음과 같다.

$$\begin{bmatrix} x_1 \\ x_2 \\ x_3 \end{bmatrix} = t\begin{bmatrix} -1 \\ 0 \\ 1 \end{bmatrix} \qquad (t \in \mathbb{R})$$

따라서 $\mathrm{E}_1 = \langle (-1, 0, 1) \rangle$, $\dim_{\mathbb{R}} \mathrm{E}_1 = 1 = 3 - r(-I_3 - A)$이다.

다음에 E_2를 $\lambda_2 = 3$에 대응하는 고유공간이라고 하면, E_2는 동차 일차방정식 $x_1 - x_3 = 0$의 해공간이고 그 해 전체는

$$3I_3 - A = \begin{bmatrix} 2 & 0 & -2 \\ 0 & 0 & 0 \\ -2 & 0 & 2 \end{bmatrix} \longrightarrow \begin{bmatrix} 1 & 0 & -1 \\ 0 & 0 & 0 \\ 0 & 0 & 0 \end{bmatrix}$$

$$\begin{bmatrix} x_1 \\ x_2 \\ x_3 \end{bmatrix} = t_1\begin{bmatrix} 1 \\ 0 \\ 1 \end{bmatrix} + t_2\begin{bmatrix} 0 \\ 1 \\ 0 \end{bmatrix} \qquad (t_1, t_2 \in \mathbb{R})$$

이므로 $\mathrm{E}_2 = \langle (1, 0, 1), (0, 1, 0) \rangle$, $\dim_{\mathbb{R}} \mathrm{E}_2 = 2 = 3 - r(3I_3 - A)$ 이다.

보기 4.3.3 실수체 $\mathbb{R}$ 위에서 다음 행렬을 생각해 보자.

$$A = \begin{bmatrix} 1 & 1 & 0 \\ 0 & 2 & 2 \\ 0 & 0 & 3 \end{bmatrix}$$

행렬 A의 [L_A의] 고유다항식은

$$f(x) = \begin{vmatrix} x-1 & -1 & 0 \\ 0 & x-2 & -2 \\ 0 & 0 & x-3 \end{vmatrix} = (x-1)(x-2)(x-3)$$

이므로 A의 [L_A의] 고유치는 $\lambda_1 = 1$, $\lambda_2 = 2$, $\lambda_3 = 3$이다. 그런데, 고유치 $\lambda_1 = 1$에 대응하는 A의 고유공간은 다음과 같다.

$$I_3 - A = \begin{bmatrix} 0 & -1 & 0 \\ 0 & -1 & -2 \\ 0 & 0 & -2 \end{bmatrix} \longrightarrow \begin{bmatrix} 0 & 1 & 0 \\ 0 & 0 & 1 \\ 0 & 0 & 0 \end{bmatrix}$$

$\mathrm{E}_1 = \langle (1, 0, 0) \rangle$,

$\dim_{\mathbb{R}} \mathrm{E}_1 = 1 = 3 - r(I_3 - A)$

마찬가지로, 고유치 $\lambda_2 = 2$, $\lambda_3 = 3$ 에 대응하는 A 의 고유공간은각각 다음과 같다.

$$E_2 = \langle (1, 1, 0) \rangle,$$
$$\dim_{\mathbb{R}} E_2 = 1 = 3 - r(2I_3 - A)$$

$$E_3 = \langle (1, 2, 1) \rangle,$$
$$\dim_{\mathbb{R}} E_3 = 1 = 3 - r(3I_3 - A)$$

$$2I_3 - A = \begin{bmatrix} 1 & -1 & 0 \\ 0 & 0 & -2 \\ 0 & 0 & -1 \end{bmatrix} \longrightarrow \begin{bmatrix} 1 & -1 & 0 \\ 0 & 0 & 1 \\ 0 & 0 & 0 \end{bmatrix}$$

$$3I_3 - A = \begin{bmatrix} 2 & -1 & 0 \\ 0 & 1 & -2 \\ 0 & 0 & 0 \end{bmatrix} \longrightarrow \begin{bmatrix} 1 & 0 & -1 \\ 0 & 1 & -2 \\ 0 & 0 & 0 \end{bmatrix}$$

이제까지 논한 보기에 대하여 다음 정리가 성립함을 확인할 수 있다.

정리 4.3.1 체 F 위의 n 차의 행렬 A 에 대하여 $\lambda \in F$ 가 중복도 m 인 A 의 [L_A 의] 고유치일 때, E_λ 를 λ 에 대응하는 고유공간이라고 하면 $1 \le \dim_F E_\lambda \le m$ 이다.

특히, λ 가 중복도 1 인 고유치이면, $\dim_F E_\lambda = 1$ 이다.

증 명 이제 $\dim_F E_\lambda = r$ 이라고 하면, $E_\lambda \ne \{\mathbf{0}\}$ 이므로 $1 \le r \le n$ 이다.

먼저 $1 \le r < n$ 일 때, $\{w_1, \cdots, w_r\}$ 를 E_λ 의 기저라 하고 $s = n - r \ge 1$ 이라고 하자. 이 경우에 $\{w_1, \cdots, w_r\}$ 에 적당한 벡터 $u_1, \cdots, u_s$ 를 첨가하여 V 의 기저 $\mathscr{C} = \{w_1, \cdots, w_r, u_1, \cdots, u_s\}$ 를 얻는다(정리 2.4.9).

그런데, $T = L_A$ 이라고 할 때, $\mathscr{C}$ 에 속하는 벡터의 에 의한 상은

$$\begin{aligned} T(w_1) &= \lambda w_1 \\ &\vdots \\ T(w_r) &= \qquad\qquad \lambda w_r \\ T(u_1) &= b_{11} w_1 + \cdots + b_{r1} w_r + c_{11} u_1 + \cdots + c_{s1} u_s \\ &\vdots \\ T(u_s) &= b_{1s} w_1 + \cdots + b_{rs} w_r + c_{1s} u_1 + \cdots + c_{ss} u_s \end{aligned}$$

와 같이 나타내어지고 이때 행렬 $[T]_{\mathscr{C}}$ 는 다음과 같다(정의 4.1.2).

$$[T]_{\mathscr{C}} = \begin{bmatrix} \lambda & \cdots & 0 & b_{11} & \cdots & b_{1s} \\ 0 & \ddots & 0 & \vdots & \cdots & \vdots \\ 0 & \cdots & \lambda & b_{r1} & \cdots & b_{rs} \\ 0 & \cdots & 0 & c_{11} & \cdots & c_{1s} \\ \vdots & \cdots & \vdots & \vdots & \cdots & \vdots \\ 0 & \cdots & 0 & c_{s1} & \cdots & c_{ss} \end{bmatrix} = B$$

그런데, 정리 4.1.3에 의하면 적당한 정칙행렬 P에 대하여 $B = P^{-1}AP$이고 따라서 A의 고유다항식과 B의 고유다항식은 일치하므로 $f(x)$는 다음과 같다(정리 4.2.9, 정리 1.7.15 참조).

$$f(x) = \begin{vmatrix} x-\lambda & \cdots & 0 & -b_{11} & \cdots & -b_{1s} \\ \vdots & \ddots & \vdots & \vdots & \cdots & \vdots \\ 0 & \cdots & x-\lambda & -b_{r1} & \cdots & -b_{rs} \\ 0 & \cdots & 0 & x-c_{11} & \cdots & -c_{1s} \\ \vdots & \cdots & \vdots & \vdots & \cdots & \vdots \\ 0 & \cdots & 0 & -c_{s1} & \cdots & x-c_{ss} \end{vmatrix}$$

$$= \begin{vmatrix} x-\lambda & \cdots & 0 \\ \vdots & \ddots & \vdots \\ 0 & \cdots & x-\lambda \end{vmatrix} \begin{vmatrix} x-c_{11} & \cdots & -c_{1s} \\ \vdots & \ddots & \vdots \\ -c_{s1} & \cdots & x-c_{ss} \end{vmatrix}$$

위의 등식의 우변에서 첫째 행렬식은 $(x-r)^r$이고 둘째 행렬식은 x에 관한 다항식 $g(x) \in F[x]$이므로 $f(x) = (x-\lambda)^r g(x)$이다. 한편, λ의 중복도는 m이므로 적당한 다항식 $h(x) \in F[x]$에 대하여

$$f(x) = (x-\lambda)^m h(x), \qquad h(\lambda) \neq 0$$

이므로 $1 \leq r \leq m$이다(정의 4.2.7).

다음에 $r = n$일 때, $\mathscr{C} = \{w_1, \cdots, w_n\}$를 E_λ의 기저라고 하면,

$$[T]_{\mathscr{C}} = \begin{bmatrix} \lambda & 0 & \cdots & 0 \\ 0 & \lambda & \cdots & 0 \\ \vdots & \vdots & \ddots & \vdots \\ 0 & 0 & \cdots & \lambda \end{bmatrix}$$

이므로 $f(x) = (x-\lambda)^n$이고 따라서 $r = n = m$이다.

정리 4.3.2 체 F 위의 n 차의 행렬 A 에 대하여 다음이 성립한다.

(1) A 의 [L_A 의] 서로 다른 고유치 λ, $\mu \in F$ 에 대하여 E_λ, E_μ 가 각각 λ, μ 에 대응하는 A 의 [L_A 의] 고유공간이면, $\mathrm{E}_\lambda \cap \mathrm{E}_\mu = \{\mathbf{0}\}$ 이다.

(2) A 의 [L_A 의] 서로 다른 고유치 $\lambda_1, \cdots, \lambda_r \in F$ 에 대하여 $w_1, \cdots, w_r$ 가 각각 $\lambda_1, \cdots, \lambda_r$ 에 대응하는 A 의 [L_A 의] 고유벡터이면, $w_1, \cdots, w_r$ 는 일차독립이다.

증 명 (1) 이제 $w \in \mathrm{E}_\lambda \cap \mathrm{E}_\mu$ 이라고 하면, $\lambda w = L_A(w) = \mu w$ 이고 또 $\lambda \neq \mu$ 이므로 $w = \mathbf{0}$ 이다(문제 2.1.3 참조). 따라서 $\mathrm{E}_\lambda \cap \mathrm{E}_\mu = \{\mathbf{0}\}$ 이다.

(2) 결과를 r 에 관한 수학적 귀납법으로 증명한다.

먼저 $r = 1$ 인 경우에 $w_1 \neq \mathbf{0}$ 이므로 w_1 은 일차독립이다.

이제 $r \geq 2$ 일 때, $r-1$ 개의 서로 다른 고유치 $\lambda_1, \cdots, \lambda_{r-1}$ 에 대하여 (2)가 성립한다고 가정하자. 그리고, 서로 다른 r 개의 고유치 $\lambda_1, \cdots, \lambda_r$ 에 대하여 $w_1, \cdots, w_r$ 를 각각 $\lambda_1, \cdots, \lambda_r$ 에 대응하는 고유벡터라 하고

$$a_1 w_1 + \cdots + a_{r-1} w_{r-1} + a_r w_r = \mathbf{0} \qquad (a_1, \cdots, a_r \in F)$$

이라고 하자. 이 때, 각 i $(1 \leq i \leq r)$ 에 대하여 $L_A(w_i) = \lambda_i w_i$ 이므로 위의 등식의 양변의 L_A 에 의한 상을 구하고 또 양변에 λ_r 를 곱하면,

$$\lambda_1 a_1 w_1 + \cdots + \lambda_{r-1} a_{r-1} w_{r-1} + \lambda_r a_r w_r = \mathbf{0}$$

$$\lambda_r a_1 w_1 + \cdots + \lambda_r a_{r-1} w_{r-1} + \lambda_r a_r w_r = \mathbf{0}$$

이고 또 이들 두 등식으로부터 다음 등식을 얻는다.

$$(\lambda_1 - \lambda_r) a_1 w_1 + \cdots + (\lambda_{r-1} - \lambda_r) a_{r-1} w_{r-1} = \mathbf{0}$$

그런데 귀납법 가정에 의하여 $w_1, \cdots, w_{r-1}$ 는 일차독립이므로

$$(\lambda_1 - \lambda_r) a_1 = \cdots = (\lambda_{r-1} - \lambda_r) a_{r-1} = 0$$

이고 $\lambda_1, \cdots, \lambda_r$ 는 모두 서로 다르므로 $a_1 = \cdots = a_{r-1} = 0$ 이다. 따라서 $a_r w_r = \mathbf{0}$, $w_r \neq \mathbf{0}$ 이므로 $a_r = 0$ 이다.

그러므로 $w_1, \cdots, w_r$ 는 일차독립이다.

정리 4.3.3 체 F 위의 n차의 행렬 A에 대하여 $\lambda \in \mathrm{F}$가 행렬 A의 고유치일 때, w를 λ에 대응하는 A의 고유벡터라고 하면 임의의 양의 정수 m에 대하여 λ^m은 A^m의 고유치이고 w는 λ^m에 대응하는 A^m의 고유벡터이다.

증 명 이제 $T = L_A$이라고 할 때, $T(w) = \lambda w$이고 또 양의 정수 k에 대하여 $T^k(w) = \lambda^k w$이라고 가정하면 다음이 성립한다.

$$\begin{aligned} T^{k+1}(w) &= T(T^k(w)) = T(\lambda^k w) \\ &= \lambda^k T(w) = \lambda^k(\lambda w) = \lambda^{k+1} w \end{aligned}$$

따라서 모든 양의 정수 m에 대하여 $T^m(w) = \lambda^m w$이다.

한편, 정리 3.6.9에 의하여 $T^m = (L_A)^m = L_{A^m}$이므로 λ^m은 행렬 A^m의 고유치이고 w는 λ^m에 대응하는 A^m의 고유벡터이다('해설 403' 참조).

정의 4.3.4 체 F 위의 n차의 모닉 다항식

$$f(x) = c_0 + c_1 x + \cdots + c_{n-1} x^{n-1} + x^n$$

에 대하여 n차의 행렬

$$A = \begin{bmatrix} 0 & 0 & \cdots & 0 & -c_0 \\ 1 & 0 & \cdots & 0 & -c_1 \\ 0 & 1 & \cdots & 0 & -c_2 \\ \vdots & \vdots & \ddots & \vdots & \vdots \\ 0 & 0 & \cdots & 1 & -c_{n-1} \end{bmatrix}$$

를 다항식 $f(x)$의 **同伴行列**(companion matrix)이라고 한다.

특히, 다항식 $f(x) = x - \lambda$의 동반행렬은 1차의 행렬 $[\lambda]$이다.

정리 4.3.5 체 F 위의 n차의 모닉 다항식

$$f(x) = c_0 + c_1 x + \cdots + c_{n-1} x^{n-1} + x^n$$

에 대하여 A를 $f(x)$의 동반행렬이라고 하면 다음이 성립한다.

(1) $c_0 \neq 0$일 때 그리고 이때에만 A는 정칙행렬이다.

(2) A의 고유다항식은 $f(x)$이다.

증 명 (1) 행렬식 $\det A$를 제 1 행에 관하여 전개하면 다음이 성립한다.

$$\det A = \begin{vmatrix} 0 & 0 & \cdots & 0 & -c_0 \\ 1 & 0 & \cdots & 0 & -c_1 \\ 0 & 1 & \cdots & 0 & -c_2 \\ \vdots & \vdots & \ddots & \vdots & \vdots \\ 0 & 0 & \cdots & 1 & -c_{n-1} \end{vmatrix} = (-1)^{n+1}(-c_0) \begin{vmatrix} 1 & 0 & \cdots & 0 \\ 0 & 1 & \cdots & 0 \\ \vdots & \vdots & \ddots & \vdots \\ 0 & 0 & \cdots & 1 \end{vmatrix}$$
$$= (-1)^n c_0$$

그런데, $\det A \neq 0$ 일 때 그리고 이때에만 A는 정칙행렬이다(정리 1.7.9). 따라서 $c_0 \neq 0$ 일 때 그리고 이때에만 A는 정칙행렬이다.

(2) 행렬 A의 고유다항식을 $g(x)$ 이라고 하면 다음이 성립한다.

$$g(x) = \det(xI_n - A)$$
$$= \begin{vmatrix} x & 0 & \cdots & 0 & c_0 \\ -1 & x & \cdots & 0 & c_1 \\ 0 & -1 & \cdots & 0 & c_2 \\ \vdots & \vdots & \ddots & \vdots & \vdots \\ 0 & 0 & \cdots & -1 & x+c_{n-1} \end{vmatrix} = \begin{vmatrix} 0 & 0 & \cdots & 0 & f(x) \\ -1 & x & \cdots & 0 & c_1 \\ 0 & -1 & \cdots & 0 & c_2 \\ \vdots & \vdots & \ddots & \vdots & \vdots \\ 0 & 0 & \cdots & -1 & x+c_{n-1} \end{vmatrix}$$
$$= (-1)^{n+1} f(x) \begin{vmatrix} -1 & x & \cdots & 0 \\ 0 & -1 & \cdots & 0 \\ \vdots & \vdots & \ddots & \vdots \\ 0 & 0 & \cdots & -1 \end{vmatrix}$$
$$= (-1)^{n+1} f(x)(-1)^{n-1} = f(x)$$

위의 둘째 행렬식의 제 1 행은 첫째 행렬식의 제 2 행, 제 3 행, $\cdots$, 제 n 행에 각각 $x, x^2, \cdots, x^{n-1}$ 을 곱한 결과를 제 1 행에 더한 것이고, 또 셋째 행렬식은 둘째 행렬식을 제 1 행에 관하여 전개한 것이다.

보기 4.3.4 실수체 $\mathbb{R}$ 위의 다항식 $f(x) = 2 - x + 4x^2 + x^3$ 의 동반행렬은

$$A = \begin{bmatrix} 0 & 0 & -2 \\ 1 & 0 & 1 \\ 0 & 1 & -4 \end{bmatrix}$$

이고, 행렬 A 의 고유다항식은 $f(x)$ 이다.

연 습 문 제 (4.3)

*1. 실수체 $\mathbb{R}$ 위에서 다음 행렬의 고유치와 이에 대응하는 고유공간을 구하여라.

(1) $A = \begin{bmatrix} 4 & 0 & 1 \\ 2 & 3 & 2 \\ 1 & 0 & 4 \end{bmatrix}$ (2) $A = \begin{bmatrix} 3 & 0 & 0 \\ 1 & 3 & 0 \\ 0 & 1 & 3 \end{bmatrix}$

2. 실수체 $\mathbb{R}$ 위에서 다음 행렬의 고유치와 이에 대응하는 고유공간을 구하여라.

(1) $A = \begin{bmatrix} 2 & 0 & 0 \\ 0 & 3 & 0 \\ 0 & 0 & 3 \end{bmatrix}$ (2) $A = \begin{bmatrix} 2 & 0 & 0 \\ 1 & 2 & 0 \\ 0 & 0 & 3 \end{bmatrix}$

*3. 실수체 $\mathbb{R}$ 위에서 다음 행렬의 고유치와 이에 대응하는 고유공간을 구하여라.

(1) $A = \begin{bmatrix} 0 & 0 & 2 \\ 1 & 0 & -1 \\ 0 & 1 & 2 \end{bmatrix}$ (2) $A = \begin{bmatrix} 0 & 0 & 0 \\ 1 & 0 & 0 \\ 0 & 1 & 4 \end{bmatrix}$

4. 실수체 $\mathbb{R}$ 위에서 다음 행렬의 고유치와 이에 대응하는 고유공간을 구하여라.

(1) $A = \begin{bmatrix} 0 & 0 & 0 & 0 \\ 1 & 0 & 0 & 0 \\ 0 & 1 & 0 & 0 \\ 0 & 0 & 1 & 0 \end{bmatrix}$ (2) $A = \begin{bmatrix} 0 & 0 & 0 & 0 \\ 1 & 0 & 0 & 0 \\ 0 & 0 & 0 & 0 \\ 0 & 0 & 1 & 0 \end{bmatrix}$

*5. 체 F 위에서 n (≥ 2) 차의 행렬

$$A = \begin{bmatrix} 0 & 0 & \cdots & 0 & 0 \\ 1 & 0 & \cdots & 0 & 0 \\ 0 & 1 & \cdots & 0 & 0 \\ \vdots & \vdots & \ddots & \vdots & \vdots \\ 0 & 0 & \cdots & 1 & 0 \end{bmatrix}$$

의 고유치와 이에 대응하는 고유공간을 구하여라.

*6. 체 F 위의 대각행렬 $D = \text{diag}\{\lambda_1, \lambda_2, \cdots, \lambda_n\}$에서 $\lambda_1, \lambda_2, \cdots, \lambda_n$이 모두 서로 다를 때, D의 고유치 $\lambda_1, \lambda_2, \cdots, \lambda_n$에 대응하는 고유공간은 각각 $\langle (1, 0, \cdots, 0) \rangle, \langle (0, 1, \cdots, 0) \rangle, \cdots, \langle (0, \cdots, 0, 1) \rangle$임을 밝혀라.

7. 실수체 $\mathbb{R}$ 위의 다음 다항식의 동반행렬을 구하여라.

(1) $f(x) = x^3 + 2x^2 + x + 1$ (2) $f(x) = x^4 + x^2 - 3x + 4$

*8. 체 F 위의 n차의 행렬 A에 대하여 $A^2 = A$일 때, A를 **冪等행렬**(idempotent matrix)이라고 한다. 다음이 성립함을 밝혀라.

(1) 영행렬 O_n은 멱등행렬이고 그 고유치는 0뿐이다.
그리고, 항등행렬 I_n은 멱등행렬이고 그 고유치는 1뿐이다.

(2) A가 n차의 정칙행렬인 동시에 멱등행렬이면, $A = I_n$이다.

(3) 멱등행렬 A의 고유치가 존재할 때, A의 고유치는 0 또는 1이다.

(4) 정칙행렬 $P \in \text{Mat}_2(F)$에 대하여

$$A = P^{-1}\begin{bmatrix} 1 & 0 \\ 0 & 0 \end{bmatrix}P$$

이라고 하면, A는 멱등행렬이고 또 A의 고유치는 0과 1뿐이다.

9. 체 F 위의 n차의 행렬 A가 적당한 양의 정수 m에 대하여 $A^m = O_n$일 때, A를 **冪零행렬**(nilpotent matrix)이라고 한다. 행렬 A가 멱영행렬일 때, 0은 A의 고유치이고 또 A의 고유치는 0뿐임을 밝혀라.

10. 실수체 $\mathbb{R}$ 위의 n차의 행렬 A가 교대행렬일 때, A의 고유치가 존재하면 그 고유치는 0뿐임을 밝혀라.

*11. 체 F 위의 n차의 행렬 A가 정칙행렬일 때 다음이 성립함을 밝혀라.

(1) $\lambda \in F$가 A의 고유치일 때, w를 λ에 대응하는 A의 고유벡터라고 하면 λ^{-1}는 A^{-1}의 고유치이고 w는 λ^{-1}에 대응하는 A^{-1}의 고유벡터이고 또 고유치 λ에 대응하는 A의 고유공간과 λ^{-1}에 대응하는 A^{-1}의 고유공간은 일치한다.

(2) A의 서로 다른 고유치 전체의 집합이 $\{\lambda_1, \cdots, \lambda_r\}$일 때, A^{-1}의 서로 다른 고유치 전체의 집합은 $\{\lambda_1^{-1}, \cdots, \lambda_r^{-1}\}$이다.

§4.4 대각화 가능한 행렬

이 절에서는, '행렬의 대각화(diagonalization) 문제'에 대하여 논한다.

정의 4.4.1 체 F 위의 n차의 행렬 $A=[a_{ij}]_{n\times n}$가 적당한 대각행렬과 닮은 행렬일 때, 즉 체 F 위의 적당한 정칙행렬 P와 적당한 대각행렬 $D=\text{diag}\{\lambda_1, \cdots, \lambda_n\}$에 대하여

$$P^{-1}AP=D$$

일 때, A를 **對角化 가능한 행렬**(diagonalizable matrix)이라고 한다.

보기 4.4.1 체 F 위의 대각행렬 $D=\text{diag}\{\lambda_1, \cdots, \lambda_n\}$는 대각화 가능한 행렬이다 실제로, $I_n{}^{-1}DI_n=D$이다.

정리 4.4.2 체 F 위의 n차의 행렬 A가 대각화 가능한 행렬이면, A의 고유다항식 $f(x)$는 체 F 위에서 다음과 같은 꼴로 인수분해된다.

$$f(x)=(x-\lambda_1)^{n_1}\cdots(x-\lambda_r)^{n_r} \qquad (n_1\geq 1, \cdots, n_r\geq 1)$$

여기서, $\lambda_1, \cdots, \lambda_r\in F$는 A의 서로 다른 고유치 전체이다.

증 명 행렬 A가 대각화 가능한 행렬이면, 적당한 정칙행렬 P와 대각행렬 $D=\text{diag}\{\lambda_1, \lambda_2, \cdots, \lambda_n\}$에 대하여 $P^{-1}AP=D$이고, 정리 4.2.9에 의하여 A의 고유다항식 $f(x)$는 D의 고유다항식과 일치한다. 따라서

$$f(x)=\det(xI_n-D)=\begin{vmatrix} x-\lambda_1 & 0 & 0 & \cdots & 0 \\ 0 & x-\lambda_2 & 0 & \cdots & 0 \\ \vdots & \vdots & \vdots & \ddots & \vdots \\ 0 & 0 & 0 & \cdots & x-\lambda_n \end{vmatrix}$$
$$=(x-\lambda_1)(x-\lambda_2)\cdots(x-\lambda_n)$$

이므로 $f(x)$를 정리에서와 같은 꼴로 나타낼 수 있다.

보기 4.4.2 실수체 $\mathbb{R}$ 위에서 다음과 같은 행렬을 생각해 보자.

$$A = \begin{bmatrix} 1 & 4 \\ 1 & 1 \end{bmatrix}$$

행렬 A 의 고유다항식은

$$f(x) = \det(x I_2 - A) = \begin{vmatrix} x-1 & -4 \\ -1 & x-1 \end{vmatrix}$$
$$= x^2 - 2x - 3 = (x+1)(x-3)$$

이므로 A 의 고유치는 $\lambda_1 = -1$, $\lambda_2 = 3$ 이고, 또 이들 고유치에 대응하는 고유공간 E_1, E_2 는 각각 다음 동차 연립일차방정식의 해공간이다.

$$\begin{bmatrix} -2 & -4 \\ -1 & -2 \end{bmatrix}\begin{bmatrix} x_1 \\ x_2 \end{bmatrix} = \begin{bmatrix} 0 \\ 0 \end{bmatrix}, \qquad -I_2 - A = \begin{bmatrix} -2 & -4 \\ -1 & -2 \end{bmatrix}$$

$$\begin{bmatrix} 2 & -4 \\ -1 & 2 \end{bmatrix}\begin{bmatrix} x_1 \\ x_2 \end{bmatrix} = \begin{bmatrix} 0 \\ 0 \end{bmatrix} \qquad 3I_2 - A = \begin{bmatrix} 2 & -4 \\ -1 & 2 \end{bmatrix}$$

이들 해공간은 각각 동차 일차방정식 $-x_1 - 2x_2 = 0$, $-x_1 + 2x_2 = 0$ 의 해공간과 같으며, 그 해 전체는 각각 다음과 같다(보기 3.3.4).

$$\begin{bmatrix} x_1 \\ x_2 \end{bmatrix} = t\begin{bmatrix} -2 \\ 1 \end{bmatrix} \quad (t \in \mathbb{R}) \qquad \begin{bmatrix} x_1 \\ x_2 \end{bmatrix} = t\begin{bmatrix} 2 \\ 1 \end{bmatrix} \quad (t \in \mathbb{R})$$

따라서 다음 결과를 얻는다.

$\mathrm{E}_1 = \langle (-2, 1) \rangle$, $\dim_{\mathbb{R}} \mathrm{E}_1 = 1$

$\mathrm{E}_2 = \langle (2, 1) \rangle$, $\dim_{\mathbb{R}} \mathrm{E}_2 = 1$

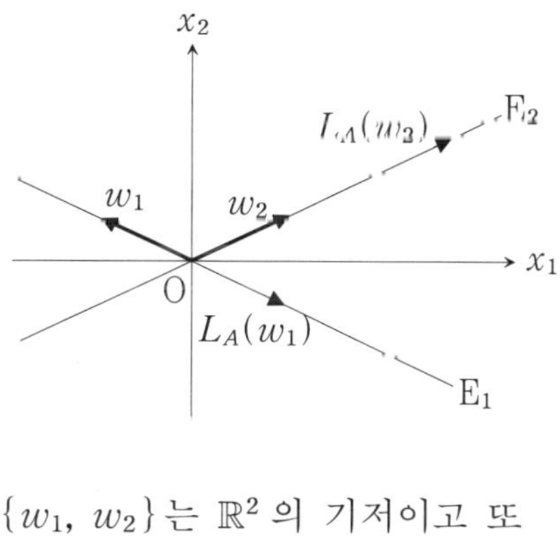

이제 $w_1 = (-2, 1)$, $w_2 = (2. 1)$ 이라 하고

$$P = \begin{bmatrix} -2 & 2 \\ 1 & 1 \end{bmatrix}$$

이라고 하면, P 는 정칙행렬이므로 $\mathscr{C} = \{w_1, w_2\}$ 는 $\mathbb{R}^2$ 의 기저이고 또

$$L_A(w_1) = -w_1 \qquad\qquad [L_A]_{\mathscr{C}} = \begin{bmatrix} -1 & 0 \\ 0 & 3 \end{bmatrix}$$
$$L_A(w_2) = \qquad 3w_2$$

이므로 다음이 성립한다(정리 4.1.3).

$$P^{-1}AP = \begin{bmatrix} -1 & 0 \\ 0 & 3 \end{bmatrix} = D$$

따라서 A는 대각화 가능한 행렬이다. 또, 모든 양의 정수 m에 대하여 $D^m = (P^{-1}AP)^m = P^{-1}A^mP$이므로 다음이 성립한다(정리 4.1.5).

$$A^m = PD^mP^{-1} = \begin{bmatrix} -2 & 2 \\ 1 & 1 \end{bmatrix} \begin{bmatrix} (-1)^m & 0 \\ 0 & 3^m \end{bmatrix} \begin{bmatrix} -\frac{1}{4} & \frac{1}{2} \\ \frac{1}{4} & \frac{1}{2} \end{bmatrix}$$
$$= \begin{bmatrix} \dfrac{(-1)^m + 3^m}{2} & (-1)^{m+1} + 3^m \\ \dfrac{(-1)^{m+1} + 3^m}{4} & \dfrac{(-1)^m + 3^m}{2} \end{bmatrix}$$

보기 4.4.3 실수체 $\mathbb{R}$ 위에서 다음 행렬을 생각해 보자.

$$A = \begin{bmatrix} 1 & 1 & 0 \\ 0 & 2 & 2 \\ 0 & 0 & 3 \end{bmatrix}$$

보기 4.3.3에 의하여 A는 서로 다른 고유치 1, 2, 3을 가지며 고유치 1, 2, 3에 대응하는 A의 고유공간은 각각 다음과 같다.

$$E_1 = \langle (1, 0, 0) \rangle, \quad E_2 = \langle (1, 1, 0) \rangle, \quad E_3 = \langle (1, 2, 1) \rangle$$

여기서, $w_1 = (1, 0, 0)$, $w_2 = (1, 1, 0)$, $w_3 = (1, 2, 1)$이라고 하면, 이들 세 벡터는 각각 고유치 1, 2, 3에 대응하는 A의 고유벡터이고, 또 행렬

$$P = \begin{bmatrix} 1 & 1 & 1 \\ 0 & 1 & 2 \\ 0 & 0 & 1 \end{bmatrix}$$

는 정칙행렬이므로 $\mathscr{C} = \{w_1, w_2, w_3\}$는 벡터공간 $\mathbb{R}^3$의 기저이고

$$L_A(w_1) = w_1 \qquad\qquad [L_A]_{\mathscr{C}} = \begin{bmatrix} 1 & 0 & 0 \\ 0 & 2 & 0 \\ 0 & 0 & 3 \end{bmatrix}$$
$$L_A(w_2) = 2w_2$$
$$L_A(w_3) = 3w_3$$

이므로 다음이 성립한다(정리 4.1.3).

$$P^{-1}AP = \begin{bmatrix} 1 & 0 & 0 \\ 0 & 2 & 0 \\ 0 & 0 & 3 \end{bmatrix} = D$$

따라서 A는 대각화 가능한 행렬이다. 또, 모든 양의 정수 m에 대하여 $D^m = (P^{-1}AP)^m = P^{-1}A^mP$ 이므로 다음이 성립한다.

$$A^m = PD^mP^{-1} = \begin{bmatrix} 1 & 1 & 1 \\ 0 & 1 & 2 \\ 0 & 0 & 1 \end{bmatrix} \begin{bmatrix} 1 & 0 & 0 \\ 0 & 2^m & 0 \\ 0 & 0 & 3^m \end{bmatrix} \begin{bmatrix} 1 & -1 & 1 \\ 0 & 1 & -2 \\ 0 & 0 & 1 \end{bmatrix}$$
$$= \begin{bmatrix} 1 & 2^m-1 & 1-2^{m+1}+3^m \\ 0 & 2^m & -2^{m+1}+2\cdot 3^m \\ 0 & 0 & 3^m \end{bmatrix}$$

정리 4.4.3 체 F 위의 n차의 행렬 A가 대각화 가능한 행렬일 때 그리고 이때에만 F^n에 A의 고유벡터로 이루어진 기저가 존재한다.

실제로, 체 F 위의 정칙행렬 $P = [p_{ij}]_{n\times n}$와 $D = \text{diag}\{\lambda_1, \cdots, \lambda_n\}$에 대하여 $P^{-1}AP = D$일 때,

$$w_j = (p_{1j}, p_{2j}, \cdots, p_{nj}) \qquad (1 \le j \le n)$$

이라고 하면 $L_A(w_j) = \lambda_j w_j \ (1 \le j \le n)$이고 또 $\mathscr{C} = \{w_1, \cdots, w_n\}$는 A의 고유벡터로 이루어진 벡터공간 F^n의 기저이다. 역으로, A의 고유벡터로 이루어진 벡터공간 F^n의 기저 $\mathscr{C} = \{w_1, \cdots, w_n\}$가 존재할 때,

$$w_j = (p_{1j}, p_{2j}, \cdots, p_{nj}), \quad L_A(w_j) = \lambda_j w_j \qquad (1 \le j \le n)$$

이라고 하면 $P = [p_{ij}]_{n\times n}$는 정칙행렬이고 $P^{-1}AP = \text{diag}\{\lambda_1, \cdots, \lambda_n\}$이다.

증 명 행렬 A가 대각화 가능한 행렬이라고 하자.

이 때, 체 F 위의 정칙행렬 $P=[p_{ij}]_{n\times n}$와 $D=\text{diag}\{\lambda_1, \cdots, \lambda_n\}$에 대하여 $P^{-1}AP=D$이라 하고,

$$w_j=(p_{1j}, p_{2j}, \cdots, p_{nj}) \qquad (1\le j\le n)$$

이라고 하면, P가 정칙행렬이므로 정리 4.1.3에 의하여 $\mathscr{C}=\{w_1, \cdots, w_n\}$는 벡터공간 F^n의 기저이고 $P^{-1}AP=D$ 즉 $AP=PD$이므로

$$A\begin{bmatrix} p_{11} & p_{12} & \cdots & p_{1n} \\ \vdots & \vdots & \cdots & \vdots \\ p_{n1} & p_{n2} & \cdots & p_{nn} \end{bmatrix} = \begin{bmatrix} p_{11} & p_{12} & \cdots & p_{1n} \\ \vdots & \vdots & \cdots & \vdots \\ p_{n1} & p_{n2} & \cdots & p_{nn} \end{bmatrix}\begin{bmatrix} \lambda_1 & 0 & \cdots & 0 \\ \vdots & \vdots & \ddots & \vdots \\ 0 & 0 & \cdots & \lambda_n \end{bmatrix}$$

$$A\begin{bmatrix} p_{1j} \\ \vdots \\ p_{nj} \end{bmatrix} = \lambda_j\begin{bmatrix} p_{1j} \\ \vdots \\ p_{nj} \end{bmatrix} \qquad \text{즉} \quad L_A(w_j)=\lambda_j w_j \qquad (1\le j\le n)$$

이고 따라서 $\mathscr{C}=\{w_1, \cdots, w_n\}$는 A의 고유벡터로 이루어진 기저이다.

또, 벡터공간 F^n에 A의 고유벡터로 이루어진 기저 $\mathscr{C}=\{w_1, \cdots, w_n\}$가 존재할 때,

$$w_j=(p_{1j}, p_{2j}, \cdots, p_{nj}), \quad L_A(w_j)=\lambda_j w_j \qquad (1\le j\le n)$$

이라고 하면 정리 4.1.3에 의하여 $P=[p_{ij}]_{n\times n}$는 정칙행렬이고

$$\begin{aligned} L_A(w_1) &= \lambda_1 w_1 \\ &\vdots \\ L_A(w_n) &= \lambda_n w_n \end{aligned}$$

이므로

$$[L_A]_{\mathscr{C}}=\begin{bmatrix} \lambda_1 & 0 & \cdots & 0 \\ \vdots & \vdots & \ddots & \vdots \\ 0 & 0 & \cdots & \lambda_n \end{bmatrix}=D$$

이고, 따라서 정리 4.1.3에 의하여 $P^{-1}AP=D$이므로 A는 대각화 가능한 행렬이다.

정리 4.4.4 체 F 위의 n차의 행렬 $A=[a_{ij}]_{n\times n}$가 서로 다른 n개의 고유치 $\lambda_1, \cdots, \lambda_n \in F$을 가질 때, A는 대각화 가능한 행렬이고 또 적당한 정칙행렬 $P \in \mathrm{Mat}_n(F)$에 대하여 $P^{-1}AP = \mathrm{diag}\,\{\lambda_1, \cdots, \lambda_n\}$이다.

증 명 이제 $w_1, \cdots, w_n \in F^n$을 각각 고유치 $\lambda_1, \cdots, \lambda_n$에 대응하는 A의 고유벡터라고 하면, 정리 4.3.2에 의하여 $w_1, \cdots, w_n$은 일차독립이므로 $\mathscr{C}=\{w_1, \cdots, w_n\}$는 벡터공간 F^n의 기저이다(정리 2.4.9).

따라서 벡터공간 F^n의 기저 $\mathscr{C}$는 A의 고유벡터로 이루어진 기저이므로 정리 4.4.3에 의하여 A는 대각화 가능한 행렬이고 적당한 정칙행렬 P에 대하여 $P^{-1}AP = \mathrm{diag}\,\{\lambda_1, \cdots, \lambda_n\}$이다.

보기 4.4.4 실수체 $\mathbb{R}$ 위에서 다음과 같은 행렬을 생각해 보자.

$$A=\begin{bmatrix} 0 & 0 & 1 \\ 1 & 0 & 0 \\ 0 & 1 & 0 \end{bmatrix}$$

행렬 A의 고유다항식은 다음과 같다.

$$f(x)=\det\,(xI_3-A)=\begin{vmatrix} x & 0 & -1 \\ -1 & x & 0 \\ 0 & -1 & x \end{vmatrix}=x^3-1$$

그런데, 고유방정식 $f(x)=0$은 실수체 $\mathbb{R}$ 안에서 단 한 개의 근 1을 가지므로 A는 대각화 가능한 행렬이 아니다(정리 4.4.2).

한편, 복소수체 $\mathbb{C}$ 안에서 삼차방정식 $x^3-1=0$은 서로 다른 세 근

$$1,\ \omega,\ \omega^2 \qquad \left(\omega=\frac{-1+\sqrt{-3}}{2}\right)$$

을 가진다. 따라서 A를 복소수체 $\mathbb{C}$ 위의 행렬이라고 생각하면, A는 서로 다른 고유치 $1, \omega, \omega^2$을 가지므로 적당한 정칙행렬 $P \in \mathrm{Mat}_3(\mathbb{C})$에 대하여

$$P^{-1}AP=\begin{bmatrix} 1 & 0 & 0 \\ 0 & \omega & 0 \\ 0 & 0 & \omega^2 \end{bmatrix}$$

이므로 A는 대각화 가능한 행렬이다(문제 2 참조).

보기 4.4.5 실수체 $\mathbb{R}$ 위에서 다음과 같은 행렬을 생각해 보자.

$$A = \begin{bmatrix} 3 & 1 & -1 \\ 2 & 2 & -1 \\ 2 & 2 & 0 \end{bmatrix}$$

보기 4.3.1 에 의하여 A 의 고유치는 $\lambda_1 = 1$, $\lambda_2 = 2$ (이중근) 이고 또 이들 두 고유치에 대응하는 A 의 고유공간은 각각 다음과 같다.

$$\mathrm{E}_1 = \langle\, (\tfrac{1}{2},\ 0,\ 1)\,\rangle, \qquad \mathrm{E}_2 = \langle\, (\tfrac{1}{2},\ \tfrac{1}{2},\ 1)\,\rangle$$

그런데, $\dim_{\mathbb{R}} \mathrm{E}_1 + \dim_{\mathbb{R}} \mathrm{E}_2 = 2 < 3$ 이므로, 벡터공간 $\mathbb{R}^3$ 에는 A 의 고유벡터로 이루어진 기저가 없고, 따라서 A 는 대각화 가능한 행렬이 아니다.

보기 4.4.6 실수체 $\mathbb{R}$ 위에서 다음과 같은 3 차의 행렬을 생각해 보자.

$$A = \begin{bmatrix} 1 & 0 & 2 \\ 0 & 3 & 0 \\ 2 & 0 & 1 \end{bmatrix}$$

보기 4.3.2 에 의하여 A 의 고유치는 $\lambda_1 = -1$, $\lambda_2 = 3$ (이중근) 이고, 또 이들 두 고유치에 대응하는 고유공간은 각각 다음과 같다.

$$\begin{aligned} &\mathrm{E}_1 = \langle\, (-1, 0, 1)\,\rangle, && \dim_{\mathbb{R}} \mathrm{E}_1 = 1 \\ &\mathrm{E}_2 = \langle\, (1, 0, 1),\ (0, 1, 0)\,\rangle, && \dim_{\mathbb{R}} \mathrm{E}_2 = 2 \end{aligned}$$

이제 $w_1 = (-1, 0, 1)$, $w_2 = (1, 0, 1)$, $w_3 = (0, 1, 0)$ 이라고 하면,

$$P = \begin{bmatrix} -1 & 1 & 0 \\ 0 & 0 & 1 \\ 1 & 1 & 0 \end{bmatrix}$$

는 정칙행렬이므로 $\mathscr{C} = \{w_1,\ w_2,\ w_3\}$ 는 벡터공간 $\mathbb{R}^3$ 의 기저이고 또 $\mathscr{C}$ 는 A 의 고유벡터로 이루어진 기저이다.

따라서 A 는 대각화 가능한 행렬이고, 또 다음이 성립한다.

$$P^{-1}AP = \begin{bmatrix} 1 & 0 & 0 \\ 0 & 3 & 0 \\ 0 & 0 & 3 \end{bmatrix}$$

보기 4.4.7 실수체 $\mathbb{R}$ 위에서

$$A=\begin{bmatrix}1 & 0 & 0\\ 4 & 2 & -5\\ 4 & 5 & -8\end{bmatrix}$$

의 고유다항식은

$$f(x) = x^3 + 5x^2 + 3x - 9 = (x-1)(x+3)^2$$

이므로 A 의 고유치는 $\lambda_1 = 1$, $\lambda_2 = -3$ (이중근) 이다. 이제 E_1, E_2 를 각각 1, -3 에 대응하는 고유공간이라고 하면, $\dim_{\mathbb{R}} E_1 = 1$ 이고 또

$$r(-3I_3 - A) = 2$$

이므로 $\dim_{\mathbb{R}} E_2 = 3 - 2 = 1$ 이다. 즉,

$$\dim_{\mathbb{R}} E_1 + \dim_{\mathbb{R}} E_2 = 2 < 3$$

이므로, 벡터공간 $\mathbb{R}^3$ 에는 A 의 고유벡터로 이루어진 기저가 없고 따라서 A 는 대각화 가능한 행렬이 아니다.

$$-3I_3 - A = \begin{bmatrix}-4 & 0 & 0\\ -4 & -5 & 5\\ -4 & -5 & 5\end{bmatrix} \longrightarrow \begin{bmatrix}1 & 0 & 0\\ 0 & 1 & -1\\ 0 & 0 & 0\end{bmatrix}$$

보기 4.4.8 실수체 $\mathbb{R}$ 위에서 다음과 같은 대칭행렬을 생각해 보자.

$$A=\begin{bmatrix}a & b\\ b & d\end{bmatrix}$$

행렬 A 의 고유다항식은 $f(x) = x^2 - (a+d)x + ad - b^2$ 이므로, A 의 고유방정식 $f(x) = 0$ 의 판별식의 값은 다음과 같다(보기 4.2.3 참조).

$$D = (a+d)^2 - 4(ad-b^2) = (a-d)^2 + 4b^2 \geq 0$$

먼저 $D = 0$ 이면, $a = d$, $b = 0$ 이므로 $A = aI_2$ 이다.

한편, $D > 0$ 이면, A 는 서로 다른 두 고유치 λ_1, λ_2 를 가지므로 A 는 대각화 가능한 행렬이고, 적당한 정칙행렬 P 에 대하여 다음이 성립한다.

$$P^{-1}AP = \begin{bmatrix}\lambda_1 & 0\\ 0 & \lambda_2\end{bmatrix}$$

그러므로 어느 경우에나 대칭행렬 A 는 대각화 가능하다.

다음 두 정리의 증명은 각각 정리 7.5.6과 정리 7.5.7에서 논하기로 한다(정리 7.5.4 참조).

정리 4.4.5 체 F 위의 n차의 행렬 A에 대하여 $\lambda_1, \cdots, \lambda_r \in F$가 A의 서로 다른 고유치일 때, 각 i $(1 \le i \le r)$에 대하여 E_i를 λ_i에 대응하는 고유공간이라 하고 또 $\mathscr{C}_i = \{w_{i1}, \cdots, w_{in_i}\}$를 E_i의 기저라고 하면 벡터 $w_{11}, \cdots, w_{1n_1}, \cdots, w_{r1}, \cdots, w_{rn_r}$는 일차독립이다.

정리 4.4.6 체 F 위의 n차의 행렬 A의 고유다항식 $f(x)$가

$$f(x) = (x-\lambda_1)^{n_1} \cdots (x-\lambda_r)^{n_r} \qquad (n_1 \ge 1, \cdots, n_r \ge 1)$$

으로 인수분해된다고 하자(여기서 $\lambda_1, \cdots, \lambda_r \in F$는 서로 다른 고유치).

이 때, 각 i $(1 \le i \le r)$에 대하여 E_i를 고유치 λ_i에 대응하는 A의 고유공간 이라고 하면 다음 세 조건은 서로 동치이다.

(1) A는 대각화 가능한 행렬이다.

(2) $\dim_F \mathrm{E}_1 = n_1, \cdots, \dim_F \mathrm{E}_r = n_r$

(3) $\dim_F \mathrm{E}_1 + \cdots + \dim_F \mathrm{E}_r = n$

연 습 문 제 (4.4)

1. 실수체 $\mathbb{R}$ 위에서 다음과 같은 행렬 A에 대하여 $P^{-1}AP = D$인 정칙행렬 P와 대각행렬 D를 구하고 양의 정수 m에 대하여 A^m을 구하여라.

*(1) $A = \begin{bmatrix} 0 & -2 \\ 1 & 3 \end{bmatrix}$ (2) $A = \begin{bmatrix} 3 & 4 \\ 2 & 1 \end{bmatrix}$ (3) $A = \begin{bmatrix} 1 & 1 \\ 1 & 1 \end{bmatrix}$

***2.** 보기 4.4.4에서 $P^{-1}AP = \mathrm{diag}\{1, \omega, \omega^2\}$인 정칙행렬 $P \in \mathrm{Mat}_3(\mathbb{C})$를 구하여라.

3. 보기 4.4.7에서 A의 고유치 $1, -3$에 대응하는 고유공간을 구하여라.

4. 실수체 $\mathbb{R}$ 위에서 다음과 같은 행렬 A가 대각화 가능한 행렬인지를 판정하여라. 또, A가 대각화 가능한 행렬인 경우에 $P^{-1}AP=D$인 정칙행렬 P와 대각행렬 D를 구하여라.

*(1) $A=\begin{bmatrix}1 & 2\\ 0 & 1\end{bmatrix}$ *(2) $A=\begin{bmatrix}0 & 0 & 1\\ 1 & 0 & 0\\ 0 & 0 & 0\end{bmatrix}$

*(3) $A=\begin{bmatrix}0 & -2 & -3\\ -1 & 1 & -1\\ 2 & 2 & 5\end{bmatrix}$ (4) $A=\begin{bmatrix}0 & -2 & -3\\ 1 & 3 & 3\\ 0 & 0 & 1\end{bmatrix}$

(5) $A=\begin{bmatrix}0 & 2 & 3\\ -2 & 0 & 4\\ -3 & -4 & 0\end{bmatrix}$ (6) $A=\begin{bmatrix}0 & 0 & 0\\ 1 & 0 & 0\\ 0 & 1 & 0\end{bmatrix}$

5. 복소수체 $\mathbb{C}$ 위에서 다음과 같은 행렬 A가 대각화 가능한 행렬인지를 판정하여라. 또, 행렬 A가 대각화 가능한 행렬인 경우에 $P^{-1}AP=D$인 정칙행렬 $P\in \mathrm{Mat}_2(\mathbb{C})$와 대각행렬 $D\in \mathrm{Mat}_2(\mathbb{C})$를 구하여라($i=\sqrt{-1}$).

*(1) $A=\begin{bmatrix}i & 1\\ 2 & -i\end{bmatrix}$ (2) $A=\begin{bmatrix}0 & 1\\ -1 & 1\end{bmatrix}$

*6. 체 F 위의 n차의 행렬 A가 대각화 가능한 행렬일 때, 다음이 성립함을 밝혀라.

(1) 임의의 양의 정수 m에 대하여 행렬 A^m은 대각화 가능한 행렬이다.

(2) A^T는 대각화 가능한 행렬이다.

(3) A가 정칙행렬이면, A^{-1}는 대각화 가능한 행렬이다.

7. 실수체 $\mathbb{R}$ 위의 다음 행렬이 대각화 가능한 행렬이 되도록 a, b의 값을 정하여라.

*(1) $A=\begin{bmatrix}2 & 0 & 0\\ a & 2 & 0\\ 0 & b & 5\end{bmatrix}$ (2) $A=\begin{bmatrix}1 & a & 0\\ 0 & 1 & b\\ 0 & 0 & 3\end{bmatrix}$

(3) $A=\begin{bmatrix}0 & 0 & 0\\ a & 0 & 0\\ 0 & b & 0\end{bmatrix}$ (4) $A=\begin{bmatrix}2 & a & 0\\ 0 & 2 & b\\ 0 & 0 & 2\end{bmatrix}$

§ 4.5 직합과 정사영

이 절의 내용은 § 7.6 이후에 이용되므로, 이 책을 처음 읽을 때에는 이 절을 생략하여도 좋다.

정의 4.5.1 체 F 위의 벡터공간 V 의 두 부분공간 W_1, W_2 에 대하여

$$V = W_1 + W_2 = \{w_1 + w_2 \mid w_1 \in W_1, w_2 \in W_2\},$$
$$W_1 \cap W_2 = \{\mathbf{0}\}$$

일 때, V 를 W_1, W_2 의 **直合**(direct sum)이라고 하고 이 사실을 $V = W_1 \oplus W_2$ 로 나타낸다. 또, 이 경우에 W_1, W_2 를 V 의 **직합인자**(direct summand)라고 한다.

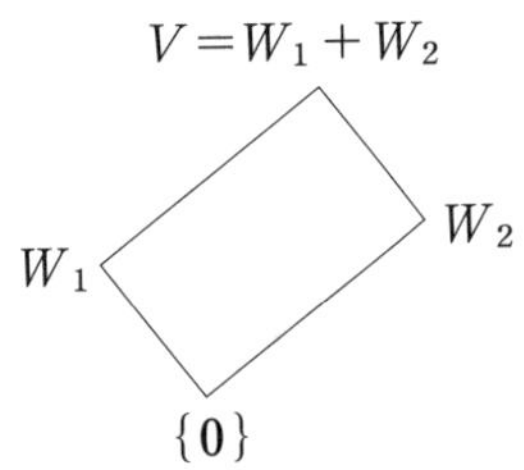

벡터공간 V 에서 $V = V \oplus \{\mathbf{0}\} = \{\mathbf{0}\} \oplus V$ 이다.
그리고, $V = W_1 \oplus W_2$ 이면, $V = W_2 \oplus W_1$ 이다.

보기 4.5.1 벡터공간 $\mathbb{R}^2$ 에서 부분공간 $W_1 = \langle (2, 2) \rangle, W_2 = \langle (1, 3) \rangle$ 에 대하여 $\mathbb{R}^2 = W_1 \oplus W_2$ 이다(보기 2.2.7).

정리 4.5.2 체 F 위의 벡터공간 V 의 두 부분공간 W_1, W_2 에 대하여 다음 두 조건은 서로 동치이다.

(1) $V = W_1 \oplus W_2$ 즉, $V = W_1 + W_2$, $W_1 \cap W_2 = \{\mathbf{0}\}$ 이다.

(2) 각 $v \in V$ 는 단 한 가지 방법으로 다음과 같은 꼴로 나타내어진다.

$$v = w_1 + w_2 \qquad (w_1 \in W_1,\ w_2 \in W_2)$$

(3) $V = W_1 + W_2$ 이고, 또한 $w_1 + w_2 = \mathbf{0}$ $(w_1 \in W_1,\ w_2 \in W_2)$ 이면 $w_1 = w_2 = \mathbf{0}$ 이다.

증 명 (1) $\Longrightarrow$ (2) $V = W_1 \oplus W_2$ 이라고 하자. 이 때, $V = W_1 + W_2$ 이므로 각 벡터 $v \in V$ 는 (2) 와 같은 꼴로 나타내어진다. 그리고,

$$v = w_1 + w_2 = w_1' + w_2' \qquad (w_1, w_1' \in W_1,\ w_2, w_2' \in W_2)$$

이라고 가정하면,

$$w_1 - w_1' = w_2' - w_2 \in W_1 \cap W_2 = \{\mathbf{0}\}$$

이므로 $w_1 - w_1' = w_2' - w_2 = \mathbf{0}$ 이고 따라서 $w_1 = w_1'$, $w_2 = w_2'$ 이다.

(2) $\Longrightarrow$ (3) 조건 (2) 가 성립한다고 하자. 이 때, $V = W_1 + W_2$ 이다.

그리고, $w_1 + w_2 = \mathbf{0}$ $(w_1 \in W_1,\ w_2 \in W_2)$ 이라고 가정하면,

$$w_1 + w_2 = \mathbf{0} = \mathbf{0} + \mathbf{0} \qquad (\mathbf{0} \in W_1,\ \mathbf{0} \in W_2)$$

이므로 조건 (2) 에 의하여 $w_1 = w_2 = \mathbf{0}$ 이다.

(3) $\Longrightarrow$ (1) 조건 (3) 이 성립할 때, $w \in W_1 \cap W_2$ 이라고 하면

$$w + (-w) = \mathbf{0} \qquad (w \in W_1,\ -w \in W_2)$$

이므로 $w = \mathbf{0}$ 이므로 $W_1 \cap W_2 = \{\mathbf{0}\}$ 이다. 따라서 $V = W_1 \oplus W_2$ 이다.

유한차원 벡터공간에 대해서는 다음이 성립한다.

정리 4.5.3 체 F 위의 유한차원 벡터공간 V 의 두 부분공간 W_1, W_2 에 대하여 다음 네 조건은 서로 동치이다.

(1) $V = W_1 \oplus W_2$ 즉, $V = W_1 + W_2$, $W_1 \cap W_2 = \{\mathbf{0}\}$ 이다.

(2) W_1, W_2 의 임의의 기저 $\mathscr{B}_1$, $\mathscr{B}_2$ 에 대하여 $\mathscr{B} = \mathscr{B}_1 \cup \mathscr{B}_2$ 는 V 의 기저이고 또 $\mathscr{B}_1 \cap \mathscr{B}_2 = \emptyset$ 이다.

(3) W_1, W_2 의 특정한 기저 $\mathscr{C}_1$, $\mathscr{C}_2$ 에 대하여, $\mathscr{C} = \mathscr{C}_1 \cup \mathscr{C}_2$ 는 V 의 기저이고 또 $\mathscr{C}_1 \cap \mathscr{C}_2 = \emptyset$ 이다.

(4) $V = W_1 + W_2$, $\dim_F V = \dim_F W_1 + \dim_F W_2$

증 명 분명히 $W_1 = \{\mathbf{0}\}$ 또는 $W_2 = \{\mathbf{0}\}$ 인 경우에는 정리가 성립한다. 이제 $W_1 \neq \{\mathbf{0}\}$, $W_2 \neq \{\mathbf{0}\}$ 인 경우에 정리가 성립함을 증명한다.

(1) $\Longrightarrow$ (2) $V = W_1 \oplus W_2$ 일 때, $\mathscr{B}_1$과 $\mathscr{B}_2$를 각각 W_1, W_2의 임의의 기저라고 하면 정리 2.5.4의 증명에 의하여 $\mathscr{B} = \mathscr{B}_1 \cup \mathscr{B}_2$는 V의 기저이고 또 $\mathscr{B}_1 \cap \mathscr{B}_2 = \emptyset$ 이다.

(2) $\Longrightarrow$ (3) 이것은 분명하다.

(3) $\Longrightarrow$ (4) 이제 W_1, W_2의 기저 $\mathscr{C}_1 = \{w_1, \cdots, w_m\}$, $\mathscr{C}_2 = \{u_1, \cdots, u_r\}$에 대하여 $\mathscr{C} = \mathscr{C}_1 \cup \mathscr{C}_2 = \{w_1, \cdots, w_m, u_1, \cdots, u_r\}$가 V의 기저이고 또 $\mathscr{C}_1 \cap \mathscr{C}_2 = \emptyset$ 이라고 하자. 이 때, 정리 2.5.3에 의하여

$$\begin{aligned} V &= \langle w_1, \cdots, w_m, u_1, \cdots, u_r \rangle \\ &= \langle w_1, \cdots, w_m \rangle + \langle u_1, \cdots, u_r \rangle = W_1 + W_2 \end{aligned}$$

이고 또 $\mathscr{C}_1 \cap \mathscr{C}_2 = \emptyset$ 이므로 다음이 성립한다.

$$\begin{aligned} \dim_F V &= |\mathscr{C}| = |\mathscr{C}_1| + |\mathscr{C}_2| = m + r \\ &= \dim_F W_1 + \dim_F W_2 \end{aligned}$$

(4) $\Longrightarrow$ (1) 이제 $V = W_1 + W_2$, $\dim_F V = \dim_F W_1 + \dim_F W_2$ 이라고 하자. 이 때, 정리 2.5.4에 의하여

$$\begin{aligned} \dim_F V &= \dim_F W_1 + \dim_F W_2 - \dim_F (W_1 \cap W_2) \\ \dim_F V &= \dim_F W_1 + \dim_F W_2 \end{aligned}$$

이므로 $\dim_F (W_1 \cap W_2) = 0$ 이고 따라서 $W_1 \cap W_2 = \{\mathbf{0}\}$ 이다.

그러므로 $V = W_1 \oplus W_2$ 이다.

앞의 정리로부터 다음 따름정리를 얻는다.

따름정리 4.5.4 체 F 위의 n차원 벡터공간 V에서 $\mathscr{B} = \{v_1, \cdots, v_n\}$가 V의 기저일 때, $1 \leq m < n$ 인 정수 m에 대하여 다음이 성립한다.

$$V = \langle v_1, \cdots, v_m \rangle \oplus \langle v_{m+1}, \cdots, v_n \rangle$$

정의 4.5.5 체 F 위의 벡터공간 V에서 선형변환 $T: V \longrightarrow V$에 대하여 $T^2 = T$ 일 때, T를 **정사영**(projection) 또는 **멱등**(idempotent) **선형변환**이라고 한다.

또, 체 F 위의 n차의 행렬 A에 대하여 $A^2 = A$일 때, A를 **멱등행렬**(idempotent matrix)이라고 한다.

보기 4.5.2 벡터공간 V에서 영 선형변환 $0_V : V \longrightarrow V$와 항등 선형변환 $1_V : V \longrightarrow V$는 정사영이다.

또, 체 F 위의 n차의 영행렬 O_n과 항등행렬 I_n은 멱등행렬이다.

그리고, 다음은 3차의 행렬은 모두 멱등행렬이다.

$$\begin{bmatrix} 1 & 0 & 0 \\ 0 & 0 & 0 \\ 0 & 0 & 0 \end{bmatrix}, \quad \begin{bmatrix} 0 & 0 & 0 \\ 0 & 1 & 0 \\ 0 & 0 & 0 \end{bmatrix}, \quad \begin{bmatrix} 1 & 0 & 0 \\ 0 & 1 & 0 \\ 0 & 0 & 0 \end{bmatrix}$$

정리 4.5.6 체 F 위의 n차의 행렬 A가 멱등행렬일 때 그리고 이때에만 선형변환 $L_A : F^n \longrightarrow F^n$는 정사영이다.

증 명 행렬 A에 대하여

$$A^2 = A \Longleftrightarrow {L_A}^2 = L_A$$

이므로 정리가 성립한다(정리 3.6.9).

정리 4.5.7 체 F 위의 벡터공간 V에서 두 부분공간 W_1, W_2에 대하여 $V = W_1 \oplus W_2$일 때, 두 사상

$$T_1 : V \longrightarrow V, \quad T_1(w_1 + w_2) = w_1 \qquad (w_1 \in W_1,\ w_2 \in W_2)$$

$$T_2 : V \longrightarrow V, \quad T_2(w_1 + w_2) = w_2 \qquad (w_1 \in W_1,\ w_2 \in W_2)$$

는 정사영이고 또 다음이 성립한다.

(1) $T_1 + T_2 = 1_V$, $\quad T_1 \circ T_2 = 0_V$, $\quad T_2 \circ T_1 = 0_V$

(2) $W_1 = \operatorname{im} T_1 = \ker T_2$, $\quad W_2 = \operatorname{im} T_2 = \ker T_1$

정사영 T_1, T_2를 각각 W_1, W_2 **위로의 정사영**이라고 한다.

증 명 정리 4.5.2에 의하여 각 벡터 $v \in V$는 단 한 가지 방법으로

$$v = w_1 + w_2 \qquad (w_1 \in W_1,\ w_2 \in W_2)$$

의 꼴로 나타내어지므로 T_1, T_2는 잘 정의된 사상이다.

임의의 $v, v' \in V$와 $a \in F$에 대하여

$$v = w_1 + w_2, \quad v' = u_1 + u_2 \qquad (w_1, u_1 \in W_1,\ w_2, u_2 \in W_2)$$

이라고 하면,

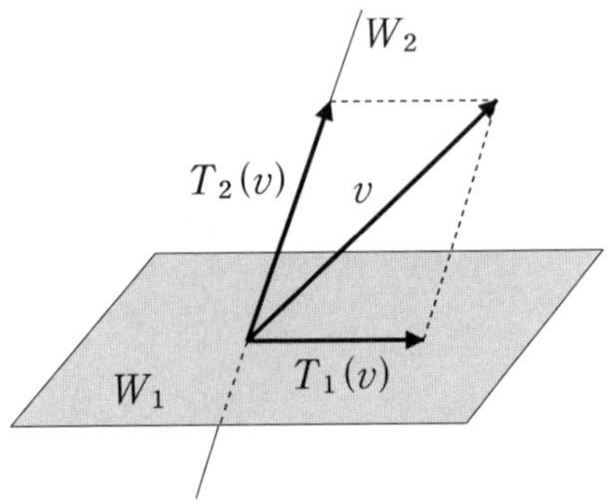

$$v + v' = (w_1+u_1) + (w_2+u_2),$$
$$a v = a w_1 + a w_2$$

이고

$$w_1+u_1 \in W_1, \quad w_2+u_2 \in W_2,$$
$$a w_1 \in W_1, \qquad a w_2 \in W_2$$

이므로

$$T_1(v+v') = w_1+u_1 = T_1(v) + T_1(v'),$$
$$T_1(av) = a w_1 = a T_1(v),$$
$$T_2(v+v') = w_2 + u_2 = T_2(v) + T_2(v'),$$
$$T_2(a v) = a w_2 = a T_2(v)$$

이고 따라서 T_1, T_2는 선형변환이다. 또한,

$$T_1^2(v) = T_1(T_1(v)) = T_1(w_1) = T_1(w_1 + \mathbf{0}) = w_1 = T_1(v),$$
$$T_2^2(v) = T_2(T_2(v)) = T_2(w_2) = T_2(\mathbf{0} + w_2) = w_2 = T_2(v),$$
$$(T_1 \circ T_2)(v) = T_1(T_2(v)) = T_1(w_2) = T_1(\mathbf{0} + w_2) = \mathbf{0},$$
$$(T_2 \circ T_1)(v) = T_2(T_1(v)) = T_2(w_1) = T_2(w_1 + \mathbf{0}) = \mathbf{0},$$
$$(T_1+T_2)(v) = T_1(v) + T_2(v) = w_1 + w_2 = v = 1_V(v)$$

이므로 $T_1^2 = T_1$, $T_2^2 = T_2$이고 또 (1)이 성립한다.

그리고,

$$T_1(v) = T_1(w_1+w_2) = w_1, \qquad v \in \ker T_1 \Longleftrightarrow w_1 = \mathbf{0}$$
$$T_2(v) = T_2(w_1+w_2) = w_2, \qquad v \in \ker T_2 \Longleftrightarrow w_2 = \mathbf{0}$$

이므로 (2)가 성립한다.

보기 4.5.3 벡터공간 $\mathbb{R}^2$ 에서 $W_1 = \langle (1,0) \rangle$, $W_2 = \langle (1,1) \rangle$ 일 때, 각 벡터 $(x_1, x_2) \in \mathbb{R}^2$ 는 단 한 가지 방법으로 다음과 같이 나타내어진다.

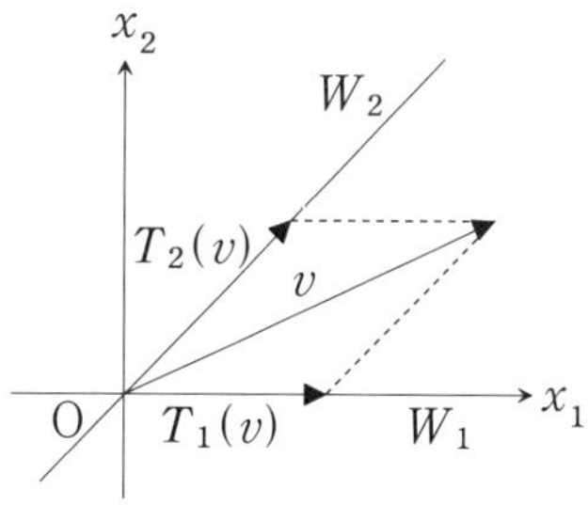

$$(x_1, x_2) = (x_1 - x_2, 0) + (x_2, x_2)$$

따라서 $\mathbb{R}^2 = W_1 \oplus W_2$ 이고, 다음 두 정사영이 정의된다.

$$T_1 : \mathbb{R}^2 \longrightarrow \mathbb{R}^2, \quad T_1(x_1, x_2) = (x_1 - x_2, 0)$$

$$T_2 : \mathbb{R}^2 \longrightarrow \mathbb{R}^2, \quad T_2(x_1, x_2) = (x_2, x_2)$$

정리 4.5.8 체 F 위의 벡터공간 V 에서 $T : V \longrightarrow V$ 가 정사영일 때, 다음이 성립한다.

$$V = \operatorname{im} T \oplus \ker T, \qquad \operatorname{im} T = \{w \in V \mid T(w) = w\}$$

증 명 임의의 벡터 $v \in V$ 에 대하여

$$v = T(v) + (v - T(v))$$

이고, 여기서 $T(v) \in \operatorname{im} T$ 이며

$$T(v - T(v)) = T(v) - T(T(v)) = T(v) - T(v) = \mathbf{0}$$

이므로 $v - T(v) \in \ker T$ 이다. 따라서 $V = \operatorname{im} T + \ker T$ 이다.

이제 $w \in \operatorname{im} T \cap \ker T$ 이라고 하면, $w \in \operatorname{im} T$ 이므로 적당한 $v \in V$ 에 대하여 $T(v) = w$ 이고, 또 $w \in \ker T$ 이므로 $T(w) = \mathbf{0}$ 이고 따라서

$$\mathbf{0} = T(w) = T(T(v)) = T(v) = w$$

이므로 $\operatorname{im} T \cap \ker T = \{\mathbf{0}\}$ 이다. 그러므로 $V = \operatorname{im} T \oplus \ker T$ 이다.

한편, $w \in \operatorname{im} T$ 일 때, 적당한 $v \in V$에 대하여 $w = T(v)$ 이라고 하면

$$w = T(v) = T^2(v) = T(T(v)) = T(w)$$

이고, 또 적당한 벡터 $w \in V$ 에 대하여 $T(w) = w$ 이면 $w \in \operatorname{im} T$ 이다.

따라서 $\operatorname{im} T = \{w \in V \mid T(w) = w\}$ 이다.

정리 4.5.9 체 F 위의 n차원 벡터공간 V 위에서의 선형변환 T가 정사영(즉 $T^2 = T$)일 때, $r(T) = r$이라고 하면 다음이 성립한다.

(1) $r = 0$이면 $T = 0_V$이고, 또 $r = n$이면 $T = 1_V$이다.

(2) $1 \leq r < n$이면, $\operatorname{im} T$와 $\ker T$는 각각 고유치 1, 0에 대응하는 T의 고유공간이고 V의 적당한 기저 $\mathscr{C}$에 대하여 다음이 성립한다.

$$[T]_{\mathscr{C}} = \begin{bmatrix} 1 & \cdots & 0 & \cdots & 0 & \cdots & 0 \\ \vdots & \ddots & \vdots & \cdots & \vdots & \cdots & \vdots \\ 0 & \cdots & 1 & \cdots & 0 & \cdots & 0 \\ 0 & \cdots & 0 & \cdots & 0 & \cdots & 0 \\ \vdots & \cdots & \vdots & \cdots & \vdots & \cdots & \vdots \\ 0 & \cdots & 0 & \cdots & 0 & \cdots & 0 \end{bmatrix} = \begin{bmatrix} I_r & O \\ O & O \end{bmatrix}$$

증 명 먼저 $r = 0$이면, $\operatorname{im} T = \{\mathbf{0}\}$, $\ker T = V$이므로 $T = 0_V$이다. 그리고, $r = n$이면, $\operatorname{im} T = V$, $\ker T = \{\mathbf{0}\}$이므로 모든 벡터 $v \in V$에 대하여 $T(v) = v$이고 따라서 $T = 1_V$이다.

이제 $1 \leq r < n$이라고 하자(정리 3.4.9). 이 때, 정리 4.5.8에 의하여

$$V = \operatorname{im} T \oplus \ker T, \quad \operatorname{im} T = \{w \in V \mid T(w) = w\},$$
$$\operatorname{im} T \neq \{\mathbf{0}\}, \qquad \ker T = \{w \in V \mid T(w) = \mathbf{0}\} \neq \{\mathbf{0}\}$$

이므로 $\operatorname{im} T$, $\ker T$는 각각 고유치 1, 0에 대응하는 T의 고유공간이고 $\mathscr{C}_1 = \{w_1, \cdots, w_r\}$, $\mathscr{C}_2 = \{u_1, \cdots, u_m\}$를 각각 $\operatorname{im} T$, $\ker T$의 기저라고 하면, $\mathscr{C} = \{w_1, \cdots, w_r, u_1, \cdots, u_m\}$는 V의 기저이다(정리 4.5.3).

따라서 다음이 성립한다.

$$\begin{aligned} T(w_1) &= w_1 \\ &\vdots \\ T(w_r) &= \qquad w_r \\ T(u_1) &= \mathbf{0} \\ &\vdots \\ T(u_m) &= \mathbf{0} \end{aligned} \qquad\qquad [T]_{\mathscr{C}} = \begin{bmatrix} I_r & O \\ O & O \end{bmatrix}$$

정리 4.5.9 와 정리 4.5.6 에 의하여 다음 정리가 성립한다.

정리 4.5.10 체 F 위의 n차의 행렬 A가 멱등행렬일 때, 즉, $A^2 = A$ 일 때, A는 대각화 가능한 행렬이다.

실제로, $r(A) = r$ 이라고 할 때 다음이 성립한다.

(1) $r = 0$ 이면 $A = O_n$ 이고, $r = n$ 이면 $A = I_n$ 이다.

(2) $1 \leq r < n$ 이면, 적당한 정칙행렬 $P \in \mathrm{Mat}_n(F)$ 에 대하여 다음이 성립한다.

$$P^{-1}AP = \begin{bmatrix} I_r & O \\ O & O \end{bmatrix}$$

(3) A 의 고유다항식은 $f(x) = x^{n-r}(x-1)^r$ 이다.

보기 4.5.4 실수체 $\mathbb{R}$ 위에서 멱등행렬

$$A = \begin{bmatrix} \frac{1}{2} & \frac{1}{2} \\ \frac{1}{2} & \frac{1}{2} \end{bmatrix}$$

는 대칭행렬이고 이에 대하여 다음이 성립한다(보기 3.3.4 참조).

$$A^T = A = \begin{bmatrix} \frac{1}{2} & \frac{1}{2} \\ \frac{1}{2} & \frac{1}{2} \end{bmatrix}$$

$$\mathrm{im}\, L_A = \langle (1, 1) \rangle,$$
$$\ker L_A = \langle (-1, 1) \rangle$$
$$\mathbb{R}^2 = \langle (1, 1) \rangle \oplus \langle (-1, 1) \rangle$$
$$P^{-1}AP = \begin{bmatrix} 1 & 0 \\ 0 & 0 \end{bmatrix}, \quad P = \begin{bmatrix} 1 & -1 \\ 1 & 1 \end{bmatrix}$$

$$\begin{bmatrix} 1 & 1 \\ 0 & 0 \end{bmatrix}$$

보기 4.5.5 체 F 위의 3차의 멱등행렬은 다음과 같은 네 가지 종류로 분류된다. 여기서, $P \in \mathrm{Mat}_3(F)$ 는 임의의 정칙행렬이다.

(1) O_3 (2) I_3 (3) $P\begin{bmatrix} 1 & 0 & 0 \\ 0 & 0 & 0 \\ 0 & 0 & 0 \end{bmatrix}P^{-1}$ (4) $P\begin{bmatrix} 1 & 0 & 0 \\ 0 & 1 & 0 \\ 0 & 0 & 0 \end{bmatrix}P^{-1}$

연 습 문 제 (4.5)

*1. 벡터공간 $\mathbb{R}^2$ 에서 $\mathbb{R}^2 = \langle (1, 1) \rangle \oplus \langle (-1, 1) \rangle$ 임을 밝혀라.
그리고, 이 직합에 의하여 정의되는 두 정사영를 정의하여라.

2. 벡터공간 $\mathbb{R}^3$ 에서 두 부분공간

$$W_1 = \{(a, b, a-b) \mid a, b \in \mathbb{R}\}, \quad W_2 = \{(c, c, c) \mid c \in \mathbb{R}\}$$

에 대하여 $\mathbb{R}^3 = W_1 \oplus W_2$ 임을 밝혀라. 그리고, 이 직합에 의하여 정의되는 두 정사영를 정의하여라.

3. 체 F 위의 벡터공간 V 위에서 선형변환 $T : V \longrightarrow V$ 에 대하여 다음이 성립함을 밝혀라.

(1) T 가 정사영인 동시에 정칙 선형변환이면, $T = 1_V$ 이다.

(2) T 가 정사영이면, $S = 1_V - T$ 도 정사영이다.

*4. 벡터공간 $\mathrm{Mat}_n(\mathbb{R})$에서 $\mathrm{Sym}_n(\mathbb{R})$, $\mathrm{Alt}_n(\mathbb{R})$를 각각 대칭행렬 전체와 교대행렬 전체로 이루어진 부분공간이라고 할 때, $\mathrm{Mat}_n(\mathbb{R}) = \mathrm{Sym}_n(\mathbb{R}) \oplus \mathrm{Alt}_n(\mathbb{R})$ 임을 밝혀라(문제 2.5.9 참조).

5. 실수체 $\mathbb{R}$ 위에서 다음 멱등행렬과 닮은 대각행렬을 구하여라.

(1) $A = \begin{bmatrix} 1 & -1 \\ 0 & 0 \end{bmatrix}$ (2) $A = \begin{bmatrix} 0 & 1 \\ 0 & 1 \end{bmatrix}$

6. 체 F 위의 4 차의 멱등행렬을 분류하여라.

*7. 체 F 위의 벡터공간 V 에서 두 부분공간 W_1, W_2 에 대하여 $V = W_1 \oplus W_2$일 때, $W_1 \subseteq U \subseteq V$ 인 부분공간 U 에 대하여 $U = W_1 \oplus (W_2 \cap U)$ 임을 증명하여라.

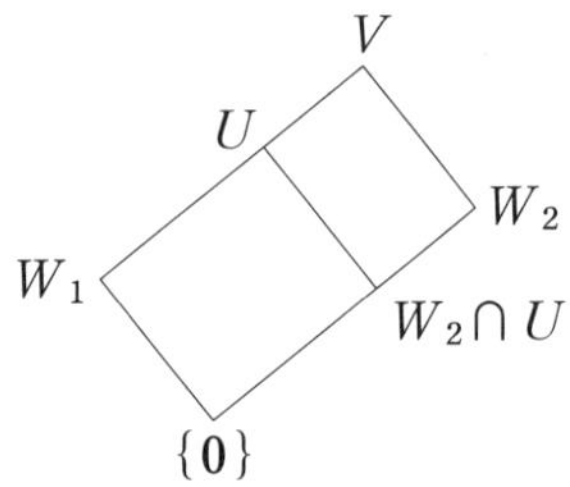

제 5 장

유클리드 공간

이 장에서는, §1.8 에 이어 유클리드 공간 $\mathscr{E}^n$ 의 특성에 대하여 논한다.

실제로 유클리드 공간 $\mathscr{E}^n$ 의 직교정규기저에 대하여 논하고, 직교행렬과 직교변환, 이차형식에 대하여 논하여 이차곡선과 이차곡면을 분류한다. 그리고, 대칭행렬의 특성과 양의 정부호 대칭행렬과 양의 정부호 이차형식에 대하여 논한다.

이 장에서 논한 정의와 정리는 제 6 장에서 유니테리 공간 $\mathscr{C}^n$ 과 내적공간에 대한 정의와 정리로 확장된다.

§ 5.1 유클리드 공간의 직교정규기저

실수체 $\mathbb{R}$ 위의 n차원 벡터공간 $\mathbb{R}^n = \{(x_1, \cdots, x_n) \mid x_1, \cdots, x_n \in \mathbb{R}\}$에서 임의의 두 벡터 $v = (a_1, \cdots, a_n)$, $w = (b_1, \cdots, b_n)$에 대하여 $v \cdot w$를 $v \cdot w = a_1 b_1 + \cdots + a_n b_n$으로 정할 때, 사상

$$\mathbb{R}^n \times \mathbb{R}^n \longrightarrow \mathbb{R}, \quad (v, w) \longmapsto v \cdot w$$

를 벡터공간 $\mathbb{R}^n$의 표준내적이라고 한다(정의 1.8.1) 그리고, 표준내적이 정의되어 있는 벡터공간 $\mathbb{R}^n$을 n차원 유클리드 공간이라 하고 이것을 $\mathscr{E}^n$으로 나타낸다. 유클리드 공간에서는 다음 정리가 성립한다(정리 1.8.2).

정리 5.1.1 유클리드 공간 $\mathscr{E}^n$에서 임의의 벡터 v, w, u와 실수 a에 대하여 다음이 성립한다.

I.1 : $(v+u) \cdot w = v \cdot w + u \cdot w, \quad (a v) \cdot w = a (v \cdot w)$

I.2 : $v \cdot (u+w) = v \cdot u + v \cdot w, \quad v \cdot (a w) = a (v \cdot w)$

I.3 : $v \cdot w = w \cdot v$

I.4 : $v \cdot v \geq 0$ 이고, 특히 $v \cdot v = 0 \Longleftrightarrow v = \mathbf{0} = (0, \cdots, 0)$ 이다.

정리 5.1.2 유클리드 공간 $\mathscr{E}^n$에서 다음이 성립한다.

(1) 각 벡터 w, v에 대하여 다음 두 사상은 선형사상이다.

$$f_w : \mathscr{E}^n \longrightarrow \mathbb{R}, \quad f_w(v) = v \cdot w$$

$$g_v : \mathscr{E}^n \longrightarrow \mathbb{R}, \quad g_v(w) = v \cdot w$$

(2) 모든 벡터 $w \in \mathscr{E}^n$에 대하여 $v \cdot w = 0$ 이면, $v = \mathbf{0}$ 이다.

(3) 모든 벡터 $w \in \mathscr{E}^n$에 대하여 $v_1 \cdot w = v_2 \cdot w$ 이면, $v_1 = v_2$ 이다.

(4) 모든 벡터 $v \in \mathscr{E}^n$에 대하여 $v \cdot w = 0$ 이면, $w = \mathbf{0}$ 이다.

(5) 모든 벡터 $v \in \mathscr{E}^n$에 대하여 $v \cdot w_1 = v \cdot w_2$ 이면, $w_1 = w_2$ 이다.

증 명 (1) 정리 5.1.1 의 I.1, 1.2 에 의하여 (1) 이 성립한다.

(2) 모든 벡터 $w \in \mathscr{E}^n$ 에 대하여 $v \cdot w = 0$ 이면, 특히 $v \cdot v = 0$ 이므로 정리 5.1.1 의 I.4 에 의하여 $v = \mathbf{0}$ 이다.

(3) 모든 $w \in \mathscr{E}^n$ 에 대하여 $v_1 \cdot w = v_2 \cdot w$ 이면, $(v_1 - v_2) \cdot w = 0$ 이므로 (2) 에 의하여 $v_1 - v_2 = \mathbf{0}$ 즉 $v_1 = v_2$ 이다.

마찬가지로 (4), (5) 가 성립한다.

앞의 정리에 의하여 유클리드 공간 $\mathscr{E}^n$ 에서 다음이 성립한다.

$$\mathbf{0} \cdot w = v \cdot \mathbf{0} = 0, \qquad (-v) \cdot w = -v \cdot w = v \cdot (-w)$$

$$\left(\sum_{i=1}^{n} a_i v_i\right) \cdot w = \sum_{i=1}^{n} a_i (v_i \cdot w), \quad v \cdot \left(\sum_{i=1}^{n} a_i w_i\right) = \sum_{i=1}^{n} a_i (v \cdot w_i)$$

유클리드 공간 $\mathscr{E}^n$ 에서 벡터 $v = (a_1, \cdots, a_n)$ 에 대하여

$$\|v\| = \sqrt{v \cdot v} = \sqrt{a_1^2 + \cdots + a_n^2}$$

를 v 의 노름 또는 길이라 하고, 특히 $\|v\| = 1$ 일 때 v 를 단위벡터라고 한다. 또, 두 벡터 v, w 에 대하여 $d(v, w) = \|w - v\|$ 를 v, w 사이의 거리라고 한다. 다음 정리는 정리 1.8.4 를 고쳐 쓴 것이다.

정리 5.1.3 유클리드 공간 $\mathscr{E}^n$ 에서 두 벡터 v, w 에 대하여 다음이 성립한다.

$$|v \cdot w| \le \|v\| \|w\| \qquad \text{(Cauchy-Schwartz 의 부등식)}$$

그리고, 위의 부등식에서 두 벡터 v, w 가 일차종속일 때 그리고 이때에만 등호가 성립한다.

유클리드 공간 $\mathscr{E}^n$ 에서 두 벡터 v, w 가 영벡터가 아닐 때,

$$\cos\theta = \frac{v \cdot w}{\|v\| \|w\|} \quad \text{즉} \quad v \cdot w = \|v\| \|w\| \cos\theta$$

인 실수 θ $(0 \le \theta < \pi)$ 를 v, w 사이의 각의 크기라고 한다.

두 벡터 v, w 에 대하여 $v \cdot w = 0$ 일 때 v, w 는 서로 직교한다고 한다.

정리 5.1.4 유클리드 공간 $\mathscr{E}^n$에서 부분집합 $S(\neq \emptyset)$에 대하여

$$S^{\perp} = \{v \in \mathscr{E}^n \mid \text{모든 } w \in S \text{ 에 대하여 } v \cdot w = 0\}$$

이라고 하면, $S^{\perp}$은 유클리드 공간 $\mathscr{E}^n$의 부분공간이다.

부분공간 $S^{\perp}$을 S의 **직교 보공간**(orthogonal complement)이라 하고 $S^{\perp}$을 'S perp'이라고 읽는다.

증 명 모든 $w \in S$에 대하여 $\mathbf{0} \cdot w = 0$이므로 $\mathbf{0} \in S^{\perp} \neq \emptyset$이다.
그리고, $v, v' \in S^{\perp}$, $a \in \mathbb{R}$이라고 하면, 임의의 $w \in S$에 대하여

$$(v+v') \cdot w = v \cdot w + v' \cdot w = 0 + 0 = 0,$$
$$(av) \cdot w = a\,(v \cdot w) = a\,0 = 0$$

이므로 $v+v' \in S^{\perp}$, $av \in S^{\perp}$이다.

따라서 $S^{\perp}$은 유클리드 공간 $\mathscr{E}^n$의 부분공간이다.

이 정리는 정리 2.8.3에서 논한 바 있다.

정리 5.1.5 유클리드 공간 $\mathscr{E}^n$에서 부분공간 $W = \langle v_1, \cdots, v_m \rangle$에 대하여

$$v_i = (a_{i1}, a_{i2}, \cdots, a_{in}) \qquad (1 \leq i \leq m)$$

이라 하고 또 $A = [a_{ij}]_{m \times n}$이라고 하면 다음이 성립한다.

(1) $W^{\perp} = \{v_1, \cdots, v_m\}^{\perp}$
즉, $v \cdot v_1 = \cdots = v \cdot v_m = 0$일 때 그리고 이때에만 $v \in W^{\perp}$이다.

(2) $W = (A\text{의 행공간})$, $\dim_{\mathbb{R}} W = r(A)$

$$W^{\perp} = \{(x_1, \cdots, x_n) \in \mathscr{E}^n \mid A \begin{bmatrix} x_1 \\ \vdots \\ x_n \end{bmatrix} = \begin{bmatrix} 0 \\ \vdots \\ 0 \end{bmatrix}\}$$

$\dim_{\mathbb{R}} W^{\perp} = n(A) = n - r(A)$

$W \cap W^{\perp} = \{\mathbf{0}\}$

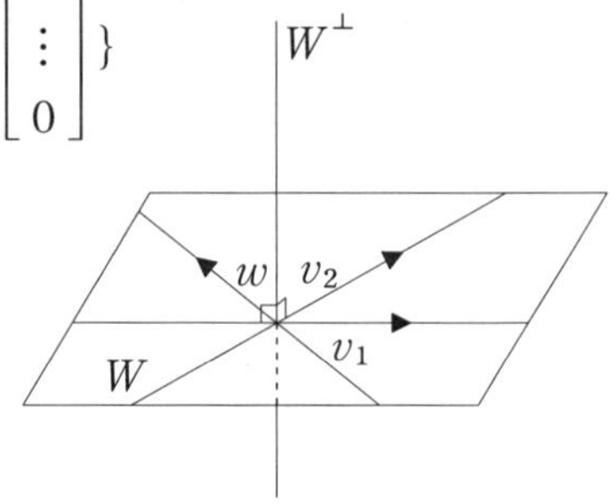

(3) $\dim_{\mathbb{R}} W^{\perp} = n - \dim_{\mathbb{R}} W$,

$(W^{\perp})^{\perp} = W$

증 명 (1) 먼저 $v \in W^{\perp}$ 이면, $v_1, \cdots, v_m \in W$ 이므로 다음이 성립한다.

$$v \cdot v_1 = 0, \ \cdots, \ v \cdot v_m = 0$$

역으로, $v \cdot v_1 = 0, \cdots, v \cdot v_m = 0$ 일 때, 임의의 $w \in W$ 에 대하여

$$w = a_1 v_1 + \cdots + a_m v_m \qquad (a_1, \cdots, a_m \in \mathbb{R})$$

이라고 하면,

$$v \cdot w = a_1 (v \cdot v_1) + \cdots + a_m (v \cdot v_m) = a_1 0 + \cdots + a_m 0 = 0$$

이므로 $v \in W^{\perp}$ 이다. 따라서 (1) 이 성립한다.

(2) $W = \langle v_1, \cdots, v_m \rangle$ 이므로 다음이 성립한다(정리 2.6.4).

$$W = (A \text{ 의 행공간}), \quad \dim_{\mathbb{R}} W = r(A)$$

그리고, (1) 에 의하여 벡터 $v = (x_1, \cdots, x_n) \in \mathscr{E}^n$ 에 대하여

$$\begin{aligned} & v \in W^{\perp} \\ \Longleftrightarrow\ & v \cdot v_i = 0 \quad \text{즉} \quad v_i \cdot v = 0 \quad (1 \leq i \leq m) \\ \Longleftrightarrow\ & a_{i1} x_1 + \cdots + a_{in} x_n = 0 \qquad (1 \leq i \leq m) \\ \Longleftrightarrow\ & A \begin{bmatrix} x_1 \\ \vdots \\ x_n \end{bmatrix} = \begin{bmatrix} 0 \\ \vdots \\ 0 \end{bmatrix} \end{aligned}$$

이고, 또 $\dim_{\mathbb{R}} W^{\perp} = n(A) = n - r(A)$ 이다(정리 2.7.1).

그리고, $w \in W \cap W^{\perp}$ 이라고 하면, 특히 $w \cdot w = 0$ 이므로 $w = \mathbf{0}$ 이고, 따라서 $W \cap W^{\perp} = \{\mathbf{0}\}$ 이다.

(2) 위의 (2) 에 의하여 $\dim_{\mathbb{R}} W^{\perp} = n - \dim_{\mathbb{R}} W$ 이고, 이 등식은 $W^{\perp}$ 에 대해서도 성립하므로 $\dim_{\mathbb{R}} (W^{\perp})^{\perp} = n - \dim_{\mathbb{R}} W^{\perp} = \dim_{\mathbb{R}} W$ 이다.

그런데, 모든 벡터 $w \in W$ 와 모든 벡터 $v \in W^{\perp}$ 에 대하여 $v \cdot w = 0$ 이므로 $w \cdot v = 0$ 이고 따라서 $w \in (W^{\perp})^{\perp}$ 이므로 $W \subseteq (W^{\perp})^{\perp}$ 이다.

그러므로 $(W^{\perp})^{\perp} = W$ 이다(따름정리 2.5.2).

이 정리는 정리 2.8.4 에서 논한 바 있다.

보기 5.1.1 유클리드 공간 $\mathscr{E}^n$ 에서 벡터 $v = (a_1, \cdots, a_n) \neq (0, \cdots, 0)$ 에 대하여 $W = \langle v \rangle$, $U = W^{\perp}$ 이라고 하면 다음이 성립한다.

$$U = W^{\perp} = \{ (x_1, \cdots, x_n) \in F^n \mid a_1 x_1 + \cdots + a_n x_n = 0 \},$$
$$U^{\perp} = W = \langle (a_1, \cdots, a_n) \rangle = \langle v \rangle$$

보기 5.1.2 유클리드 공간 $\mathscr{E}^3$ 에서 $v = (a_1, a_2, a_3)$, $w = (b_1, b_2, b_3)$가 일차독립일 때, $W = \langle v, w \rangle$ 에 대하여 다음이 성립한다(보기 2.7.3).

$$W^{\perp} = \langle (\begin{vmatrix} a_2 & a_3 \\ b_2 & b_3 \end{vmatrix}, -\begin{vmatrix} a_1 & a_3 \\ b_1 & b_3 \end{vmatrix}, \begin{vmatrix} a_1 & a_2 \\ b_1 & b_2 \end{vmatrix}) \rangle = \langle v \times w \rangle$$

정의 5.1.6 유클리드 공간 $\mathscr{E}^n$ 에서 영벡터가 아닌 벡터 $v_1, \cdots, v_m$ 이 모두 서로 직교할 때, 즉

$$v_i \neq \mathbf{0}, \qquad v_i \cdot v_j = 0 \qquad (1 \leq i \neq j \leq m)$$

일 때, $S = \{v_1, \cdots, v_m\}$를 **직교집합**(orthogonal set)이라고 한다.

그리고, 부분공간 W 에 대하여 $\mathscr{C} = \{v_1, \cdots, v_m\}$가 W 의 기저인 동시에 직교집합일 때, $\mathscr{C}$ 를 W 의 **직교기저**(orthogonal basis)라고 한다.

여기서, $m = 1$ 인 경우에는 $v_1 \neq \mathbf{0}$ 임을 뜻한다.

특히, $\mathscr{B} = \{w_1, \cdots, w_m\}$가 W 의 직교기저인 동시에 $w_1, \cdots, w_m$ 이 모두 단위벡터일 때, 즉

$$w_i \cdot w_j = \delta_{ij} \qquad (1 \leq i,\ j \leq m)$$

일 때, $\mathscr{B}$ 를 W 의 **직교정규기저**(orthonormal basis)라고 한다.

여기서, $m = 1$ 인 경우에는 $\| w_1 \| = 1$ 임을 뜻한다.

보기 5.1.3 유클리드 공간 $\mathscr{E}^n$ 에서 표준기저 $\mathscr{B} = \{e_1, \cdots, e_n\}$는 직교정규기저이고 $\{-e_1, \cdots, e_n\}$, $\{e_1, \cdots, -e_n\}$도 직교정규기저이다.

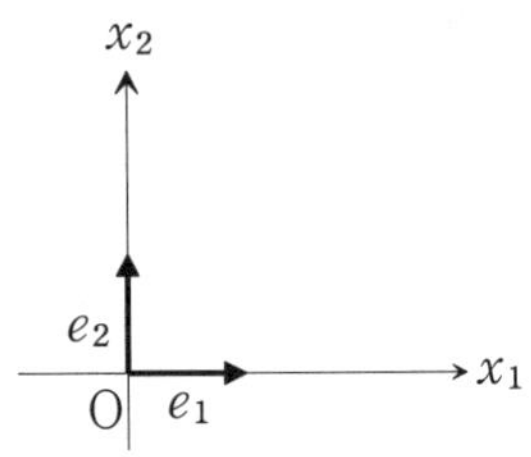

보기 5.1.4 유클리드 평면 $\mathscr{E}^2$ 에서 각 실수 θ $(0 \leq \theta < 2\pi)$ 에 대하여

$$\{(\cos\theta,\ \sin\theta),\ (-\sin\theta,\ \cos\theta)\},$$

$$\{(\cos\theta,\ \sin\theta),\ (\sin\theta,\ -\cos\theta)\}$$

는 직교정규기저이고, 또 $\mathscr{E}^2$ 의 직교정규기저는 모두 이와 같은 꼴이다.

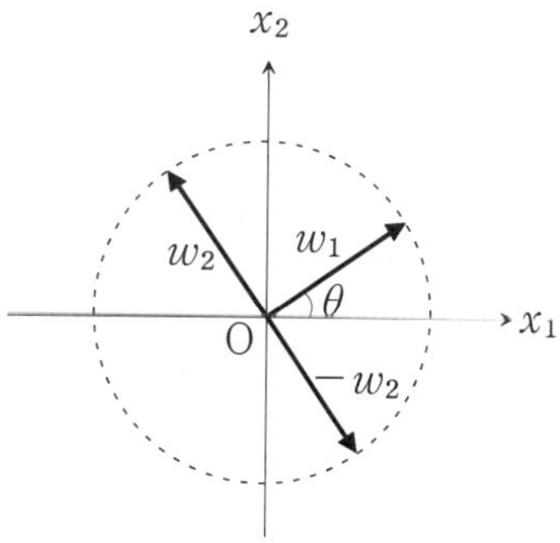

정리 5.1.7 유클리드 공간 $\mathscr{E}^n$ 에서 $S = \{v_1, \cdots, v_m\}$가 직교집합이면, $v_1, \cdots, v_m$ 은 일차독립이다.

증 명 적당한 실수 $a_1, \cdots, a_m$ 에 대하여 $a_1 v_1 + \cdots + a_m v_m = \mathbf{0}$ 이라고 가정하면, 각 i $(1 \leq i \leq m)$ 에 대하여

$$\begin{aligned} 0 = \mathbf{0} \cdot v_i &= (a_1 v_1 + \cdots + a_m v_m) \cdot v_i \\ &= a_1 (v_1 \cdot v_i) + \cdots + a_i (v_i \cdot v_i) + \cdots + a_m (v_m \cdot v_i) \\ &= a_i (v_i \cdot v_i), \qquad v_i \cdot v_i \neq 0 \end{aligned}$$

이므로 $a_i = 0$ 이다. 따라서 $v_1, \cdots, v_m$ 은 일차독립이다.

정리 5.1.8 유클리드 공간 $\mathscr{E}^n$ 의 부분공간 W 에 대하여 다음이 성립한다.

(1) $W = \langle v_1,\ \cdots,\ v_m \rangle$ 일 때, $\mathscr{B} = \{v_1,\ \cdots,\ v_m\}$가 직교집합이면 $\mathscr{B}$ 는 W 의 직교기저이고 $\mathscr{C} = \{\frac{v_1}{\|v_1\|},\ \cdots,\ \frac{v_m}{\|v_m\|}\}$는 W 의 직교정규기저이다.

(2) $W = \langle w_1,\ \cdots,\ w_m \rangle$ 일 때, $\mathscr{B} = \{w_1,\ \cdots,\ w_m\}$가 W 의 직교정규기저이기 위한 필요충분조건은

$$w_i \cdot w_j = \delta_{ij} \qquad\qquad (1 < i,\ j < m)$$

인 것이다.

증 명 (1) 집합 $\mathscr{B} = \{v_1, \cdots, v_m\}$가 직교집합이면, 정리 5.1.7 에 의하여 $v_1, \cdots, v_m$ 은 일차독립이고 또 $W = \langle v_1, \cdots, v_m \rangle$ 이므로 $\mathscr{B}$ 는 W 의 기저

이고 따라서 $\mathscr{B}$는 W의 직교기저이다. 또, $\frac{v_1}{\|v_1\|}, \cdots, \frac{v_m}{\|v_m\|}$은 서로 직교하는 단위벡터이므로 $\mathscr{C} = \{\frac{v_1}{\|v_1\|}, \cdots, \frac{v_m}{\|v_m\|}\}$는 W의 직교정규기저이다.

(2) $\mathscr{B} = \{w_1, \cdots, w_m\}$가 W의 직교정규기저이면 다음이 성립한다.

$$w_i \cdot w_j = \delta_{ij} \qquad (1 \leq i, j \leq m)$$

역으로 위의 관계식이 성립하면, 정리 5.1.7에 의하여 $w_1, \cdots, w_m$은 일차독립이고 또 $W = \langle w_1, \cdots, w_m \rangle$이므로 $\mathscr{B} = \{w_1, \cdots, w_m\}$는 W의 기저이고 따라서 직교정규기저이다.

정리 5.1.9 유클리드 공간 $\mathscr{E}^n$에서 $\mathscr{C} = \{v_1, \cdots, v_n\}$가 직교기저일 때, 임의의 벡터 $v, w \in \mathscr{E}^n$에 대하여 다음이 성립한다.

(1) $v = \dfrac{v \cdot v_1}{v_1 \cdot v_1} v_1 + \cdots + \dfrac{v \cdot v_n}{v_n \cdot v_n} v_n = \displaystyle\sum_{i=1}^{n} \dfrac{v \cdot v_i}{v_i \cdot v_i} v_i$

(2) $v \cdot w = \displaystyle\sum_{i=1}^{n} \dfrac{(v \cdot v_i)(w \cdot v_i)}{v_i \cdot v_i}, \qquad \|v\|^2 = \displaystyle\sum_{i=1}^{n} \dfrac{(v \cdot v_i)^2}{v_i \cdot v_i}$

특히, $\mathscr{B} = \{w_1, \cdots, w_n\}$가 유클리드 공간 $\mathscr{E}^n$의 직교정규기저일 때, 임의의 벡터 $v, w \in \mathscr{E}^n$에 대하여 다음이 성립한다.

$$v = (v \cdot w_1) w_1 + \cdots + (v \cdot w_n) w_n = \sum_{i=1}^{n} (v \cdot w_i) w_i$$

$$v \cdot w = \sum_{i=1}^{n} (v \cdot w_i)(w \cdot w_i) \qquad \text{(Parseval 의 항등식)}$$

$$\|v\|^2 = (v \cdot w_1)^2 + \cdots + (v \cdot w_n)^2 = \sum_{i=1}^{n} (v \cdot w_i)^2$$

증 명 유클리드 공간 $\mathscr{E}^n$에서 $\mathscr{C} = \{v_1, \cdots, v_n\}$가 직교기저일 때, 임의의 벡터 v, w는 단 한 가지 방법으로 다음과 같은 꼴로 나타내어진다.

$$v = a_1 v_1 + \cdots + a_n v_n \qquad (a_1, \cdots, a_n \in \mathbb{R})$$
$$w = b_1 v_1 + \cdots + b_n v_n \qquad (b_1, \cdots, b_n \in \mathbb{R})$$

이 때, 각 i $(1 \le i \le m)$ 에 대하여

$$v \cdot v_i = a_1 (v_1 \cdot v_i) + \cdots + a_n (v_n \cdot v_i) = a_i (v_i \cdot v_i), \quad v_i \cdot v_i \neq 0$$

이므로 $a_i = \dfrac{v \cdot v_i}{v_i \cdot v_i}$ 이고 마찬가지로 $b_i = \dfrac{w \cdot v_i}{v_i \cdot v_i}$ 이다. 따라서

$$v = \frac{v \cdot v_1}{v_1 \cdot v_1} v_1 + \cdots + \frac{v \cdot v_n}{v_n \cdot v_n} v_n = \sum_{i=1}^{n} \frac{v \cdot v_i}{v_i \cdot v_i} v_i$$

이고, 또 다음이 성립한다.

$$\begin{aligned} v \cdot w &= (\sum_{i=1}^{n} a_i v_i) \cdot (\sum_{j=1}^{n} b_j v_j) \\ &= \sum_{i=1}^{n} \sum_{j=1}^{n} a_i b_j (v_i \cdot v_j) = \sum_{i=1}^{n} a_i b_i (v_i \cdot v_i) \\ &= \sum_{i=1}^{n} \frac{v \cdot v_i}{v_i \cdot v_i} \frac{w \cdot v_i}{v_i \cdot v_i} (v_i \cdot v_i) = \sum_{i=1}^{n} \frac{(v \cdot v_i)(w \cdot v_i)}{v_i \cdot v_i}, \end{aligned}$$

$$\| v \|^2 = v \cdot v = \sum_{i=1}^{n} \frac{(v \cdot v_i)^2}{v_i \cdot v_i}$$

보기 5.1.5 유클리드 공간 $\mathscr{E}^3$ 에서 세 벡터

$$v_1 = (2, -1, 0), \quad v_2 = (1, 2, -1), \quad v_3 = (1, 2, 5)$$

는 서로 직교하므로 $\mathscr{C} = \{v_1, v_2, v_3\}$ 는 직교기저이다. 그리고,

$$w_1 = \frac{v_1}{\| v_1 \|} = \frac{1}{\sqrt{5}} (2, -1, 0),$$

$$w_2 = \frac{v_2}{\| v_2 \|} = \frac{1}{\sqrt{6}} (1, 2, -1),$$

$$w_3 = \frac{v_3}{\| v_3 \|} = \frac{1}{\sqrt{30}} (1, 2, 5)$$

이라고 하면 $\mathscr{B} = \{w_1, w_2, w_3\}$ 는 직교정규기저이다

또, 벡터 $v = (x_1, x_2, x_3) \in \mathscr{E}^3$ 에 대하여 다음이 성립한다.

$$\begin{aligned} v &= \frac{v \cdot v_1}{v_1 \cdot v_1} v_1 + \frac{v \cdot v_2}{v_2 \cdot v_2} v_2 + \frac{v \cdot v_3}{v_3 \cdot v_3} v_3 \\ &= \frac{2x_1 - x_2}{5} v_1 + \frac{x_1 + 2x_2 - x_3}{6} v_2 + \frac{x_1 + 2x_2 + 5x_3}{30} v_3 \end{aligned}$$

정리 5.1.10 유클리드 공간 $\mathscr{E}^n$에서 $\mathscr{B} = \{v_1, \cdots, v_n\}$가 직교 [정규] 기저일 때, 각 양의 정수 m $(1 \le m < n)$에 대하여 다음이 성립한다.

$$\langle v_1, \cdots, v_m \rangle^{\perp} = \langle v_{m+1}, \cdots, v_n \rangle$$

증 명 임의의 벡터 $v \in \mathscr{E}^n$는 적당한 실수 $a_1, \cdots, a_n$에 대하여

$$v = a_1 v_1 + \cdots + a_m v_m + a_{m+1} v_{m+1} + \cdots + a_n v_n$$

와 같은 꼴로 나타내어진다. 그런데, 각 정수 i $(1 \le i \le m)$에 대하여

$$v \cdot v_i = a_1 (v_1 \cdot v_i) + \cdots + a_n (v_n \cdot v_i) = a_i (v_i \cdot v_i), \qquad v_i \cdot v_i \ne 0$$

이므로 $v \cdot v_i = 0 \iff a_i = 0$이다. 따라서 정리 5.1.5에 의하여

$$\begin{aligned} v \in \langle v_1, \cdots, v_m \rangle^{\perp} &\iff v \cdot v_i = 0 \quad (1 \le i \le m) \\ &\iff a_i = 0 \qquad (1 \le i \le m) \\ &\iff v \in \langle v_{m+1}, \cdots, v_n \rangle \end{aligned}$$

이므로 정리가 성립한다.

보기 5.1.6 유클리드 공간 $\mathscr{E}^3$에서 $v_1 = (2, -1, 0)$, $v_2 = (1, 2, -1)$, $v_3 = (1, 2, 5)$는 서로 직교하므로 $\mathscr{B} = \{v_1, v_2, v_3\}$는 직교기저이다.

따라서 $W = \langle v_1, v_2 \rangle$일 때, 다음이 성립한다(보기 5.1.1, 보기 2.7.3).

$$W^{\perp} = \langle v_3 \rangle = \langle (1, 2, 5) \rangle,$$
$$W = (W^{\perp})^{\perp} = \{ (x_1, x_2, x_3) \in \mathscr{E}^3 \mid x_1 + 2x_2 + 5x_3 = 0 \}$$

연 습 문 제 (5.1)

*1. 유클리드 공간 $\mathscr{E}^n$에서 두 벡터 v, w에 대하여 다음이 성립함을 밝혀라.

(1) (평행사변형의 법칙)

$\| v+w \|^2 + \| v-w \|^2 = 2 (\| v \|^2 + \| w \|^2)$

(2) $(v+w) \cdot (v-w) = 0 \iff \| v \| = \| w \|$

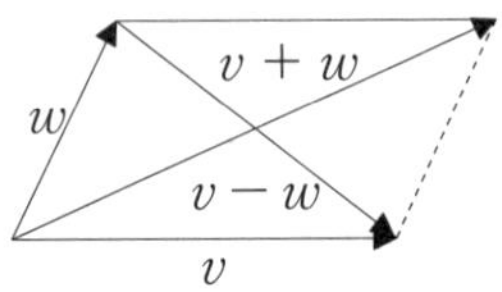

2. 유클리드 공간 $\mathscr{E}^n$ 에서 두 벡터 v, w 에 대하여 다음이 성립함을 밝혀라.

$$v \cdot w = \frac{1}{4}\{\|v+w\|^2 - \|v-w\|^2\} \qquad \text{(극 항등식, polar identity)}$$

*3. 유클리드 공간 $\mathscr{E}^n$ 에서 영벡터가 아닌 두 벡터 v, w 가 이루는 각의 크기가 θ $(0 < \theta < \pi)$ 일 때, 다음이 성립함을 밝혀라(코사인의 제 2 법칙).

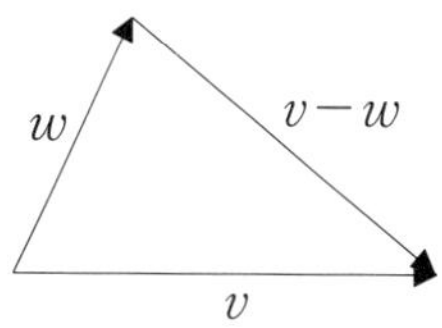

$$\|v-w\|^2 = \|v\|^2 + \|w\|^2 - 2\|v\|\,\|w\|\cos\theta$$

4. 유클리드 평면 $\mathscr{E}^2$ 에서 두 벡터 $v_1 = (1, 2)$, $v_2 = (2, -1)$ 에 대하여

$$\mathscr{C} = \{v_1, v_2\}$$

는 유클리드 평면 $\mathscr{E}^2$ 의 직교기저임을 밝히고, 임의의 벡터 $v = (x_1, x_2)$ 를 v_1, v_2 의 일차결합으로 나타내어라.

*5. 유클리드 공간 $\mathscr{E}^4$ 에서 세 벡터

$$v_1 = (1, 0, 2, 1), \quad v_2 = (3, -2, 0, 3), \quad v_3 = (2, 3, -1, 0)$$

에 대하여 $W = \langle v_1, v_2, v_3 \rangle$ 이라고 할 때, 다음 물음에 답하여라.

(1) $\mathscr{B} = \{v_1, v_2, v_3\}$ 는 W 의 직교기저임을 밝혀라.

(2) $W^\perp$ 을 구하고, 또 W 를 동차 일차방정식의 해공간으로 나타내어라.

(3) 유클리드 공간 $\mathscr{E}^4$ 에서 v_1, v_2, v_3 를 포함하는 직교기저를 구하여라.

6. 유클리드 공간 $\mathscr{E}^3$ 에서 두 벡터 $v_1 = (1, 1, 2)$, $v_2 = (1, 2, 3)$ 에 대하여 $W = \langle v_1, v_2 \rangle$ 이라고 할 때, 직교 부공간 $W^\perp$ 을 구하고 또 W 를 동차 일차방정식의 해공간으로 나타내어라.

7. 유클리드 평면 $\mathscr{E}^2$ 에서 $w = (\frac{3}{5}, \frac{4}{5})$ 를 포함하는 직교정규기저를 구하여라.

*8. 유클리드 공간 $\mathscr{E}^3$ 에서 두 벡터 $w_1 = (\frac{1}{\sqrt{2}}, 0, \frac{-1}{\sqrt{2}})$, $w_2 = (0, 1, 0)$ 는 서로 직교하는 단위벡터임을 밝히고, 이들 두 벡터를 포함하는 유클리드 공간 $\mathscr{E}^3$ 의 직교정규기저를 구하여라.

§5.2 Gram-Schmidt의 직교화 과정

다음 정리는 유클리드 공간의 직교기저와 직교정규기저를 구하는 방법을 제공해 주는 중요한 정리이다.

정리 5.2.1 (Gram-Schmidt의 직교화 과정) 유클리드 공간 $\mathscr{E}^n$에서 m개의 벡터 $u_1, \cdots, u_m$이 일차독립일 때, 벡터 $v_1, \cdots, v_m$과 $w_1, \cdots, w_m$을 다음과 같이 정하자.

$$v_1 = u_1$$

$$v_{k+1} = u_{k+1} - \sum_{i=1}^{k} \frac{u_{k+1} \cdot v_i}{v_i \cdot v_i} v_i \qquad (1 \leq k \leq m-1)$$

$$w_i = \frac{v_i}{\| v_i \|} \qquad (1 \leq i \leq m)$$

이 때, $W = \langle u_1, \cdots, u_m \rangle$이라고 하면, $\mathscr{B} = \{v_1, \cdots, v_m\}$는 W의 직교기저이고 $\mathscr{C} = \{w_1, \cdots, w_m\}$는 W의 직교정규기저이다.

증 명 먼저 $m = 1$인 경우에 $W = \langle u_1 \rangle$이라고 하면, $u_1 \neq \mathbf{0}$이므로 $v_1 \neq \mathbf{0}$이고 $\| w_1 \| = 1$이므로 $\{v_1\}$은 W의 직교기저이고 $\{w_1\}$은 W의 직교정규기저이다(정의 5.1.6 참조).

다음에 $m \geq 2$일 때, $1 \leq t < m$인 정수 t에 대하여 정리가 성립한다고 가정하자. 즉, $U = \langle u_1, \cdots, u_t \rangle$이라고 할 때, $\{v_1, \cdots, v_t\}$는 U의 직교기저이고 $\{w_1, \cdots, w_t\}$는 U의 직교정규기저이라고 하자.

이제 일차독립인 벡터 $u_1, \cdots, u_t, u_{t+1}$에 대하여 v_{t+1}를

$$v_{t+1} = u_{t+1} - \sum_{i=1}^{k} \frac{u_{t+1} \cdot v_i}{v_i \cdot v_i} v_i$$

으로 정하고 $U' = \langle u_1, \cdots, u_t, u_{t+1} \rangle$이라고 하자.

이 때, 위의 등식에 의하여 v_{t+1}은 $v_1, \cdots, v_t, u_{t+1}$의 일차결합이고

가정에 의하여

$$\langle v_1, \cdots, v_t \rangle = U = \langle u_1, \cdots, u_t \rangle$$

이므로 v_{t+1} 은 $u_1, \cdots, u_t, u_{t+1}$ 의 일차결합이고 따라서

$$(*) \qquad \langle v_1, \cdots, v_t, v_{t+1} \rangle \subseteq \langle u_1, \cdots, u_t, u_{t+1} \rangle = U'$$

이고 또 U' 은 $t+1$ 차원 부분공간이다. 한편, $v_{t+1} = \mathbf{0}$ 이라고 가정하면,

$$u_{t+1} = \sum_{i=1}^{t} \frac{u_{t+1} \cdot v_i}{v_i \cdot v_i} v_i \in \langle v_1, \cdots, v_t \rangle = \langle u_1, \cdots, u_t \rangle$$

이므로 $u_{t+1} \in \langle u_1, \cdots, u_t \rangle$ 로 되어 $u_1, \cdots, u_t, u_{t+1}$ 이 일차독립이라는 사실에 모순된다(정리 2.3.3). 따라서 $v_{t+1} \neq \mathbf{0}$ 이다.

그리고, $v_1, \cdots, v_t$ 는 서로 직교하므로 각 j $(1 \leq j \leq t)$ 에 대하여

$$\begin{aligned} v_{t+1} \cdot v_j &= u_{t+1} \cdot v_j - \sum_{i=1}^{t} \frac{u_{t+1} \cdot v_i}{v_i \cdot v_i} (v_i \cdot v_j) \\ &= u_{t+1} \cdot v_j - u_{t+1} \cdot v_j = 0 \end{aligned}$$

이고 따라서 v_{t+1} 은 $v_1, \cdots, v_t$ 와 직교하고 또 $v_1, \cdots, v_t$ 는 서로 직교하므로 $\{v_1, \cdots, v_t, v_{t+1}\}$ 은 부분공간 $\langle v_1, \cdots, v_t, v_{t+1} \rangle$ 의 직교기저이다.

따라서 $\langle v_1, \cdots, v_t, v_{t+1} \rangle$ 과 U' 은 모두 $t+1$ 차원 부분공간이므로 $(*)$ 에 의하여 $\langle v_1, \cdots, v_t, v_{t+1} \rangle = U'$ 이고, 따라서 $\{v_1, \cdots, v_t, v_{t+1}\}$ 는 U' 의 직교기저이다(따름정리 2.5.2). 그리고,

$$w_{t+1} = \frac{v_{t+1}}{\|v_{t+1}\|}$$

이라고 하면, $\{w_1, \cdots, w_t, w_{t+1}\}$ 은 U' 의 직교정규기저이다(정리 5.1.8).

따라서 $m = t+1$ 인 경우에 정리가 성립한다.

그러므로 수학적 귀납법에 의하여 정리가 성립한다.

유클리드 공간 $\mathscr{E}^n$ 에서 두 벡터 v, w $(v \neq \mathbf{0})$ 에 대하여 $\dfrac{v \cdot w}{v \cdot v}$ 를 v 에 관한 w 의 **푸리에 계수**(Fourier coefficient)라고 한다.

그람(Jorgen Pedersen Gram, 1850-1916)은 덴마크 수학자이고 슈미트(Erhard Schmidt, 1876-1959)는 독일 수학자이며 푸리에(Jean Baptiste Joseph Fourier, 1768-1830)는 프랑스 수학자이다.

보기 5.2.1 유클리드 공간 $\mathscr{E}^3$ 에서 세 벡터

$$u_1 = (1, 1, 0), \qquad u_2 = (2, 0, 1), \qquad u_3 = (2, 2, 1)$$

는 일차독립이고 따라서 $\{u_1, u_2, u_3\}$는 유클리드 공간 $\mathscr{E}^3$ 의 기저이다.

이제 Gram-Schmidt 의 직교화 과정에 따라 세 벡터 v_1, v_2, v_3 를 다음과 같이 정하자.

$$\begin{aligned}
v_1 &= u_1 = (1, 1, 0), \\
v_2 &= u_2 - \frac{u_2 \cdot v_1}{v_1 \cdot v_1} v_1 \\
&= (2, 0, 1) - \frac{2}{2}(1, 1, 0) = (1, -1, 1), \\
v_3 &= u_3 - \frac{u_3 \cdot v_1}{v_1 \cdot v_1} v_1 - \frac{u_3 \cdot v_2}{v_2 \cdot v_2} v_2 \\
&= (2, 2, 1) - \frac{4}{2}(1, 1, 0) - \frac{1}{3}(1, -1, 1) = \frac{1}{3}(-1, 1, 2)
\end{aligned}$$

이 때, $\mathscr{B} = \{v_1, v_2, v_3\}$는 유클리드 공간 $\mathscr{E}^3$ 의 직교기저이다.

그리고, 벡터 w_1, w_2, w_3 를

$$\begin{aligned}
w_1 &= \frac{v_1}{\| v_1 \|} = \frac{1}{\sqrt{2}}(1, 1, 0), \\
w_2 &= \frac{v_2}{\| v_2 \|} = \frac{1}{\sqrt{3}}(1, -1, 1), \\
w_3 &= \frac{v_3}{\| v_3 \|} = \frac{(-1, 1, 2)}{\|(-1, 1, 2)\|} = \frac{1}{\sqrt{6}}(-1, 1, 2)
\end{aligned}$$

으로 정하면, $\mathscr{C} = \{w_1, w_2, w_3\}$는 유클리드 공간 $\mathscr{E}^3$ 의 직교정규기저이다.

앞의 정리 5.2.1 로부터 다음 정리를 얻는다.

정리 5.2.2 유클리드 공간 $\mathscr{E}^n$의 부분공간 $W\ (\neq\{\mathbf{0}\})$에 대하여 다음이 성립한다.

(1) W의 직교기저와 직교정규기저가 존재한다.

(2) W의 직교 [정규] 기저 $\mathscr{C}=\{v_1, \cdots, v_m\}$에 적당한 벡터를 추가하여 $\mathscr{E}^n$의 직교 [정규] 기저 $\mathscr{B}=\{v_1, \cdots, v_m, v_{m+1}, \cdots, v_n\}$를 얻을 수 있다.

증 명 (1) 부분공간 W의 기저 $\{u_1, \cdots, u_m\}$을 택하고 또 $u_1, \cdots, u_m$에 직교화 과정을 밟으면, W의 직교기저와 직교정규기저를 얻는다.

(2) 먼저 $m=n$이면, $\mathscr{C}=\{v_1, \cdots, v_m\}$는 $\mathscr{E}^n$의 직교 [정규] 기저이다. 다음에 $m<n$인 경우에는 W의 기저 $\mathscr{C}=\{v_1, \cdots, v_m\}$에 적당한 벡터를 첨가하여 유클리드 공간 $\mathscr{E}^n$의 기저 $\{v_1, \cdots, v_m, u_{m+1}, \cdots, u_n\}$을 얻을 수 있다(정리 2.4.9). 그리고, 이 기저에 Gram-Schmidt의 직교화 과정을 밟으면, $\mathscr{E}^n$의 직교 [정규] 기저 $\mathscr{B}=\{v_1, \cdots, v_m, v_{m+1}, \cdots, v_n\}$를 얻는다.

정리 5.2.3 유클리드 공간 $\mathscr{E}^n$의 부분공간 $W\ (\{\mathbf{0}\}\neq W\neq\mathscr{E}^n)$에 대하여 $\mathscr{C}=\{v_1, \cdots, v_m\}$가 W의 직교기저일 때, 임의의 벡터 v에 대하여

$$w=\sum_{i=1}^{m}\frac{v\cdot v_i}{v_i\cdot v_i}\,v_i, \qquad u=v-w$$

$$v'=w-u=\sum_{i=1}^{m}\frac{2\,v\cdot v_i}{v_i\cdot v_i}\,v_i-v$$

이라고 하면 다음이 성립한다.

(1) $v=w+u \qquad (w\in W,\ u\in W^{\perp})$

(2) 모든 벡터 $w'\in W,\ w'\neq w$에 대하여 $\|v-w\|\leq\|v-w'\|$이다.

(3) $\|v'\|=\|v\|$

이와 같이 정의된 벡터 w, u를 각각 $\boldsymbol{W}, \boldsymbol{W}^{\perp}$ **위로의** $\boldsymbol{v}$**의 直交正射影**(orthogonal projection)이라 하고, $\|v-w\|=\|u\|$를 벡터 v와 부분공간 W 사이의 **거리**(distance)라고 한다.

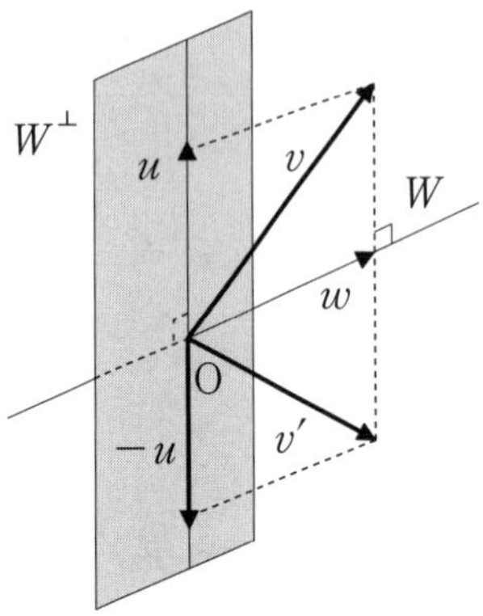

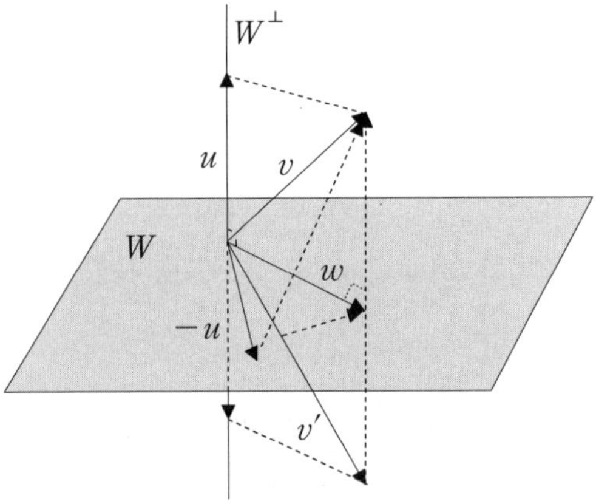

증 명 (1) 분명히 $w \in W$ 이고, 또 $u = v - w$ 이므로 $v = w + u$ 이다. 그리고, 각 정수 j $(1 \leq j \leq m)$ 에 대하여

$$\begin{aligned} u \cdot v_j &= v \cdot v_j - w \cdot v_j = v \cdot v_j - \sum_{i=1}^{m} \frac{v \cdot v_i}{v_i \cdot v_i} (v_i \cdot v_j) \\ &= v \cdot v_j - v \cdot v_j = 0 \end{aligned}$$

이고 또 $W = \langle v_1, \cdots, v_m \rangle$ 이므로 $u \in W^{\perp}$ 이다(정리 5.1.5 참조).

따라서 $v = w + u$ 이고 또 $w \in W$, $u \in W^{\perp}$ 이다.

(2) 이제 $w' \in W$, $w' \neq w$ 이라고 하자. 이 때,

$$v - w' = (v - w) + (w - w'), \qquad v - w \in W^{\perp},\ w - w' \in W$$

이므로 $v - w$, $w - w'$ 은 직교하고 따라서 피타고라스의 정리(정리 1.8.8)에 의하여 다음이 성립한다.

$$0 < \| v - w' \|^2 = \| v - w \|^2 + \| w - w' \|^2$$

그러므로 $\| v - w \|^2 < \| v - w' \|^2$ 이므로 $\| v - w \| < \| v - w' \|$ 이다.

(3) $v = w + u$, $v' = w - u$ 이고 또 $u \cdot w = 0$, $(-u) \cdot w = 0$ 이다. 따라서 피타고라스의 정리에 의하여

$$\begin{aligned} \| v' \|^2 &= \| w - u \|^2 = \| w + (-u) \|^2 = \| w \|^2 + \| -u \|^2 \\ &= \| w \|^2 + \| u \|^2 = \| w + u \|^2 = \| v \|^2 \end{aligned}$$

이므로 $\| v' \| = \| v \|$ 이다.

보기 5.2.2 유클리드 평면 $\mathscr{E}^2$ 에서 $v_1 = (2, 1)$ 일 때, $v = (3, 5)$ 에 대하여 다음이 성립한다.

$$w = \frac{v \cdot v_1}{v_1 \cdot v_1} v_1 = \frac{11}{5}(2, 1)$$

$$u = v - w = \frac{7}{5}(-1, 2),$$

$$v' = w - u = (\frac{29}{5}, \frac{-3}{5}),$$

$$\| v' \| = \| v \| = \sqrt{34}$$

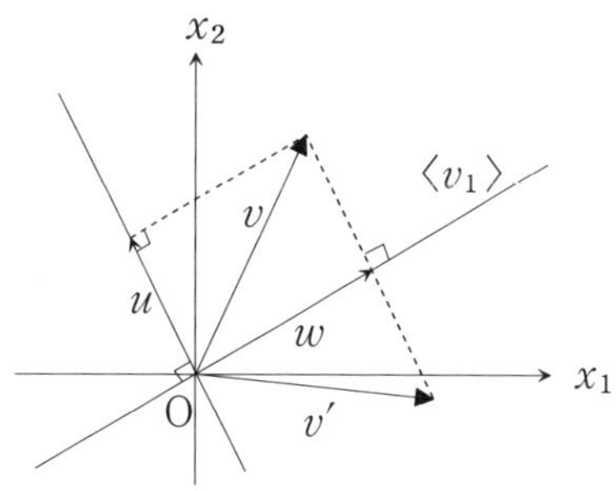

보기 5.2.3 유클리드 공간 $\mathscr{E}^3$ 의 벡터 $v_1 = (2, -1, 0)$, $v_2 = (1, 2, -1)$ 에 대하여 $W = \langle v_1, v_2 \rangle$ 이라고 할 때, 다음이 성립한다(보기 5.1.6).

$$W = \{(x_1, x_2, x_3) \in \mathscr{E}^3 \mid x_1 + 2x_2 + 5x_3 = 0\},$$

$$W^\perp = \langle (1, 2, 5) \rangle$$

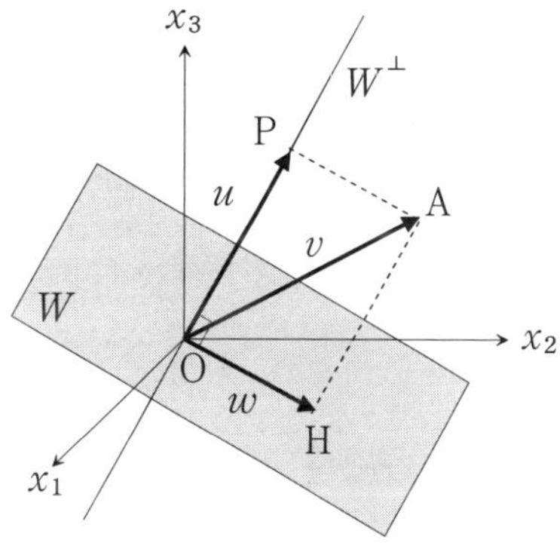

그리고, $\mathscr{C} = \{v_1, v_2\}$ 는 W 의 직교기저이고 임의의 $v = (x_1, x_2, x_3)$ 에 대하여 다음이 성립한다.

$$w = \frac{v \cdot v_1}{v_1 \cdot v_1} v_1 + \frac{v \cdot v_2}{v_2 \cdot v_2} v_2$$

$$= \frac{2x_1 - x_2}{5} v_1 + \frac{x_1 + 2x_2 - x_3}{6} v_2$$

한편, $v_3 = (1, 2, 5)$ 이라고 하면, $\mathscr{B} = \{v_1, v_2, v_3\}$ 는 유클리드 공간 $\mathscr{E}^3$ 의 직교기저이므로 다음이 성립한다(정리 5.1.9 참고).

$$v = \frac{v \cdot v_1}{v_1 \cdot v_1} v_1 + \frac{v \cdot v_2}{v_2 \cdot v_2} v_2 + \frac{v \cdot v_3}{v_3 \cdot v_3} v_3,$$

$$u = v - w = \frac{v \cdot v_3}{v_3 \cdot v_3} v_3 = \frac{x_1 + 2x_2 + 5x_3}{30} v_3,$$

$$\| u \| = \frac{|x_1 + 2x_2 + 5x_3|}{\sqrt{30}} = \| \overrightarrow{HA} \|$$

위의 그림에서 v 와 W 사이의 거리는 점 A 와 평면 사이의 거리와 같다.

정리 5.2.4 유클리드 공간 $\mathscr{E}^n$에서 임의의 부분공간 W에 대하여 다음이 성립한다.

(1) $\mathscr{E}^n = W + W^{\perp}$, $W \cap W^{\perp} = \{\mathbf{0}\}$

(2) 각 벡터 $v \in \mathscr{E}^n$는 단 한 가지 방법으로

$$v = w + u \qquad (w \in W,\ u \in W^{\perp})$$

와 같은 꼴로 나타내어진다.

(3) $\dim_{\mathbb{R}} W + \dim_{\mathbb{R}} W^{\perp} = n$, $(W^{\perp})^{\perp} = W$

증 명 먼저 $W = \{\mathbf{0}\}$이면, 모든 벡터 $v \in \mathscr{E}^n$에 대하여 $v \cdot \mathbf{0} = 0$이므로 $W^{\perp} = \mathscr{E}^n$이고 정리가 성립한다. 또, $W = \mathscr{E}^n$일 때, $v \in W^{\perp}$이라고 하면 $v \cdot v = 0$이므로 $v = \mathbf{0}$이고 따라서 $W^{\perp} = \{\mathbf{0}\}$이고 정리가 성립한다.

이제 $\{\mathbf{0}\} \neq W \neq \mathscr{E}^n$이라고 하자.

(1) 정리 5.2.3에 의하여 각 $v \in \mathscr{E}^n$는 다음과 같은 꼴로 나타내어진다.

$$v = w + u \qquad (w \in W,\ u \in W^{\perp})$$

따라서 $\mathscr{E}^n = W + W^{\perp}$이다. 그리고, $W \cap W^{\perp} = \{\mathbf{0}\}$이다(정리 5.1.5).

(2) 벡터 $v \in \mathscr{E}^n$에 대하여

$$v = w + u = w' + u' \qquad (w, w' \in W,\ u, u' \in W^{\perp})$$

이라고 가정하자. 이 때,

$$w - w' = u' - u \qquad (w - w' \in W,\ u' - u \in W^{\perp})$$

이므로 $w - w' \in W \cap W^{\perp} = \{\mathbf{0}\}$이고 따라서 $w - w' = \mathbf{0}$ 즉 $w = w'$이고 또 $u = u'$이다.

(3) 정리 5.1.5에 의하여 (3)이 성립한다. 실제로, 정리 2.5.4의 증명에 의하여, $\mathscr{C} = \{w_1, \cdots, w_m\}$, $\mathscr{D} = \{u_1, \cdots, u_r\}$가 각각 W, $W^{\perp}$의 기저이면 $\mathscr{C} \cup \mathscr{D}$는 유클리드 공간 $\mathscr{E}^n$의 기저이고 $\dim_{\mathbb{R}} W + \dim_{\mathbb{R}} W^{\perp} = n$이다.

이 정리의 (1)이 성립한다는 의미에서 $\mathscr{E}^n$을 $W, W^{\perp}$의 **직합**(direct sum)이라 하고 이 사실을 $\mathscr{E}^n = W \oplus W^{\perp}$으로 나타낸다(정의 4.5.1).

이 정리의 (2), (3)은 (1)로부터 유도된다(정리 4.5.2, 정리 4.5.3 참조).

앞의 정리에 의하면, 유클리드 공간 $\mathscr{E}^n$의 부분공간 W에 대하여 임의의 벡터 $v \in \mathscr{E}^n$는 단 한 가지 방법으로

$$v = w + u \qquad (w \in W,\ u \in W^\perp)$$

와 같이 나타내어지므로 다음 사상이 정의된다.

$$T : \mathscr{E}^n \longrightarrow \mathscr{E}^n, \quad T(w+u) = w$$
$$S : \mathscr{E}^n \longrightarrow \mathscr{E}^n, \quad S(w+u) = u$$
$$R : \mathscr{E}^n \longrightarrow \mathscr{E}^n, \quad R(w+u) = w - u$$

이들 사상은 모두 선형변환이고, 특히 $\operatorname{im} T = W$, $\operatorname{im} S = W^\perp$이다(문제 8).

선형변환 T, S를 각각 $W, W^\perp$ **위로의 직교정사영**(orthogonal projection)이라 하고 선형변환 R를 W에 관한 **반사이동**(reflection)이라고 한다.

그리고, 임의의 벡터 $v \in \mathscr{E}^n$에 대하여 $\|S(v)\| = \|u\| = \|v - T(v)\|$는 v와 W 사이의 거리이고 $\|R(v)\| = \|v\|$이다(정리 5.2.3).

특히, $\{\mathbf{0}\} \neq W \neq \mathscr{E}^n$인 경우에 $\mathscr{C} = \{v_1, \cdots, v_m\}$를 W의 직교기저라고 하면, 이들 선형변환은 다음과 같이 정의된다(정리 5.2.3 참조).

$$T(v) = \sum_{i=1}^{m} \frac{v \cdot v_i}{v_i \cdot v_i} v_i, \qquad S(v) = v - \sum_{i=1}^{m} \frac{v \cdot v_i}{w_i \cdot v_i} v_i$$

$$R(v) = \sum_{i=1}^{m} \frac{2v \cdot v_i}{v_i \cdot v_i} v_i - v$$

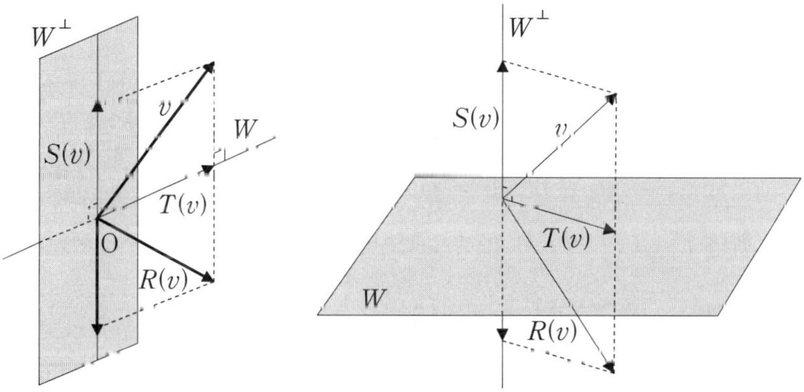

연 습 문 제 (5.2)

1. 유클리드 공간 $\mathscr{E}^n$ 에서 영벡터가 아닌 벡터 v 와 양의 실수 k 에 대하여 $\dfrac{kv}{\|kv\|} = \dfrac{v}{\|v\|}$ 임을 밝혀라.

*2. 유클리드 공간 $\mathscr{E}^3$ 에서 Gram-Schmidt 의 직교화 과정을 이용하여 다음과 같은 부분공간 W 의 직교정규기저를 구하여라.

(1) $W = \langle (2, 0, 0),\ (3, 0, 5) \rangle$　　(2) $W = \langle (1, -1, 1),\ (2, 1, 5) \rangle$

3. 유클리드 공간 $\mathscr{E}^3$ 에서 다음 기저로부터 Gram-Schmidt 의 직교화 과정을 이용하여 직교정규기저를 구하여라.

(1) $S = \{ (2, 1, -2),\ (0, 1, 2),\ (1, 1, 1) \}$

(2) $S = \{ (1, 0, 1),\ (2, 3, 0),\ (3, 2, 3) \}$

4. 유클리드공간 $\mathscr{E}^3$ 에서 두 벡터 $u_1 = (1, 2, -1)$, $u_2 = (3, 1, -1)$ 에 대하여 부분공간 $W = \langle u_1, u_2 \rangle$ 의 직교기저와 직교정규기저를 구하여라.

*5. 유클리드 공간 $\mathscr{E}^3$ 에서 두 벡터 $w_1 = (\frac{2}{7}, \frac{3}{7}, \frac{6}{7})$, $w_2 = (\frac{6}{7}, \frac{2}{7}, -\frac{3}{7})$ 에 대하여 $W = \langle w_1, w_2 \rangle$ 이라고 할 때, 다음 물음에 답하여라.

(1) $W^{\perp}$ 을 구하여라.

(2) W 위로의 직교정사영과 $W^{\perp}$ 위로의 직교정사영을 정의하여라.

(3) 벡터 $v = (1, 2, 3)$ 에 대하여 다음과 같은 벡터 $w \in W$ 를 구하여라.

$$w' \in W,\ w' \neq w \Longrightarrow \|v - w\| < \|v - w'\|$$

(4) 벡터 $v = (x_1, x_2, x_3)$ 와 부분공간 W 사이의 거리를 구하여라.

6. 유클리드 공간 $\mathscr{E}^3$ 에서 두 벡터 $u_1 = (1, 1, 0)$, $u_2 = (2, 0, 1)$ 에 대하여 $W = \langle u_1, u_2 \rangle$ 이라고 할 때, $W^{\perp}$ 을 구하고 또 W 위로의 직교정사영과 $W^{\perp}$ 위로의 직교정사영을 정의하여라.

7. 유클리드 평면 $\mathscr{E}^2$ 에서 $(a_1, a_2) \neq (0, 0)$ 일 때, 부분공간

$$W = \{(x_1, x_2) \in \mathscr{E}^2 \mid a_1 x_1 + a_2 x_2 = 0\}$$

와 벡터 $v = (x_1, x_2)$ 사이의 거리는 $\dfrac{|a x_1 + a_2 x_2|}{\sqrt{a_1^2 + a_2^2}}$ 임을 밝혀라.

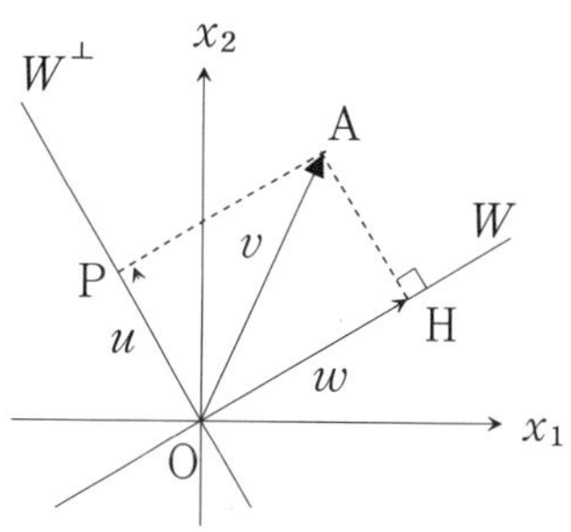

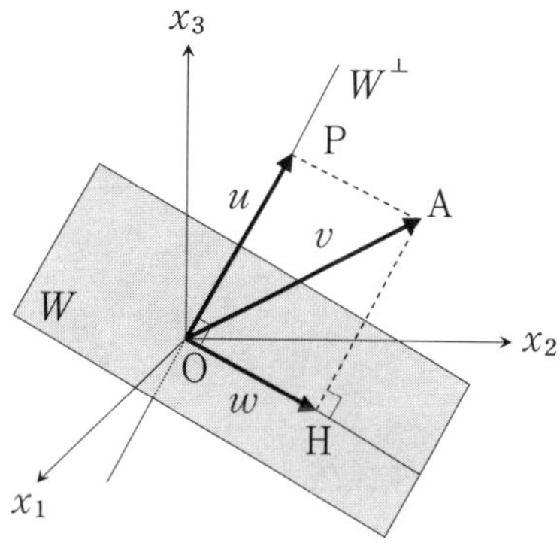

***8.** 유클리드 공간 $\mathscr{E}^3$ 에서 $(a_1, a_2, a_3) \neq (0, 0, 0)$ 일 때, 부분공간

$$W = \{(x_1, x_2, x_3) \in \mathscr{E}^3 \mid a_1 x_1 + a_2 x_2 + a_3 x_3 = 0\}$$

와 벡터 $v = (x_1, x_2, x_3)$ 사이의 거리는 $\dfrac{|a x_1 + a_2 x_2 + a_3 x_3|}{\sqrt{a_1^2 + a_2^2 + a_3^2}}$ 임을 밝혀라.

***9.** 유클리드 공간 $\mathscr{E}^n$ 에서 부분공간 W 에 대하여 임의의 벡터 $v \in \mathscr{E}^n$ 는 단 한 가지 방법으로 $v = w + u$ $(w \in W,\ u \in W^\perp)$ 와 같이 나타내어지므로 다음 사상이 정의된다.

$$T : \mathscr{E}^n \longrightarrow \mathscr{E}^n, \quad T(w+u) = w \qquad (w \in W,\ u \in W^\perp)$$
$$S : \mathscr{E}^n \longrightarrow \mathscr{E}^n, \quad S(w+u) = u \qquad (w \in W,\ u \in W^\perp)$$
$$R : \mathscr{E}^n \longrightarrow \mathscr{E}^n, \quad R(w+u) = w - u \qquad (w \in W,\ u \in W^\perp)$$

이 때, 다음이 성립함을 밝혀라. 여기서, $V = \mathscr{E}^n$ 이다.

(1) T, S, R 는 선형변환이고 $T^2 = T,\ S^2 = S,\ R^2 = 1_V$ 이다.

(2) $\operatorname{im} T = W,\ \ker T = W^\perp,\ \operatorname{im} S = W^\perp,\ \ker S = W$

(3) $T \circ S = 0_V,\ S \circ T = 0_V,\ T + S = 1_V$

§ 5.3 직교행렬과 직교변환

이 절에서는, 유클리드 공간 $\mathscr{E}^n$ 위의 특수한 선형변환에 대하여 논한다.

정의 5.3.1 실수체 $\mathbb{R}$ 위의 n차의 행렬 A가 조건

$$AA^T = A^TA = I_n \quad \text{즉} \quad A^{-1} = A^T$$

를 만족시킬 때, A를 **직교행렬**(orthogonal matrix)이라고 한다.

정리 5.3.2 실수체 $\mathbb{R}$ 위의 n차의 $A = [a_{ij}]_{n\times n}$에 대하여

$$v_i = (a_{i1}, a_{i2}, \cdots, a_{in}) \qquad (1 \le i \le n)$$

$$w_j = (a_{1j}, a_{2j}, \cdots, a_{nj}) \qquad (1 \le j \le n)$$

이라고 할 때, 다음 세 조건은 서로 동치이다.

(1) A는 직교행렬이다.

(2) $\mathscr{B} = \{v_1, \cdots, v_n\}$는 유클리드 공간 $\mathscr{E}^n$의 직교정규기저이다. 즉,

$$v_i \cdot v_j = \delta_{ij} \qquad (1 \le i,\ j \le n)$$

(3) $\mathscr{C} = \{w_1, \cdots, w_n\}$는 유클리드 공간 $\mathscr{E}^n$의 직교정규기저이다. 즉,

$$w_i \cdot w_j = \delta_{ij} \qquad (1 \le i,\ j \le n)$$

증 명 정리 1.7.10에 의하여

$$AA^T = A^TA = I_n \Longleftrightarrow AA^T = I_n \Longleftrightarrow A^TA = I_n$$

이고, 또

$$AA^T = I_n \Longleftrightarrow \sum_{k=1}^{n} a_{ik}\, a_{jk} = \delta_{ij} \quad \text{즉 } v_i \cdot v_j = \delta_{ij} \quad (1 \le i, j \le n)$$

$$A^TA = I_n \Longleftrightarrow \sum_{k=1}^{n} a_{ki}\, a_{kj} = \delta_{ij} \quad \text{즉 } w_i \cdot w_j = \delta_{ij} \quad (1 \le i, j \le n)$$

이므로 정리가 성립한다(정리 5.1.8).

보기 5.3.1 유클리드 평면 $\mathscr{E}^2$의 직교정규기저는 모두 적당한 실수 θ $(0 \le \theta < 2\pi)$에 대하여

$$\{(\cos\theta,\ \sin\theta),\ (-\sin\theta,\ \cos\theta)\},$$

$$\{(\cos\theta,\ \sin\theta),\ (\sin\theta,\ -\cos\theta)\}$$

와 같은 꼴이므로 2차의 직교행렬은 모두 다음과 같은 꼴이다(보기 5.1.4).

(1) $\det A = 1$인 경우

$$A = \begin{bmatrix} \cos\theta & -\sin\theta \\ \sin\theta & \cos\theta \end{bmatrix}$$

(2) $\det A = -1$인 경우

$$A = \begin{bmatrix} \cos\theta & \sin\theta \\ \sin\theta & -\cos\theta \end{bmatrix}$$

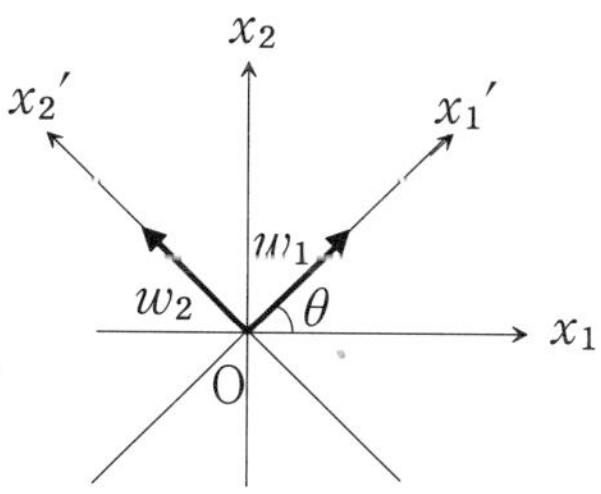

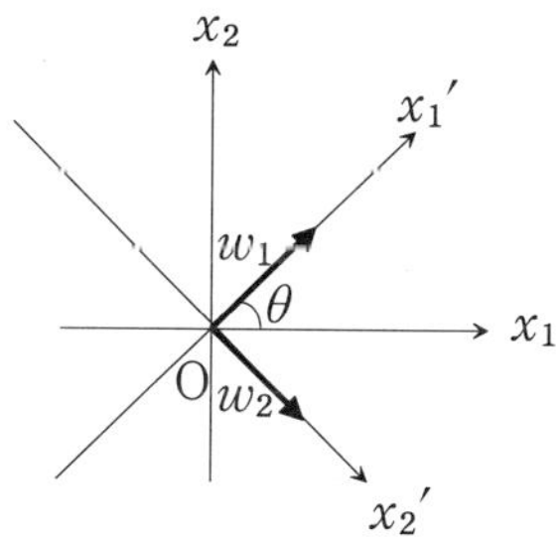

보기 5.3.2 다음 행렬은 직교행렬이다$(0 \le \theta < 2\pi)$.

$$\begin{bmatrix} 1 & 0 & 0 \\ 0 & \cos\theta & -\sin\theta \\ 0 & \sin\theta & \cos\theta \end{bmatrix},\quad \begin{bmatrix} \cos\theta & 0 & -\sin\theta \\ 0 & 1 & 0 \\ \sin\theta & 0 & \cos\theta \end{bmatrix},\quad \begin{bmatrix} \cos\theta & -\sin\theta & 0 \\ \sin\theta & \cos\theta & 0 \\ 0 & 0 & 1 \end{bmatrix}$$

$$\begin{bmatrix} 1 & 0 & 0 \\ 0 & \cos\theta & \sin\theta \\ 0 & \sin\theta & -\cos\theta \end{bmatrix},\quad \begin{bmatrix} \cos\theta & 0 & \sin\theta \\ 0 & 1 & 0 \\ \sin\theta & 0 & -\cos\theta \end{bmatrix},\quad \begin{bmatrix} \cos\theta & \sin\theta & 0 \\ \sin\theta & -\cos\theta & 0 \\ 0 & 0 & 1 \end{bmatrix}$$

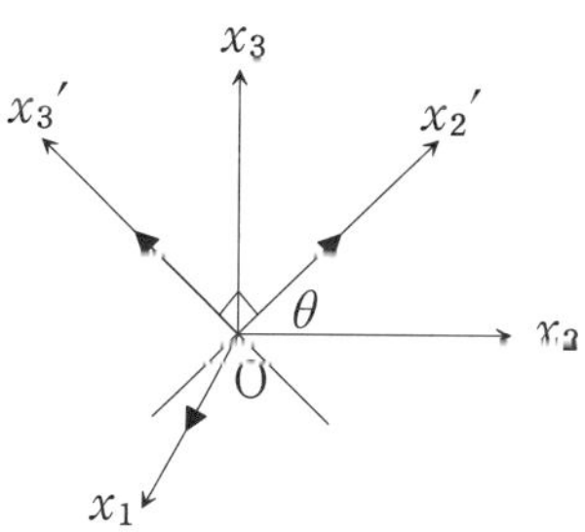

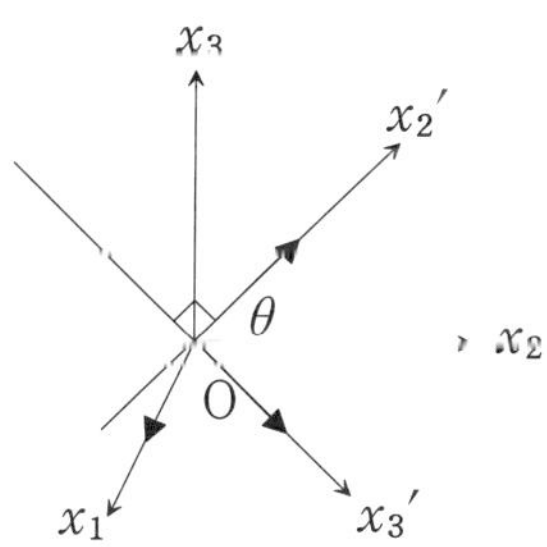

보기 5.3.3 실수체 $\mathbb{R}$ 위의 n차의 행렬 중에서 각 행과 각 열의 단 한 개의 성분만이 1이고 그 밖의 성분은 모두 0인 행렬을 **치환행렬**(permutation matrix)이라고 한다. 분명히, n차의 치환행렬 P의 n개의 행벡터는 유클리드 공간 $\mathscr{E}^n$의 직교정규기저를 이루므로 P는 직교행렬이다.

일반적으로, n차의 치환행렬은 $n!$개 존재한다. 예를 들어, 3차의 치환행렬은 다음 6개가 존재한다.

$$\begin{bmatrix}1&0&0\\0&1&0\\0&0&1\end{bmatrix},\ \begin{bmatrix}0&0&1\\1&0&0\\0&1&0\end{bmatrix},\ \begin{bmatrix}0&1&0\\0&0&1\\1&0&0\end{bmatrix},$$

$$\begin{bmatrix}1&0&0\\0&0&1\\0&1&0\end{bmatrix},\ \begin{bmatrix}0&0&1\\0&1&0\\1&0&0\end{bmatrix},\ \begin{bmatrix}0&1&0\\1&0&0\\0&0&1\end{bmatrix},$$

정리 5.3.3 직교행렬에 대하여 다음이 성립한다.

(1) A, B가 n차의 직교행렬이면, AB도 n차의 직교행렬이다.

(2) 항등행렬 I_n은 직교행렬이다.

(3) A가 직교행렬이면, A는 정칙행렬이고 A^{-1}도 직교행렬이다.

(4) A가 직교행렬이면, $\det A = \pm 1$이다.

증 명 (1) A, B가 n차의 직교행렬이면, $A^{-1} = A^T$, $B^{-1} = B^T$이므로

$$(AB)^{-1} = B^{-1}A^{-1} = B^T A^T = (AB)^T$$

이고 따라서 AB는 직교행렬이다(정리 1.3.4, 정리 1.2.8 참조).

(2) ${I_n}^{-1} = I_n = {I_n}^T$이므로 항등행렬 I_n은 직교행렬이다.

(3) A가 직교행렬이면, $A^{-1} = A^T$이므로 A는 정칙행렬이고 또

$$(A^{-1})^T = (A^T)^T = A = (A^{-1})^{-1}$$

이므로 A^{-1}는 직교행렬이다.

(4) A가 직교행렬이면, $AA^T = I_n$이므로

$$1 = \det(AA^T) = (\det A)(\det A^T) = (\det A)^2$$

이고 따라서 $\det A = \pm 1$이다(정리 1.7.9, 정리 1.7.2).

정의 5.3.4 유클리드 공간 $\mathscr{E}^n$ 위의 선형변환 $T : \mathscr{E}^n \longrightarrow \mathscr{E}^n$가 조건

$$T(v) \cdot T(w) = v \cdot w \qquad (v, w \in \mathscr{E}^n)$$

를 만족시킬 때, 즉 T가 유클리드 공간 $\mathscr{E}^n$의 표준내적을 보존시킬 때, T를 **직교변환**(orthogonal transformation)이라고 한다.

정리 5.3.5 유클리드 공간 $\mathscr{E}^n$ 위의 선형변환 $T : \mathscr{E}^n \longrightarrow \mathscr{E}^n$에 대하여 다음 조건은 서로 동치이다.

(1) T는 직교변환이다. 즉,

$$T(v) \cdot T(w) = v \cdot w \qquad (v, w \in \mathscr{E}^n)$$

(2) T는 노름을 보존시킨다. 즉,

$$\| T(v) \| = \| v \| \qquad (v \in \mathscr{E}^n)$$

(3) 유클리드 공간 $\mathscr{E}^n$의 모든 직교정규기저 $\mathscr{B} = \{v_1, \cdots, v_n\}$에 대하여 $\{T(v_1), \cdots, T(v_n)\}$은 유클리드 공간 $\mathscr{E}^n$의 직교정규기저이다.

(4) 유클리드 공간 $\mathscr{E}^n$의 특정한 직교정규기저 $\mathscr{C} = \{w_1, \cdots, w_n\}$에 대하여 $\{T(w_1), \cdots, T(w_n)\}$은 유클리드 공간 $\mathscr{E}^n$의 직교정규기저이다.

증 명 (1) $\Longleftrightarrow$ (2) T가 직교변환이면, 임의의 벡터 v에 대하여

$$\| T(v) \|^2 = T(v) \cdot T(v) = v \cdot v = \| v \|^2$$

이므로 $\| T(v) \| = \| v \|$이다.

역으로, 모든 벡터 $v \in \mathscr{E}^n$에 대하여 $\| T(v) \| = \| v \|$이라고 하자.
이 때, 임의의 벡터 $v, w \in \mathscr{E}^n$에 대하여

$$\begin{aligned} \| v+w \|^2 &= (v+w) \cdot (v+w) = v \cdot v + 2\, v \cdot w + w \cdot w \\ &= \| v \|^2 + 2\, v \cdot w + \| w \|^2 \end{aligned}$$

$$\begin{aligned} \| T(v+w) \|^2 &= (T(v) + T(w)) \cdot (T(v) + T(w)) \\ &= \| T(v) \|^2 + 2\, T(v) \cdot T(w) + \| T(w) \|^2 \end{aligned}$$

$$\| T(v+w) \|^2 = \| v+w \|^2, \quad \| T(v) \|^2 = \| v \|^2, \quad \| T(w) \|^2 = \| w \|^2$$

이므로 $T(v) \cdot T(w) = v \cdot w$이다.

(1) $\Longrightarrow$ (3) T가 직교변환이면, 직교정규기저 $\{v_1, \cdots, v_n\}$에 대하여

$$T(v_i) \cdot T(v_j) = v_i \cdot v_j = \delta_{ij} \qquad (1 \leq i, j \leq n)$$

이므로 $\{T(v_1), \cdots, T(v_n)\}$은 직교정규기저이다(정리 5.1.8).

(3) $\Longrightarrow$ (4) 이것은 분명히 성립한다.

(4) $\Longrightarrow$ (1) 유클리드 공간 $\mathscr{E}^n$에서 한 직교정규기저 $\mathscr{C} = \{w_1, \cdots, w_n\}$에 대하여 $\{T(w_1), \cdots, T(w_n)\}$이 직교정규기저라고 하자. 이 때,

$$w_i \cdot w_j = \delta_{ij}, \qquad T(w_i) \cdot T(w_j) = \delta_{ij} \qquad (1 \leq i, j \leq n)$$

이고, 또 정리 5.1.9에 의하여 임의의 두 벡터 v, w는

$$v = \sum_{i=1}^{n} (v \cdot w_i)\, w_i, \qquad w = \sum_{i=1}^{n} (w \cdot w_i)\, w_i$$

으로 나타내어지므로 다음이 성립한다.

$$T(v) = \sum_{i=1}^{n} (v \cdot w_i)\, T(w_i), \qquad T(w) = \sum_{i=1}^{n} (v \cdot w_i)\, T(w_i)$$

$$T(v) \cdot T(w) = \sum_{i=1}^{n} (v \cdot w_i)\,(w \cdot w_i) = v \cdot w$$

따라서 T는 직교변환이다.

유클리드 공간 $\mathscr{E}^n$에서 두 벡터 v, w가 이루는 각의 크기가 θ이면

$$v \cdot w = \|v\|\,\|w\| \cos\theta, \qquad 0 \leq \theta \leq \pi$$

이고 또 직교변환 $T : \mathscr{E}^n \longrightarrow \mathscr{E}^n$에 대하여

$$\|T(v)| = \|v\|. \quad \|T(w)| = \|w\|.$$
$$T(v) \cdot T(w) = v \cdot w = \|v\|\,\|w\| \cos\theta = \|T(v)\|\,\|T(w)\| \cos\theta$$

이므로 직교변환 T에 의하여 벡터의 길이와 두 벡터가 이루는 각의 크기는 변하지 않는다.

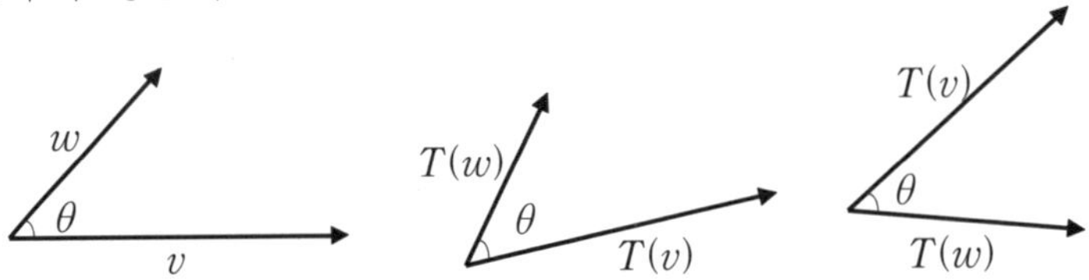

정리 5.3.6 실수체 $\mathbb{R}$ 위의 n차의 행렬 $A=[a_{ij}]_{n\times n}$가 직교행렬일 때 그리고 이때에만 $L_A: \mathscr{E}^n \longrightarrow \mathscr{E}^n$는 직교변환이다.

그리고, 유클리드 공간 $\mathscr{E}^n$ 위의 직교변환은 모두 이와 같이 직교행렬에 의하여 정해진다.

증 명 유클리드 공간 $\mathscr{E}^n$에서 표준기저 $\mathscr{B}=\{e_1, \cdots, e_n\}$는 직교정규기저이고, 다음이 성립한다(정리 3.2.3).

$$L_A(e_j)=(a_{1j}, a_{2j}, \cdots, a_{nj}) \qquad (1\le j\le n)$$

한편, 정리 5.3.5에 의하여 L_A가 직교변환이기 위한 필요충분조건은

$$L_A(e_i)\cdot L_A(e_j)=\delta_{ij} \qquad (1\le i, j\le n)$$

인 것이고 이 조건은 A가 직교행렬이기 위한 필요충분조건이다(정리 5.3.2).

그리고, 실수체 $\mathbb{R}$ 위의 n차의 행렬 A에 의하여 유클리드 공간 $\mathscr{E}^n$ 위의 선형변환 L_A가 정의되고 또 유클리드 공간 $\mathscr{E}^n$ 위의 선형변환은 모두 이와 같은 꼴로 정의되므로 정리가 성립한다(정리 3.6.9).

두 n차의 직교행렬 A, B에 의하여 정의되는 직교변환 L_A, L_B의 합성은 $L_A\circ L_B=L_{AB}$이고 또 $L_A^{-1}=L_{A^{-1}}$이다(정리 3.6.9).

이 사실과 정리 5.3.6, 정리 5.3.3에 의하여 다음이 성립한다.

정리 5.3.7 유클리드 공간 $\mathscr{E}^n$ 위에서 다음이 성립한다.

(1) T, S가 직교변환이면, $S\circ T$는 직교변환이다.

(2) 항등 선형변환은 직교변환이다.

(3) T가 직교변환이면, T는 정칙 선형변환이고 T^{-1}는 직교변환이다.

정리 5.3.8 직교행렬 $A\in \mathrm{Mat}_n(\mathbb{R})$에 대하여 다음이 성립한다.

(1) A의 [L_A의] 고유치가 존재한다면, 그 고유치는 1 또는 -1이다.

(2) A가 [L_A가] 고유치 1, -1을 가질 때, 고유치 1에 대응하는 고유벡터와 고유치 -1에 대응하는 고유벡터는 서로 직교한다.

증 명 (1) 직교행렬 A의 고유치 λ가 존재할 때, w를 λ에 대응하는 고유벡터라고 하면 정리 5.3.5 에 의하여 $\| L_A(w) \| = \| w \|$ 이므로

$$\| w \| = \| L_A(w) \| = \| \lambda w \| = |\lambda| \, \| w \|, \qquad \| w \| \neq 0$$

이고 따라서 $|\lambda| = 1$ 이므로 $\lambda = \pm 1$ 이다.

(2) A가 고유치 $1, -1$을 가질 때, 벡터 v, w를 각각 고유치 $1, -1$에 대응하는 고유벡터라고 하면, 정리 5.3.5 에 의하여

$$v \cdot w = L_A(v) \cdot L_A(w) = v \cdot (-w) = -v \cdot w$$

이므로 $v \cdot w = 0$ 이고 따라서 v와 w는 서로 직교한다.

보기 5.3.4 앞의 보기 5.3.1 에 의하면, 2 차의 직교행렬은 다음과 같은 두 가지 종류로 분류된다$(0 \leq \theta < 2\pi)$.

(1) $\det A = 1$ 인 경우

$$A = \begin{bmatrix} \cos\theta & -\sin\theta \\ \sin\theta & \cos\theta \end{bmatrix}$$

(2) $\det A = -1$ 인 경우

$$A = \begin{bmatrix} \cos\theta & \sin\theta \\ \sin\theta & -\cos\theta \end{bmatrix}$$

먼저 $\det A = 1$ 인 경우에 유클리드 평면 $\mathscr{E}^2$ 위의 직교변환 $L_A : \mathscr{E}^2 \longrightarrow \mathscr{E}^2$는 원점 둘레의 θ 만큼의 회전이동이다.

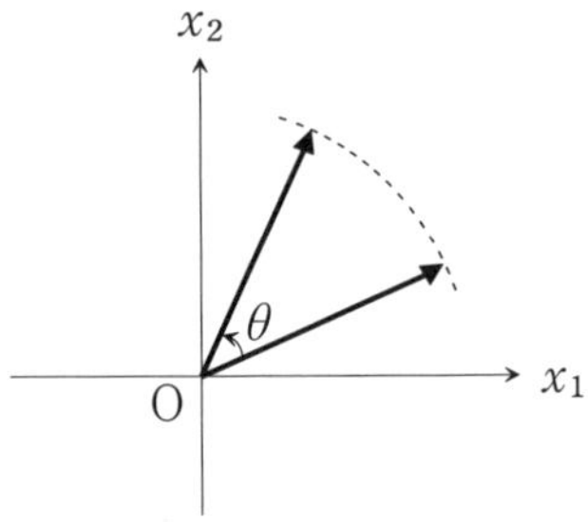

특히, $\theta \neq 0$, $\theta \neq \pi$ 이면 A의 고유치는 존재하지 않는다(보기 4.2.6).

다음에 $\det A = -1$ 인 경우에 대하여 생각해 보자.

이 경우에 A의 [L_A의] 고유다항식은

$$f(x) = \det(xI_2 - A) = \begin{vmatrix} x - \cos\theta & -\sin\theta \\ -\sin\theta & x + \cos\theta \end{vmatrix} = x^2 - 1$$

이므로 A의 [L_A의] 고유치는 $1, \ -1$ 이다.

그리고, E를 고유치 1 에 대응하는 고유공간이라고 하면, E는

$$\begin{cases}(1-\cos\theta)\,x_1 - \sin\theta\,x_2 = 0\\ -\sin\theta\,x_1 + (1+\cos\theta)x_2 = 0\end{cases}$$

의 해공간이고 또 이 동차 연립일차방정식은 위의 두 동차 일차방정식 중의 어느 하나와 동치이다(보기 3.3.4). 한편,

$$\cos\theta = 2\cos^2\frac{\theta}{2} - 1 = 1 - 2\sin^2\frac{\theta}{2}, \qquad \sin\theta = 2\sin\frac{\theta}{2}\cos\frac{\theta}{2}$$

이므로 위의 두 동차 일차방정식은 각각

$$\sin^2\frac{\theta}{2}\,x_1 - \sin\frac{\theta}{2}\cos\frac{\theta}{2}\,x_2 = 0,$$
$$\sin\frac{\theta}{2}\cos\frac{\theta}{2}\,x_1 - \cos^2\frac{\theta}{2}\,x_2 = 0$$

으로 변형되고 $\sin\frac{\theta}{2}$와 $\cos\frac{\theta}{2}$ 중에서 하나는 0이 아니다.

그러므로 E는 동차 일차방정식

$$\sin\frac{\theta}{2}\,x_1 - \cos\frac{\theta}{2}\,x_2 = 0$$

의 해공간이므로 $\mathrm{E} = \langle(\cos\frac{\theta}{2},\ \sin\frac{\theta}{2})\rangle$이다. 또, 고유치 -1에 대응하는 고유공간은 $\mathrm{E}^\perp = \langle(-\sin\frac{\theta}{2},\ \cos\frac{\theta}{2})\rangle$이다(정리 5.3.8). 이제

$$w_1 = (\cos\frac{\theta}{2},\ \sin\frac{\theta}{2}), \qquad w_2 = (-\sin\frac{\theta}{2},\ \cos\frac{\theta}{2})$$

이라고 놓으면, w_1, w_2는 서로 직교하는 단위벡터이므로 $\mathscr{C} = \{w_1, w_2\}$는 유클리드 평면 $\mathscr{E}^2$의 직교정규기저이다. 따라서

$$P = \begin{bmatrix}\cos\frac{\theta}{2} & -\sin\frac{\theta}{2}\\ \sin\frac{\theta}{2} & \cos\frac{\theta}{2}\end{bmatrix}, \qquad D = \begin{bmatrix}1 & 0\\ 0 & -1\end{bmatrix}$$

이라고 하면, P는 직교행렬이고 다음이 성립한다(정리 4.1.3).

$$P^{-1}AP = P^TAP = D, \quad \det P = 1$$

한편, 직교변환 $L_A : \mathscr{E}^2 \longrightarrow \mathscr{E}^2$에 대하여

$$L_A(w_1) = w_1, \qquad L_A(w_2) = -w_2$$

이므로 임의의 $v = (x_1, x_2) \in \mathscr{E}^2$ 에 대하여

$$v = x_1' w_1 + x_2' w_2 \quad \text{즉} \quad (v)_{\mathscr{C}} = (x_1', x_2')$$

이라고 하면,

$$L_A(v) = x_1' w_1 - x_2' w_2$$

이므로 L_A는 고유치 1에 대응하는 고유공간 $\mathrm{E} = \langle w_1 \rangle$으로 결정되는 직선을 **반사축**(axis of reflection)으로 가지는 **반사이동**(reflection)이고 반사축의 방정식은

$$\sin\frac{\theta}{2}x_1 - \cos\frac{\theta}{2}x_2 = 0$$

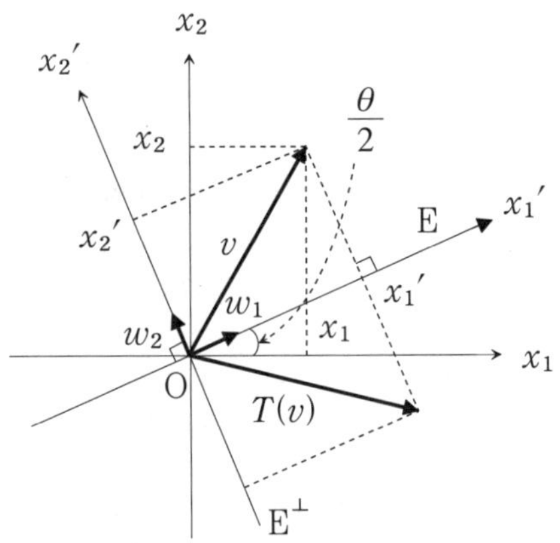

이며 두 좌표벡터 (x_1, x_2)와 (x_1', x_2') 사이에 다음과 같은 관계식이 성립한다(정리 4.1.3 참조).

$$\begin{bmatrix} x_1 \\ x_2 \end{bmatrix} = P \begin{bmatrix} x_1' \\ x_2' \end{bmatrix}, \qquad \begin{bmatrix} x_1' \\ x_2' \end{bmatrix} = P^{-1} \begin{bmatrix} x_1 \\ x_2 \end{bmatrix}$$

$$\begin{cases} x_1 = \cos\frac{\theta}{2}x_1' - \sin\frac{\theta}{2}x_2' \\ x_2 = \sin\frac{\theta}{2}x_1' + \cos\frac{\theta}{2}x_2' \end{cases} \qquad \begin{cases} x_1' = \cos\frac{\theta}{2}x_1 + \sin\frac{\theta}{2}x_2 \\ x_2' = -\sin\frac{\theta}{2}x_1 + \cos\frac{\theta}{2}x_2 \end{cases}$$

여기서, 서로 직교하는 단위벡터 w_1, w_2의 방향으로 x_1'축과 x_2'축을 택하여 만든 직교좌표계 $\mathrm{O}\text{-}x_1' x_2'$의 두 축은 x_1축과 x_2축을 $\frac{\theta}{2}$만큼 회전시킨 것이다. 이제까지 얻은 결과로부터 다음이 성립함을 알 수 있다.

[Ⅰ] $\det A = 1$이면, 직교변환 $L_A : \mathscr{E}^2 \longrightarrow \mathscr{E}^2$는 회전이동이다.

[Ⅱ] $\det A = -1$이면, A는 대각화 가능한 행렬이고 $\begin{bmatrix} 1 & 0 \\ 0 & -1 \end{bmatrix}$과 닮은 행렬이고 직교변환 $L_A : \mathscr{E}^2 \longrightarrow \mathscr{E}^2$는 반사이동이다 .

보기 5.3.5 다음과 같은 2차의 직교행렬을 생각해 보자.

$$A = \begin{bmatrix} \frac{1}{2} & \frac{\sqrt{3}}{2} \\ \frac{\sqrt{3}}{2} & -\frac{1}{2} \end{bmatrix} = \begin{bmatrix} \cos\frac{\pi}{3} & \sin\frac{\pi}{3} \\ \sin\frac{\pi}{3} & -\cos\frac{\pi}{3} \end{bmatrix}$$

직교행렬 A에 대하여 $\det A = -1$이고, 또 A의 고유다항식은

$$f(x) = \det(xI_2 - A) = \begin{vmatrix} x-\frac{1}{2} & -\frac{\sqrt{3}}{2} \\ -\frac{\sqrt{3}}{2} & x+\frac{1}{2} \end{vmatrix} = x^2 - 1$$

이므로 A의 고유치는 1, -1이다.

$$I_2 - A = \begin{bmatrix} \frac{1}{2} & -\frac{\sqrt{3}}{2} \\ -\frac{\sqrt{3}}{2} & \frac{2}{3} \end{bmatrix}$$

그런데, 고유치 1에 대응하는 A의 고유공간 E는 동차 일차방정식

$$\frac{1}{2}x_1 - \frac{\sqrt{3}}{2}x_2 = 0$$

의 해공간이므로 $\mathrm{E} = \langle (\frac{\sqrt{3}}{2}, \frac{1}{2}) \rangle$이다.

또, 고유치 -1에 대응하는 고유공간은 $\mathrm{E}^{\perp} = \langle (-\frac{1}{2}, \frac{\sqrt{3}}{2}) \rangle$이다.

이제 $w_1 = (\frac{\sqrt{3}}{2}, \frac{1}{2})$, $w_2 = (-\frac{1}{2}, \frac{\sqrt{3}}{2})$이라고 하면, $\mathscr{C} = \{w_1, w_2\}$는 유클리드 평면 $\mathscr{E}^2$의 직교기저이므로

$$P = \begin{bmatrix} \frac{\sqrt{3}}{2} & -\frac{1}{2} \\ \frac{1}{2} & \frac{\sqrt{3}}{2} \end{bmatrix}$$

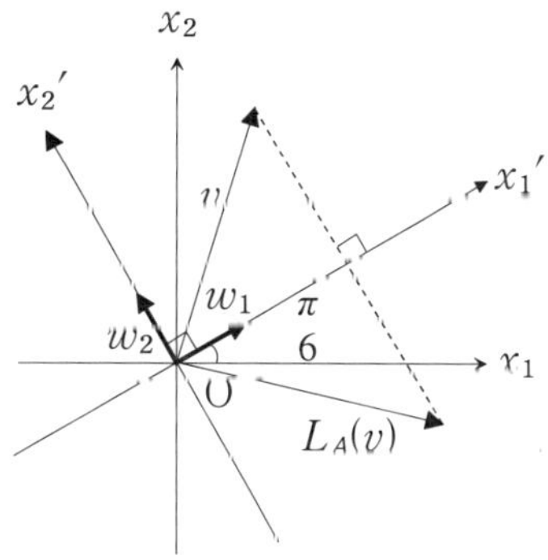

는 직교행렬이고 $\det P = 1$이며, 다음이 성립한다.

$$P^{-1}AP = P^TAP = \begin{bmatrix} 1 & 0 \\ 0 & -1 \end{bmatrix}$$

직교변환 $L_A : \mathscr{E}^2 \to \mathscr{E}^2$는 반사이동이고 또 그 반사축의 방정식은 $x_1 - \sqrt{3}\,x_2 = 0$이다.

연 습 문 제 (5.3)

1. 실수체 $\mathbb{R}$ 위의 n차의 중에서 직교행렬 전체의 집합을 $O(n)$으로 나타내고, 또 n차의 직교행렬 중에서 그 행렬식의 값이 1인 직교행렬 전체의 집합을 $SO(n)$으로 나타낼 때, 다음이 성립함을 확인하여라.

   (1) $A, B \in O(n)$ 이면, $AB \in O(n)$ 이다.

   (2) $I_n \in O(n)$ 이고, 또 $A \in O(n)$ 이면 $A^{-1} \in O(n)$ 이다.

   (3) $A, B \in SO(n)$ 이면, $AB \in SO(n)$ 이다.

   (4) $I_n \in SO(n)$ 이고, 또 $A \in SO(n)$ 이면 $A^{-1} \in SO(n)$ 이다.

2. 유클리드 평면 $\mathscr{E}^2$ 위의 직교변환 T, S에 대하여 다음이 성립함을 밝혀라.

   (1) T, S가 회전이동이면, $T \circ S$와 T^{-1}는 회전이동이다,

   (2) T, S가 반사이동이면, $T \circ S$는 회전이동이고 T^{-1}는 반사이동이다.

   (3) T가 반사이동이고 S가 회전이동이면, $T \circ S$와 $S \circ T$는 반사이동이다.

3. 다음과 같이 정의된 유클리드 평면 $\mathscr{E}^2$ 위의 선형변환 $T : \mathscr{E}^2 \longrightarrow \mathscr{E}^2$가 직교변환임을 밝히고 이 중에서 회전이동인 것과 반사이동인 것을 찾아라.

   그리고, T가 반사이동인 경우에는 $P^T A P = \text{diag}\{1, -1\}$인 직교행렬 P와 반사축의 방정식을 구하여라.

   (1) $T(x_1, x_2) = (\frac{1}{2}x_1 + \frac{\sqrt{3}}{2}x_2,\ \frac{\sqrt{3}}{2}x_1 - \frac{1}{2}x_2)$

   (2) $T(x_1, x_2) = (-\frac{4}{5}x_1 + \frac{3}{5}x_2,\ -\frac{3}{5}x_1 - \frac{4}{5}x_2)$

   (3) $T(x_1, x_2) = (x_2, x_1)$

4. 다음 행렬이 직교행렬인지를 판정하여라.

   (1) $\begin{bmatrix} 0 & 1 & 0 \\ -1 & 0 & 0 \\ 0 & 0 & -1 \end{bmatrix}$ (2) $\begin{bmatrix} 0 & 0 & 1 \\ 0 & 1 & 0 \\ 1 & 0 & 0 \end{bmatrix}$ (3) $\begin{bmatrix} \frac{\sqrt{3}}{3} & -\frac{\sqrt{2}}{2} & \frac{\sqrt{6}}{6} \\ \frac{\sqrt{3}}{3} & \frac{\sqrt{2}}{2} & -\frac{\sqrt{6}}{3} \\ \frac{\sqrt{3}}{3} & 0 & \frac{1}{\sqrt{6}} \end{bmatrix}$

5. 유클리드 공간 $\mathscr{E}^3$ 위에서 다음과 같이 정의된 선형변환 $T : \mathscr{E}^3 \longrightarrow \mathscr{E}^3$ 중에서 직교변환인 것인 것을 찾아라.

(1) $T(x_1, x_2, x_3) = (\frac{1}{\sqrt{2}}x_1 + \frac{1}{\sqrt{2}}x_2,\ \frac{1}{\sqrt{2}}x_2 - \frac{1}{\sqrt{2}}x_1,\ -x_3)$

(2) $T(x_1, x_2, x_3) = (\frac{1}{\sqrt{2}}x_2 + \frac{1}{\sqrt{2}}x_3,\ x_1,\ \frac{1}{\sqrt{2}}x_2 + \frac{1}{\sqrt{2}}x_3)$

(3) $T(x_1, x_2, x_3) = (\frac{1}{\sqrt{2}}x_2 - \frac{1}{\sqrt{2}}x_1,\ \frac{1}{\sqrt{2}}x_1 + \frac{1}{\sqrt{2}}x_2,\ -x_3)$

(4) $T(x_1, x_2, x_3) = (\frac{1}{\sqrt{2}}x_1 - \frac{1}{\sqrt{2}}x_3,\ x_2,\ \frac{1}{\sqrt{2}}x_2 + \frac{1}{\sqrt{2}}x_3)$

***6.** 유클리드 공간 $\mathscr{E}^n$ 에서 사상 $T : \mathscr{E}^n \longrightarrow \mathscr{E}^n$ 가 조건

$$\|T(v) - T(w)\| = \|v - w\| \qquad (v, w \in \mathscr{E}^n)$$

를 만족시키고 또 $T(\mathbf{0}) = \mathbf{0}$ 일 때, 다음이 성립함을 증명하여라.

(1) 모든 $v \in \mathscr{E}^n$ 에 대하여 $\|T(v)\| = \|v\|$ 이다.

(2) 모든 벡터 $v, w \in \mathscr{E}^n$ 에 대하여 $T(v) \cdot T(w) = v \cdot w$ 이다.

(3) T 는 선형변환이고 따라서 직교변환이다.

7. 유클리드 공간 $\mathscr{E}^n$ 에서 사상 $f : \mathscr{E}^n \longrightarrow \mathscr{E}^n$ 가 조건

$$\|f(v) - f(w)\| = \|v - w\| \qquad (v, w \in \mathscr{E}^n)$$

를 만족시킬 때, f 를 **剛體운동**(rigid motion)이라고 한다.

그리고, 각 벡터 $u \in \mathscr{E}^n$ 에 대하여 사상

$$T_u : \mathscr{E}^n \longrightarrow \mathscr{E}^n, \quad T_u(v) = v + u$$

를 **평행이동**(translation)이라고 한다. 다음이 성립함을 증명하여라.

(1) 직교변환과 평행이동은 강체운동이다.

(2) 평행이동 T_u 가 선형변환이면, $u = \mathbf{0}$ 이고 T_u 는 항등사상이다.

(3) 두 평행이동 T_u, T_w 에 대하여 $T_w \circ T_u$ 는 평행이동이다.

(4) 사상 $f : \mathscr{E}^n \longrightarrow \mathscr{E}^n$ 가 강체운동일 때,

$$T : \mathscr{E}^n \longrightarrow \mathscr{E}^n, \quad T(v) = f(v) - f(\mathbf{0})$$

는 직교변환이고 또 $u = f(\mathbf{0})$ 이라고 하면 $f = T_u \circ T$ 이다.

§ 5.4 유클리드 공간 $\mathscr{E}^3$ 위의 직교변환

다음 직교행렬 중에서 처음 세 직교행렬의 행렬식의 값은 1 이고 나머지 세 직교행렬의 행렬식의 값은 -1 이다$(0 \leq \theta < 2\pi)$.

$$\begin{bmatrix} \cos\theta & -\sin\theta & 0 \\ \sin\theta & \cos\theta & 0 \\ 0 & 0 & 1 \end{bmatrix}, \quad \begin{bmatrix} \cos\theta & 0 & -\sin\theta \\ 0 & 1 & 0 \\ \sin\theta & 0 & \cos\theta \end{bmatrix}, \quad \begin{bmatrix} 1 & 0 & 0 \\ 0 & \cos\theta & -\sin\theta \\ 0 & \sin\theta & \cos\theta \end{bmatrix}$$

$$\begin{bmatrix} 1 & 0 & 0 \\ 0 & 1 & 0 \\ 0 & 0 & -1 \end{bmatrix}, \quad \begin{bmatrix} 1 & 0 & 0 \\ 0 & -1 & 0 \\ 0 & 0 & 1 \end{bmatrix}, \quad \begin{bmatrix} -1 & 0 & 0 \\ 0 & 1 & 0 \\ 0 & 0 & 1 \end{bmatrix}$$

첫째 직교행렬을 A 이라고 하면, 직교변환 $L_A : \mathscr{E}^3 \longrightarrow \mathscr{E}^3$ 에 대하여

$$L_A(x_1, x_2, 0) = (\cos\theta\, x_1 - \sin\theta\, x_2,\ \sin\theta\, x_1 + \cos\theta\, x_2,\ 0)$$
$$L_A(0, 0, x_3) = (0, 0, x_3)$$

이므로 1 은 A 의 [L_A 의] 고유치이고 또 L_A 는 x_3 축의 양의 방향에 관한 θ 만큼의 회전이동이다. 또, 넷째 직교행렬을 B 이라고 하면,

$$L_B(x_1, x_2, 0) = (x_1, x_2, 0), \qquad L_B(0, 0, x_3) = -(0, 0, x_3)$$

이므로 $1, -1$ 은 B 의 [L_B 의] 고유치이고 또 직교변환 L_B 는 $x_1 x_2$ 평면에 관한 반사이동이다.

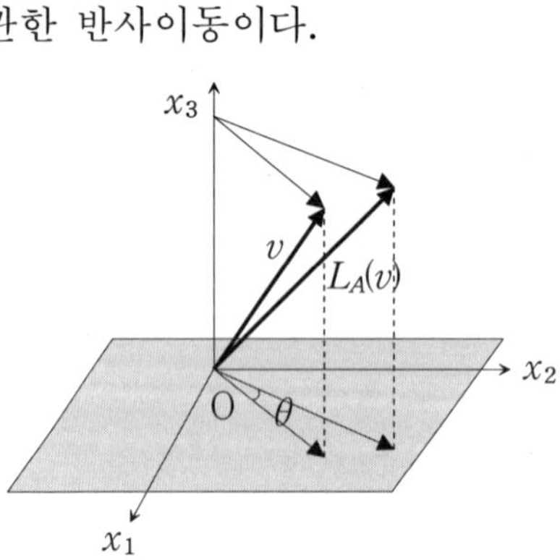

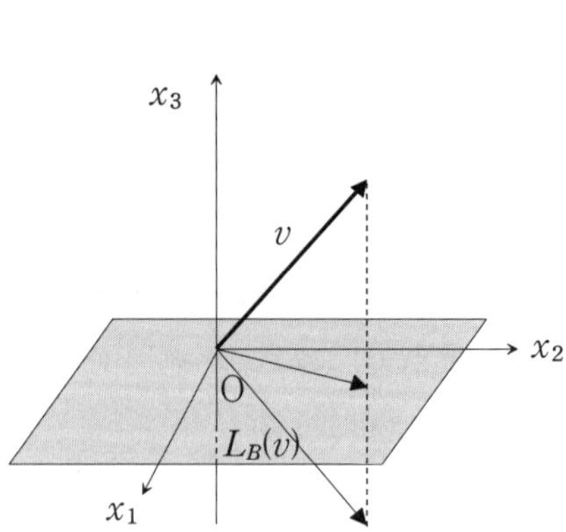

정리 5.4.1 행렬 A가 n차의 직교행렬일 때, n이 홀수이면 다음이 성립한다.

(1) $\det A = 1$ 이면, 1은 A의 고유치이다.

(2) $\det A = -1$ 이면, -1은 A의 고유치이다.

증 명 행렬 A는 직교행렬이므로 $AA^T = I_n$이고 또 A의 고유다항식은 $f(x) = \det(xI_n - A)$이다. 이제 정리 1.7.9, 정리 1.7.2와 문제 1.7.2의 결과를 이용하여 (1), (2)를 증명하기로 한다.

(1) $\det A = 1$ 이면, $\det A^T = \det A = 1$ 이므로

$$\begin{aligned} f(1) &= \det(I_n - A) = (\det(I_n - A))(\det A^T) \\ &= \det((I_n - A)A^T) = \det(A^T - I_n) \\ &= \det(A - I_n)^T = \det(A - I_n) \\ &= -\det(I_n - A) = -f(1) \end{aligned}$$

이고 따라서 $f(1) = 0$ 이므로 1은 A의 고유치이다(정리 4.2.6).

(2) $\det A = -1$ 이면, $\det A^T = \det A = -1$ 이므로

$$\begin{aligned} f(-1) &= \det(-I_n - A) = -\det(I_n + A) \\ &= (\det(I_n + A))(\det A^T) = \det((I_n + A)A^T) \\ &= \det(A^T + I_n) = \det(A + I_n)^T \\ &= \det(A + I_n) = -f(-1) \end{aligned}$$

이고 따라서 $f(-1) = 0$ 이므로 -1은 A의 고유치이다.

이제 3차의 직교행렬 A에 대하여 생각해 보자.

먼저 $\det A = 1$인 경우에 $\lambda = 1$이라 하고 또 $\det A = -1$인 경우에 $\lambda = -1$이라고 하자. 이 때, 위의 정리에 의하여 λ는 A는 고유치이고 따라서 λ에 대응하는 A의 고유벡터가 존재하므로 이러한 고유벡터 중에서 단위벡터 w_1을 택하여 $\mathrm{E} = \langle w_1 \rangle$이라고 하자.

부분공간 E의 직교 보공간 $\mathrm{E}^\perp$은 유클리드 공간 $\mathscr{E}^3$의 2차원 부분공간이므로 $\mathrm{E}^\perp$의 직교정규기저 $\{w_2, w_3\}$를 택하면, $\mathscr{C} = \{w_1, w_2, w_3\}$

는 유클리드 공간 $\mathscr{E}^3$ 의 직교정규기저이고 따라서 세 벡터 w_1, w_2, w_3 를 열벡터로 가지는 행렬을 P 이라고 하면 P 는 직교행렬이다. 여기서 필요하다면 w_2, w_3 의 순서를 바꾸어 $\det P = 1$ 이 되도록 할 수 있다.

그리고, 직교변환 $L_A : \mathscr{E}^3 \longrightarrow \mathscr{E}^3$ 에 의한 w_1, w_2, w_3 의 상은

$$L_A(v_1) = \lambda w_1$$
$$L_A(v_2) = a w_1 + b_{22} w_2 + b_{32} w_3$$
$$L_A(v_3) = b w_1 + b_{23} w_2 + b_{33} w_3$$

와 같은 꼴이고, 이때 다음이 성립한다(정리 4.1.3).

$$P^{-1}AP = P^T AP = B, \quad B = [L_A]_{\mathscr{C}} = \begin{bmatrix} \lambda & a & b \\ 0 & b_{22} & b_{23} \\ 0 & b_{32} & b_{33} \end{bmatrix}$$

여기서 A 와 P 는 직교행렬이므로 B 도 직교행렬이다(정리 5.3.3). 따라서 $a^2 + b^2 + \lambda^2 = 1$ 이고 $\lambda = \pm 1$ 이므로 $a = b = 0$ 이다. 그리고,

$$B = \begin{bmatrix} \lambda & 0 \quad 0 \\ \begin{matrix} 0 \\ 0 \end{matrix} & B_1 \end{bmatrix}$$

이라고 하면, B_1 은 2 차의 직교행렬이고 다음이 성립한다(정리 4.1.6).

$$\det A = \det B = \lambda \det B_1, \quad \lambda = \pm 1$$

한편, $\det A = 1$ 이면 $\lambda = 1$ 이므로 $\det B_1 = 1$ 이고, 또 $\det A = -1$ 이면 $\lambda = -1$ 이므로 $\det B_1 = 1$ 이다. 따라서 B_1 은

$$B_1 = \begin{bmatrix} \cos\theta & -\sin\theta \\ \sin\theta & \cos\theta \end{bmatrix} \qquad (0 \leq \theta < 2\pi)$$

와 같은 꼴의 직교행렬이다(보기 5.3.1).

이제까지 얻은 결과로부터 다음 결론을 얻는다.

[I] $\det A = 1$ 인 경우에, 적당한 직교행렬 P 에 대하여

$$P^{-1}AP = P^TAP = \begin{bmatrix} 1 & 0 & 0 \\ 0 & \cos\theta & -\sin\theta \\ 0 & \sin\theta & \cos\theta \end{bmatrix} \qquad (0 \le \theta < 2\pi)$$

이고 직교변환 $L_A : \mathscr{E}^3 \longrightarrow \mathscr{E}^3$ 에 대하여

$$L_A(w_1) = w_1$$
$$L_A(w_2) = \cos\theta\, w_2 + \sin\theta\, w_3$$
$$L_A(w_3) = -\sin\theta\, w_2 + \cos\theta\, w_3$$

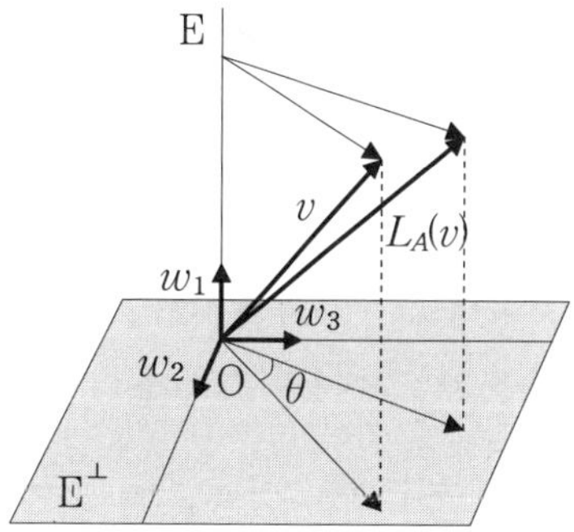

이므로 L_A 는 고유치 1 에 대응하는 고유벡터 w_1 의 방향을 양의 방향으로 하는 직선을 회전축으로 가지는 θ 만큼의 회전이동이다.

[II] $\det A = -1$ 인 경우에, 적당한 직행렬 P 에 대하여

$$P^{-1}AP = P^TAP$$
$$= \begin{bmatrix} -1 & 0 & 0 \\ 0 & \cos\theta & -\sin\theta \\ 0 & \sin\theta & \cos\theta \end{bmatrix} = \begin{bmatrix} -1 & 0 & 0 \\ 0 & 1 & 0 \\ 0 & 0 & 1 \end{bmatrix} \begin{bmatrix} 1 & 0 & 0 \\ 0 & \cos\theta & -\sin\theta \\ 0 & \sin\theta & \cos\theta \end{bmatrix}$$
$$(0 \le \theta < 2\pi)$$

이고 직교변환 $L_A : \mathscr{E}^3 \longrightarrow \mathscr{E}^3$ 에 대하여

$$L_A(w_1) = -w_1$$
$$L_A(w_2) = \cos\theta\, w_2 + \sin\theta\, w_3$$
$$L_A(w_3) = -\sin\theta\, w_2 + \cos\theta\, w_3$$

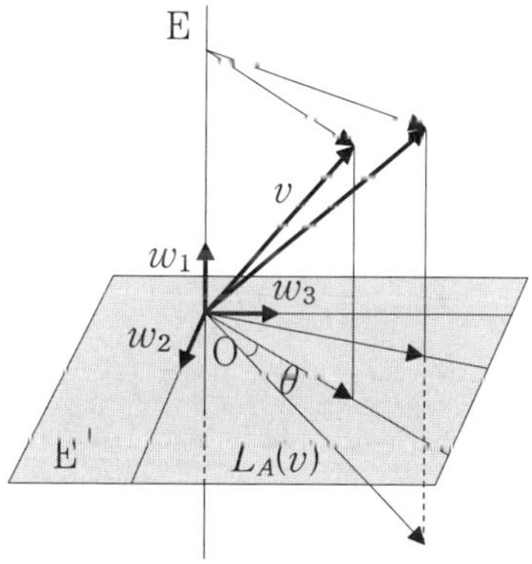

이므로 L_A 는 고유치 -1 에 대응하는 고유벡터 w_1 의 방향을 양의 방향으로 하는 직선을 회전축으로 가지는 θ 만큼의 회전이동과 그리고 이 회전축에 수직인 평면에 관한 반사이동과의 합성이다.

보기 5.4.1 다음 3차의 직교행렬을 생각해 보자.

$$A=\begin{bmatrix} \frac{1}{3} & \frac{2}{3} & -\frac{2}{3} \\ -\frac{2}{3} & \frac{2}{3} & \frac{1}{3} \\ \frac{2}{3} & \frac{1}{3} & \frac{2}{3} \end{bmatrix}$$

분명히 $\det A=1$ 이므로 A는 고유치 1을 가지며 고유치 1에 대응하는 A의 고유공간은 $\mathrm{E}=\langle (0,1,1)\rangle$ 이고 $\mathrm{E}^{\perp}$은 다음과 같다(보기 5.1.1).

$$I_3-A=\begin{bmatrix} -\frac{2}{3} & -\frac{2}{3} & \frac{2}{3} \\ \frac{2}{3} & \frac{1}{3} & -\frac{1}{3} \\ -\frac{2}{3} & -\frac{1}{3} & \frac{1}{3} \end{bmatrix} \longrightarrow \begin{bmatrix} 1 & 0 & 0 \\ 0 & 1 & -1 \\ 0 & 0 & 0 \end{bmatrix}$$

$$\mathrm{E}^{\perp}=\{(x_1,x_2,x_3)\in\mathscr{E}^3 \mid x_2+x_3=0\}$$

이제 $w_1=(0,\frac{1}{\sqrt{2}},\frac{1}{\sqrt{2}})$ 이라고 하면 $\mathrm{E}=\langle w_1\rangle$ 이고 또한 $\mathrm{E}^{\perp}$에 속하는 벡터 중에서 서로 직교하는 두 단위벡터 $w_2=(0,-\frac{1}{\sqrt{2}},\frac{1}{\sqrt{2}})$, $w_3=(1,0,0)$를 택하면, $\mathrm{E}^{\perp}=\langle w_2,w_3\rangle$ 이고 $\mathscr{C}=\{w_1,w_2,w_3\}$는 유클리드 공간 $\mathscr{E}^3$의 직교정규기저이므로

$$P=\begin{bmatrix} 0 & 0 & 1 \\ \frac{1}{\sqrt{2}} & -\frac{1}{\sqrt{2}} & 0 \\ \frac{1}{\sqrt{2}} & \frac{1}{\sqrt{2}} & 0 \end{bmatrix}$$

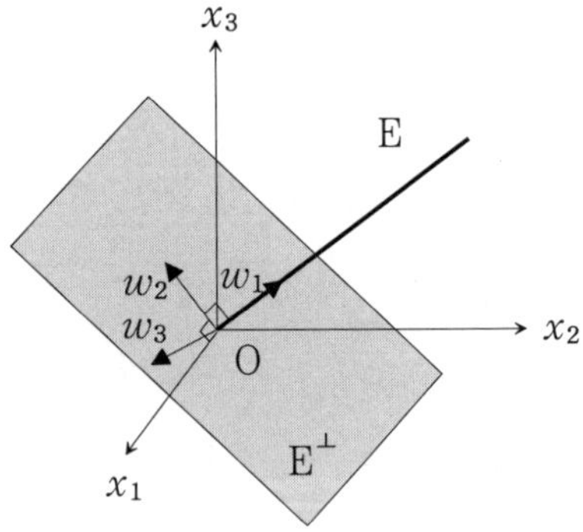

는 직교행렬이고 $\det P=1$ 이다.

그리고, 계산에 의하여

$$\begin{aligned} L_A(w_1) &= w_1 \\ L_A(w_2) &= \frac{1}{3}w_2-\frac{\sqrt{8}}{3}w_3 \\ L_A(w_3) &= \frac{\sqrt{8}}{3}w_2+\frac{1}{3}w_3 \end{aligned}$$

$$[L_A]_{\mathscr{C}}=\begin{bmatrix} 1 & 0 & 0 \\ 0 & \frac{1}{3} & \frac{\sqrt{8}}{3} \\ 0 & -\frac{\sqrt{8}}{3} & \frac{1}{3} \end{bmatrix}$$

이므로, $P^{-1}AP = P^TAP = [L_A]_{\mathscr{B}}$ 이다. 이제,

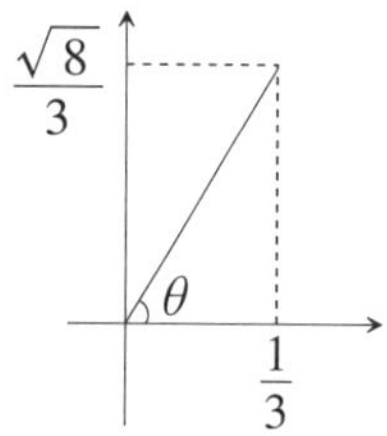

$$\cos\theta = \frac{1}{3},$$

$$\sin\theta = \frac{\sqrt{8}}{3}$$

인 θ $(0 < \theta < 2\pi)$ 를 택하면, 직교변환 $L_A : \mathscr{E}^3 \longrightarrow \mathscr{E}^3$ 는 w_1 의 방향을 양의 방향으로 하는 직선을 회전축으로 가지는 θ 만큼의 회전이동이다.

앞에서 본 바와 같이, 2차와 3차의 직교행렬 A 의 행렬식의 값이 1이면 L_A 는 회전이동이다. 이 사실을 일반화하여 다음과 같이 정의한다.

정의 5.4.2 직교행렬 $A \in \mathrm{Mat}_n(\mathbb{R})$ 에 대하여 $\det A = 1$ 일 때, 직교변환 $L_A : \mathscr{E}^n \longrightarrow \mathscr{E}^n$ 를 **회전이동**(rotation)이라고 한다.

연 습 문 제 (5.4)

1. 다음 행렬이 직교행렬이 되도록 실수 a, b, c, d 의 값을 정하여라.

*(1) $A = \begin{bmatrix} \frac{1}{3} & \frac{2}{3} & a \\ b & \frac{2}{3} & c \\ \frac{2}{3} & d & \frac{2}{3} \end{bmatrix}$ (2) $A = \begin{bmatrix} \frac{1}{\sqrt{3}} & \frac{1}{\sqrt{3}} & a \\ b & c & \frac{1}{\sqrt{2}} \\ \frac{1}{\sqrt{6}} & d & \frac{1}{\sqrt{6}} \end{bmatrix}$

***2.** 다음 직교행렬 A 에 의하여 정의된 직교변환 $L_A : \mathscr{E}^3 \longrightarrow \mathscr{E}^3$ 는 회전이동임을 밝혀라. 그리고, 고유치 1에 대응하는 A 의 고유공간을 구하여라.

(1) $A = \begin{bmatrix} 1 & 0 & 0 \\ 0 & \cos\theta & -\sin\theta \\ 0 & \sin\theta & \cos\theta \end{bmatrix}$ (2) $A = \begin{bmatrix} \frac{2}{3} & \frac{1}{3} & -\frac{2}{3} \\ \frac{1}{3} & \frac{2}{3} & \frac{2}{3} \\ \frac{2}{3} & -\frac{2}{3} & \frac{1}{3} \end{bmatrix}$

3. 다음 직교행렬에 의하여 정의된 선형변환이 회전이동인지를 판정하고 또 회전이동인 경우에 그 회전축을 구하여라.

$$A = \begin{bmatrix} \frac{1+\sqrt{3}}{3} & \frac{1-\sqrt{3}}{3} & \frac{1}{3} \\ \frac{1}{3} & \frac{1+\sqrt{3}}{3} & \frac{1-\sqrt{3}}{3} \\ \frac{1-\sqrt{3}}{3} & \frac{1}{3} & \frac{1+\sqrt{3}}{3} \end{bmatrix}, \qquad B = \begin{bmatrix} \frac{1}{\sqrt{3}} & \frac{1}{\sqrt{3}} & \frac{1}{\sqrt{3}} \\ \frac{-1}{\sqrt{2}} & 0 & \frac{1}{\sqrt{2}} \\ \frac{1}{\sqrt{6}} & \frac{-2}{\sqrt{6}} & \frac{1}{\sqrt{6}} \end{bmatrix}$$

4. 유클리드 공간 $\mathscr{E}^n$ 위의 직교변환 T, S 에 대하여 다음이 성립함을 밝혀라.

(1) T, S 가 회전이동이면, $T \circ S$ 는 회전이동이다

(2) T 가 회전이동이면, T^{-1} 는 회전이동이다.

5. 다음 직교행렬 A 에 대하여 -1 은 A 의 고유치임을 밝히고, 고유치 -1 에 대응하는 A 의 고유공간을 구하여라.

*(1) $A = \begin{bmatrix} \frac{-2}{3} & \frac{2}{3} & \frac{1}{3} \\ \frac{1}{3} & \frac{2}{3} & \frac{-2}{3} \\ \frac{2}{3} & \frac{1}{3} & \frac{2}{3} \end{bmatrix}$ (2) $A = \begin{bmatrix} \frac{1}{\sqrt{2}} & \frac{-1}{\sqrt{6}} & \frac{1}{\sqrt{3}} \\ \frac{-1}{\sqrt{2}} & \frac{-1}{\sqrt{6}} & \frac{1}{\sqrt{3}} \\ 0 & \frac{2}{\sqrt{6}} & \frac{1}{\sqrt{3}} \end{bmatrix}$

***6.** 유클리드 공간 $\mathscr{E}^n$ 에서 벡터 $z \neq \mathbf{0}$ 에 대하여

$$T : \mathscr{E}^n \longrightarrow \mathscr{E}^n, \qquad T(v) = \frac{2v \cdot z}{z \cdot z} z - v$$

는 직교변환임을 밝히고, 또 물음에 답하여라.

(1) 유클리드 평면 $\mathscr{E}^2$ 에서

$$z = (\cos\frac{\theta}{2}, \sin\frac{\theta}{2})$$

인 경우에 $T(x_1, x_2)$ 를 구하여라.

(2) 유클리드 공간 $\mathscr{E}^3$ 에서

$$z = (0, \cos\frac{\theta}{2}, \sin\frac{\theta}{2})$$

인 경우에 $T(x_1, x_2, x_3)$ 를 구하여라.

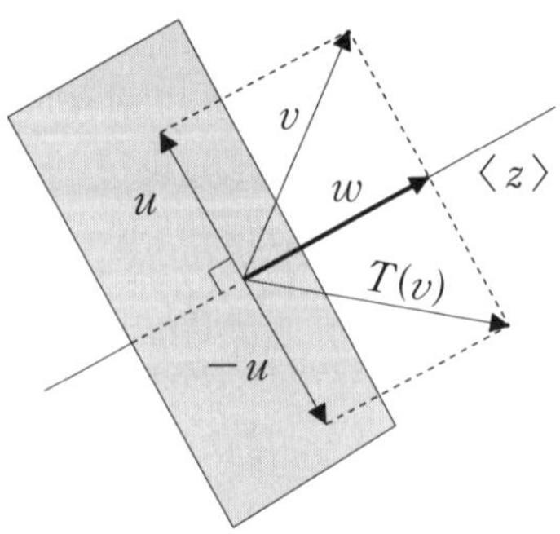

§5.5 대칭행렬과 이차형식

예를 들어, 등식

$$2x_1^2+8x_1x_2-6x_2^2=[x_1\ \ x_2]\begin{bmatrix}2 & 3\\ 4 & -6\end{bmatrix}\begin{bmatrix}x_1\\ x_2\end{bmatrix}$$

는 대칭행렬을 써서 다음과 같이 나타낼 수 있다.

$$2x_1^2+8x_1x_2-6x_2^2=[x_1\ \ x_2]\begin{bmatrix}2 & 4\\ 4 & -6\end{bmatrix}\begin{bmatrix}x_1\\ x_2\end{bmatrix}$$

정의 5.5.1 실수체 $\mathbb{R}$ 위의 n차의 대칭행렬 $A=[a_{ij}]_{n\times n}$에 대하여 다음과 같이 정의된 사상 $q:\mathbb{R}^n\longrightarrow\mathbb{R}$를 대칭행렬 A에 대응하는 **이차형식**(quadratic form)이라고 한다.

$$q(x_1,\cdots,x_n)=[x_1\ \cdots\ x_n]A\begin{bmatrix}x_1\\ \vdots\\ x_n\end{bmatrix}=\sum_{i=1}^{n}\sum_{j=1}^{n}a_{ij}x_ix_j$$

$$=\sum_{i=1}^{n}a_{ii}x_i^2+2\sum_{i<j}a_{ij}x_ix_j$$

그리고, 대칭행렬 A를 이차형식 q의 **행렬**이라고 한다.

다음 정리의 (1)에 대한 증명은 따름정리 6.3.10에서 논하기로 한다.

정리 5.5.2 실수체 $\mathbb{R}$ 위의 n차의 행렬 A가 대칭행렬일 때, 다음이 성립한다.

(1) A는 [L_A는] 중복을 허락하여 n개의 (실수인) 고유치를 가진다.

(2) 두 실수 λ, μ가 A의 [L_A의] 서로 다른 고유치일 때, v와 w가 각각 λ, μ에 대응하는 A의 [L_A의] 고유벡터이면 v와 w는 서로 직교한다.

증 명 (2) 임의의 벡터 $v = (x_1, \cdots, x_n)$, $w = (y_1, \cdots, y_n)$ 에 대하여

$$L_A(v) = (x_1{}', \cdots, x_n{}'), \quad L_A(w) = (y_1{}', \cdots, y_n{}')$$

이라고 하자. 이 때,

$$A\begin{bmatrix} x_1 \\ \vdots \\ x_n \end{bmatrix} = \begin{bmatrix} x_1{}' \\ \vdots \\ x_n{}' \end{bmatrix}, \qquad A\begin{bmatrix} y_1 \\ \vdots \\ y_n \end{bmatrix} = \begin{bmatrix} y_1{}' \\ \vdots \\ y_n{}' \end{bmatrix}$$

이고 또 $A^T = A$ 이므로 $[x_1 \cdots x_n]A = [x_1{}' \cdots x_n{}']$ 이고 따라서 다음이 성립한다.

$$L_A(v) \cdot w = [x_1{}' \ \cdots \ x_n{}'] \begin{bmatrix} y_1 \\ \vdots \\ y_n \end{bmatrix} = [x_1 \ \cdots \ x_n] A \begin{bmatrix} y_1 \\ \vdots \\ y_n \end{bmatrix}$$

$$= [x_1 \ \cdots \ x_n] \begin{bmatrix} y_1{}' \\ \vdots \\ y_n{}' \end{bmatrix} = v \cdot L_A(w)$$

한편, 가정에 의하여 $L_A(v) = \lambda v$, $L_A(w) = \mu w$ 이므로

$$L_A(v) \cdot w = \lambda(v \cdot w), \quad v \cdot L_A(w) = \mu(v \cdot w)$$

이고 또 $L_A(v) \cdot w = v \cdot L_A(w)$ 이므로 $\lambda(v \cdot w) = \mu(v \cdot w)$ 이다.

그런데, $\lambda \neq \mu$ 이므로 $v \cdot w = 0$ 이다.

실수체 $\mathbb{R}$ 위의 n 차의 행렬 A 에 대하여 $P^TAP = D$ 인 직교행렬 P 와 대각행렬 D 가 존재한다고 하자. 이 때, $P^T = P^{-1}$ 이므로 $P^{-1}AP = D$ 이고 따라서 A 는 대각화 가능한 행렬이고 또 $A = PDP^{-1} = PDP^T$ 이고 D 는 대칭행렬이므로

$$A^T = (PDP^T)^T = (P^T)^T D^T P^T = PDP^T = A$$

이고 따라서 A 는 대칭행렬이다.

다음 정리의 (1) 에 대한 증명은 정리 6.4.8 에서 논하기로 한다.

정리 5.5.3 실수체 $\mathbb{R}$ 위의 n 차의 대칭행렬 A 에 대하여 다음이 성립한다.

(1) A 는 직교행렬에 의하여 대각화된다.

실제로, 유클리드 공간 $\mathscr{E}^n$ 에는 A 의 고유벡터로 이루어진 직교정규기저 $\mathscr{C} = \{w_1, \cdots, w_n\}$ 가 존재하며 이때

$$w_j = (p_{1j}, p_{2j}, \cdots, p_{nj}), \quad L_A(w_j) = \lambda_j w_j \qquad (1 \le j \le n)$$

이라 하고 $P = [p_{ij}]_{n\times n}$, $D = \mathrm{diag}\{\lambda_1, \cdots, \lambda_n\}$ 이라고 하면, P 는 직교행렬이고 $P^{-1}AP = P^T AP = D$ 이다.

(2) (主軸 정리, Principal axis theorem) 사상 $q : \mathbb{R}^n \longrightarrow \mathbb{R}$ 가 대칭행렬 A 에 대응하는 이차형식일 때, 위의 (1) 에서와 같이 유클리드 공간 $\mathscr{E}^n$ 의 직교정규기저 $\mathscr{B} = \{v_1, \cdots, v_n\}$ 와 직교행렬 P 를 정하자.

이 때, 임의의 벡터 $v = (x_1, \cdots, x_n) \in \mathscr{E}^n$ 에 대하여

$$v = x_1' w_1 + \cdots + x_n' w_n \quad \text{즉} \quad (v)_{\mathscr{B}} = (x_1', \cdots, x_n')$$

이라고 하면 다음이 성립한다.

$$q(x_1, \cdots, x_n) = \lambda_1 {x_1'}^2 + \cdots + \lambda_n {x_n'}^2$$

증 명 (2) 가정과 정리 4.1.3 에 의하여

$$\begin{bmatrix} x_1 \\ \vdots \\ x_n \end{bmatrix} = P \begin{bmatrix} x_1' \\ \vdots \\ x_n' \end{bmatrix} \quad \text{즉} \quad [x_1 \ \cdots \ x_n] = [x_1' \ \cdots \ x_n']\, P^T$$

이므로 다음 등식이 성립한다.

$$q(x_1, \cdots, x_n) = [x_1 \ \cdots \ x_n]\, A \begin{bmatrix} x_1 \\ \vdots \\ x_n \end{bmatrix} = [x_1' \ \cdots \ x_n']\, P^T AP \begin{bmatrix} x_1' \\ \vdots \\ x_n' \end{bmatrix}$$

$$= [x_1' \ \cdots \ x_n']\, D \begin{bmatrix} x_1' \\ \vdots \\ x_n' \end{bmatrix} = \lambda_1 {x_1'}^2 + \cdots + \lambda_n {x_n'}^2$$

보기 5.5.1 실수체 $\mathbb{R}$ 위에서 다음과 같은 대칭행렬을 생각해 보자.

$$A=\begin{bmatrix}5 & 2\\ 2 & 2\end{bmatrix}$$

행렬 A의 [L_A의] 고유다항식은

$$f(x)=\begin{vmatrix}x-5 & -2\\ -2 & x-2\end{vmatrix}=(x-1)(x-6)$$

이므로 A의 고유치는 1, 6 이다.

그런데, E를 고유치 1에 대응하는 고유공간이라고 하면, E는

$$\begin{bmatrix}-4 & -2\\ -2 & -1\end{bmatrix}\begin{bmatrix}x_1\\ x_2\end{bmatrix}=\begin{bmatrix}0\\ 0\end{bmatrix}$$

의 해공간이므로 E는 동차 일차방정식 $2x_1+x_2=0$의 해공간이고 따라서 $\mathrm{E}=\langle(1,-2)\rangle$이다. 그리고, $\mathrm{E}^{\perp}=\langle(2,1)\rangle$이고 또 $\mathrm{E}^{\perp}$은 고유치 6에 대응하는 고유공간이다(정리 5.5.2). 이제

$$w_1=(\frac{1}{\sqrt{5}},\frac{-2}{\sqrt{5}}),\quad w_2=(\frac{2}{\sqrt{5}},\frac{1}{\sqrt{5}})$$

이라고 하면, $\mathrm{E}=\langle w_1\rangle$, $\mathrm{E}^{\perp}=\langle w_2\rangle$이고 또 $\mathscr{C}=\{w_1,w_2\}$는 유클리드 평면 $\mathscr{E}^2$의 직교정규기저이다. 따라서

$$P=\begin{bmatrix}\frac{1}{\sqrt{5}} & \frac{2}{\sqrt{5}}\\ \frac{-2}{\sqrt{5}} & \frac{1}{\sqrt{5}}\end{bmatrix},\qquad D=\begin{bmatrix}1 & 0\\ 0 & 6\end{bmatrix}$$

이라고 하면, P는 직교행렬이고 $P^{-1}AP=P^{T}AP=D$, $\det P=1$이다.

이제 다음과 같이 정의된 이차형식 $q:\mathbb{R}^2\longrightarrow\mathbb{R}$를 생각해 보자.

$$q(x_1,x_2)=[x_1\ \ x_2]\,A\begin{bmatrix}x_1\\ x_2\end{bmatrix}=5x_1{}^2+4x_1x_2+2x_2{}^2$$

임의의 벡터 $v=(x_1,x_2)\in\mathscr{E}^2$에 대하여

$$v = x_1{}' v_1 + x_2{}' v_2 \qquad \text{즉} \qquad (v)_{\mathscr{C}} = (x_1{}', x_2{}')$$

이라고 하면, 정리 4.1.3 에 의하여

$$\begin{bmatrix} x_1 \\ x_2 \end{bmatrix} = P \begin{bmatrix} x_1{}' \\ x_2{}' \end{bmatrix} \qquad \text{즉} \qquad \begin{cases} x_1 = \dfrac{1}{\sqrt{5}} x_1{}' + \dfrac{2}{\sqrt{5}} x_2{}' \\ x_2 = \dfrac{-2}{\sqrt{5}} x_1{}' + \dfrac{1}{\sqrt{5}} x_2{}' \end{cases}$$

이고 $[x_1 \ x_2] = [x_1{}' \ x_2{}'] P^T$ 이므로 다음이 성립한다.

$$\begin{aligned} q(x_1, x_2) &= [x_1 \ x_2] A \begin{bmatrix} x_1 \\ x_2 \end{bmatrix} = [x_1{}' \ x_2{}'] P^T A P \begin{bmatrix} x_1{}' \\ x_2{}' \end{bmatrix} \\ &= [x_1{}' \ x_2{}'] D \begin{bmatrix} x_1{}' \\ x_2{}' \end{bmatrix} = x_1{}'^2 + 6 x_2{}'^2 \end{aligned}$$

보기 5.5.2 다음과 같은 정의된 이차형식 $q : \mathbb{R}^3 \longrightarrow \mathbb{R}$ 를 생각해 보자.

$$q(x_1, x_2, x_3) = 4x_1^2 + 4x_2^2 + 4x_3^2 + 4x_1x_2 + 4x_1x_3 + 4x_2x_3$$

이 이차형식의 행렬은 대칭행렬

$$A = \begin{bmatrix} 4 & 2 & 2 \\ 2 & 4 & 2 \\ 2 & 2 & 4 \end{bmatrix}$$

이고 A 의 고유다항식은

$$f(x) = \begin{vmatrix} x-4 & -2 & -2 \\ -2 & x-4 & -2 \\ -2 & -2 & x-4 \end{vmatrix} = (x-2)^2 (x-8)$$

이므로 A 의 고유치는 $\lambda_1 = 2$ (이중근), $\lambda_2 = 8$ 이다.

$$2I_3 - A = \begin{bmatrix} -2 & -2 & -2 \\ -1 & -2 & -2 \\ -2 & -2 & -2 \end{bmatrix} \longrightarrow \begin{bmatrix} 1 & 1 & 1 \\ 0 & 0 & 0 \\ 0 & 0 & 0 \end{bmatrix}$$

이제 E를 고유치 2에 대응하는 고유공간이라고 하면, E는 동차 일차방정식 $x_1 + x_2 + x_3 = 0$ 의 해공간이다. 따라서

$$\begin{aligned} \mathrm{E} &= \{(x_1, x_2, x_3)\ \mathscr{E}^3 \mid x_1 + x_2 + x_3 = 0\} \\ &= \langle (1, -1, 0), (1, 0, -1) \rangle, \\ \mathrm{E}^{\perp} &= \langle (1, 1, 1) \rangle \end{aligned}$$

이고 $\mathrm{E}^{\perp}$ 은 고유치 8에 대응하는 고유공간이다(보기 5.1.5, 정리 5.5.2).

세 벡터 $u_1 = (1, -1, 0)$, $u_2 = (1, 0, -1)$, $u_3 = (1, 1, 1)$ 에 대하여

$$v_1 = u_1 = (1, -1, 0),$$

$$v_2 = u_2 - \frac{u_2 \cdot v_1}{v_1 \cdot v_1} v_1 = \frac{1}{2}(1, 1, -2),$$

$$v_3 = u_3 = (1, 1, 1)$$

$$w_1 = \frac{v_1}{\|v_1\|} = \frac{1}{\sqrt{2}}(1, -1, 0) = (\frac{1}{\sqrt{2}}, \frac{-1}{\sqrt{2}}, 0),$$

$$w_2 = \frac{v_2}{\|v_2\|} = \frac{(1, 1, -2)}{\|(1, 1, -2)\|} = \frac{1}{\sqrt{6}}(1, 1, -2) = (\frac{1}{\sqrt{6}}, \frac{1}{\sqrt{6}}, \frac{-2}{\sqrt{6}})$$

$$w_3 = \frac{v_3}{\|v_3\|} = (\frac{1}{\sqrt{3}}, \frac{1}{\sqrt{3}}, \frac{1}{\sqrt{3}})$$

이라고 하면, $\mathscr{C} = \{w_1, w_2, w_3\}$는 유클리드 공간 $\mathscr{E}^3$의 직교기저이다.

따라서

$$P = \begin{bmatrix} \frac{1}{\sqrt{2}} & \frac{1}{\sqrt{6}} & \frac{1}{\sqrt{3}} \\ \frac{-1}{\sqrt{2}} & \frac{1}{\sqrt{6}} & \frac{1}{\sqrt{3}} \\ 0 & \frac{-2}{\sqrt{6}} & \frac{1}{\sqrt{3}} \end{bmatrix}, \qquad D = \begin{bmatrix} 2 & 0 & 0 \\ 0 & 2 & 0 \\ 0 & 0 & 8 \end{bmatrix}$$

이라고 하면, P는 직교행렬이고 $P^{-1}AP = P^TAP = D$, $\det P = 1$ 이다.

그리고,

$$\begin{bmatrix} x_1 \\ x_2 \\ x_3 \end{bmatrix} = P \begin{bmatrix} x_1' \\ x_2' \\ x_3' \end{bmatrix} \quad \text{즉} \quad \begin{cases} x_1 = \frac{1}{\sqrt{2}} x_1' + \frac{1}{\sqrt{6}} x_2' + \frac{1}{\sqrt{3}} x_3' \\ x_2 = \frac{-1}{\sqrt{2}} x_1' + \frac{1}{\sqrt{6}} x_2' + \frac{1}{\sqrt{3}} x_3' \\ x_3 = \qquad\qquad - \frac{2}{\sqrt{6}} x_2' + \frac{1}{\sqrt{3}} x_3' \end{cases}$$

이라고 하면, $q(x_1, x_2, x_3) = 2x_1'^2 + 2x_2'^2 + 8x_3'^2$ 이다.

보기 5.5.3 다음과 같이 정의된 이차형식 $q : \mathbb{R}^3 \longrightarrow \mathbb{R}$ 를 생각해 보자.

$$q(x_1, x_2, x_3) = x_1^2 + x_3^2 - 2x_1x_2 - 4x_1x_3 - 2x_2x_3$$

이 이차형식의 행렬은 대칭행렬

$$A = \begin{bmatrix} 1 & -1 & -2 \\ -1 & 0 & -1 \\ -2 & -1 & 1 \end{bmatrix}$$

이고, 이 행렬의 고유다항식은 $f(x) = (x-1)(x+2)(x-3)$ 이다.

따라서 A 의 고유치는 $1, -2, 3$ 이고 이들 고유치에 대응하는 고유공간은 각각 $\mathrm{E}_1 = \langle(1, -2, 1)\rangle$, $\mathrm{E}_2 = \langle(1, 1, 1)\rangle$, $\mathrm{E}_3 = \langle(-1, 0, 1)\rangle$ 이다.

이제 $v_1 = (1, -2, 1)$, $v_2 = (1, 1, 1)$, $v_3 = (-1, 0, 1)$ 이라고 하면, 이들 세 벡터는 서로 직교한다(정리 5.5.2). 그러므로

$$w_1 = \frac{v_1}{\| v_1 \|} = \left(\frac{1}{\sqrt{6}}, \frac{-2}{\sqrt{6}}, \frac{1}{\sqrt{6}}\right),$$

$$w_2 = \frac{v_2}{\| v_2 \|} = \left(\frac{1}{\sqrt{3}}, \frac{1}{\sqrt{3}}, \frac{1}{\sqrt{3}}\right),$$

$$w_3 = \frac{v_3}{\| v_3 \|} = \left(\frac{-1}{\sqrt{2}}, 0, \frac{1}{\sqrt{2}}\right)$$

이라고 하면, $\mathscr{C} = \{w_1, w_2, w_3\}$ 는 $\mathscr{E}^3$ 의 직교 정규기저이다. 따라서

$$P = \begin{bmatrix} \frac{1}{\sqrt{6}} & \frac{1}{\sqrt{3}} & \frac{-1}{\sqrt{2}} \\ \frac{-2}{\sqrt{6}} & \frac{1}{\sqrt{3}} & 0 \\ \frac{1}{\sqrt{6}} & \frac{1}{\sqrt{3}} & \frac{1}{\sqrt{2}} \end{bmatrix}, \qquad D = \begin{bmatrix} 1 & 0 & 0 \\ 0 & -2 & 0 \\ 0 & 0 & 3 \end{bmatrix}$$

이라고 하면, P 는 직교행렬이고 $P^{-1}AP = P^TAP = D$ 이다. 그리고,

$$\begin{bmatrix} x_1 \\ x_2 \\ x_3 \end{bmatrix} = P \begin{bmatrix} x_1' \\ x_2' \\ x_3' \end{bmatrix} \quad \text{즉} \quad \begin{cases} x_1 = \dfrac{1}{\sqrt{6}} x_1' + \dfrac{1}{\sqrt{3}} x_2' - \dfrac{1}{\sqrt{2}} x_3' \\ x_2 = \dfrac{-2}{\sqrt{6}} x_1' + \dfrac{1}{\sqrt{3}} x_2' \\ x_3 = \dfrac{1}{\sqrt{6}} x_1' + \dfrac{1}{\sqrt{3}} x_2' + \dfrac{1}{\sqrt{2}} x_3' \end{cases}$$

이라고 하면, $q(x_1, x_2, x_3) = {x_1'}^2 - 2{x_2'}^2 + 3{x_3'}^2$ 이다.

연 습 문 제 (5.5)

1. 다음 식을 행렬을 써서 나타내어라.

(1) $2x_1y_1 + x_2y_1 + 3x_2y_2$

(2) $2x_1y_1 + 3x_1y_2 + 4x_2y_1 + 4x_2y_2 + x_2y_3 - x_3y_2 + 2x_3y_3$

2. 다음 식을 대칭행렬을 써서 나타내어라.

(1) $q(x_1, x_2) = 8x_1^2 + x_2^2 + 10x_1x_2$

(2) $q(x_1, x_2, x_3) = x_1^2 + 5x_1x_2 - x_2^2 + 6x_2x_3 + 2x_3^2$

3. 실수체 $\mathbb{R}$ 위에서 다음 대칭행렬과 닮은 대각행렬을 구하여라.

*(1) $A = \begin{bmatrix} 2 & 3 \\ 3 & 4 \end{bmatrix}$　　(2) $A = \begin{bmatrix} 1 & 4 \\ 4 & -3 \end{bmatrix}$

4. 실수체 $\mathbb{R}$ 위에서 다음 대칭행렬과 닮은 대각행렬을 구하여라.

(1) $A = \begin{bmatrix} 2 & 1 & 1 \\ 1 & 2 & 1 \\ 1 & 1 & 2 \end{bmatrix}$　　(2) $A = \begin{bmatrix} 10 & 0 & 2 \\ 0 & 6 & 0 \\ 2 & 0 & 7 \end{bmatrix}$

***5.** 다음 식의 변수를 적당히 변환하여 이들 식을

$$\lambda_1 x_1'^2 + \lambda_2 x_2'^2 \quad \text{또는} \quad \lambda_1 x_1'^2 + \lambda_2 x_2'^2 + \lambda_3 x_3'^2$$

의 꼴로 나타내어라.

(1) $q(x_1, x_2) = x_1^2 + 8x_1x_2 - 3x_2^2$

(2) $q(x_1, x_2, x_3) = 2x_1^2 + 2x_2^2 + 2x_3^2 - 2x_1x_2 + 2x_1x_3 + 2x_2x_3$

(3) $q(x_1, x_2, x_3) = x_1^2 + x_2^2 - x_3^2 + 4x_1x_3 + 4x_2x_3$

***6.** 두 대칭행렬 $A, B \in \mathrm{Mat}_n(\mathbb{R})$에 대하여 다음이 성립함을 증명하여라.

(1) $A \neq O_n$ 이면, $\mathrm{tr}\, A^2 > 0$ 이다.

(2) $AB = BA$ 일 때 그리고 이때에만 AB 는 대칭행렬이다.

§5.6 이차곡선과 이차곡면

유클리드 평면 $\mathscr{E}^2$ 에서 실수를 계수로 가지는 x_1, x_2 에 관한 이차방정식

$$a x_1^2 + 2 h x_1 x_2 + b x_2^2 + 2 c x_1 + d x_2 + e = 0$$

을 만족시키는 점 (x_1, x_2) 전체의 집합을 **이차곡선**(quadratic curve) 또는 **원뿔곡선**(conic)이라고 한다. 이제

$$\begin{aligned} q(x_1, x_2) &= a x_1^2 + 2 h x_1 x_2 + b x_2^2 \\ &= [x_1 \;\; x_2]\, A \begin{bmatrix} x_1 \\ x_2 \end{bmatrix}, \qquad A = \begin{bmatrix} a & h \\ h & b \end{bmatrix} \neq O_2 \end{aligned}$$

이라고 하면, 대칭행렬 A 는 중복을 허락하여 두 (실수인) 고유치 λ_1, λ_2 를 가지며 고유치 λ_1, λ_2 에 대응하는 고유벡터 $\mathscr{C} = \{w_1, w_2\}$ 는 유클리드 평면 $\mathscr{E}^2$ 의 직교정규기저이다(정리 5.5.3 참조). 따라서 w_1, w_2 는 적당한 실수 θ $(0 \leq \theta < 2\pi)$ 에 대하여

$$w_1 = (\cos\theta, \sin\theta), \quad w_2 = (-\sin\theta, \cos\theta)$$

와 같은 꼴이고(보기 5.1.3), 이때

$$P = \begin{bmatrix} \cos\theta & -\sin\theta \\ \sin\theta & \cos\theta \end{bmatrix}, \qquad D = \begin{bmatrix} \lambda_1 & 0 \\ 0 & \lambda_2 \end{bmatrix}$$

이라고 하면 P 는 직교행렬이고 $P^{-1}AP = P^T A P = D$, $\det P = 1$ 이며

$$\begin{bmatrix} x_1 \\ x_2 \end{bmatrix} = P \begin{bmatrix} x_1' \\ x_2' \end{bmatrix} \quad \text{즉} \quad \begin{cases} x_1 = \cos\theta\, x_1' - \sin\theta\, x_2' \\ x_2 = \sin\theta\, x_1' + \cos\theta\, x_2' \end{cases}$$

이라고 놓으면 $q(x_1, x_2) = \lambda x_1'^2 + \lambda_2 x_2'^2$ 이다(정리 5.5.3).

따라서 위의 이차방정식는 다음과 같은 꼴로 변형된다.

$$(*) \qquad \lambda_1 x_1'^2 + \lambda_2 x_2'^2 - 2 c_1 x_1' - 2 c_2 x_2' + e = 0$$

한편, $A \neq O_2$ 이므로, λ_1, λ_2 중에서 적어도 하나는 0이 아니고 따라서 $\lambda_1 \neq 0$ 이라고 가정하자.

먼저 $\lambda_1 \neq 0$, $\lambda_2 \neq 0$ 인 경우에 (*) 는

$$\lambda_1(x_1' - \frac{c_1}{\lambda_1})^2 + \lambda_2(x_2' - \frac{c_2}{\lambda_2})^2 = \frac{c_1^2}{\lambda_1^2} + \frac{c_2^2}{\lambda_2^2} - e$$

으로 고쳐 쓸 수 있으므로

$$\begin{cases} x_1'' = x_1' - \dfrac{c_1}{\lambda_1} \\ x_2'' = x_2' - \dfrac{c_2}{\lambda_2} \end{cases}$$

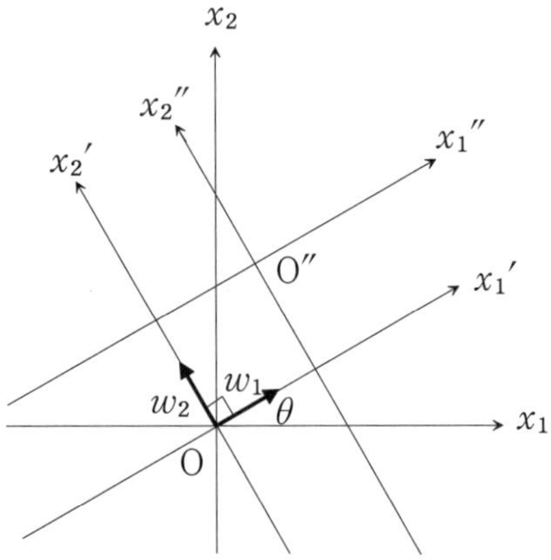

으로 놓으면 이 방정식은

$$\lambda_1 x_1''^2 + \lambda_2 x_2''^2 = r$$

와 같은 꼴로 변형된다.

오른쪽 그림에서 직교좌표계 O-$x_1'x_2'$은 본래의 직교좌표계 O-x_1x_2를 원점 둘레로 θ만큼 회전시킨 것이고, 직교좌표계 O''-$x_1''x_2''$은 직교좌표계 O-$x_1'x_2'$을 평행이동시킨 것이다.

한편, $\lambda_1 \neq 0$, $\lambda_2 = 0$ 인 경우에 방정식 (*) 는

$$\lambda_1(x_1' - \frac{c_1}{\lambda_1})^2 - 2c_2x_2' = \frac{c_1^2}{\lambda_1^2} - e$$

으로 고쳐 쓸 수 있으므로

$$x_1'' = x_1' - \frac{c_1}{\lambda_1}, \quad x_2'' = x_2'$$

으로 놓으면, 앞의 방정식은 다음과 같은 꼴로 변형된다.

$$\lambda_1 x_1''^2 - 2c_2x_2'' = s$$

여기서, $c_2 = 0$ 일 때 이 방정식은 $\lambda_1 x_1''^2 = s$ 와 같고, $c_2 \neq 0$ 일 때

$$y_1 = x_1'', \quad y_2 = x_2'' + \frac{s}{2c_2}$$

로 놓으면 이 방정식은 $\lambda_1 y_1^2 - 2c_2y_2 = 0$ 으로 변형된다.

앞에서 본 바와 같이 좌표축의 회전이동(원점 둘레의) 또는 평행이동을 유한 번 시행하면, 주어진 방정식은 다음과 같은 유형으로 변형된다.

(1-1) $\lambda_1 x_1^2 + \lambda_2 x_2^2 = r$ $\quad(\lambda_1 \neq 0,\ \lambda_2 \neq 0)$

(1-2) $\lambda_1 x_1^2 = s$ 또는 $\lambda_1 x_1^2 - 2kx_2 = 0$ $\quad(\lambda_1 \neq 0,\ \lambda_2 = 0)$

그러므로 변수를 적절히 바꾸면 이차곡선의 방정식은 다음과 같이 분류된다 이들 방정식을 이차곡선의 방정식의 **표준형**(canonical form) 이라고 한다. 여기서, a_1, a_2는 양의 실수이다.

① 타원(ellipse)

$$\frac{x_1^2}{a_1^2} + \frac{x_2^2}{a_2^2} = 1$$

② 虛타원(imaginary ellipse)

$$\frac{x_1^2}{a_1^2} + \frac{x_2^2}{a_2^2} = -1$$

③ 點타원(point ellipse)

$$\frac{x_1^2}{a_1^2} + \frac{x_2^2}{a_2^2} = 0$$

④ 쌍곡선(hyperbola)

$$\frac{x_1^2}{a_1^2} - \frac{x_2^2}{a_2^2} = \pm 1$$

⑤ 서로 만나는 두 직선

$$\frac{x_1^2}{a_1^2} - \frac{x_2^2}{a_2^2} = 0 \quad \text{즉} \quad \frac{x_1}{a_1} \pm \frac{x_2}{a_2} = 0$$

⑥ 포물선(parabola)

$$x_1^2 = 4px_2 \quad (p \neq 0)$$

⑦ 평행한 두 직선

$$x_1^2 = c^2 \quad (c \neq 0)$$

⑧ 평행한 두 虛직선

$$x_1^2 = -c^2 \quad (c \neq 0)$$

⑨ 일치하는 두 직선

$$x_1^2 = 0$$

한편, 다음이 성립한다(정리 4.1.6, 정리 2.6.8 참조).

$$\det A = \det D = \lambda_1 \lambda_2,$$

$$r(A) = r(D) = 2 \iff \lambda_1 \neq 0,\ \lambda_2 \neq 0$$

$$r(A) = r(D) = 1 \iff \lambda_1 \neq 0,\ \lambda_2 = 0 \text{ 또는 } \lambda_1 = 0,\ \lambda_2 \neq 0$$

특히, $\det A = \lambda_1 \lambda_2 > 0$ 이면 이차곡선은 타원 또는 허타원, 점타원이고, $\det A = \lambda_1 \lambda_2 < 0$ 이면 이차곡선은 쌍곡선 또는 서로 만나는 두 직선이다.

보기 5.6.1 다음과 같은 x_1, x_2에 관한 이차방정식을 생각해 보자.

$$5x_1^2 + 4x_1x_2 + 2x_2^2 - 6x_1 - 33 = 0$$

보기 5.5.1에 의하면, $q(x_1, x_2) = 5x_1^2 + 4x_1x_2 + 2x_2^2$에 대하여

$$P = \begin{bmatrix} \frac{1}{\sqrt{5}} & \frac{2}{\sqrt{5}} \\ \frac{-2}{\sqrt{5}} & \frac{1}{\sqrt{5}} \end{bmatrix}, \qquad D = \begin{bmatrix} 1 & 0 \\ 0 & 6 \end{bmatrix}$$

$$\begin{bmatrix} x_1 \\ x_2 \end{bmatrix} = P \begin{bmatrix} x_1' \\ x_2' \end{bmatrix} \quad \text{즉} \quad \begin{cases} x_1 = \frac{1}{\sqrt{5}}\,x_1' + \frac{2}{\sqrt{5}}\,x_2' \\ x_2 = \frac{-2}{\sqrt{5}}\,x_1' + \frac{1}{\sqrt{5}}\,x_2' \end{cases}$$

이라고 놓으면 $q(x_1, x_2) = x_1'^2 + 6x_2'^2$이므로 주어진 이차방정식은 다음과 같이 변형된다.

$$x_1'^2 + 6x_2'^2 - \frac{6}{\sqrt{5}}x_1' - \frac{12}{\sqrt{5}}x_2' - 33 = 0$$

$$(x_1'^2 - \frac{6}{\sqrt{5}}x_1') + 6(x_2'^2 - \frac{2}{\sqrt{5}}x_2') = 33$$

$$(x_1' - \frac{3}{\sqrt{5}})^2 + 6(x_2' - \frac{1}{\sqrt{5}})^2 = 6^2$$

따라서

$$\begin{cases} x_1'' = x_1' - \frac{3}{\sqrt{5}} \\ x_2'' = x_2' - \frac{1}{\sqrt{5}} \end{cases}$$

이라고 놓으면, 위의 방정식은

$$\frac{x_1''^2}{6^2} + \frac{x_2''^2}{(\sqrt{6})^2} = 1$$

로 변형되므로 주어진 방정식이 나타내는 이차곡선은 위의 그림과 같은 타원이다.

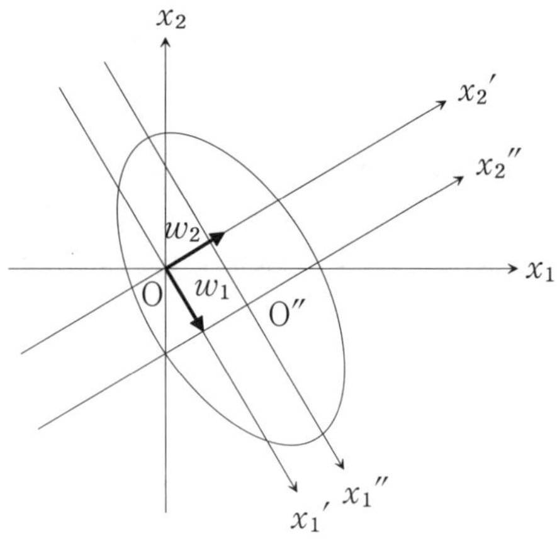

$$w_1 = (\frac{1}{\sqrt{5}}, \frac{-2}{\sqrt{5}}), \ w_2 = (\frac{2}{\sqrt{5}}, \frac{1}{\sqrt{5}})$$

유클리드공간 $\mathscr{E}^3$ 에서 실수를 계수로 가지는 x_1, x_2, x_3 에 관한 이차 방정식

$$a_{11}x_1^2 + a_{22}x_2^2 + a_{33}x_3^2 + 2a_{12}x_1x_2 + 2a_{13}x_1x_3 + 2a_{23}x_2x_3 + 2b_1x_1 + 2b_2x_2 + 2b_3x_3 + e = 0$$

을 만족시키는 점 (x_1, x_2, x_3) 전체의 집합을 **이차곡면**(quadratic surface)이라고 한다. 여기서

$$\begin{aligned} q(x_1, x_2, x_3) &= a_{11}x_1^2 + a_{22}x_2^2 + a_{33}x_3^2 \\ &\quad + 2a_{12}x_1x_2 + 2a_{13}x_1x_3 + 2a_{23}x_2x_3 \\ &= [x_1\ x_2\ x_3]\,A\begin{bmatrix} x_1 \\ x_2 \\ x_3 \end{bmatrix}, \qquad A = \begin{bmatrix} a_{11} & a_{12} & a_{13} \\ a_{12} & a_{22} & a_{23} \\ a_{13} & a_{23} & a_{33} \end{bmatrix} \neq O_3 \end{aligned}$$

이라고 하면, 대칭행렬 A 는 중복을 허락하여 3개의 고유치 $\lambda_1, \lambda_2, \lambda_3$ 를 가지며 유클리드 공간 $\mathscr{E}^3$ 에는 A 의 고유벡터들로 이루어진 직교정규기저 $\mathscr{C} = \{w_1, w_2, w_3\}$ 가 존재한다(정리 5.5.3). 그리고, w_1, w_2, w_3 를 각각 $\lambda_1, \lambda_2, \lambda_3$ 에 대응하는 고유벡터라 하고 w_1, w_2, w_3 를 열벡터로 가지는 행렬을 P 라고 하면, P 는 직교행렬이고 $P^TAP = \mathrm{diag}\{\lambda_1, \lambda_2, \lambda_3\}$ 이며 필요하다면 w_1 과 w_2 의 순서를 바꾸어 $\det P = 1$ 이라고 생각할 수 있다. 또,

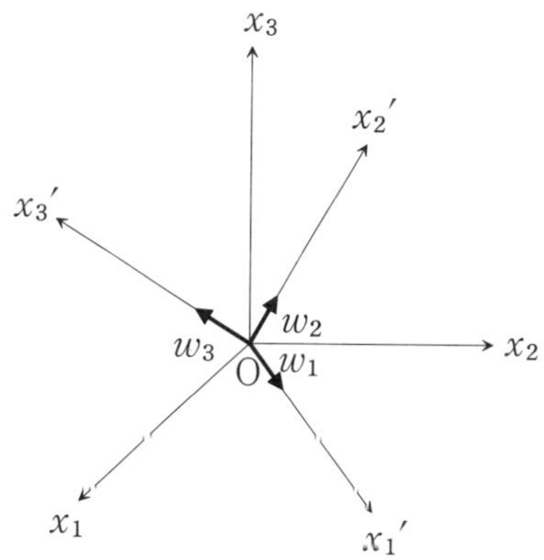

$$\begin{bmatrix} x_1 \\ x_2 \\ x_3 \end{bmatrix} = P\begin{bmatrix} x_1' \\ x_2' \\ x_3' \end{bmatrix}$$

이라고 하면, $q(x_1, x_2, x_3) = \lambda_1 x_1'^2 + \lambda_2 x_2'^2 + \lambda_3 x_3'^2$ 이고 주어진 이차 방정식은 다음과 같은 꼴로 변형된다.

$$\lambda_1 x_1'^2 + \lambda_2 x_2^2 + \lambda_3 x_3'^2 - 2c_1x_1' - 2c_2x_2 - 2c_3x_3' + e = 0$$

그리고, 변수를 적절히 바꾸면 이차곡면의 방정식은 다음과 같은 17가지로 분류된다. 여기서, a_1, a_2, a_3 는 양의 실수이다.

이러한 이차방정식을 이차곡면의 방정식의 **표준형**이라고 한다.

① 타원면(ellipsoid) $\frac{x_1^2}{a_1^2}+\frac{x_2^2}{a_2^2}+\frac{x_3^2}{a_3^2}=1$

② 虛타원면 $\frac{x_1^2}{a_1^2}+\frac{x_2^2}{a_2^2}+\frac{x_3^2}{a_3^2}=-1$

③ 點타원면 $\frac{x_1^2}{a_1^2}+\frac{x_2^2}{a_2^2}+\frac{x_3^2}{a_3^2}=0$

④ 一葉 쌍곡면(hyperboloid of 1 sheet) $\frac{x_1^2}{a_1^2}+\frac{x_2^2}{a_2^2}-\frac{x_3^2}{a_3^2}=1$

⑤ 二葉 쌍곡면 $\frac{x_1^2}{a_1^2}+\frac{x_2^2}{a_2^2}-\frac{x_3^2}{a_3^2}=-1$

⑥ 타원뿔면(elliptic cone) $\frac{x_1^2}{a_1^2}+\frac{x_2^2}{a_2^2}-\frac{x_3^2}{a_3^2}=0$

⑦ 타원포물면(elliptic paraboloid) $\frac{x_1^2}{a_1^2}+\frac{x_2^2}{a_2^2}=2x_3$

⑧ 쌍곡포물면(hyperbolic paraboloid) $\frac{x_1^2}{a_1^2}-\frac{x_2^2}{a_2^2}=-2x_3$

⑨ 타원기둥면(elliptic cylinder) $\frac{x_1^2}{a_1^2}+\frac{x_2^2}{a_2^2}=1$

⑩ 허타원기둥면 $\frac{x_1^2}{a_1^2}+\frac{x_2^2}{a_2^2}=-1$

⑪ 점타원기둥면 $\frac{x_1^2}{a_1^2}+\frac{x_2^2}{a_2^2}=0$

⑫ 쌍곡기둥면(hyperbolic cylinder) $\frac{x_1^2}{a_1^2}-\frac{x_2^2}{a_2^2}=1$

⑬ 서로 만나는 두 평면 $\frac{x_1^2}{a_1^2}-\frac{x_2^2}{a_2^2}=0$

⑭ 포물기둥면 $x_1^2=4px_2 \quad (p\neq 0)$

⑮ 서로 평행한 두 평면 $x_1^2=c^2 \quad (c\neq 0)$

⑯ 서로 평행한 두 허평면 $x_1^2=-c^2 \quad (c\neq 0)$

⑰ 일치하는 두 평면 $x_1^2=0$

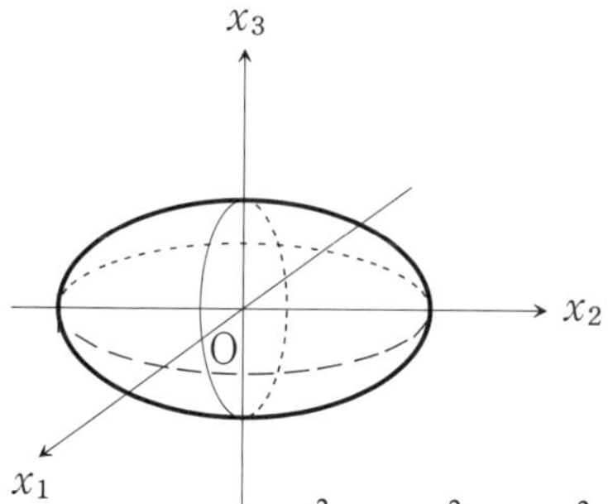

$$\frac{x_1^2}{a_1^2} + \frac{x_2^2}{a_2^2} + \frac{x_3^2}{a_3^2} = 1$$

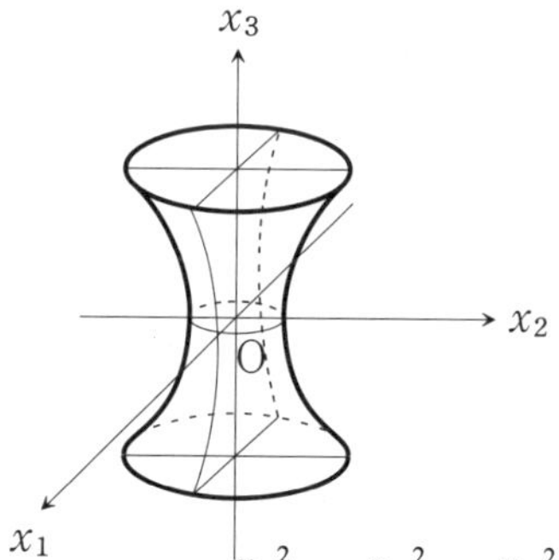

$$\frac{x_1^2}{a_1^2} + \frac{x_2^2}{a_2^2} - \frac{x_3^2}{a_3^2} = 1$$

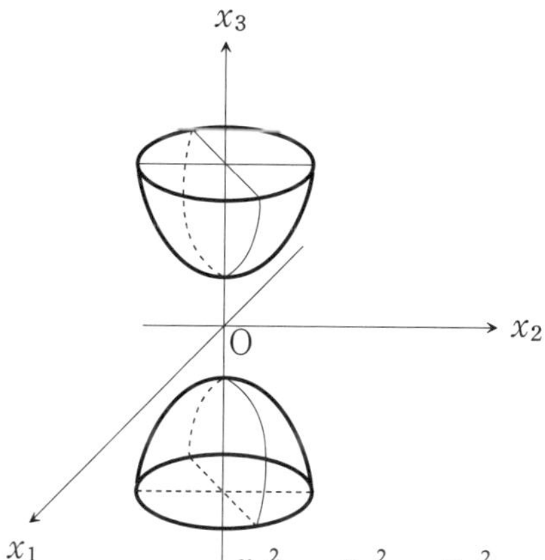

$$\frac{x_1^2}{a_1^2} + \frac{x_2^2}{a_2^2} - \frac{x_3^2}{a_3^2} = -1$$

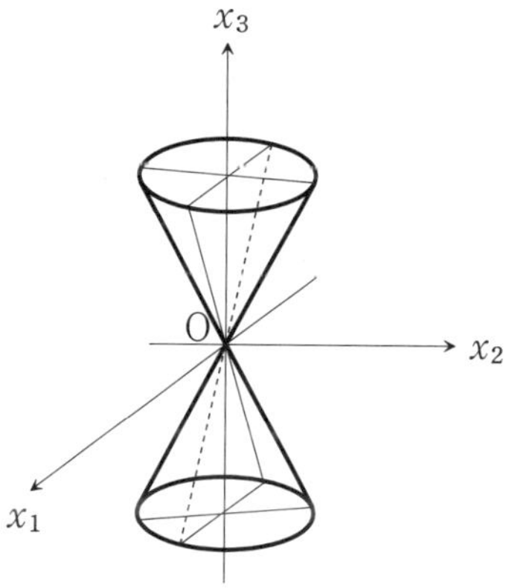

$$\frac{x_1^2}{a_1^2} + \frac{x_2^2}{a_2^2} - \frac{x_3^2}{a_3^2} = 0$$

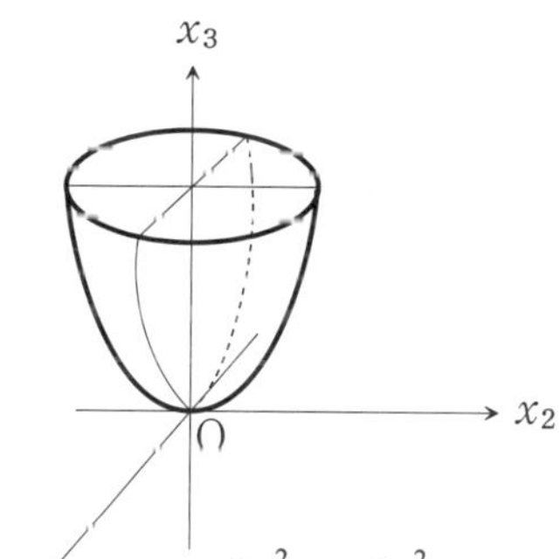

$$\frac{x_1^2}{a_1^2} + \frac{x_2^2}{a_2^2} = 2x_3$$

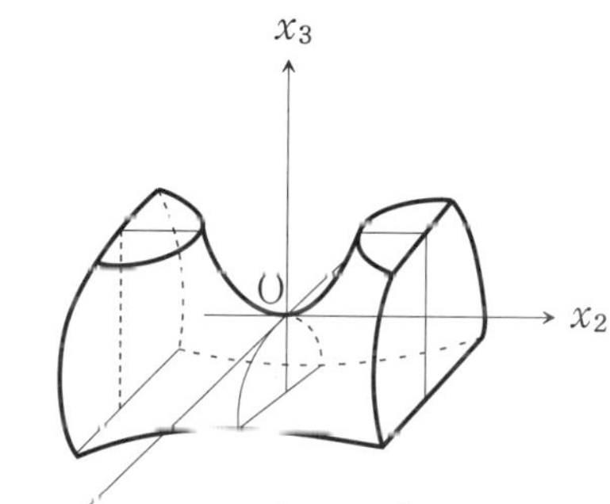

$$\frac{x_1^2}{a_1^2} - \frac{x_2^2}{a_2^2} = -2x_3$$

보기 5.6.2 다음과 같은 이차방정식을 생각해 보자.

$$x_1^2 + x_3^2 - 2x_1x_2 - 4x_1x_3 - 2x_2x_3 - 6x_1 + 2x_2 + 12x_3 + 5 = 0$$

먼저 $q(x_1,\ x_2,\ x_3) = x_1^2 + x_3^2 - 2x_1x_2 - 4x_1x_3 - 2x_2x_3$ 이라고 하자. 이 때, 보기 5.5.3 에 의하여

$$P = \begin{bmatrix} \frac{1}{\sqrt{6}} & \frac{1}{\sqrt{3}} & \frac{-1}{\sqrt{2}} \\ \frac{-2}{\sqrt{6}} & \frac{1}{\sqrt{3}} & 0 \\ \frac{1}{\sqrt{6}} & \frac{1}{\sqrt{3}} & \frac{1}{\sqrt{2}} \end{bmatrix}, \qquad D = \begin{bmatrix} 1 & 0 & 0 \\ 0 & -2 & 0 \\ 0 & 0 & 3 \end{bmatrix}$$

$$\begin{bmatrix} x_1 \\ x_2 \\ x_3 \end{bmatrix} = P \begin{bmatrix} x_1' \\ x_2' \\ x_3' \end{bmatrix} \quad \text{즉} \quad \begin{cases} x_1 = \frac{1}{\sqrt{6}} x_1' + \frac{1}{\sqrt{3}} x_2' - \frac{1}{\sqrt{2}} x_3' \\ x_2 = \frac{-2}{\sqrt{6}} x_1' + \frac{1}{\sqrt{3}} x_2' \\ x_3 = \frac{1}{\sqrt{6}} x_1' + \frac{1}{\sqrt{3}} x_2' + \frac{1}{\sqrt{2}} x_3' \end{cases}$$

이라고 하면, $q(x_1, x_2, x_3) = x_1'^2 - 2x_2'^2 + 3x_3'^2$ 이다.

그러므로 주어진 방정식은

$$x_1'^2 - 2x_2'^2 + 3x_3'^2 + \frac{2}{\sqrt{6}} x_1' + \frac{8}{\sqrt{3}} x_2' + \frac{18}{\sqrt{2}} x_3' + 5 = 0$$

$$(x_1' + \frac{1}{\sqrt{6}})^2 - 2(x_2' - \frac{2}{\sqrt{3}})^2 + 3(x_3' + \frac{3}{\sqrt{2}})^2 = 6$$

으로 변형되고, 또

$$\begin{cases} x_1'' = x_1' + \frac{1}{\sqrt{6}} \\ x_2'' = x_2' - \frac{2}{\sqrt{3}} \\ x_3'' = x_3' + \frac{3}{\sqrt{2}} \end{cases}$$

로 놓으면 위의 방정식은 다음과 같이 변형된다.

$$x_1''^2 - 2x_2''^2 + 3x_3''^2 = 6 \quad \text{즉} \quad \frac{x_1''^2}{(\sqrt{6})^2} - \frac{x_2''^2}{(\sqrt{3})^2} + \frac{x_3'^2}{(\sqrt{2})^2} = 1$$

따라서 주어진 이차방정식은 일엽 쌍곡면을 나타낸다.

연 습 문 제 (5.6)

1. 두 변수 x_1, x_2에 관한 식

$$f(x_1, x_2) = [\, x_1 \;\; x_2 \;\; 1\,] \begin{bmatrix} a & h & c \\ h & b & d \\ c & d & e \end{bmatrix} \begin{bmatrix} x_1 \\ x_2 \\ 1 \end{bmatrix}$$

는 다음과 같은 식을 나타냄을 확인하여라.

$$f(x_1, x_2) = a x_1^2 + 2 h x_1 x_2 + b x_2^2 + 2 c x_1 + 2 d x_2 + e$$

그리고

$$g(x_1, x_2) = 2x_1^2 + 4 x_1 x_2 + 3 x_2^2 + 5 x_1 - 8 x_2 + 3$$

을 위의 같은 꼴의 식으로 나타내어라.

2. 다음 방정식의 표준형을 구하여라.

(1) $4 x_1^2 + 12 x_1 x_2 + 9 x_2^2 + 3 x_1 - 4 = 0$

(2) $x_1^2 + 3 x_1 x_2 + x_2^2 + 2 x_1 = 0$

*3. 다음 이차방정식의 표준형을 구하고, 또 그 그래프를 그려라.

(1) $11 x_1^2 + 6 x_1 x_2 + 19 x_2^2 = 80$

(2) $5 x_1^2 + 2 x_1 x_2 + 5 x_2^2 - 8 x_1 + 8 x_2 = 16$

(3) $2 x_1^2 + 4 x_1 x_2 - x_2^2 - 12 x_1 = 0$

(4) $2 x_1^2 - 4 x_1 x_2 + 5 x_2^2 - 36 = 0$

*4. 다음과 같은 x_1, x_2, x_3에 관한 이차방정식의 표준형을 구하여라.

(1) $2 x_1^2 + 3 x_2^2 + x_3^2 + 2\sqrt{2}\, x_1 x_3 + 2\sqrt{2}\, x_1 + 2 x_3 = 2$

(2) $x_1^2 - x_2 x_3 + 2 x_1 - 4 x_2 + 3 x_3 = 12$

*5. 다음과 같은 x_1, x_2, x_3에 관한 이차방정식의 표준형을 구하여라.

$$2 x_1^2 + 2 x_2^2 + 5 x_3^2 - 4 x_1 x_2 - 2 x_1 x_3 + 2 x_2 x_3 - 10 x_1 - 6 x_2 - 2 x_3 = 0$$

§ 5.7 양의 정부호 대칭행렬과 이차형식

이 절에서는, 실수체 $\mathbb{R}$ 위의 대칭행렬에 대하여 논한다.

실수체 $\mathbb{R}$ 위의 n차의 행렬 A가 대칭행렬일 때, A는 중복을 허락하여 n개의 (실수인) 고유치를 가진다(정리 5.5.2).

정리 5.7.1 실수체 $\mathbb{R}$ 위의 n차의 대칭행렬 A의 n개의 고유치 중에서 중복을 허락하여 p개의 고유치 $\lambda_1, \cdots, \lambda_p$가 양의 실수이고 t개의 고유치 $\lambda_{p+1}, \cdots, \lambda_{p+t}$가 음의 실수일 때 다음이 성립한다.

(1) 적당한 직교행렬 P와 대각행렬

$$D = \text{diag}\{\lambda_1, \cdots, \lambda_p, \lambda_{p+1}, \cdots, \lambda_{p+t}, 0, \cdots, 0\}$$

에 대하여 $P^T AP = P^{-1}AP = D$이고 $r(A) = r(D) = p + t$이다.

(2) 적당한 정칙행렬 Q와 대각행렬

$$D' = \text{diag}\{\underbrace{1, \cdots, 1}_{p}, \underbrace{-1, \cdots, -1}_{t}, 0, \cdots, 0\}$$

에 대하여 $Q^T AQ = D'$이다.

증 명 정리 5.5.3에 의하면, 적당한 직교행렬 P에 대하여

$$P^T AP = P^{-1}AP = \text{diag}\{\lambda_1, \cdots, \lambda_p, \lambda_{p+1}, \cdots, \lambda_{p+t}, 0, \cdots, 0\} = D$$

이고 따라서 $r(A) = r(D) = p + t$이다(정리 2.6.8, 문제 2.6.4). 또,

$$R = \text{diag}\{\frac{1}{\sqrt{\lambda_1}}, \cdots, \frac{1}{\sqrt{\lambda_p}}, \frac{1}{\sqrt{-\lambda_{p+1}}}, \cdots, \frac{1}{\sqrt{-\lambda_{p+t}}}, 1, \cdots, 1\}$$

이라 하고 $Q = PR$이라고 하면, R는 정칙행렬이므로 Q도 정칙행렬이고 다음 등식이 성립한다.

$$\begin{aligned} Q^T AQ &= (PR)^T A(PR) = R^T(P^T AP)R \\ &= R^T DR = \text{diag}\{\underbrace{1, \cdots, 1}_{p}, \underbrace{-1, \cdots, -1}_{t}, 0, \cdots, 0\} = D' \end{aligned}$$

보기 5.7.1 다음 두 대칭행렬을 생각해 보자(실수체 $\mathbb{R}$ 위에서).

$$(1)\ A = \begin{bmatrix} 0 & -2 & 0 \\ -2 & 0 & 3 \\ 0 & 3 & 0 \end{bmatrix} \qquad (2)\ B = \begin{bmatrix} 4 & -3 & 1 \\ -3 & 1 & 2 \\ 1 & 2 & 2 \end{bmatrix}$$

(1) 대칭행렬 A 의 고유다항식은 $f(x) = x(x^2 - 13)$ 이고 따라서 A 의 고유치는 $\sqrt{13}, -\sqrt{13}, 0$ 이다. 그러므로 $r(A) = 2$ 이고, 적당한 정칙행렬 Q 에 대하여 $Q^T A Q = \operatorname{diag}\{1, -1, 0\}$ 이다.

(2) 대칭행렬 B 의 고유다항식은 $f(x) = x^3 - 7x^2 + 39$ 이다.

따라서 $\lambda_1, \lambda_2, \lambda_3$ 를 B 의 고유치라고 하면, 다음이 성립한다(정리 4.2.10).

$$\det B = \lambda_1 \lambda_2 \lambda_3 = -39, \qquad \operatorname{tr} B = \lambda_1 + \lambda_2 + \lambda_3 = 7$$

그런데 $\lambda_1, \lambda_2, \lambda_3$ 는 모두 실수이므로 이들 중에서 한 고유치는 음수이고 나머지 두 고유치는 양수이다. 그러므로 $r(B) = 3$ 이고, 적당한 정칙행렬 Q 에 대하여 $Q^T B Q = \operatorname{diag}\{1, 1, -1\}$ 이다.

정의 5.7.2 실수체 $\mathbb{R}$ 위의 n 차의 대칭행렬 $A = [a_{ij}]_{n \times n}$ 에 대하여

$$q : \mathbb{R}^n \longrightarrow \mathbb{R}, \quad q(x_1, \cdots, x_n) = \sum_{i=1}^{n} \sum_{j=1}^{n} a_{ij} x_i x_j$$

를 A 에 대응하는 이차형식이라고 하자.

모든 $(x_1, \cdots, x_n) \in \mathbb{R}^n$ 에 대하여 $q(x_1, \cdots, x_n) \geq 0$ 이고 또

$$q(x_1, \cdots, x_n) = 0 \Longleftrightarrow (x_1, \cdots, x_n) = (0, \cdots, 0)$$

일 때, A 를 **양의 정부호**(positive definite) **대칭행렬**이라고 하고 이차형식 q 를 **양의 정부호 이차형식**이라고 한다.

보기 5.7.2 실수 $d_1, \cdots, d_n$ 이 모두 양의 실수일 때, 이차형식

$$q : \mathbb{R}^n \longrightarrow \mathbb{R}, \quad q(x_1, \cdots, x_n) = d_1 x_1^2 + \cdots + d_n x_n^2$$

는 양의 정부호 이차형식이고 따라서 대칭행렬 $A = \operatorname{diag}\{d_1, \cdots, d_n\}$ 는 양의 정부호 대칭행렬이다.

보기 5.7.3 다음과 같이 정의된 이차형식 $q:\mathbb{R}^2 \longrightarrow \mathbb{R}$는 모두 양의 정부호 이차형식이 아니다.

(1) $q(x_1, x_2) = [x_1\ \ x_2]\begin{bmatrix} 2 & 0 \\ 0 & -1 \end{bmatrix}\begin{bmatrix} x_1 \\ x_2 \end{bmatrix} = 2x_1^2 - x_2^2$

실제로, $q(1, 0) = 2$, $q(0, 1) = -1$, $q(1, \sqrt{2}) = 0$ 이다.

(2) $q(x_1, x_2) = [x_1\ \ x_2]\begin{bmatrix} 1 & 1 \\ 1 & 1 \end{bmatrix}\begin{bmatrix} x_1 \\ x_2 \end{bmatrix} = x_1^2 + 2x_1x_2 + x_2^2$

실제로, 모든 실수 x_1, x_2에 대하여 $q(x_1, x_2) = (x_1 + x_2)^2 \geq 0$ 이지만 모든 실수 x에 대하여 $q(x, -x) = 0$ 이다.

정리 5.7.3 실수체 $\mathbb{R}$ 위의 대칭행렬 A에 대하여 $q : \mathbb{R}^n \longrightarrow \mathbb{R}$를 A에 대응하는 이차형식이라고 할 때, 다음 두 조건은 서로 동치이다.

(1) A는 양의 정부호 대칭행렬이다. 즉, q는 양의 정부호 이차형식이다.

(2) A의 n개의 고유치는 모두 양의 실수이다.

증 명 대칭행렬 A의 n개의 (실수인) 고유치를 $\lambda_1, \cdots, \lambda_n$이라고 하자. 이 때, 적당한 직교행렬 $P = [p_{ij}]_{n \times n}$에 대하여

$$P^T AP = P^{-1}AP = \text{diag}\{\lambda_1, \cdots, \lambda_n\}, \quad P^T = P^{-1}$$

이고, 또 각 j $(1 \leq j \leq n)$에 대하여 $w_j = (p_{1j}, p_{2j}, \cdots, p_{nj})$ 이라고 하면 $\mathscr{C} = \{w_1, \cdots, w_n\}$는 $\mathbb{R}^n$의 기저이고 각 $v = (x_1, \cdots, x_n) \in \mathbb{R}^n$에 대하여

$$v = x_1' w_1 + \cdots + x_n' w_n \quad 즉 \quad (v)_{\mathscr{C}} = (x_1', \cdots, x_n')$$

이라고 하면 다음이 성립한다(정리 5.5.3).

$$q(v) = q(x_1, \cdots, x_n) = \lambda_1 {x_1'}^2 + \cdots + \lambda_n {x_n'}^2$$

$$(x_1, \cdots, x_n) = (0, \cdots, 0) \Longleftrightarrow (x_1', \cdots, x_n') = (0, \cdots, 0)$$

따라서 $(x_1, \cdots, x_n)$가 $\mathbb{R}^n$의 영벡터가 아닌 모든 벡터를 택하면서 변할 때, $(x_1', \cdots, x_n')$도 $\mathbb{R}^n$의 영벡터가 아닌 모든 벡터를 택하면서 변한다.

그러므로 $\lambda_1 > 0, \cdots, \lambda_n > 0$ 일 때, $(x_1, \cdots, x_n)$ 가 $\mathbb{R}^n$ 의 영벡터가 아닌 모든 벡터를 택하면서 변하면

$$q(x_1, \cdots, x_n) = \lambda_1 {x_1'}^2 + \cdots + \lambda_n {x_n'}^2 > 0$$

이므로 q 는 양의 정부호 이차형식이다.

한편, 예를 들어 $\lambda_1 \leq 0$ 일 때, $w_1 = 1\,w_1 + 0\,w_2 + \cdots + 0\,w_n$ 에 대하여

$$q(w_1) = \lambda_1 1 + \lambda_2 0 + \cdots + \lambda_n 0 = \lambda_1 \leq 0$$

이므로 q 는 양의 정부호 이차형식이 아니다.

정리 5.7.4 실수체 $\mathbb{R}$ 위의 n 차의 행렬 Q 가 정칙행렬일 때 $A = Q^T Q$ 이라고 하면 A 는 양의 정부호 대칭행렬이고 또 A 에 대응하는 이차형식 $q : \mathbb{R}^n \longrightarrow \mathbb{R}$ 는 양의 정부호 이차형식이다.

증 명 먼저 $A^T = (Q^T Q)^T = Q^T Q = A$ 이므로 A 는 대칭행렬이다. 또, Q 가 정칙행렬이므로 다음과 같이 정의된 선형사상은 정칙 선형변환이다.

$$L_Q : \mathbb{R}^n \longrightarrow \mathbb{R}^n, \quad L_Q(x_1, \cdots, x_n) = (y_1, \cdots, y_n)$$

$$\begin{bmatrix} y_1 \\ \vdots \\ y_n \end{bmatrix} = Q \begin{bmatrix} x_1 \\ \vdots \\ x_n \end{bmatrix} \quad \text{즉} \quad [y_1 \ \cdots \ y_n] = [x_1 \ \cdots \ x_n]\, Q^T$$

이 때, 임의의 $(x_1, \cdots, x_n) \in \mathbb{R}^n$ 에 대하여

$$q(x_1, \cdots, x_n) = [\,x_1 \ \cdots \ x_n\,]\, A \begin{bmatrix} x_1 \\ \vdots \\ x_n \end{bmatrix} = [\,x_1 \ \cdots \ x_n\,]\, Q^T Q \begin{bmatrix} x_1 \\ \vdots \\ x_n \end{bmatrix}$$

$$= [y_1 \ \cdots \ y_n] \begin{bmatrix} y_1 \\ \vdots \\ y_n \end{bmatrix} = {y_1}^2 + \cdots + {y_n}^2$$

이고, 또 L_Q 는 정칙 선형변환이므로 다음이 성립한다.

$$(x_1, \cdots, x_n) = (0, \cdots, 0) \Longleftrightarrow (y_1, \cdots, y_n) = (0, \cdots, 0)$$

따라서 벡터 $(x_1, \cdots, x_n)$ 이 영벡터가 아닌 벡터를 택하면서 변하면

$$q(x_1, \cdots, x_n) = {y_1}^2 + \cdots + {y_n}^2 > 0$$

이므로 q 는 양의 정부호 이차형식이고 A 는 양의 정부호 대칭행렬이다.

정리 5.7.5 실수체 $\mathbb{R}$ 위의 n 차의 행렬 A 가 양의 정부호 대칭행렬이면, 다음이 성립한다.

(1) 적당한 정칙행렬 Q 에 대하여 $A = Q^T Q$ 이고, 또 적당한 정칙행렬 R 에 대하여 $A = R^2$ 이다.

(2) $\det A > 0, \quad a_{ii} > 0 \quad (1 \le i \le n)$

증 명 대칭행렬 A 가 양의 정부호 대칭행렬이면, 정리 5.7.3 에 의하여 A 의 n 개의 고유치 $\lambda_1, \cdots, \lambda_n$ 은 모두 양의 실수이고 또 적당한 직교행렬 $P = [p_{ij}]_{n \times n}$ 에 대하여 다음이 성립한다(정리 5.5.3).

$$P^T A P = P^{-1} A P = \operatorname{diag}\{\lambda_1, \cdots, \lambda_n\}, \quad P^T = P^{-1}$$

이 때, $\sqrt{\lambda_1}, \cdots, \sqrt{\lambda_n}$ 은 모두 양의 실수이고

$$Q = \operatorname{diag}\{\sqrt{\lambda_1}, \cdots, \sqrt{\lambda_n}\} P^T, \quad R = P \operatorname{diag}\{\sqrt{\lambda_1}, \cdots, \sqrt{\lambda_n}\} P^T$$

이라고 하면, Q 와 R 는 실수체 $\mathbb{R}$ 위의 정칙행렬이고 또 다음이 성립한다.

$$\begin{aligned} Q^T Q &= P \operatorname{diag}\{\sqrt{\lambda_1}, \cdots, \sqrt{\lambda_n}\} \operatorname{diag}\{\sqrt{\lambda_1}, \cdots, \sqrt{\lambda_n}\} P^T \\ &= P \operatorname{diag}\{\lambda_1, \cdots, \lambda_n\} P^T = A, \\ R^2 &= P \operatorname{diag}\{\sqrt{\lambda_1}, \cdots, \sqrt{\lambda_n}\} P^T P \operatorname{diag}\{\sqrt{\lambda_1}, \cdots, \sqrt{\lambda_n}\} P^T \\ &= P \operatorname{diag}\{\sqrt{\lambda_1}, \cdots, \sqrt{\lambda_n}\} \operatorname{diag}\{\sqrt{\lambda_1}, \cdots, \sqrt{\lambda_n}\} P^T \\ &= P \operatorname{diag}\{\lambda_1, \cdots, \lambda_n\} P^T = A \end{aligned}$$

한편, $\lambda_1 > 0, \ \cdots, \ \lambda_n > 0$ 이므로 $\det A = \lambda_1 \cdots \lambda_n > 0$ 이다(정리 4.2.10). 또, A 에 대응하는 이차형식 $q : \mathbb{R}^n \longrightarrow \mathbb{R}$ 는 양의 정부호 이차형식이므로

$$a_{11} = q(1, 0, \cdots, 0), \ a_{22} = q(0, 1, \cdots, 0), \ \cdots, \ a_{nn} = q(0, 0, \cdots, 1)$$

는 모두 양의 실수이다.

보기 5.7.4 실수체 $\mathbb{R}$ 위에서 다음 대칭행렬을 생각해 보자(보기 5.5.1).

$$A = \begin{bmatrix} 5 & 2 \\ 2 & 2 \end{bmatrix}$$

행렬 A의 고유치는 1, 6이므로 A는 양의 정부호 대칭행렬이고, 또

$$P = \begin{bmatrix} \frac{1}{\sqrt{5}} & \frac{2}{\sqrt{5}} \\ \frac{-2}{\sqrt{5}} & \frac{1}{\sqrt{5}} \end{bmatrix}, \qquad D = \begin{bmatrix} 1 & 0 \\ 0 & 6 \end{bmatrix}$$

이라고 하면, $P^{-1}AP = P^TAP = D$, $A = PDP^T$ 이다. 그리고,

$$Q = \operatorname{diag}\{1, \sqrt{6}\}P^T = \begin{bmatrix} 1 & 0 \\ 0 & \sqrt{6} \end{bmatrix}\begin{bmatrix} \frac{1}{\sqrt{5}} & \frac{-2}{\sqrt{5}} \\ \frac{2}{\sqrt{5}} & \frac{1}{\sqrt{5}} \end{bmatrix} = \begin{bmatrix} \frac{1}{\sqrt{5}} & \frac{-2}{\sqrt{5}} \\ \frac{2\sqrt{6}}{\sqrt{5}} & \frac{\sqrt{6}}{\sqrt{5}} \end{bmatrix},$$

$$R = P\operatorname{diag}\{1, \sqrt{6}\}P^T = \begin{bmatrix} \frac{1+4\sqrt{6}}{5} & \frac{-2+2\sqrt{6}}{5} \\ \frac{-2+2\sqrt{6}}{5} & \frac{4+\sqrt{6}}{5} \end{bmatrix}$$

이라고 놓으면, $Q^TQ = PDP^T = A$이고 또 $R^2 = PDP^T = A$ 이다.

정리 5.7.6 실수체 $\mathbb{R}$ 위의 대칭행렬 $A = [a_{ij}]_{n\times n}$에 대하여 A의 처음 r개의 행과 처음 r개의 열을 택하여 만든 $r\times r$ 부분행렬을 A_r이라고 할 때, 다음 두 조건은 서로 동치이다.

$$A_r = \begin{bmatrix} a_{11} & a_{12} & \cdots & a_{1r} \\ a_{21} & a_{22} & \cdots & a_{2r} \\ \vdots & \vdots & \cdots & \vdots \\ a_{r1} & a_{r2} & \cdots & a_{rr} \end{bmatrix}$$

(1) A는 양의 정부호 대칭행렬이다. 즉,

$$q : \mathbb{R}^n \longrightarrow \mathbb{R}, \quad q(x_1, \cdots, x_n) = \sum_{i=1}^{n}\sum_{j=1}^{n} a_{ij}x_ix_j$$

는 양의 정부호 이차형식이다.

(2) 모든 r $(1 \leq r \leq n)$에 대하여 $|A_r| > 0$ 이다. 즉,

$$|A_1| = a_{11} > 0, \quad |A_2| = \begin{vmatrix} a_{11} & a_{12} \\ a_{21} & a_{22} \end{vmatrix} > 0, \ \cdots, \quad |A| = |A_n| > 0$$

증 명 (1) $\Longrightarrow$ (2) A가 양의 정부호 대칭행렬일 때, 각 r $(1 \le r \le n)$에 대하여 q_r를 대칭행렬 A_r에 대응하는 이차형식이라고 하자. 즉,

$$q_r : \mathbb{R}^r \longrightarrow \mathbb{R}, \quad q_r(x_1, \cdots, x_r) = \sum_{i=1}^{r} \sum_{j=1}^{r} a_{ij} x_i x_j$$

이 때, q는 양의 정부호 이차형식이고 또 각 r $(1 \le r \le n)$에 대하여

$$q_r(x_1, \cdots, x_r) = q(x_1, \cdots, x_r, 0, \cdots, 0)$$

이므로, q_r는 양의 정부호 이차형식이고 따라서 $|A_r| > 0$이다(정리 5.7.5).

(2) $\Longrightarrow$ (1) 모든 r $(1 \le r \le n)$에 대하여 $|A_r| > 0$이라 가정하고 n에 관한 귀납법으로 A가 양의 정부호 대칭행렬임을 증명한다.

먼저 $n = 1$인 경우에 $q(x_1) = a_{11} x_1^2$, $a_{11} > 0$이므로 분명히 q는 양의 정부호 이차형식이고 따라서 A는 양의 정부호 대칭행렬이다.

다음에 $n \ge 2$인 경우에 모든 $n-1$차의 대칭행렬에 대하여 (2) $\Longrightarrow$ (1)이 성립한다고 가정하자 이 때, $n-1$차의 대칭행렬 A_{n-1}에 대하여 (2)가 성립하므로, 귀납법 가정에 의하여 A_{n-1}은 양의 정부호 대칭행렬이고

$$q_{n-1} : \mathbb{R}^{n-1} \longrightarrow \mathbb{R}, \quad q_{n-1}(x_1, \cdots, x_{n-1}) = \sum_{i=1}^{n-1} \sum_{j=1}^{n-1} a_{ij} x_i x_j$$

은 양의 정부호 이차형식이다.

한편, 정리 5.5.3에 의하여, 유클리드 공간 $\mathscr{E}^n$에는 A의 고유벡터로 이루어진 직교정규기저 $\mathscr{C} = \{w_1, \cdots, w_n\}$가 존재하고, 이때

$$L_A(w_j) = \lambda_j w_j \qquad (1 \le j \le n)$$

이라고 하면 $\lambda_1, \cdots, \lambda_n$은 A의 고유치이므로 $|A| = |A_n| = \lambda_1 \cdots \lambda_n$이고 (정리 4.2.10), 또 가정에 의하여 $|A| > 0$이므로 $\lambda_1 \cdots \lambda_n > 0$이다.

이제 행렬 A가 양의 정부호 대칭행렬이 아니라고 가정하자. 이 때, 정리 5.7.3에 의하여 고유치 중에는 음수인 것이 적어도 두 개 존재한다. 여기서 λ_s, λ_t가 음수일 때, $w_s = (b_1, \cdots, b_n)$, $w_t = (c_1, \cdots, c_n)$에 대하여

$$b\, b_n + c\, c_n = 0, \qquad b \ne 0 \quad \text{또는} \quad c \ne 0$$

인 두 실수 b, c를 택하여 $v = b\,w_s + c\,w_t = (d_1, \cdots, d_n)$ 이라고 놓으면, w_s, w_t는 일차독립이므로 $v \neq (0, \cdots, 0)$ 이고 $d_n = b\,b_n + c\,c_n = 0$ 이므로 $(d_1, \cdots, d_{n-1}) \neq (0, \cdots, 0)$ 이고, 또 $w_s \cdot w_t = 0$ 이므로 다음이 성립한다.

$$\begin{aligned} & q_{n-1}(d_1, \cdots, d_{n-1}) \\ &= [\,d_1 \ \cdots \ d_{n-1}\,]\, A_{n-1} \begin{bmatrix} d_1 \\ \vdots \\ d_{n-1} \end{bmatrix} = [\,d_1 \ \cdots \ d_{n-1} \ 0\,]\, A \begin{bmatrix} d_1 \\ \vdots \\ d_{n-1} \\ 0 \end{bmatrix} \\ &= v \cdot L_A(v) = (b\,w_s + c\,w_t) \cdot (b\,\lambda_s\,w_s + c\,\lambda_t\,w_t) \\ &= b^2\,\lambda_s\,w_s \cdot w_s + c^2\,\lambda_t\,w_t \cdot w_t = b^2\,\lambda_s + c^2\,\lambda_t < 0 \end{aligned}$$

그러나, 이것은 A_{n-1} 이 양의 정부호 대칭행렬이라는 사실에 모순된다. 그러므로 A는 양의 정부호 대칭행렬이다.

보기 5.7.5 실수체 $\mathbb{R}$ 위의 대칭행렬

$$A = \begin{bmatrix} a & b \\ b & d \end{bmatrix}, \qquad B = \begin{bmatrix} a & b & c \\ b & d & e \\ c & e & k \end{bmatrix}$$

에 대하여 다음이 성립한다.

(1) 행렬 A는 $a > 0$, $ad - b^2 > 0$ 일 때 그리고 이때에만 양의 정부호 대칭행렬이다.

(2) 행렬 B는 $a > 0$, $ad - b^2 > 0$, $|\,B\,| > 0$ 일 때 그리고 이때에만 양의 정부호 대칭행렬이다.

연 습 문 제 (5.7)

1. 다음 대칭행렬이 양의 정부호 대칭행렬인지를 판정하여라.

(1) $A = \begin{bmatrix} 4 & 2 & -2 \\ 2 & 4 & 2 \\ -2 & 2 & 4 \end{bmatrix}$ (2) $A = \begin{bmatrix} 1 & 2 & 0 \\ 2 & 1 & 3 \\ 0 & 3 & -3 \end{bmatrix}$

2. 다음 대칭행렬이 양의 정부호 대칭행렬인지를 판정하여라.

(1) $A = \begin{bmatrix} 1 & -1 & -1 \\ -1 & 2 & 4 \\ -1 & 4 & 6 \end{bmatrix}$ (2) $A = \begin{bmatrix} 1 & -1 & 0 \\ -1 & 6 & -2 \\ 0 & -2 & 3 \end{bmatrix}$

3. 실수체 $\mathbb{R}$ 위에서 다음 대칭행렬 A가 양의 정부호 대칭행렬임을 밝히고, 또 $A = Q^T Q$, $A = R^2$인 정칙행렬 Q, R를 구하여라.

(1) $A = \begin{bmatrix} 2 & 1 \\ 1 & 2 \end{bmatrix}$ (2) $A = \begin{bmatrix} 3 & 1 \\ 1 & 4 \end{bmatrix}$

4. 실수체 $\mathbb{R}$ 위에서 다음 대칭행렬 A가 양의 정부호 대칭행렬임을 밝히고, 또 $A = Q^T Q$인 정칙행렬 Q를 구하여라.

*(1) $A = \begin{bmatrix} 2 & -1 & 0 \\ -1 & 2 & -1 \\ 0 & -1 & 2 \end{bmatrix}$ (2) $A = \begin{bmatrix} 2 & 1 & 1 \\ 1 & 2 & 1 \\ 1 & 1 & 2 \end{bmatrix}$

***5.** 다음과 같이 정의된 이차형식 $q : \mathbb{R}^2 \longrightarrow \mathbb{R}$가 양의 정부호 이차형식인지를 판정하여라.

(1) $q(x_1, x_2) = x_1^2 + x_1 x_2 + x_2^2$

(2) $q(x_1, x_2) = x_1^2 + 4x_1 x_2 + x_2^2$

(3) $q(x_1, x_2) = 29x_1^2 + 24x_1 x_2 + 5x_2^2 = (5x_1 + x_2)^2 + (2x_1 + x_2)^2$

6. 다음과 같이 정의된 이차형식 $q : \mathbb{R}^3 \longrightarrow \mathbb{R}$가 양의 정부호 이차형식인지를 판정하여라.

(1) $q(x_1, x_2, x_3) = (x_1 - x_2)^2 + (x_2 - x_3)^2 + (x_3 - x_1)^2$

(2) $q(x_1, x_2, x_3) = x_1^2 + (x_1 + x_2)^2 + (x_1 + x_2 + x_3)$

(3) $q(x_1, x_2, x_3) = x_1^2 + 2x_1 x_2 + x_1 x_3 + 4x_2 x_3 - x_2^2 + x_3^2$

***7.** 실수체 $\mathbb{R}$ 위의 행렬 A, B가 모두 양의 정부호 대칭행렬이면, $A+B$도 양의 정부호 대칭행렬임을 증명하여라.

제 6 장

유니테리공간과 내적공간

이 장에서는, 유클리드 공간 $\mathscr{E}^n$에 대한 정의와 정리를 유니테리 공간 $\mathscr{C}^n$과 일반적인 내적공간에 대한 정의와 정리로 확장한다.

실제로, 유니테리 공간 $\mathscr{C}^n$의 직교정규기저, 유니테리 행렬과 유니테리 변환, 에르미트 행렬과 에르미트 변환, 정규행렬과 정규변환에 대하여 논하고, 또 일반적인 유한차원 내적공간의 직교정규기저, 벡터공간 $\mathbb{R}^n$ 위의 내적, 유한차원 내적공간 위에서의 유니테리 변환, 에르미트 변환, 정규변환의 특성에 대하여 논한다.

§6.1 유니테리 공간

복소수 $\alpha = a + bi$ (a, b는 실수, $i = \sqrt{-1}$)에 대하여 α의 켤레복소수 $\overline{\alpha}$, 실수부분 Re α, 절대값 $|\alpha|$를 각각

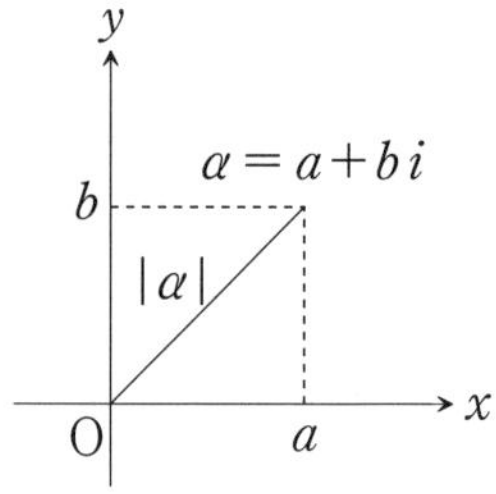

$$\overline{\alpha} = a - bi, \quad \text{Re}\,\alpha = a,$$
$$|\alpha| = \sqrt{\alpha\overline{\alpha}} = \sqrt{a^2 + b^2}$$

으로 정하면, $\alpha + \overline{\alpha} = 2\,\text{Re}\,\alpha$, $|\text{Re}\,\alpha| \le |\alpha|$이고 복소수 α, β에 대하여 다음이 성립한다.

$$\overline{(\overline{\alpha})} = \alpha, \quad \overline{\alpha+\beta} = \overline{\alpha} + \overline{\beta}, \quad \overline{\alpha\beta} = \overline{\alpha}\,\overline{\beta}, \quad |\alpha\beta| = |\alpha||\beta|$$
$$|\alpha| = 1 \Longleftrightarrow \alpha\overline{\alpha} = 1 \Longleftrightarrow \alpha^{-1} = \overline{\alpha}$$

그리고, 임의의 실수 θ에 대하여

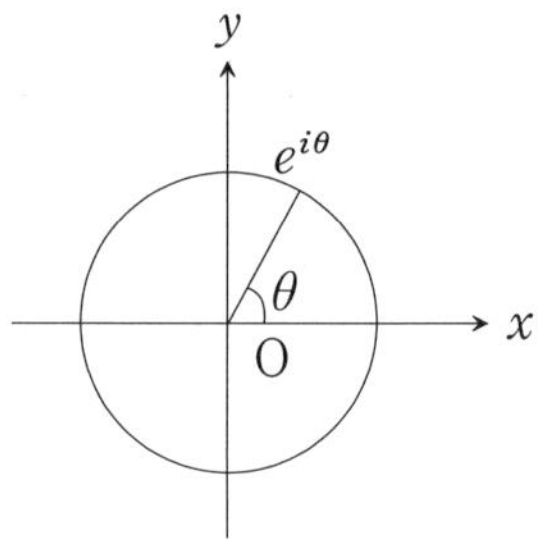

$$e^{i\theta} = \cos\theta + i\sin\theta$$

으로 정하면, 적당한 θ에 대하여 $\alpha = e^{i\theta}$일 때 그리고 이때에만 $|\alpha| = 1$이고 또 $(e^{i\theta})^{-1} = \overline{e^{i\theta}} = e^{-i\theta}$이다.

정의 6.1.1 복소수체 $\mathbb{C}$ 위의 n차원 벡터공간

$$\mathbb{C}^n = \{(x_1, \cdots, x_n) \mid x_1, \cdots, x_n \in \mathbb{C}\}$$

에서 임의의 두 벡터 $v = (x_1, \cdots, x_n)$, $w = (y_1, \cdots, y_n)$에 대하여 $v \cdot w$를 $v \cdot w = \sum_{i=1}^{n} x_i \overline{y_i} = x_1\overline{y_1} + \cdots + x_n\overline{y_n}$로 정할 때, 사상

$$\mathbb{C}^n \times \mathbb{C}^n \longrightarrow \mathbb{C}, \quad (v, w) \longmapsto v \cdot w$$

를 벡터공간 $\mathbb{C}^n$ 위의 **표준내적**이라고 한다. 그리고, 이와 같은 표준내적이 정의되어 있는 벡터공간 $\mathbb{C}^n$을 ***n*** **차원 유니테리 공간**(unitary space)이라 하고 이것을 $\mathscr{C}^n$으로 나타낸다.

정의 6.1.2 유니테리 공간 $\mathscr{C}^n$에서 임의의 벡터 v, w, u와 복소수 $\alpha \in \mathbb{C}$에 대하여 다음이 성립한다.

I.1 : $(v+u) \cdot w = v \cdot w + u \cdot w, \quad (\alpha v) \cdot w = \alpha (v \cdot w)$

I.2 : $v \cdot (u+w) = v \cdot u + v \cdot w, \quad v \cdot (\alpha w) = \overline{\alpha} (v \cdot w)$

I.3 : $v \cdot w = \overline{w \cdot v}$

I.4 : $v \cdot v \geq 0$ 이고, 특히 $v \cdot v = 0 \Longleftrightarrow v = \mathbf{0} = (0, \cdots, 0)$ 이다.

위의 정리는 분명히 성립한다. 특히, I.3에 의하여 각 벡터 v에 대하여 $v \cdot v = \overline{v \cdot v}$이므로 $v \cdot v$는 실수이고 따라서 I.4는 의미 있는 조건이다.

유클리드 공간 $\mathscr{E}^n$에서 $v = (x_1, \cdots, x_n)$, $w = (y_1, \cdots, y_n)$에 대하여

$$v \cdot w = \sum_{i=1}^{n} x_i y_i = \sum_{i=1}^{n} x_i \overline{y_i}$$

이고 또 유클리드 공간 $\mathscr{E}^n$에 대한 정리 5.1.1은 위의 정리와 동일하다.

유클리드 공간 $\mathscr{E}^n$에서와 마찬가지로, 유니테리 공간 $\mathscr{C}^n$에서도 다음 정리가 성립한다(정리 5.1.2의 증명 참조).

정리 6.1.3 유니테리 공간 $\mathscr{C}^n$에서 다음이 성립한다.

(1) 각 벡터 $w \in \mathscr{C}^n$에 대하여 다음 사상은 선형사상이다.

$$f_w : \mathscr{C}^n \longrightarrow \mathbb{C}, \quad f_w(v) = (v, w)$$

(2) 모든 벡터 $w \in \mathscr{C}^n$에 대하여 $v \cdot w = 0$이면, $v = \mathbf{0}$이다.

(3) 모든 벡터 $w \in \mathscr{C}^n$에 대하여 $v_1 \cdot w = v_2 \cdot w$이면, $v_1 = v_2$이다.

(4) 모든 벡터 $v \in \mathscr{C}^n$에 대하여 $v \cdot w = 0$이면, $w = \mathbf{0}$이다.

(5) 모든 벡터 $v \in \mathscr{C}^n$에 대하여 $v \cdot w_1 = v \cdot w_2$이면, $w_1 = w_2$이다.

유니테리 공간 $\mathscr{C}^n$에서 다음이 성립한다.

$$\mathbf{0} \cdot w = v \cdot \mathbf{0} = 0, \qquad (-v) \cdot w = -v \cdot w = v \cdot (-w)$$

$$\left(\sum_{i=1}^{n} \alpha_i v_i\right) \cdot w = \sum_{i=1}^{n} \alpha_i (v_i \cdot w), \quad v \cdot \left(\sum_{i=1}^{n} \alpha_i w_i\right) = \sum_{i=1}^{n} \overline{\alpha_i} (v \cdot w_i)$$

정의 6.1.4 유니테리 공간 $\mathscr{C}^n$ 에서 벡터 $v=(x_1, \cdots, x_n)$에 대하여

$$\| v \| = \sqrt{v \cdot v} = \{\sum_{i=1}^{n} x_i \overline{x_i}\}^{\frac{1}{2}} = \{\sum_{i=1}^{n} | x_i |^2\}^{\frac{1}{2}}$$

를 v 의 **노름** 또는 **길이**라 하고, 특히 $\| v \| = 1$ 일 때, v 를 **단위벡터**라고 한다. 또한, 두 벡터 v, w 에 대하여 $d(v, w) = \| w - v \|$ 를 v 와 w 사이의 **거리**(distance)라고 한다.

보기 6.1.1 유니테리 공간 $\mathscr{C}^2$ 에서 두 벡터 $v=(1+i, 2)$, $w=(1+i, i)$ 에 대하여 다음이 성립한다.

$$v \cdot w = (1+i)(1-i) + 2(-i) = 2-2i,$$
$$w \cdot v = (1+i)(1-i) + 2i = 2+2i = \overline{v \cdot w}$$
$$\| v \| = \sqrt{1^2+1^2+2^2} = \sqrt{6}, \quad \| w \| = \sqrt{1^2+1^2+1^2} = \sqrt{3}$$

정리 6.1.5 유니테리 공간 $\mathscr{C}^n$ 에서 임의의 두 벡터 $v=(x_1, \cdots, x_n)$, $w=(y_1, \cdots, y_n)$ 에 대하여 다음이 성립한다.

$$| v \cdot w | \leq \| v \| \, \| w \| \qquad \text{(Cauchy-Schwartz 의 부등식)}$$

즉,
$$| \sum_{i=1}^{n} x_i \overline{y_i} | \leq \{\sum_{i=1}^{n} | x_i |^2\}^{\frac{1}{2}} \{\sum_{i=1}^{n} | y_i |^2\}^{\frac{1}{2}}$$

그리고, 위의 부등식에서 두 벡터 v, w 가 일차종속일 때 그리고 이때에만 등호가 성립한다.

증 명 먼저 $w = \mathbf{0}$ 이면, $v \cdot w = 0 = \| v \| \, \| w \|$ 이고 v, w 는 일차종속이다.

이제 $w \neq \mathbf{0}$ 이라고 하자. 이 때, 임의의 $\alpha \in \mathbb{C}$ 에 대하여

$$\begin{aligned} 0 \leq \| v - \alpha w \|^2 &= (v - \alpha w) \cdot (v - \alpha w) \\ &= (v \cdot v) - \overline{\alpha}(v \cdot w) - \alpha(w \cdot v) + \alpha \overline{\alpha}(w \cdot w) \\ &= \| v \|^2 - \overline{\alpha}(v \cdot w) - \alpha \overline{(v \cdot w)} + \alpha \overline{\alpha} \| w \|^2 \end{aligned}$$

이고, 특히 $\alpha = \dfrac{v \cdot w}{w \cdot w} = \dfrac{v \cdot w}{\| w \|^2}$ 인 경우에

$$0 \le \| v - \frac{v \cdot w}{w \cdot w} w \|^2 = \| v \|^2 - \frac{|v \cdot w|^2}{\| w \|^2} - \frac{|v \cdot w|^2}{\| w \|^2} + \frac{|v \cdot w|^2}{\| w \|^2}$$
$$= \| v \|^2 - \frac{|v \cdot w|^2}{\| w \|^2}$$

이므로 $| v \cdot w |^2 \le \| v \|^2 \| w \|^2$ 이다. 그리고, 다음이 성립한다.

$$v = \frac{v \cdot w}{w \cdot w} w \Longleftrightarrow \| v \|^2 - \frac{|v \cdot w|^2}{\|w\|^2} = 0$$
$$\Longleftrightarrow |v \cdot w|^2 = \| v \|^2 \| w \|^2$$
$$\Longleftrightarrow |v \cdot w| = \| v \| \| w \|$$

그런데, $v = \dfrac{v \cdot w}{w \cdot w} w$ 이면, 분명히 v, w 는 일차종속이다.

그리고, $w \neq \mathbf{0}$ 인 경우에 v, w 가 일차종속이면, 적당한 $\beta \in \mathbb{C}$ 에 대하여 $v = \beta w$ 이고 이때 $\dfrac{v \cdot w}{w \cdot w} = \dfrac{(\beta w) \cdot w}{w \cdot w} = \beta$ 이므로 $v = \dfrac{v \cdot w}{w \cdot w} w$ 이다.

정리 6.1.6 유니테리 공간 $\mathscr{C}^n$ 에서 임의의 벡터 v, w, u 와 복소수 α 에 대하여 다음이 성립한다.

N.1 : $\| v \| \ge 0$ 이고, 또 $\| v \| = 0 \Longleftrightarrow v = \mathbf{0}$ 이다.

N.2 : $\| \alpha v \| = | \alpha | \| v \|$ 이고, 특히 $v \neq \mathbf{0}$ 일 때 $\dfrac{v}{\| v \|}$ 는 단위벡터이다.

N.3 : $\| v+w \| \le \| v \| + \| w \|$ (삼각형의 부등식)

D.1 : $d(v, w) \ge 0$ 이고, 특히 $d(v, w) = 0 \Longleftrightarrow v = w$ 이다.

D.2 : $d(v, w) = d(w, v)$

D.3 : $d(v, w) \le d(v, u) + d(u, w)$

증 명 N.1 : 정리 6.1.2 의 I.4 에 의하여 N.1 이 성립한다.

N.2 : 정리 6.1.2 에 의하여

$$\| \alpha v \|^2 = (\alpha v) \cdot (\alpha v) = \alpha \bar{\alpha} (v \cdot v) = | \alpha |^2 \| v \|^2$$

이고 따라서 $\| \alpha v \| = | \alpha | \| v \|$ 이다.

N.3 : 정리 6.1.2와 정리 6.1.5에 의하여 다음이 성립한다.

$$\begin{aligned} \| v+w \|^2 &= v\cdot v + v\cdot w + w\cdot v + w\cdot w \\ &= \| v \|^2 + v\cdot w + \overline{v\cdot w} + \| w \|^2 \\ &= \| v \|^2 + 2\,\mathrm{Re}(v\cdot w) + \| w \|^2 \\ &\le \| v \|^2 + 2\,| v\cdot w | + \| w \|^2 \\ &\le \| v \|^2 + 2\| v \| \| w \| + \| w \|^2 = (\| v \| + \| w \|)^2 \end{aligned}$$

따라서 $\| v+w \| \le \| v \| + \| w \|$이다.
위의 결과에 의하여 D.1, D.2, D.3가 성립한다(정리 1.8.5의 증명 참조).

보기 6.1.2 정리 6.1.6에서 논한 삼각형의 부등식에 의하면, 임의의 복소수 $x_1, \cdots, x_n, y_1, \cdots, y_n$에 대하여 다음 부등식이 성립한다.

$$\{\sum_{i=1}^{n} |x_i+y_i|^2\}^{\frac{1}{2}} \le \{\sum_{i=1}^{n} |x_i|^2\}^{\frac{1}{2}} + \{\sum_{i=1}^{n} |y_i|^2\}^{\frac{1}{2}}$$

유니테리 공간 $\mathscr{C}^n$에서는 두 벡터가 이루는 각의 크기를 정할 수 없으나, 두 벡터의 直交性을 다음과 같이 정의한다.

정의 6.1.7 유니테리 공간 $\mathscr{C}^n$에서 두 벡터 v, w에 대하여 $v\cdot w=0$일 때, 즉 $w\cdot v=0$일 때, v와 w는 서로 **직교한다**고 한다.

정리 1.8.8, 정리 5.1.4와 마찬가지로 다음 두 정리를 증명할 수 있다.

정리 6.1.8 (피타고라스의 정리) 유니테리 공간 $\mathscr{C}^n$에서 두 벡터 v, w가 서로 직교하면, $\| v+w \|^2 = \| v \|^2 + \| w \|^2$이다.

정리 6.1.9 유니테리 공간 $\mathscr{C}^n$에서 부분집합 $S(\neq \emptyset)$에 대하여

$$S^{\perp} = \{v \in \mathscr{C}^n \mid \text{모든 } w \in S \text{에 대하여 } v\cdot w = 0\}$$

이라고 하면, $S^{\perp}$은 유니테리 공간 $\mathscr{C}^n$의 부분공간이다.
부분공간 $S^{\perp}$을 S의 **직교 補공간**이라고 한다.

정리 5.1.5와 마찬가지로 다음 정리를 증명할 수 있다(문제 2 참조).

정리 6.1.10 유니테리공간 $\mathscr{C}^n$에서 부분공간 $W = \langle v_1, \cdots, v_m \rangle$에 대하여

$$v_i = (a_{i1}, a_{i2}, \cdots, a_{in}) \qquad (1 \le i \le m)$$

이라 하고 또 $A = [a_{ij}]_{m \times n}$, $\overline{A} = [\,\overline{a_{ij}}\,]_{m \times n}$이라고 하면 다음이 성립한다.

(1) $W^{\perp} = \{v_1, \cdots, v_m\}^{\perp}$

즉, $v \cdot v_1 = \cdots = v \cdot v_m = 0$일 때 그리고 이때에만 $v \in W^{\perp}$이다.

(2) $W =$ (A의 행공간), $\dim_{\mathbb{C}} W = r(A)$

$$W^{\perp} = \{ (x_1, \cdots, x_n) \in \mathscr{C}^n \mid \overline{A} = \begin{bmatrix} x_1 \\ \vdots \\ x_n \end{bmatrix} = \begin{bmatrix} 0 \\ \vdots \\ 0 \end{bmatrix} \}$$

$\dim_{\mathbb{C}} W^{\perp} = n(A) = n - r(A)$

$W \cap W^{\perp} = \{\mathbf{0}\}$

(3) $\dim_{\mathbb{C}} W^{\perp} = n - \dim_{\mathbb{C}} W$, $(W^{\perp})^{\perp} = W$

보기 6.1.3 유니테리 공간 $\mathscr{C}^n$에서 벡터 $v = (a_1, \cdots, a_n) \neq (0, \cdots, 0)$에 대하여 $W = \langle v \rangle$, $U = W^{\perp}$이라고 하면 다음이 성립한다.

$$U = W^{\perp} = \{ (x_1, \cdots, x_n) \in \mathscr{C}^n \mid \overline{a_1}\, x_1 + \cdots + \overline{a_n}\, x_n = 0 \},$$

$$U^{\perp} - W - \langle (u_1, \cdots, u_n) \rangle = \langle v \rangle$$

보기 6.1.4 유니테리 공간 $\mathscr{C}^3$에서 $v = (a_1, a_2, a_3)$, $w = (b_1, b_2, b_3)$가 일차독립일 때, $W = \langle v, w \rangle$이라고 하면 W의 직교 보공간 $W^{\perp}$은 다음과 같다(보기 2.7.3 참조).

$$W^{\perp} = \langle (\begin{vmatrix} \overline{a_2} & \overline{a_3} \\ \overline{b_2} & \overline{b_3} \end{vmatrix}, - \begin{vmatrix} \overline{a_1} & \overline{a_3} \\ \overline{b_1} & \overline{b_3} \end{vmatrix}, \begin{vmatrix} \overline{a_1} & \overline{a_2} \\ \overline{b_1} & \overline{b_2} \end{vmatrix}) \rangle$$

정의 6.1.11 유니테리 공간 $\mathscr{C}^n$에서 영벡터가 아닌 벡터 $v_1, \cdots, v_m$이 모두 서로 직교할 때, 즉

$$v_i \neq \mathbf{0}, \qquad v_i \cdot v_j = 0 \qquad (1 \leq i \neq j \leq m)$$

일 때, $S = \{v_1, \cdots, v_m\}$를 **직교집합**(orthogonal set) 이라고 한다.

그리고, 부분공간 W에 대하여 $\mathscr{C} = \{v_1, \cdots, v_m\}$가 W의 기저인 동시에 직교집합일 때, $\mathscr{C}$를 W의 **직교기저**(orthogonal basis) 라고 한다.

여기서, $m = 1$인 경우에는 $v_1 \neq \mathbf{0}$ 임을 뜻한다.

특히, $\mathscr{B} = \{w_1, \cdots, w_m\}$가 W의 직교기저인 동시에 $w_1, \cdots, w_m$이 모두 단위벡터일 때, 즉

$$w_i \cdot w_j = \delta_{ij} \qquad (1 \leq i, j \leq m)$$

일 때, $\mathscr{B}$를 W의 **직교정규기저**(orthonormal basis)라고 한다.

여기서, $m = 1$인 경우에는 $\| w_1 \| = 1$ 임을 뜻한다.

보기 6.1.5 유니테리 공간 $\mathscr{C}^n$에서 표준기저 $\mathscr{B} = \{e_1, \cdots, e_n\}$는 직교정규기저이고 $\{-e_1, \cdots, e_n\}$, $\{e_1, \cdots, -e_n\}$도 직교정규기저이다.

정리 5.1.7∼정리 5.1.10과 마찬가지로 다음 네 정리를 증명할 수 있다.

정리 6.1.12 유니테리 공간 $\mathscr{C}^n$에서 $S = \{v_1, \cdots, v_m\}$가 직교집합이면, $v_1, \cdots, v_m$은 일차독립이다.

정리 6.1.13 유니테리 공간 $\mathscr{E}^n$에서 다음이 성립한다.

(1) $W = \langle v_1, \cdots, v_m \rangle$일 때, $\mathscr{B} = \{v_1, \cdots, v_m\}$가 직교집합이면 $\mathscr{B}$는 W의 직교기저이고 $\mathscr{C} = \{\frac{v_1}{\| v_1 \|}, \cdots, \frac{v_m}{\| v_m \|}\}$는 W의 직교정규기저이다.

(2) $W = \langle w_1, \cdots, w_m \rangle$일 때, $\mathscr{C} = \{w_1, \cdots, w_m\}$가 W의 직교정규기저이기 위한 필요충분조건은

$$w_i \cdot w_j = \delta_{ij} \qquad (1 \leq i, j \leq m)$$

인 것이다.

정리 6.1.14 유니테리 공간 $\mathscr{C}^n$에서 $\mathscr{C}=\{v_1, \cdots, v_n\}$가 직교기저일 때, 임의의 벡터 $v, w \in \mathscr{C}^n$에 대하여 다음이 성립한다.

(1) $v = \dfrac{v \cdot v_1}{v_1 \cdot v_1} v_1 + \cdots + \dfrac{v \cdot v_n}{v_n \cdot v_n} v_n = \sum_{i=1}^{n} \dfrac{v \cdot v_i}{v_i \cdot v_i} v_i$

(2) $v \cdot w = \sum_{i=1}^{n} \dfrac{(v \cdot v_i)\overline{(w \cdot v_i)}}{v_i \cdot v_i}, \qquad \| v \|^2 = \sum_{i=1}^{n} \dfrac{| v \cdot v_i |^2}{v_i \cdot v_i}$

특히, $\mathscr{B}=\{w_1, \cdots, w_n\}$가 직교정규기저일 때 다음이 성립한다.

$$v = (v \cdot w_1) w_1 + \cdots + (v \cdot w_n) w_n = \sum_{i=1}^{n} (v \cdot w_i) w_i$$

$$v \cdot w = \sum_{i=1}^{n} (v \cdot w_i)\overline{(w \cdot w_i)} \qquad \text{(Parseval 의 항등식)}$$

$$\| v \|^2 = | v \cdot w_1 |^2 + \cdots + | v \cdot w_n |^2 = \sum_{i=1}^{n} | v \cdot w_i |^2$$

정리 6.1.15 유니테리 공간 $\mathscr{C}^n$에서 $\mathscr{B}=\{v_1, \cdots, v_n\}$가 직교 [정규] 기저일 때, 각 양의 정수 m $(1 \le m < n)$에 대하여 다음이 성립한다.

$$\langle v_1, \cdots, v_m \rangle^{\perp} = \langle v_{m+1}, \cdots, v_n \rangle$$

정리 5.2.1과 마찬가지로 다음 두 정리가 성립한다.

정리 6.1.16 (Gram-Schmidt의 직교화 과정) 유니테리 공간 $\mathscr{C}^n$에서 m개의 벡터 $u_1, \cdots, u_m$이 일차독립일 때, 벡터 $v_1, \cdots, v_m$과 $w_1, \cdots, w_m$을 다음과 같이 정하자.

$$v_1 = u_1$$

$$v_{k+1} = u_{k+1} - \sum_{i=1}^{k} \frac{u_{k+1} \cdot v_i}{v_i \cdot v_i} v_i \qquad (1 \le k \le m-1)$$

$$w_i = \frac{v_i}{\| v_i \|} \qquad (1 \le i \le m)$$

이 때, $W = \langle u_1, \cdots, u_m \rangle$이라고 하면, $\mathscr{B}=\{v_1, \cdots, v_m\}$는 W의 직교기저이고 $\mathscr{C}=\{w_1, \cdots, w_m\}$는 W의 직교정규기저이다.

보기 6.1.6 유니테리 공간 $\mathscr{C}^3$ 에서 세 벡터

$$u_1 = (i, i, i), \quad u_2 = (0, i, i), \quad u_3 = (0, 0, i) \qquad (i = \sqrt{-1})$$

에 대하여

$$\begin{vmatrix} i & i & i \\ 0 & i & i \\ 0 & 0 & i \end{vmatrix} = -i \neq 0$$

이므로 $\{u_1, u_2, u_3\}$ 는 유니테리 공간 $\mathscr{C}^3$ 의 기저이다.

이제 Gram-Schmidt 의 직교화 과정에 따라 다음과 같이 정하자.

$$v_1 = u_1 = (i, i, i),$$

$$v_2 = u_2 - \frac{u_2 \cdot v_1}{v_1 \cdot v_1} v_1 = \left(\frac{-2i}{3}, \frac{i}{3}, \frac{i}{3}\right),$$

$$v_3 = u_3 - \frac{u_3 \cdot v_1}{v_1 \cdot v_1} v_1 - \frac{u_3 \cdot v_2}{v_2 \cdot v_2} v_2 = \left(0, \frac{-i}{2}, \frac{i}{2}\right),$$

$$w_1 = \frac{v_1}{\| v_1 \|} = \left(\frac{i}{\sqrt{3}}, \frac{i}{\sqrt{3}}, \frac{i}{\sqrt{3}}\right),$$

$$w_2 = \frac{v_2}{\| v_2 \|} = \frac{(-2i, i, i)}{\| (-2i, i, i) \|} = \left(\frac{-2i}{\sqrt{6}}, \frac{i}{\sqrt{6}}, \frac{i}{\sqrt{6}}\right),$$

$$w_3 = \frac{v_3}{\| v_3 \|} = \frac{(0, -i, i)}{\| (0, -i, i) \|} = \left(0, \frac{-i}{\sqrt{2}}, \frac{i}{\sqrt{2}}\right)$$

이와 같이 정하면, $\mathscr{B} = \{v_1, v_2, v_3\}$ 는 유니테리 공간 $\mathscr{C}^3$ 의 직교기저이고 또 $\mathscr{C} = \{w_1, w_2, w_3\}$ 는 유니테리 공간 $\mathscr{C}^3$ 의 직교정규기저이다.

정리 5.2.2 ~ 정리 5.2.4 와 마찬가지로, 다음 세 정리가 성립한다.

정리 6.1.17 유니테리 공간 $\mathscr{C}^n$ 의 부분공간 $W\ (\neq \{\mathbf{0}\})$ 에 대하여 다음이 성립한다.

(1) W 의 직교기저와 직교정규기저가 존재한다.

(2) W 의 직교 [정규] 기저 $\mathscr{C} = \{v_1, \cdots, v_m\}$ 에 적당한 벡터를 추가하여 $\mathscr{C}^n$ 의 직교 [정규] 기저 $\mathscr{B} = \{v_1, \cdots, v_m, v_{m+1}, \cdots, v_n\}$ 를 얻을 수 있다.

정리 6.1.18 유니테리 공간 $\mathscr{C}^n$에서 W가 $\{\mathbf{0}\} \neq W \neq \mathscr{E}^n$인 부분공간일 때, $\mathscr{C} = \{v_1, \cdots, v_m\}$를 W의 직교기저라 하고 임의의 벡터 v에 대하여

$$w = \sum_{i=1}^{m} \frac{v \cdot v_i}{v_i \cdot v_i} v_i, \qquad u = v - w$$

$$v' = w - u = \sum_{i=1}^{m} \frac{2v \cdot v_i}{v_i \cdot v_i} v_i - v$$

이라고 하면 다음이 성립한다.

(1) $v = w + u \qquad (w \in W,\ u \in W^{\perp})$

(2) 모든 벡터 $w' \in W$, $w' \neq w$에 대하여 $\| v - w \| \leq \| v - w' \|$이다.

(3) $\| v' \| = \| v \|$

벡터 w, u를 각각 $\boldsymbol{W}, \boldsymbol{W}^{\perp}$ **위로의** $\boldsymbol{v}$**의 直交正射影**(orthogonal projection)이라 하고 $\| v - w \| = \| u \|$를 v와 W 사이의 **거리**라고 한다.

정리 6.1.19 유니테리 공간 $\mathscr{C}^n$에서 임의의 부분공간 W에 대하여 다음이 성립한다.

(1) $\mathscr{C}^n = W + W^{\perp}$, $W \cap W^{\perp} = \{\mathbf{0}\}$

(2) 각 벡터 $v \in \mathscr{C}^n$는 단 한 가지 방법으로

$$v = w + u \qquad (w \in W, u \in W^{\perp})$$

와 같은 꼴로 나타내어진다.

(3) $\dim_{\mathbb{C}} W + \dim_{\mathbb{C}} W^{\perp} = n$, $(W^{\perp})^{\perp} = W$

이 정리의 (1)이 성립한다는 의미에서 $\mathscr{C}^n$을 $W, W^{\perp}$의 **직합**이라 하고 이 사실을 $\mathscr{C}^n = W \oplus W^{\perp}$으로 나타낸다(정의 4.5.1).

이 정리에 의하면, 유니테리 공간 $\mathscr{C}^n$에서 부분공산 W에 대하여 다음과 같은 선형변환이 정의된다.

$$T : \mathscr{C}^n \longrightarrow \mathscr{C}^n, \quad T(w+u) = w \qquad (w \in W,\ u \in W^{\perp})$$

$$S : \mathscr{C}^n \longrightarrow \mathscr{C}^n, \quad S(w+u) = u \qquad (w \in W,\ u \in W^{\perp})$$

선형변환 T, S를 각각 W, $W^{\perp}$ **위로의 직교 정사영**이라고 한다.

연 습 문 제 (6.1)

1. 유니테리 공간 $\mathscr{C}^3$ 에서 두 벡터

$$v = (1+i,\ 2-i,\ 2),\quad w = (3i,\ 1,\ 2-i) \qquad (i=\sqrt{-1})$$

에 대하여 다음 물음에 답하여라.

(1) $v \cdot w$, $\|v\|$, $\|w\|$, $\|v+w\|$ 를 구하여라.

(2) $|v \cdot w| \le \|v\|\|w\|$, $\|v+w\| \le \|v\|+\|w\|$ 임을 확인하여라.

2. 정리 6.1.10 에서 다음이 성립함을 밝혀라.

$$W^{\perp} = \{(x_1, \cdots, x_n) \in \mathscr{C}^n \mid \overline{A}\begin{bmatrix} x_1 \\ \vdots \\ x_n \end{bmatrix} = \begin{bmatrix} 0 \\ \vdots \\ 0 \end{bmatrix}\}$$

$$= \{(x_1, \cdots, x_n) \in \mathscr{C}^n \mid A\begin{bmatrix} \overline{x_1} \\ \vdots \\ \overline{x_n} \end{bmatrix} = \begin{bmatrix} 0 \\ \vdots \\ 0 \end{bmatrix}\}$$

3. 유니테리 공간 $\mathscr{C}^3$ 에서 세 벡터

$$v_1 = (i,\ 2,\ 1+i),\quad v_2 = (1,\ 0,\ i),\quad v_3 = (1,\ 2,\ 1) \qquad (i=\sqrt{-1})$$

에 대하여 $W_1 = \langle v_1 \rangle$, $W_2 = \langle v_2, v_3 \rangle$ 이라고 할 때, 부분공간 W_1, W_2 의 직교보공간 $W_1^{\perp}$, $W_2^{\perp}$ 을 구하여라.

4. 유니테리 공간 $\mathscr{C}^2$ 에서 두 벡터

$$u_1 = (1+i,\ 4+i),\quad u_2 = (4+i,\ 3) \qquad (i=\sqrt{-1})$$

에 대하여 다음 물음에 답하여라.

(1) $\mathscr{B} = \{u_1, u_2\}$ 가 유니테리 공간 $\mathscr{C}^2$ 의 기저임을 밝히고 이로부터 유니테리 공간 $\mathscr{C}^2$ 의 직교정규기저 $\mathscr{C} = \{w_1, w_2\}$ 를 구하여라.

(2) 벡터 $v = (1-i,\ 1)$ 를 w_1, w_2 의 일차결합으로 나테내어라.

*5. 유니테리 공간 $\mathscr{C}^3$ 에서 세 벡터

$$u_1 = (i, 0, 0), \quad u_2 = (0, 4i, i), \quad u_3 = (3i, 7i, 6i) \qquad (i = \sqrt{-1})$$

가 유니테리 공간 $\mathscr{C}^3$ 의 기저를 이룸을 밝히고 유니테리 공간 $\mathscr{C}^3$ 의 직교기저 $\mathscr{B} = \{v_1, v_2, v_3\}$ 와 직교정규기저 $\mathscr{C} = \{w_1, w_2, w_3\}$ 를 구하여라.

그리고, 임의의 벡터 $v = (x_1, x_2, x_3) \in \mathscr{C}^3$ 를 v_1, v_2, v_3 의 일차결합으로 나타내고, 또 v 를 w_1, w_2, w_3 의 일차결합으로 나타내어라.

6. 유니테리 공간 $\mathscr{C}^3$ 에서 세 벡터

$$v_1 = (i, 0, 0), \quad v_2 = (0, 4i, i), \quad v_3 = (0, -i, 4i) \qquad (i = \sqrt{-1})$$

가 직교기저를 이룸을 밝혀라. 그리고, 벡터 $v = (1+2i, 3-4i, 1-i)$ 를 v_1, v_2, v_3 의 일차결합으로 나타내어라.

*7. 유니테리 공간 $\mathscr{C}^n$ 에서 임의의 두 벡터 v, w 에 대하여 다음 등식이 성립함을 밝혀라. 여기서, $i = \sqrt{-1}$ 이다.

(1) (평행사변형의 법칙)

$$\| v+w \|^2 + \| v-w \|^2 = 2(\| v \| + \| w \|^2)$$

(2) (극 항등식)

$$v \cdot w = \frac{1}{4}\{\| v+w \|^2 - \| v-w \|^2\} + \frac{i}{4}\{\| v+iw \|^2 + \| v-iw \|^2\}$$

*8. 유니테리 공간 $\mathscr{C}^n$ 에서 임의의 두 벡터 v, w 에 대하여 다음 등식이 성립함을 밝혀라.

(1) $\| v+w \|^2 = \| v \|^2 + 2\,\mathrm{Re}\,(v \cdot w) + \| w \|^2$

(2) $\| v-w \|^2 = \| v \|^2 - 2\,\mathrm{Re}\,(v \cdot w) + \| w \|^2$

(3) $| \| v \| - \| w \| | \leq \| v-w \|$

9. 유니테리 공간 $\mathscr{C}^n$ 에서 두 벡터 v, w 가 어떠한 조건을 만족시킬 때 다음 등식이 성립하는지를 말하여라.

(1) $\| v+w \|^2 - \| v-w |^2 = 4(v \cdot w)$

(2) $(v+w) \cdot (v-w) = 0 \Longleftrightarrow \| v \| = \| w \|$

§ 6.2 유니테리 행렬과 유니테리 변환

이 절에서는, 복소수체 $\mathbb{C}$ 위의 특수한 행렬에 대하여 논한다.

정의 6.2.1 복소수체 $\mathbb{C}$ 위의 $m \times n$ 행렬 $A = [a_{ij}]_{m\times n}$에 대하여 각 (i, j) 성분이 $\overline{a_{ij}}$인 $m \times n$ 행렬을 A의 **켤레행렬**(conjugate matrix)이라 하고 이 행렬을 $\overline{A}$로 나타낸다. 또, $\overline{A}$의 전치행렬인 $n \times m$ 행렬 $\overline{A}^T$를 A의 **수반행렬**(adjoint) 또는 **켤레 전치행렬**(conjugate transpose)이라 하고 이것을 A^*로 나테낸다. 즉,

$$\overline{A} = [\,\overline{a_{ij}}\,]_{m\times n},$$

$$A^* = \overline{A}^T = [a_{ij}{}^*]_{n\times m}, \quad a_{ij}{}^* = \overline{a_{ji}} \qquad (1 \le i \le n,\ 1 \le j \le m)$$

보기 6.2.1 복소수체 $\mathbb{C}$ 위의 두 행렬

$$A = \begin{bmatrix} a_{11} & a_{12} & a_{13} \\ a_{21} & a_{22} & a_{23} \end{bmatrix}, \qquad X = [\,x_1\ x_2\ x_3\,]$$

에 대하여 다음이 성립한다.

$$\overline{A} = \begin{bmatrix} \overline{a_{11}} & \overline{a_{12}} & \overline{a_{13}} \\ \overline{a_{21}} & \overline{a_{22}} & \overline{a_{23}} \end{bmatrix}, \qquad \overline{X} = [\,\overline{x_1}\ \ \overline{x_2}\ \ \overline{x_3}\,],$$

$$A^* = \begin{bmatrix} \overline{a_{11}} & \overline{a_{21}} \\ \overline{a_{12}} & \overline{a_{22}} \\ \overline{a_{13}} & \overline{a_{23}} \end{bmatrix}, \qquad X^* = \begin{bmatrix} \overline{x_1} \\ \overline{x_2} \\ \overline{x_3} \end{bmatrix}$$

보기 6.2.2 다음은 복소수체 $\mathbb{C}$ 위의 행렬 사이의 관계를 보여 준다.

$$A = \begin{bmatrix} 2i & 1-i \\ 5 & 2+3i \end{bmatrix}, \quad \overline{A} = \begin{bmatrix} -2i & 1+i \\ 5 & 2-3i \end{bmatrix}, \quad A^* = \begin{bmatrix} -2i & 5 \\ 1+i & 2-3i \end{bmatrix}$$

다음 두 정리가 성립함을 쉽게 알 수 있다(정리 1.2.7, 정리 1.2.8 참조).

정리 6.2.2 복소수체 $\mathbb{C}$ 위의 $m \times n$ 행렬 A, B와 복소수 $\alpha \in \mathbb{C}$에 대하여 다음이 성립한다.

(1) $A^* = \overline{A}^T = \overline{A^T}$, $\quad (A^*)^T = \overline{A} = (A^T)^*$

(2) $\overline{(\overline{A})} = A$, $\quad (A^*)^* = A$

(3) $\overline{A+B} = \overline{A} + \overline{B}$, $\quad (A+B)^* = A^* + B^*$

(4) $\overline{\alpha A} = \overline{\alpha}\,\overline{A}$, $\quad (\alpha A)^* = \overline{\alpha} A^*$

(5) $A \in \mathrm{Mat}_{m \times n}(\mathbb{R})$이면, $\overline{A} = A$이고 $A^* = A^T$이다.

정리 6.2.3 복소수체 $\mathbb{C}$ 위의 n차의 행렬 A, B에 대하여 다음이 성립한다.

(1) $\overline{AB} = \overline{A}\,\overline{B}$, $\quad (AB)^* = B^* A^*$

(2) $\overline{I_n} = I_n$, $\quad I_n^* = I_n$

(3) A가 정칙행렬일 때, $\overline{A}$와 A^*는 정칙행렬이고 또한 $\overline{A}^{-1} = \overline{A^{-1}}$, $(A^*)^{-1} = (A^{-1})^*$이다.

(4) $\det \overline{A} = \overline{\det A}$, $\quad \det A^* = \overline{\det A}$

보기 6.2.3 복소수체 $\mathbb{C}$ 위의 2차의 행렬

$$A = \begin{bmatrix} 3i & 7 \\ 2 & -5i \end{bmatrix} \qquad (i = \sqrt{-1})$$

에 대하여

$$A^{-1} = \begin{bmatrix} -5i & -7 \\ -2 & 3i \end{bmatrix}, \qquad A^* = \begin{bmatrix} -3i & 2 \\ 7 & 5i \end{bmatrix}$$

이고 다음이 성립한다.

$$(A^*)^{-1} = \begin{bmatrix} 5i & -2 \\ -7 & -3i \end{bmatrix} = (A^{-1})^*$$

정의 6.2.4 복소수체 $\mathbb{C}$ 위의 n 차의 행렬 A 가 조건

$$AA^* = A^*A = I_n \quad \text{즉} \quad A^{-1} = A^*$$

를 만족시킬 때, A 를 **유니테리 행렬**(unitary matrix)이라고 한다.

보기 6.2.4 직교행렬 A 를 복소수체 $\mathbb{C}$ 위의 행렬로 생각하는 경우에, $AA^* = AA^T = I_n$ 이므로 A 는 유니테리 행렬이다.

그리고, 다음 행렬은 모두 2 차의 유니테리 행렬이다($i = \sqrt{-1}$).

$$\begin{bmatrix} i & 0 \\ 0 & i \end{bmatrix}, \quad \begin{bmatrix} -i & 0 \\ 0 & i \end{bmatrix}, \quad \begin{bmatrix} i & 0 \\ 0 & -i \end{bmatrix}, \quad \begin{bmatrix} 0 & i \\ i & 0 \end{bmatrix}$$

유니테리 행렬은 직교행렬과 유사한 성질을 가지고 있다(§5.3 참조).

정리 6.2.5 복소수체 $\mathbb{C}$ 위의 n 차의 $A = [a_{ij}]_{n\times n}$ 에 대하여

$$v_i = (a_{i1},\ a_{i2}, \cdots, a_{in}) \qquad (1 \le i \le n)$$
$$w_j = (a_{1j},\ a_{2j}, \cdots, a_{nj}) \qquad (1 \le j \le n)$$

이라고 할 때, 다음 세 조건은 서로 동치이다.

(1) A 는 유니테리 행렬이다.

(2) 유니테리 공간 $\mathscr{C}^n$ 에서 $\mathscr{B} = \{v_1, \cdots, v_n\}$ 는 직교정규기저이다.

(3) 유니테리 공간 $\mathscr{C}^n$ 에서 $\mathscr{C} = \{w_1, \cdots, w_n\}$ 는 직교정규기저이다.

증 명 정리 1.7.10 과 정리 6.1.13 에 의하여

$$AA^* = A^*A = I_n \Longleftrightarrow AA^* = I_n \Longleftrightarrow A^*A = I_n$$

$$AA^* = I_n \Longleftrightarrow \sum_{k=1}^{n} a_{ik}\overline{a_{jk}} = \delta_{ij} \quad \text{즉} \quad v_i \cdot v_j = \delta_{ij} \quad (1 \le i, j \le n)$$

$$A^*A = I_n \Longleftrightarrow \sum_{k=1}^{n} \overline{a_{ki}}\, a_{kj} = \delta_{ij} \quad \text{즉} \quad \sum_{k=1}^{n} a_{ki}\overline{a_{kj}} = \delta_{ij}$$

$$\Longleftrightarrow w_i \cdot w_j = \delta_{ij} \quad (1 \le i, j \le n)$$

이므로 정리가 성립한다.

보기 6.2.5 임의의 실수 θ $(0 \leq \theta < 2\pi)$에 대하여 행렬

$$A = \begin{bmatrix} \dfrac{e^{i\theta}}{\sqrt{2}} & \dfrac{e^{-i\theta}}{\sqrt{2}} \\ \dfrac{i\,e^{i\theta}}{\sqrt{2}} & \dfrac{-i\,e^{-i\theta}}{\sqrt{2}} \end{bmatrix} \qquad (i = \sqrt{-1})$$

는 유니테리 행렬이고 또 $\det A = -i$, $|\det A| = 1$ 이다(문제 2).

정리 6.2.6 유니테리 행렬에 대하여 다음이 성립한다.

(1) A, B가 n차의 유니테리 행렬이면, AB도 n차의 유니테리 행렬이다.

(2) 항등행렬 I_n은 유니테리 행렬이다.

(3) A가 유니테리 행렬이면, A는 정칙행렬이고 A^{-1}도 유니테리 행렬이며 $|\det A| = 1$ 이다.

증 명 (1) A, B가 유니테리 행렬이면, $A^{-1} = A^*$, $B^{-1} = B^*$ 이므로

$$(AB)^{-1} = B^{-1}A^{-1} = B^*A^* = (AB)^*$$

이고 따라서 AB는 유니테리행렬이다(정리 1.3.4, 정리 6.2.3).

(2) ${I_n}^{-1} = I_n = {I_n}^*$ 이므로 항등행렬 I_n은 유니테리 행렬이다.

(3) A가 유니테리 행렬이면, $A^{-1} = A^*$ 이므로 A는 정칙행렬이고

$$(A^{-1})^* = (A^*)^* = A = (A^{-1})^{-1}$$

이므로 A^{-1}는 유니테리 행렬이다. 그리고, $AA^* = I_n$ 이므로

$$\begin{aligned} 1 = \det(AA^*) &= (\det A)(\det A^*) \\ &= (\det A)\,\overline{(\det A)} = |\det A|^2 \end{aligned}$$

이고 따라서 $|\det A| = 1$ 이다(정리 1.7.9, 정리 6.2.3).

정의 6.2.7 유니테리 공간 $\mathscr{C}^n$ 위의 선형변환 $T : \mathscr{C}^n \longrightarrow \mathscr{C}^n$가 조건

$$T(v) \cdot T(w) = v \cdot w \qquad (v,\ w \in \mathscr{C}^n)$$

를 만족시킬 때, 즉, T가 유니테리 공간 $\mathscr{C}^n$의 표준내적을 보존시킬 때, T를 **유니테리 변환**(unitary transformation)이라고 한다.

유니테리 공간 $\mathscr{C}^n$ 위의 유니테리 변환에 대해서는 유클리드 공간 $\mathscr{E}^n$ 위의 직교변환과 마찬가지로 다음 정리가 성립한다(정리 5.3.5 참조).

정리 6.2.8 유니테리 공간 $\mathscr{C}^n$ 위의 선형변환 $T : \mathscr{C}^n \longrightarrow \mathscr{C}^n$에 대하여 다음 조건은 서로 동치이다.

(1) T는 유니테리 변환이다. 즉, $T(v) \cdot T(w) = v \cdot w \quad (v,\ w \in \mathscr{C}^n)$

(2) T는 노름을 보존시킨다. 즉,

$$\| T(v) \| = \| v \| \qquad\qquad (v \in \mathscr{C}^n)$$

(3) 유니테리 공간 $\mathscr{C}^n$의 모든 직교정규기저 $\mathscr{B} = \{v_1, \cdots, v_n\}$에 대하여 $\{T(v_1), \cdots, T(v_n)\}$은 유니테리 공간 $\mathscr{C}^n$의 직교정규기저이다.

(4) 유니테리 공간 $\mathscr{C}^n$의 특정한 직교정규기저 $\mathscr{C} = \{w_1, \cdots, w_n\}$에 대하여 $\{T(w_1), \cdots, T(w_n)\}$은 유니테리 공간 $\mathscr{C}^n$의 직교정규기저이다.

증 명 (1) $\Longleftrightarrow$ (2) 먼저 T가 직교변환이면, 임의의 벡터 v에 대하여

$$\| T(v) \|^2 = T(v) \cdot T(v) = v \cdot v = \| v \|^2$$

이므로 $\| T(v) \| = \| v \|$이다.

역으로, 모든 벡터 v에 대하여 $\| T(v) \| = \| v \|$라고 하자. 이 때, 임의의 벡터 $v,\ w \in \mathscr{C}^n$와 $i = \sqrt{-1}$에 대하여

$$T(v) \cdot T(v) = v \cdot v, \qquad T(w) \cdot T(w) = w \cdot w,$$
$$T(v+w) \cdot T(v+w) = (v+w) \cdot (v+w),$$
$$T(v+iw) \cdot T(v+iw) = (v+iw) \cdot (v+iw)$$

이므로

$$T(v) \cdot T(w) + T(w) \cdot T(v) = v \cdot w + w \cdot v,$$
$$T(v) \cdot T(w) - T(w) \cdot T(v) = v \cdot w - w \cdot v$$

이고 따라서 $T(v) \cdot T(w) = v \cdot w$이다.

또, 정리 5.3.5의 증명과 마찬가지 방법으로 (1) $\Longrightarrow$ (3) $\Longrightarrow$ (4) $\Longrightarrow$ (1)임을 증명할 수 있다.

정리 6.2.9 복소수체 $\mathbb{C}$ 위의 n차의 행렬 A가 유니테리 행렬일 때 그리고 이때에만 $L_A : \mathscr{C}^n \longrightarrow \mathscr{C}^n$는 유니테리 변환이다. 그리고, 유니테리 공간 $\mathscr{C}^n$ 위의 유니테리 변환은 모두 유니테리 행렬에 의하여 정해진다.

증 명 유니테리 공간 $\mathscr{C}^n$에서 표준기저 $\mathscr{B} = \{e_1, \cdots, e_n\}$는 직교정규기저이고 다음이 성립한다.

$$L_A(e_j) = (a_{1j}, a_{2j}, \cdots, a_{nj}) \qquad (1 \le j \le n)$$

그런데, 정리 6.2.8에 의하여 L_A가 직교변환이기 위한 필요충분조건은

$$L_A(e_i) \cdot L_A(e_j) = \delta_{ij} \qquad (1 \le i, j \le n)$$

인 것이고 이는 A가 유니테리 행렬이기 위한 필요충분조건이다(정리 6.2.5).

그리고, 복소수체 $\mathbb{C}$ 위의 n차의 행렬 A에 의하여 유니테리 공간 $\mathscr{C}^n$ 위의 선형변환 L_A가 정의되고 또 유니테리 공간 $\mathscr{C}^n$ 위의 선형변환은 모두 이와 같은 꼴로 정의되므로 정리가 성립한다(정리 3.6.9).

두 n차의 유니테리 행렬 A, B에 의하여 정의되는 유니테리 변환 L_A, L_B의 합성은 $L_A \circ L_B = L_{AB}$이고 또 $L_A^{-1} = L_{A^{-1}}$이다(정리 3.6.9).

이 사실과 정리 6.2.9, 정리 6.2.6에 의하여 다음이 성립한다.

정리 6.2.10 유클리드 공간 $\mathscr{E}^n$ 위에서 다음이 성립한다.

(1) T, S가 유니테리 변환이면, $S \circ T$는 유니테리 변환이다.

(2) 항등 선형변환은 유니테리 변환이다.

(3) T가 유니테리 변환이면, T는 정칙 선형변환이고 또 T^{-1}는 유니테리변환이다.

정리 6.2.11 복소수체 $\mathbb{C}$ 위의 n차의 행렬 A가 유니테리 행렬이면, A는 [L_A는] 중복을 허락하여 n개의 고유치를 가지며 다음이 성립한다.

(1) λ가 A의 [L_A의] 고유치이면, $|\lambda| = 1$이고 $\lambda^{-1} = \overline{\lambda}$이다.

(2) A의 [L_A의] 서로 다른 고유치에 대응하는 고유벡터는 서로 직교한다.

증 명 행렬 A는 중복을 허락하여 n개의 복소수인 고유치를 가진다.

(1) 복소수 λ가 A의 고유치일 때, w를 λ에 대응하는 고유벡터라고 하면, $L_A(w) = \lambda w,\quad w \neq \mathbf{0}$ 이고 또

$$\| w \| = \| L_A(w) \| = \| \lambda w \| = | \lambda | \, \| w \|, \qquad \| w \| \neq 0$$

이므로 $| \lambda | = 1$ 이고 따라서 $\lambda^{-1} = \overline{\lambda}$ 이다(p. 310 참조).

(2) 이제 λ, μ를 A의 서로 다른 고유치라 하고 v, w를 각각 λ, μ에 대응하는 고유벡터라고 하자. 이 때, 정리 6.2.8에 의하여

$$\begin{aligned} v \cdot w = L_A(v) \cdot L_A(w) &= (\lambda v) \cdot (\mu w) \\ &= \lambda \overline{\mu} (v \cdot w) = \lambda \mu^{-1} (v \cdot w) \end{aligned}$$

이고 또 $\lambda \mu^{-1} \neq 1$ 이므로 $v \cdot w = 0$ 이다.

보기 6.2.6 다음 행렬은 유니테리 행렬이다.

$$A = \begin{bmatrix} \dfrac{1+i}{2} & \dfrac{1+i}{2} \\ \dfrac{1-i}{2} & \dfrac{-1+i}{2} \end{bmatrix} \qquad (i = \sqrt{-1})$$

그리고 $\operatorname{tr} A = i$, $\det A = -1$, $|\det A| = 1$ 이므로 A의 고유다항식은 $f(x) = x^2 - ix - 1$ 이고 따라서 A의 고유치는 다음과 같다.

$$\lambda_1 = \frac{\sqrt{3}+i}{2}, \qquad \lambda_2 = \frac{-\sqrt{3}+i}{2}, \qquad |\lambda_1| = |\lambda_2| = 1$$

이제 E_1, E_2를 각각 고유치 λ_1, λ_2에 대응하는 A의 고유공간이라고 하면, E_1과 E_2는 동차 일차방정식

$$\lambda_1 I_2 - A = \begin{bmatrix} \dfrac{\sqrt{3}-1}{2} & \dfrac{-1-i}{2} \\ \dfrac{-1+i}{2} & \dfrac{\sqrt{3}+1}{2} \end{bmatrix}$$

$$(\sqrt{3}-1)\, x_1 - (1+i)\, x_2 = 0,$$

$$(\sqrt{3}+1)\, x_1 + (1+i)\, x_2 = 0$$

$$\lambda_2 I_2 - A = \begin{bmatrix} \dfrac{-\sqrt{3}-1}{2} & \dfrac{-1-i}{2} \\ \dfrac{-1+i}{2} & \dfrac{-\sqrt{3}+1}{2} \end{bmatrix}$$

의 해공간이다(보기 3.3.4).

따라서

$$\mathrm{E}_1 = \langle (1+i,\ \sqrt{3}-1) \rangle, \quad \mathrm{E}_2 = \langle (1+i, -\sqrt{3}-1) \rangle$$

이고 또

$$v_1 = (1+i,\ \sqrt{3}-1), \quad v_2 = (1+i, -\sqrt{3}-1)$$

이라고 하면, v_1과 v_2는 서로 직교한다(정리 6.2.11).

그러므로 $\mathscr{B} = \{v_1, v_2\}$는 A의 고유벡터로 이루어진 유니테리 공간 $\mathscr{C}^2$의 직교기저이므로

$$w_1 = \frac{v_1}{\|v_1\|} = \left(\frac{1+i}{\sqrt{6-2\sqrt{3}}}, \frac{\sqrt{3}-1}{\sqrt{6-2\sqrt{3}}}\right)$$

$$w_2 = \frac{v_2}{\|v_2\|} = \left(\frac{1+i}{\sqrt{6+2\sqrt{3}}}, \frac{-\sqrt{3}-1}{\sqrt{6+2\sqrt{3}}}\right)$$

이라고 하면, $\mathrm{E}_1 = \langle w_1 \rangle$, $\mathrm{E}_2 = \langle w_2 \rangle$이고 또 $\mathscr{C} = \{w_1, w_2\}$는 A의 고유벡터로 이루어진 유니테리 공간 $\mathscr{C}^2$의 직교정규기저이다. 따라서

$$P = \begin{bmatrix} \dfrac{1+i}{\sqrt{6-2\sqrt{3}}} & \dfrac{1+i}{\sqrt{6+2\sqrt{3}}} \\[2ex] \dfrac{\sqrt{3}-1}{\sqrt{6-2\sqrt{3}}} & \dfrac{-\sqrt{3}-1}{\sqrt{6+2\sqrt{3}}} \end{bmatrix}$$

는 유티나리 행렬이고 다음이 성립한다(정리 6.2.5, 정리 4.1.3).

$$P^{-1}AP = P^*AP = \begin{bmatrix} \lambda_1 & 0 \\ 0 & \lambda_2 \end{bmatrix} = \begin{bmatrix} \dfrac{\sqrt{3}+i}{2} & 0 \\ 0 & \dfrac{-\sqrt{3}+i}{2} \end{bmatrix}$$

앞의 보기에서 본 바와 같이 유니테리 행렬 $A \in \mathrm{Mat}_n(\mathbb{C})$는 유니테리 행렬에 의하여 대각화된다(정리 6.5.7 참조). 다시 말하면, 적당한 유니테리 행렬 $P \in \mathrm{Mat}_n(\mathbb{C})$와 대각행렬 $D = \mathrm{diag}\{\lambda_1, \cdots, \lambda_n\} \in \mathrm{Mat}_n(\mathbb{C})$에 대하여 $P^{-1}AP = P^*AP = D$이다.

연 습 문 제 (6.2)

*1. 다음 행렬이 유니테리 행렬인지를 판정하여라.

(1) $A = \begin{bmatrix} \dfrac{\sqrt{3}+i}{2\sqrt{2}} & \dfrac{1-\sqrt{3}i}{2\sqrt{2}} \\ \dfrac{1+\sqrt{3}}{2\sqrt{2}} & \dfrac{i-\sqrt{3}}{2\sqrt{2}} \end{bmatrix}$ (2) $A = \begin{bmatrix} \dfrac{3i}{5} & \dfrac{4i}{5} \\ -\dfrac{4}{5} & \dfrac{3}{5} \end{bmatrix}$

*2. 보기 6.2.5 에서 A 는 유니테리 행렬이고 $\det A = -i$ 임을 밝혀라.

3. 두 복소수 α, β 에 대하여 $|\alpha|^2 + |\beta|^2 = 1$ 일 때, 행렬

$$A = \begin{bmatrix} \alpha & \beta \\ -e^{i\theta}\overline{\beta} & e^{i\theta}\overline{\alpha} \end{bmatrix}$$

가 유니테리 행렬임을 밝히고 또 $\det A$ 를 구하여라.

4. 다음 행렬의 고유치와 이에 대응하는 고유공간을 구하여라($i = \sqrt{-1}$).

(1) $A = \begin{bmatrix} 5 & 1-i \\ 1+i & 4 \end{bmatrix}$ (2) $A = \begin{bmatrix} 1 & 4i \\ 4i & 1 \end{bmatrix}$

*5. 다음 행렬 A 에 대하여 $P^{-1}AP = P^*AP = D$ 인 유니테리 행렬 P 와 대각 행렬 D 를 구하여라($i = \sqrt{-1}$).

$$A = \begin{bmatrix} 1 & i \\ -i & 1 \end{bmatrix}$$

6. 다음 행렬 A 에 대하여 $P^{-1}AP = P^*AP = D$ 인 유니테리 행렬 P 와 대각 행렬 D 를 구하여라($i = \sqrt{-1}$).

(1) $A = \begin{bmatrix} \dfrac{3i}{5} & \dfrac{4i}{5} \\ -\dfrac{4}{5} & \dfrac{3}{5} \end{bmatrix}$ (2) $A = \begin{bmatrix} 2 & 3-3i \\ 3+3i & 5 \end{bmatrix}$

§6.3 에르미트 행렬과 에르미트 변환

이 절에서는, 유니테리 공간 $\mathscr{C}^n$ 위의 특수한 선형변환에 대하여 논한다.

정의 6.3.1 행렬 $A \in \text{Mat}_n(\mathbb{C})$의 수반행렬 A^*에 의하여 정의된 선형변환 $L_{A^*} : \mathscr{C}^n \longrightarrow \mathscr{C}^n$를 선형변환 $L_A : \mathscr{C}^n \longrightarrow \mathscr{C}^n$의 **수반변환**(adjoint) 또는 **수반작용소**라 하고 L_{A^*}를 $(L_A)^*$로 나타낸다. 즉, $(L_A)^* = L_{A^*}$이다.

선형변환 $L_A : \mathscr{C}^n \longrightarrow \mathscr{C}^n$와 그 수반변환 $(L_A)^* : \mathscr{C}^n \longrightarrow \mathscr{C}^n$는 각각 다음과 같이 정의된다.

$$L_A(x_1, \cdots, x_n) = (y_1, \cdots, y_n), \quad (L_A)^*(x_1, \cdots, x_n) = (y_1, \cdots, y_n)$$

$$\begin{bmatrix} y_1 \\ \vdots \\ y_n \end{bmatrix} = A \begin{bmatrix} x_1 \\ \vdots \\ x_n \end{bmatrix} \qquad \begin{bmatrix} y_1 \\ \vdots \\ y_n \end{bmatrix} = A^* \begin{bmatrix} x_1 \\ \vdots \\ x_n \end{bmatrix}$$

보기 6.3.1 복소수체 $\mathbb{C}$ 위의 2차의 행렬

$$A = \begin{bmatrix} 2i & 5 \\ 1 & -3i \end{bmatrix} \qquad (i = \sqrt{-1})$$

에 대하여 A의 수반행렬은 다음과 같다.

$$A^* = \begin{bmatrix} -2i & 1 \\ 5 & 3i \end{bmatrix}$$

따라서 $T = L_A$이라고 하면, T와 그 수반변환 $T^* = L_{A^*}$는 각각 다음과 같이 정의된 선형변환이다.

$$T : \mathscr{C}^2 \longrightarrow \mathscr{C}^2, \quad T(x_1, x_2) = (2i\,x_1 + 5\,x_2,\ x_1 - 3i\,x_2)$$

$$T^* : \mathscr{C}^2 \longrightarrow \mathscr{C}^2, \quad T^*(x_1, x_2) = (-2i\,x_1 + x_2,\ 5\,x_1 + 3i\,x_2)$$

그리고,

$$A^{-1} = \begin{bmatrix} -3i & -5 \\ -1 & 2i \end{bmatrix}, \qquad A^* = \begin{bmatrix} -2i & 1 \\ 5 & 3i \end{bmatrix},$$

$$(A^*)^{-1} = (A^{-1})^* = \begin{bmatrix} 3i & -1 \\ -5 & -2i \end{bmatrix}$$

이므로 선형변환 T^{-1}, $(T^*)^{-1}$ 는 다음과 같이 정의된 선형변환이다.

$$T^{-1} : \mathscr{C}^2 \longrightarrow \mathscr{C}^2, \quad T^{-1}(x_1, x_2) = (-3i\,x_1 - 5\,x_2,\ -x_1 + 2i\,x_2)$$

$$(T^*)^{-1} : \mathscr{C}^2 \longrightarrow \mathscr{C}^2, \quad (T^*)^{-1}(x_1, x_2) = (3i\,x_1 - x_2,\ -5\,x_1 - 2i\,x_2)$$

복소수체 $\mathbb{C}$ 위의 n 차의 행렬 A 에 의하여 유니테리 공간 $\mathscr{C}^n$ 위에서의 선형변환 $L_A : \mathscr{C}^n \longrightarrow \mathscr{C}^n$ 가 정의되고 또 유니테리 공간 $\mathscr{C}^n$ 위의 선형변환은 모두 이와 같은 꼴로 정의된다(정리 3.6.9). 그러므로 정리 6.2.2 와 정리 6.2.3 에 의하여 다음이 성립함을 알 수 있다.

정리 6.3.2 유니테리 공간 $\mathscr{C}^n$ 위에서 선형변환 T, S 와 복소수 $\alpha \in \mathbb{C}$ 에 대하여 다음이 성립한다.

(1) $(T^*)^* = T$

(2) $(T+S)^* = T^* + S^*$, $\qquad (\alpha T)^* = \overline{\alpha}\, T^*$

(3) $(T \circ S)^* = S^* \circ T^*$, $\qquad (1_V)^* = 1_V \qquad (V = \mathscr{C}^n)$

(4) T 가 정칙행렬이면, T^* 는 정칙행렬이고 $(T^*)^{-1} = (T^{-1})^*$ 이다.

정리 6.3.3 유니테리 공간 $\mathscr{C}^n$ 위의 선형변환 $T : \mathscr{C}^n \longrightarrow \mathscr{C}^n$ 에 대하여 다음이 성립한다.

(1) $T(v) \cdot w = v \cdot T^*(w)$,

$T(v) \cdot T(w) = v \cdot (T^* \circ T)(w) \qquad (v, w \in \mathscr{C}^n)$

(2) $v \cdot T(w) = T^*(v) \cdot w$,

$T(v) \cdot T(w) = (T^* \circ T)(v) \cdot w \qquad (v, w \in \mathscr{C}^n)$

증 명 선형변환 T를 행렬 $A \in \mathrm{Mat}_n(\mathbb{C})$에 의하여 정의된 선형변환이라고 하면, 선형변환 T^*는 A^*에 의하여 정의된 선형변환이다. 따라서 임의의 벡터 $v = (x_1, \cdots, x_n)$, $w = (y_1, \cdots, y_n)$에 대하여

$$T(v) = (x_1', \cdots, x_n'), \qquad T^*(w) = (y_1', \cdots, y_n')$$

이라고 하면.

$$A\begin{bmatrix} x_1 \\ \vdots \\ x_n \end{bmatrix} = \begin{bmatrix} x_1' \\ \vdots \\ x_n' \end{bmatrix}, \qquad A^*\begin{bmatrix} y_1 \\ \vdots \\ y_n \end{bmatrix} = \begin{bmatrix} y_1' \\ \vdots \\ y_n' \end{bmatrix}, \qquad A^* = \overline{A^T}$$

$$[\, x_1 \ \cdots \ x_n \,] A^T = [\, x_1' \ \cdots \ x_n' \,], \qquad A^T\begin{bmatrix} \overline{y_1} \\ \vdots \\ \overline{y_n} \end{bmatrix} = \begin{bmatrix} \overline{y_1'} \\ \vdots \\ \overline{y_n'} \end{bmatrix}$$

이므로 다음이 성립한다.

$$\begin{aligned} T(v) \cdot w &= x_1' \overline{y_1} + \cdots + x_n' \overline{y_n} = [\, x_1' \cdots x_n' \,] \begin{bmatrix} \overline{y_1} \\ \vdots \\ \overline{y_n} \end{bmatrix} \\ &= [x_1 \ \cdots \ x_n] A^T \begin{bmatrix} \overline{y_1} \\ \vdots \\ \overline{y_n} \end{bmatrix} = [x_1 \ \cdots \ x_n] \begin{bmatrix} \overline{y_1'} \\ \vdots \\ \overline{y_n'} \end{bmatrix} \\ &= x_1 \overline{y_1'} + \cdots + x_n \overline{y_n'} = v \cdot T^*(w) \end{aligned}$$

그리고, $T(v) \cdot T(w) = v \cdot T^*(T(w)) = v \cdot (T^* \circ T)(w)$ 이다.

마찬가지로, (2)가 성립한다.

정리 6.3.4 유니테리 공간 $\mathscr{C}^n$ 위의 선형변환 $T : \mathscr{C}^n \longrightarrow \mathscr{C}^n$에 대하여 다음 두 조건은 서로 동치이다.

(1) T는 유니테리 변환이다. 즉,

$$T(v) \cdot T(w) = v \cdot w \qquad (v, w \in \mathscr{C}^n)$$

(2) $T \circ T^* = T^* \circ T = 1_V$ 즉 $T^{-1} = T^*$ $\qquad (V = \mathscr{C}^n)$

증 명 먼저 T가 유니테리 변환이면,

$$T(v) \cdot T(w) = v \cdot w \qquad (v,\ w \in \mathscr{C}^n)$$

이므로 정리 6.3.3 에 의하여

$$\begin{aligned} v \cdot w &= T(v) \cdot T(w) \\ &= v \cdot (T^* \circ T)(w) \qquad (v,\ w \in \mathscr{C}^n) \end{aligned}$$

이고 따라서 정리 6.1.3 에 의하여

$$(T^* \circ T)(w) = w \qquad (w \in \mathscr{C}^n)$$

이므로 $T^* \circ T = 1_V$ 이다. 마찬가지로 $T \circ T^* = 1_V$ 이다.

역으로, $T^* \circ T = 1_V$ 이면, 정리 6.3.3 에 의하여

$$T(v) \cdot T(w) = v \cdot (T^* \circ T)(w) = v \cdot w \qquad (v, w \in \mathscr{C}^n)$$

이므로 T는 유니테리 변환이다.

정의 6.3.5 복소수체 $\mathbb{C}$ 위의 n차의 행렬 $A = [a_{ij}]_{n \times n}$가 조건

$$A^* = A \quad 즉 \quad a_{ij} = \overline{a_{ji}} \qquad (1 \le i,\ j \le n)$$

를 만족시킬 때, A를 **에르미트 행렬**(Hermitian matrix) 또는 **자기수반행렬**(self-adjoint matrix)이라고 한다.

행렬 $A = [a_{ij}]_{n \times n}$가 에르미트 행렬이면, $a_{11} = \overline{a_{11}}, \cdots, a_{nn} = \overline{a_{nn}}$ 이므로 $a_{11}, \cdots, a_{nn}$은 모두 실수이다.

에르미트(Charles Hermite, 1822−1901) 는 프랑스 수학자이다.

보기 6.3.2 다음 행렬은 모두 에르미트 행렬이다($i = \sqrt{-1}$).

$$A = \begin{bmatrix} 1 & i \\ -i & 1 \end{bmatrix}, \qquad B = \begin{bmatrix} 1 & 2+i \\ 2-i & 3 \end{bmatrix}$$

그리고, 실수체 $\mathbb{R}$ 위의 n차의 대칭행렬 A를 복소수체 $\mathbb{C}$ 위의 행렬로 생각하는 경우에 A는 에르미트 행렬이다.

정의 6.3.6 유니테리 공간 $\mathscr{C}^n$ 위의 선형변환 $T : \mathscr{C}^n \longrightarrow \mathscr{C}^n$가 조건

$$T^* = T$$

를 만족시킬 때, T를 **에르미트 변환**(Hermitian transformation) 또는 **자기수반변환**(self-adjoint)이라고 한다.

정리 6.3.7 유니테리 공간 $\mathscr{C}^n$ 위의 선형변환 $T : \mathscr{C}^n \longrightarrow \mathscr{C}^n$에 대하여 다음 조건은 서로 동치이다.

(1) T는 에르미트 변환이다. 즉, $T^* = T$이다.

(2) $T(v) \cdot w = v \cdot T(w) \qquad (v,\ w \in \mathscr{C}^n)$

증 명 먼저 $T^* = T$이면, 정리 6.3.3에 의하여 다음이 성립한다.

$$T(v) \cdot w = v \cdot T^*(w) = v \cdot T(w) \qquad (v, w \in \mathscr{C}^n)$$

역으로, 조건 (2)가 성립하면, 정리 6.3.3에 의하여

$$v \cdot T(w) = T(v) \cdot w = v \cdot T^*(w) \qquad (v, w \in \mathscr{C}^n)$$

이므로 정리 6.1.3에 의하여

$$T(w) = T^*(w) \qquad (w \in \mathscr{C}^n)$$

이고 따라서 $T = T^*$이다.

정리 6.3.8 행복소수체 $\mathbb{C}$ 위의 n차의 행렬 A가 에르미트 행렬일 때, 그리고 이때에만 $L_A : \mathscr{C}^n \longrightarrow \mathscr{C}^n$는 에르미트 변환이다.

또, 유니테리 공간 $\mathscr{C}^n$ 위의 에르미트 변환은 모두 이와 같이 에르미트 행렬에 의하여 정해진다.

증 명 정리 3.6.9에 의하여 다음이 성립한다.

$$L_A = (L_A)^* \Longleftrightarrow L_A = L_{A^*} \Longleftrightarrow A = A^*$$

그리고, 복소수체 $\mathbb{C}$ 위의 n차의 행렬 A에 의하여 유니테리 공간 $\mathscr{C}^n$ 위에서의 선형변환 L_A가 정의되고 또 유니테리 공간 $\mathscr{C}^n$ 위의 선형변환은 모두 이와 같은 꼴로 정의되므로 정리가 성립한다.

정리 6.3.9 복소수체 $\mathbb{C}$ 위의 n차의 행렬 A가 에르미트 행렬이면, 다음이 성립한다.

(1) A는 [L_A는] 중복을 허락하여 n개의 실수인 고유치를 가진다.

(2) 두 실수 λ, μ가 A의 [L_A의] 서로 다른 고유치일 때, v와 w를 각각 λ, μ에 대응하는 A의 [L_A의] 고유벡터이라고 하면 유니테리 공간 $\mathscr{C}^n$에서 v와 w는 서로 직교한다.

증 명 (1) 행렬 A는 중복을 허락하여 n개의 복소수인 고유치를 가진다. 이제 λ를 A의 고유치라 하고 w를 이에 대응하는 고유벡터라고 하면,

$$L_A(w)\cdot w = (\lambda w)\cdot w = \lambda\,(w\cdot w),$$
$$w\cdot L_A(w) = w\cdot(\lambda w) = \overline{\lambda}\,(w\cdot w)$$

이고 $L_A(w)\cdot w = w\cdot L_A(w)$ 이므로 $\lambda(w\cdot w) = \overline{\lambda}\,(w\cdot w)$, $w\cdot w \neq 0$ 이고 따라서 $\lambda = \overline{\lambda}$ 이다. 그러므로 λ는 실수이다.

(2) 정리 6.3.7에 의하여 $L_A(v)\cdot w = v\cdot L_A(w)$ 이고 또 가정에 의하여

$$L_A(v)\cdot w = (\lambda v)\cdot w = \lambda\,(v\cdot w),$$
$$v\cdot L_A(w) = v\cdot(\mu w) = \overline{\mu}\,(v\cdot w) = \mu\,(v\cdot w)$$

이므로 $\lambda\,(v\cdot w) = \mu\,(v\cdot w)$ 이고 또 $\lambda \neq \mu$ 이므로 $v\cdot w = 0$ 이다.

실수체 $\mathbb{R}$ 위의 n차의 대칭행렬은 에르미트 행렬이기도 하므로 위의 정리로부터 다음 따름정리를 얻는다(정리 5.5.2 참조).

따름정리 6.3.10 실수체 $\mathbb{R}$ 위의 n차의 행렬 A가 대칭행렬이면, 다음이 성립한다.

(1) A는 [L_A는] 중복을 허락하여 n개의 (실수인) 고유치를 가진다.

(2) 두 실수 λ, μ가 A의 [L_A의] 서로 다른 고유치일 때, v와 w를 각각 λ, μ에 대응하는 A의 [L_A의] 고유벡터이라고 하면 유클리드 공간 $\mathscr{E}^n$에서 v와 w는 서로 직교한다.

보기 6.3.3 다음 행렬은 에르미트 행렬이다.

$$A = \begin{bmatrix} 5 & 1-i \\ 1+i & 4 \end{bmatrix} \qquad (i = \sqrt{-1})$$

행렬 A 의 고유다항식은 다음과 같다.

$$f(x) = x^2 - 9x + 18 = (x-3)(x-6)$$

따라서 A 의 고유치는 $\lambda_1 = 3$, $\lambda_1 = 6$ 이다.

이제 E_1, E_2 를 각각 고유치 λ_1, λ_2 에 대응하는 고유공간이라고 하면, 이들 고유공간은 각각 다음 동차 일차방정식의 해공간이다(보기 3.3.4).

$$3I_2 - A = \begin{bmatrix} -2 & -1+i \\ -1-i & -1 \end{bmatrix}$$

$$6I_2 - A = \begin{bmatrix} 1 & -1+i \\ -1-i & 2 \end{bmatrix}$$

$$(-1-i)\,x_1 \quad x_2 = 0,$$
$$x_1 + (-1+i)\,x_2 = 0$$

따라서 $E_1 = \langle (1, -1-i) \rangle$, $E_2 = \langle (1-i, 1) \rangle$ 이다.

그런데, 두 벡터 $v_1 = (1, -1-i)$, $v_2 = (1-i, 1)$ 는 서로 직교하므로

$$w_1 = \frac{v_1}{\| v_1 \|} = \left(\frac{1}{\sqrt{3}}, \frac{-1-i}{\sqrt{3}} \right),$$
$$w_2 = \frac{v_2}{\| v_2 \|} = \left(\frac{1-i}{\sqrt{3}}, \frac{1}{\sqrt{3}} \right)$$

이라고 하면 $\mathscr{C} = \{w_1, w_2\}$ 는 유니테리공간 $\mathscr{C}^2$ 의 직교정규기저이다.

그러므로

$$P = \begin{bmatrix} \frac{1}{\sqrt{3}} & \frac{1-i}{\sqrt{3}} \\ \frac{-1-i}{\sqrt{3}} & \frac{1}{\sqrt{3}} \end{bmatrix}, \qquad D - \begin{bmatrix} 3 & 0 \\ 0 & 6 \end{bmatrix}$$

이라고 하면, P 는 유티나리 행렬이고 $P^{-1}AP = P^*AP = D$ 이다.

위의 보기와 같이, 유니테리 행렬과 에르미트 행렬은 유니테리 행렬에 의하여 대각화된다(따름정리 6.4.9 참조).

연 습 문 제 (6.3)

*1. 다음과 같은 에르미트 행렬 A에 대하여 $P^*AP=D$인 유니타리 행렬 P와 대각행렬 D를 구하여라($i=\sqrt{-1}$).

$$A=\begin{bmatrix} 2 & 1+2i \\ 1-2i & 6 \end{bmatrix}$$

*2. 다음 행렬 A가 직교행렬인 동시에 대칭행렬임을 밝혀라.
그리고, $P^{-1}AP=D$인 직교행렬 P와 대각행렬 D를 구하여라.

(1) $A=\begin{bmatrix} \frac{1}{3} & \frac{2}{3} & -\frac{2}{3} \\ \frac{2}{3} & \frac{1}{3} & \frac{2}{3} \\ -\frac{2}{3} & \frac{2}{3} & \frac{1}{3} \end{bmatrix}$ (2) $A=\begin{bmatrix} -\frac{1}{9} & -\frac{8}{9} & \frac{4}{9} \\ -\frac{8}{9} & -\frac{1}{9} & -\frac{4}{9} \\ \frac{4}{9} & -\frac{4}{9} & -\frac{7}{9} \end{bmatrix}$

3. 복소수체 $\mathbb{C}$ 위의 행렬

$$A=\begin{bmatrix} 1+i & 4+i \\ 4+i & 3 \end{bmatrix} \qquad (i=\sqrt{-1})$$

는 대칭행렬이지만 에르미트 행렬이 아님을 밝혀라.
그리고, A의 고유치 중에는 허수인 것이 있음을 밝혀라.

4. 유니테리 공간 $\mathscr{C}^n$ 위의 선형변환 $T:\mathscr{C}^n \longrightarrow \mathscr{C}^n$, $S:\mathscr{C}^n \longrightarrow \mathscr{C}^n$가 에르미트 변환일 때, $T\circ S:\mathscr{C}^n \longrightarrow \mathscr{C}^n$가 에르미트 변환이기 위한 필요충분조건은 $T\circ S=S\circ T$인 것임을 증명하여라.

*5. 복소수체 $\mathbb{C}$ 위의 n차의 행렬 A는 단 한 가지 방법으로

$$A=B+iC \qquad (B^*=B,\ \ C^*=C,\ \ i=\sqrt{-1})$$

와 같은 꼴로 나타내어짐을 밝혀라.

§6.4 정규행렬과 정규변환

이 절에서는, §6.3에 이어 특수한 행렬과 선형변환에 대하여 논한다.

정의 6.4.1 복소수체 $\mathbb{C}$ 위의 n차의 행렬 A가 조건

$$A A^* = A^* A$$

를 만족시킬 때, A를 **정규행렬**(normal matrix)이라고 한다.

보기 6.4.1 복소수체 $\mathbb{C}$ 위의 n차의 행렬에 대하여 다음이 성립한다.

(1) 에르미트 행렬은 모두 정규행렬이다.
실제로, A가 에르미트 행렬이면, $A^* = A$이므로 $A^* A = A A^*$이다.

(2) 유니테리 행렬은 모두 정규행렬이다.
실제로, A가 유니테리 행렬이면, $A A^* = A^* A = I_n$이다.

(3) 대각행렬은 모두 정규행렬이다. 실제로, $A = \mathrm{diag}\{a_1, \cdots, a_n\}$일 때, $A^* = \overline{A} = \mathrm{diag}\{\overline{a_1}, \cdots, \overline{a_n}\}$, $A A^* = A^* A = \mathrm{diag}\{a_1 \overline{a_1}, \cdots, a_n \overline{a_n}\}$이다.

보기 6.4.2 실수체 $\mathbb{R}$ 위의 n차의 행렬을 복소수체 $\mathbb{C}$ 위의 행렬로 생각할때 다음이 성립한다.

(1) 대칭행렬은 에르미트 행렬인 동시에 정규행렬이다.

(2) 직교행렬은 유니테리 행렬인 동시에 정규행렬이다.

(3) 교대행렬은 정규행렬이다.

보기 6.4.3 행렬

$$A = \begin{bmatrix} 1 & 1-i \\ -1-i & 1+i \end{bmatrix} \qquad (i = \sqrt{-1})$$

는 정규행렬이지만, 에르미트 행렬도 아니고 유니테리 행렬도 아니다.

정리 6.4.2 유니테리 공간 $\mathscr{C}^n$ 위의 선형변환 $T : \mathscr{C}^n \longrightarrow \mathscr{C}^n$ 가 조건

$$T \circ T^* = T^* \circ T$$

를 만족시킬 때, T 를 **정규변환**(normal transformation)이라고 한다.

정리 6.4.3 유니테리 공간 $\mathscr{C}^n$ 위의 선형변환 $T : \mathscr{C}^n \longrightarrow \mathscr{C}^n$ 에 대하여 다음이 성립한다.

(1) T 는 정규변환이기 위한 필요충분조건은 다음이 성립하는 것이다.

$$(*) \qquad T(v) \cdot T(w) = T^*(v) \cdot T^*(w) \qquad (v, w \in \mathscr{C}^n)$$

(2) T 가 정규변환일 때, 모든 $v \in \mathscr{C}^n$ 에 대하여 $\| T(v) \| = \| T^*(v) \|$ 이다.

증 명 (1) 정리 6.3.3 에 의하면, 모든 $v, w \in \mathscr{C}^n$ 에 대하여

$$\begin{aligned} T(v) \cdot T(w) &= v \cdot T^*(T(w)) = v \cdot (T^* \circ T)(w), \\ T^*(v) \cdot T^*(w) &= v \cdot (T^*)^*(T^*(w)) \\ &= v \cdot T(T^*(w)) = v \cdot (T \circ T^*)(w) \end{aligned}$$

이고, 따라서 T 가 정규변환이면 $T^* \circ T = T \circ T^*$ 이므로 $(*)$ 가 성립한다.

역으로, $(*)$ 가 성립하면, 위의 두 등식에 의하여

$$v \cdot (T^* \circ T)(w) = v \cdot (T \circ T^*)(w) \qquad (v, w \in \mathscr{C}^n)$$

이므로 정리 6.1.3 에 의하여

$$(T^* \circ T)(w) = (T \circ T^*)(w) \qquad (w \in \mathscr{C}^n)$$

이고 따라서 $T^* \circ T = T \circ T^*$ 이므로 T 는 정규변환이다.

(2) T 가 정규변환이면, $(*)$ 가 성립하므로 모든 벡터 $v \in \mathscr{C}^n$ 에 대하여

$$\begin{aligned} \| T(v) \|^2 &= T(v) \cdot T(v) \\ &= T^*(v) \cdot T^*(v) = \| T^*(v) \|^2 \end{aligned}$$

이고 따라서 $\| T(v) \| = \| T^*(v) \|$ 이다.

정리 6.4.4 복소수체 $\mathbb{C}$ 위의 n 차의 행렬 A가 정규행렬일 때 그리고 이때에만 $L_A : \mathscr{C}^n \longrightarrow \mathscr{C}^n$ 는 유니테리 공간 $\mathscr{C}^n$ 위의 정규변환이다.

증 명 행렬정리 3.6.9 에 의하여

$$L_A \circ L_{A^*} = L_{A^*} \circ L_A \Longleftrightarrow AA^* = A^*A$$

이므로 정리가 성립한다.

유니테리 공간 $\mathscr{C}^n$ 위에서의 선형변환은 복소수체 $\mathbb{C}$ 위의 n 차의 행렬 A 에 의하여 정의된 선형변환 L_A 로 결정되므로, 유니테리 공간 $\mathscr{C}^n$ 위의 정규변환은 모두 복소수체 $\mathbb{C}$ 위의 n 차의 정규행렬에 의하여 정해진다.

정리 6.4.5 복소수체 $\mathbb{C}$ 위의 n 차의 행렬 A가 정규행렬일 때, 임의의 복소수 $\alpha \in \mathbb{C}$ 에 대하여 $A - \alpha I_n$ 은 정규행렬이다.

증 명 정리 6.2.2 에 의하여 $(A - \alpha I_n)^* = A^* - \overline{\alpha} I_n$ 이므로 다음이 성립한다.

$$(A - \alpha I_n)(A - \alpha I_n)^* = AA^* - \overline{\alpha} A - \alpha A^* - \alpha \overline{\alpha} I_n,$$
$$(A - \alpha I_n)^*(A - \alpha I_n) = A^*A - \alpha A^* - \overline{\alpha} A - \alpha \overline{\alpha} I_n$$

그러므로 A가 정규행렬이면, $AA^* = A^*A$ 이므로 위의 두 행렬은 일치하고 따라서 $A - \alpha I_n$ 은 정규행렬이다.

정리 6.4.6 복소수체 $\mathbb{C}$ 위의 n 차의 행렬 A가 정규행행렬이면, 다음이 성립한다.

(1) 복소수 λ가 A 의 [L_A 의] 고유치일 때, w 를 λ 에 대응하는 A 의 고유벡터라고 하면 $\overline{\lambda}$ 는 A^* 의 고유치이고 또 w 는 $\overline{\lambda}$ 에 대응하는 A^* 의 고유벡터이다. 즉, $L_A(w) = \lambda w$ 이면, $L_{A^*}(w) = \overline{\lambda}\, w$ 이다.

(2) 두 복소수 λ, μ 가 A 의 [L_A 의] 서로 다른 고유치일 때, v 와 w 를 각각 λ, μ 에 대응하는 A 의 고유벡터라고 하면 $v \cdot w = 0$ 이다.

증 명 행렬 A는 중복을 허락하여 n개의 복소수인 고유치를 가진다.

(1) 복소수 λ가 A의 고유치일 때, w를 λ에 대응하는 A의 고유벡터라 하고 $B = A - \lambda I_n$이라고 하자.

이 때, B는 정규행렬이므로 L_B는 정규변환이다(정리 6.4.5, 정리 6.4.4). 그리고, $L_A(w) = \lambda w$이므로

$$L_B(w) = L_A(w) - \lambda w = \mathbf{0}$$

이고 따라서 정리 6.4.3 에 의하여

$$\| L_{B^*}(w) \| = \| L_B(w) \| = 0$$

이므로 $L_{B^*}(w) = \mathbf{0}$이다. 한편, $B^* = A^* - \overline{\lambda}\, I_n$이므로

$$\mathbf{0} = L_{B^*}(w) = L_{A^*}(w) - \overline{\lambda}\, w$$

이고, 따라서 $L_{A^*}(w) = \overline{\lambda}\, w$이다.

(2) 정리 6.3.3 에 의하여 $L_A(v) \cdot w = v \cdot L_{A^*}(w)$이고 또 가정과 위의 (1)에 의하여

$$L_A(v) \cdot w = (\lambda v) \cdot w = \lambda (v \cdot w),$$
$$v \cdot L_{A^*}(w) = v \cdot (\overline{\mu}\, w) = \mu (v \cdot w)$$

이므로 $\lambda (v \cdot w) = \mu (v \cdot w)$이고 또 $\lambda \neq \mu$이므로 $v \cdot w = 0$이다.

유니테리 행렬과 에르미트 행렬은 정규행렬이므로, 정리 6.4.6 은 유니테리 행렬과 에르미트 행렬에 대해서도 성립한다(정리 6.2.11, 정리 6.3.9).

복소수체 $\mathbb{C}$ 위의 n차의 행렬 A가 유니테리 행렬에 의하여 대각화되면, A는 반드시 정규행렬이다. 실제로, 적당한 유니테리 행렬 P와 대각행렬 D에 대하여

$$P^{-1}AP = P^*AP = D$$

이면, $A = PDP^*$이고 또 $P^*P = I_n$이므로

$$AA^* = PDP^*(PDP^*)^* = PDP^*PD^*P^* = PDD^*P^*,$$
$$A^*A = (PDP^*)^*PDP^* = PD^*P^*PDP^* = PD^*DP^*$$

이고 $DD^* = D^*D$이므로 $AA^* = A^*A$이다.

정리 6.4.7 복소수체 $\mathbb{C}$ 위의 n차의 행렬 A가 정규행렬이면, A는 유니테리 행렬에 의하여 대각화된다.

실제로, 유니테리 공간 $\mathscr{C}^n$에 정규행렬 A의 고유벡터로 이루어진 직교정규기저 $\mathscr{C} = \{w_1, \cdots, w_n\}$가 존재하며 이때

$$w_j = (p_{1j}, p_{2j}, \cdots, p_{nj}), \quad L_A(w_j) = \lambda_j w_j \qquad (1 \le j \le n)$$

이라 하고 $P = [p_{ij}]_{n\times n}$, $D = \text{diag}\{\lambda_1, \cdots, \lambda_n\}$이라고 하면 P는 유니테리 행렬이고 $P^{-1}AP = P^*AP = D$이다.

증 명 정리를 n에 관한 귀납법으로 증명한다.

먼저 $n=1$인 경우에 A는 $A=[\,a\,]$와 같은 꼴의 1×1 행렬이고 이때 A의 고유치는 a이고 유니테리 행렬인 1차의 항등행렬 $I=[\,1\,]$에 대하여 $I^{-1}AI = I^*AI = A = [\,a\,]$이다.

이제 $n \ge 2$일 때, $n-1$차의 모든 정규행렬에 대하여 정리가 성립한다고 가정하고 A를 n차의 정규행렬이라고 하자.

이 때, A의 고유치 λ_1을 택하여 벡터 u_1을 λ_1에 대응하는 A의 고유벡터라 하고 $v_1 = \dfrac{u_1}{\|u_1\|}$이라고 하면, v_1은 고유치 λ_1에 대응하는 고유벡터이고 v_1은 단위벡터이므로 v_1에 $n-1$개의 벡터 $v_2, \cdots, v_n$을 첨가하여 유니테리 공간 $\mathscr{C}^n$의 직교정규기저 $\mathscr{B} = \{v_1, v_2, \cdots, v_n\}$를 얻을 수 있다(정리 6.1.17).

그런데, 선형변환 L_A에 의한 $v_1, v_2, \cdots, v_n$의 상은 다음과 같은 꼴의 $v_1, v_2, \cdots, v_n$의 일차결합으로 나타내어진다.

$$\begin{aligned} L_A(v_1) &= \lambda_1 v_1 \\ L_A(v_2) &= b_{12} v_1 + b_{22} v_2 + \cdots + b_{n2} v_n \\ &\vdots \\ L_A(v_n) &= b_{1n} v_1 + b_{2n} v_2 + \cdots + b_{nn} v_n \end{aligned}$$

이 때, $B = [L_A]_{\mathscr{B}}$이라고 하면,

$$B=\begin{bmatrix}\lambda_1 & b_{12} & \cdots & b_{1n}\\ 0 & b_{22} & \cdots & b_{2n}\\ \vdots & \vdots & \cdots & \vdots\\ 0 & b_{n2} & \cdots & b_{nn}\end{bmatrix}$$

이고 $v_1,\ v_2, \cdots, v_n$을 열벡터로 가지는 n차의 행렬을 Q라고 하면 Q는 유니테리 행렬이고 $Q^{-1}AQ=Q^*AQ=B$이다(정리 6.2.5, 정리 4.1.3).

그런데, A는 정규행렬이므로 $AA^*=A^*A$이고 또

$$BB^*=(Q^*AQ)(Q^*AQ)^*=Q^*AQQ^*A^*Q=Q^*AA^*Q,$$
$$B^*B=(Q^*AQ)^*(Q^*AQ)=Q^*A^*QQ^*AQ=Q^*A^*AQ$$

이므로 $BB^*=B^*B$이고 따라서 B는 정규행렬이다. 특히, BB^*와 B^*B의 $(1,1)$ 성분을 비교하면

$$\lambda_1\overline{\lambda_1}+b_{12}\overline{b_{12}}+\cdots+b_{1n}\overline{b_{1n}}=\lambda_1\overline{\lambda_1}$$

이므로 $|b_{12}|^2+\cdots+|b_{1n}|^2=0$이고 따라서 $b_{12}=\cdots=b_{1n}=0$이다.

그러므로

$$B=\begin{bmatrix}\lambda_1 & 0 & \cdots & 0\\ 0 & & & \\ \vdots & & B_1 & \\ 0 & & & \end{bmatrix},\qquad B_1=\begin{bmatrix}b_{22} & \cdots & b_{2n}\\ \vdots & \cdots & \vdots\\ b_{n2} & \cdots & b_{nn}\end{bmatrix}$$

이고 분명히 $B_1B_1{}^*=B_1{}^*B_1$이므로 B_1은 $n-1$차의 정규행렬이다. 따라서 귀납법 가정에 의하여 적당한 $n-1$차의 유니테리 행렬 R_1에 대하여 $R_1{}^{-1}B_1R_1=R_1{}^*B_1R_1=\operatorname{diag}\{\lambda_2,\ \cdots, \lambda_n\}$이다. 그러므로

$$R=\begin{bmatrix}1 & 0 & \cdots & 0\\ 0 & & & \\ \vdots & & R_1 & \\ 0 & & & \end{bmatrix},\qquad D=\operatorname{diag}\{\lambda_1, \lambda_2, \cdots, \lambda_n\}$$

이라고 하면, R는 유니테리 행렬이고 $R^{-1}BR=R^*BR=D$이고 따라서 $P=QR$라고 하면 P는 유니테리 행렬이고 다음이 성립한다.

$$P^{-1}AP = P^*AP = (QR)^*A(QR)$$
$$= R^*(Q^*AQ)R = R^TBR = D$$

이제 $P = [p_{ij}]_{n\times n}$ 이라 하고

$$w_j = (p_{1j}, p_{2j}, \cdots, p_{nj}) \qquad (1 \le j \le n)$$

이라고 하면, 정리 6.2.5 에 의하여 $\mathscr{C} = \{w_1, \cdots, w_n\}$ 는 유니테리 공간 $\mathscr{C}^n$ 의 직교정규기저이고 정리 4.4.3 에 의하여 $L_A(w_j) = \lambda_j w_j$ $(1 \le j \le n)$ 이므로 정리가 성립한다.

실수체 $\mathbb{R}$ 위의 n 차의 행렬 A 가 대칭행렬일 때, A 는 중복을 허락하여 n 개의 실수인 고유치를 가진다(따름정리 6.3.10). 그러므로 정리 6.4.7 의 증명에서 정규행렬, 유니테리 공간 $\mathscr{C}^n$, 유니테리 행렬을 각각

대칭행렬, 　　유클리드 공간 $\mathscr{E}^n$, 　　직교행렬

로 바꾸면 다음 정리를 증명할 수 있다.

정리 6.4.8 실수체 $\mathbb{R}$ 위의 n 차의 행렬 A 가 대칭행렬이면, A 는 직교행렬에 의하여 대각화된다.

실제로, 유클리드 공간 $\mathscr{E}^n$ 에 대칭행렬 A 의 고유벡터로 이루어진 직교정규기저 $\mathscr{B} = \{v_1, \cdots, v_n\}$ 가 존재하며 이때

$$w_j = (p_{1j}, p_{2j}, \cdots, p_{nj}), \quad L_A(w_j) = \lambda_j w_j \qquad (1 \le j \le n)$$

이라 하고 $P = [p_{ij}]_{n\times n}$, $D = \text{diag}\{\lambda_1, \cdots, \lambda_n\}$ 이라고 하면, P 는 직교행렬이고 $P^{-1}AP = P^TAP = D$ 이다.

유니테리 행렬과 에르미트 행렬은 모두 정규행렬이므로 정리 6.4.7 에 의하여 다음 따름정리가 성립한다.

따름정리 6.4.9 복소수체 $\mathbb{C}$ 위의 n 차의 유니테리 행렬과 에르미트 행렬은 유니테리 행렬에 의하여 대각화된다.

실수체 $\mathbb{R}$ 위의 n 차의 직교행렬 A 를 복소수 $\mathbb{C}$ 위의 행렬로 생각하면, A 는 정규행렬이므로 유니테리 행렬에 의하여 대각화된다(보기 6.4.2).

보기 6.4.4 다음 직교행렬을 생각해 보자.

$$A = \begin{bmatrix} \cos\theta & -\sin\theta \\ \sin\theta & \cos\theta \end{bmatrix} \qquad (0 \leq \theta < \pi \text{ 또는 } 0 \leq \theta < 2\pi)$$

직교행렬 A 의 행렬식은 $f(x) = x^2 - 2\cos\theta\, x + 1$ 이므로 A 의 실수인 고유치는 존재하지 않는다.

한편, A 를 복소수체 $\mathbb{C}$ 위의 행렬로 생각하면, A 의 고유치는

$$\lambda_1 = \cos\theta + i\sin\theta = e^{i\theta}, \qquad \lambda_2 = \cos\theta - i\sin\theta = e^{-i\theta}$$

이고, 이들 고유치에 대응하는 고유공간은 각각 동차 일차방정식

$$\lambda_1 I_2 - A = \begin{bmatrix} i\sin\theta & \sin\theta \\ -\sin\theta & i\sin\theta \end{bmatrix}$$

$$i\sin\theta\, x_1 + \sin\theta\, x_2 = 0,$$
$$-i\sin\theta\, x_1 + \sin\theta\, x_2 = 0$$

$$\lambda_2 I_2 - A = \begin{bmatrix} -i\sin\theta & \sin\theta \\ -\sin\theta & -i\sin\theta \end{bmatrix}$$

의 해공간이다(보기 3.3.4).

따라서 고유치 λ_1, λ_2 에 대응하는 고유공간은 각각 다음과 같다.

$$\mathrm{E}_1 = \langle v_1 \rangle, \quad v_1 = (i, 1), \qquad \mathrm{E}_2 = \langle v_2 \rangle, \quad v_2 = (-i, 1)$$

그런데, 두 벡터 v_1, v_2 는 서로 직교하므로

$$w_1 = \frac{v_1}{\| v_1 \|} = \left(\frac{i}{\sqrt{2}}, \frac{1}{\sqrt{2}}\right), \qquad w_2 = \frac{v_2}{\| v_2 \|} = \left(\frac{-i}{\sqrt{2}}, \frac{1}{\sqrt{2}}\right)$$

이라고 하면, $\mathscr{C} = \{w_1, w_2\}$ 는 유니테리 공간 $\mathscr{C}^2$ 의 직교정규기저이고 또

$$P = \begin{bmatrix} \frac{i}{\sqrt{2}} & \frac{-i}{\sqrt{2}} \\ \frac{1}{\sqrt{2}} & \frac{1}{\sqrt{2}} \end{bmatrix}, \qquad D = \begin{bmatrix} e^{i\theta} & 0 \\ 0 & e^{-i\theta} \end{bmatrix}$$

이라고 하면 P 는 유니테리 행렬이고 $P^{-1}AP = P^*AP = D$ 이다.

연 습 문 제 (6.4)

1. 다음 행렬이 정규행렬인지를 판정하여라($i=\sqrt{-1}$).

$$A=\begin{bmatrix} 2 & 1+2i \\ 1-2i & 6 \end{bmatrix},\quad B=\begin{bmatrix} 3 & 4+2i \\ 4-2i & 6 \end{bmatrix},\quad C=\begin{bmatrix} i & 2+i \\ 2+i & 3 \end{bmatrix}$$

*2. 복소수체 $\mathbb{C}$ 위의 삼각행렬

$$A=\begin{bmatrix} a_{11} & a_{12} & \cdots & a_{1n} \\ 0 & a_{22} & \cdots & a_{2n} \\ \vdots & \vdots & \ddots & \vdots \\ 0 & 0 & \cdots & a_{nn} \end{bmatrix}$$

가 정규행렬이면, A는 대각행렬임을 밝혀라.

3. 복소수체 $\mathbb{C}$ 위에서 다음 행렬의 고유치와 고유공간을 구하여라($i=\sqrt{-1}$).

(1) $A=\begin{bmatrix} 1 & 1 & 1 \\ 1 & 0 & 0 \\ 1 & 0 & 0 \end{bmatrix}$　　(2) $A=\begin{bmatrix} 3 & i & -1 \\ -i & 5 & i \\ -1 & -i & 3 \end{bmatrix}$

*4. 다음 행렬이 에르미트 행렬, 유니테리 행렬, 정규행렬인지를 판정하여라. 또, 이 행렬은 유니테리 행렬에 의하여 대각화됨을 밝혀라($i=\sqrt{-1}$).

(1) $A=\begin{bmatrix} 1 & 1-i \\ -1-i & 1+i \end{bmatrix}$　　(2) $A=\begin{bmatrix} 0 & i & 1 \\ -i & 0 & i \\ 1 & -i & 0 \end{bmatrix}$

5. 실수체 $\mathbb{R}$ 위의 다음 대칭행렬 A는 직교행렬에 의하여 대각화됨을 밝혀라.

*(1) $A=\begin{bmatrix} 1 & 3 \\ 3 & 1 \end{bmatrix}$　　(2) $A=\begin{bmatrix} 1 & 2 & 0 \\ 2 & 2 & 2 \\ 0 & 2 & 3 \end{bmatrix}$

*6. 실수체 $\mathbb{R}$ 위의 n차의 교대행렬 A를 복소수체 $\mathbb{C}$ 위의 행렬로 생각할 때, A의 고유치는 0이거나 또는 순허수임을 밝혀라.

§ 6.5 내적공간

이 절에서는, 제 5 장과 앞에서 논한 내적의 개념을 일반화한다.

정의 6.5.1 실수체 $\mathbb{R}$ 위의 유한차원 또는 무한차원 벡터공간 V 에서, 벡터 $v, w, u \in V$ 와 실수 $a \in \mathbb{R}$ 에 대하여, 다음 조건을 만족시키는 사상

$$(\cdot , \cdot) \ : \ V \times V \longrightarrow \mathbb{R}$$

를 벡터공간 V 위의 **내적**(inner product)이라고 한다.

I.1 : $(v+u, w) = (v, w) + (u, w), \qquad (av, w) = a(v, w)$

I.2 : $(v, u+w) = (v, u) + (v, w), \qquad (v, aw) = a(v, w)$

I.3 : $(v, w) = (w, v)$

I.4 : $(v, v) \geq 0$ 이고, 특히 $(v, v) = 0 \Longleftrightarrow v = \mathbf{0}$ 이다.

또, 실수체 $\mathbb{R}$ 위의 벡터공간 V 에 이와 같은 내적이 정의되어 있을 때, V 를 내적 $(\cdot , \cdot)$ 에 관한 **내적공간**(inner product space)이라고 한다. 이 내적공간을 흔히 **實 내적공간**(real inner product space) 이라고도 한다.

정의 6.5.2 복소수체 $\mathbb{C}$ 위의 유한차원 또는 무한차원 벡터공간 V 에서, 벡터 $v, w, u \in V$ 와 복소수 $\alpha \in \mathbb{C}$ 에 대하여 다음 조건을 만족시키는 사상 $(\cdot , \cdot) \ : \ V \times V \longrightarrow \mathbb{C}$ 를 벡터공간 V 위의 **내적**이라고 한다.

I.1 : $(v+u, w) = (v, w) + (u, w), \qquad (\alpha v, w) = \alpha(v, w)$

I.2 : $(v, u+w) = (v, u) + (v, w), \qquad (v, \alpha w) = \overline{\alpha}(v, w)$

I.3 : $(v, w) = \overline{(w, v)}$

I.4 : $(v, v) \geq 0$ 이고, 특히 $(v, v) = 0 \Longleftrightarrow v = \mathbf{0}$ 이다.

또, 복소수체 $\mathbb{C}$ 위의 벡터공간 V 에 이와 같은 내적이 정의되어 있을 때, V 를 내적 $(\cdot , \cdot)$ 에 관한 **내적공간**이라고 한다. 이 내적공간을 흔히 **複素 내적공간**(complex inner product space) 이라고도 한다.

보기 6.5.1 실수체 $\mathbb{R}$ 위의 n차원 벡터공간 $\mathbb{R}^n$에서 임의의 두 벡터 $v=(x_1, \cdots, x_n)$, $w=(y_1, \cdots, y_n)$에 대하여 (v, w)를

$$(v, w) = v \cdot w = \sum_{i=1}^{n} x_i y_i = x_1 y_1 + \cdots + x_n y_n$$

로 정하면, 사상 $(\cdot, \cdot) : \mathbb{R}^n \times \mathbb{R}^n \longrightarrow \mathbb{R}$는 벡터공간 $\mathbb{R}^n$ 위의 내적이다.

이 내적을 벡터공간 $\mathbb{R}^n$ 위의 표준내적이라고 한다. 그리고, 표준내적이 정의되어 있는 벡터공간 $\mathbb{R}^n$을 n차원 유클리드 공간이라 하고 이것을 $\mathscr{E}^n$으로 나타낸다(정의 1.8.1).

보기 6.5.2 복소수체 $\mathbb{C}$ 위의 n차원 벡터공간 $\mathbb{C}^n$에서 임의의 두 벡터 $v=(x_1, \cdots, x_n)$, $w=(y_1, \cdots, y_n)$에 대하여 (v, w)를

$$(v, w) = v \cdot w = \sum_{i=1}^{n} x_i \overline{y_i} = x_1 \overline{y_1} + \cdots + x_n \overline{y_n}$$

로 정하면, 사상 $(\cdot, \cdot) : \mathbb{C}^n \times \mathbb{C}^n \longrightarrow \mathbb{C}$는 벡터공간 $\mathbb{C}^n$ 위의 내적이다.

이 내적을 벡터공간 $\mathbb{C}^n$ 위의 표준내적이라고 한다. 그리고, 표준내적이 정의되어 있는 벡터공간 $\mathbb{C}^n$을 n차원 유니테리 공간이라 하고 이것을 $\mathscr{E}^n$으로 나타낸다(정의 6.1.1).

보기 6.5.3 $F=\mathbb{R}$ 또는 $F=\mathbb{C}$일 때, 체 F 위의 벡터공간 V에서 사상 $(\cdot, \cdot) : V \times V \longrightarrow F$가 내적이면, 임의의 양의 실수 r에 대하여

$$(\cdot, \cdot)' : V \times V \longrightarrow F, \quad (v, w)' = r(v, w)$$

도 V 위의 내적이다.

이와 같이 한 벡터공간에 여러 가지 내적을 정의할 수 있다.

예를 들면, 다음 두 사상은 벡터공간 $\mathbb{R}^2$ 위의 내적이다.

$$(\cdot, \cdot) : \mathbb{R}^2 \times \mathbb{R}^2 \longrightarrow \mathbb{R}, \quad ((x_1, x_2), (y_1, y_2)) = x_1 y_1 + x_2 y_2$$
$$(\cdot, \cdot)' : \mathbb{R}^2 \times \mathbb{R}^2 \longrightarrow \mathbb{R}, \quad ((x_1, x_2), (y_1, y_2))' = 2 x_1 y_1 + 2 x_2 y_2$$

보기 6.5.4 $F=\mathbb{R}$ 또는 $F=\mathbb{C}$ 일 때, 체 F 위의 벡터공간 $\mathrm{Mat}_{m\times n}(F)$ 에서 임의의 두 행렬 $A=[\alpha_{ij}]_{m\times n}$, $B=[\beta_{ij}]_{m\times n}$ 에 대하여

$$(A, B)=\sum_{i=1}^{m}\sum_{j=1}^{n}\alpha_{ij}\overline{\beta_{ij}}$$

로 정하면, 사상 $(\cdot, \cdot): \mathrm{Mat}_{m\times n}(F)\times\mathrm{Mat}_{m\times n}(F)\longrightarrow F$ 는 벡터공간 $\mathrm{Mat}_{m\times n}(F)$ 위의 내적이다.

이 내적을 $\mathrm{Mat}_{m\times n}(F)$ 위의 **표준내적**이라고 한다.

예를 들면,

$$(A, A)=\sum_{i=1}^{m}\sum_{j=1}^{n}\alpha_{ij}\overline{\alpha_{ij}}=\sum_{i=1}^{m}\sum_{j=1}^{n}|\alpha_{ij}|^2\geq 0$$

이고, 또 다음이 성립한다.

$$\begin{aligned}(A, A)=0 &\Longleftrightarrow |\alpha_{ij}|^2=0 \quad (1\leq i\leq m,\ 1\leq j\leq n)\\ &\Longleftrightarrow \alpha_{ij}=0 \quad (1\leq i\leq m,\ 1\leq j\leq n)\\ &\Longleftrightarrow A=[\alpha_{ij}]_{m\times n}=O_{m\times n}\end{aligned}$$

복소수 α 에 대하여 $\alpha\in\mathbb{R}\Longleftrightarrow\alpha=\overline{\alpha}$ 이므로, 실수체 $\mathbb{R}$ 위의 벡터공간 V 에 대한 정의 6.5.1 은 정의 6.5.2 와 동일하다. 따라서 실수체 $\mathbb{R}$ 위의 내적공간과 복소수체 $\mathbb{C}$ 위의 내적공간을 함께 논할 수 있다.

정의 6.5.2 에 의하여 다음 정리가 성립한다(정리 5.1.2 의 증명 참조).

정리 6.5.3 $F=\mathbb{R}$ 또는 $F=\mathbb{C}$ 일 때, 체 F 위의 내적공간 V 에 대하여 다음이 성립한다.

(1) 각 벡터 $w\in V$ 에 대하여 다음 사상은 선형사상이다.

$$f_w: V\longrightarrow F, \quad f_w(v)=(v, w)$$

(2) 모든 벡터 $w\in V$ 에 대하여 $(v, w)=0$ 이면, $v=\mathbf{0}$ 이다.

(3) 모든 벡터 $w\in V$ 에 대하여 $(v_1, w)=(v_2, w)$ 이면, $v_1=v_2$ 이다.

(4) 모든 벡터 $v\in V$ 에 대하여 $(v, w)=0$ 이면, $w=\mathbf{0}$ 이다.

(5) 모든 벡터 $v\in V$ 에 대하여 $(v, w_1)=(v, w_2)$ 이면, $w_1=w_2$ 이다.

내적공간 V 에서 각 벡터 $v \in V$ 에 대하여 사상

$$g_v : V \longrightarrow F, \quad g_v(w) = (v, w)$$

는 다음 조건을 만족시킨다.

$$g_v(w_1 + w_2) = g_v(w_1) + g_v(w_2), \quad g_v(\alpha w) = \overline{\alpha}\, g_v(w)$$

그리고, 다음이 성립한다.

$$(\mathbf{0}, w) = (v, \mathbf{0}) = 0, \qquad (-v, w) = -(v, w) = (v, -w)$$

$$\left(\sum_{i=1}^{n} \alpha_i v_i, w\right) = \sum_{i=1}^{n} \alpha_i (v_i, w), \quad \left(v, \sum_{i=1}^{n} \alpha_i w_i\right) = \sum_{i=1}^{n} \overline{\alpha_i} (v, w_i)$$

정의 6.5.4 $F = \mathbb{R}$ 또는 $F = \mathbb{C}$ 일 때, 체 F 위의 내적공간 V 의 벡터 v 에 대하여

$$\| v \| = \sqrt{(v, v)} = (v, v)^{\frac{1}{2}}$$

를 v 의 **노름** 또는 **길이**라고 한다. 특히, $\| v \| = 1$ 일 때, 즉 $(v, v) = 1$ 일 때 v 를 **단위벡터**라고 한다.

그리고, 두 벡터 v, w 에 대하여 $d(v, w) = \| w - v \|$ 를 v 와 w 사이의 **거리**라고 한다.

정리 6.1.5 의 증명과 마찬가지 방법으로 다음 정리가 성립함을 증명할 수 있다.

정리 6.5.5 $F = \mathbb{R}$ 또는 $F = \mathbb{C}$ 일 때, 체 F 위의 내적공간 V 의 임의의 두 벡터 v, w 에 대하여 다음 부등식이 성립한다.

$$|(v, w)| \leq \| v \| \| w \| \qquad \text{(Cauchy-Schwartz 의 부등식)}$$

그리고, 위의 부등식에서 두 벡터 v, w 가 일차종속일 때 그리고 이때에만 등호가 성립한다.

정리 6.1.6 의 증명과 마찬가지으로 다음 정리가 성립함을 증명할 수 있다.

정리 6.5.6 $F=\mathbb{R}$ 또는 $F=\mathbb{C}$ 일 때, 체 F 위의 내적공간 V 의 임의의 벡터 v, w, u 와 $\alpha \in F$ 에 대하여 다음이 성립한다.

N.1 : $\| v \| \geq 0$ 이고, 또 $\| v \| = 0 \Longleftrightarrow v = \mathbf{0}$ 이다.

N.2 : $\| \alpha v \| = |\alpha| \, \| v \|$이고, 특히 $v \neq \mathbf{0}$ 일 때 $\dfrac{v}{\| v \|}$는 단위벡터이다.

N.3 : $\| v+w \| \leq \| v \| + \| w \|$ (삼각형의 부등식)

D.1 : $d(v, w) \geq 0$ 이고, 특히 $d(v, w) = 0 \Longleftrightarrow v = w$ 이다.

D.2 : $d(v, w) = d(w, v)$

D.3 : $d(v, w) \leq d(v, u) + d(u, w)$

앞의 정리 6.5.5 에 의하면, 실수체 $\mathbb{R}$ 위의 내적공간 V 에서 영벡터가 아닌 두 벡터 v, w 에 대하여 $-1 \leq \dfrac{(v, w)}{\| v \| \| w \|} \leq 1$ 이므로

$$\cos\theta = \frac{(v, w)}{\| v \| \| w \|} \quad \text{즉} \quad (v, w) = \| v \| \| w \| \cos\theta$$

인 실수 θ $(0 \leq \theta \leq \pi)$ 가 단 하나 존재한다. 이러한 실수 θ 를 v, w 사이의 **각의 크기**라고 한다. 한편, 복소 내적공간에서는 두 벡터 사이의 각의 크기를 정할 수 없으나, 두 벡터의 直交性을 다음과 같이 정의한다.

정의 6.5.7 $F=\mathbb{R}$ 또는 $F=\mathbb{C}$ 일 때, 체 F 위의 내적공간 V 의 두 벡터 v, w 에 대하여 $(v, w)=0$ 일 때, 즉 $(w, v)=0$ 일 때, v, w 는 서로 **직교한다** 또는 서로 **수직**이라고 한다.

특히, 영벡터 $\mathbf{0}$ 은 모든 벡터와 직교한다.

정리 1.8.8, 정리 5.1.4, 정리 5.1.5 와 마찬가지로 다음 세 정리가 성립함을 증명할 수 있다.

정리 6.5.8 (피타고라스의 정리) $F=\mathbb{R}$ 또는 $F=\mathbb{C}$ 일 때, 체 F 위의 내적공간 V 에서 벡터 v, w 가 서로 직교하면 $\| v+w \|^2 = \| v \|^2 + \| w \|^2$ 이다.

정리 6.5.9 $F=\mathbb{R}$ 또는 $F=\mathbb{C}$ 일 때, 체 F 위의 내적공간 V에서 부분집합 $S\ (\neq \emptyset)$ 에 대하여

$$S^{\perp}=\{v \in V \mid \text{모든 } w \in S \text{에 대하여 } (v, w)=0\}$$

이라고 하면, $S^{\perp}$은 내적공간 V의 부분공간이다.

부분공간 $S^{\perp}$을 S의 **직교 補공간**(orthogondl complement) 이라고 한다.

정리 6.5.10 $F=\mathbb{R}$ 또는 $F=\mathbb{C}$ 일 때, 체 F 위의 내적공간 V에서 부분공간 $W=\langle v_1, \cdots, v_m \rangle$에 대하여 $W^{\perp}=\{v_1, \cdots, v_m\}^{\perp}$ 이다.

즉, $(v, v_1)=\cdots=(v, v_m)=0$ 일 때 그리고 이때에만 $v \in W^{\perp}$ 이다.

정의 6.5.12 $F=\mathbb{R}$ 또는 $F=\mathbb{C}$ 일 때, 체 F 위의 내적공간 V에서 영벡터가 아닌 벡터 $v_1, \cdots, v_m$이 모두 서로 직교할 때, 즉

$$v_i \neq \mathbf{0}, \qquad (v_i, v_j)=0 \qquad (1 \leq i \neq j \leq m)$$

일 때, $S=\{v_1, \cdots, v_m\}$를 **직교집합**(orthogonal set)이라고 한다.

여기서, $m=1$ 인 경우에는 $v_1 \neq \mathbf{0}$ 임을 뜻한다.

그리고, 부분공간 W에 대하여 $\mathscr{C}=\{v_1, \cdots, v_m\}$가 W의 기저인 동시에 직교집합일 때, $\mathscr{C}$를 W의 **직교기저**(orthogonal basis)라고 한다.

특히, $\mathscr{B}=\{w_1, \cdots, w_m\}$가 W의 직교기저인 동시에 $w_1, \cdots, w_m$이 모두 단위벡터일 때, 즉

$$(w_i, w_j)=\delta_{ij} \qquad (1 \leq i, j \leq m)$$

일 때, $\mathscr{B}$를 W의 **직교정규기저**(orthonormal basis)라고 한다.

여기서, $m=1$ 인 경우에는 $\| w_1 \|=1$ 임을 뜻한다.

다음 네 정리는 정리 5.1.8 ~ 정리 5.1.10 와 마찬가지로 증명할 수 있다.

정리 6.5.13 $F=\mathbb{R}$ 또는 $F=\mathbb{C}$ 일 때, 체 F 위의 내적공간 V에서 $S=\{v_1, \cdots, v_m\}$가 직교집합이면, $v_1, \cdots, v_m$은 일차독립이다.

정리 6.5.14 $F=\mathbb{R}$ 또는 $F=\mathbb{C}$ 일 때, 체 F 위의 내적공간 V 에서 부분공간 W 에 대하여 다음이 성립한다.

(1) $W=\langle v_1, \cdots, v_m \rangle$ 일 때, $\mathscr{B}=\{v_1, \cdots, v_m\}$ 가 직교집합이면 $\mathscr{B}$ 는 W 의 직교기저이고 $\mathscr{C}=\{\frac{v_1}{\| v_1 \|}, \cdots, \frac{v_m}{\| v_m \|}\}$ 는 W 의 직교정규기저이다.

(2) $W=\langle w_1, \cdots, w_m \rangle$ 일 때, $\mathscr{C}=\{w_1, \cdots, w_m\}$ 가 W 의 직교정규기저이기 위한 필요충분조건은

$$(w_i, w_j)=\delta_{ij} \qquad (1 \le i, j \le m)$$

인 것이다.

정리 6.5.15 $F=\mathbb{R}$ 또는 $F=\mathbb{C}$ 일 때, 체 F 위의 n 차원 내적공간 V 에서 $\mathscr{B}=\{v_1, \cdots, v_n\}$ 가 직교기저일 때, 임의의 두 벡터 v, w 에 대하여 다음이 성립한다.

(1) $v=\frac{(v, v_1)}{(v_1, v_1)} v_1+\cdots+\frac{(v, v_n)}{(v_n, v_n)} v_i=\sum_{i=1}^{n} \frac{(v, v_i)}{(v_i, v_i)} v_i$,

(2) $(v \cdot w)=\sum_{i=1}^{n} \frac{(v, v_i)\overline{(w, v_i)}}{(v_i, v_i)} v_i, \qquad \| v \|^2=\sum_{i=1}^{n} \frac{|(v, v_i)|^2}{(v_i, v_i)}$

특히, $\mathscr{C}=\{w_1, \cdots, w_n\}$ 가 직교정규기저일 때 다음이 성립한다.

$$v=(v, w_1) w_1+\cdots+(v, w_n) w_n=\sum_{i=1}^{n}(v, w_i) w_i$$

$$(v, w)=\sum_{i=1}^{n}(v, w_i)\overline{(w, w_i)} \qquad \text{(Parseval 의 항등식)}$$

$$\| v \|^2=|(v, w_1)|^2+\cdots+|(v, w_n)|^2=\sum_{i=1}^{n}|(v, w_i)|^2$$

정리 6.5.16 $F=\mathbb{R}$ 또는 $F=\mathbb{C}$ 일 때, 체 F 위의 n 차원 내적공간 V 에서 $\mathscr{B}=\{v_1, \cdots, v_n\}$ 가 직교 [정규] 기저일 때, 각 m $(1 \le m < n)$ 에 대하여 $\langle v_1, \cdots, v_m \rangle^{\perp}=\langle v_{m+1}, \cdots, v_n \rangle$ 이다.

정리 5.2.1～정리 5.2.4 와 마찬가지로 다음 네 정리가 성립한다.

정리 6.5.17 (Gram-Schmidt 의 직교화 과정) $F=\mathbb{R}$ 또는 $F=\mathbb{C}$ 일 때, 체 F 위의 n 차원 내적공간 V 에서 m 개의 벡터 $u_1, \cdots, u_m$ 이 일차독립일 때, 벡터 $v_1, \cdots, v_m$ 과 $w_1, \cdots, w_m$ 을 다음과 같이 정하자.

$$v_1 = u_1$$

$$v_{k+1} = u_{k+1} - \sum_{i=1}^{k} \frac{(u_{k+1}, v_i)}{(v_i, v_i)} v_i \qquad (1 \le k \le m-1)$$

$$w_i = \frac{v_i}{\| v_i \|} \qquad (1 \le i \le m)$$

이 때, $W = \langle u_1, \cdots, u_m \rangle$ 이라고 하면, $\mathscr{B} = \{v_1, \cdots, v_m\}$는 W 의 직교기저이고 $\mathscr{C} = \{w_1, \cdots, w_m\}$는 W 의 직교정규기저이다.

정리 6.5.18 $F=\mathbb{R}$ 또는 $F=\mathbb{C}$ 일 때, 체 F 위의 n 차원 내적공간 V 의 부분공간 $W\ (\neq \{\mathbf{0}\})$ 에 대하여 다음이 성립한다.

(1) W 의 직교기저와 직교정규기저가 존재한다.

(2) W 의 직교 [정규] 기저 $\mathscr{C} = \{v_1, \cdots, v_m\}$에 적당한 벡터를 추가하여 V 의 직교 [정규] 기저 $\mathscr{B} = \{v_1, \cdots, v_m, v_{m+1}, \cdots, v_n\}$를 얻을 수 있다.

정리 6.5.19 $F=\mathbb{R}$ 또는 $F=\mathbb{C}$ 일 때, 체 F 위의 n 차원 내적공간 V 에서 W 를 $\{\mathbf{0}\} \neq W \neq V$ 인 부분공간이라 하고, $\mathscr{C} = \{v_1, \cdots, v_m\}$를 W 의 직교기저라고 하자. 이 때, 임의의 벡터 $v \in V$ 에 대하여

$$w = \sum_{i=1}^{m} \frac{(v, v_i)}{(v_i, v_i)} v_i, \qquad u = v - w$$

$$v' = w - u = \sum_{i=1}^{m} \frac{2(v, v_i)}{(v_i, v_i)} v_i - v$$

이라고 하면 다음이 성립한다.

(1) $v = w + u \qquad (w \in W,\ u \in W^{\perp})$

(2) 모든 벡터 $w' \in W$, $w' \neq w$ 에 대하여 $\| v-w \| \le \| v-w' \|$ 이다.

(3) $\| v' \| = \| v \|$

이와 같이 정의된 벡터 w, u를 각각 W, $W^{\perp}$ **위로의** v**의 直交正射影**(orthogonal projection)이라 하고 또 $\| v-w \| = \| u \|$를 v와 W 사이의 **거리**(distance)라고 한다.

정리 6.5.20 $F=\mathbb{R}$ 또는 $F=\mathbb{C}$ 일 때, 체 F 위의 n차원 내적공간 V에서 임의의 부분공간 W에 대하여 다음이 성립한다.

(1) $V = W + W^{\perp}$, $W \cap W^{\perp} = \{\mathbf{0}\}$

(2) 각 벡터 $v \in V$는 단 한 가지 방법으로

$$v = w + u \qquad (w \in W,\ u \in W^{\perp})$$

와 같은 꼴로 나타내어진다.

(3) $\dim_F W + \dim_F W^{\perp} = n$, $(W^{\perp})^{\perp} = W$

이 정리가 성립한다는 위미에서 V를 W, $W^{\perp}$의 **직합**이라 하고 또 이 사실을 $V = W \oplus W^{\perp}$으로 나타낸다(정의 4.5.1).

그리고, 선형변환

$$T : V \longrightarrow V,\ \ T(w+u) = w \qquad (w \in W,\ u \in W^{\perp})$$

$$S : V \longrightarrow V,\ \ S(w+u) = u \qquad (w \in W,\ u \in W^{\perp})$$

를 각각 W, $W^{\perp}$ **위로의 직교정사영**(orthogonal projection)이라고 한다.

유한차원 벡터공간에 대해서는 다음 정리가 성립한다.

정리 6.5.21 $F=\mathbb{R}$ 또는 $F=\mathbb{C}$ 일 때, 체 F 위의 n차원 벡터공간 V에서 $\mathscr{B} = \{v_1, \cdots, v_n\}$가 기저일 때, 사상 $(\cdot,\cdot)_{\mathscr{B}} : V \times V \longrightarrow F$를

$$\left(\sum_{i=1}^{n} x_i v_i,\ \sum_{i=1}^{n} y_i v_i\right)_{\mathscr{B}} = \sum_{i=1}^{n} x_i \overline{y_i} = x_1 \overline{y_1} + \cdots + x_n \overline{y_n}$$

으로 정의하면, 이 사상은 V 위의 내적이고 또 $\mathscr{B} = \{v_1, \cdots, v_n\}$는 이와 같이 정의된 내적공간 V의 직교정규기저이다.

증 명 임의의 두 벡터 $v, w \in V$는 단 한 가지 방법으로

$$v = \sum_{i=1}^{n} x_i v_i, \qquad w = \sum_{i=1}^{n} y_i v_i \qquad (x_i, y_i \in F)$$

의 꼴로 나타낼 수 있으므로 사상 $(\cdot, \cdot)_{\mathscr{B}} : V \times V \longrightarrow F$가 정의되며 이 사상이 V 위의 내적임을 쉽게 알 수 있다. 더욱이

$$(v_i, v_j) = \delta_{ij} \qquad (1 \leq i, j \leq n)$$

이므로, $\mathscr{B}$는 내적공간 V의 직교정규기저이다.

폐구간 $[a, b]$에서 실수체 $\mathbb{R}$로의 연속함수 $f : [a, b] \longrightarrow \mathbb{R}$ 전체로 이루어진 벡터공간 $C[a, b]$를 생각해 보자(문제 2.1.5). 이 때, 사상

$$(\cdot, \cdot) : C[a, b] \times C[a, b] \longrightarrow \mathbb{R}, \quad (f, g) = \int_a^b f(x) g(x)\, dx$$

는 $C[a, b]$ 위의 내적이다. 이 내적을 $C[a, b]$ 위의 **표준내적**이라고 한다.

표준내적이 정의되어 있는 내적공간 $C[a, b]$에서 두 연속함수 f, g에 대하여 Cauchy-Schwartz의 부등식과 삼각형의 부등식을 적용하면 다음 결과를 얻는다.

$$\left| \int_a^b f(x) g(x)\, dx \right| \leq \left\{ \int_a^b f(x)^2\, dx \right\}^{\frac{1}{2}} \left\{ \int_a^b g(x)^2\, dx \right\}^{\frac{1}{2}},$$

$$\left| \int_a^b \{f(x) + g(x)\}^2\, dx \right|^{\frac{1}{2}} \leq \left\{ \int_a^b f(x)^2\, dx \right\}^{\frac{1}{2}} + \left\{ \int_a^b g(x)^2\, dx \right\}^{\frac{1}{2}}$$

특히, 내적공간 $C[0, 2\pi]$에서 양의 정수 m에 대하여

$$f_0 : [0, 2\pi] \longrightarrow \mathbb{R}, \quad f_0(x) = \frac{1}{\sqrt{2\pi}},$$

$$f_m : [0, 2\pi] \longrightarrow \mathbb{R}, \quad f_m(x) = \frac{1}{\pi} \sin mx,$$

$$g_m : [0, 2\pi] \longrightarrow \mathbb{R}, \quad g_m(x) = \frac{1}{\pi} \cos mx$$

이라고 할 때, 다음을 이용하여 $f_0, f_1, \cdots, f_m, g_1, \cdots, g_m$이 서로 직교하는 단위벡터임을 밝힐 수 있으며 이 사실은 Fourier 급수 전개에 이용된다.

$$\sin^2 m x = \frac{1-\cos 2mx}{2}, \qquad \cos^2 m x = \frac{1+\cos 2mx}{2},$$

$$\sin m x \sin n x = -\frac{1}{2}\{\cos(m+n)x - \cos(m-n)x\},$$

$$\sin m x \cos n x = \frac{1}{2}\{\sin(m+n)x + \sin(m-n)x\},$$

$$\cos m x \cos n x = \frac{1}{2}\{\cos(m+n)x + \cos(m-n)x\}$$

연 습 문 제 (6.5)

1. 벡터공간 $\mathbb{R}^2$ 위에 다음과 같이 정의된 사상 $(\cdot, \cdot) : \mathbb{R}^2 \times \mathbb{R}^2 \longrightarrow \mathbb{R}$ 는 $\mathbb{R}^2$ 위의 내적이 아님을 밝혀라.

(1) $((x_1, x_2), (y_1, y_2)) = x_1 x_2 + y_1 y_2$

(2) $((x_1, x_2), (y_1, y_2)) = x_1 y_1 - x_2 y_2$

***2.** 벡터공간 $\mathbb{C}^2$ 에서 다음과 같이 정의된 사상 $(\cdot, \cdot) : \mathbb{C}^2 \times \mathbb{C}^2 \longrightarrow \mathbb{C}$ 가 $\mathbb{C}^2$ 위의 내적인지를 판정하여라.

(1) $((x_1, x_2), (y_1, y_2)) = x_1 y_1 + x_2 y_2$

(2) $((x_1, x_2), (y_1, y_2)) = x_1 \overline{y_1} - x_2 \overline{y_2}$

(3) $((x_1, x_2), (y_1, y_2)) = 2 x_1 \overline{y_1} + 3 x_2 \overline{y_2}$

3. 벡터공간 $\mathbb{R}^2$ 의 기저 $\mathscr{B} = \{(1, 3), (4, 2)\}$ 를 이용하여 정리 6.5.21 과 같이 내적 $(\cdot, \cdot)_{\mathscr{B}} : \mathbb{R}^2 \times \mathbb{R}^2 \longrightarrow \mathbb{R}$ 를 정의할 때, 벡터공간 $\mathbb{R}^2$ 의 임의의 벡터 $v = (a_1, a_2)$, $w = (b_1, b_2)$ 에 대하여 $(v, w)_{\mathscr{B}}$ 를 결정하여라.

4. 실수체 $\mathbb{R}$ 위의 내적공간 V 에서 임의의 두 벡터 v, w 에 대하여 다음 등식이 성립함을 증명하여라(극 항등식, polar identity).

$$(v, w) = \frac{1}{4}\{\|v+w\|^2 - \|v-w\|^2\}$$

5. 복소수체 $\mathbb{C}$ 위의 내적공간 V 에서 임의의 두 벡터 $v, w \in V$ 에 대하여 다음 등식이 성립함을 증명하여라(극 항등식). 여기서, $i = \sqrt{-1}$ 이다.

$$(v, w) = \frac{1}{4}\{\|v+w\|^2 - \|v-w\|^2\} + \frac{1}{4}\{\|v+iw\|^2 + \|v-iw\|^2\}$$

6. $F = \mathbb{R}$ 또는 $F = \mathbb{C}$ 일 때, 체 F 위의 내적공간 V 의 두 벡터 $v, w \in V$ 에 대하여 다음 등식이 성립함을 증명하여라.

(1) $\|v+w\|^2 + \|v-w\|^2 = 2(\|v\| + \|w\|^2)$ (평행사변형의 법칙)

(2) $\|v+w\|^2 = \|v\|^2 + 2\,\mathrm{Re}\,(v, w) + \|w\|^2$

(3) $\|v-w\|^2 = \|v\|^2 - 2\,\mathrm{Re}\,(v, w) + \|w\|^2$

(4) $|\,\|v\| - \|w\|\,| \le \|v-w\|$

*7. $F = \mathbb{R}$ 또는 $F = \mathbb{C}$ 일 때, 체 F 위의 유한차원 또는 무한차원 내적공간 V 에서 $w_1, \cdots, w_n$ 이 서로 직교하는 단위벡터일 때, 임의의 벡터 $v \in V$ 에 대하여 다음이 성립함을 증명하여라.

(1) $\|v\|^2 \ge \sum_{i=1}^{n} |(v, w_i)|^2$ (Bessel 의 부등식)

(2) $\|v\|^2 = \sum_{i=1}^{n} |(v, w_i)|^2 \Longleftrightarrow v = \sum_{i=1}^{n} (v, w_i)\, w_i$

*8. $F = \mathbb{R}$ 또는 $F = \mathbb{C}$ 일 때, 체 F 위의 벡터공간 V 에서 두 사상

$$(\cdot, \cdot)_1 : V \times V \longrightarrow F, \qquad (\cdot, \cdot)_2 : V \times V \longrightarrow F$$

가 V 위의 내적이면 사상

$$(\cdot, \cdot) : V \times V \longrightarrow F, \quad (v, w) = (v, w)_1 + (v, w)_2$$

는 V 위의 내적임을 증명하여라.

*9. $F = \mathbb{R}$ 또는 $F = \mathbb{C}$ 일 때, 체 F 위의 벡터공간 V, W 에 대하여 사상 $(\cdot, \cdot) : W \times W \longrightarrow F$ 가 W 위의 내적이고 또 $T : V \longrightarrow W$ 가 일대일인 선형사상이면 사상

$$(\cdot, \cdot)' : V \times V \longrightarrow F, \quad (v, w)' = (T(v), T(w))$$

는 V 위의 내적임을 증명하여라.

§ 6.6 벡터공간 $\mathbb{R}^n$ 위의 내적

다음 정의는 벡터공간 $\mathbb{R}^n$ 위의 내적의 개념을 일반화한 것이다.

정의 6.6.1 실수체 $\mathbb{R}$ 위의 n 차원 벡터공간 $\mathbb{R}^n$ 에서 사상

$$B : \mathbb{R}^n \times \mathbb{R}^n \longrightarrow \mathbb{R}, \quad (v, w) \longmapsto B(v, w)$$

가 임의의 벡터 $v, w, u \in \mathbb{R}^n$ 와 $a \in \mathbb{R}$ 에 대하여 다음 조건을 만족시킬 때, B 를 $\mathbb{R}^n$ 위의 **쌍일차형식**(bilinear form) 또는 **二重 일차형식**이라고 한다.

B.1 : $B(v+u, w) = B(v, w) + B(u, w), \quad B(av, w) = aB(v, w)$
B.2 : $B(v, u+w) = B(v, u) + B(v, w), \quad B(v, aw) = aB(v, w)$

더욱이 다음 조건을 만족시킬 때, B 를 **대칭 쌍일차형식**이라고 한다.

B.3 : $B(v, w) = B(w, v)$

사상 $B : \mathbb{R}^n \times \mathbb{R}^n \longrightarrow \mathbb{R}$ 가 벡터공간 $\mathbb{R}^n$ 위의 쌍일차형식일 때, 벡터공간 $\mathbb{R}^n$ 의 표준기저 $\mathscr{B} = \{e_1, \cdots, e_n\}$ 에 대하여

$$B(e_i, e_j) = a_{ij} \qquad (1 \le i, j \le n)$$

이라 하고 또 $A = [a_{ij}]_{n \times n}$ 이라고 하자. 이 때, 벡터공간 $\mathbb{R}^n$ 의 임의의 두 벡터 $v = (x_1, \cdots, x_n)$, $w = (y_1, \cdots, y_n)$ 에 대하여 다음이 성립한다.

$$\begin{aligned} B(v, w) &= B\Big(\sum_{i=1}^{n} x_i e_i, \sum_{j=1}^{n} y_j e_j\Big) = \sum_{i=1}^{n}\sum_{j=1}^{n} x_i y_j B(e_i, e_j) \\ &= \sum_{i=1}^{n}\sum_{j=1}^{n} a_{ij} x_i y_j = [x_1 \ \cdots \ x_n] A \begin{bmatrix} y_1 \\ \vdots \\ y_n \end{bmatrix} \end{aligned}$$

더욱이, B 가 대칭 쌍일차형식이면,

$$a_{ij} = B(e_i, e_j) = B(e_j, e_i) = a_{ji} \qquad (1 \le i,\ j \le n)$$

이므로 $A = [a_{ij}]_{n \times n}$는 대칭행렬이다.

역으로, 실수체 $\mathbb{R}$ 위의 n차의 행렬 $A = [a_{ij}]_{n \times n}$에 대하여 다음과 같이 정의된 사상 $B : \mathbb{R}^n \times \mathbb{R}^n \longrightarrow \mathbb{R}$가 쌍일차형식임을 쉽게 알 수 있다.

$$\begin{aligned} B((x_1, \cdots, x_n), (y_1, \cdots, y_n)) &= [x_1 \ \cdots \ x_n]\, A \begin{bmatrix} y_1 \\ \vdots \\ y_n \end{bmatrix} \\ &= \sum_{i=1}^{n} \sum_{j=1}^{n} a_{ij}\, x_i\, y_j \end{aligned}$$

특히, $A = [a_{ij}]_{n \times n}$가 대칭행렬이면, $a_{ij} = a_{ji}\ (1 \le i,\ j \le n)$이므로

$$\begin{aligned} B((x_1, \cdots, x_n), (y_1, \cdots, y_n)) &= \sum_{i=1}^{n} \sum_{j=1}^{n} a_{ij}\, x_i\, y_j = \sum_{i=1}^{n} \sum_{j=1}^{n} a_{ji}\, x_i\, y_j \\ &= \sum_{i=1}^{n} \sum_{j=1}^{n} a_{ij}\, x_j\, y_i = \sum_{i=1}^{n} \sum_{j=1}^{n} a_{ij}\, y_i\, x_j \\ &= B((y_1, \cdots, y_n), (x_1, \cdots, x_n)) \end{aligned}$$

이고 따라서 B는 대칭 쌍일차형식이다.

이제까지 얻은 결과를 종합하면 다음 정리를 얻는다.

정리 6.6.2 실수체 $\mathbb{R}$ 위의 n차의 행렬 $A = [a_{ij}]_{n \times n}$에 대하여 다음과 같이 정의된 사상 $B : \mathbb{R}^n \times \mathbb{R}^n \longrightarrow \mathbb{R}$는 벡터공간 $\mathbb{R}^n$ 위의 쌍일차형식이다.

$$\begin{aligned} B((x_1, \cdots, x_n), (y_1, \cdots, y_n)) &= [x_1 \ \cdots \ x_n]\, A \begin{bmatrix} y_1 \\ \vdots \\ y_n \end{bmatrix} \\ &= \sum_{i=1}^{n} \sum_{j=1}^{n} a_{ij}\, x_i\, y_j \end{aligned}$$

그리고, 벡터공간 $\mathbb{R}^n$ 위의 쌍일차형식은 모두 이와 같은 꼴로 정의된다. 더욱이, A가 대칭행렬일 때 그리고 이때에만 B는 대칭 쌍일차형식이다.

여기서 B를 행렬 A에 대응하는 **쌍일차형식**이라 하고, 또 A를 쌍일차형식 B의 **행렬**이라고 한다.

보기 6.6.1 다음 사상 $B:\mathbb{R}^2\times\mathbb{R}^2\longrightarrow\mathbb{R}$ 는 쌍일차형식이다.

$$B((x_1, x_2), (y_1, y_2)) = [x_1 \ \ x_2]\begin{bmatrix} 2 & 3 \\ 4 & -5 \end{bmatrix}\begin{bmatrix} y_1 \\ y_2 \end{bmatrix}$$
$$= 2x_1y_1 + 3x_1y_2 + 4x_2y_1 - 5x_2y_2$$

보기 6.6.2 다음 사상 $B:\mathbb{R}^2\times\mathbb{R}^2\longrightarrow\mathbb{R}$ 는 대칭 쌍일차형식이다.

$$B((x_1, x_2), (y_1, y_2)) = [x_1 \ \ x_2]\begin{bmatrix} 2 & 3 \\ 3 & -5 \end{bmatrix}\begin{bmatrix} y_1 \\ y_2 \end{bmatrix}$$
$$= 2x_1y_1 + 3x_1y_2 + 3x_2y_1 - 5x_2y_2$$

보기 6.6.3 다음 사상 $B:\mathbb{R}^3\times\mathbb{R}^3\longrightarrow\mathbb{R}$ 는 대칭 쌍일차형식이다.

$$B((x_1, x_2, x_3), (y_1, y_2, y_3)) = [x_1 \ \ x_2 \ \ x_3]\begin{bmatrix} 2 & 3 & 1 \\ 3 & -9 & 4 \\ 1 & 4 & 7 \end{bmatrix}\begin{bmatrix} y_1 \\ y_2 \\ y_3 \end{bmatrix}$$

정의 6.6.3 사상

$$B:\ \mathbb{R}^n\times\mathbb{R}^n\longrightarrow\mathbb{R}, \quad (v,\ w)\longmapsto B(v,\ w)$$

가 실수체 $\mathbb{R}$ 위의 n 차의 대칭행렬 $A=[a_{ij}]_{n\times n}$ 에 대응하는 대칭 쌍일차 형식일 때, 사상

$$q:\mathbb{R}^n\longrightarrow\mathbb{R}, \quad q(v) = B(v,\ v)$$

를 A 에 대응하는 **이차형식**(quadratic form)이라고 한다(정의 5.5.1). 즉,

$$q(x_1, \cdots, x_n) = [x_1 \ \cdots \ x_n]\,A\begin{bmatrix} x_1 \\ \vdots \\ x_n \end{bmatrix} = \sum_{i=1}^{n}\sum_{j=1}^{n} a_{ij}\,x_i\,x_j$$
$$= \sum_{i=1}^{n} a_{ii}\,x_i^2 + 2\sum_{i<j} a_{ij}\,x_i\,x_j$$

그리고, 대칭행렬 A 를 이차형식 q 의 **행렬**이라고 한다.

보기 6.6.4 실수체 $\mathbb{R}$ 위의 3차의 대칭행렬

$$A = \begin{bmatrix} 2 & 3 & 5 \\ 3 & 1 & 6 \\ 5 & 6 & 4 \end{bmatrix}$$

에 대응하는 쌍일차형식 $B : \mathbb{R}^3 \times \mathbb{R}^3 \longrightarrow \mathbb{R}$와 이차형식 $q : \mathbb{R}^3 \longrightarrow \mathbb{R}$는 각각 다음과 같이 정의된다.

$$\begin{aligned} B((x_1, x_2, x_3), (y_1, y_2, y_3)) &= 2x_1y_1 + 3x_1y_2 + 5x_1y_3 \\ &\quad + 3x_2y_1 + x_2y_2 + 6x_2y_3 + 5x_3y_1 + 6x_3y_2 + 4x_3y_3 \\ q(x_1, x_2, x_3) &= 2x_1^2 + x_2^2 + 4x_3^2 + 6x_1x_2 + 10x_1x_3 + 12x_2x_3 \end{aligned}$$

벡터공간 $\mathbb{R}^n$에서 $(\cdot, \cdot) : \mathbb{R}^n \times \mathbb{R}^n \longrightarrow \mathbb{R}$를 내적이라고 하자. 이 때, 정의 6.5.1의 세 조건 I.1, I.2, I.3은 이 내적이 대칭 쌍일차형식임을 뜻하므로 이에 대응하는 대칭행렬을 $A = [a_{ij}]_{n \times n}$이라고 하면 벡터공간 $\mathbb{R}^n$의 임의의 벡터 $v = (x_1, \cdots, x_n)$, $w = (y_1, \cdots, y_n)$에 대하여

$$((x_1, \cdots, x_n), (y_1, \cdots, y_n)) = \sum_{i=1}^{n} \sum_{j=1}^{n} a_{ij} x_i y_j$$

이고, 또 정의 6.5.1의 조건 I.4는 이차형식

$$q : \mathbb{R}^n \longrightarrow \mathbb{R}, \quad q(x_1, \cdots, x_n) = \sum_{i=1}^{n} \sum_{j=1}^{n} a_{ij} x_i x_j$$

가 양의 정부호 이차형식임을 뜻하고 또 A가 양의 정부호 대칭 행렬임을 뜻한다(정의 5.7.2). 이로서 다음 정리를 얻는다.

정리 6.6.4 실수체 $\mathbb{R}$ 위의 n차의 행렬 $A = [a_{ij}]_{n \times n}$가 양의 정부호 대칭행렬일 때, 다음과 같이 정의된 사상 $(\cdot, \cdot) : \mathbb{R}^n \times \mathbb{R}^n \longrightarrow \mathbb{R}$은 벡터공간 $\mathbb{R}^n$ 위의 내적이다.

$$((x_1, \cdots, x_n), (y_1, \cdots, y_n)) = \sum_{i=1}^{n} \sum_{j=1}^{n} a_{ij} x_i y_j$$

또, 벡터공간 $\mathbb{R}^n$ 위의 내적은 적당한 양의 정부호 대칭행렬 $A = [a_{ij}]_{n \times n}$에 의하여 위와 같이 정의된다.

보기 6.6.5 실수 $d_1, \cdots, d_n$가 양의 실수일 때, $A = \text{diag}\{d_1, \cdots, d_n\}$는 양의 정부호 대칭행렬이다(보기 5.7.2). 따라서 $d_1, \cdots, d_n$가 양의 실수일 때, 다음과 같이 정의된 사상 $(\cdot, \cdot) : \mathbb{R}^n \times \mathbb{R}^n \longrightarrow \mathbb{R}$은 벡터공간 $\mathbb{R}^n$ 위의 내적이다.

$$((x_1, \cdots, x_n), (y_1, \cdots, y_n)) = \sum_{i=1}^{n} d_i x_i y_i$$

보기 6.6.6 실수체 $\mathbb{R}$ 위의 2차의 대칭행렬

$$A = \begin{bmatrix} a & b \\ b & d \end{bmatrix}$$

는 $a > 0$, $ad - b^2 > 0$일 때 그리고 이때에만 양의 정부호 대칭행렬이다(보기 5.7.5). 그러므로 $a > 0$, $ad - b^2 > 0$일 때 그리고 이때에만 다음과 같이 정의된 사상 $(\cdot, \cdot) : \mathbb{R}^2 \longrightarrow \mathbb{R}^2$는 벡터공간 $\mathbb{R}^2$의 내적이다.

$$\begin{aligned} ((x_1, x_2), (y_1, y_2)) &= [x_1 \quad x_2] \begin{bmatrix} a & b \\ b & d \end{bmatrix} \begin{bmatrix} y_1 \\ y_2 \end{bmatrix} \\ &= a x_1 y_1 + b x_1 y_2 + b x_2 y_1 + d x_2 y_2 \end{aligned}$$

그리고, 벡터공간 $\mathbb{R}^2$ 위의 내적은 모두 이와 같은 꼴로 정의된다.

보기 6.6.7 실수체 $\mathbb{R}$ 위의 3차의 대칭행렬

$$A = \begin{bmatrix} 2 & 1 & 1 \\ 1 & 2 & 1 \\ 1 & 1 & 3 \end{bmatrix}$$

는 양의 정부호 대칭행렬이다(보기 5.7.6). 그러므로 다음과 같이 정의된 사상 $(\cdot, \cdot) : \mathbb{R}^3 \times \mathbb{R}^3 \longrightarrow \mathbb{R}$는 벡터공간 $\mathbb{R}^3$ 위의 내적이다.

$$\begin{aligned} ((x_1, x_2, x_3), (y_1, y_2, y_3)) &= 2 x_1 y_1 + x_1 y_2 + x_1 y_3 \\ &\quad + x_2 y_1 + 2 x_2 y_2 + x_2 y_3 \\ &\quad + x_3 y_1 + x_3 y_2 + 3 x_3 y_3 \end{aligned}$$

연 습 문 제 (6.6)

1. 다음 식을 행렬을 써서 나타내어라.

(1) $4x_1y_1 + 3x_1y_2 - 5x_2y_1 + 3x_2y_2$

(2) $2x_1y_1 - 3x_1y_2 - 5x_2y_1 + 4x_2y_2$

(3) $x_1^2 + 5x_1x_2 - x_2^2 + 6x_2x_3 + 2x_3^2$

***2.** 다음 사상 $B : \mathbb{R}^2 \times \mathbb{R}^2 \longrightarrow \mathbb{R}^2$ 가 쌍일차형식이 아닌 이유를 말하여라.

(1) $B((x_1, x_2), (y_1, y_2)) = 2x_1y_1 + x_2y_1 + 3x_2y_2 + 1$

(2) $B((x_1, x_2), (y_1, y_2)) = x_1^2 + x_1y_1 + x_2y_2$

3. 다음과 같이 정의된 사상 $(\cdot, \cdot) : \mathbb{R}^2 \times \mathbb{R}^2 \longrightarrow \mathbb{R}$ 중에서 벡터공간 $\mathbb{R}^2$ 위의 내적인 것을 찾아라.

(1) $((x_1, x_2), (y_1, y_2)) = 2x_1y_1 + 3x_2y_2$

(2) $((x_1, x_2), (y_1, y_2)) = 2x_1y_1 + x_1y_2 + x_2y_1 + 3x_2y_2$

(3) $((x_1, x_2), (y_1, y_2)) = [\, x_1 \;\; x_2 \,]\begin{bmatrix} 2 & 1 \\ 1 & -1 \end{bmatrix}\begin{bmatrix} y_1 \\ y_2 \end{bmatrix}$

(4) $((x_1, x_2), (y_1, y_2)) = [\, x_1 \;\; x_2 \,]\begin{bmatrix} 1 & 1 \\ 1 & 1 \end{bmatrix}\begin{bmatrix} y_1 \\ y_2 \end{bmatrix}$

(5) $((x_1, x_2), (y_1, y_2)) = 5x_1y_1 + 2x_1y_2 + 2x_2y_1 + 2x_2y_2$

***4.** 다음과 같이 정의된 사상 $(\cdot, \cdot) : \mathbb{R}^3 \times \mathbb{R}^3 \longrightarrow \mathbb{R}$ 중에서 벡터공간 $\mathbb{R}^3$ 위의 내적인 것을 찾아라.

(1) $((x_1, x_2, x_3), (y_1, y_2, y_3)) = x_1y_1 - x_1y_2 - x_2y_1 + 6x_2y_2 - 2x_2y_3 - 2x_3y_2 + 3x_3y_3$

(2) $((x_1, x_2, x_3), (y_1, y_2, y_3)) = x_1y_1 + x_1y_2 + x_1y_3 + x_2y_1 + 5x_2y_2 - 2x_2y_3 + x_3y_1 - 2x_3y_2 + 3x_3y_3$

§ 6.7 내적공간 위의 선형변환

유니테리 공간 $\mathscr{C}^n$ 위에서 유니테리 변환, 에르미트 변환, 정규변환이 정의된다(§6.2, §6.3, §6.4). 이 절에서는, 유한차원 내적공간 V 위에서 이와 같은 선형변환을 정의하고 이러한 선형변환의 특성에 대하여 논한다.

정리 6.7.1 $F=\mathbb{R}$ 또는 $F=\mathbb{C}$ 일 때, 체 F 위의 유한차원 내적공간 V 에서 각 선형사상 $f: V \longrightarrow F$ 에 대하여

$$f(v)=(v, w) \qquad (v \in V)$$

인 벡터 $w \in V$ 가 단 하나 존재한다.

증 명 이제 $\mathscr{B}=\{v_1, \cdots, v_n\}$를 내적공간 V 의 직교정규기저라 하고 각 선형사상 $f: V \longrightarrow F$ 에 대하여

$$w=\sum_{i=1}^{n} \overline{f(v_i)}\, v_i$$

이라고 하자. 이 때, 각 i $(1 \leq i \leq n)$ 에 대하여

$$(v_i, w)=(v_i, \sum_{j=1}^{n} \overline{f(v_j)})=\sum_{j=1}^{n} f(v_j)(v_i, v_j)=f(v_i)$$

이므로 임의의 벡터 $v=\sum_{i=1}^{n} a_i v_i \in V$ 에 대하여 다음이 성립한다.

$$\begin{aligned} f(v) &= f(\sum_{i=1}^{n} a_i v_i)=\sum_{i=1}^{n} a_i f(v_i) \\ &= \sum_{i=1}^{n} a_i (v_i, w)=(\sum_{i=1}^{n} a_i v_i, w)=(v, w) \end{aligned}$$

그리고, 이와 같은 w 는 V 의 직교정규기저 $\mathscr{B}$ 에 관계 없이 유일하게 결정된다. 실제로, 벡터 $w, u \in V$에 대하여

$$f(v)=(v, w)=(v, u) \qquad (v \in V)$$

이라고 가정하면, 정리 6.5.3 에 의하여 $w=u$ 이다.

정리 6.7.2 $F=\mathbb{R}$ 또는 $F=\mathbb{C}$ 일 때, 체 F 위의 유한차원 내적공간 V 에서 각 선형변환 $T: V \longrightarrow V$ 에 대하여 다음 두 조건을 만족시키는 선형변환 $T^*: V \longrightarrow V$ 가 단 하나 존재한다.

(i) $(T(v), w) = (v, T^*(w)) \qquad (v, w \in V)$

(ii) $(v, T(w)) = (T^*(v), w) \qquad (v, w \in V)$

선형변환 T^* 를 T 의 **수반변환** 또는 **수반작용소**라고 한다.

증 명 각 벡터 $w \in V$ 에 대하여 사상

$$f_w: V \longrightarrow F, \quad f_w(v) = (v, w)$$

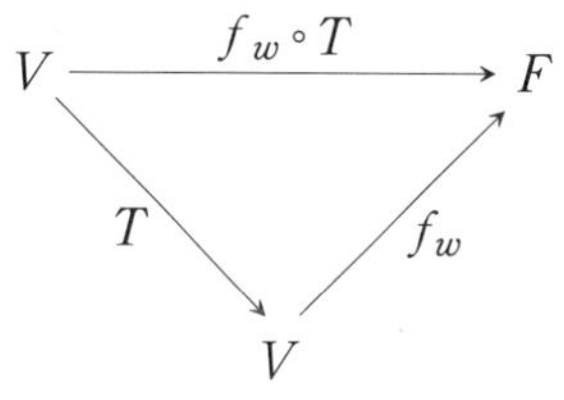

는 선형사상이고(정리 6.5.3), 따라서 사상 $f_w \circ T: V \longrightarrow F$ 는 선형사상이다. 여기서

$$(f_w \circ T)(v) = f_w(T(v)) = (T(v), w)$$

따라서 정리 6.7.1 에 의하여 각 벡터 $w \in V$ 에 대하여 다음 조건을 만족시키는 벡터 $w' \in V$ 이 단 하나 존재한다.

$$(f_w \circ T)(v) = (v, w') \quad \text{즉} \quad (T(v), w) = (v, w') \qquad (v \in V)$$

이 사실에 의하여 사상

$$T^*: V \longrightarrow V, \quad T^*(w) = w'$$

가 정의되고 또 다음과 같이 조건 (i)가 성립한다.

$$(T(v), w) = (v, T^*(w)) \qquad (v, w \in V)$$

그리고, 조건 (i)에 의하여

$$\begin{aligned}(v, T(w)) &= \overline{(T(w), v)} = \overline{(w, T^*(v))} \\ &= (T^*(v), w) \qquad (v, w \in V)\end{aligned}$$

이므로 조건 (ii)가 성립한다.

더욱이, 임의의 벡터 $v, w, u \in V$ 와 $a \in F$ 에 대하여

$$\begin{aligned}(v, T^*(w+u)) &= (T(v), w+u) = (T(v), w) + (T(v), u) \\ &= (v, T^*(w)) + (v, T^*(u)) = (v, T^*(w)+T^*(u)),\end{aligned}$$

$$\begin{aligned}(v, T^*(\alpha w)) &= (T(v), \alpha w) = \overline{\alpha}(T(v), w) \\ &= \overline{\alpha}(v, T^*(w)) = (v, \alpha T^*(w))\end{aligned}$$

이고, 따라서 정리 6.5.3 에 의하여

$$T^*(w+u) = T^*(w) + T^*(u), \qquad T^*(\alpha w) = \alpha T^*(w)$$

이므로 T^* 는 선형변환이다.

다음에 이와 같은 선형변환 T^* 가 단 하나뿐임을 밝히기 위하여 선형변환 $S : V \longrightarrow V$ 에 대하여

$$(T(v), w) = (v, S(w)) \qquad (v, w \in V)$$

이라고 가정하면,

$$(v, S(w)) = (T(v), w) = (v, T^*(w)) \qquad (v, w \in V)$$

이므로 모든 벡터 $w \in V$ 에 대하여 $S(w) = T^*(w)$이고(정리 6.5.3), 따라서 $S = T^*$이다.

정리 6.7.3 $F = \mathbb{R}$ 또는 $F = \mathbb{C}$ 일 때, 체 F 위의 유한차원 내적공간 V 에서 선형변환 $T, S \in \mathrm{End}_F(V)$와 $\alpha \in F$ 에 대하여 다음이 성립한다.

(1) $(T^*)^* = T$

(2) $(T+S)^* = T^*+S^*, \qquad (\alpha T)^* = \overline{\alpha} T^*$

(3) $(T \circ S)^* = S^* \circ T^*, \qquad (1_V)^* = 1_V$

(4) T 가 정칙 선형변환이면, T^* 는 정칙 선형변환이고 T^* 의 역 선형변환은 $(T^*)^{-1} = (T^{-1})^*$ 이다.

증 명 임의의 벡터 $v, w \in V$ 와 $\alpha \in F$ 에 대하여 다음이 성립한다.

$$(v, (T^*)^*(w)) = (T^*(v), w) = (v, T(w)),$$

$$\begin{aligned}(v, (T+S)^*(w)) &= ((T+S)(v), w) \\ &= (T(v)+S(v), w) = (T(v), w) + (S(v), w) \\ &= (v, T^*(w)) + (v, S^*(w)) \\ &= (v, T^*(w) + S^*(w)) = (v, (T^*+S^*)(w)),\end{aligned}$$

$$
\begin{aligned}
(v, (\alpha T)^*(w)) &= ((\alpha T)(v), w) \\
&= (\alpha T(v), w) = \alpha\, (T(v), w) = \alpha\, (v, T^*(w)) \\
&= (v, \overline{\alpha}\, T^*(w)) = (v, (\overline{\alpha}\, T^*)(w)), \\
(v, (T \circ S)^*(w)) &= ((T \circ S)(v), w) = (T(S(v)), w) \\
&= (S(v), T^*(w)) = (v, S^*(T^*(w))) \\
&= (v, (S^* \circ T^*)(w)), \\
(v, {1_V}^*(w)) &= (1_V(v), w) = (v, w) = (v, 1_V(w))
\end{aligned}
$$

그러므로 모든 벡터 $w \in V$에 대하여

$$
\begin{aligned}
&(T^*)^*(w) = T(w), \\
&(T+S)^*(w) = T^*(w) + S^*(w), \qquad (\alpha T)^*(w) = (\overline{\alpha}\, T^*)(w), \\
&(T \circ S)^*(w) = (S^* \circ T^*)(w), \qquad {1_V}^*(w) = 1_V(w)
\end{aligned}
$$

이고(정리 6.5.3), 따라서 다음이 성립한다.

$$
\begin{aligned}
&(T^*)^* = T, \quad (T+S)^* = T^* + S^*, \quad (\alpha T)^* = \overline{\alpha}\, T^*, \\
&(T \circ S)^* = S^* \circ T^*, \quad (1_V)^* = 1_V
\end{aligned}
$$

그리고,

$$T \circ S = S \circ T = 1_V \Longleftrightarrow S^* \circ T^* = T^* \circ S^* = 1_V$$

이므로, T가 정칙 선형변환이면 T의 수반변환 T^*도 정칙 선형변환이고 또 $(T^*)^{-1} = (T^{-1})^*$이다.

정의 6.7.4 $F = \mathbb{R}$ 또는 $F = \mathbb{C}$ 이라 하고 V를 체 F 위의 유한차원 내적공간이라고 하자. 선형변환 $T : V \to V$가 내적을 보존시킬 때, 즉

$$(T(v), T(w)) = (v, w) \qquad (v, w \in V)$$

일 때,

$F = \mathbb{R}$ 인 경우에 T를 V 위의 **직교변환**이라 하고
$F = \mathbb{C}$ 인 경우에 T를 V 위의 **유니테리 변환**이라고 한다.

다음 정리는 정리 6.2.8과 마찬가지 방법으로 증명할 수 있다.

정리 6.7.5 $F = \mathbb{R}$ 또는 $F = \mathbb{C}$ 일 때, 체 F 위의 n차원 내적공간 V 에서 선형변환 $T : V \longrightarrow V$ 에 대하여 다음 조건은 서로 동치이다.

(1) T 는 직교변환 [유니테리 변환] 이다.

(2) $\| T(v) \| = \| v \| \qquad (v \in V)$

(3) 내적공간 V 의 임의의 직교정규기저 $\mathscr{B} = \{v_1, \cdots, v_n\}$ 에 대하여 $\{T(v_1), \cdots, T(v_n)\}$ 은 V 의 직교정규기저이다.

(4) 내적공간 V 의 특정한 직교정규기저 $\mathscr{C} = \{w_1, \cdots, w_n\}$ 에 대하여 $\{T(w_1), \cdots, T(w_n)\}$ 은 V 의 직교정규기저이다.

다음 정리는 정리 6.3.4 와 마찬가지 방법으로 증명할 수 있다.

정리 6.7.6 $F = \mathbb{R}$ 또는 $F = \mathbb{C}$ 일 때, 체 F 위의 유한차원 내적공간 V 에서 선형변환 $T : V \longrightarrow V$ 에 대하여 다음 두 조건은 서로 동치이다.

(1) T 는 직교변환 [유니테리 변환] 이다.

(2) $T \circ T^* = T^* \circ T = 1_V$, 즉 $T^{-1} = T^*$

정의 6.7.7 $F = \mathbb{R}$ 또는 $F = \mathbb{C}$ 일 때, 체 F 위의 유한차원 내적공간 V 에서 $T : V \longrightarrow V$ 가 선형변환이라고 하자.

(1) $T = T^*$ 일 때, T 를 **에르미트 변환** 또는 **자기수반변환**이라고 한다.

(2) $T \circ T^* = T^* \circ T$ 일 때, T 를 **정규변환**이라고 한다.

유니테리 변환과 에르미트 변환은 모두 정규변환이다. 그리고 정리 6.7.2 를 이용하여 다음 두 정리를 증명할 수 있다(정리 6.3.7, 정리 6.4.3 참조).

정리 6.7.8 $F = \mathbb{R}$ 또는 $F = \mathbb{C}$ 일 때, 체 F 위의 유한차원 내적공간 V 에서 선형변환 $T : V \longrightarrow V$ 에 대하여 다음 두 조건은 서로 동치이다.

(1) T 는 에르미트 변환이다. 즉, $T^* = T$ 이다.

(2) $(T(v), w) = (v, T(w)) \qquad (v, w \in V)$

정리 6.7.9 $F=\mathbb{R}$ 또는 $F=\mathbb{C}$ 일 때, 체 F 위의 유한차원 내적공간 V 에서 선형변환 $T: V \longrightarrow V$ 에 대하여 다음이 성립한다.

(1) T 는 정규변환이다. 즉, $T \circ T^* = T^* \circ T$ 이다.

(2) $(T(v), T(w)) = (T^*(v), T^*(w)) \qquad (v, w \in V)$

정리 6.7.10 $F=\mathbb{R}$ 또는 $F=\mathbb{C}$ 일 때, 체 F 위의 n차원 내적공간 V 에서 $\mathscr{B}=\{v_1, \cdots, v_n\}$ 를 V 의 직교정규기저라고 할 때, V 위의 선형변환 $T: V \longrightarrow V$ 에 대하여 $[T^*]_{\mathscr{B}} = [T]_{\mathscr{B}}{}^*$ 이다.

증 명 이제 $\mathscr{B}=\{v_1, \cdots, v_n\}$를 V 의 직교정규기저라고 하면, 임의의 벡터 $v \in V$ 에 대하여 $v = \sum_{i=1}^{n} (v, v_i)\, v_i$ 이다(정리 6.5.15). 따라서

$$T(v_j) = \sum_{i=1}^{n} (T(v_j), v_i)\, v_i \qquad (1 \le j \le n)$$

$$T^*(v_j) = \sum_{i=1}^{n} (T^*(v_j), v_i)\, v_i = \sum_{i=1}^{n} \overline{(v_i, T^*(v_j))}\, v_i$$

$$= \sum_{i=1}^{n} \overline{(T(v_i), v_j)}\, v_i, \qquad (1 \le j \le n)$$

이므로

$$[T]_{\mathscr{B}} = [(T(v_j), v_i)]_{n\times n}, \quad [T^*]_{\mathscr{B}} = [\overline{(T(v_i), v_j)}]_{n\times n}$$

이고 따라서 $[T^*]_{\mathscr{B}} = [T]_{\mathscr{B}}{}^*$ 이다(정의 6.2.1 참조).

따름정리 6.7.11 $F=\mathbb{R}$ 또는 $F=\mathbb{C}$ 일 때, 체 F 위의 n차의 행렬 A에 대하여 선형변환 $L_A: F^n \longrightarrow F^n$ 의 수반변환 $(L_A)^*: F^n \longrightarrow F^n$ 는 L_{A^*}와 같다. 즉, $(L_A)^* = L_{A^*}$ 이다.

증 명 이제 $\mathscr{B}=\{e_1, \cdots, e_n\}$를 벡터공간 F^n 의 표준기저이라고 하면,

$$[(L_A)^*]_{\mathscr{B}} = [L_A]_{\mathscr{B}}{}^* = A^* = [L_{A^*}]_{\mathscr{B}}$$

이고 따라서 $(L_A)^* = L_{A^*}$ 이다(보기 4.1.3).

앞의 정리 6.7.6, 정리 6.7.8, 정리 6.7.9, 정리 6.7.10을 이용하면 다음 세 정리가 성립함을 증명할 수 있다(정의 6.7.4, 정의 6.7.7 참조).

정리 6.7.12 $F=\mathbb{R}$ 또는 $F=\mathbb{C}$일 때, 체 F 위의 n차원 내적공간 V에서 선형변환 $T: V \longrightarrow V$에 대하여 다음 조건은 서로 동치이다.

(1) T는 유니테리 변환 [직교변환]이다.

(2) V의 임의의 직교정규기저 $\mathscr{B}=\{v_1, \cdots, v_n\}$에 대하여 행렬 $[T]_{\mathscr{B}}$는 유니테리 행렬 [직교행렬]이다.

(3) V의 특정한 직교정규기저 $\mathscr{C}=\{v_1, \cdots, v_n\}$에 대하여 행렬 $[T]_{\mathscr{C}}$는 유니테리 행렬 [직교행렬]이다.

정리 6.7.13 $F=\mathbb{R}$ 또는 $F=\mathbb{C}$일 때, 체 F 위의 n차원 내적공간 V에 서 선형변환 $T: V \longrightarrow V$에 대하여 다음 조건은 서로 동치이다.

(1) T는 에르미트 변환이다.

(2) V의 임의의 직교정규기저 $\mathscr{B}=\{v_1, \cdots, v_n\}$에 대하여 행렬 $[T]_{\mathscr{B}}$는 에르미트 행렬이다.

(3) V의 특정한 직교정규기저 $\mathscr{C}=\{v_1, \cdots, v_n\}$에 대하여 행렬 $[T]_{\mathscr{C}}$는 에르미트 행렬이다.

정리 6.7.14 $F=\mathbb{R}$ 또는 $F=\mathbb{C}$일 때, 체 F 위의 n차원 내적공간 V에서 선형변환 $T: V \longrightarrow V$에 대하여 다음 조건은 서로 동치이다.

(1) T는 정규변환이다.

(2) V의 임의의 직교정규기저 $\mathscr{B}=\{v_1, \cdots, v_n\}$에 대하여 행렬 $[T]_{\mathscr{B}}$는 정규행렬이다.

(3) V의 특정한 직교정규기저 $\mathscr{C}=\{v_1, \cdots, v_n\}$에 대하여 행렬 $[T]_{\mathscr{C}}$는 정규행렬이다.

제 7 장

벡터공간과 선형변환

이 장에서는 제 3 장과 제 4 장에 이어서 일반적인 선형변환의 특성과 선형변환의 대각화 가능성에 대하여 논한다.

먼저 두 유한차원 벡터공간 사이의 선형사상을 행렬로 나타내는 방법과 기저를 바꾸는 문제에 대하여 논한다.

그리고, 벡터공간 위의 선형변환의 고유치, 고유벡터와 고유공간과 대각화 가능성에 대하여 논하고, 벡터공간이 부분공간의 직합으로 분해되는 경우에 대하여 논한다.

이 장에서, n은 양의 정수를 나타낸다.

§7.1 선형사상과 행렬

체 F 위의 벡터공간 V, W에 대하여 V에서 W로의 선형사상 전체의 집합 $\mathrm{Hom}_F(V, W)$는 체 F 위의 벡터공간을 이룬다(정리 3.5.2).

정의 7.1.1 체 F 위의 n차원 벡터공간 V와 m차원 벡터공간 W에서 $\mathscr{B} = \{v_1, \cdots, v_n\}$, $\mathscr{C} = \{w_1, \cdots, w_m\}$가 각각 V, W의 순서기저일 때, 선형사상 $T : V \longrightarrow W$에 대하여 $v_1, \cdots, v_n$의 상 $T(v_1), \cdots, T(v_n)$이 다음과 같이 $w_1, \cdots, w_m$의 일차결합으로 나타내어진다고 하자.

$$\begin{aligned} T(v_1) &= a_{11} w_1 + a_{21} w_2 + \cdots + a_{m1} w_m \\ T(v_2) &= a_{12} w_1 + a_{22} w_2 + \cdots + a_{m2} w_m \\ &\vdots \\ T(v_n) &= a_{1n} w_1 + a_{2n} w_2 + \cdots + a_{mn} w_m \end{aligned}$$

$$A = \begin{bmatrix} a_{11} & a_{12} & \cdots & a_{1n} \\ a_{21} & a_{22} & \cdots & a_{2n} \\ \vdots & \vdots & \cdots & \vdots \\ a_{m1} & a_{m2} & \cdots & a_{mn} \end{bmatrix}$$
$$\quad\uparrow\qquad\uparrow\qquad\quad\uparrow$$
$$T(v_1)\ T(v_2)\quad T(v_n)$$

이 때, 행렬 $A = [a_{ij}]_{m\times n}$를 기저 $\mathscr{B}$, $\mathscr{C}$에 관한 T의 **행렬**이라 하고 이것을 $[T]_{\mathscr{B}}^{\mathscr{C}}$로 나타낸다. 즉,

$$(T(v_j))_{\mathscr{C}} = (a_{1j}, a_{2j}, \cdots, a_{mj}) \qquad (1 \le j \le n)$$

$$[T]_{\mathscr{B}}^{\mathscr{C}} = [a_{ij}]_{m\times n} \Longleftrightarrow T(v_j) = \sum_{i=1}^{m} a_{ij} w_i \qquad (1 \le j \le n)$$

보기 7.1.1 체 F 위의 두 벡터공간 F^n, F^m에서 $\mathscr{B} = \{e_1, \cdots, e_n\}$와 $\mathscr{C} = \{e_1', \cdots, e_m'\}$를 각각 F^n, F^m의 표준기저라고 할 때, $m\times n$ 행렬 $A = [a_{ij}]_{m\times n}$에 의하여 정의된 선형변환 $L_A : F^n \longrightarrow F^m$의 기저 $\mathscr{B}$, $\mathscr{C}$에 관한 행렬은 $[L_A]_{\mathscr{B}}^{\mathscr{C}} = A$이다. 실제로, 다음이 성립한다(정리 3.2.3).

$$\begin{aligned} L_A(e_j) &= (a_{1j}, a_{2j}, \cdots, a_{mj}) \\ &= a_{1j} e_1' + a_{2j} e_2' + \cdots + a_{mj} e_m' \qquad (1 \le j \le n) \end{aligned}$$

보기 7.1.2 다음과 같이 정의된 선형사상을 생각해 보자.

$$T : \mathbb{R}^3 \longrightarrow \mathbb{R}^2,\ T(x_1, x_2, x_3) = (x_1+x_2+2x_3,\ 3x_1-x_2+4x_3)$$

(1) 벡터공간 $\mathbb{R}^3$ 와 $\mathbb{R}^2$ 의 표준기저

$$\mathscr{B} = \{(1,0,0),\ (0,1,0),\ (0,0,1)\}, \qquad \mathscr{C} = \{(1,0),\ (0,1)\}$$

에 대하여 다음이 성립한다.

$$\begin{aligned} T(1,0,0) &= (1,3) = 1(1,0) + 3(0,1) \\ T(0,1,0) &= (1,-1) = 1(1,0) - 1(0,1) \\ T(0,0,1) &= (2,4) = 2(1,0) + 4(0,1) \end{aligned} \qquad [T]_{\mathscr{B}}^{\mathscr{C}} = \begin{bmatrix} 1 & 1 & 2 \\ 3 & -1 & 4 \end{bmatrix}$$

(2) 벡터공간 $\mathbb{R}^3$ 와 $\mathbb{R}^2$ 의 기저

$$\mathscr{B} = \{(1,0,0),\ (1,1,0),\ (1,1,2)\}, \qquad \mathscr{C} = \{(1,3),\ (2,2)\}$$

에 대하여 다음이 성립한다.

$$\begin{aligned} T(1,0,0) &= (1,3) = 1(1,3) + 0(2,2) \\ T(1,1,0) &= (2,2) = 0(1,3) + 1(2,2) \\ T(1,1,2) &= (6,10) = 2(1,3) + 2(2,2) \end{aligned} \qquad [T]_{\mathscr{B}}^{\mathscr{C}} = \begin{bmatrix} 1 & 0 & 2 \\ 0 & 1 & 2 \end{bmatrix}$$

다음 정리는 정리 3.5.3을 다시 쓴 것이다.

정리 7.1.2 체 F 위의 벡터공간 F^n, F^m 에 대하여 사상

$$\Phi : \mathrm{Mat}_{m\times n}(F) \longrightarrow \mathrm{Hom}_F(F^n, F^m), \quad \Phi(A) = L_A$$

는 벡터공간 동형사상이고 따라서 다음이 성립한다.

$$\mathrm{Hom}_F(F^n, F^m) \simeq \mathrm{Mat}_{m\times n}(F), \quad \dim_F \mathrm{Hom}_F(F^n, F^m) = nm,$$
$$\mathrm{Hom}_F(F^n, F^m) = \{L_A \mid A \in \mathrm{Mat}_{m\times n}(F)\}$$

실제로, $A, B \in \mathrm{Mat}_{m\times n}(F)$와 $a \in F$ 에 대하여 다음이 성립한다.

(1) $L_{A+B} = L_A + L_B, \quad L_{aA} = a\,L_A$

(2) Φ 는 일대일 대응이다.

일반적인 유한차원 벡터공간에 대해서는 다음 정리가 성립한다.

정리 7.1.3 체 F 위의 벡터공간 V, W가 각각 n차원, m차원 벡터공간일 때, 체 F 위의 벡터공간 $\mathrm{Hom}_F(V, W)$에 대하여 다음이 성립한다.

$$\mathrm{Hom}_F(V, W) \cong \mathrm{Mat}_{m\times n}(F), \quad \dim_F \mathrm{Hom}_F(V, W) = n\,m$$

실제로, $\mathscr{B} = \{v_1, \cdots, v_n\}$, $\mathscr{C} = \{w_1, \cdots, w_m\}$를 각각 V, W의 순서기저라고 하면, 사상

$$\Phi : \mathrm{Hom}_F(V, W) \longrightarrow \mathrm{Mat}_{m\times n}(F), \quad \Phi(T) = [T]_{\mathscr{B}}^{\mathscr{C}}$$

는 벡터공간 동형사상이다. 즉, 임의의 $T, S \in \mathrm{Hom}_F(V, W)$와 $a \in F$에 대하여 다음이 성립한다.

(1) $[T+S]_{\mathscr{B}}^{\mathscr{C}} = [T]_{\mathscr{B}}^{\mathscr{C}} + [S]_{\mathscr{B}}^{\mathscr{C}}$, $[a\,T]_{\mathscr{B}}^{\mathscr{C}} = a\,[T]_{\mathscr{B}}^{\mathscr{C}}$

(2) Φ는 일대일 대응이다.

증 명 두 선형사상 T, $S \in \mathrm{Hom}_F(V, W)$에 대하여

$$[T]_{\mathscr{B}}^{\mathscr{C}} = A = [a_{ij}]_{m\times n}, \qquad [S]_{\mathscr{B}}^{\mathscr{C}} = B = [b_{ij}]_{m\times n}$$

이라고 하자. 이 때,

$$T(v_j) = \sum_{i=1}^{m} a_{ij}\,w_i, \quad S(v_j) = \sum_{i=1}^{m} b_{ij}\,w_i \qquad (1 \le j \le n)$$

이므로, 각 $v_j \in \mathscr{B}$에 대하여

$$\begin{aligned}(T+S)(v_j) &= T(v_j) + S(v_j) \\ &= \sum_{i=1}^{m} a_{ij}\,w_i + \sum_{i=1}^{m} b_{ij}\,w_i = \sum_{i=1}^{m} (a_{ij}+b_{ij})\,w_i, \\ (a\,T)(v_j) &= a\,T(v_j) = a\sum_{i=1}^{m} a_{ij}\,w_i = \sum_{i=1}^{m} (a\,a_{ij})\,w_i\end{aligned}$$

이고 따라서 다음이 성립한다.

$$[T+S]_{\mathscr{B}}^{\mathscr{C}} = [a_{ij}+b_{ij}]_{m\times n} = A + B = [T]_{\mathscr{B}}^{\mathscr{C}} + [S]_{\mathscr{B}}^{\mathscr{C}},$$
$$[a\,T]_{\mathscr{B}}^{\mathscr{C}} = [a\,a_{ij}]_{m\times n} = a\,A = a\,[T]_{\mathscr{B}}^{\mathscr{C}}$$

그리고, $[T]_{\mathscr{B}}^{\mathscr{C}} = [S]_{\mathscr{B}}^{\mathscr{C}}$ 즉 $[a_{ij}]_{m\times n} = [b_{ij}]_{m\times n}$이라고 하면,

$$T(v_j) = \sum_{i=1}^{m} a_{ij}\,w_i = \sum_{i=1}^{m} b_{ij}\,w_i = S(v_j) \qquad (1 \le j \le n)$$

이므로 $T = S$ 이다(따름정리 3.4.5).

또, 체 F 위의 임의의 $m \times n$ 차의 행렬 $C = [c_{ij}]_{m\times n}$ 에 대하여

$$T(v_j) = \sum_{i=1}^{m} c_{ij} w_i \qquad (1 \leq j \leq n)$$

인 선형변환 $T : V \longrightarrow W$ 가 존재하고 이때 $[T]_{\mathscr{B}}^{\mathscr{C}} = C$ 이다(정리 3.4.4).

그러므로 (1), (2)가 성립하므로 사상 $\Phi : \mathrm{Hom}_F(V, W) \longrightarrow \mathrm{Mat}_{m\times n}(F)$ 는 벡터공간 동형사상이다.

보기 7.1.3 다음과 같이 정의된 두 선형사상을 생각해 보자.

$$T : \mathbb{R}^3 \longrightarrow \mathbb{R}^2,\quad T(x_1,x_2,x_3) = (x_1+x_2+2x_3,\ 3x_1-x_2+4x_3)$$
$$S : \mathbb{R}^3 \longrightarrow \mathbb{R}^2,\quad S(x_1,x_2,x_3) = (-x_1+2x_2,\ x_1+6x_2-2x_3)$$

벡터공간 $\mathbb{R}^3$ 와 $\mathbb{R}^2$ 의 기저

$$\mathscr{B} = \{(1,0,0),\ (1,1,0),\ (1,1,2)\},\qquad \mathscr{C} = \{(1,3),\ (2,2)\}$$

에 대하여 다음이 성립한다.

$$T(1,0,0) = (1,3) = 1(1,3) + 0(2,2)$$
$$T(1,1,0) = (2,2) = 0(1,3) + 1(2,2) \qquad [T]_{\mathscr{B}}^{\mathscr{C}} = \begin{bmatrix} 1 & 0 & 2 \\ 0 & 1 & 2 \end{bmatrix}$$
$$T(1,1,2) = (6,10) = 2(1,3) + 2(2,2)$$

$$S(1,0,0) = (-1,1) = (1,3) - (2,2)$$
$$S(1,1,0) = (1,7) = 3(1,3) - (2,2) \qquad [S]_{\mathscr{B}}^{\mathscr{C}} = \begin{bmatrix} 1 & 3 & 1 \\ -1 & -1 & 0 \end{bmatrix}$$
$$S(1,1,2) = (1,3) = 1(1,3) + 0(2,2)$$

따라서 두 선형사상 $T+S : \mathbb{R}^3 \longrightarrow \mathbb{R}^2$, $2T : \mathbb{R}^3 \longrightarrow \mathbb{R}^2$ 에 대하여 다음이 성립한다.

$$[T+S]_{\mathscr{B}}^{\mathscr{C}} = \begin{bmatrix} 1 & 0 & 2 \\ 0 & 1 & 2 \end{bmatrix} + \begin{bmatrix} 1 & 3 & 1 \\ -1 & -1 & 0 \end{bmatrix} = \begin{bmatrix} 2 & 3 & 3 \\ -1 & 0 & 2 \end{bmatrix}$$

$$[2T]_{\mathscr{B}}^{\mathscr{C}} = 2\begin{bmatrix} 1 & 0 & 2 \\ 0 & 1 & 2 \end{bmatrix} = \begin{bmatrix} 2 & 0 & 4 \\ 0 & 2 & 4 \end{bmatrix}$$

체 F 위의 n차원 벡터공간 V에서 $\mathscr{B}=\{v_1, \cdots, v_n\}$가 V의 순서기저일 때, 다음과 같이 정의된 사상은 동형사상이다(따름정리 3.4.8).

$$\phi_{\mathscr{B}} : V \longrightarrow F^n, \quad \phi_{\mathscr{B}}(x_1 v_1 + \cdots + x_n v_n) = (x_1, \cdots, x_n)$$

정리 7.1.4 체 F 위의 n차원 벡터공간 V와 m차원 벡터공간 W에서 $\mathscr{B}=\{v_1, \cdots, v_n\}$, $\mathscr{C}=\{w_1, \cdots, w_m\}$가 각각 V, W의 순서기저일 때, $\phi_{\mathscr{B}}$, $\phi_{\mathscr{C}}$를 각각 다음과 같이 정의된 동형사상이라고 하자.

$$\begin{aligned} &\phi_{\mathscr{B}} : V \longrightarrow F^n, \quad \phi_{\mathscr{B}}(x_1 v_1 + \cdots + x_n v_n) = (x_1, \cdots, x_n) \\ &\phi_{\mathscr{C}} : W \longrightarrow F^m, \quad \phi_{\mathscr{C}}(y_1 w_1 + \cdots + y_m w_m) = (y_1, \cdots, y_m) \end{aligned}$$

이 때, 선형사상 $T : V \longrightarrow W$와 $v \in V$에 대하여

$$\begin{aligned} &T(v_j) = \sum_{i=1}^{m} a_{ij} w_i \quad (1 \le j \le n), && A = [a_{ij}]_{m\times n} = [T]_{\mathscr{B}}^{\mathscr{C}} \\ &v = x_1 v_1 + \cdots + x_n v_n, \quad \text{즉} && (v)_{\mathscr{B}} = (x_1, \cdots, x_n), \\ &T(v) = y_1 w_1 + \cdots + y_m w_m \quad \text{즉} && T(v)_{\mathscr{C}} = (y_1, \cdots, y_m) \end{aligned}$$

이라고 하면 다음이 성립한다.

$$\begin{array}{ccc} (V, \mathscr{B}) & \xrightarrow{\quad T \quad} & (W, \mathscr{C}) \\ \Big\downarrow \phi_{\mathscr{B}} & & \Big\downarrow \phi_{\mathscr{C}} \\ F^n & \xrightarrow{\quad L_A \quad} & F^m \end{array}$$

(1) $\begin{bmatrix} y_1 \\ \vdots \\ y_m \end{bmatrix} = A \begin{bmatrix} x_1 \\ \vdots \\ x_n \end{bmatrix}$

$L_A(x_1, \cdots, x_n) = (y_1, \cdots, y_m)$

$\phi_{\mathscr{C}} \circ T = L_A \circ \phi_{\mathscr{B}}$

(2) $\phi_{\mathscr{C}}(\text{im } T) = \text{im } L_A, \quad r(T) = r(A),$

$\phi_{\mathscr{B}}(\ker T) = \ker L_A, \quad n(T) = n - r(A) = n(A)$

증 명 (1) 가정에 의하여

$$\begin{aligned} \sum_{i=1}^{m} y_i w_i = T(v) &= T\Big(\sum_{j=1}^{m} x_j v_j\Big) = \sum_{j=1}^{m} x_j T(v_j) \\ &= \sum_{j=1}^{m} x_j \Big(\sum_{i=1}^{m} a_{ij} w_i\Big) = \sum_{i=1}^{m} \Big(\sum_{j=1}^{m} a_{ij} x_j\Big) w_i \end{aligned}$$

이고 $\{w_1, \cdots, w_m\}$은 W의 기저이므로 다음이 성립한다(정리 2.4.2).

$$y_i = \sum_{j=1}^{n} a_{ij} x_j \qquad (1 \le i \le m)$$

즉,
$$\begin{bmatrix} y_1 \\ \vdots \\ y_m \end{bmatrix} = A \begin{bmatrix} x_1 \\ \vdots \\ x_n \end{bmatrix}, \qquad L_A(x_1, \cdots, x_n) = (y_1, \cdots, y_m)$$

그리고,

$$\begin{aligned}(\phi_{\mathscr{C}} \circ T)(v) &= \phi_{\mathscr{C}}(T(v)) = \phi_{\mathscr{C}}(y_1 w_1 + \cdots + y_m w_m) \\ &= (y_1, \cdots, y_m) = L_A(x_1, \cdots, x_n) \\ &= L_A(\phi_{\mathscr{B}}(v)) = (L_A \circ \phi_{\mathscr{B}})(v)\end{aligned}$$

이므로 $\phi_{\mathscr{C}} \circ T = L_A \circ \phi_{\mathscr{B}}$ 이다.

(2) $\phi_{\mathscr{C}} \circ T = L_A \circ \phi_{\mathscr{B}}$ 이고 또 $\phi_{\mathscr{B}}$는 동형사상이므로

$$\phi_{\mathscr{C}}(T(V)) = L_A(\phi_{\mathscr{B}}(V)) = L_A(F^n)$$

이고 따라서 $\phi_{\mathscr{C}}(\operatorname{im} T) = \operatorname{im} L_A$ 이다. 또, $\phi_{\mathscr{B}}(v) = (x_1, \cdots, x_n)$일 때,

$$\begin{aligned} v \in \ker T &\Longleftrightarrow T(v) = \mathbf{0} \\ &\Longleftrightarrow \phi_{\mathscr{C}}(T(v)) = (0, \cdots, 0) \\ &\Longleftrightarrow L_A(\phi_{\mathscr{B}}(v)) = (0, \cdots, 0) \\ &\Longleftrightarrow L_A(x_1, \cdots, x_n) = (0, \cdots, 0) \\ &\Longleftrightarrow (x_1, \cdots, x_n) \in \ker L_A \\ &\Longleftrightarrow \phi_{\mathscr{B}}(v) \in \ker L_A \end{aligned}$$

이므로 $\phi_{\mathscr{B}}(\ker T) = \ker L_A$ 이다.

따라서 다음이 성립한다(정리 3.4.9, 정리 3.3.4).

$$\begin{aligned} r(T) &= \dim_F \operatorname{im} T = \dim_F \operatorname{im} L_A = r(A), \\ n(T) &= \dim_F \ker T = \dim_F \ker L_A = n(A) = n - r(A) \end{aligned}$$

보기 7.1.4 실수체 $\mathbb{R}$ 위의 두 벡터공간 V, W가 각각 3차원, 2차원 벡터공간일 때, $\mathscr{B} = \{v_1, v_2, v_3\}$, $\mathscr{C} = \{w_1, w_2\}$를 각각 V, W의 기저라 하고 $T : V \longrightarrow W$를 다음과 같이 정의된 선형사상이라고 하자.

$$T(x_1 v_1 + x_2 v_2 + x_3 v_3) = (x_1 + x_2) w_1 + (2x_1 + 3x_2 + x_3) w_2$$

이 때,

$$\begin{aligned} T(v_1) &= w_1 + 2w_2 \\ T(v_2) &= w_1 + 3w_2 \\ T(v_3) &= \qquad w_2 \end{aligned} \qquad [T]_{\mathscr{B}}^{\mathscr{C}} = \begin{bmatrix} 1 & 1 & 0 \\ 2 & 3 & 1 \end{bmatrix} = A$$

이고 또한 $v = x_1 v_1 + x_2 v_2 + x_3 v_3 \in V$ 에 대하여 $T(v) = y_1 w_1 + y_2 w_2$ 이라고 하면 다음이 성립한다.

$$\begin{bmatrix} y_1 \\ y_2 \end{bmatrix} = A \begin{bmatrix} x_1 \\ x_2 \\ x_3 \end{bmatrix} \qquad \text{즉} \qquad \begin{cases} y_1 = x_1 + x_2 \\ y_3 = 2x_1 + 3x_2 + x_3 \end{cases}$$

(1) A^T 는 기본 행 변형에 의하여 아래와 같이 기약 행 사다리꼴 행렬로 변형되므로 $L_A : \mathbb{R}^3 \longrightarrow \mathbb{R}^2$ 와 T 의 상공간은 다음과 같다(정리 3.3.4).

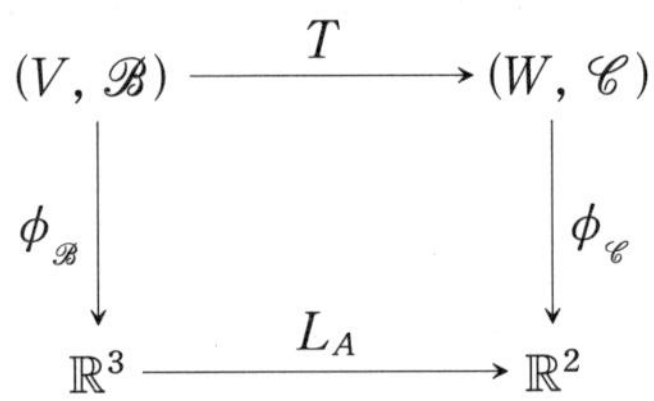

$$\begin{aligned} &\text{im } L_A = \langle (1, 0), (0, 1) \rangle = \mathbb{R}^2 \\ &\text{im } T = \langle w_1, w_2 \rangle = W \\ &r(T) = 2 = r(L_A) = r(A) \end{aligned}$$

$$A^T = \begin{bmatrix} 1 & 2 \\ 1 & 3 \\ 0 & 1 \end{bmatrix} \longrightarrow \begin{bmatrix} 1 & 0 \\ 0 & 1 \\ 0 & 0 \end{bmatrix}$$

(2) $\ker L_A$ 는 동차 연립일차방정식

$$A \begin{bmatrix} x_1 \\ x_2 \\ x_3 \end{bmatrix} = \begin{bmatrix} 0 \\ \\ 0 \end{bmatrix}$$

의 해공간이고 그 해 전체는

$$\begin{bmatrix} x_1 \\ x_2 \\ x_3 \end{bmatrix} = \begin{bmatrix} 1 \\ -1 \\ 1 \end{bmatrix} \qquad (t \in \mathbb{R})$$

$$A = \begin{bmatrix} 1 & 1 & 0 \\ 2 & 3 & 1 \end{bmatrix} \longrightarrow \begin{bmatrix} 1 & 0 & -1 \\ 0 & 1 & 1 \end{bmatrix}$$

이므로 다음 결과를 얻는다(정리 3.3.4).

$$\begin{aligned} &\ker L_A = \langle (1, -1, 1) \rangle, \qquad n(L_A) = 1 = 3 - 2 = n(A) \\ &\ker T = \langle v_1 - v_2 + v_3 \rangle, \qquad n(T) = 1 = n(A) \end{aligned}$$

보기 7.1.5 다음과 같이 정의된 사상 $T : \mathbb{R}^2 \longrightarrow \mathbb{R}_3[x]$ 는 선형사상이다.

$$T(a, b) = a + 2b + (3a+6b)x + (2a+4b)x^2$$

이 때, 벡터공간 $\mathbb{R}^2$ 의 표준기저 $\mathscr{B} = \{(1, 0), (0, 1)\}$ 와 그리고 벡터공간 $\mathbb{R}_3[x]$ 의 표준기저 $\mathscr{C} = \{1, x, x^2\}$ 에 대하여 다음이 성립한다.

$$T(1, 0) = 1 + 3x + 2x^2 \qquad [T]_{\mathscr{B}}^{\mathscr{C}} = \begin{bmatrix} 1 & 2 \\ 3 & 6 \\ 2 & 4 \end{bmatrix} = A$$

$$T(0, 1) = 2 + 6x + 4x^2$$

그리고,

$$T(a, b) = b_0 + b_1 x + b_2 x^2$$

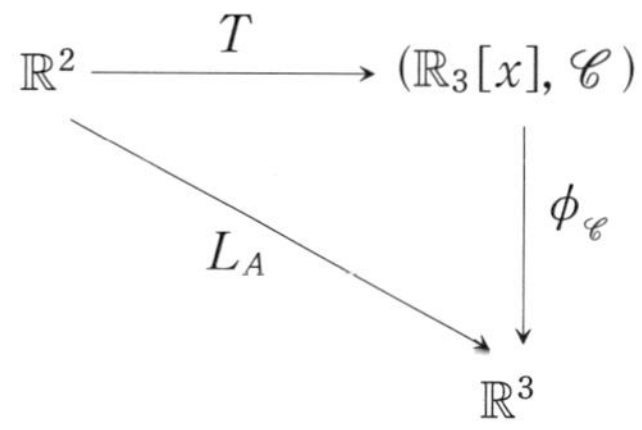

이라고 하면,

$$\begin{bmatrix} b_0 \\ b_1 \\ b_2 \end{bmatrix} - A \begin{bmatrix} a \\ b \end{bmatrix}$$

이고 다음이 성립함을 알 수 있다.

$$\text{im } L_A = \langle (1, 3, 2) \rangle, \qquad A^T = \begin{bmatrix} 1 & 3 & 2 \\ 2 & 6 & 4 \end{bmatrix} \longrightarrow \begin{bmatrix} 1 & 3 & 2 \\ 0 & 0 & 0 \end{bmatrix}$$

$$\text{im } T = \langle 1 + 3x + 2x^2 \rangle$$

$$r(T) = 2 = r(A)$$

$$\ker T = \ker L_A = \langle (-2, 1) \rangle \qquad A = \begin{bmatrix} 1 & 2 \\ 3 & 6 \\ 2 & 4 \end{bmatrix} \longrightarrow \begin{bmatrix} 1 & 2 \\ 0 & 0 \\ 0 & 0 \end{bmatrix}$$

$$n(T) = 1 = 3 - 2 = n(A)$$

정리 7.1.5 체 F 위에서 V, W, U 가 각각 n 자원, m 자원, s 자원 벡터공간이고 또 $\mathscr{B} = \{v_1, \cdots, v_n\}$, $\mathscr{C} = \{w_1, \cdots, w_m\}$, $\mathscr{D} = \{u_1, \cdots, u_s\}$ 가 각각 V, W, U 의 순서기저일 때, 선형사상 $S : V \longrightarrow W$, $T : W \longrightarrow U$ 의 합성사상 $T \circ S : V \longrightarrow U$ 에 대하여 다음이 성립한다.

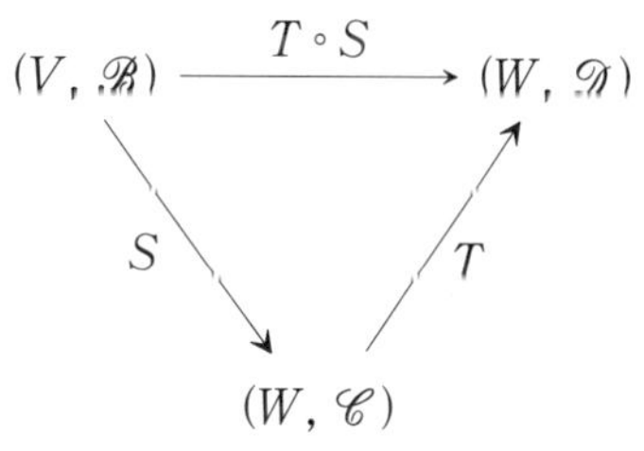

$$[T \circ S]_{\mathscr{B}}^{\mathscr{D}} = [T]_{\mathscr{C}}^{\mathscr{D}} [S]_{\mathscr{B}}^{\mathscr{C}}$$

증 명 이제 $[S]_{\mathscr{B}}^{\mathscr{C}} = B = [b_{ij}]_{m\times n}$, $[T]_{\mathscr{C}}^{\mathscr{D}} = A = [a_{ij}]_{r\times m}$ 이라고 하면,

$$S(v_j) = \sum_{i=1}^{m} b_{ij} w_i \qquad (1 \le j \le n)$$

$$T(w_j) = \sum_{i=1}^{s} a_{ij} u_i \qquad (1 \le j \le m)$$

이므로 각 $v_j \in \mathscr{B}$ 에 대하여

$$\begin{aligned}(T\circ S)(v_j) &= T(S(v_j)) = T(\sum_{i=1}^{m} b_{ij} w_i) \\ &= \sum_{i=1}^{m} b_{ij} T(w_i) = \sum_{i=1}^{m} b_{ij} (\sum_{r=1}^{s} a_{ri} u_r) \\ &= \sum_{r=1}^{s} (\sum_{i=1}^{m} a_{ri} b_{ij}) u_l = \sum_{i=1}^{s} (\sum_{k=1}^{m} a_{ik} b_{kj}) u_i\end{aligned}$$

이고, 따라서 다음이 성립한다.

$$[T\circ S]_{\mathscr{B}}^{\mathscr{D}} = [a_{ij}]_{r\times m}[b_{ij}]_{m\times n} = AB = [T]_{\mathscr{C}}^{\mathscr{D}}\,[S]_{\mathscr{B}}^{\mathscr{C}}$$

연 습 문 제 (7.1)

1. 벡터공간 $\mathbb{R}^2$ 의 순서기저 $\mathscr{B} = \{(7, 3), (5, 2)\}$ 와 벡터공간 $\mathbb{R}^3$ 의 순서기저 $\mathscr{C} = \{(1, 3, 1), (1, 4, -2), (2, 6, 3)\}$ 에 관한 선형사상

$$T : \mathbb{R}^2 \longrightarrow \mathbb{R}^3, \quad T(x_1, x_2) = (x_1 - 2x_2, 0, x_2)$$

의 행렬을 구하여라.

2. 실수체 $\mathbb{R}$ 위의 벡터공간 V, W 에서 $\mathscr{B} = \{v_1, v_2\}$, $\mathscr{C} = \{w_1, w_2, w_3\}$ 가 각각 V, W 의 순서기저이고 또 사상 $T : V \longrightarrow W$ 가 다음과 같이 정의된 선형사상일 때 $\operatorname{im} T$ 와 $\ker T$ 를 구하여라.

$$T(x_1 v_1 + x_2 v_2) = (x_1 - 2x_2) w_1 + x_2 w_2 + (2x_1 + 3x_2) w_3$$

*3. 다음 선형사상 T 의 상공간의 기저와 핵의 기저를 구하여라.

$$T : \mathbb{R}_3[x] \longrightarrow \mathbb{R}^2, \quad T(a_0 + a_1 x + a_2 x^2) = (a_0 - a_1 + a_2,\ a_1 - a_2)$$

§7.2 선형변환과 행렬

이 절에서는, 체 F 위의 유한차원 벡터공간 V 위의 선형변환 전체로 이루어진 벡터공간 $\mathrm{End}_F(V)$ 에 대하여 논한다(정리 3.6.3 참조).

다음 정의는 정의 4.1.2를 다시 쓴 것이다(정의 7.1.1 참조).

정의 7.2.1 체 F 위의 n 차원 벡터공간 V 에서 $\mathscr{B}=\{v_1, \cdots, v_n\}$ 가 V 의 순서기저일 때, 선형변환 $T: V \longrightarrow V$ 에 대하여

$$T(v_j)=\sum_{i=1}^{n} a_{ij} v_i \quad (1 \leq j \leq n)$$

인 경우에 행렬 $[a_{ij}]_{n\times n}$ 을 기저 $\mathscr{B}$ 에 관한 T 의 행렬이라 하고 이 행렬을 $[T]_{\mathscr{B}}$ 로 나타낸다. 즉, $[T]_{\mathscr{B}}=[T]_{\mathscr{B}}^{\mathscr{B}}$ 이다.

$$A=\begin{bmatrix} a_{11} & a_{12} & \cdots & a_{1n} \\ a_{21} & a_{22} & \cdots & a_{2n} \\ \vdots & \vdots & \cdots & \vdots \\ a_{m1} & a_{m2} & \cdots & a_{mn} \end{bmatrix}$$
$$\uparrow \quad \uparrow \quad \quad \uparrow$$
$$T(v_1) \; T(v_2) \quad T(v_n)$$

$$(T(v_j))_{\mathscr{B}}=(a_{1j}, a_{2j}, \cdots, a_{nj}) \qquad (1 \leq j \leq n)$$

$$[T]_{\mathscr{B}}=[a_{ij}]_{n\times n} \Longleftrightarrow T(v_j)=\sum_{i=1}^{n} a_{ij} v_i \qquad (1 \leq j \leq n)$$

보기 7.2.1 체 F 위의 벡터공간 F^n 에서 $\mathscr{B}=\{e_1, \cdots, e_n\}$ 가 표준기저일 때, n 차의 행렬 A 에 의하여 정의된 선형변환 $L_A: F^n \longrightarrow F^n$ 의 $\mathscr{B}$ 에 관한 행렬은 $[L_A]_{\mathscr{B}}=A$ 이다(보기 4.1.3).

보기 7.2.2 다음 사상은 벡터공간 $\mathbb{R}_3[x]$ 위의 선형변환이다.

$$D: \mathbb{R}_3[x] \longrightarrow \mathbb{R}_3[x], \quad D(a_0+a_1x+a_2x^2)=a_1+2a_2x$$

그리고, $\mathbb{R}_3[x]$ 의 표준기저 $\mathscr{B}=\{1, x, x^2\}$ 에 대하여 다음이 성립한다.

$$\begin{aligned} D(1)&=0 &&=0+0x+0x^2 \\ D(x)&=1 &&=1+0x+0x^2 \\ D(x^2)&=2x &&=0+2x+0x^2 \end{aligned} \qquad [D]_{\mathscr{B}}=\begin{bmatrix} 0 & 1 & 0 \\ 0 & 0 & 2 \\ 0 & 0 & 0 \end{bmatrix}$$

다음 정리는 정리 3.6.9 를 다시 쓴 것이다(정리 7.1.2 참조).

정리 7.2.2 체 F 위의 벡터공간 F^n 에 대하여 사상

$$\Phi : \mathrm{Mat}_n(F) \longrightarrow \mathrm{End}_F(F^n), \quad \Phi(A) = L_A$$

는 벡터공간 동형사상이고, 따라서 다음이 성립한다.

$$\mathrm{End}_F(F^n) \cong \mathrm{Mat}_n(F), \quad \dim_F \mathrm{End}_F(F^n) = n^2,$$
$$\mathrm{End}_F(F^n) = \{L_A \mid A \in \mathrm{Mat}_n(F)\}$$

실제로, 임의의 $A, B \in \mathrm{Mat}_n(F)$ 와 $a \in F$ 에 대하여 다음이 성립한다.

(1) $L_{A+B} = L_A + L_B, \quad L_{aA} = a\,L_A$

(2) Φ 는 일대일 대응이다.

(3) $L_{AB} = L_A \circ L_B, \quad L_{I_n} = 1_V \quad (V = F^n)$

(4) A 가 정칙행렬일 때 그리고 이때에만 L_A 는 정칙 선형변환이다.
그리고, A 가 정칙행렬일 때, $(L_A)^{-1} = L_{A^{-1}}$ 이다.

정리 7.2.3 체 F 위의 n 차원 벡터공간 V 에 대하여 다음이 성립한다.

$$\mathrm{End}_F(V) \cong \mathrm{Mat}_n(F), \quad \dim_F \mathrm{End}_F(V) = n^2$$

실제로, $\mathscr{B} = \{v_1, \cdots, v_n\}$ 를 V 의 순서기저라고 할 때, 사상

$$\Phi_{\mathscr{B}} : \mathrm{End}_F(V) \longrightarrow \mathrm{Mat}_n(F), \quad \Phi_{\mathscr{B}}(T) = [T]_{\mathscr{B}}$$

는 벡터공간 동형사상이다. 더욱이, 임의의 $T, S \in \mathrm{End}_F(V)$ 와 $a \in F$ 에 대하여 $[T]_{\mathscr{B}} = A$, $[S]_{\mathscr{B}} = B$ 일 때 다음이 성립한다.

(1) $[T+S]_{\mathscr{B}} = [T]_{\mathscr{B}} + [S]_{\mathscr{B}}, \quad [aT]_{\mathscr{B}} = a[T]_{\mathscr{B}}$

(2) $\Phi_{\mathscr{B}}$ 는 일대일 대응이다.

(3) $[T \circ S]_{\mathscr{B}} = [T]_{\mathscr{B}}[S]_{\mathscr{B}}, \qquad [1_V]_{\mathscr{B}} = I_n$

(4) T 가 정칙 선형변환일 때 그리고 이때에만 $[T]_{\mathscr{B}}$ 는 정칙행렬이다.
그리고, T 가 정칙 선형변환일 때, $[T^{-1}]_{\mathscr{B}} = [T]_{\mathscr{B}}^{-1}$ 이다.

증 명 정리 7.1.3 에 의하여 (1), (2) 가 성립한다.
그리고 정리 7.1.5 에 의하여 $[T \circ S]_{\mathscr{B}} = [T]_{\mathscr{B}}[S]_{\mathscr{B}}$ 이고, 또

$$1_V(v_j) = v_j = \sum_{i=1}^{n} \delta_{ij} v_i \qquad (1 \leq j \leq n)$$

이므로 $[1_V]_{\mathscr{B}} = [\delta_{ij}]_{n \times n} = I_n$ 이다. 따라서

$$T \circ S = S \circ T = 1_V \Longleftrightarrow [T]_{\mathscr{B}}[S]_{\mathscr{B}} = [S]_{\mathscr{B}}[T]_{\mathscr{B}} = I_n$$

이므로 T 가 정칙 선형변환일 때 그리고 이때에만 $[T]_{\mathscr{B}}$ 는 정칙행렬이다. 그리고, T 가 정칙 선형변환일 때, $[T^{-1}]_{\mathscr{B}} = [T]_{\mathscr{B}}{}^{-1}$ 이다.

보기 7.2.3 다음과 같은 벡터공간 $\mathbb{R}_3[x]$ 위의 선형변환을 생각해 보자.

$$T : \mathbb{R}_3[x] \longrightarrow \mathbb{R}_3[x], \quad T(a_0 + a_1 x + a_2 x^2) = a_1 + 2a_2 x$$
$$S : \mathbb{R}_3[x] \longrightarrow \mathbb{R}_3[x], \quad S(a_0 + a_1 x + a_2 x^2) = (a_0 + a_1)x + 3a_2 x^2$$

벡터공간 $\mathbb{R}_3[x]$ 의 표준기저 $\mathscr{B} = \{1, x, x^2\}$ 에 대하여 다음이 성립한다.

$$\begin{aligned} T(1) &= 0 = 0 + 0x + 0x^2 \\ T(x) &= 1 = 1 + 0x + 0x^2 \\ T(x^2) &= 2x = 0 + 2x + 0x^2 \end{aligned} \qquad [T]_{\mathscr{B}} = \begin{bmatrix} 0 & 1 & 0 \\ 0 & 0 & 2 \\ 0 & 0 & 0 \end{bmatrix}$$

$$\begin{aligned} S(1) &= x = 0 + 1x + 0x^2 \\ S(x) &= x = 0 + 1x + 0x^2 \\ S(x^2) &= 3x^2 = 0 + 0x + 3x^2 \end{aligned} \qquad [S]_{\mathscr{B}} = \begin{bmatrix} 0 & 0 & 0 \\ 1 & 1 & 0 \\ 0 & 0 & 3 \end{bmatrix}$$

그리고, 선형변환

$$T \circ S : \mathbb{R}_3[x] \longrightarrow \mathbb{R}_3[x], \quad (T \circ S)(a_0 + a_1 x + a_2 x^2) = a_0 + a_1 + 6a_2 x$$

의 기저 $\mathscr{B}$ 에 관한 행렬은 다음과 같다.

$$[T \circ S]_{\mathscr{B}} = \begin{bmatrix} 1 & 1 & 0 \\ 0 & 0 & 6 \\ 0 & 0 & 0 \end{bmatrix} = [T]_{\mathscr{B}}[S]_{\mathscr{B}}$$

다음 정리는 정리 7.1.4 의 특수한 경우이다.

정리 7.2.4 체 F 위의 n 차원 벡터공간 V 에서 $\mathscr{B} = \{v_1, \cdots, v_n\}$ 가 V 의 순서기저일 때, $\phi_{\mathscr{B}}$ 를 다음과 같이 정의된 동형사상이라고 하자.

$$\phi_{\mathscr{B}} : V \longrightarrow F^n, \quad \phi_{\mathscr{B}}(x_1 v_1 + \cdots + x_n v_n) = (x_1, \cdots, x_n)$$

이 때, 선형변환 $T \in \mathrm{End}_F(V)$ 와 벡터 $v \in V$ 에 대하여

$$T(v_j) = \sum_{i=1}^{n} a_{ij} v_i \quad (1 \le j \le n), \qquad [T]_{\mathscr{B}} = [a_{ij}]_{n \times n} = A$$

$$v = x_1 v_1 + \cdots + x_n v_n, \qquad \text{즉} \quad (v)_{\mathscr{B}} = (x_1, \cdots, x_n),$$

$$T(v) = y_1 v_1 + \cdots + y_n v_n \quad \text{즉} \quad T(v)_{\mathscr{B}} = (y_1, \cdots, y_n)$$

이라고 하면 다음이 성립한다.

(1) $\begin{bmatrix} y_1 \\ \vdots \\ y_n \end{bmatrix} = A \begin{bmatrix} x_1 \\ \vdots \\ x_n \end{bmatrix}$

$L_A(x_1, \cdots, x_n) = (y_1, \cdots, y_n)$

$\phi_{\mathscr{B}} \circ T = L_A \circ \phi_{\mathscr{B}}$

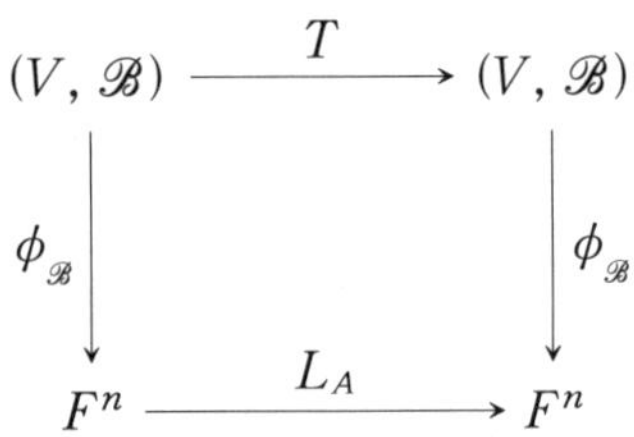

(2) $\phi_{\mathscr{B}}(\mathrm{im}\ T) = \mathrm{im}\ L_A, \qquad r(T) = r(A),$

$\phi_{\mathscr{B}}(\ker\ T) = \ker\ L_A, \quad n(T) = n(A) = n - r(A)$

위의 정리에 의하면, 두 선형변환 $T, S \in \mathrm{End}_F(V)$ 와 $a \in F$ 에 대하여 $[T]_{\mathscr{B}} = A$, $[S]_{\mathscr{B}} = B$ 일 때 다음이 성립한다.

$$\phi_{\mathscr{B}} \circ T = L_A \circ \phi_{\mathscr{B}}, \quad \phi_{\mathscr{B}} \circ S = L_B \circ \phi_{\mathscr{B}}$$

$$\phi_{\mathscr{B}} \circ (T \circ S) = (L_A \circ L_B) \circ \phi_{\mathscr{B}} = L_{AB} \circ \phi_{\mathscr{B}}$$

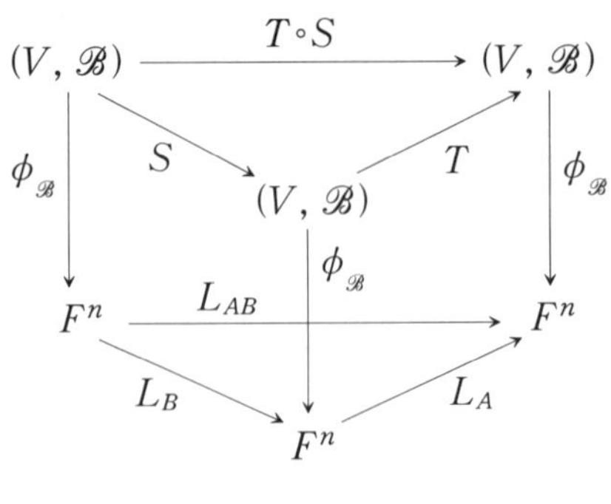

보기 7.2.4 실수체 $\mathbb{R}$ 위의 3차원 벡터공간 V 의 기저 $\mathscr{B}=\{v_1, v_2, v_3\}$ 에 대하여 $T: V \longrightarrow V$ 가 다음과 같이 정의된 선형변환이라고 하자.

$$T(x_1 v_1+x_2 v_2+x_3 v_3) = (x_1+x_2+x_3)\, v_1 + (2x_1+3x_2-x_3)\, v_2 + (4x_1+5x_2+x_3)\, v_3$$

이 때,

$$\begin{aligned} T(v_1) &= v_1 + 2v_2 + 4v_3, \\ T(v_2) &= v_1 + 3v_2 + 5v_3, \\ T(v_3) &= v_1 - v_2 + v_3 \end{aligned} \qquad [T]_{\mathscr{B}} = \begin{bmatrix} 1 & 1 & 1 \\ 2 & 3 & -1 \\ 4 & 5 & 1 \end{bmatrix} = A$$

이고, 임의의 벡터 $v \in V$ 에 대하여

$$v = x_1 v_1 + x_2 v_2 + x_3 v_3, \qquad T(v) = y_1 v_1 + y_2 v_2 + y_3 v_3$$

이라고 하면 다음이 성립한다.

$$\begin{bmatrix} y_1 \\ y_2 \\ y_3 \end{bmatrix} = A \begin{bmatrix} x_1 \\ x_2 \\ x_3 \end{bmatrix} \quad \text{즉} \quad \begin{cases} y_1 = x_1 + x_2 + x_3 \\ y_2 = 2x_1 + 3x_2 - x_3 \\ y_3 = 4x_1 + 5x_2 + x_3 \end{cases}$$

(1) 행렬 A^T 은 기본 행 변형에 의하여 아래와 같이 기약 행 사다리꼴 행렬로 변형되므로 선형변환 $L_A: \mathbb{R}^3 \longrightarrow \mathbb{R}^3$ 와 T 의 상공간은 다음과 같다(정리 3.3.4).

$$\begin{array}{ccc} (V, \mathscr{B}) & \xrightarrow{\quad T \quad} & (V, \mathscr{B}) \\ \downarrow \phi_{\mathscr{B}} & & \downarrow \phi_{\mathscr{B}} \\ \mathbb{R}^3 & \xrightarrow{\quad L_A \quad} & \mathbb{R}^3 \end{array}$$

$$\begin{aligned} \operatorname{im} L_A &= \langle (1, 0, 2), (0, 1, 1) \rangle, \\ \operatorname{im} T &= \langle v_1+2v_3, v_2+v_3 \rangle, \\ r(T) &= 2 = r(A) \end{aligned}$$

$$A^T = \begin{bmatrix} 1 & 2 & 4 \\ 1 & 3 & 5 \\ 1 & -1 & 1 \end{bmatrix} \longrightarrow \begin{bmatrix} 1 & 0 & 2 \\ 0 & 1 & 1 \\ 0 & 0 & 0 \end{bmatrix}$$

(2) 선형변환 $L_A: \mathbb{R}^3 \longrightarrow \mathbb{R}^3$ 의 핵 $\ker L_A$ 는 동차 연립일차방정식

$$A \begin{bmatrix} x_1 \\ x_2 \\ x_3 \end{bmatrix} = \begin{bmatrix} 0 \\ 0 \\ 0 \end{bmatrix}$$

$$A = \begin{bmatrix} 1 & 1 & 1 \\ 2 & 3 & -1 \\ 4 & 5 & 1 \end{bmatrix} \longrightarrow \begin{bmatrix} 1 & 0 & 4 \\ 0 & 1 & -3 \\ 0 & 0 & 0 \end{bmatrix}$$

의 해공간이고, A 는 기본 행 변형에 의하여 위와 같이 기약 행 사다리꼴

행렬로 변형되므로 이 동차 연립일차방정식은 해 전체는 다음과 같다.

$$\begin{bmatrix} x_1 \\ x_2 \\ x_3 \end{bmatrix} = t \begin{bmatrix} -4 \\ 3 \\ 1 \end{bmatrix} \qquad (t \in \mathbb{R})$$

따라서 $\ker L_A$와 $\ker T$는 다음과 같다(정리 3.3.4).

$$\ker L_A = \{t\,(-4, 3, 1) \mid t \in \mathbb{R}\} = \langle\,(-4, 3, 1)\,\rangle$$
$$\ker T = \{t\,(-4\,v_1 + 3\,v_2 + v_3) \mid t \in \mathbb{R}\} = \langle -4\,v_1 + 3\,v_2 + v_3 \rangle$$
$$n(T) = 1 = 3 - 2 = n(A)$$

체 F 위의 다항식 $f(x) = a_0 + a_1 x + \cdots + a_m x^m$과 체 F 위의 n차의 행렬 A에 대하여 $f(A)$는 다음과 같은 행렬을 나타낸다(정의 1.4.7).

$$f(A) = a_0 I_n + a_1 A + \cdots + a_m A^m$$

또, 체 F 위의 벡터공간 V 위에서의 선형변환 $T : V \longrightarrow V$에 대하여 $f(T) : V \longrightarrow V$는 다음과 같이 정의된 선형변환이다(정의 3.6.10)

$$f(T) = a_0 1_V + a_1 T + \cdots + a_m T^m$$

정리 7.2.5 체 F 위의 n차원 벡터공간 V에서 $\mathscr{B} = \{v_1, \cdots, v_n\}$가 순서기저일 때, 선형변환 $T \in \mathrm{End}_F(V)$와 체 F 위의 다항식

$$f(x) = a_0 + a_1 x + \cdots + a_m x^m$$

에 대하여 $[f(T)]_{\mathscr{B}} = f([T]_{\mathscr{B}})$ 이다.

증 명 이제 $A = [T]_{\mathscr{B}}$ 이라고 할 때, $a \in F$와 양의 정수 k에 대하여

$$[a\,1_V]_{\mathscr{B}} = a\,I_n, \qquad [a\,T^k]_{\mathscr{B}} = a\,[T]_{\mathscr{B}}^{\,k} = A^k$$

이고, 따라서 다음이 성립한다(정리 7.2.3 참조).

$$\begin{aligned}[f(T)]_{\mathscr{B}} &= a_0 I_n + a_1 [T]_{\mathscr{B}} + \cdots + a_m [T]_{\mathscr{B}}^{\,m} \\ &= a_0 I_n + a_1 A + \cdots + a_m A^m = f(A) = f([T]_{\mathscr{B}})\end{aligned}$$

보기 7.2.5 벡터공간 $\mathbb{R}_3[x]$ 위에서 다음 선형변환을 생각해 보자.

$$T : \mathbb{R}_3[x] \longrightarrow \mathbb{R}_3[x], \quad T(a_0 + a_1 x + a_2 x^2) = a_0 x + a_1 x^2$$

벡터공간 $\mathbb{R}_3[x]$의 표준기저 $\mathscr{B} = \{1, x, x^2\}$에 대하여 다음이 성립한다.

$$\begin{aligned} T(1) &= x = 1 \cdot x \\ T(x) &= x^2 = 1 \cdot x^2 \\ T(x^2) &= 0 \end{aligned} \qquad [T]_{\mathscr{B}} = \begin{bmatrix} 0 & 0 & 0 \\ 1 & 0 & 0 \\ 0 & 1 & 0 \end{bmatrix} = A$$

그리고, $T(a_0 + a_1 x + a_2 x^2) = b_0 + b_1 x + b_2 x^2$ 이라고 하면,

$$\begin{bmatrix} b_0 \\ b_1 \\ b_2 \end{bmatrix} = A \begin{bmatrix} a_0 \\ a_1 \\ a_2 \end{bmatrix}$$

$$\begin{array}{ccc} (\mathbb{R}_3[x], \mathscr{B}) & \xrightarrow{\quad T \quad} & (\mathbb{R}_3[x], \mathscr{B}) \\ \downarrow \phi_{\mathscr{B}} & & \downarrow \phi_{\mathscr{B}} \\ \mathbb{R}^3 & \xrightarrow{\quad L_A \quad} & \mathbb{R}^3 \end{array}$$

$$[T^2]_{\mathscr{B}} = A^2 = \begin{bmatrix} 0 & 0 & 0 \\ 0 & 0 & 0 \\ 1 & 0 & 0 \end{bmatrix},$$

$$[T^3]_{\mathscr{B}} = A^3 = O_3$$

이므로 T^2, T^3 는 다음과 같이 정의된 선형변환이다.

$$T^2 : \mathbb{R}_3[x] \longrightarrow \mathbb{R}_3[x], \quad T^2(x_1, x_2, x_3) = a_0 x^2$$

$$T^3 : \mathbb{R}_3[x] \longrightarrow \mathbb{R}_3[x], \quad T^3(x_1, x_2, x_3) = 0$$

그리고, 다항식 $f(x) = 2x^3 + 3x^2 + 4x$ 에 대하여

$$f(T) = 2T^3 + 3T^2 + 4T = 3T^2 + 4T$$

이고 선형변환 $f(T) : \mathbb{R}_3[x] \longrightarrow \mathbb{R}_3[x]$ 의 표준기저 $\mathscr{B}$ 에 관한 행렬은

$$\begin{aligned} [f(T)]_{\mathscr{B}} &= f(A) = 2A^3 + 3A^2 + 4A \\ &= 3A^2 + 4A = \begin{bmatrix} 0 & 0 & 0 \\ 4 & 0 & 0 \\ 3 & 4 & 0 \end{bmatrix} \end{aligned}$$

이므로 $f(T) : \mathbb{R}_3[x] \longrightarrow \mathbb{R}_3[x]$ 는 다음과 같이 정의된 선형변환이다.

$$f(T)(a_0 + a_1 x + a_2 x^2) = 4a_0 x + (3a_0 + 4a_1) x^2$$

연 습 문 제 (7.2)

1. 벡터공간 $\mathbb{R}^2$ 에서 기저 $\mathscr{B}=\{(1, 1), (-1, 1)\}$ 에 관한 선형변환

$$T : \mathbb{R}^2 \longrightarrow \mathbb{R}^2, \quad T(x_1, x_2) = (2x_1 - x_2, x_1 + x_2)$$

의 행렬을 구하고, 또 벡터 $v = (0, 1)$ 에 대하여 $(v)_{\mathscr{B}}$, $T(v)_{\mathscr{B}}$ 를 구하여라.

*2. 벡터공간 $\mathbb{R}_n[x]$ 의 표준기저 $\mathscr{B}=\{1, x, x^2, \cdots, x^{n-1}\}$ 에 관한 선형변환

$$D : \mathbb{R}_n[x] \longrightarrow \mathbb{R}_n[x], \quad D(f(x)) = f'(x)$$

의 행렬을 구하여라.

3. 실수체 $\mathbb{R}$ 위의 벡터공간 V 에서 $\mathscr{B}=\{w_1, w_2, w_3\}$ 가 순서기저일 때, 다음과 같이 정의된 선형변환 $T : V \longrightarrow V$ 의 $\operatorname{im} T$ 와 $\ker T$ 를 구하여라.

$$T(x_1 v_1 + x_2 v_2 + x_3 v_3) = (x_1 - x_2) v_1 + x_2 v_2 + (x_1 + 2x_2) v_3$$

4. 다음 선형사상 T 의 상공간의 기저와 핵의 기저를 구하여라.

$$T : \mathbb{R}_3[x] \longrightarrow \mathbb{R}_3[x], \quad T(a_0 + a_1 x + a_2 x^2) = a_0 + (a_0 - a_1) x^2$$

5. 벡터공간 $\mathbb{R}_4[x]$ 에서 $D : \mathbb{R}_4[x] \longrightarrow \mathbb{R}_4[x]$ 를 다음과 같이 정의된 선형변환이라고 하자.

$$D(a_0 + a_1 x + a_2 x^2 + a_3 x^3) = a_1 + 2a_2 x + 3a_3 x^2$$

이 때, 벡터공간 $\mathbb{R}_4[x]$ 의 표준기저 $\mathscr{B}=\{1, x, x^2, x^3\}$ 에 관한 D 의 행렬을 구하고 D^2, D^3 의 표준기저 $\mathscr{B}$ 에 관한 행렬을 구하여라.

*6. 벡터공간 $\mathbb{R}^2$ 에서 표준기저 $\mathscr{B}=\{(1, 0), (0, 1)\}$ 에 관한 선형변환

$$T : \mathbb{R}^2 \longrightarrow \mathbb{R}^2, \quad T(x_1, x_2) = (x_1 + x_2, x_1 - x_2)$$

의 행렬 $[T]_{\mathscr{B}}$ 를 구하고, 또 다항식 $f(x) = x^2 - x + 3$ 에 대하여 선형변환 $f(T) : \mathbb{R}^2 \longrightarrow \mathbb{R}^2$ 를 정의하여라.

§7.3 기저 바꾸기

이 절에서는, §4.1 의 정의와 정리를 일반화하기로 한다.

정리 7.3.1 체 F 위의 n 차원 벡터공간 V 에서 $\mathscr{B}=\{v_1, \cdots, v_n\}$ 가 V 의 순서기저일 때 다음이 성립한다.

(1) V 의 새로운 순서기저 $\mathscr{C}=\{w_1, \cdots, w_n\}$ 에 대하여

$$w_j=\sum_{j=1}^{n} p_{ij} v_i = p_{1j} v_1 + p_{2j} v_2 + \cdots + p_{nj} v_n \qquad (1 \le j \le n)$$

$$v_j=\sum_{l=1}^{n} q_{ij} w_i = q_{1j} w_1 + q_{2j} w_2 + \cdots + q_{nj} w_n \qquad (1 \le j \le n)$$

일 때, $P=[p_{ij}]_{n\times n}$, $Q=[q_{ij}]_{n\times n}$ 이라고 하면 P 는 정칙행렬이고 $P^{-1}=Q$ 이다.

$$P=\begin{bmatrix} p_{11} & p_{12} & \cdots & p_{1n} \\ p_{21} & p_{22} & \cdots & p_{2n} \\ \vdots & \vdots & & \vdots \\ p_{n1} & p_{n2} & \cdots & p_{nn} \end{bmatrix}$$

$$\begin{matrix} \uparrow & \uparrow & & \uparrow \\ w_1 & w_2 & & w_n \end{matrix}$$

(2) 체 F 위의 n 차의 행렬 $P=[p_{ij}]_{n\times n}$ 가 정칙행렬일 때,

$$w_j=\sum_{i=1}^{n} p_{ij} v_i \qquad (1 \le j \le n)$$

이라고 하면 $\mathscr{C}=\{w_1, \cdots, w_n\}$ 는 V 의 기저이다.

증 명 (1) 가정에 의하여 각 $v_j \in \mathscr{B}$ 에 대하여

$$\begin{aligned} v_j=\sum_{l=1}^{n} q_{ij} w_i &= \sum_{i=1}^{n} q_{ij} \Big(\sum_{r=1}^{n} p_{ri} v_r\Big) \\ &= \sum_{r=1}^{n}\Big(\sum_{i=1}^{n} p_{ri} q_{ij}\Big) v_r = \sum_{i=1}^{n}\Big(\sum_{k=1}^{n} p_{ik} q_{kj}\Big) v_i \end{aligned}$$

이고 $\mathscr{B}=\{v_1, \cdots, v_n\}$ 는 V 의 기저이므로 다음이 성립한다(정리 2.4.2).

$$\sum_{k=1}^{n} p_{ik} q_{kj} = \delta_{ij} \qquad (1 \le i,\ j \le n)$$

따라서 $PQ=I_n$ 이므로 P 는 정칙행렬이고 $P^{-1}=Q$ 이다(정리 1.7.10).

(2) 다음과 같은 선형변환 $T : V \longrightarrow V$ 가 존재한다(정리 3.4.4).

$$T(v_j) = w_j = \sum_{i=1}^{n} p_{ij} v_i \qquad (1 \leq j \leq n)$$

한편, 가정에 의하여 $[T]_{\mathscr{B}} = P$ 이고 또 P 는 정칙행렬이므로 T 는 정칙선형변환이고(정리 7.2.3), $\{T(v_1), \cdots, T(v_n)\} = \{w_1, \cdots, w_n\}$ 이다.

따라서 정리 3.4.7 에 의하여 $\mathscr{C} = \{w_1, \cdots, w_n\}$ 는 V 의 기저이다.

정리 7.3.2 체 F 위의 n 차원 벡터공간 V 에서 V 의 본래의 순서기저 $\mathscr{B} = \{v_1, \cdots, v_n\}$ 와 새로운 순서기저 $\mathscr{C} = \{w_1, \cdots, w_n\}$ 사이에 관계식

$$w_j = \sum_{i=1}^{n} p_{ij} v_i \qquad (1 \leq j \leq n)$$

가 성립할 때, $P = [p_{ij}]_{n \times n}$ 는 정칙행렬이고 또 다음이 성립한다.

(1) 벡터 $v \in V$ 에 대하여

$$v = \sum_{i=1}^{n} x_i v_i = \sum_{i=1}^{n} x_i' w_i$$

즉 $\qquad (v)_{\mathscr{B}} = (x_1, \cdots, x_n), \qquad (v)_{\mathscr{C}} = (x_1', \cdots, x_n')$

이라고 하면, 이들 두 좌표벡터 사이에 다음 관계식이 성립한다.

$$\begin{bmatrix} x_1 \\ \vdots \\ x_n \end{bmatrix} = P \begin{bmatrix} x_1' \\ \vdots \\ x_n' \end{bmatrix}, \qquad \begin{bmatrix} x_1' \\ \vdots \\ x_n' \end{bmatrix} = P^{-1} \begin{bmatrix} x_1 \\ \vdots \\ x_n \end{bmatrix}$$

(2) 선형변환 $T \in \mathrm{End}_F(V)$ 에 대하여 $[T]_{\mathscr{C}} = P^{-1} [T]_{\mathscr{B}} P$ 이다.

증 명 정리 7.3.1 에 의하여 P 는 정칙행렬이다.

(1) 가정에 의하여

$$\sum_{i=1}^{n} x_i v_i = v = \sum_{j=1}^{n} x_j' w_j = \sum_{j=1}^{n} x_j' \left(\sum_{i=1}^{n} p_{ij} v_i\right) = \sum_{i=1}^{n} \left(\sum_{j=1}^{n} p_{ij} x_j'\right) v_i$$

이고 또 $\mathscr{B} = \{v_1, \cdots, v_n\}$ 는 V 의 기저이므로

$$x_i = \sum_{j=1}^{n} p_{ij} x_j' \qquad (1 \leq i \leq n)$$

이고, 따라서 다음 두 등식이 성립한다.

$$\begin{bmatrix} x_1 \\ \vdots \\ x_n \end{bmatrix} = P \begin{bmatrix} x_1' \\ \vdots \\ x_n' \end{bmatrix}, \qquad \begin{bmatrix} x_1' \\ \vdots \\ x_n' \end{bmatrix} = P^{-1} \begin{bmatrix} x_1 \\ \vdots \\ x_n \end{bmatrix}$$

(2) 이제 $A = [T]_{\mathscr{B}} = [a_{ij}]_{n\times n}$, $B = [T]_{\mathscr{C}} = [b_{ij}]_{n\times n}$ 이라고 하면,

$$T(v_j) = \sum_{i=1}^{n} a_{ij} v_i, \qquad T(w_j) = \sum_{i=1}^{n} b_{ij} w_i \qquad (1 \le j \le n)$$

이므로 가정에 의하여

$$\begin{aligned} T(w_j) &= T(\sum_{i=1}^{n} p_{ij} v_i) = \sum_{i=1}^{n} p_{ij} T(v_i) = \sum_{i=1}^{n} p_{ij} (\sum_{r=1}^{n} a_{ri} v_r) \\ &= \sum_{r=1}^{n} (\sum_{i=1}^{n} a_{ri} p_{ij}) v_r = \sum_{i=1}^{n} (\sum_{k=1}^{n} a_{ik} p_{kj}) v_i, \\ T(w_j) &= \sum_{i=1}^{n} b_{ij} w_i = \sum_{i=1}^{n} b_{ij} (\sum_{r=1}^{n} p_{ri} v_r) \\ &= \sum_{r=1}^{n} (\sum_{i=1}^{n} p_{ri} b_{ij}) v_r = \sum_{i=1}^{n} (\sum_{k=1}^{n} p_{ik} b_{kj}) v_i \end{aligned}$$

이고 또 $\mathscr{B} = \{v_1, \cdots, v_n\}$ 는 V 의 기저이므로 다음이 성립한다.

$$\sum_{k=1}^{n} a_{ik} p_{kj} = \sum_{k=1}^{n} p_{ik} b_{kj} \qquad (1 \le i, j \le n)$$

따라서 $AP = PB$ 이므로 $B = P^{-1}AP$ 즉 $[T]_{\mathscr{C}} = P^{-1} [T]_{\mathscr{B}} P$ 이다.

앞의 정리에서

$$w_j = 1_V(w_j) = \sum_{i=1}^{n} p_{ij} v_i \qquad (1 \le j \le n)$$

이므로 $[1_V]_{\mathscr{C}}^{\mathscr{B}} = [p_{ij}]_{n\times n} = P$ 이다. 이제 선형변환 $T : V \longrightarrow V$ 와 임의의 벡터 $v \in V$ 에 대하여 $[T]_{\mathscr{B}} = A$, $[T]_{\mathscr{C}} = B$ 이라 하고 다음이 성립한다고 하자.

$$v = \sum_{i=1}^{n} x_i v_i = \sum_{i=1}^{n} x_i' w_i, \quad T(v) = \sum_{i=1}^{n} y_i v_i = \sum_{i=1}^{n} y_i' w_i$$

이 때, 정리 7.3.2 와 정리 7.2.4 에 의하여

$$\begin{bmatrix} x_1 \\ \vdots \\ x_n \end{bmatrix} = P \begin{bmatrix} x_1{}' \\ \vdots \\ x_n{}' \end{bmatrix}, \qquad \begin{bmatrix} y_1 \\ \vdots \\ y_n \end{bmatrix} = P \begin{bmatrix} y_1{}' \\ \vdots \\ y_n{}' \end{bmatrix}$$

$$\begin{bmatrix} y_1 \\ \vdots \\ y_n \end{bmatrix} = A \begin{bmatrix} x_1 \\ \vdots \\ x_n \end{bmatrix}, \qquad \begin{bmatrix} y_1{}' \\ \vdots \\ y_n{}' \end{bmatrix} = B \begin{bmatrix} x_1{}' \\ \vdots \\ x_n{}' \end{bmatrix},$$

이고 $PB = AP$ 이므로 $L_P \circ L_B = L_A \circ L_P$ 이다(정리 7.2.2). 또, 동형사상

$$\phi_{\mathscr{B}} : V \longrightarrow F^n, \quad \phi_{\mathscr{B}}(x_1 v_1 + \cdots + x_n v_n) = (x_1, \cdots, x_n)$$
$$\phi_{\mathscr{C}} : V \longrightarrow F^n, \quad \phi_{\mathscr{C}}(x_1{}' w_1 + \cdots + x_n{}' w_n) = (x_1{}', \cdots, x_n{}')$$

에 대하여 $\phi_{\mathscr{B}} \circ T = L_A \circ \phi_{\mathscr{B}}$, $\phi_{\mathscr{C}} \circ T = L_B \circ \phi_{\mathscr{C}}$ 이다(정리 7.2.4).

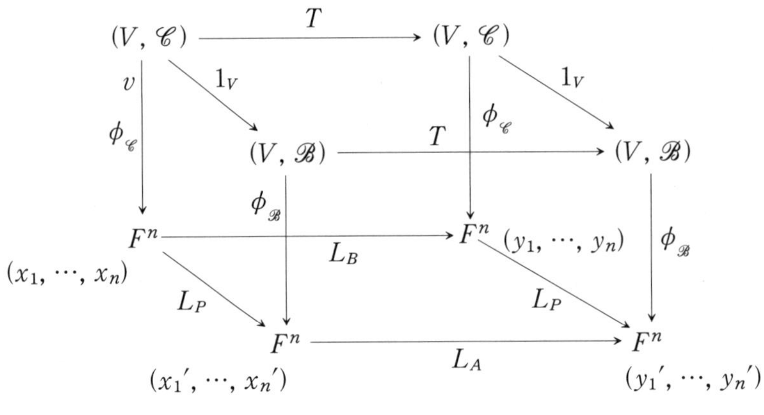

보기 7.3.1 실수체 $\mathbb{R}$ 위의 2차원 벡터공간 V 에서 V 의 두 순서기저 $\mathscr{B} = \{v_1, v_2\}$, $\mathscr{C} = \{w_1, w_2\}$ 사이에 다음과 같은 관계가 있다고 하자.

$$w_1 = v_1 + v_2 \qquad\qquad P = \begin{bmatrix} 1 & 2 \\ 1 & 3 \end{bmatrix}$$
$$w_2 = 2v_1 + 3v_2$$

이 때, 다음이 성립한다.

$$v_1 = 3w_1 - w_2 \qquad\qquad P^{-1} = \begin{bmatrix} 3 & -2 \\ -1 & 1 \end{bmatrix}$$
$$v_2 = -2w_1 + w_2$$

그리고, 임의의 벡터 $v \in V$ 에 대하여

$$v = x_1 v_1 + x_2 v_2 = x_1' w_1 + x_2' w_2$$

이라고 할 때, 다음 관계식이 성립한다.

$$\begin{bmatrix} x_1 \\ x_2 \end{bmatrix} = \begin{bmatrix} 1 & 2 \\ 1 & 3 \end{bmatrix} \begin{bmatrix} x_1' \\ x_2' \end{bmatrix}, \qquad \begin{bmatrix} x_1' \\ x_2' \end{bmatrix} = \begin{bmatrix} 3 & -2 \\ -1 & 1 \end{bmatrix} \begin{bmatrix} x_1 \\ x_2 \end{bmatrix}$$

또, 선형변환 $T : V \longrightarrow V$ 에 대하여

$$T(v_1) = v_1 + v_2, \qquad [T]_{\mathscr{B}} = \begin{bmatrix} 1 & 1 \\ 1 & -1 \end{bmatrix}$$
$$T(v_2) = v_1 - v_2$$

이라고 할 때, 다음이 성립한다.

$$\begin{aligned} T(w_1) &= T(v_1 + v_2) = T(v_1) + T(v_2) \\ &= v_1 + v_2 + v_1 - v_2 = 2v_1 = 6w_1 - 2w_2, \\ T(w_2) &= T(2v_1 + 3v_2) = 2T(v_1) + 3T(v_2) = 5v_1 - v_2 \\ &= 5(3w_1 - w_2) - (-2w_1 + w_2) = 17w_1 - 6w_2 \end{aligned}$$

$$[T]_{\mathscr{C}} = \begin{bmatrix} 6 & 17 \\ -2 & -6 \end{bmatrix} = P^{-1}[T]_{\mathscr{B}} P = \begin{bmatrix} 3 & -2 \\ -1 & 1 \end{bmatrix} \begin{bmatrix} 1 & 1 \\ 1 & -1 \end{bmatrix} \begin{bmatrix} 1 & 2 \\ 1 & 3 \end{bmatrix}$$

정리 7.3.3 체 F 위의 n 차원 벡터공간 V 에서 $T : V \longrightarrow V$ 가 선형변환일 때, V 의 기저 $\mathscr{B}$ 에 관계없이 $\text{tr}\,[T]_{\mathscr{B}}$ 와 $\det\,[T]_{\mathscr{B}}$ 는 일정하다.

이러한 의미에서 $\text{tr}\,[T]_{\mathscr{B}}$, $\det\,[T]_{\mathscr{B}}$ 를 T 의 **트레이스**, **행렬식**이라 하고 이것을 각각 $\text{tr}\,T$, $\det\,T$ 로 나타낸다.

증 명 벡터공간 V 에서 $\mathscr{B} = \{v_1, \cdots, v_n\}$, $\mathscr{C} = \{w_1, \cdots, w_n\}$ 를 임의의 순서기저라고 하면, 정리 7.3.2 에 의하여 적당한 정칙행렬 $P \in \text{Mat}_n(F)$ 에 대하여 $[T]_{\mathscr{C}} = P^{-1}[T]_{\mathscr{B}} P$ 이다. 그러므로 정리 4.1.6 에 의하여

$$\text{tr}\,[T]_{\mathscr{B}} = \text{tr}\,[T]_{\mathscr{C}}, \qquad \det\,[T]_{\mathscr{B}} = \det\,[T]_{\mathscr{C}}$$

이고, 따라서 $\text{tr}\,[T]_{\mathscr{B}}$ 와 $\det\,[T]_{\mathscr{B}}$ 는 기저 $\mathscr{B}$ 에 관계없이 일정하다.

연 습 문 제 (7.3)

*1. 실수체 $\mathbb{R}$ 위의 3차원 벡터공간 V 의 기저 $\mathscr{B}=\{v_1, v_2, v_3\}$에 대하여

$$w_1 = v_1 + v_2 + v_3, \quad w_2 = v_1 + v_2, \quad w_3 = v_1$$

일 때, $\mathscr{C}=\{w_1, w_2, w_3\}$는 V 의 기저임을 밝혀라.

그리고, 선형변환 $T : V \longrightarrow V$ 에 대하여

$$[T]_{\mathscr{B}} = \begin{bmatrix} 1 & 0 & -2 \\ 0 & 1 & 0 \\ -3 & 4 & 7 \end{bmatrix}$$

일 때, 행렬 $[T]_{\mathscr{C}}$를 구하고 $T(w_1)$, $T(w_2)$, $T(w_3)$를 w_1, w_2, w_3의 일차결합으로 나타내어라.

2. 벡터공간 $\mathbb{R}^2$에서 두 기저 $\mathscr{B}=\{(1, 1), (-1, 0)\}$, $\mathscr{C}=\{(0, 1), (-1, 3)\}$에 관한 선형변환

$$T : \mathbb{R}^2 \longrightarrow \mathbb{R}^2, \quad T(x_1, x_2) = (4x_1 - x_2, 3x_1 + 2x_2)$$

의 행렬 $[T]_{\mathscr{B}}$, $[T]_{\mathscr{C}}$를 구하고, 또 $[T]_{\mathscr{C}} = P^{-1}[T]_{\mathscr{B}}P$인 정칙행렬 P를 구하여라. 그리고, 벡터 $v \in \mathbb{R}^2$에 대하여 $(v)_{\mathscr{B}} = (a, b)$일 때, 좌표벡터 $(v)_{\mathscr{C}}$와 $(T(v))_{\mathscr{C}}$를 구하여라.

*3. 벡터공간 $\mathbb{R}^2$의 순서기저 $\mathscr{C}=\{(1, 3), (-1, 4)\}$에 관한 $\mathbb{R}^2$ 위의 선형변환 $T : \mathbb{R}^2 \longrightarrow \mathbb{R}^2$의 행렬이 다음과 같을 때, T와 T^{-1}를 정의하여라.

$$[T]_{\mathscr{C}} = \begin{bmatrix} 1 & -2 \\ 3 & 5 \end{bmatrix}$$

*4. 체 F 의의 n차의 행렬 A와 정칙행렬 P에 대하여

$$P^{-1}AP = \operatorname{diag}\{\lambda_1, \lambda_2, \cdots, \lambda_n\}$$

일 때, 정칙행렬 $Q = PC_{12}$에 대하여 $Q^{-1}AQ$를 구하여라(정의 1.5.1 참조).

§7.4 선형변환의 고유치와 고유벡터

체 F 위의 벡터공간 V 위에서의 선형변환 $T \in \mathrm{End}_F(V)$ 와 $\lambda \in F$ 에 대하여

$$T(w) = \lambda w, \qquad w \neq 0$$

인 벡터 $w \in V$ 가 존재할 때, λ 를 T 의 고유치 또는 특성치라 하고 또 w 를 고유치 λ 에 대응하는 T 의 고유벡터 또는 특성벡터라고 한다(정의 4.2.1).

임의의 원소 $\lambda \in F$ 에 대하여

$$\mathrm{E}_\lambda = \{w \in V \mid T(w) = \lambda w\}$$

는 V 의 부분공간이고, 또 $\lambda \in F$ 가 T 의 고유치일 때 그리고 이 때에만 $\{0\} \subsetneqq \mathrm{E}_\lambda$ 이다(정리 4.2.2).

이 경우에 E_λ 를 λ 에 대응하는 T 의 고유공간 또는 특성공간이라고 한다.

선형변환 $T \in \mathrm{End}_F(V)$와 $\lambda \in F$ 에 대하여

$$\lambda 1_V - T : V \longrightarrow V, \quad (\lambda 1_V - T)(v) = \lambda v - T(v)$$

$$T - \lambda 1_V : V \longrightarrow V, \quad (T - \lambda 1_V)(v) = T(v) - \lambda v$$

는 V 위의 선형변환이다(정의 3.6.10 참조).

정리 7.4.1 체 F 위의 벡터공간 V 위에서의 선형변환 $T \in \mathrm{End}_F(V)$ 에 대하여 다음이 성립한다.

(1) $\lambda \in F$ 가 T 의 고유치이기 위한 필요충분조건은

$$\ker(\lambda 1_V - T) = \ker(T - \lambda 1_V) \neq \{0\}$$

인 것이다. 그리고, λ 가 T 의 고유치일 때, λ 에 대응하는 T 의 고유공간은 $\mathrm{E}_\lambda = \ker(\lambda 1_V - T) = \ker(T - \lambda 1_V)$ 이다.

(2) T 가 정칙 선형변환이면, 0은 T 의 고유치가 아니다.

증 명 (1) 벡터 $w \in V$ 에 대하여

$$T(w) = \lambda w \Longleftrightarrow (\lambda 1_V - T)(w) = 0 \Longleftrightarrow (T - \lambda 1_V)(w) = 0$$

이므로

$$\ker(\lambda 1_V - T) = \{w \in V \mid T(w) = \lambda w\} = \mathrm{E}_\lambda$$
$$= \ker(T - \lambda 1_V)$$

이고 정리 4.2.2 에 의하여 (1) 이 성립한다.

(2) T 가 정칙 선형변환이면,

$$\ker(T - 0\,1_V) = \ker T = \{\mathbf{0}\}$$

이므로 위의 (1) 에 의하여 0 은 T 의 고유치가 아니다.

정리 7.4.2 체 F 위의 n 차원 벡터공간 V 에서 선형변환 $T \in \mathrm{End}_F(V)$ 와 V 의 임의의 순서기저 $\mathscr{B}$ 에 대하여 다음 조건은 서로 동치이다.

(1) λ 는 T 의 고유치이다.

(2) $\det(\lambda I_n - [T]_{\mathscr{B}}) = 0$ 즉 $\det([T]_{\mathscr{B}} - \lambda I_n) = 0$

(3) λ 는 $[T]_{\mathscr{B}}$ 의 고유치이다.

증 명 선형변환 $\lambda 1_V - T : V \longrightarrow V$, $T - \lambda 1_V : V \longrightarrow V$ 에 대하여

$$[\lambda 1_V - T]_{\mathscr{B}} = \lambda I_n - [T]_{\mathscr{B}}, \qquad [T - \lambda 1_V]_{\mathscr{B}} = [T]_{\mathscr{B}} - \lambda I_n$$

이므로 다음이 성립한다(정리 7.2.5).

λ 는 T 의 고유치이다.

$\Longleftrightarrow \ker(\lambda 1_V - T) = \ker(T - \lambda 1_V) \supsetneq \{\mathbf{0}\}$ (정리 7.4.1)

$\Longleftrightarrow \lambda 1_V - T$ 와 $T - \lambda 1_V$ 는 정칙 선형변환이 아니다. (정리 3.6.6)

$\Longleftrightarrow \lambda I_n - [T]_{\mathscr{B}}$ 와 $[T]_{\mathscr{B}} - \lambda I_n$ 은 정칙행렬이 아니다. (정리 7.2.3)

$\Longleftrightarrow \det(\lambda I_n - [T]_{\mathscr{B}}) = 0$, $\det([T]_{\mathscr{B}} - \lambda I_n) = 0$ (정리 1.7.9)

$\Longleftrightarrow \lambda$ 는 $[T]_{\mathscr{B}}$ 의 고유치이다. (정리 4.2.6)

위의 정리에서 $\mathscr{B}$ 와 $\mathscr{C}$ 를 V 의 순서기저라고 하면, 적당한 정칙행렬 P 에 대하여 $[T]_{\mathscr{C}} = P^{-1}[T]_{\mathscr{B}}P$ 이고 따라서 행렬 $[T]_{\mathscr{B}}$ 의 고유다항식과 고유치는 각각 행렬 $[T]_{\mathscr{C}}$ 의 고유다항식과 고유치와 일치한다(정리 7.3.2, 정리 4.2.9)

정의 7.4.3 체 F 위의 n 차원 벡터공간 V에서 $T \in \mathrm{End}_F(V)$에 대하여 V의 임의의 순서기저 $\mathscr{B}$에 관한 행렬 $[T]_{\mathscr{B}}$의 고유다항식

$$f(x) = \det(xI_n - [T]_{\mathscr{B}})$$

를 T의 **고유다항식** 또는 **특성다항식**이라 하고 또한 방정식 $f(x) = 0$을 T의 **고유방정식** 또는 **특성방정식**이라고 한다.

고유다항식 $f(x)$는 최고차 항의 계수가 1인 n차의 다항식이다. 즉, $f(x)$는 n차의 모닉 다항식이다(p. 206 참조).

위의 정의와 정리 4.2.6, 정리 4.2.8에 의하여 다음 두 정리가 성립한다.

정리 7.4.4 체 F 위의 n 차원 벡터공간 V에서 선형변환 $T \in \mathrm{End}_F(V)$의 고유다항식이 $f(x)$일 때, $\lambda \in F$가 T의 고유치이기 위한 필요충분조건은 $f(\lambda) = 0$인 것이다.

정리 7.4.5 체 F 위의 n 차원 벡터공간 V에서 선형변환 $T \in \mathrm{End}_F(V)$는 중복을 허락하여 n개 이하의 고유치를 가진다.

특히, $F = \mathbb{C}$일 때, T는 중복을 허락하여 꼭 n개의 고유치를 가진다.

또, $F = \mathbb{R}$일 때, T는 중복을 허락하여 n개 이하의 (실수인) 고유치를 가진다.

체 F 위의 n 차원 벡터공간 V에서 선형변환 $T : V \longrightarrow V$의 고유공간을 구할 때에는 정의에 따라 구하거나 또는 V의 적당한 기저 $\mathscr{B} = \{v_1, \cdots, v_n\}$를 택하여 $A = [T]_{\mathscr{B}}$의 고유치와 고유공간을 구한 다음에 동형사상

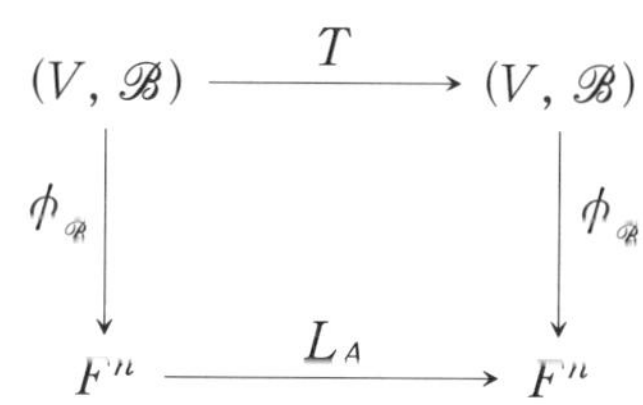

$$\phi_{\mathscr{B}} : V \longrightarrow F^n, \quad \phi_{\mathscr{B}}(x_1 v_1 + \cdots + x_n v_n) = (x_1, \cdots, x_n)$$

를 이용하여 T의 고유공간을 구한다(정리 7.2.4).

보기 7.4.1 벡터공간 $\mathbb{R}_3[x]$ 위에서 다음 선형변환을 생각해 보자.

$$T : \mathbb{R}_3[x] \longrightarrow \mathbb{R}_3[x], \quad T(g(x)) = g(x) + x\,g'(x) + g'(x)$$

먼저 $\mathbb{R}_3[x]$ 의 표준기저 $\mathscr{B} = \{1, x, x^2\}$ 에 대하여 다음이 성립한다.

$$\begin{aligned} T(1) &= 1 \\ T(x) &= 1 + 2x \\ T(x^2) &= \quad\ \ 2x + 3x^2 \end{aligned} \qquad [T]_{\mathscr{B}} = \begin{bmatrix} 1 & 1 & 0 \\ 0 & 2 & 2 \\ 0 & 0 & 3 \end{bmatrix}$$

한편, $A = [T]_{\mathscr{B}}$ 이라고 하면, A 의 고유다항식은

$$f(x) = (x-1)(x-2)(x-3)$$

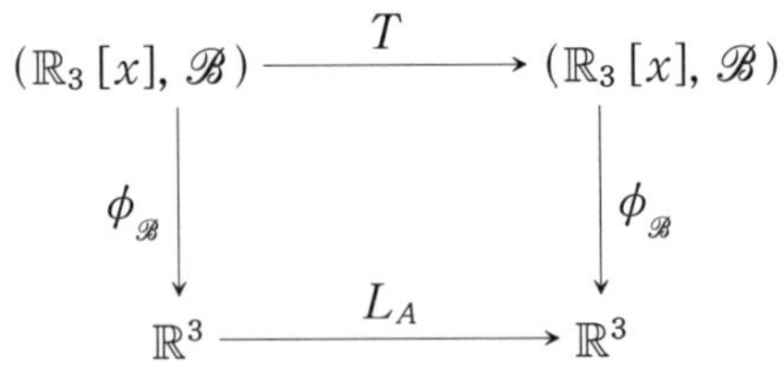

이므로 행렬 A와 선형변환 T 의 고유치는 1, 2, 3 이고 이에 대응하는 A 의 고유공간은 각각 다음과 같다(보기 4.3.3).

$$W_1 = \langle (1, 0, 0) \rangle, \quad W_2 = \langle (1, 1, 0) \rangle, \quad W_3 = \langle (1, 2, 1) \rangle$$

따라서 벡터공간 동형사상

$$\phi_{\mathscr{B}} : \mathbb{R}_3[x] \longrightarrow \mathbb{R}^3, \quad \phi_{\mathscr{B}}(a+bx+cx^2) = (a, b, c)$$

를 이용하면, T 의 고유치 1, 2, 3 에 대응하는 고유공간은 각각 다음과 같다.

$$\begin{aligned} \mathrm{E}_1 &= \{a \mid a \in \mathbb{R}\} = \langle 1 \rangle, \\ \mathrm{E}_2 &= \{a(1+x) \mid a \in \mathbb{R}\} = \langle 1+x \rangle, \\ \mathrm{E}_3 &= \{a(1+2x+x^2) \mid a \in \mathbb{R}\} = \langle 1+2x+x^2 \rangle \end{aligned}$$

다음 두 정리의 증명은 정리 4.3.1, 정리 4.3.2 의 증명과 동일하다.

정리 7.4.6 체 F 위의 n 차원 벡터공간 V 에서 선형변환 $T \in \mathrm{End}_F(V)$ 에 대하여 $\lambda \in F$ 가 중복도 m 인 T 의 고유치일 때, E_λ 를 λ 에 대응하는 고유공간이라고 하면 $1 \leq \dim_F \mathrm{E}_\lambda \leq m$ 이다.

특히, λ 가 중복도 1 인 고유치이면, $\dim_F \mathrm{E}_\lambda = 1$ 이다.

정리 7.4.7 체 F 위의 n 차원 벡터공간 V 에서 선형변환 $T \in \mathrm{End}_F(V)$ 에 대하여 다음이 성립한다.

(1) T 의 서로 다른 고유치 $\lambda,\ \mu \in F$ 에 대하여 $\mathrm{E}_\lambda,\ \mathrm{E}_\mu$ 가 각각 고유치 $\lambda,\ \mu$ 에 대응하는 T 의 고유공간이면, $\mathrm{E}_\lambda \cap \mathrm{E}_\mu = \{\mathbf{0}\}$ 이다.

(2) T 의 서로 다른 고유치 $\lambda_1, \cdots, \lambda_r \in F$ 에 대하여 $w_1, \cdots, w_r$ 가 각각 $\lambda_1, \cdots, \lambda_r$ 에 대응하는 고유벡터이면, $w_1, \cdots, w_r$ 는 일차독립이다.

정리 7.4.8 체 F 위의 벡터공간 V 에서 선형변환 $T : V \longrightarrow V$ 에 대하여 $\lambda \in F$ 가 T 의 고유치일 때, 벡터 $w \in V$ 를 λ 에 대응하는 T 의 고유벡터이라고 하면 다음이 성립한다.

(1) 임의의 양의 정수 m 에 대하여 λ^m 은 선형변환 $T^m : V \longrightarrow V$ 의 고유치이고 w 는 λ^m 에 대응하는 T^m 의 고유벡터이다.

실제로, $T(w) = \lambda w$ 이면, $T^m(w) = \lambda^m w$ 이다.

(2) 다항식 $g(x) \in F[x]$ 에 대하여 $g(\lambda)$ 는 선형변환 $g(T) : V \longrightarrow V$ 의 고유치이고 w 는 $g(\lambda)$ 에 대응하는 $g(T)$ 의 고유벡터이다.

실제로, $T(w) = \lambda w$ 이면, $g(T)(w) = g(\lambda)\, w$ 이다.

(3) 다항식 $g(x) \in F[x]$ 에 대하여 $g(T) = 0_V$ 이면, $g(\lambda) = 0$ 이다.

증 명 (1) 이에 대한 증명은 정리 4.3.3 의 증명과 동일하다.

(2) $g(x) = b_0 + b_1 x + \cdots + b_m x^m$ 이라고 하면, 위의 (1)에 의하여 다음이 성립한다.

$$
\begin{aligned}
g(T)(w) &= b_0 w + b_1 T(w) + \cdots + b_m T^m(w) \\
&= b_0 w + (b_1 \lambda) w + \cdots + (b_m \lambda^m) w \\
&= (a_0 + b_1 \lambda + \cdots + b_m \lambda^m)\, w = g(\lambda)\, w
\end{aligned}
$$

(3) 위의 (2)에 의하여 $g(\lambda)$ 는 $g(T)$ 의 고유치이고 또 영 선형변환 0_V 의 고유치는 0 뿐이므로 $g(T) = 0_V$ 이면, $g(\lambda) = 0$ 이다(보기 4.2.1).

다음 정리의 증명은 문제 4.3.11 의 증명과 본질적으로 동일하다.

정리 7.4.9 체 F 위의 벡터공간 V에서 $T \in \mathrm{End}_F(V)$가 정칙 선형변환일 때 다음이 성립한다.

(1) $\lambda \in F$가 T의 고유치일 때, $w \in V$를 λ에 대응하는 T의 고유벡터라고 하면 λ^{-1}는 T^{-1}의 고유치이고 w는 λ^{-1}에 대응하는 T^{-1}의 고유벡터이다. 실제로,

$$T(w) = \lambda w \Longleftrightarrow T^{-1}(w) = \lambda^{-1} w$$

이고, λ에 대응하는 T의 고유공간과 λ^{-1}에 대응하는 T^{-1}의 고유공간은 일치한다.

(2) T의 서로 다른 고유치 전체의 집합이 $\{\lambda_1, \cdots, \lambda_r\}$일 때, T^{-1}의 서로 다른 고유치 전체의 집합은 $\{\lambda_1{}^{-1}, \cdots, \lambda_r{}^{-1}\}$이다.

증 명 (1) T가 정칙 선형변환일 때, 정리 7.4.2에 의하여 $\lambda \neq 0$이고 또 T^{-1}는 선형변환이므로

$$\begin{aligned} T(w) = \lambda w &\Longleftrightarrow w = T^{-1}(\lambda w) \\ &\Longleftrightarrow w = \lambda T^{-1}(w) \Longleftrightarrow T^{-1}(w) = \lambda^{-1} w \end{aligned}$$

이고 따라서 다음이 성립한다.

$$\{w \in V \mid T(w) = \lambda w\} = \{w \in V \mid T^{-1}(w) = \lambda^{-1} w\}$$

(2) T는 정칙 선형변환이므로 T^{-1}도 정칙 선형변환이고 $(T^{-1})^{-1} = T$이다(정리 3.6.7). 따라서 (1)에 의하여 (2)가 성립한다.

연 습 문 제 (7.4)

*1. 벡터공간 $\mathbb{R}_3[x]$에서 다음과 같이 정의된 선형변환 $T : \mathbb{R}_3[x] \longrightarrow \mathbb{R}_3[x]$의 고유치가 존재하는 경우에 T의 고유치와 이에 대응하는 T의 고유공간을 구하여라.

(1) $T(a + bx + cx^2) = (3a - 2b) + (a + 4b)x + 5cx^2$

(2) $T(a + bx + cx^2) = bx + 2cx^2$

*2. 보기 7.4.1 에서 선형변환

$$T : \mathbb{R}_3[x] \longrightarrow \mathbb{R}_3[x], \quad T(g(x)) = g(x) + x\,g'(x) + g'(x)$$

는 정칙 선형변환임을 밝히고 T 의 역 선형변환 $T^{-1} : \mathbb{R}_3[x] \longrightarrow \mathbb{R}_3[x]$ 를 정의하여라. 그리고, T^{-1} 의 고유치와 이에 대응하는 고유공간을 구하여라.

*3. 실수체 $\mathbb{R}$ 위의 벡터공간 $\mathrm{Mat}_2(\mathbb{R})$ 에서 선형변환

$$\Phi : \mathrm{Mat}_2(\mathbb{R}) \longrightarrow \mathrm{Mat}_2(\mathbb{R}), \quad \Phi(A) = A^T$$

의 고유치는 1 과 -1 뿐임을 밝혀라.

그리고, 고유치 1 에 대응하는 Φ 의 고유공간과 고유치 -1 에 대응하는 Φ 의 고유공간을 구하여라.

*4. 체 F 위의 n 차원 벡터공간 V 에서 $\mathscr{B} = \{v_1, v_2, \cdots, v_n\}$ 가 V 의 기저일 때, 선형변환 $T : V \longrightarrow V$ 에 대하여 다음이 성립한다고 하자($n \geq 2$).

$$\begin{aligned} T(v_i) &= v_{i+1} \qquad (1 \leq i \leq n-1), \\ T(v_n) &= \mathbf{0} \end{aligned}$$

이 때, T 의 기저 $\mathscr{B}$ 에 관한 행렬 $A = [T]_{\mathscr{B}}$ 를 구하고, 또 다음 물음에 답하여라.

(1) A 의 고유치를 구하고 이 고유치에 대응하는 고유공간을 구하여라.

(2) T 의 고유치를 구하고 이 고유치에 대응하는 고유공간을 구하여라.

5. 체 F 위의 벡터공간 $V\ (\neq \{\mathbf{0}\})$ 위의 선형변환 $T \in \mathrm{End}_F(V)$ 에 대한 다음 명제 중에서 참인 명제를 찾아라.

(1) $\lambda \in F$ 가 T 의 고유치일 때, w 가 λ 에 대응하는 고유벡터이면 모든 $k \in F$, $k \neq 0$ 에 대하여 kw 는 λ 에 대응하는 고유벡터이다.

(2) T 가 영 선형변환이면, T 의 고유치는 0 뿐이다.

(3) T 가 항등 선형변환이면, T 의 고유치가 1 뿐이다.

(4) T 의 고유치가 0 뿐이면, T 는 영 선형변환이다.

§7.5 선형변환의 대각화

체 F 위의 n차 행렬 A가 적당한 대각행렬과 닮은 행렬일 때, 즉 체 F 위의 적당한 정칙행렬 P와 대각행렬 $D = \operatorname{diag}\{\lambda_1, \cdots, \lambda_n\}$에 대하여 $P^{-1}AP = D$일 때, A를 대각화 가능한 행렬이라고 한다(정의 4.4.1).

정의 7.5.1 체 F 위의 n차원 벡터공간 V에서 $T \in \operatorname{End}_F(V)$에 대하여 V의 적당한 기저 $\mathscr{C} = \{w_1, \cdots, w_n\}$와 $\lambda_1, \cdots, \lambda_n \in F$이 존재하여

$$T(w_j) = \lambda_j w_j \qquad (1 \le j \le n)$$

일 때, 즉

$$[T]_{\mathscr{C}} = \begin{bmatrix} \lambda_1 & 0 & \cdots & 0 \\ 0 & \lambda_2 & \cdots & 0 \\ \vdots & \vdots & \ddots & \vdots \\ 0 & 0 & \cdots & \lambda_n \end{bmatrix} = \operatorname{diag}\{\lambda_1, \lambda_2, \cdots, \lambda_n\}$$

일 때, T를 **대각화 가능한 선형변환**이라고 한다.

보기 7.5.1 체 F 위의 n차원 벡터공간 V에서 임의의 $\lambda \in F$에 대하여

$$\lambda 1_V : V \longrightarrow V, \quad (\lambda 1_V)(v) = \lambda v$$

는 대각화 가능한 선형변환이다.

그리고, V에서의 정사영은 대각화 가능한 선형변환이다(정리 4.5.9).

정리 7.5.2 체 F 위의 n차원 벡터공간 V에서 선형변환 $T \in \operatorname{End}_F(V)$가 대각화 가능한 선형변환이면, T의 고유다항식 $f(x)$는 체 F 위에서

$$f(x) = (x-\lambda_1)^{n_1} \cdots (x-\lambda_r)^{n_r} \qquad (n_1 \ge 1, \cdots, n_r \ge 1)$$

과 같은 꼴로 인수분해된다.

여기서, $\lambda_1, \cdots, \lambda_r \in F$는 T의 서로 다른 고유치 전체이다.

증 명 선형변환 T가 대각화 가능한 선형변환이면, 벡터공간 V의 적당한 기저 $\mathscr{C}$에 대하여 $[T]_{\mathscr{C}} = \mathrm{diag}\{\lambda_1, \cdots, \lambda_n\}$이고 따라서 T의 고유다항식 $f(x)$는 $D = \mathrm{diag}\{\lambda_1, \cdots, \lambda_n\}$의 고유다항식과 같다(정의 7.4.3). 그러므로

$$f(x) = (x-\lambda_1)\cdots(x-\lambda_n)$$

이므로 $f(x)$를 정리에서와 같은 꼴로 나타낼 수 있다(정리 4.4.2).

정리 7.5.3 체 F 위의 n차원 벡터공간 V에서 선형변환 $T \in \mathrm{End}_F(V)$에 대하여 다음 조건은 서로 동치이다.

(1) T는 대각화 가능한 선형변환이다.

(2) V에 T의 고유벡터로 이루어진 기저 $\mathscr{C} = \{w_1, \cdots, w_n\}$가 존재한다.

(3) V의 임의의 기저 $\mathscr{B}$에 대하여 $[T]_{\mathscr{B}}$는 대각화 가능한 행렬이다.

(4) V의 특정한 기저 $\mathscr{B}$에 대하여 $[T]_{\mathscr{B}}$는 대각화 가능한 행렬이다.

증 명 (1)$\Longleftrightarrow$(2) 정의 7.5.1에 의하여 (1)과 (2)는 서로 동치이다.

(1)$\Longrightarrow$(3) V의 적당한 기저 $\mathscr{C}$에 대하여 $[T]_{\mathscr{C}}$가 대각행렬이라고 하자. 이 때, $\mathscr{B}$를 V의 임의의 기저라고 하면, 정리 7.3.2에 의하여 적당한 정칙행렬 P에 대하여

$$P^{-1}[T]_{\mathscr{B}}P = [T]_{\mathscr{C}}$$

이므로 $[T]_{\mathscr{B}}$는 대각화 가능한 행렬이다.

(3)$\Longrightarrow$(4) 이것은 분명히 성립한다.

(4)$\Longrightarrow$(1) V의 특정한 기저 $\mathscr{B} = \{v_1, \cdots, v_n\}$에 대하여 행렬 $[T]_{\mathscr{B}}$가 대각화 가능한 행렬이라고 하자. 이 때, 적당한 정칙행렬 $P = [p_{ij}]_{n\times n}$와 대각행렬 $D = \mathrm{diag}\{\lambda_1, \cdots, \lambda_n\}$에 대하여 $P^{-1}[T]_{\mathscr{B}}P = D$이다. 이제

$$w_j = \sum_{i=1}^{n} p_{ij}v_i \qquad (1 \le j \le n)$$

이라고 하면, 정리 7.3.1과 정리 7.3.2에 의하여 $\mathscr{C} = \{w_1, \cdots, w_n\}$는 V의 기저이고 $[T]_{\mathscr{C}} = P^{-1}[T]_{\mathscr{B}}P = D$이므로 T는 대각화 가능한 선형변환이다.

정리 7.5.4 체 F 위의 n차의 행렬 A가 대각화 가능한 행렬일 때 그리고 이때에만 선형변환 $L_A : F^n \longrightarrow F^n$는 대각화 가능한 선형변환이다.

증 명 벡터공간 F^n에서 $\mathscr{B} = \{e_1, \cdots, e_n\}$를 F^n의 표준기저라고 하면, $[L_A]_{\mathscr{B}} = A$이므로 정리 7.5.3에 의하여 정리가 성립한다(정리 4.4.3).

정리 7.5.5 체 F 위의 n차원 벡터공간 V에서 선형변환 $T \in \mathrm{End}_F(V)$가 n개의 서로 다른 고유치 $\lambda_1, \cdots, \lambda_n \in F$를 가질 때, T는 대각화 가능한 선형변환이다.

증 명 이제 $w_1, \cdots, w_n \in V$을 각각 고유치 $\lambda_1, \cdots, \lambda_n$에 대응하는 T의 고유벡터라고 하면, 정리 7.4.7에 의하여 $w_1, \cdots, w_n$은 일차독립이고 따라서 $\mathscr{C} = \{w_1, \cdots, w_n\}$는 벡터공간 V의 기저이다(정리 2.4.9). 그러므로 V의 기저 $\mathscr{C}$는 T의 고유벡터로 이루어진 기저이므로 정리 7.5.3에 의하여 T는 다각화 가능한 선형변환이다.

정리 7.5.6 체 F 위의 n차원 벡터공간 V에서 선형변환 $T \in \mathrm{End}_F(V)$에 대하여 $\lambda_1, \cdots, \lambda_r \in F$가 T의 서로 다른 고유치일 때, 각 λ_i에 대하여 E_i를 λ_i에 대응하는 T의 고유공간이라고 하면 다음이 성립한다.

(1) $u_1 + \cdots + u_r = \mathbf{0}$ $(u_i \in \mathrm{E}_i)$이면, $u_1 = \cdots = u_r = \mathbf{0}$이다.

(2) 각 i $(1 \leq i \leq r)$에 대하여 $\mathscr{C}_i = \{w_{i1}, \cdots, w_{in_i}\}$를 E_i의 기저라고 하면, 벡터 $w_{11}, \cdots, w_{1n_1}, \cdots, w_{r1}, \cdots, w_{rn_r}$는 일차독립이다.

증 명 (1) $u_1 + \cdots + u_r = \mathbf{0}$ $(u_i \in \mathrm{E}_i)$일 때, $u_1, \cdots, u_r$ 중에서 영벡터가 아닌 벡터가 존재한다고 가정하고 이러한 벡터 전체를 $u_{i_1}, \cdots, u_{i_k}$이라고 하자. 이 때, $u_{i_1} + \cdots + u_{i_k} = \mathbf{0}$이고 또 $u_{i_1}, \cdots, u_{i_k}$는 각각 서로 다른 고유치 $\lambda_{i1}, \cdots, \lambda_{ik}$에 대응하는 고유벡터이므로 정리 7.4.7에 의하여 일차독립이므로 모순이 생긴다. 따라서 $u_1 = \cdots = u_r = \mathbf{0}$이다.

(2) 적당한 $a_{11}, \cdots, a_{1n_1}, \cdots, a_{r1}, \cdots, a_{rn_r} \in F$에 대하여

$$a_{11}w_{11} + \cdots + a_{1n_1}w_{1n_1} + \cdots + a_{r1}w_{r1} + \cdots + a_{rn_r}w_{rn_r} = \mathbf{0}$$

이라고 가정하자. 이 때,

$$u_1 = a_{11}w_{11} + \cdots + a_{1n_1}w_{1n_1}, \quad \cdots, \quad u_r = a_{r1}w_{r1} + \cdots + a_{rn_r}w_{rn_r}$$

이라고 놓으면, $u_1 + \cdots + u_r = \mathbf{0}$, $u_1 \in \mathrm{E}_1, \cdots, u_r \in \mathrm{E}_r$ 이므로 (1)에 의하여 $u_1 = \mathbf{0}, \cdots, u_r = \mathbf{0}$ 이고, 따라서 가정에 의하여

$$a_{11} = \cdots = a_{1n_1} = 0, \cdots, a_{r1} = \cdots = a_{rn_r} = 0$$

이므로 벡터 $w_{11}, \cdots, w_{1n_1}, \cdots, w_{r1}, \cdots, w_{rn_r}$ 는 일차독립이다.

정리 7.5.7 체 F 위의 n 차원 벡터공간 V 에서 선형변환 $T \in \mathrm{End}_F(V)$ 에 대하여 T 의 고유다항식 $f(x)$ 가

$$f(x) = (x-\lambda_1)^{n_1} \cdots (x-\lambda_r)^{n_r} \qquad (n_1 \geq 1, \cdots, n_r \geq 1)$$

으로 인수분해된다고 하자(여기서 $\lambda_1, \cdots, \lambda_r \in F$ 는 서로 다른 고유치).

이 때, 각 i $(1 \leq i \leq r)$ 에 대하여 E_i 를 고유치 λ_i 에 대응하는 T 의 고유공간이라고 하면 다음 조건은 서로 동치이다.

(1) T 는 대각화 가능한 선형변환이다.

(2) $\dim_F \mathrm{E}_1 = n_1, \cdots, \dim_F \mathrm{E}_r = n_r$

(3) $\dim_F \mathrm{E}_1 + \cdots + \dim_F \mathrm{E}_r = n$

증 명 (1) $\Longrightarrow$ (2) T 가 대각화 가능한 선형변환이면, V 에 다음과 같은 기저 $\mathscr{C} = \{w_{11}, \cdots, w_{1n_i}, \cdots, w_{r1}, \cdots, w_{rn_r}\}$ 가 존재한다(정의 7.5.1).

$$\begin{aligned}
T(w_{11}) &= \lambda_1 w_{11} \\
&\ \vdots \\
T(w_{1n_1}) &= \qquad \lambda_1 w_{1n_1} \\
&\ \vdots \\
T(w_{r1}) &= \qquad\qquad \lambda_r w_{r1} \\
&\ \vdots \\
T(w_{rn_r}) &= \qquad\qquad\qquad \lambda_r w_{rn_r}
\end{aligned}$$

이 때, 각 i $(1 \le i \le r)$ 에 대하여 $E_i = \langle w_{i1}, \cdots, w_{in_i} \rangle$ 이고 분명히 $w_{i1}, \cdots, w_{in_i}$ 는 일차독립이므로 $\mathscr{C}_i = \{w_{i1}, \cdots, w_{in_i}\}$ 는 E_i 의 기저이고 따라서 $\dim_F E_i = n_i$ 이다.

(2) $\Longrightarrow$ (1) $\dim_F E_1 = n_1, \cdots, \dim_F E_r = n_r$ 이라고 하자.

이 때, 각 i $(1 \le i \le r)$ 에 대하여 $\mathscr{C}_i = \{w_{i1}, \cdots, w_{in_i}\}$ 를 E_i 의 기저라고 하면, 정리 7.5.6 에 의하여 $w_{11}, \cdots, w_{1n_1}, \cdots, w_{r1}, \cdots, w_{rn_r}$ 는 일차독립이고 또 $n_1 + \cdots + n_r = \deg f(x) = n$ 이므로 정리 2.4.9 에 의하여 $\mathscr{C} = \{w_{11}, \cdots, w_{1n_1}, \cdots, w_{r1}, \cdots, w_{rn_r}\}$ 는 V 의 기저이다.

따라서 T 는 대각화 가능한 선형변환이다(정리 7.5.3).

(2) $\Longleftrightarrow$ (3) 분명히 $n_1 + \cdots + n_r = n$ 이고, 또 정리 7.4.6 에 의하여

$$1 \le \dim_F E_i \le n_i \qquad (1 \le i \le r)$$

이므로 두 조건 (2), (3) 은 서로 동치이다.

연 습 문 제 (7.5)

1. 벡터공간 $\mathbb{R}^3$ 에서 다음과 같이 정의된 선형변환 $T : \mathbb{R}^3 \longrightarrow \mathbb{R}^3$ 가 대각화 가능한 선형변환인지를 판정하여라.

   *(1) $T(x_1, x_2, x_3) = (x_2, x_1, x_3)$

   (2) $T(x_1, x_2, x_3) = (x_1 + 2x_2 + 3x_3, -3x_2 - 6x_3, 2x_2 + 4x_3)$

*2. 체 F 위의 n 차원 벡터공간 V 에서 선형변환 $T : V \longrightarrow V$ 가 대각화 가능한 선형변환일 때, 임의의 양의 정수 m 에 대하여 선형변환 T^m 도 대각화 가능한 선형변환임을 증명하여라.

*3. 체 F 위의 $n\,(\ge 2)$ 차원 벡터공간 V 위에서 선형변환 $T \in \mathrm{End}_F(V)$ 에 대하여 λ_1, λ_2 를 T 의 서로 다른 고유치라 하고 E_1, E_2 를 각각 고유치 λ_1, λ_2 에 대응하는 T 의 고유공간이라고 할 때, $\dim_F E_1 = n-1$ 이면 $\dim_F E_2 = 1$ 이고 또 T 는 대각화 가능한 선형변환임을 밝혀라.

§7.6 선형변환의 대각화 가능성

먼저 §4.5 에서 논한 직합의 개념을 일반화하기로 한다.

정의 7.6.1 체 F 위의 벡터공간 V 에서 V 의 부분공간 $W_1, \cdots, W_r$ $(r \geq 2)$ 에 대하여 다음 두 조건이 성립한다고 하자.

(i) $V = W_1 + \cdots + W_r = \{w_1 + \cdots + w_r \mid w_1 \in W_1, \cdots, w_r \in W_r\}$

(ii) $W_i \cap (W_1 + \cdots + W_{i-1} + W_{i+1} + \cdots + W_r) = \{\mathbf{0}\} \qquad (1 \leq i \leq r)$

이 때, V 를 부분공간 $W_1, \cdots, W_r$ 의 **直合**이라 하고 또 이 사실을

$$V = W_1 \oplus \cdots \oplus W_r$$

로 나타낸다. 또한, 이 경우에 V 는 부분공간 $W_1, \cdots, W_r$ 의 **직합으로 분해된다**고 하고 $W_1, \cdots, W_r$ 를 V 의 **직합인자**라고 한다.

보기 7.6.1 벡터공간 $\mathbb{R}^4$ 에서 세 부분공간

$$W_1 = \{(a, b, 0, 0) \mid a, b \in F\}, \quad W_2 = \{(0, 0, c, 0) \mid c \in F\},$$
$$W_3 = \{(0, 0, 0, d) \mid d \in F\}$$

에 대하여 $\mathbb{R}^4 = W_1 \oplus W_2 \oplus W_3$ 임을 쉽게 확인할 수 있다(문제 1).

정리 7.6.2 체 F 위의 벡터공간 V 에서 V 의 부분공간 $W_1, \cdots, W_r$ 에 대하여 다음 세 조건은 서로 동치이다.

(1) $V = W_1 \oplus \cdots \oplus W_r$

(2) 각 $v \in V$ 는 단 한 가지 방법으로 다음과 같은 꼴로 나타내어진다.

$$v = w_1 + \cdots + w_r \qquad (w_1 \in W_1, \cdots, w_r \in W_r)$$

(3) $V = W_1 + \cdots + W_r$ 이고, 또한 $w_1 + \cdots + w_r = \mathbf{0} \quad (w_i \in W_i)$ 이면 $w_1 = \cdots = w_r = \mathbf{0}$ 이다.

증 명 (1) $\Longrightarrow$ (2) 조건 (1)이 성립한다고 하자. 이 때, 각 벡터 $v \in V$는

$$v = w_1 + \cdots + w_r \qquad (w_1 \in W_1, \cdots, w_r \in W_r)$$

와 같은 꼴로 나타내어진다. 그리고

$$v = w_1 + \cdots + w_r = u_1 + \cdots + u_r \qquad (w_i, u_i \in W_i)$$

이라고 가정하면, 각 i $(1 \leq i \leq r)$에 대하여

$$\begin{aligned} w_i - u_i = (u_1 - w_1) + \cdots + (u_{i-1} - w_{i-1}) \\ + (u_{i+1} - w_{i+1}) + \cdots + (u_r - w_r) \end{aligned}$$

이므로

$$w_i - u_i \in W_i \cap (W_1 + \cdots + W_{i-1} + W_{i+1} + \cdots + W_r) = \{\mathbf{0}\}$$

이고 따라서 $w_i - u_i = \mathbf{0}$ 즉 $w_i = u_i$이다.

(2) $\Longrightarrow$ (3) 조건 (2)가 성립한다고 하자. 이 때, $V = W_1 + \cdots + W_r$이다. 그리고 $w_1 + \cdots + w_r = \mathbf{0}$ $(w_1 \in W_1, \cdots, w_r \in W_r)$이라고 가정하면,

$$w_1 + \cdots + w_r = \mathbf{0} = \mathbf{0} + \cdots + \mathbf{0}$$

이므로 조건 (2)에 의하여 $w_1 = \cdots = w_r = \mathbf{0}$이다.

(3) $\Longrightarrow$ (1) 조건 (3)이 성립할 때, 각 i $(1 \leq i \leq r)$에 대하여

$$w_i \in W_i \cap (W_1 + \cdots + W_{i-1} + W_{i+1} + \cdots + W_r)$$

이라고 하면, w_i는

$$w_i = w_1 + \cdots + w_{i-1} + w_{i+1} + \cdots + w_r \quad (w_1 \in W_1, \cdots, w_r \in W_r)$$

와 같은 꼴로 나타내어지고 이때

$$w_1 + \cdots + w_{i-1} + (-w_i) + w_{i+1} + \cdots + w_r = \mathbf{0}$$

이므로 조건 (3)에 의하여 $w_i = \mathbf{0}$이다. 따라서 각 i $(1 \leq i \leq r)$에 대하여 $W_i \cap (W_1 + \cdots + W_{i-1} + W_{i+1} + \cdots + W_r) = \{\mathbf{0}\}$이다.

그러므로 $V = W_1 \oplus \cdots \oplus W_r$이다.

유한차원 벡터공간에 대해서는 다음 정리가 성립한다(정리 4.5.3 참조).

정리 7.6.3 체 F 위의 n차원 벡터공간 V의 부분공간 $W_1, \cdots, W_r$에 대하여 다음 네 조건은 서로 동치이다.

(1) $V = W_1 \oplus \cdots \oplus W_r$

(2) 각 W_i의 임의의 기저 $\mathscr{B}_i$에 대하여 $\mathscr{B} = \mathscr{B}_1 \cup \cdots \cup \mathscr{B}_r$는 V의 기저이고 또 $\mathscr{B}_i \cap \mathscr{B}_j = \emptyset$ $(1 \leq i \neq j \leq r)$이다.

(3) 각 W_i의 특정한 기저 $\mathscr{C}_i$에 대하여 $\mathscr{C} = \mathscr{C}_1 \cup \cdots \cup \mathscr{C}_r$는 V의 기저이고 또 $\mathscr{C}_i \cap \mathscr{C}_j = \emptyset$ $(1 \leq i \neq j \leq r)$이다.

(4) $V = W_1 + \cdots + W_r$, $\dim_F V = \dim_F W_1 + \cdots + \dim_F W_r$

증 명 (1) $\Longrightarrow$ (2) $V = W_1 \oplus \cdots \oplus W_r$일 때, 각 i $(1 \leq r \leq r)$에 대하여 $\mathscr{B}_i$를 W_i의 기저라고 하자.

이 때, 정리 7.6.2에 의하여 각 벡터 $v \in V$는 단 한 가지 방법으로

$$v = w_1 + \cdots + w_r \qquad (w_1 \in W_1, \cdots, w_r \in W_r)$$

의 꼴로 나타내어지고, 또 각 $w_i \in W_i$는 단 한 가지 방법으로 $\mathscr{B}_i$에 속하는 벡터들의 일차결합으로 나타내어진다(정리 2.4.2). 그러므로 각 벡터 $v \in V$는 단 한가지 방법으로 $\mathscr{B} = \mathscr{B}_1 \cup \cdots \cup \mathscr{B}_r$에 속하는 벡터들의 일차결합으로 나타내어지므로 $\mathscr{B}$는 V의 기저이다.

그리고, $1 \leq i \neq j \leq r$일 때,

$$W_i \cap W_j \subseteq W_i \cap (W_1 + \cdots + W_{i-1} + W_{i+1} + \cdots + W_r) = \{\mathbf{0}\}$$

이므로 $W_i \cap W_j = \{\mathbf{0}\}$이고 따라서 $\mathscr{B}_i \cap \mathscr{B}_j = \emptyset$이다.

(2) $\Longrightarrow$ (3) 이것은 분명하다.

(3) $\Longrightarrow$ (1) 조건 (3)이 성립한다고 하자. 이 때, 정리 2.5.3에 의하여

$$V = \langle \mathscr{C}_1 \cup \cdots \cup \mathscr{C}_r \rangle = \langle \mathscr{C}_1 \rangle + \cdots + \langle \mathscr{C}_r \rangle = W_1 + \cdots + W_r$$

임을 알 수 있다. 그리고, 각 i $(1 \leq i \leq r)$에 대하여

$$w \in W_i \cap (W_1 + \cdots + W_{i-1} + W_{i+1} + \cdots + W_r), \quad w \neq \mathbf{0}$$

인 벡터 w가 존재한다고 가정하면, w는 W_i의 기저 $\mathscr{C}_i$에 속하는 벡터의 자명하지 않은 일차결합(즉, 적어도 한 스칼라가 0이 아닌 일차결합)으로 나타내어지고, 또 w는 $\mathscr{C}_1 \cup \cdots \cup \mathscr{C}_{i-1} \cup \mathscr{C}_{i+1} \cup \cdots \cup \mathscr{C}_r$에 속하는

벡터들의 자명하지 않은 일차결합으로 나타내어진다. 그러나 이것은 $\mathscr{C}$ 가 V 의 기저라는 사실에 모순된다.

따라서 $W_i \cap (W_1 + \cdots + W_{i-1} + W_{i+1} + \cdots + W_r) = \{\mathbf{0}\}$ 이다.

그러므로 $V = W_1 \oplus \cdots \oplus W_r$ 이다.

(3) $\Longrightarrow$ (4) 조건 (3) 이 성립하면 다음이 성립한다.

$$\begin{aligned} V &= \langle \mathscr{C} \rangle = \langle \mathscr{C}_1 \rangle + \cdots + \langle \mathscr{C}_r \rangle = W_1 + \cdots + W_r, \\ \dim_F V &= |\mathscr{C}| = |\mathscr{C}_1| + \cdots + |\mathscr{C}_r| \\ &= \dim_F W_1 + \cdots + \dim_F W_r \end{aligned}$$

(4) $\Longrightarrow$ (3) 조건 (4) 가 성립한다고 가정하고, 각 W_i 의 특정한 기저 $\mathscr{C}_i$ 에 대하여 $\mathscr{C} = \mathscr{C}_1 \cup \cdots \cup \mathscr{C}_r$ 이라고 하자. 이 때, 다음이 성립한다.

$$\begin{aligned} &V = W_1 + \cdots + W_r = \langle \mathscr{C}_1 \rangle + \cdots + \langle \mathscr{C}_r \rangle = \langle \mathscr{C} \rangle, \\ &\dim_F V = \dim_F W_1 + \cdots + \dim_F W_r = |\mathscr{C}_1| + \cdots + |\mathscr{C}_r|, \\ &|\mathscr{C}| = |\mathscr{C}_1 \cup \cdots \cup \mathscr{C}_r| \le |\mathscr{C}_1| + \cdots + |\mathscr{C}_r| = \dim_F V \end{aligned}$$

그러므로 $\dim_F V = |\mathscr{C}|$ 이므로 $\mathscr{C}$ 는 V 의 기저이고 또 $\mathscr{C}_i \cap \mathscr{C}_j = \emptyset$ $(1 \le i \ne j \le r)$ 이다.

다음 정리는 정리 4.5.7 과 마찬가지 방법으로 증명할 수 있다(문제 2).

정리 7.6.4 체 F 위의 벡터공간 V 가 부분공간 $W_1, \cdots, W_r$ 에 대하여 $V = W_1 \oplus \cdots \oplus W_r$ 일 때, 각 i $(1 \le i \le r)$ 에 대하여 사상 T_i 를

$$T_i : V \longrightarrow V, \quad T_i(w_1 + \cdots + w_r) = w_i \qquad (w_1 \in W_1, \cdots, w_r \in W_r)$$

로 정의하면 T_i 는 정사영이고 또 다음이 성립한다.

$$\operatorname{im} T_i = W_i, \quad \ker T_i = W_1 + \cdots + W_{i-1} + W_{i+1} + \cdots + W_r$$

다음에 선형변환의 대각화 가능성에 대하여 생각해 보기로 한다.

정리 7.6.5 체 F 위의 n 차원 벡터공간 V 에서 선형변환 $T \in \mathrm{End}_F(V)$ 에 대하여 T 의 고유다항식 $f(x)$가 체 F 위에서

$$f(x) = (x-\lambda_1)^{n_1} \cdots (x-\lambda_r)^{n_r} \quad (n_1 \geq 1, \cdots, n_r \geq 1)$$

으로 인수분해된다고 하자(여기서 $\lambda_1, \cdots, \lambda_r \in F$ 는 서로 다른 고유치).

이 때, 각 i $(1 \leq i \leq r)$ 에 대하여 E_i 를 고유치 λ_i 에 대응하는 선형변환 T 의 고유공간이라고 하면 다음 조건은 서로 동치이다.

(1) T 는 대각화 가능한 선형변환이다.

(2) $V = \mathrm{E}_1 + \cdots + \mathrm{E}_r$

(3) $V = \mathrm{E}_1 \oplus + \cdots \oplus \mathrm{E}_r$

(4) 각 고유공간 E_i 의 임의의 기저 $\mathscr{B}_i$ 에 대하여 $\mathscr{B} = \mathscr{B}_1 \cup \cdots \cup \mathscr{B}_r$ 는 V 의 기저이고 또 $\mathscr{B}_i \cap \mathscr{B}_j = \varnothing$ $(1 \leq i \neq j \leq r)$이다.

(5) 각 고유공간 E_i 의 특정한 기저 $\mathscr{C}_i$ 에 대하여 $\mathscr{C} = \mathscr{C}_1 \cup \cdots \cup \mathscr{C}_r$ 는 V 의 기저이고 또 $\mathscr{C}_i \cap \mathscr{C}_j = \varnothing$ $(1 \leq i \neq j \leq n)$ 이다.

(6) $\dim_F \mathrm{E}_1 + \cdots + \dim_F \mathrm{E}_r = n = \dim_F V$

(7) $\dim_F \mathrm{E}_1 = n_1, \cdots, \dim_F \mathrm{E}_r = n_r$

증 명 (1) $\Longrightarrow$ (2) 조건 (1)이 성립한다고 하자. 이 때, V 에는 T 의 고유벡터로 이루어진 기저 $\mathscr{C} = \{w_1, \cdots, w_n\}$가 존재한다(정리 7.5.3). 그런데, $w_1, \cdots, w_n \in \mathrm{E}_1 + \cdots + \mathrm{E}_r$ 이므로 $V = \langle w_1, \cdots, w_n \rangle \subseteq \mathrm{E}_1 + \cdots + \mathrm{E}_r$ 이고 따라서 $V = \mathrm{E}_1 + \cdots + \mathrm{E}_r$ 이다(정리 2.2.5).

(2) $\Longrightarrow$ (3) 먼저 $u_1 + \cdots + u_r = \mathbf{0}$ $(u_i \in \mathrm{E}_i)$ 이면, 정리 7.5.6 에 의하여 $u_1 = \cdots = u_r = \mathbf{0}$ 이다. 따라서 정리 7.6.2 에 의하여 (2) $\Longrightarrow$ (3) 이다.

(3) $\Longrightarrow$ (1) 조건 (3) 이 성립할 때, 각 E_i 에 대하여 $\mathscr{B}_i$ 를 E_i 의 기저라고 하자. 이 때, 정리 7.6.3 에 의하여 $\mathscr{B} = \mathscr{B}_1 \cup \cdots \cup \mathscr{B}_r$ 는 V 의 기저이고 따라서 $\mathscr{B}$ 는 T 의 고유벡터로 이루어진 기저이므로 정리 7.5.3 에 의하여 T 는 다각화 가능한 선형변환이다.

(3) $\Longrightarrow$ (4) $\Longrightarrow$ (5) $\Longrightarrow$ (6) 이것은 정리 7.6.3 에 의하여 성립한다.

(1) $\Longleftrightarrow$ (6) $\Longleftrightarrow$ (7) 이것은 정리 7.5.7 에 의하여 성립한다.

앞의 정리 7.6.5 와 정리 7.5.4 에 의하여 다음 따름정리가 성립한다.

따름정리 7.6.6 체 F 위의 n 차의 행렬 A 의 고유다항식 $f(x)$가 체 F 위에서

$$f(x) = (x-\lambda_1)^{n_1} \cdots (x-\lambda_r)^{n_r} \qquad (n_1 \geq 1, \cdots, n_r \geq 1)$$

으로 인수분해된다고 하자(여기서 $\lambda_1, \cdots, \lambda_r \in F$ 는 서로 다른 고유치).

이 때, 각 i $(1 \leq i \leq r)$에 대하여 E_i 를 고유치 λ_i 에 대응하는 A 의 [L_A 의] 고유공간이라고 하면 다음 조건은 서로 동치이다.

(1) A 는 대각화 가능한 행렬이고 L_A 는 대각화 가능한 선형변환이다.

(2) $F^n = \mathrm{E}_1 + \cdots + \mathrm{E}_r$

(3) $F^n = \mathrm{E}_1 \oplus + \cdots \oplus \mathrm{E}_r$

(4) 각 고유공간 E_i 의 임의의 기저 $\mathscr{B}_i$ 에 대하여 $\mathscr{B} = \mathscr{B}_1 \cup \cdots \cup \mathscr{B}_r$ 는 F^n 의 기저이고 또 $\mathscr{B}_i \cap \mathscr{B}_j = \emptyset$ $(1 \leq i \neq j \leq r)$이다.

(5) 각 고유공간 E_i 의 특정한 기저 $\mathscr{C}_i$ 에 대하여 $\mathscr{C} = \mathscr{C}_1 \cup \cdots \cup \mathscr{C}_r$ 는 F^n 의 기저이고 또 $\mathscr{C}_i \cap \mathscr{C}_j = \emptyset$ $(1 \leq i \neq j \leq n)$ 이다.

(6) $\dim_F \mathrm{E}_1 + \cdots + \dim_F \mathrm{E}_r = n$

(7) $\dim_F \mathrm{E}_1 = n_1, \cdots, \dim_F \mathrm{E}_r = n_r$

연 습 문 제 (7.6)

*1. 보기 7.6.1 에서 $\mathbb{R}^4 = W_1 \oplus W_2 \oplus W_3$임을 밝혀라.

2. 정리 7.6.4 를 증명하여라.

3. 사상 $T : \mathbb{R}^3 \longrightarrow \mathbb{R}^3$ 가 다음과 같이 정의된 선형변환이라고 하자.

$$T(x_1, x_2, x_3) = (3x_1 - 2x_2 - x_3, -2x_1 + 6x_2 + 2x_3, 4x_1 - 10x_2 - 3x_3)$$

이 때, 벡터공간 $\mathbb{R}^3$ 는 T 의 고유공간의 직합으로 분해됨을 밝혀라.

제 8 장

선형변환과 행렬의 표준형

이 장에서는, 유한차원 벡터공간 위의 선형변환과 정사각행렬의 표준형에 대하여 논한다.

실제로, 벡터공간 위에서의 선형변환에 대한 불변 부분공간과 순환 부분공간, 선형변환과 행렬의 최소다항식에 대하여 논하고 선형변환과 행렬의 유리 표준형과 Jordan 표준형에 대하여 논하며 행렬로 이루어진 수열의 극한과 무한급수에 대하여 논한다.

유리 표준형을 다루지 않으면서 Jordan 표준형만을 논하는 경우에는 '해설 806'의 자료를 이용하기 바란다.

이 장에서, n은 양의 정수를 나타낸다.

§8.1 불변 부분공간

이 절에서는, 벡터공간 V 의 특수한 부분공간에 대하여 논한다.

정의 8.1.1 체 F 위의 벡터공간 V 에서 $T \in \mathrm{End}_F(V)$ 이라고 하자. 벡터공간 V 의 부분공간 W 에 대하여 $T(W) \subseteq W$ 일 때, 즉

$$w \in W \Longrightarrow T(w) \in W$$

일 때, W 를 V 의 T-**불변 부분공간**(T-invariant subspace)이라고 한다.

그리고, W 가 V 의 T-불변 부분공간일 때, W 위의 선형변환

$$T_W : W \longrightarrow W, \quad T_W(w) = T(w)$$

를 T 에 의하여 **유도된**(induced) **선형변환**이라고 한다.

$$\begin{array}{ccc} V & \xrightarrow{\quad T \quad} & V \\ | & & | \\ W & \xrightarrow{\quad T_W \quad} & W \end{array}$$

위의 정의에서 벡터공간 V 와 $\{\mathbf{0}\}$ 는 V 의 T-불변 부분공간이다.

보기 8.1.1 벡터공간 $\mathbb{R}^3$ 에서 선형변환

$$T : \mathbb{R}^3 \longrightarrow \mathbb{R}^3, \quad T(x_1, x_2, x_3) = (x_1 + x_2 + 2x_3,\ x_1 - x_2 + x_3,\ 2x_3)$$

에 대하여 $W = \{(a, b, 0) \mid a, b \in \mathbb{R}\}$ 는 T-불변 부분공간이다. 실제로, 임의의 $(a, b, 0) \in W$ 에 대하여 $T(a, b, 0) = (a+b, a-b, 0) \in W$ 이다.

보기 8.1.2 체 F 위의 벡터공간 V 에서 선형변환 $T \in \mathrm{End}_F(V)$ 에 대하여 $\lambda \in F$ 가 T 의 고유치일 때, λ 에 대응하는 T 의 고유공간

$$\mathrm{E}_\lambda = \{w \in V \mid T(w) = \lambda w\}$$

는 V 의 T-불변 부분공간이다. 실제로, E_λ 는 V 의 부분공간이고 또 임의의 벡터 $w \in W$ 에 대하여 $T(w) = \lambda w \in \mathrm{E}_\lambda$ 이다(정리 4.2.2).

정리 8.1.2 체 F 위의 벡터공간 V 에서 선형변환 $T, S \in \mathrm{End}_F(V)$ 에 대하여 $T \circ S = S \circ T$ 이면, $\mathrm{im}\, S$ 와 $\ker S$ 는 V 의 T-불변 부분공간이다.

증 명 먼저 $\mathrm{im}\, S$ 와 $\ker S$ 는 V 의 부분공간이다(정리 3.3.1).

그리고, $w \in \mathrm{im}\, S$ 이라고 하면, 적당한 $v \in V$ 에 대하여 $w = S(v)$ 이고

$$T(w) = T(S(v)) = S(T(v)) \in \mathrm{im}\, S$$

이므로 $\mathrm{im}\, S$ 는 T-불변 부분공간이다.

또, 임의의 벡터 $w \in \ker S$ 에 대하여

$$S(T(w)) = T(S(w)) = T(\mathbf{0}) = \mathbf{0}$$

이므로 $T(w) \in \ker S$ 이고, 따라서 $\ker S$ 는 T-불변 부분공간이다.

따름정리 8.1.3 체 F 위의 벡터공간 V 에서 선형변환 $T \in \mathrm{End}_F(V)$ 에 대하여 다음이 성립한다.

(1) $\mathrm{im}\, T$ 와 $\ker T$ 는 V 의 T-불변 부분공간이다.

(2) 체 F 위의 다항식 $g(x) = b_0 + b_1 x + \cdots + b_m x^m$ 에 대하여 선형변환

$$g(T) = b_0 1_V + b_1 T + \cdots + b_m T^m$$

의 상 $\mathrm{im}\, g(T)$와 핵 $\ker g(T)$ 는 V 의 T-불변 부분공간이다.

(3) 임의의 $\lambda \in F$ 와 양의 정수 i 에 대하여

$$\begin{aligned}\ker(\lambda 1_V - T)^i &= \ker(T - \lambda 1_V)^i \\ &= \{w \in V \mid (T - \lambda 1_V)^i(w) = \mathbf{0}\}\end{aligned}$$

는 V 의 T-불변 부분공간이다.

증 명 (1) $T \circ T = T \circ T$ 이므로 정리 8.1.2 에 의하여 (1) 이 성립한다.

(2) 정리 3.6.11 에 의하여

$$T \circ g(T) = g(T) \circ T$$

이므로 정리 8.1.2 에 의하여 (2) 가 성립한다.

(3) 위의 (2) 에 의하여 (3) 이 성립한다.

정리 8.1.4 체 F 위의 n 차원 벡터공간 V 에서 선형변환 $T \in \mathrm{End}_F(V)$ 에 대하여 $W \neq \{\mathbf{0}\}$가 V 의 T-불변 부분공간일 때, 두 다항식 $f(x)$ 와 $f_W(x)$ 를 각각 선형변환 $T : V \longrightarrow V$, $T_W : W \longrightarrow W$ 의 고유다항식이라고 하면 $f_W(x)$ 는 $f(x)$ 의 약수이다.

증 명 먼저 $W = V$ 이면, $f_W(x) = f(x)$ 이다.

이제 $\{\mathbf{0}\} \neq W \neq V$ 일 때, $\dim_F W = m$ 이라 하고 $\mathscr{C} = \{w_1, \cdots, w_m\}$ 를 W 의 기저라고 하면, $\mathscr{C}$ 에 적당한 r 개의 벡터 $u_1, \cdots, u_r$ 를 첨가하여 V 의 기저 $\mathscr{B} = \{w_1, \cdots, w_m, u_1, \cdots, u_r\}$ 를 얻을 수 있다(정리 2.4.9).

한편, W 는 T-불변 부분공간이므로 $T(w_1), \cdots, T(w_m) \in W$ 이고 따라서 $T(w_1), \cdots, T(w_m), T(u_1), \cdots, T(u_r)$ 는 다음과 같은 꼴로 나타내어진다.

$$\begin{aligned}
T(w_1) &= a_{11} w_1 + \cdots + a_{m1} w_m \\
&\vdots \\
T(w_m) &= a_{1m} w_1 + \cdots + a_{mm} w_m \\
T(u_1) &= b_{11} w_1 + \cdots + b_{m1} w_m + c_{11} u_1 + \cdots + c_{r1} u_r \\
&\vdots \\
T(u_r) &= b_{1r} w_1 + \cdots + b_{mr} w_m + c_{1r} u_1 + \cdots + c_{rr} u_r
\end{aligned}$$

이 때, 선형변환 $T_W : W \longrightarrow W$ 에 대하여

$$T_W(w_i) = T(w_i) \qquad (1 \leq i \leq m)$$

이므로 $A = [a_{ij}]_{m \times m}$, $B = [b_{ij}]_{m \times r}$, $C = [c_{ij}]_{r \times r}$ 이라고 하면

$$[T]_{\mathscr{B}} = \begin{bmatrix} A & B \\ O & C \end{bmatrix}, \qquad [T_W]_{\mathscr{C}} = A$$

이고, 따라서 다음이 성립한다(정리 1.7.15).

$$\begin{aligned}
f(x) = \det(xI_n - [T]_{\mathscr{B}}) &= \begin{vmatrix} xI_m - A & -B \\ O & xI_r - C \end{vmatrix} \\
&= \det(xI_m - A)\det(xI_r - C) = f_W(x)\det(xI_r - C)
\end{aligned}$$

보기 8.1.3 다음과 같이 정의된 선형변환 $T : \mathbb{R}^4 \longrightarrow \mathbb{R}^4$를 생각해 보자.

$$T(x_1, x_2, x_3, x_4) = (x_1+x_2+2x_3-x_4,\ 3x_2+x_4,\ 2x_3-x_4,\ x_3+x_4)$$

부분공간 $W = \{(a, b, 0, 0) \mid a, b \in \mathbb{R}\}$에 대하여

$$T(a, b, 0, 0) = (a+b, 3b, 0, 0) \in W$$

이므로 W는 T-불변 부분공간이다. 그리고, $\mathscr{B} = \{e_1, e_2, e_3, e_4\}$를 $\mathbb{R}^4$의 표준기저라고 하면, $\mathscr{C} = \{e_1, e_2\}$는 W의 기저이고 다음이 성립한다.

$$\begin{aligned}
T(e_1) &= (1, 0, 0, 0) = e_1 \\
T(e_2) &= (1, 3, 0, 0) = e_1 + 3e_2 \\
T(e_3) &= (2, 0, 2, 1) = 2e_1 + 2e_3 + e_4 \\
T(e_4) &= (-1, 1, -1, 1) = -e_1 + e_2 - e_3 + e_4
\end{aligned}$$

$$[T]_{\mathscr{B}} = \begin{bmatrix} 1 & 1 & 2 & -1 \\ 0 & 3 & 0 & 1 \\ 0 & 0 & 2 & -1 \\ 0 & 0 & 1 & 1 \end{bmatrix}, \qquad [T_W]_{\mathscr{C}} = \begin{bmatrix} 1 & 1 \\ 0 & 3 \end{bmatrix}$$

$$f(x) = \det(xI_4 - [T]_{\mathscr{B}}) = \begin{vmatrix} x-1 & -1 & -2 & 1 \\ 0 & x-3 & 0 & -1 \\ 0 & 0 & x-2 & 1 \\ 0 & 0 & -1 & x-1 \end{vmatrix}$$

$$= (x-1)(x-3)(x^2-3x+3),$$

$$f_W(x) = \det(xI_2 - [T_W]_{\mathscr{C}}) = (x-1)(x-3)$$

연 습 문 제 (8.1)

1. 다음 각 경우에 대하여 W가 T-불변 부분공간인지를 판정하여라.

*(1) $T : \mathbb{R}^3 \longrightarrow \mathbb{R}^3$, $T(x_1, x_2, x_3) = (2x_1+2x_2, -x_1+x_3, -6x_2+2x_3)$

$$W = \{(x_1, x_2, x_3) \in \mathbb{R}^3 \mid 3x_1 + x_3 = 0\}$$

(2) $T : \mathbb{R}^2 \longrightarrow \mathbb{R}^2$, $T(x_1, x_2) = (x_1, 0)$, $W = \{(a, a) \mid a \in \mathbb{R}\}$

(3) $T : \mathbb{R}[x] \longrightarrow \mathbb{R}[x]$, $T(f(x)) = f'(x)$, $W = \mathbb{R}_3[x]$

2. 벡터공간 $\mathbb{R}^4$ 위의 선형변환 $T : \mathbb{R}^4 \longrightarrow \mathbb{R}^4$ 가

$$T(x_1, x_2, x_3, x_4) = (-x_2 + 5x_3 - 3x_4,\ x_1 - x_4,\ 3x_3 - 2x_4,\ 5x_3 - 3x_4)$$

으로 정의된 선형변환일 때, 벡터공간 $\mathbb{R}^4$ 의 부분공간

$$W_1 = \{(a, b, 0, 0) \mid a, b \in \mathbb{R}\}, \quad W_2 = \{(a, 0, b, a) \mid a, b \in \mathbb{R}\}$$

는 T-불변 부분공간이고 또 $\mathbb{R}^4 = W_1 \oplus W_2$ 임을 밝혀라.

3. 체 F 위의 n 차원 벡터공간 V 에서 $\mathscr{B} = \{v_1, v_2, \cdots, v_n\}$ 가 V 의 기저일 때, 선형변환 $T : V \longrightarrow V$ 에 대하여

$$\langle v_1 \rangle, \langle v_1, v_2 \rangle, \cdots, \langle v_1, v_2, \cdots, v_{n-1} \rangle, \langle v_1, v_2, \cdots, v_{n-1}, v_n \rangle$$

가 모두 T-불변 부분공간인 경우에 T 의 기저 $\mathscr{B}$ 에 관한 행렬 $[T]_{\mathscr{B}}$ 는 어떤 꼴의 행렬인지 말하여라.

***4.** 체 F 위의 벡터공간 V 에서 선형변환 $T \in \mathrm{End}_F(V)$ 에 대하여 다음이 성립함을 증명하여라.

(1) V 의 부분공간 W 가 T-불변 부분공간인 동시에 $\dim_F W = 1$ 이면, 모든 벡터 $w \in W$, $w \neq \mathbf{0}$ 는 T 의 고유벡터이다.

(2) V 의 두 부분공간 W_1, W_2 가 T-불변 부분공간이면, V 의 부분공간 $W_1 \cap W_2$, $W_1 + W_2$ 는 T-불변 부분공간이다.

***5.** 체 F 위의 벡터공간 V 위의 선형변환 $T : V \longrightarrow V$ 에 대하여 W 가 V 의 T-불변 부분공간일 때 다음이 성립함을 밝혀라.

(1) $\lambda \in F$ 가 선형변환 $T_W : W \longrightarrow W$ 의 고유치일 때, 벡터 $w \in W$ 가 고유치 λ 에 대응하는 T_W 의 고유벡터이면 λ 는 T 의 고유치이고 벡터 w 는 고유치 λ 에 대응하는 T 의 고유벡터이다.

(2) $\lambda \in F$ 가 선형변환 $T_W : W \longrightarrow W$ 의 고유치일 때, E_W 를 λ 에 대응하는 T_W 의 고유공간이라 하고 또 E 를 λ 에 대응하는 T 의 고유공간이라고 하면, $\mathrm{E}_W = W \cap \mathrm{E}$ 이다.

§8.2 순환 부분공간

이 절에서는, 유한차원 벡터공간 V 에서 선형변환 $T : V \longrightarrow V$ 와 벡터 $w \in V$, $w \neq \mathbf{0}$ 에 관련된 T-불변 부분공간과 다항식에 대하여 논한다.

정리 8.2.1 체 F 위의 벡터공간 V 에서 선형변환 $T \in \mathrm{End}_F(V)$ 와 벡터 $w \in V, w \neq \mathbf{0}$ 에 대하여

$$\mathrm{C}_w = \{g(T)(w) \mid g(x) \in F[x]\}$$

이라고 하면, C_w 는 V 의 T-불변 부분공간이다.

증 명 임의의 다항식 $g_1(x), g_2(x), g(x) \in F[x]$ 와 $a \in F$ 에 대하여

$$h(x) = g_1(x) + g_2(x), \qquad k(x) = a\,g(x), \qquad l(x) = x\,g(x)$$

이라고 하면 다음이 성립한다(정리 3.6.11 참조).

$$\begin{aligned} g_1(T)(w) + g_2(T)(w) &= (g_1(T) + g_2(T))(w) \\ &= h(T)(w) \in \mathrm{C}_w, \\ a\,(g(T)(w)) = (a\,g(T))(w) &= k(T)(w) \in \mathrm{C}_w, \\ T(g(T)(w)) = (T \circ g(T))(w) &= l(T)(w) \in \mathrm{C}_w \end{aligned}$$

따라서 C_w 는 V 의 부분공간이고 또 T-불변 부분공간이다.

정의 8.2.2 체 F 위의 벡터공간 V 에서 선형변환 $T \in \mathrm{End}_F(V)$ 와 벡터 $w \in V$, $w \neq \mathbf{0}$ 에 대하여

$$\mathrm{C}_w = \{g(T)(w) \mid g(x) \in F[x]\}$$

를 w 에 의하여 생성된 ***T*-순환 부분공간**(T-cyclic subspace) 이라고 한다.

특히, $V = \mathrm{C}_w$ 인 경우에 V 를 ***T*-순환 벡터공간**(T-cyclic space) 이라 하고 w 를 T 에 대한 V 의 **순환벡터**(cyclic vectpr) 라고 한다.

체 F 위의 두 다항식 $f(x), g(x) \in F[x]$에 대하여

$$f(x) = g(x)\,h(x)$$

인 다항식 $h(x) \in F[x]$가 존재할 때, $g(x)$를 $f(x)$의 약수 또는 인수라 하고 $f(x)$를 $g(x)$의 배수라고 한다. 그리고, 이러한 사실을 $g(x) \mid f(x)$로 나타낸다.

정리 8.2.3 체 F 위의 n차원 벡터공간 V에서 선형변환 $T \in \mathrm{End}_F(V)$와 벡터 $w \in V, w \neq \mathbf{0}$에 대하여 다음 두 조건을 만족시키는 양의 정수 m $(1 \leq m \leq n)$과 원소 $a_0, a_1, \cdots, a_{m-1} \in F$가 존재한다.

(a) $w, T(w), \cdots, T^{m-1}(w)$는 일차독립이다.

(b) $T^m(w) = -a_0 w - a_1 T(w) - \cdots - a_{m-1} T^{m-1}(w)$ 즉

$$a_0 w + a_1 T(w) + \cdots + a_{m-1} T^{m-1}(w) + T^m(w) = \mathbf{0}$$

그리고, 이 경우에 다항식

$$p_w(x) = a_0 + a_1 x + \cdots + a_{m-1} x^{m-1} + x^m$$

는 다음 세 조건을 만족시키고 또 이와 같은 다항식은 단 하나뿐이다.

(i) $p_w(x)$는 모닉 다항식이고 $1 \leq \deg p_w(x) \leq n$이다.

(ii) $p_w(T)(w) = \mathbf{0}$ 즉

$$a_0 w + a_1 T(w) + \cdots + a_{m-1} T^{m-1}(w) + T^m(w) = \mathbf{0}$$

(iii) 다항식 $g(x) \in F[x]$에 대하여 $g(T)(w) = \mathbf{0}$일 때 그리고 이때에만 $p_w(x) \mid g(x)$이다.

더욱이, $\mathrm{C}_w = \langle w, T(w), \cdots, T^{m-1}(w) \rangle$이고 또

$$\mathscr{C} = \{w, T(w), \cdots, T^{m-1}(w)\}$$

는 C_w의 기저이며 $\dim_F \mathrm{C}_w = m = \deg p_w(x)$이다.

여기서, 위의 세 조건 (i), (ii), (iii)를 만족시키는 다항식 $p_w(x)$를 벡터 w의 ***T*-최소다항식**(T-minimum polynomial)이라고 한다.

증 명 가정에 의하여 $w \neq \mathbf{0}$ 이므로 w 는 일차독립이고, 또 $\dim_F V = n$ 이므로 $n+1$ 개의 벡터 $w, T(w), \cdots, T^n(w)$ 는 일차종속이다(정리 2.4.9). 따라서 다음 두 조건을 만족시키는 정수 m $(1 \leq m \leq n)$ 이 존재한다.

(1) $w, T(w), \cdots, T^{m-1}(w)$ 는 일차독립이다.

(2) $w, T(w), \cdots, T^{m-1}(w), T^m(w)$ 는 일차종속이다.

이 때, 정리 2.3.8 에 의하여 $T^m(w) \in \langle w, T(w), \cdots, T^{m-1}(w) \rangle$ 이므로 $T^m(w)$ 는 적당한 원소 $a_0, a_1, \cdots, a_{m-1} \in F$ 에 대하여

$$T^m(w) = -a_0 w - a_1 T(w) - \cdots - a_{m-1} T^{m-1}(w)$$

와 같은 꼴로 나타내어진다. 따라서 두 조건 (a), (b) 가 성립한다. 그리고,

$$p_w(x) - a_0 + a_1 x + \cdots + a_{m-1} x^{m-1} + x^m$$

이라고 하면, 두 조건 (i), (ii) 가 성립한다.

다음에 $g(x)$ 를 체 F 위의 다항식이라고 하면, 다음과 같은 두 다항식 $h(x), r(x) \in F[x]$ 가 존재한다(정리 1.4.2 참조).

$$(*) \qquad \begin{aligned} g(x) &= h(x)\, p_w(x) + r(x), \\ r(x) &= b_0 + b_1 x + \cdots + b_{m-1} x^{m-1} \end{aligned}$$

이 때, 정리 3.6.11 에 의하여

$$g(T) = h(T) \circ p_w(T) + r(T)$$

이고 $p_w(T)(w) = \mathbf{0}$ 이므로 다음이 성립한다.

$$(**) \qquad \begin{aligned} g(T)(w) &= h(T)(p_w(T)(w)) + r(T)(w) \\ &= h(T)(\mathbf{0}) + r(T)(w) = \mathbf{0} + r(T)(w) \\ &= b_0 w + b_1 T(w) + \cdots + b_{m-1} T^{m-1}(w) \end{aligned}$$

이고, 따라서 다음이 성립한다.

$$\begin{aligned} \mathrm{C}_w &= \{ g(T)(w) \mid g(x) \in F[x] \} \\ &= \{ b_0 w + b_1 T(w) + \cdots + b_{m-1} T^{m-1}(w) \mid b_0, b_1, \cdots, b_{m-1} \in F \} \\ &= \langle w, T(w), \cdots, T^{m-1}(w) \rangle \end{aligned}$$

더욱이 앞의 (1)에 의하여 $w, T(w), \cdots, T^{m-1}(w)$ 는 일차독립이므로 $\mathscr{C} = \{w, T(w), \cdots, T^{m-1}(w)\}$ 는 $\mathbf{C}_w$ 의 기저이고 $\dim_F \mathbf{C}_w = m$ 이다.

그리고, $g(T)(w) = \mathbf{0}$ 이면, $(**)$ 에 의하여

$$b_0 w + b_1 T(w) + \cdots + b_{m-1} T^{m-1}(w) = \mathbf{0}$$

이고 $w, T(w), \cdots, T^{m-1}(w)$ 는 일차독립이므로 $b_0 = b_1 = \cdots = b_{m-1} = 0$ 이고 따라서 $(*)$ 에 의하여 $g(x) = h(x)\,p_w(x)$ 이므로 $p_w(x) \mid g(x)$ 이다.

역으로, 적당한 다항식 $h(x) \in F[x]$ 에 대하여 $g(x) = h(x)\,p_w(x)$ 이라고 하면, $g(T) = h(T) \circ p_w(T)$ 이므로 다음이 성립한다.

$$g(T)(w) = h(T)(p_w(T)(w)) = h(T)(\mathbf{0}) = \mathbf{0}$$

따라서 (iii) 가 성립한다.

그리고, 다항식 $q(x) \in F[x]$ 가 세 조건 (i), (ii), (iii) 를 만족시킨다면, $p_w(x) \mid q(x)$, $q(x) \mid p_w(x)$ 이고 $q(x), p_w(x)$ 의 최고차 항의 계수는 1 이므로 $q(x) = p_w(x)$ 이다.

보기 8.2.1 벡터공간 $\mathbb{R}^3$ 위에서 선형변환

$$T : \mathbb{R}^3 \longrightarrow \mathbb{R}^3, \quad T(x_1, x_2, x_3) = (-x_2 + x_3,\ x_1 + x_3,\ 3x_3)$$

와 벡터 $w = e_1 = (1, 0, 0)$ 에 대하여 다음이 성립한다.

$$\begin{aligned} w &= (1, 0, 0), \\ T(w) &= (0, 1, 0), \\ T^2(w) &= T(T(w)) = T(0, 1, 0) = (-1, 0, 0) = -w \end{aligned}$$

그런데, 벡터공간 $\mathbb{R}^3$ 에서 두 벡터 $w, T(w)$ 는 일차독립이고

$$T^2(w) = -w \qquad \text{즉} \qquad w + T^2(w) = \mathbf{0}$$

이므로

$$\begin{aligned} \mathbf{C}_w = \langle w, T(w) \rangle &= \langle (1, 0, 0), (0, 1, 0) \rangle \\ &= \{(a, b, 0) \mid a, b \in \mathbb{R}\} \end{aligned}$$

이고, 벡터 w 의 T-최소다항식은 $p_w(x) = 1 + x^2$ 이다.

보기 8.2.2 체 F 위의 n 차원 벡터공간 V 에서 선형변환 $T \in \mathrm{End}_F(V)$ 에 대하여 $\lambda \in F$ 가 T 의 고유치일 때, $w \in V$ 를 λ 에 대응하는 T 의 고유벡터라고 하면, $w \neq \mathbf{0}$ 이고 $T(w) = \lambda w$ 즉 $-\lambda w + T(w) = \mathbf{0}$ 이므로

$$\mathrm{C}_w = \langle w \rangle = \{t\,w \mid t \in F\}$$

이고 또 w 의 T-최소다항식은 $p_w(x) = -\lambda + x$ 이다.

정리 8.2.4 체 F 위의 n 차원 벡터공간 V 에서 선형변환 $T \in \mathrm{End}_F(V)$ 과 벡터 $w \in V, w \neq \mathbf{0}$ 에 대하여 $W = \mathrm{C}_w$ 이라 하고

$$p_w(x) = a_0 + a_1 x + \cdots + a_{m-1} x^{m-1} + x^m$$

를 w 의 T-최소다항식이라고 하면 다음이 성립한다.

(1) 부분공간 W 의 기저 $\mathscr{C} = \{w, T(w), \cdots, T^{m-1}(w)\}$ 에 관한 선형변환 $T_W : W \longrightarrow W$ 의 행렬 $[T_W]_{\mathscr{C}}$ 는 $p_w(x)$ 의 동반행렬과 일치한다. 즉,

$$[T_W]_{\mathscr{C}} = \begin{bmatrix} 0 & 0 & \cdots & 0 & -a_0 \\ 1 & 0 & \cdots & 0 & -a_1 \\ 0 & 1 & \cdots & 0 & -a_2 \\ \vdots & \vdots & \ddots & \vdots & \vdots \\ 0 & 0 & \cdots & 0 & -a_{m-1} \end{bmatrix}$$

(2) 선형변환 $T_W : W \longrightarrow W$ 의 고유다항식은 $p_w(x)$ 이다.

(3) 다항식 $f(x)$ 를 T 의 고유다항식이라고 할 때, $p_w(x) \mid f(x)$ 이다. 특히 $V = \mathrm{C}_w$ 인 경우에 $f(x) = p_w(x)$ 이다.

증 명 부분공간 W 는 T-불변 부분공간이므로 선형변환 $T_W : W \longrightarrow W$ 가 정의되고, $\mathscr{C} = \{w, T(w), \cdots, T^{m-1}(w)\}$ 에 대하여 다음이 성립한다.

$$\begin{aligned} T_W(w) &= T(w) &&= T(w) \\ T_W(T(w)) &= T^2(w) &&= T^2(w) \\ &\vdots \\ T_W(T^{m-2}(w)) &= T^{m-1}(w) &&= T^{m-1}(w) \\ T_W(T^{m-1}(w)) &= T^m(w) &&= -a_0 w - a_1 T(w) - \cdots - a_{m-1} T^{m-1}(w) \end{aligned}$$

따라서 $[T_W]_{\mathscr{C}}$ 는 $p_w(x)$ 의 동반행렬이고 따라서 $[T_W]_{\mathscr{C}}$ 의 고유다항식은 $p_w(x)$ 이므로 T_W 의 고유다항식은 $p_w(x)$ 이다(정리 4.3.5).

또 $f(x)$ 가 T 의 고유다항식이면, $p_w(x) \mid f(x)$ 이다(정리 8.1.4). 특히, $V = \mathbf{C}_w$ 이면, $\deg p_w(x) = n = \deg f(x)$ 이므로 $p_w(x) = f(x)$ 이다.

보기 8.2.3 다음과 같이 정의된 선형변환 $T : \mathbb{R}^3 \longrightarrow \mathbb{R}^3$ 를 생각해 보자.

$$T(x_1, x_2, x_3) = (3x_1 - 2x_2, -x_1 + 3x_2 - x_3, -5x_1 + 7x_2 - x_3)$$

벡터 $w = (0, 0, 1)$ 에 대하여 세 벡터

$$w = (0, 0, 1), \quad T(w) = (0, -1, -1), \quad T^2(w) = (2, -2, -6)$$

는 일차독립이다. 그런데, $\mathbb{R}^3$ 는 3차원 벡터공간이므로

$$\mathbf{C}_w = \langle w, T(w), T^2(w) \rangle = \mathbb{R}^3$$

이고 따라서 $\mathbb{R}^3$ 은 $\mathscr{C} = \{w, T(w), T^2(w)\}$ 를 기저로 가지는 T-순환 벡터공간이다. 한편,

$$T^3(w) = (10, -2, -18) = 4w - 8T(w) + 5T^2(w)$$

이므로 w 의 T-최소다항식은 $p_w(x) = -4 + 8x - 5x^2 + x^3$ 이고 행렬

$$[T]_{\mathscr{C}} = \begin{bmatrix} 0 & 0 & 4 \\ 1 & 0 & -8 \\ 0 & 1 & 5 \end{bmatrix}$$

는 $p_w(x)$ 의 동반행렬이다. 따라서 T 의 고유다항식은 $p_w(x)$ 이다.

정리 8.2.5 (Cayley - Hamilton 의 정리) 체 F 위의 n 차원 벡터공간 V 에서 선형변환 $T \in \mathrm{End}_F(V)$ 에 대하여 T 의 고유다항식이

$$f(x) = x^n + a_{n-1}x^{n-1} + \cdots + a_1 x + a_0$$

일 때, $f(T) = 0_V$ 즉 $T^n + a_{n-1}T^{n-1} + \cdots + a_1 T + a_0 1_V = 0_V$ 이다.

증 명 분명히 $f(T)(\mathbf{0}) = \mathbf{0}$ 이다. 그리고, 영벡터가 아닌 벡터 $w \in V$ 에 대하여 $p_w(x)$ 를 w 의 T-최소다항식이라고 하면, 정리 8.2.4 에 의하여

$p_w(x) \mid f(x)$ 이므로 $f(x) = h(x)p_w(x)$ 인 $h(x) \in F[x]$가 존재하고 이때 정리 3.6.11 에 의하여 $f(T) = h(T) \circ p_w(T)$ 이므로 다음이 성립한다.

$$f(T)(w) = h(T)(p_w(T)(w)) = h(T)(\mathbf{0}) = \mathbf{0}$$

따라서 모든 $w \in V$ 에 대하여 $f(T)(w) = \mathbf{0}$ 이므로 $f(T) = 0_V$ 이다.

정리 8.2.6 (Cayley-Hamilton 의 정리) 체 F 위의 n차의 행렬 A에 대하여 A의 고유다항식이 $f(x) = x^n + a_{n-1}x^{n-1} + \cdots + a_1 x + a_0$ 일 때, 다음이 성립한다.

$$f(A) = O_n \quad \text{즉} \quad A^n + a_{n-1}A^{n-1} + \cdots + a_1 A + a_0 I_n = O_n$$

증 명 선형변환 $L_A : F^n \longrightarrow F^n$ 의 고유다항식은 A의 고유다항식 $f(x)$와 일치하므로 정리 8.2.5 에 의하여 $f(L_A) = 0_{F^n}$ 이다.

한편, 벡터공간 F^n 의 표준기저 $\mathscr{B} = \{e_1, \cdots, e_n\}$ 에 대하여 $[L_A]_{\mathscr{B}} = A$ 이므로 $f(A) = [f(L_A)]_{\mathscr{B}} = O_n$ 이다(보기 7.2.1, 정리 7.2.5).

케일리(Arthur Cayley, 1821～1895) 는 잉글랜드의 수학자이고 해밀튼(William Rowan Hamiton, 1805～1865) 은 아일랜드의 수학자이다.

보기 8.2.4 체 F 위의 2차의 행렬

$$A = \begin{bmatrix} a & b \\ c & d \end{bmatrix}$$

의 고유다항식은 $f(x) = x^2 - (a+d)x + (ad-bc)$ 이고 $f(A) = O_2$ 이다.

정의 8.2.7 체 F 위의 벡터공간 V 에서의 선형변환 T가 적당한 양의 정수 m에 대하여 $T^m = 0_V$ 일 때, 즉

$$\text{모든 } v \in V \text{ 에 대하여 } T^m(v) = \mathbf{0}$$

일 때, T를 **冪零**(nilpotent) **선형변환**이라 하고 또 $T^m = 0_V$ 인 양의 정수 m 중에서 가장 작은 양의 정수를 **지수**(exponent) 라고 한다.

체 F 위의 n차의 행렬 A가 적당한 양의 정수 m에 대하여 $A^m = O_n$일 때, A를 **멱영행렬**(nilpotent matrix)이라 하고 또 $A^m = O_n$인 양의 정수 m 중에서 가장 작은 양의 정수를 **지수**라고 한다.

정의와 정리 7.2.3, 정리 7.2.2에 의하여 다음 정리가 성립한다.

정리 8.2.8 체 F 위의 n차원 벡터공간 V에서 $\mathscr{B}$를 V의 임의의 기저라고 할 때, 선형변환 $T \in \mathrm{End}_F(V)$가 지수 m인 멱영 선형변환이기 위한 필요충분조건은 행렬 $[T]_{\mathscr{B}}$가 지수 m인 멱영행렬인 것이다.

또, 체 F 위의 n차의 행렬 A가 지수 m인 멱영행렬일 때 그리고 이때에만 선형변환 $L_A : F^n \longrightarrow F^n$는 지수 m인 멱영 선형변환이다.

보기 8.2.5 실수체 $\mathbb{R}$ 위의 3차의 행렬

$$A = \begin{bmatrix} 0 & 0 & 0 \\ 1 & 0 & 0 \\ 0 & 1 & 0 \end{bmatrix}, \quad \mathrm{E}_{21} = \begin{bmatrix} 0 & 0 & 0 \\ 1 & 0 & 0 \\ 0 & 0 & 0 \end{bmatrix}, \quad \mathrm{E}_{31} = \begin{bmatrix} 0 & 0 & 0 \\ 0 & 0 & 0 \\ 1 & 0 & 0 \end{bmatrix}$$

는 각각 지수 3, 2, 2인 멱영행렬이다. 또, 이들 멱영행렬의 고유다항식은 모두 $f(x) = x^3$이고 따라서 이들 행렬의 고유치는 0뿐이다.

보기 8.2.6 체 F 위의 벡터공간 F^n에서 다음 선형변환을 생각해 보자.

$$T : F^n \longrightarrow F^n, \quad T(x_1, x_2, \cdots, x_n) = (0, x_1, x_2, \cdots, x_{n-1})$$

임의의 벡터 $(x_1, x_2, \cdots, x_n) \in F^n$에 대하여

$$\begin{aligned} T(x_1, x_2, \cdots, x_n) &= (0, x_1, x_2, \cdots, x_{n-1}) \\ T^2(x_1, x_2, \cdots, x_n) &= (0, 0, x_1, \cdots, x_{n-2}) \\ &\vdots \\ T^{n-1}(x_1, x_2, \cdots, x_n) &= (0, 0, 0, \cdots, x_1) \\ T^n(x_1, x_2, \cdots, x_n) &= (0, 0, 0, \cdots, 0) \end{aligned}$$

이므로 T는 지수 n인 멱영 선형변환이다.

그리고, 벡터공간 F^n 의 표준기저 $\mathscr{B} = \{e_1, \cdots, e_n\}$ 에 관한 T 의 행렬은

$$[T]_{\mathscr{B}} = \begin{bmatrix} 0 & 0 & \cdots & 0 & 0 \\ 1 & 0 & \cdots & 0 & 0 \\ 0 & 1 & \cdots & 0 & 0 \\ \vdots & \vdots & \ddots & \vdots & \vdots \\ 0 & 0 & \cdots & 1 & 0 \end{bmatrix}$$

이고 이 행렬은 지수 n 인 멱영행렬이다.

정리 8.2.9 체 F 위의 n 차원 벡터공간 V 에서 $T \in \mathrm{End}_F(V)$ 가 지수 m 인 멱영 선형변환일 때, $w \in V$ 를 $T^{m-1}(w) \neq \mathbf{0}$, $T^m(w) = \mathbf{0}$ 인 벡터라고 하면 다음이 성립한다.

(1) $w, T(w), \cdots, T^{m-1}(w)$ 는 일차독립이고, 따라서

$$\mathrm{C}_w = \langle\, w, T(w), \cdots, T^{m-1}(w) \,\rangle$$

이고 C_w 는 $\mathscr{C} = \{w, T(w), \cdots, T^{m-1}(w)\}$ 를 기저로 가지는 T-불변 부분공간이다.

(2) $p_w(x) = x^m, \quad 1 \leq m \leq n, \quad T^m = 0_V, \quad T^n = 0_V$

(3) 0 은 T 의 고유치이고 또 T 의 고유치는 0 뿐이다.

그리고, m 개의 벡터 $w, T(w), \cdots, T^{m-1}(w)$ 중에서 고유치 0 에 대응하는 고유벡터는 $T^{m-1}(w)$ 뿐이다.

(4) $W = \mathrm{C}_w$ 이라고 할 때, 선형변환 $T_W : W \longrightarrow W$ 의 기저 $\mathscr{C}$ 에 관한 행렬 $[T_W]_{\mathscr{C}}$ 는 $p_w(x)$ 의 동반행렬과 일치한다. 즉,

$$[T_W]_{\mathscr{C}} = \begin{bmatrix} 0 & 0 & \cdots & 0 & 0 \\ 1 & 0 & \cdots & 0 & 0 \\ 0 & 1 & \cdots & 0 & 0 \\ \vdots & \vdots & \ddots & \vdots & \vdots \\ 0 & 0 & \cdots & 1 & 0 \end{bmatrix}_{m \times m}$$

특히, T 가 지수 n 인 멱영 선형변환이면, $V = \mathrm{C}_w$ 이고 또한 V 의 기저 $\mathscr{C} = \{w, T(w), \cdots, T^{n-1}(w)\}$ 에 관한 행렬 $[T]_{\mathscr{C}}$ 는 위와 같은 꼴의 n 차의 행렬이며 T 의 고유다항식은 $f(x) = p_w(x) = x^n$ 이다.

증 명 먼저 $T^{m-1} \neq 0_V$, $T^m = 0_V$ 이므로 $T^{m-1}(w) \neq \mathbf{0}$, $T^m(w) = \mathbf{0}$ 인 벡터 $w \in V$, $w \neq \mathbf{0}$ 가 존재한다(여기서 $T^0 = 1_V$).

(1) 벡터 $w, T(w), \cdots, T^{m-1}(w)$ 가 일차독립임을 밝히기 위하여

$$a_0 w + a_1 T(w) + \cdots + a_{m-1} T^{m-1}(w) = \mathbf{0} \qquad (a_0, \cdots, a_{m-1} \in F)$$

이라고 가정하자. 이 때, 앞의 등식의 양변에 있는 벡터의 T^{m-1} 에 의한 상을 생각하면, $T^m(w) = T^{m+1}(w) = \cdots = \mathbf{0}$ 이므로

$$a_0 T^{m-1}(w) = \mathbf{0}, \qquad T^{m-1}(w) \neq \mathbf{0}$$

이고 따라서 $a_0 = 0$ 이다. 그리고, 위의 등식에 의하여

$$a_1 T(w) + \cdots + a_{m-1} T^{m-1}(w) = \mathbf{0}$$

이므로 이와 같은 논법을 되풀이하면, $a_0 = a_1 = \cdots = a_{m-1} = 0$ 을 얻으므로 $w, T(w), \cdots, T^{m-1}(w)$ 는 일차독립이다.

따라서 정리 8.2.3 에 의하여 (1) 이 성립한다.

(2) $T^{m-1}(w) \neq \mathbf{0}$, $T^m(w) = \mathbf{0}$ 이므로

$$p_w(x) = x^m$$

이고 따라서 $1 \leq m \leq n$ 이다(정리 8.2.3 참조).

그리고, $T^m = 0_V$ 이고 $m \leq n$ 이므로 $T^n = 0_V$ 이다.

(3) 먼저 $\lambda \in F$ 를 T 의 고유치라 하고 벡터 $u \in V$ 를 λ 에 대응하는 T 의 고유벡터라고 하면, 정리 7.4.8 에 의하여

$$\mathbf{0} = T^m(u) = \lambda^m u, \quad u \neq \mathbf{0}$$

이므로 $\lambda^m = 0$ 이고 따라서 $\lambda = 0$ 이다. 또,

$$T(T^{m-1}(w)) = T^m(w) = \mathbf{0}, \quad T^{m-1}(w) \neq \mathbf{0}$$

이므로 0 은 T 의 고유치이다. 그러므로 T 의 고유치는 0 뿐이고, 또

$$T(T^i(w)) = T^{i+1}(w) \neq \mathbf{0} \qquad (1 \leq i < m-1)$$

이므로 m 개의 벡터 $w, T(w), \cdots, T^{m-1}(w)$ 중에서 고유치 0 에 대응하는 고유벡터는 $T^{m-1}(w)$ 뿐이다.

(4) $W = \mathrm{C}_w$ 이라고 할 때, 정리 8.2.4 에 의하여 $T_W : W \longrightarrow W$ 의 기저 $\mathscr{C}$ 에 관한 행렬 $[T_W]_{\mathscr{C}}$ 는 $p_w(x) = x^m$ 의 동반행렬과 일치한다.

앞의 정리와 정리 8.2.9 에 의하여 다음 따름정리가 성립한다.

따름정리 8.2.10 체 F 위의 n 차의 행렬 A 가 지수 m 인 멱영행렬일 때 다음이 성립한다.

(1) $A^m = O_n,\quad 1 \le m \le n,\quad A^n = O_n$

(2) 0 은 A 의 고유치이고 또 A 의 고유치는 0 뿐이다.

특히, A 가 지수 n 인 멱영행렬이면, 적당한 정칙행렬 $P \in \mathrm{Mat}_n(F)$ 에 대하여

$$P^{-1}AP = \begin{bmatrix} 0 & 0 & \cdots & 0 & 0 \\ 1 & 0 & \cdots & 0 & 0 \\ 0 & 1 & \cdots & 0 & 0 \\ \vdots & \vdots & \ddots & \vdots & \vdots \\ 0 & 0 & \cdots & 1 & 0 \end{bmatrix}$$

이고 또 A 의 고유다항식은 $f(x) = x^n$ 이다.

보기 8.2.7 체 F 위의 6 차의 행렬

$$A = \left[\begin{array}{ccc:ccc} 0 & 0 & 0 & 0 & 0 & 0 \\ 1 & 0 & 0 & 0 & 0 & 0 \\ 0 & 1 & 0 & 0 & 0 & 0 \\ \hdashline 0 & 0 & 0 & 0 & 0 & 0 \\ 0 & 0 & 0 & 1 & 0 & 0 \\ 0 & 0 & 0 & 0 & 1 & 0 \end{array}\right], \qquad B = \left[\begin{array}{ccc:cc:c} 0 & 0 & 0 & 0 & 0 & 0 \\ 1 & 0 & 0 & 0 & 0 & 0 \\ 0 & 1 & 0 & 0 & 0 & 0 \\ \hdashline 0 & 0 & 0 & 0 & 0 & 0 \\ 0 & 0 & 0 & 1 & 0 & 0 \\ \hdashline 0 & 0 & 0 & 0 & 0 & 0 \end{array}\right]$$

는 모두 지수 3 인 멱영행렬이고, 또 이 두 멱영행렬의 고유다항식은 모두 $f(x) = x^6$ 이다.

연 습 문 제 (8.2)

*1. 선형변환 $T : \mathbb{R}^3 \longrightarrow \mathbb{R}^3$가 다음과 같이 정의된다고 하자.

$$T(x_1, x_2, x_3) = (3x_1 - 2x_2, \ -x_1 + 3x_2 - x_3, \ -5x_1 + 7x_2 - x_3)$$

이 때, $w = (1, 1, 0)$에 대하여 $C_w = \langle w, T(w), T^2(w) \rangle = \mathbb{R}^3$ 임을 밝히고, w의 T-최소다항식 $p_w(x)$와 T의 고유다항식을 구하여라.

*2. 벡터공간 $\mathbb{R}_3[x]$ 위의 선형변환

$$T : \mathbb{R}_3[x] \longrightarrow \mathbb{R}_3[x], \quad T(f(x)) = f'(x)$$

에 대하여 $f(x) = x^2$에 의하여 생성된 T-순환 부분공간을 구하여라.

3. 실수체 $\mathbb{R}$ 위의 행렬

$$A = \begin{bmatrix} 1 & 0 & 1 \\ 3 & 2 & 4 \\ 1 & 0 & 1 \end{bmatrix}$$

와 다음과 같은 다항식 $g(x)$에 대하여 $B = g(A)$를 구하고 또 선형변환 $L_B : \mathbb{R}^3 \longrightarrow \mathbb{R}^3$의 핵 $\ker L_B$를 구하여라.

(1) $g(x) = x - 2$ (2) $g(x) = (x-2)^2$ (3) $g(x) = x(x-2)$

4. 다음 선형변환은 지수 n인 멱영 선형변환임을 밝혀라.

$$T : \mathbb{R}_n[x] \longrightarrow \mathbb{R}_n[x], \quad T(f(x)) = f'(x)$$

5. 체 F 위의 유한차원 벡터공간 V에서 선형변환 $T \in \mathrm{End}_F(V)$에 대하여 벡터 $w \in V, w \neq \mathbf{0}$에 의하여 생성된 T-순환 부분공간 C_w가 1차원 부분공간이면 w는 T의 고유벡터임을 밝혀라.

*6. 체 F 위의 2차원 벡터공간 V에서 T가 선형변환일 때, 적당한 $\lambda \in F$에 대하여 $T = \lambda 1_V$이거나 또는 V는 T-순환 벡터공간임을 밝혀라.

§8.3 최소다항식

정사각행렬과 선형변환에 관한 다음 두 정리는 대단히 중요하다.

정리 8.3.1 체 F 위의 n차의 다항식 A에 대하여 다음 세 조건을 만족시키는 다항식 $p(x) \in F[x]$가 단 하나 존재한다.

(i) $p(x)$는 모닉 다항식이고 $\deg p(x) \geq 1$이다.

(ii) $p(A) = O_n$

(iii) 다항식 $g(x) \in F[x]$에 대하여 $g(A) = O_n$일 때 그리고 이때에만 $p(x) \mid g(x)$이다.

이와 같은 다항식 $p(x)$를 A의 **최소다항식**(minimum polynomial)이라고 한다.

증 명 벡터공간 $\mathrm{Mat}_n(F)$는 체 F 위의 n^2차원 벡터공간이고, 따라서 n^2+1개의 행렬 $I_n, A, A^2, \cdots, A^{n^2}$은 일차종속이므로 적어도 하나는 0이 아닌 $a_0, a_1, a_2, \cdots, a_{n^2} \in F$에 대하여 다음이 성립한다.

$$a_0 I_n + a_1 A + a_2 A^2 + \cdots + a_{n^2} A^{n^2} = O_n$$

그러므로

$$k(x) = a_0 + a_1 x + a_2 x^2 + \cdots + a_{n^2} x^{n^2}$$

이라고 하면, $\deg k(x) \geq 1$이고 $k(A) = O_n$이다. 따라서 조건 (i), (ii)를 만족시키는 모닉 다항식은 존재한다.

이와 같이 두 조건 (i), (ii) 만족시키는 모닉 다항식 중에서 그 차수가 가장 작은 다항식을 $p(x) \in F[x]$라 하고 $\deg p(x) = m \geq 1$이라고 하자.

이 때, $p(A) = O_n$이다. 그리고, 적당한 다항식 $h(x) \in F[x]$에 대하여 $g(x) = h(x)\,p(x)$이면, 정리 1.4.8에 의하여 다음이 성립한다.

$$g(A) = h(A)\,p(A) = h(A)\,O_n = O_n$$

다항식 $g(x) \in F[x]$ 에 대하여 $g(A) = O_n$ 이라고 하자. 이 때, 다항식 $h(x),\ r(x) \in F[x]$ 를

$$g(x) = h(x)\,p(x) + r(x)\,,$$
$$r(x) \text{ 는 영다항식 또는 } \ 0 \le \deg r(x) < m$$

인 다항식이라고 하면, 정리 1.4.8 에 의하여

$$\begin{aligned} O_n = g(A) &= h(A)\,p(A) + r(A) \\ &= h(A)\,O_n + r(A) = r(A) \end{aligned}$$

이고 또 $p(x)$ 는 조건 (i), (ii) 를 만족시키는 다항식 중에서 그 차수가 가장 작은 다항식이므로 $r(x)$ 는 영다항식이고 $p(x) \mid g(x)$ 이다. 그러므로 조건 (iii) 가 성립한다.

그리고, 두 다항식 $p(x), q(x) \in F[x]$ 가 세 조건 (i), (ii), (iii) 를 만족시킨다면, $p(x) \mid q(x)$, $q(x) \mid p(x)$ 이고 $p(x), q(x)$ 는 모두 모닉 다항식이므로 $q(x) = p(x)$ 이다.

체 F 위의 벡터공간 V 가 n 차원 벡터공간일 때, $\mathrm{End}_F(V)$ 는 체 F 위의 n^2 차원 벡터공간이다(정리 7.2.3) .

따라서 정리 8.3.1 의 증명과 마찬가지 방법으로 정리 3.6.11 을 이용하여 다음 정리를 증명할 수 있다.

정리 8.3.2 체 F 위의 n 차원 벡터공간 V 에서 $T \in \mathrm{End}_F(V)$ 라고 할 때, 다음 세 조건을 만족시키는 다항식 $p(x) \in F[x]$ 가 단 하나 존재한다.

(i) $p(x)$ 는 모닉 다항식이고 $\deg p(x) \ge 1$ 이다.

(ii) $p(T) = 0_V$

(iii) 다항식 $g(x) \in F[x]$ 에 대하여 $g(T) = 0_V$ 일 때 그리고 이때에만 $p(x) \mid g(x)$ 이다.

이와 같은 다항식 $p(x)$ 를 T 의 **최소다항식**이라고 한다.

보기 8.3.1 체 F 위의 n 차의 행렬 A 가 멱등행렬일 때, 즉 $A^2 = A$ 일 때, $g(x) = x^2 - x$ 이라고 하면

$$g(A) = A^2 - A = O_n$$

이므로 $p(x)$ 를 A 의 최소다항식이라고 하면 $p(x) \mid x(x-1)$ 이다. 따라서 다음이 성립한다(정리 4.5.10 참조).

(1) $p(x) = x$ 인 경우 : $A = O_n$

(2) $p(x) = x-1$ 인 경우 : $A - I_n = O_n$ 즉 $A = I_n$

(3) $p(x) = x^2 - x$ 인 경우 : $A \neq O_n,\ A \neq I_n,\ A^2 = A$

또, 체 F 위의 n 차원 벡터공간 V 에서 $T \in \mathrm{End}_F(V)$ 가 정사영일 때, $p(x)$ 를 T 의 최소다항식이라고 하면 다음이 성립한다(정리 4.5.9 참조).

(1) $p(x) = x$ 인 경우 : $T = 0_V$

(2) $p(x) = x-1$ 인 경우 : $T = 1_V$

(3) $p(x) = x^2 - x$ 인 경우 : $T \neq 0_V,\quad T \neq 1_V,\quad T^2 = T$

보기 8.3.2 체 F 위의 n 차원 벡터공간 V 위의 선형변환 $T \in \mathrm{End}_F(V)$ 가 지수 m 인 멱영 선형변환일 때, $p(x)$ 를 T 의 최소다항식이라고 하면 다음이 성립한다(정의 8.2.7, 정리 8.2.9).

$$p(x) = x^m, \quad 1 \le m \le n, \quad T^n = 0_V$$

그리고, 체 F 위의 n 차의 행렬 A 가 지수 m 인 멱영행렬일 때, $p(x)$ 를 의 최소다항식이라고 하면 다음이 성립한다(정의 8.2.7, 따름정리 8.2.10).

$$p(x) = x^m, \quad 1 \le m \le n, \quad A^n = O_n$$

예를 들어, 실수체 $\mathbb{R}$ 위의 행렬

$$A = \begin{bmatrix} 0 & 0 & 0 \\ 1 & 0 & 0 \\ 0 & 1 & 0 \end{bmatrix}, \qquad B = \begin{bmatrix} 0 & 0 & 0 \\ 1 & 0 & 0 \\ 0 & 0 & 0 \end{bmatrix}, \qquad C = \begin{bmatrix} 0 & 0 & 0 \\ 0 & 0 & 0 \\ 1 & 0 & 0 \end{bmatrix}$$

는 모두 멱영행렬이고 이들 행렬의 최소다항식은 각각 x^3, x^2, x^2 이며, 이들 행렬의 고유다항식은 모두 $f(x) = x^3$ 이다.

정리 8.3.3 체 F 위의 n차의 행렬 A에 대하여 $f(x), p(x)$를 각각 A의 고유다항식, 최소다항식이라고 하면 다음이 성립한다.

$$p(x) \mid f(x), \quad 1 \leq \deg p(x) \leq \deg f(x) = n$$

증 명 Cayley - Hamilton 의 정리(정리 8.2.6) 에 의하여 $f(A) = O_n$ 이므로 정리 8.3.1 에 의하여 $p(x) \mid f(x)$ 이고 따라서 다음이 성립한다.

$$1 \leq \deg p(x) \leq \deg f(x) = n$$

보기 8.3.3 실수체 $\mathbb{R}$ 위의 행렬

$$A = \begin{bmatrix} 1 & 2 \\ 3 & 4 \end{bmatrix}$$

의 고유다항식은 $f(x) = x^2 - 5x - 2$ 이다.

이제 $p(x)$를 A의 최소다항식이라고 하면, $p(x) \mid f(x)$ 이다.

그런데, 임의의 실수 a에 대하여 $A - aI_2 \neq O_2$ 이므로 $p(x) \neq x - a$ 이고 따라서 $p(x) = x^2 - 5x - 2 = f(x)$ 이다.

정리 8.3.4 체 F 위의 n차원 벡터공간 V에서 $T \in \mathrm{End}_F(V)$ 에 대하여 $f(x)$와 $p(x)$를 각각 T의 고유다항식, 최소다항식이라 하고, 또 벡터 $w \in V$, $w \neq \mathbf{0}$ 에 대하여 $p_w(x)$를 w의 T-최소다항식이라고 하면 다음이 성립한다.

$$p(x) \mid f(x), \quad 1 \leq \deg p(x) \leq \deg f(x) = n$$

$$p_w(x) \mid p(x), \quad 1 \leq \deg p_w(x) \leq \deg p(x)$$

특히, $V = \mathrm{C}_w$ 이면, $p_w(x) = p(x) = f(x)$ 이다.

증 명 Cayley - Hamilton 의 정리(정리 8.2.5) 에 의하여 $f(T) = 0_V$ 이므로 정리 8.3.2 에 의하여 $p(x) \mid f(x)$ 이고 따라서 다음이 성립한다.

$$1 \leq \deg p(x) \leq \deg f(x) = n$$

또한, $p(T) = 0_V$ 이므로 벡터 $w \in V$, $w \neq \mathbf{0}$ 에 대하여 $p(T)(w) = \mathbf{0}$ 이고, 따라서 $p_w(x) \mid p(x)$, $1 \leq \deg p_w(x) \leq \deg p(x)$ 이다(정리 8.2.3).

특히, $V = \mathbf{C}_w$ 인 경우에 정리 8.2.4 에 의하여 $p_w(x) = f(x)$ 이고 따라서 $p_w(x) = p(x) = f(x)$ 이다.

정리 8.3.5 체 F 위의 n 차원 벡터공간 V 에서 $T \in \mathrm{End}_F(V)$ 에 대하여 $W(\neq \{\mathbf{0}\})$를 V 의 T-불변 부분공간이라 하고 $T_W : W \longrightarrow W$를 T 에 의하여 유도된 W 위의 선형변환이라고 할 때, $f(x)$, $p(x)$ 를 각각 T 의 고유다항식, 최소다항식이라 하고 또 $f_W(x)$, $p_W(x)$를 각각 T_W 의 고유다항식, 최소다항식이라고 하면 다음이 성립한다.

$$p_W(x) \mid f_W(x), \quad f_W(x) \mid f(x), \quad p_W(x) \mid p(x)$$

특히, 적당한 벡터 $w \in V, w \neq \mathbf{0}$ 에 대하여 $W = \mathbf{C}_w$ 이라고 할 때, $p_w(x)$ 를 w 의 T-최소다항식이라고 하면 다음이 성립한다.

$$p_w(x) = p_W(x) = f_W(x)$$

증 명 정리 8.3.4 와 정리 8.1.4 에 의하여 다음이 성립한다.

$$p_W(x) \mid f_W(x), \quad f_W(x) \mid f(x)$$

또, 가정에 의하여 $p(T) = 0_V$ 이므로 모든 벡터 $w \in W$ 에 대하여

$$p(T_W)(w) = p(T)(w) = \mathbf{0}$$

이고 따라서 $p(T_W) = 0_W$ 이므로 $p_W(x) \mid p(x)$ 이다(정리 8.3.2).

특히, 적당한 벡터 $w \in V, w \neq \mathbf{0}$ 에 대하여 $W = \mathbf{C}_w$ 일 때, $p_w(x)$ 를 w 의 T-최소다항식이라고 하면 정리 8.2.4 에 의하여 $p_w(x) = f_W(x)$ 이고 또 $p_W(x) \mid f_W(x)$ 이므로 $p_w(x) = p_W(x) = f_W(x)$ 이다.

정리 8.3.6 체 F 위의 n 차원 벡터공간 V 에서 $T : V \longrightarrow V$ 가 선형변환일 때, V 의 임의의 기저 $\mathscr{B} = \{v_1, \cdots, v_n\}$ 에 대하여 T 의 고유다항식과 최소다항식은 각각 $[T]_{\mathscr{B}}$ 의 고유다항식, 최소다항식과 일치한다.

증 명 이제 $A = [T]_{\mathscr{B}}$ 이라고 하자.

이 때, T 의 고유다항식과 A 의 고유다항식은 일치한다(정의 7.4.3). 또, 체 F 위의 임의의 다항식 $g(x)$ 에 대하여 $[g(T)]_{\mathscr{B}} = g(A)$ 이므로 다음이 성립한다(정리 7.2.5, 정리 7.2.3).

$$g(T) = 0_V \Longleftrightarrow g(A) = O_n$$

따라서 T 와 A 의 최소다항식은 일치한다.

위의 정리에 의하여 다음 따름정리가 성립한다.

따름정리 8.3.7 체 F 위의 n 차의 행렬 A 의 고유다항식과 최소다항식은 각각 선형변환 $L_A : F^n \longrightarrow F^n$ 의 고유다항식, 최소다항식과 일치한다.

정리 8.3.8 체 F 위의 n 차의 행렬 A, B 가 서로 닮은 행렬이면, A 의 고유다항식과 최소다항식은 각각 B 의 고유다항식, 최소다항식과 일치한다.

증 명 적당한 정칙행렬 $P \in \mathrm{Mat}_n(F)$ 에 대하여 $B = P^{-1}AP$ 이라고 하자. 이 때, 정리 4.2.9 에 의하여 A 와 고유다항식과 B 의 고유다항식은 일치한다.

그리고, 다항식 $g(x) = b_0 + b_1 x + b_2 x^2 + \cdots + b_m x^m \in F[x]$ 에 대하여

$$\begin{aligned} g(B) &= b_0 I_n + b_1 B + b_2 B^2 + \cdots + b_m B^m \\ &= b_0 P^{-1} I_n P + b_1 P^{-1} A P + b_2 P^{-1} A^2 P + \cdots + b_m P^{-1} A^m P \\ &= P^{-1}(b_0 I_n + b_1 A + b_2 A^2 + \cdots + b_m A^m) P \\ &= P^{-1} g(A) P \end{aligned}$$

이므로 $g(B) = P^{-1}g(A)P$, $g(A) = Pg(B)P^{-1}$ 이고, 따라서

$$g(A) = O \Longleftrightarrow g(B) = O$$

이므로 A 의 최소다항식과 B 의 최소다항식은 일치한다(정리 8.3.1).

정리 8.3.9 체 F 위의 n차의 모닉 다항식

$$f(x) = c_0 + c_1 x + \cdots + c_{n-1} x^{n-1} + x^n$$

에 대하여 A를 $f(x)$의 동반행렬이라고 하면, A의 [L_A의] 최소다항식과 고유다항식은 모두 $f(x)$이다.

증 명 먼저 정리 4.3.5에 의하여 A의 고유다항식은 $f(x)$이다.

$$A = \begin{bmatrix} 0 & 0 & \cdots & 0 & -c_0 \\ 1 & 0 & \cdots & 0 & -c_1 \\ 0 & 1 & \cdots & 0 & -c_2 \\ \vdots & \vdots & \ddots & \vdots & \vdots \\ 0 & 0 & \cdots & 1 & -c_{n-1} \end{bmatrix}$$

한편, 벡터공간 F^n의 표준기저 $\mathscr{B} = \{e_1, e_2, \cdots, e_n\}$에 대하여

$$L_A(e_1) = (0, 1, \cdots, 0) = e_2$$
$$\vdots$$
$$L_A^{n-1}(e_1) = L_A(e_{n-1}) = e_n$$

이고

$$\begin{aligned} L_A^n(e_1) = L_A(e_n) &= (-c_0, -c_1, \cdots, -c_{n-1}) \\ &= -c_0 e_1 - c_1 e_2 - \cdots - c_{n-1} e_n \\ &= -c_0 e_1 - c_1 L_A(e_1) - \cdots - c_{n-1} L_A^{n-1}(e_1) \end{aligned}$$

이므로 $\mathrm{C}_{e_1} = \langle e_1, e_2, \cdots, e_n \rangle = F^n$이고, 또 e_1의 L_A-최소다항식은

$$p_{e_1}(x) = c_0 + c_1 x + \cdots + c_{n-1} x^{n-1} + x^n = f(x)$$

이므로 정리 8.3.4에 의하여 A의 최소다항식은 $f(x)$이다.

보기 8.3.4 실수체 $\mathbb{R}$ 위의 행렬

$$A = \begin{bmatrix} 0 & 0 & -4 \\ 1 & 0 & 3 \\ 0 & 1 & -2 \end{bmatrix}$$

의 최소다항식 $p(x)$와 고유다항식 $f(x)$는 다음과 같다.

$$p(x) = f(x) = 4 - 3x + 2x^2 + x^3$$

정의 8.3.10 체 F 위의 다항식 $f_1(x), \cdots, f_n(x)$ 에 대하여 다음 조건을 만족시키는 다항식 $l(x)$ 를 이들 다항식의 **최소공배수**(least common multiple) 라 하고 이것을 1cm $\{f_1(x), \cdots, f_n(x)\}$ 로 나타낸다.

(i) $f_1(x) \mid l(x), \cdots, f_n(x) \mid l(x)$

(ii) 다항식 $c(x) \in F[x]$ 에 대하여 $f_1(x) \mid c(x), \cdots, f_n(x) \mid c(x)$ 이면, $l(x) \mid c(x)$ 이다.

다시 말하면, $l(x)$ 는 $f_1(x), \cdots, f_n(x)$ 의 공배수이고, 또 다항식 $c(x)$ 가 $f_1(x), \cdots, f_n(x)$ 의 공배수이면 $c(x)$ 는 $l(x)$ 의 배수이다.

위의 정의에서 다항식 $f_1(x), \cdots, f_n(x)$ 가 모두 영다항식이 아닐 때, 이들 다항식의 최소최소공배수는 모닉 다항식이라고 생각하기로 한다.

정리 8.3.11 체 F 위의 n 차원 벡터공간 V 에서 $\mathscr{B} = \{v_1, \cdots, v_n\}$ 가 기저일 때, 선형변환 $T \in \mathrm{End}_F(V)$ 의 최소다항식 $p(x)$ 는 벡터 $v_1, \cdots, v_n$ 의 T-최소다항식 $p_{v_1}(x), \cdots, p_{v_n}(x)$ 의 최소공배수와 일치한다. 즉,

$$p(x) = 1\mathrm{cm}\,\{p_{v_1}(x), \cdots, p_{v_n}(x)\}$$

증 명 다항식 $p_{v_1}(x), \cdots, p_{v_n}(x)$ 의 최소공배수를 $l(x)$ 이라고 하자. 이 때, 정리 8.3.4 에 의하여

$$p_{v_1}(x) \mid p(x), \quad \cdots, \quad p_{v_n}(x) \mid p(x)$$

이므로 최소공배수의 정의에 의하여 $l(x) \mid p(x)$ 이다.

또, 정의에 의하면, 각 i $(1 \leq i \leq n)$ 에 대하여 $p_{v_i}(x) \mid l(x)$ 이므로 적당한 다항식 $h_i(x) \in F[x]$ 에 대하여 $l(x) = h_i(x)\, p_{v_i}(x)$ 이고, 이때 $l(T) = h_i(T) \circ p_{v_i}(T)$ 이고 또 $p_{v_i}(T)(v_i) = \mathbf{0}$ 이므로 다음이 성립한다.

$$\begin{aligned} l(T)(v_i) &= h_i(T)(p_{v_i}(T)(v_i)) \\ &= h_i(T)(\mathbf{0}) = \mathbf{0} \end{aligned}$$

그런데, 임의의 벡터 $v \in V$ 는

$$v = a_1 v_1 + \cdots + a_n v_n \qquad (a_1, \cdots, a_n \in F)$$

와 같은 꼴로 나타내어지고 이때

$$\begin{aligned} l(T)(v) &= a_1 l(T)(v_1) + \cdots + a_n l(T)(v_n) \\ &= 0 + \cdots + 0 = 0 \end{aligned}$$

이므로 $l(T) = 0_V$ 이다. 따라서 $p(x) \mid l(x)$ 이다(정리 8.3.2).

그러므로 $p(x) = l(x) = \mathrm{lcm}\{p_{v_1}(x), \cdots, p_{v_n}(x)\}$ 이다.

보기 8.3.5 실수체 $\mathbb{R}$ 위에서 다음 행렬을 생각해 보자.

$$A = \begin{bmatrix} 0 & -9 & 0 \\ 1 & 6 & 0 \\ 0 & 0 & 3 \end{bmatrix}$$

벡터 $e_1 = (1, 0, 0)$ 에 대하여

$$e_1 = (1, 0, 0), \quad L_A(e_1) = (0, 1, 0)$$

은 일차독립이고

$$(L_A)^2(e_1) = (-9, 6, 0) = -9\,e_1 + 6\,L_A(e_1)$$

이므로 e_1 의 L_A-최소다항식은 다음과 같다.

$$p_{e_1}(x) = 9 - 6\,x + x^2 = (x-3)^2$$

마찬가지로, $e_2 = (0, 1, 0)$, $e_3 = (0, 0, 1)$ 의 L_A-최소다항식은 각각

$$\begin{aligned} p_{e_2}(x) &= 9 - 6\,x + x^2 = (x-3)^2, \\ p_{e_3}(x) &= x - 3 \end{aligned}$$

이고 이들 세 다항식의 최소공배수는 $(x-3)^2$ 이다.

따라서 A 의 [L_A 의] 최소다항식은 $p(x) = (x-3)^2$ 이다.

한편, A 의 [L_A 의] 고유다항식은 $f(x) = (x-3)^3$ 이다.

정리 8.3.12 체 F 위의 n 차원 벡터공간 V 에서 $T : V \longrightarrow V$ 가 선형변환일 때, $f(x)$ 와 $p(x)$ 를 각각 T 의 고유다항식, 최소다항식이라고 하면, $\lambda \in F$ 에 대하여 다음이 성립한다.

$$f(\lambda) = 0 \Longleftrightarrow p(\lambda) = 0$$

증 명 먼저 $f(\lambda) = 0$ 이라고 하자. 이 때, λ 는 T 의 고유치이므로 이에 대응하는 T 의 고유벡터 $w \in V$ 가 존재한다. 한편, 정리 7.4.8 에 의하여 $p(T)(w) = p(\lambda)\, w$ 이고 또 최소다항식의 정의에 의하여 $p(T) = 0_V$ 이므로

$$\mathbf{0} = p(T)(w) = p(\lambda)\, w, \qquad w \neq \mathbf{0}$$

이고 따라서 $p(\lambda) = 0$ 이다.

역으로, $p(\lambda) = 0$ 이라고 하자. 이 때, 정리 8.3.4 에 의하여 $p(x) \mid f(x)$ 이므로 적당한 다항식 $h(x) \in F[x]$ 에 대하여 $f(x) = h(x)\, p(x)$ 이고 따라서 $f(\lambda) = h(\lambda)\, p(\lambda) = h(\lambda) \cdot 0 = 0$ 이다.

정리 8.3.13 체 F 위의 n 차원 벡터공간 V 에서 $T : V \longrightarrow V$ 가 선형변환일 때, 고유다항식 $f(x)$ 가 서로 다른 $\lambda_1, \cdots, \lambda_r \in F$ 에 대하여

$$f(x) = (x-\lambda_1)^{n_1} \cdots (x-\lambda_r)^{n_r} \qquad (n_i \geq 1)$$

과 같이 인수분해되면 T 의 최소다항식 $p(x)$ 는

$$p(x) = (x-\lambda_1)^{m_1} \cdots (x-\lambda_r)^{m_r} \qquad (1 \leq m_i \leq n_i)$$

과 같은 꼴로 인수분해된다.

특히, T 가 n 개의 서로 다른 고유치 $\lambda_1, \cdots, \lambda_n \in F$ 을 가지면,

$$f(x) = p(x) = (x-\lambda_1) \cdots (x-\lambda_n)$$

이고 또 T 는 대각화 가능한 선형변환이다.

증 명 각 i $(1 \leq i \leq r)$ 에 대하여 $f(\lambda_i) = 0$ 이므로 정리 8.3.12 에 의하여 $p(\lambda_i) = 0$ 이고 따라서 $x-\lambda_i$ 는 $p(x)$ 의 인수이다(정리 1.4.5).

한편, $\lambda_1, \cdots, \lambda_r$ 는 모두 서로 다르므로 $x-\lambda_1, \cdots, x-\lambda_r$ 는 모두 $p(x)$ 의 인수이고, 정리 8.3.4 에 의하여 $p(x) \mid f(x)$ 이므로 $p(x)$ 는 정리에서와 같은 꼴로 인수분해된다.

특히, T 가 n 개의 서로 다른 고유치 $\lambda_1, \cdots, \lambda_n \in F$ 을 가지면,

$$f(x) = p(x) = (x-\lambda_1) \cdots (x-\lambda_n)$$

이고 따라서 정리 7.5.5 에 의하여 T 는 대각화 가능한 선형변환이다.

따름정리 8.3.7, 정리 8.3.12, 정리 8.3.13 과 정리 4.4.4 에 의하여 다음이 성립한다.

따름정리 8.3.14 체 F 위의 n 차의 행렬 A 에 대하여 $f(x), p(x)$ 를 각각 A 의 $[L_A$ 의$]$ 고유다항식, 최소다항식이라고 하면 다음이 성립한다.

(1) $\lambda \in F$ 에 대하여 $f(\lambda) = 0$ 일 때 그리고 이때에만 $p(\lambda) = 0$ 이다.

(2) 고유다항식 $f(x)$ 가 서로 다른 $\lambda_1, \cdots, \lambda_r \in F$ 에 대하여

$$f(x) = (x-\lambda_1)^{n_1} \cdots (x-\lambda_r)^{n_r} \qquad (n_i \geq 1)$$

과 같이 인수분해되면, 최소다항식 $p(x)$ 는 다음과 같은 꼴로 인수분해된다.

$$p(x) = (x-\lambda_1)^{m_1} \cdots (x-\lambda_r)^{m_r} \qquad (1 \leq m_i \leq n_i)$$

특히, A 가 n 개의 서로 다른 고유치 $\lambda_1, \cdots, \lambda_n \in F$ 을 가지면,

$$f(x) = p(x) = (x-\lambda_1) \cdots (x-\lambda_n)$$

이고 따라서 A 는 대각화 가능한 행렬이다.

보기 8.3.6 실수체 $\mathbb{R}$ 위에서다음 행렬을 생각해 보자.

$$A = \begin{bmatrix} 3 & -1 & 0 \\ 0 & 2 & 0 \\ -1 & 1 & 2 \end{bmatrix}$$

행렬 A 의 고유다항식은

$$f(x) = \begin{vmatrix} x-3 & 1 & 0 \\ 0 & x-2 & 0 \\ 1 & -1 & x-2 \end{vmatrix} = (x-2)^2(x-3)$$

이고, 따라서 A 의 최소다항식 $p(x)$ 는 다음과 같은 꼴이다.

$$p(x) = (x-2)^m(x-3) \qquad (1 \leq m \leq 2)$$

한편, 실제 계산에 의하여

$$(A-2I_3)(A-3I_3) = O_3$$

이므로 A 의 최소다항식은 $p(x) = (x-2)(x-3)$ 이다.

연 습 문 제 (8.3)

1. 벡터공간 $\mathbb{R}^2$ 위의 선형변환

$$T : \mathbb{R}^2 \longrightarrow \mathbb{R}^2, \quad T(x_1, x_2) = (3x_1 - 2x_2, 7x_1 - 4x_2)$$

에 대하여 두 벡터 $e_1 = (1, 0)$, $e_2 = (0, 1)$ 에 대한 T-최소다항식을 구하고 T 의 최소다항식을 구하여라. 그리고, 임의의 벡터 $w \in \mathbb{R}^2$, $w \neq \mathbf{0}$ 에 대하여 w 의 T-최소다항식은 모두 같음을 밝혀라.

2. 다음 선형변환의 최소다항식을 구하여라.

(1) $T : \mathbb{R}^2 \longrightarrow \mathbb{R}^2, \quad T(x_1, x_2) = (x_1 + x_2, x_1 - x_2)$

(2) $T : \mathbb{R}_2[x] \longrightarrow \mathbb{R}_2[x], \quad T(f(x)) = f(x) + f'(x)$

3. 실수체 $\mathbb{R}$ 위에서 다음 행렬의 고유다항식과 최소다항식을 구하여라.

(1) $A = \begin{bmatrix} 1 & 0 \\ 0 & 2 \end{bmatrix}$ (2) $A = \begin{bmatrix} -3 & 1 \\ 6 & 2 \end{bmatrix}$

4. 실수체 $\mathbb{R}$ 위에서 다음 행렬의 고유다항식과 최소다항식을 구하여라.

*(1) $A = \begin{bmatrix} 3 & 2 & -1 \\ -2 & -2 & 2 \\ 3 & 6 & -1 \end{bmatrix}$ (2) $A = \begin{bmatrix} 2 & -1 & 2 \\ 2 & -1 & 1 \\ -4 & 1 & -4 \end{bmatrix}$

5. 체 F 위의 1차원 벡터공간 V 에서 T 가 V 위의 선형변환일 때, 모든 벡터 $w \in V, w \neq \mathbf{0}$ 에 대하여 $V = \mathbf{C}_w = \langle w \rangle$ 이고 또 T 의 최소다항식 $p(x)$ 과 고유다항식 $f(x)$ 는 적당한 $\lambda \in F$ 에 대하여 $f(x) = p(x) = x - \lambda$ 와 같은 꼴임을 밝혀라.

***6.** 벡터공간 $\mathbb{R}^2$ 위의 선형변환 T 의 최소다항식이

$$p(x) = x^2 + 4x + 5$$

일 때, 임의의 벡터 $w \in \mathbb{R}^2$, $w \neq (0, 0)$ 에 대하여 $\mathscr{C} = \{w, T(w)\}$ 는 벡터공간 $\mathbb{R}^2$ 의 기저임을 밝히고, 또 기저 $\mathscr{C}$ 에 관한 T 의 행렬을 구하여라.

***7.** 복소수체 $\mathbb{C}$ 위의 n 차원 벡터공간 V 에서 $T : V \longrightarrow V$ 가 선형변환일 때, 모든 벡터 $w \in V$, $w \neq \mathbf{0}$ 에 대하여 w 의 T-최소다항식이 모두 동일하면 적당한 복소수 λ 에 대하여 $T = \lambda 1_V$ 임을 증명하여라.

***8.** 체 F 위의 n 차원 벡터공간 V 에서 선형변환 T 의 최소다항식이

$$p(x) = b_0 + b_1 x + \cdots + b_{m-1} x^{m-1} + x^m$$

일 때, T 가 정칙 선형변환이기 위한 필요충분조건은 $p(0) = b_0 \neq 0$ 인 것임을 밝히고 또 T 가 정칙 선형변환인 경우에

$$T^{-1} = \quad b_0^{-1}(T^{m-1} + b_{m-1} T^{m-2} + \cdots + b_1 1_V)$$

임을 밝혀라.

§ 8.4 분해 정리

이 절에서는, 유한차원 벡터공간 V 위의 선형변환 T에 대하여 논한다.

정의 8.4.1 체 F 위의 다항식 $f_1(x), \cdots, f_n(x)$에 대하여 다음 조건을 만족시키는 다항식 $d(x)$를 이들 다항식의 **최대공약수**(greatest common divisor)라 하고 이것을 $\gcd\{f_1(x), \cdots, f_n(x)\}$로 나타낸다.

(i) $d(x) \mid f_1(x), \cdots, d(x) \mid f_n(x)$

(ii) 다항식 $e(x) \in F[x]$에 대하여 $e(x) \mid f_1(x), \cdots, e(x) \mid f_n(x)$이면, $e(x) \mid d(x)$이다.

다시 말하면, $d(x)$는 $f_1(x), \cdots, f_n(x)$의 공약수이고, 또 다항식 $e(x)$가 $f_1(x), \cdots, f_n(x)$의 공약수이면 $e(x)$는 $d(x)$의 약수이다.

위의 정의에서 다항식 $f_1(x), \cdots, f_n(x)$가 모두 영다항식이 아닐 때, 이들 다항식의 최대공약수는 모닉 다항식이라고 생각하기로 한다.

최대공약수에 대해서는 다음 정리가 성립한다([1], 정리 4.1.7 참조).

정리 8.4.2 체 F 위의 다항식 $f_1(x), \cdots, f_n(x)$의 최대약수 $d(x)$는 적당한 다항식 $s_1(x), \cdots, s_n(x) \in F[x]$에 대하여

$$d(x) = f_1(x)\, s_1(x) + \cdots + f_n(x)\, s_n(x)$$

로 나타내어진다.

정의 8.4.3 체 F 위의 다항식 $f_1(x), \cdots, f_n(x)$의 최대공약수가 1일 때, 이들 다항식은 **서로 소**라고 한다.

위의 정리 8.4.2에 의하여 다음 정리가 성립한다.

정리 8.4.4 체 F 위의 다항식 $f_1(x), \cdots, f_n(x)$ 가 서로 소이기 위한 필요충분조건은 적당한 다항식 $s_1(x), \cdots, s_n(x) \in F[x]$ 에 대하여 등식 $f_1(x)\, s_1(x) + \cdots + f_n(x)\, s_n(x) = 1$ 이 성립하는 것이다.

정의 8.4.5 체 F 위의 다항식 $f(x) \in F[x]$, $\deg f(x) \geq 1$ 에 대하여

$$f(x) = g(x)\, h(x),$$
$$1 \leq \deg g(x) < \deg f(x), \qquad 1 \leq \deg h(x) < \deg f(x)$$

인 다항식 $g(x), h(x) \in F[x]$ 가 존재할 때, $f(x)$ 를 체 F 위의 **可約 다항식**(reducible polynomial) 또는 체 F 위에서 **可約**이라고 한다.

그리고, $f(x)$ 가 체 F 위에서 가약이 아닐 때, $f(x)$ 를 체 F 위의 **旣約 다항식**(irreducible polynomial) 또는 체 F 에서 **旣約**이라고 한다.

체 F 위에서 일차다항식 $x-\lambda$ 는 기약다항식이다. 또, $g(x) = x^2 + 1$ 는 실수체 $\mathbb{R}$ 위에서 기약이지만, 복소수체 $\mathbb{C}$ 위에서는 기약이 아니다.

정리 8.4.6 체 F 위의 모닉 다항식 $f(x) \in F[x]$, $\deg f(x) = n \geq 1$ 에 대하여 $q_1(x), \cdots, q_r(x)$ 를 $f(x)$ 의 서로 다른 모닉 기약인수(기약다항식인 인수) 전체라고 하면, $f(x)$ 는 다음과 같은 꼴로 인수분해된다.

$$f(x) = q_1(x)^{n_1} \cdots q_r(x)^{n_r} \qquad (n_1 \geq 1, \cdots, n_r \geq 1)$$

이러한 인수분해를 $f(x)$ 의 **표준분해**(standard decomposition) 라고 한다.

정의 8.4.7 체 F 위의 n 차의 행렬 $A \in \mathrm{Mat}_n(F)$ 가

$$A = \begin{bmatrix} A_1 & O & \cdots & O \\ O & A_2 & \cdots & O \\ \vdots & \vdots & \ddots & \vdots \\ O & O & \cdots & A_r \end{bmatrix} \qquad (A_i \text{ 는 } n_i \text{ 차의 행렬})$$

로 분해될 때, 이 사실을 다음과 같이 나타낸다.

$$A = \mathrm{diag}\{A_1, \cdots, A_r\} \quad \text{또는} \quad A = A_1 \oplus \cdots \oplus A_r$$

정리 8.4.8 체 F 위의 n 차의 행렬 A 가 $A = \operatorname{diag}\{A_1, \cdots, A_r\}$ 로 분해될 때, 다음이 성립한다.

(1) $\det A = (\det A_1) \cdots (\det A_r)$

(2) 다항식 $f(x)$ 와 $f_1(x), \cdots, f_r(x)$ 를 각각 행렬 A 와 $A_1, \cdots, A_r$ 의 고유다항식이라고 하면, $f(x) = f_1(x) \cdots f_r(x)$ 이다.

증 명 정리 1.7.15 에 의하여 다음 두 등식이 성립한다.

$$\det A = \begin{vmatrix} A_1 & * & \cdots & * \\ \vdots & \vdots & \ddots & \vdots \\ O & O & \cdots & A_r \end{vmatrix} = |A_1| \cdots |A_r|,$$

$$f(x) = \det(xI_n - A) = \begin{vmatrix} xI_{n_1} - A_1 & \cdots & * \\ \vdots & \ddots & \vdots \\ O & \cdots & xI_{n_r} - A_r \end{vmatrix}$$

$$= \det(xI_{n_1} - A_1) \cdots \det(xI_{n_r} - A_r) = f_1(x) \cdots f_r(x)$$

정리 8.4.9 체 F 위의 n 차원 벡터공간 V 에서 $T \in \operatorname{End}_F(V)$ 에 대하여 다음과 같은 V 의 T-불변 부분공간 $W_1, \cdots, W_r$ 가 존재한다고 하자.

$$V = W_1 \oplus \cdots \oplus W_r, \qquad 1 \le \dim_F W_i < n \qquad (1 \le i \le r)$$

이 때, 각 i $(1 \le i \le r)$ 에 대하여 $\dim_F W_i = n_i$ 이라 하고

$$T_i : W_i \longrightarrow W_i, \quad T_i(w) = T(w)$$

를 T 에 의하여 유도된 W_i 위의 선형변환이라고 하면 다음이 성립한다.

(1) 각 i $(1 \le i \le r)$ 에 대하여 $\mathscr{C}_i = \{w_{i1}, w_{i2}, \cdots, w_{in_i}\}$ 를 W_i 의 기저라고 하면, $\mathscr{C} = \mathscr{C}_1 \cup \cdots \cup \mathscr{C}_r$ 는 V 의 기저이고 $\mathscr{C}$ 에 관한 T 의 행렬은 다음과 같다.

$$[T]_{\mathscr{C}} = \operatorname{diag}\{[T_1]_{\mathscr{C}_1}, \cdots, [T_r]_{\mathscr{C}_r}\}$$

(2) 다항식 $f(x)$ 를 T 의 고유다항식이라 하고 $f_1(x), \cdots, f_r(x)$ 를 각각 $T_1, \cdots, T_r$ 의 고유다항식이라고 하면 $f(x) = f_1(x) \cdots f_r(x)$ 이다.

증 명 (1) 먼저 $V = W_1 \oplus \cdots \oplus W_r$ 이므로 각 W_i 의 임의의 기저 $\mathscr{C}_i$ 에 대하여 $\mathscr{C} = \mathscr{C}_1 \cup \cdots \cup \mathscr{C}_r$ 는 V 의 기저이다(정리 7.6.3 참조). 그리고 각 i $(1 \le i \le r)$ 에 대하여 $\mathscr{C}_i = \{w_{i1}, w_{i2}, \cdots, w_{in_i}\}$ 를 W_i 의 기저라고 하면, W_i 는 T-불변 부분공간이므로 $T(w_{i1}), \cdots, T(w_{in_i}) \in W_i$ 이고, 따라서 기저 $\mathscr{C}$ 에 속에 있는 벡터들의 T 에 의한 상은 다음과 같은 꼴로 나타내어진다.

$$\begin{aligned}
T(w_{11}) &= a_{11} w_{11} + a_{21} w_{12} + \cdots + a_{n_1 1} w_{1n_1} \\
T(w_{12}) &= a_{12} w_{11} + a_{22} w_{12} + \cdots + a_{n_1 2} w_{1n_1} \\
&\ \vdots \\
T(w_{1n_1}) &= a_{1n_1} w_{11} + a_{2n_1} w_{12} + \cdots + a_{n_1 n_1} w_{1n_1} \\
&\ \vdots \\
T(w_{r1}) &= \qquad\qquad\qquad c_{11} w_{r1} + c_{21} w_{r2} + \cdots + c_{n_r 1} w_{rn_r} \\
T(w_{r2}) &= \qquad\qquad\qquad c_{12} w_{r1} + c_{22} w_{r2} + \cdots + c_{n_r 2} w_{rn_r} \\
&\ \vdots \\
T(w_{rn_r}) &= \qquad\qquad\qquad c_{1n_r} w_{r1} + c_{2n_r} w_{r2} + \cdots + c_{n_r n_r} w_{rn_r}
\end{aligned}$$

이 때, 선형변환 $T_i : W_i \longrightarrow W_i$ 에 대하여

$$T_i(w_{ij}) = T(w_{ij}) \qquad (1 \le i \le r,\ 1 \le j \le n_i)$$

이므로 $A_1 = [a_{ij}]_{n_1 \times n_1}, \cdots, A_r = [c_{ij}]_{n_r \times n_r}$ 이라고 하면,

$$[T]_{\mathscr{C}} = \mathrm{diag}\{A_1, \cdots, A_r\} = \begin{bmatrix} A_1 & O & \cdots & O \\ \vdots & \vdots & \ddots & \vdots \\ O & O & \cdots & A_r \end{bmatrix}$$

$$[T_i]_{\mathscr{C}_i} = A_i \qquad\qquad (1 \le i \le r)$$

이므로 $[T]_{\mathscr{C}} = \mathrm{diag}\{[T_1]_{\mathscr{C}_1}, \cdots, [T_r]_{\mathscr{C}_r}\}$ 이고 따라서 (1)이 성립한다.

(2) 위의 (1)과 정리 8.4.8 에 의하여 (2)가 성립한다.

정리 8.4.10 (분해 정리) 체 F 위의 n차원 벡터공간 V에서 선형변환 $T \in \mathrm{End}_F(V)$의 최소다항식 $p(x)$의 표준분해가

$$p(x) = q_1(x)^{m_1} \cdots q_r(x)^{m_r} \qquad (m_1 \geq 1, \cdots, m_r \geq 1)$$

일 때, 각 i $(1 \leq i \leq r)$에 대하여

$$W_i = \ker q_i(T)^{m_i} = \{ w \in V \mid q_i(T)^{m_i}(w) = \mathbf{0} \}$$

이라고 하면 다음이 성립한다.

(1) $V = W_1 \oplus \cdots \oplus W_r$ 이고, 각 W_i는 V의 T-불변 부분공간이다.

(2) 모든 양의 정수 k에 대하여 $\ker q_i(T)^k \subseteq \ker q_i(T)^{m_i} = W_i$ 이다.

(3) 각 W_i에 대하여 $T_i : W_i \longrightarrow W_i$를 T에 의하여 유도된 선형변환이라고 하면, T_i의 최소다항식은 $q_i(x)^{m_i}$이다.

증 명 정리 8.3.2에 의하여 $p(T) = 0_V$ 이므로 $\ker p(T) = V$ 이다. 따라서 $r = 1$인 경우에

$$\begin{aligned} &p(x) = q_1(x)^{m_1}, \\ &W_1 = \ker q_1(T)^{m_1} = \ker p(T) = V, \\ &T_1 = T \end{aligned}$$

이므로 정리가 성립한다.

이제 $r \geq 2$인 경우에 대하여 정리가 성립함을 증명한다.

(1) 따름정리 8.1.3에 의하여 각 $W_i = \ker q_i(T)^{m_i}$는 V의 T-불변 부분공간이다.

이제 각 i $(1 \leq i \leq r)$에 대하여

$$f_i(x) = \frac{p(x)}{q_i(x)^{m_i}} = q_1(x)^{m_1} \cdots q_{i-1}(x)^{m_{i-1}} q_{i+1}(x)^{m_{i+1}} \cdots q_r(x)^{m_r}$$

이라고 하자. 이 때, $p(x) = q_i(x)^{m_i} f_i(x)$ 이므로 정리 3.6.11에 의하여

$$q_i(T)^{m_i} \circ f_i(T) = p(T) = 0_V$$

이므로 임의의 벡터 $v \in V$에 대하여 다음이 성립한다.

$$q_i(T)^{m_i}(f_i(T)(v)) = p(T)(v) = 0$$

즉, $$f_i(T)(v) \in \ker q_i(T)^{m_i} = W_i \qquad (1 \le i \le r)$$

그리고, $f_1(x), \cdots, f_r(x)$ 는 분명히 서로 소이므로,

$$1 = s_1(x) f_1(x) + \cdots + s_r(x) f_r(x)$$

인 다항식 $s_1(x), \cdots, s_r(x) \in F[x]$ 가 존재한다(정리 8.4.4). 이 때, 임의의 벡터 $v \in V$ 에 대하여

$$v = s_1(T)((f_1(T)(v)) + \cdots + s_r(T)(f_r(T)(v))$$

이고 각 W_i 는 T-불변 부분공간이므로 위의 결과에 의하여

$$s_1(T)(f_1(T)(v)) \in W_1, \ \cdots, \ s_r(T)(f_r(T)(v)) \in W_r$$

이므로 $v \in W_1 + \cdots + W_r$ 이다. 따라서 $V = W_1 + \cdots + W_r$ 이다.

다음에 $w_1 + \cdots + w_r = 0 \quad (w_i \in W_i)$ 이라고 가정하자.
이 때, 각 i $(1 \le i \le r)$ 에 대하여

$$f_i(T)(w_1) + \cdots + f_i(T)(w_r) = 0$$

이고, 또 $1 \le i \ne j \le r$ 일 때

$$f_i(x) = h_i(x) q_j(x)^{m_j}$$

인 다항식 $h_i(x) \in F[x]$ 가 존재하므로

$$f_i(T)(w_j) = h_i(T)(q_j(T)^{m_j}(w_j)) = h_i(T)(0) = 0$$

이고 따라서 $f_i(T)(w_j) = 0$ 이다.
한편, $f_i(x)$ 와 $q_i(x)^{m_i}$ 은 서로 소이므로

$$1 = s(x) f_i(x) + t(x) q_i(x)^{m_i}$$

인 다항식 $s(x), t(x) \in F[x]$ 가 존재하고(정리 8.4.4), 이때

$$1_V = s(T) \circ f_i(T) + t(T) \circ q_i(T)^{m_i}$$

이고 또 위의 증명에 의하여 $f_i(T)(w_j) = 0$ 이므로 다음이 성립한다.

$$\begin{aligned} w_i &= s(T)(f_i(T)(w_i)) + t(T)(q_i(T)^{m_i}(w_i)) \\ &= s(T)(\mathbf{0}) + t(T)(\mathbf{0}) = \mathbf{0} \end{aligned}$$

따라서 $w_1 + \cdots + w_r = \mathbf{0} \quad (w_i \in W_i)$ 이면, $w_1 = \cdots = w_r = \mathbf{0}$ 이다.

그러므로 $V = W_1 \oplus \cdots \oplus W_r$ 이다(정리 7.6.2).

(2) 양의 정수 k에 대하여 $q_i(T)^k(w) = \mathbf{0}$ 이라고 하자.

이 때, 앞의 (1)에 의하여 $V = W_1 \oplus \cdots \oplus W_r$ 이므로 w는 단 한 가지 방법으로

$$w = w_1 + \cdots + w_r \qquad\qquad (w_i \in W_i)$$

와 같은 꼴로 나타내어진다(정리 7.6.2). 그런데 각 i $(1 \le i \le r)$에 대하여

$$q_i(T)^k(w_1) + \cdots + q_i(T)^k(w_r) = q_i(T)^k(w) = \mathbf{0}$$

이고 또 $W_1, \cdots, W_r$는 T-불변이므로

$$q_i(T)^k(w_1) \in W_1, \quad \cdots, \quad q_i(T)^k(w_r) \in W_r$$

이고 따라서 $q_i(T)^k(w_1) = \cdots = q_i(T)^k(w_r) = \mathbf{0}$ 이다.

그리고, $1 \le i \ne j \le r$ 일 때, $q_i(x)^k$과 $q_j(x)^{m_j}$은 서로 소이므로

$$1 = g(x)\, q_i(x)^k + h(x)\, q_j(x)^{m_j}$$

인 다항식 $g(x), h(x) \in F[x]$가 존재하며(정리 8.4.4) 이때

$$1_V = g(T) \circ q_i(T)^k + h(T) \circ q_j(T)^{m_j}$$

이고 또

$$q_i(T)^k(w_j) = \mathbf{0}, \qquad q_j(T)^{m_j}(w_j) = \mathbf{0}$$

이므로 다음이 성립한다.

$$\begin{aligned} w_j &= g(T)(q_i(T)^k(w_j)) + h(T)(q_j(T)^{m_j}(w_j)) \\ &= g(T)(\mathbf{0}) + h(T)(\mathbf{0}) = \mathbf{0} \end{aligned}$$

따라서 $w = w_i$ 이고 따라서 $w \in W_i$ 이다.

그러므로 모든 양의 정수 k에 대하여 $\ker g_i(T)^k \subseteq W_i$ 이다.

(3) 각 i $(1 \le i \le r)$ 에 대하여 $p_i(x)$ 를 선형변환 $T_i : W_i \longrightarrow W_i$ 의 최소다항식이라고 하자.

이 때, 임의의 벡터 $w_i \in W_i$ 에 대하여 $T_i(w_i) = T(w_i)$ 이므로

$$q_i(T_i)^{m_i}(w_i) = q_i(T)^{m_i}(w_i) = 0$$

이고, 따라서 $q_i(T_i)^{m_i} = 0_{W_i}$ 이므로 $p_i(x) \mid q_i(x)^{m_i}$ 이다(정리 8.3.2). 또,

$$p(x) = q_1(x)^{m_1} \cdots q_r(x)^{m_r} = q_i(x)^{m_i} f_i(x)$$

이라고 하면, 앞의 (1) 에서 밝힌 바와 같이 임의의 벡터 $v \in V$ 에 대하여 $f_i(T)(v) \in W_i$ 이고 $p_i(x)$ 는 T_i 의 최소다항식이므로

$$(p_i(T) \circ f_i(T))(v) = p_i(T)(f_i(T)(v)) = 0$$

이고, 따라서 $p_i(T) \circ f_i(T) = 0_V$ 이다. 그런데, T 의 최소다항식은 $p(x)$ 이므로, $p(x) \mid p_i(x) f_i(x)$ 이고 따라서 $q_i(x)^{m_i} \mid p_i(x)$ 이다.

그러므로 T_i 의 최소다항식은 $p_i(x) = q_i(x)^{m_i}$ 이다.

정리 8.4.11 체 F 위의 n 차원 벡터공간 V 에서 선형변환 $T \in \mathrm{End}_F(V)$ 에 대하여 $\lambda_1, \cdots, \lambda_r \in F$ 를 T 의 서로 다른 고유치 전체라 하고 $p(x)$ 를 T 의 최소다항식이라고 할 때, 다음 두 조건은 서로 동치이다.

(1) T 는 대각화 가능한 선형변환이다.

(2) $p(x) = (x-\lambda_1) \cdots (x-\lambda_r)$

증 명 (1) $\Longrightarrow$ (2) 선형변환 T 가 대각화 가능한 선형변환이라 하고 또 $q(x) = (x-\lambda_1) \cdots (x-\lambda_r)$ 이라고 하자.

이 때, 정리 7.5.2 에 의하여 T 의 고유다항식 $f(x)$ 는

$$f(x) = (x-\lambda_1)^{n_1} \cdots (x-\lambda_r)^{n_r} \qquad (n_1 \ge 1, \cdots, n_r \ge 1)$$

과 같은 꼴로 인수분해되고 또 각 i $(1 \le i \le r)$ 에 대하여 $f(\lambda_i) = 0$ 이므로 정리 8.3.12 에 의하여 $p(\lambda_i) = 0$ 이고 따라서 $x-\lambda_1, \cdots, x-\lambda_r$ 는 $p(x)$ 의 약수이므로 $q(x) \mid p(x)$ 이다.

한편, 정리 7.5.3 에 의하여 벡터공간 V 에는 T 의 고유벡터로 이루어진 기저 $\mathscr{C} = \{w_1, \cdots, w_n\}$가 존재하고 이때 각 i $(1 \le i \le n)$ 에 대하여 $w_i \in \mathscr{C}$ 가 고유치 λ_k 에 대응하는 T 의 고유벡터이라고 하면,

$$T(w_i) = \lambda_k w_i \quad \text{즉} \quad (T - \lambda_k 1_V)(w_i) = 0$$

이므로 다음이 성립한다.

$$q(T)(w_i) = ((T - \lambda_1 1_V) \circ \cdots \circ (T - \lambda_r 1_V))\,(w_i) = 0$$

그러므로 V 의 임의의 벡터

$$v = a_1 w_1 + \cdots + a_n w_n \qquad (a_1, \cdots, a_n \in F)$$

에 대하여

$$q(T)(v) = a_1 q(T)(w_1) + \cdots + a_n q(T)(w_n) = 0$$

이므로 $q(T) = 0_V$ 이고 따라서 $p(x) \mid q(x)$ 이다(정리 8.3.2).

그러므로 $p(x) = q(x) = (x - \lambda_1) \cdots (x - \lambda_r)$ 이다.

(2) $\Longrightarrow$ (1) 이제 $p(x) = (x - \lambda_1) \cdots (x - \lambda_r)$ 이라고 하자.

이 때, 각 i $(1 \le i \le r)$ 에 대하여 $\mathrm{E}_i = \ker(T - \lambda_i 1_V)$ 이라고 하면, E_i 는 고유치 λ_i 에 대응하는 T 의 고유공간이고 정리 8.4.10 에 의하여

$$V = \mathrm{E}_1 \oplus \cdots \oplus \mathrm{E}_r$$

이므로 정리 7.6.5 에 의하여 T 는 대각화 가능한 선형변환이다.

앞의 정리와 정리 7.5.4 에 의하여 다음 따름정리가 성립한다.

따름정리 8.4.12 체 F 위의 n 차의 행렬 A 에 대하여 $\lambda_1, \cdots, \lambda_r \in F$ 를 A 의 서로 다른 고유치 전체라 하고 $p(x)$ 를 A 의 최소다항식이라고 할 때, 다음 두 조건은 서로 동치이다.

(1) A 는 대각화 가능한 행렬이다.

(2) $p(x) = (x - \lambda_1) \cdots (x - \lambda_r)$

보기 8.4.1 실수체 $\mathbb{R}$ 위의 2차의 행렬 A에 대하여 등식

$$A^2 - 3A + 2I_2 = O_2$$

가 성립할 때, $g(x) = x^2 - 3x + 2$ 즉 $g(x) = (x-1)(x-2)$ 이라고 하면 $g(A) = O_2$ 이므로 A 의 최소다항식 $p(x)$ 는 $g(x)$ 의 약수이다.

따라서 다음이 성립하고 A 는 대각화 가능한 행렬이다.

(1) $p(x) = x-1$ 인 경우

이 때, $A = I_2$ 이고, 고유다항식은 $f(x) = (x-1)^2$ 이다.

(2) $p(x) = x-2$ 인 경우

이 때, $A = 2I_2$ 이고, 고유다항식은 $f(x) = (x-2)^2$ 이다.

(3) $p(x) = (x-1)(x-2)$ 인 경우

이 경우에 적당한 정칙행렬 P 에 대하여

$$P^{-1}AP = \begin{bmatrix} 1 & 0 \\ 0 & 2 \end{bmatrix} \quad 즉 \quad A = P\begin{bmatrix} 1 & 0 \\ 0 & 2 \end{bmatrix}P^{-1}$$

이고, 고유다항식은 $f(x) = p(x) = (x-1)(x-2)$ 이다.

연 습 문 제 (8.4)

*1. 실수체 $\mathbb{R}$ 위에서 다음 행렬에 대하여 아래 물음에 답하여라.

$$A = \begin{bmatrix} 2 & 0 & 0 & 0 & 0 \\ 1 & 2 & 0 & 0 & 0 \\ 0 & 1 & 2 & 0 & 0 \\ 0 & 0 & 0 & 3 & 0 \\ 0 & 0 & 0 & 1 & 3 \end{bmatrix}$$

(1) A 의 고유다항식 $f(x)$ 를 구하고 고유치와 고유공간을 구하여라.

(2) A 의 최소다항식 $p(x)$ 를 구하여라.

2. 실수체 $\mathbb{R}$ 위의 2차의 행렬 A 에 대하여 $A^3 - 2A^2 + A = O_2$ 이고 또 A 가 대각화 가능한 행렬일 때 A 의 최소다항식과 고유다항식을 구하여라.

*3. 체 F 위의 n 차원 벡터공간 V 에서 선형변환 $T : V \longrightarrow V$ 의 최소다항식

$$p(x) = b_0 + b_1 x + \cdots + b_{n-1} x^{n-1} + x^n$$

가 n 차의 기약다항식일 때, 임의의 벡터 $w \in V, w \neq \mathbf{0}$ 에 대하여

$$\mathscr{C} = \{w, T(w), \cdots, T^{n-1}(w)\}$$

는 V 의 기저임을 밝히고 또 기저 $\mathscr{C}$ 에 관한 T 의 행렬을 구하여라.

4. 체 F 위의 유한차원 벡터공간 V 위에서의 선형변환 T 의 고유다항식 $f(x)$ 가 체 F 위에서 일차다항식의 곱으로 인수분해될 때, V 의 T-불변 부분공간 $W (\neq \{\mathbf{0}\})$ 에 대하여 선형변환 $T_W : W \longrightarrow W$ 의 고유다항식은 체 F 위에서 일차다항식의 곱으로 인수분해됨을 밝혀라.

*5. 벡터공간 V 위에서의 두 선형변환 $T : V \longrightarrow V$, $S : V \longrightarrow V$ 에 대하여 $T \circ S = S \circ T$ 일 때, E_λ 를 T 의 고유치 λ 에 대응하는 고유공간이라고 하면 E_λ 는 T-불변 부분공간인 동시에 S-불변 부분공간임을 밝혀라.

*6. 체 F 위의 유한차원 벡터공간 V 에서 선형변환 $T : V \longrightarrow V$ 에 대하여 $W (\neq \{\mathbf{0}\})$ 가 V 의 T-불변 부분공간일 때, 선형변환 $T_W : W \longrightarrow W$ 에 대하여 다음이 성립함을 밝혀라.

(1) $p(x)$, $p_W(x)$ 가 각각 T, T_W 의 최소다항식이면, $p_W(x) \mid p(x)$ 이다.

(2) T 가 대각화 가능한 선형변환이면, T_W 도 대각화 가능한 선형변환이다.

*7. 체 F 위의 n 차원 벡터공간 V 에서 두 선형변환 $T, S \in \mathrm{End}_F(V)$ 에 대하여 V 의 적당한 기저 $\mathscr{C}$ 에 관한 행렬 $[T]_\mathscr{C}, [S]_\mathscr{C}$ 가 모두 대각행렬일 때, T 와 S 는 **동시에 대각화 가능한**(simulaneously diagonalizable) 선형변환이라고 한다.

두 선형변환 $T, S \in \mathrm{End}_F(V)$ 에 대하여 다음이 성립함을 밝혀라.

(1) T, S 가 동시에 대각화 가능한 선형변환이면, $T \circ S = S \circ T$ 이다.

(2) T, S 가 대각화 가능한 선형변환일 때, $T \circ S = S \circ T$ 이면 T, S 는 동시에 대각화 가능한 선형변환이다.

§8.5 유리 표준형

이 절에서, 벡터공간 V 위의 선형변환 $T \in \mathrm{End}_F(V)$ 에 대하여 C_w 는 벡터 $w \in V, w \neq \mathbf{0}$ 에 의하여 생성된 T-순환 부분공간을 나타낸다.

정리 8.5.1 체 F 위의 n 차원 벡터공간 V 에서 선형변환 $T \in \mathrm{End}_F(V)$ 의 최소다항식 $p(x)$ 가 다음과 같이 인수분해된다고 하자.

$$p(x) = q(x)^m \qquad (m \geq 1)$$

$$(q(x)) \in F[x] \text{는 모닉 기약다항식})$$

이 때, 다음 두 조건을 만족시키는 벡터 $w \in V, w \neq \mathbf{0}$ 와 V 의 T-불변 부분공간 U 가 존재한다.

(i) $p(T)(w) = \mathbf{0}, \quad q(T)^{m-1}(w) \neq \mathbf{0}$

(ii) $V = \mathrm{C}_w \oplus U$

증 명 먼저 $p(T) = q(T)^m$, $q(T)^{m-1} \neq 0_V$ 이므로 조건 (i)를 만족시키는 벡터 $w \in V$, $w \neq \mathbf{0}$ 가 존재하며, 이때 $p(x)$ 는 w 의 T-최소다항식이다(정리 8.2.3). 그리고, $V = \mathrm{C}_w$ 이면, $V = \mathrm{C}_w \oplus \{\mathbf{0}\}$ 이다.

다음에 $V \neq \mathrm{C}_w$ 인 경우에 U 를 $\mathrm{C}_w \cap U = \{\mathbf{0}\}$ 인 V 의 T-불변 부분공간 중에서 그 차원이 가장 큰 부분공간이라 하고, $V = \mathrm{C}_w + U$ 임을 밝혀 $V = \mathrm{C}_w \oplus U$ 임을 증명하기로 한다.

이제 $V \neq \mathrm{C}_w + U$ 이라 가정하고 $v \in V - (\mathrm{C}_w + U)$ 이라고 하자. 이 때,

$$v \notin \mathrm{C}_w + U, \qquad q(T)^m(v) = \mathbf{0} \in \mathrm{C}_w + U$$

이므로 적당한 양의 정수 s $(1 \leq s < m)$ 에 대하여 다음이 성립한다.

$$(*) \qquad q(T)^s(v) \in \mathrm{C}_w + U, \quad q(T)^{s-1}(v) \notin \mathrm{C}_w + U$$

한편, $\mathrm{C}_w = \{g(T)(w) \mid g(x) \in F[x]\}$ 이므로 적당한 $g(x) \in F[x]$ 와

$u \in U$ 에 대하여

$$(**) \qquad q(T)^s(v) = g(T)(w) + u$$

이고, 또 $g(x)$ 는 $q(x)$ 와 서로 소인 다항식 $h(x) \in F[x]$ 에 대하여

$$g(x) = q(x)^k h(x) \qquad (k \geq 0)$$

의 꼴로 나타내어진다. 이 때,

$$\begin{aligned} \mathbf{0} = q(T)^m(v) &= q(T)^{m-s}(q(T)^s(v)) \\ &= q(T)^{m-s}(g(T)(w) + u) \\ &= q(T)^{m-s}(g(T)(w)) + q(T)^{m-s}(u) \\ &= q(T)^{m-s}(q(T)^k(h(T)(w))) + q(T)^{m-s}(u) \\ &= q(T)^{m-s+k}(h(T)(w)) + q(T)^{m-s}(u) \end{aligned}$$

이므로 $q(T)^{m-s+k}(h(T)(w)) = -q(T)^{m-s}(u)$ 이다. 그런데,

$$q(T)^{m-s+k}(h(T)(w)) \in \mathrm{C}_w, \quad q(T)^{m-s}(u) \in U$$

이고 $\mathrm{C}_w \cap U = \{\mathbf{0}\}$ 이므로 $q(T)^{m-s+k}(h(T)(w)) = \mathbf{0}$ 이다.

그리고, $q(x)^m = p(x)$ 는 w 의 T-최소다항식이므로 정리 8.2.3에 의하여 $q(x)^m \mid q(x)^{m-s+k} h(x)$ 이고 또 두 다항식 $q(x), h(x)$ 는 서로 소이므로 $m-s+k \geq m$ 즉 $1 \leq s \leq k$ 이다. 따라서

$$w' = q(T)^{s-1}(v) - (q(T)^{k-1} \circ h(T))(w)$$

이라고 놓으면, $(*)$ 에 의하여 $q(T)^{s-1}(v) \notin \mathrm{C}_w + U$ 이지만

$$(q(T)^{k-1} \circ h(T))(w) \in \mathrm{C}_w \subseteq \mathrm{C}_w + U$$

이므로 $w' \notin \mathrm{C}_w + U$ 이다. 따라서

$$U' = \mathrm{C}_{w'} + U$$

이라고 놓으면, $U \subsetneq U'$ 이고 또 U' 은 V 의 T-불변 부분공간이다.

이제 $u' \in \mathrm{C}_w \cap U'$ 이라고 가정하면, $u' \in \mathrm{C}_w$, $u \in U'$ 이므로 적당한 다항식 $k(x), l(x) \in F[x]$ 와 벡터 $u_1 \in U$ 에 대하여 다음이 성립한다.

$$(***) \qquad u' = k(T)(w) = l(T)(w') + u_1$$

이 때, $l(T)(w') = k(T)(w) + (-u_1) \in \mathrm{C}_w + U$ 이다.

그런데, $q(x) \mid l(x)$ 가 아니라고 가정하면, $q(x)$ 는 기약다항식이므로 $q(x)^m$ 과 $l(x)$ 는 서로 소이고 따라서 $s(x)\,l(x) + t(x)\,q(x)^m = 1$ 인 두 다항식 $s(x), t(x) \in F[x]$ 가 존재하고(정리 8.4.4), 이때

$$\begin{aligned} w' = 1_V(w') &= s(T)(l(T)(w')) + t(T)(q(T)^m(w')) \\ &= s(T)(l(T)(w')) \in \mathrm{C}_w + U \end{aligned}$$

으로 되어 모순이 생긴다. 그러므로 $q(x) \mid l(x)$ 이다. 따라서 적당한 다항식 $c(x) \in F[x]$ 에 대하여 $l(x) = c(x)\,q(x)$ 이고 이때 $(**)$ 에 의하여

$$\begin{aligned} q(T)(w') &= q(T)^s(v) - (q(T)^k \circ h(T))(w) \\ &= q(T)^s(v) - g(T)(w) = u \in U \end{aligned}$$

이므로

$$l(T)(w') = c(T)(q(T)(w')) = c(T)(u) \in U$$

이고 따라서 $(***)$ 에 의하여 $u' = k(T)(w) = l(T)(w') + u_1 \in U$ 이므로 $u' \in \mathrm{C}_w \cap U = \{\mathbf{0}\}$ 이고 따라서 $u' = \mathbf{0}$ 이다.

그러므로 $\mathrm{C}_w \cap U' = \{\mathbf{0}\}$ 이다. 그러나, 이것은 U 가 $\mathrm{C}_w \cap U = \{\mathbf{0}\}$ 인 T-불변 부분공간 중에서 차원이 가장 큰 부분공간이라는 사실에 모순된다. 따라서 $V = \mathrm{C}_w \oplus U$ 이다.

정리 8.5.2 (순환 분해 정리) 체 F 위의 n 차원 벡터공간 V 에서 선형변환 $T \in \mathrm{End}_F(V)$ 의 고유다항식 $f(x)$ 가 다음과 같다고 하자.

$$f(x) = q(x)^e$$
$$(q(x) \in F[x] \text{는 모닉 기약다항식})$$

이 때, T 의 최소다항식 $p(x)$ 는

$$p(x) = q(x)^m \qquad (1 \le m \le e)$$

이 꼴로 인수분해되고 다음 세 조건을 만족시키는 t 개의 영벡터가 아닌 벡터 $w_1, \cdots, w_t \in V$ 와 t 개의 양의 정수 $s_1, \cdots, s_t$ 가 존재한다.

(i) $V = \mathrm{C}_{w_1} \oplus \cdots \oplus \mathrm{C}_{w_t}$ 이고, $\deg g(x) = d$ 일 때 C_{w_i} 는

$$\mathscr{C}_i = \{w_i, T(w_i), \cdots, T^{ds_i - 1}(w_i)\}$$

를 기저로 가지는 T-불변 부분공간이다.

(ii) 각 벡터 w_i 의 T-최소다항식은 $q(x)^{s_i}$ 이다.

(iii) $m = s_1 \geq \cdots \geq s_t \geq 1, \quad s_1 + \cdots + s_t = e$

더욱이 $\mathscr{C} = \mathscr{C}_1 \cup \cdots \cup \mathscr{C}_t$ 는 V 의 기저이고 $[T]_{\mathscr{C}}$ 는 다음과 같다.

$$[T]_{\mathscr{C}} = \mathrm{diag}\{C_1, \cdots, C_t\} = \begin{bmatrix} C_1 & O & \cdots & O \\ O & C_2 & \cdots & O \\ \vdots & \vdots & \ddots & \vdots \\ O & O & \cdots & C_t \end{bmatrix}$$

여기서, 각 C_i 는 다항식 $q(x)^{s_i}$ 의 동반행렬이다.

증 명 정리 8.3.4 에 의하여 $p(x) \mid f(x)$ 이므로 $p(x)$ 는

$$p(x) = q(x)^m \qquad (1 \leq m \leq e)$$

으로 인수분해된다.

이제 정리를 $n = \dim_F V$ 에 관한 귀납법으로 증명한다.

먼저 $n = 1$ 이면, 모든 벡터 $w \in V, w \neq \mathbf{0}$ 에 대하여 $V = \mathrm{C}_w$ 이고 또 T 의 최소다항식과 고유다항식은 $f(x) = p(x) = x - \lambda$ 와 같은 꼴이고 (문제 8.3.5), 따라서 $t = 1$, $s_1 = 1$ 이라고 놓으면 정리가 성립한다.

다음에 $n = \dim_F V \geq 2$ 이라 하고 차원이 n 보다 작은 모든 벡터공간에 대하여 정리가 성립한다고 가정하자.

이 때, $p(T) = q(T)^m = 0_V, \quad q(T)^{m-1} \neq 0_V$ 이므로

$$q(T)^{m-1}(w_1) \neq \mathbf{0}, \qquad q(T)^m(w_1) = \mathbf{0}$$

인 벡터 $w_1 \in V, w_1 \neq \mathbf{0}$ 이 존재한다. 그런데, $q(x)$ 는 기약다항식이므로 w_1 의 T-최소다항식은 $p(x) = q(x)^m$ 이다(정리 8.2.3). 그리고, $V = \mathrm{C}_{w_1}$ 인 경우에 $f(x) = p(x)$ 이므로 $t = 1, s_1 = m$ 이라고 놓으면, 세 조건 (i), (ii), (iii) 가 성립한다(정리 8.2.4).

이제 $V \neq \mathrm{C}_{w_1}$ 인 경우를 생각해 보자. 정리 8.5.1 에 의하여

$$V = \mathrm{C}_{w_1} \oplus U, \qquad 1 \leq \dim_F U < n$$

인 V 의 T-불변 부분공간 U 가 존재한다. 그리고, $T_U : U \longrightarrow U$ 를 T 에 의하여 유도된 U 위의 선형변환이라 하고 $f_U(x), p_U(x)$ 를 각각 T_U 의 고유다항식, 최소다항식이라고 하면, 정리 8.3.5 에 의하여

$$p_U(x) \mid f(x), \qquad p_U(x) \mid p(x)$$

이므로 $s_1 = m$ 이라고 할 때, 다음과 같은 정수 k, s_2 가 존재한다.

$$f_U(x) = q(x)^k, \qquad 1 \leq k \leq e$$
$$p_U(x) = q(x)^{s_2}, \qquad 1 \leq s_2 \leq s_1 = m$$

그런데, $1 \leq \dim_F U < n$ 이므로 귀납법 가정에 의하여 다음 세 조건을 만족시키는 $w_2, \cdots, w_t \in U$ $(w_i \neq 0)$ 와 양의 정수 $s_2, \cdots, s_t$ 가 존재한다.

(i)′ $U = \mathrm{C}_{w_2}' \oplus \cdots \oplus \mathrm{C}_{w_t}'$ 이고, 여기서 각 i $(2 \leq i \leq t)$ 에 대하여 C_{w_i}' 는 벡터 $w_i \in U$ 에 의하여 생성된 T_U-순환 부분공간이다.

(ii)′ 각 i $(2 \leq i \leq t)$ 에 대하여 w_i 의 T_U-최소다항식은 $q(x)^{s_i}$ 이다.

(iii)′ $s_2 \geq \cdots \geq s_t \geq 1, \qquad s_2 + \cdots + s_t = k$

그리고, 각 i $(2 \leq i \leq t)$ 에 대하여

$$\begin{aligned}\mathrm{C}_{w_i}' &= \{g(T_U)(w_i) \mid g(x) \in F[x]\} \\ &= \{g(T)(w_i) \mid g(x) \in F[x]\} = \mathrm{C}_{w_i}\end{aligned}$$

이고 또 w_i 의 T-최소다항식은 $q(x)^{s_i}$ 이며 $d = \deg q(x)$ 일 때

$$\mathscr{C}_i = \{w_i, T(w_i), \cdots, T^{ds_i - 1}(w_i)\}$$

는 C_{w_i} 의 기저이다(정리 8.2.3). 그리고, 다음이 성립한다(정리 7.6.2).

$$V = \mathrm{C}_{w_1} \oplus U = \mathrm{C}_{w_1} \oplus \mathrm{C}_{w_2} \oplus \cdots \oplus \mathrm{C}_{w_t}$$

이제 각 i $(1 \leq i \leq t)$ 에 대하여 $T_i : \mathrm{C}_{w_i} \longrightarrow \mathrm{C}_{w_i}$ 를 T 에 의하여 유도된 선형변환이라고 하자. 이 때, 각 T_i 의 고유다항식과 최소다항식은 $q(x)^{s_i}$

이다(정리 8.3.5). 따라서 정리 8.4.9 에 의하여 T 의 고유다항식은

$$q(x)^e = f(x) = q(x)^{s_1} \cdots q(x)^{s_t} = q(x)^{s_1+\cdots+s_t}$$

이므로 $m = s_1 \geq s_2 \geq \cdots \geq s_t \geq 1,\ s_1 + \cdots + s_t = e$ 이다.

그러므로 세 조건 (i), (ii), (iii) 가 성립한다.

특히, 조건 (i) 와 정리 7.6.3 에 의하여 $\mathscr{C} = \mathscr{C}_1 \cup \cdots \cup \mathscr{C}_t$ 는 V 의 기저이다. 그리고, 정리 8.4.9 에 의하여 기저 $\mathscr{C}$ 에 관한 T 의 행렬은

$$[T]_{\mathscr{C}} = \mathrm{diag}\,\{[T_1]_{\mathscr{C}_1},\ \cdots,\ [T_t]_{\mathscr{C}_t}\}$$

이고, 정리 8.2.4 에 의하여 $C_i = [T_i]_{\mathscr{C}_i}$ 는 다항식 $q(x)^{s_i}$ 의 동반행렬이다.

앞의 정리에서 양의 정수 t 와 $s_1, \cdots, s_t$ 는 단 한 가지로 정해지지만, 벡터 $w_1, \cdots, w_t$ 는 일정하게 정해지지는 않는다(증명 생략).

정리 8.5.2 에 의하여 다음 따름정리를 얻는다(정리 8.3.7 참조).

따름정리 8.5.3 체 F 위의 n 차의 행렬 A 의 고유다항식 $f(x)$ 가

$$f(x) = q(x)^e$$
$$(q(x) \in F[x] \text{는 모닉 기약다항식})$$

과 같이 인수분해된다고 하자. 이 때, A 의 최소다항식 $p(x)$ 는

$$p(x) = q(x)^m \qquad (1 \leq m \leq e)$$

의 꼴이고 다음과 같은 t 개의 양의 정수 $s_1, \cdots, s_t$ 가 존재한다.

$$m = s_1 \geq \cdots \geq s_t \geq 1, \qquad s_1 + \cdots + s_t = e$$

그리고, 적당한 정칙행렬 P 에 대하여 다음이 성립한다.

$$P^{-1}AP = \mathrm{diag}\,\{C_1, \cdots, C_t\} = \begin{bmatrix} C_1 & O & \cdots & O \\ O & C_2 & \cdots & O \\ \vdots & \vdots & \ddots & \vdots \\ O & O & \cdots & C_t \end{bmatrix}$$

여기서, 각 C_i 는 다항식 $q(x)^{s_i}$ 의 동반행렬이다.

보기 8.5.1 실수체 $\mathbb{R}$ 위에서 다음과 같은 행렬을 생각해 보자.

$$A = \begin{bmatrix} 6 & -9 & 6 \\ -1 & 6 & -2 \\ -3 & 9 & -3 \end{bmatrix}$$

행렬 A 의 고유다항식은

$$\begin{aligned} f(x) &= \begin{vmatrix} x-6 & 9 & -6 \\ 1 & x-6 & 2 \\ 3 & -9 & x+3 \end{vmatrix} \\ &= x^3 - 9x^2 + 27x - 27 = (x-3)^3 \end{aligned}$$

3	1	−9	27	−27
		3	−18	27
	1	−6	9	0

이고, $A - 3I_3 \neq O_3$, $(A-3I_3)^2 = O_3$ 이므로
A 의 최소다항식은 $p(x) = (x-3)^2$ 이다.

따라서 $q(x) = x-3$ 이라고 하면,

$$f(x) = q(x)^3, \qquad p(x) = q(x)^2$$

이고 또 다음 결과를 얻는다.

$$m = s_1 = 2, \quad s_2 = 1, \qquad s_1 + s_2 = 3$$
$$q(x)^2 = p(x) = x^2 - 6x + 9, \qquad q(x) = x - 3$$

따라서 적당한 정칙행렬 $P \in \mathrm{Mat}_3(\mathbb{R})$ 에 대하여 다음이 성립한다.

$$P^{-1}AP = \left[\begin{array}{cc:c} 0 & -9 & 0 \\ 1 & 6 & 0 \\ \hdashline 0 & 0 & 3 \end{array}\right]$$

실제로, $w_1 = e_1 = (1, 0, 0)$ 에 대하여

$$\begin{aligned} &L_A(w_1) = (6, -1, -3), \\ &L_A^{3}(w_1) = (27, -6, -18) = -9w_1 + 6L_A(w_1) \\ &\mathrm{C}_{w_1} = \langle (1, 0, 0), (6, -1, -3) \rangle \\ &\quad = \{ (x_1, x_2, x_3) \in \mathbb{R}^3 \mid 3x_2 - x_3 = 0 \} \end{aligned}$$

이고(보기 2.7.3 참조), 또 w_1 의 L_A-최소다항식은 다음과 같다.

$$p_{w_1}(x) = x^2 - 6x + 9 = p(x)$$

다음에 $\mathbb{R}^3 = \mathbf{C}_{w_1} \oplus \mathbf{C}_{w_2}$ 인 벡터 $w_2 \in \mathbb{R}^3$, $w_2 \neq (0, 0, 0)$ 을 구해 보자.

먼저 $\mathbf{C}_{w_2}$ 는 1 차원 L_A-불변 부분공간이므로 w_2 는 L_A 의 고유벡터이고 $w_2 \notin \mathbf{C}_{w_1}$ 이다(문제 8.2.5). 또, 고유치 3 에 대응하는 고유공간 E 는 다음 동차 일차방정식의 해공간이다.

$$3I_3 - A = \begin{bmatrix} -3 & 9 & -6 \\ 1 & -3 & 2 \\ 3 & -9 & 6 \end{bmatrix} \longrightarrow \begin{bmatrix} 1 & -3 & 2 \\ 0 & 0 & 0 \\ 0 & 0 & 0 \end{bmatrix}$$

$$x_1 - 3x_2 + 2x_3 = 0$$

따라서 $w_2 = (3, 1, 0) \in \mathrm{E}$ 를 택하면, $w_2 \notin \mathbf{C}_{w_1}$ 이므로 $\mathbb{R}^3 = \mathbf{C}_{w_1} \oplus \mathbf{C}_{w_2}$ 이다.

그러므로 $\mathscr{C} = \{w_1, L_A(w_1), w_2\}$ 는 $\mathbb{R}^3$ 의 기저이고 다음이 성립한다.

$$[L_A]_{\mathscr{C}} = \begin{bmatrix} 0 & -9 & 0 \\ 1 & 6 & 0 \\ 0 & 0 & 3 \end{bmatrix} = P^{-1}AP, \qquad P = \begin{bmatrix} 1 & 6 & 3 \\ 0 & -1 & 1 \\ 0 & -3 & 0 \end{bmatrix}$$

정리 8.5.4 체 F 위의 n 차원 벡터공간 V 에서 선형변환 $T \in \mathrm{End}_F(V)$ 의 고유다항식 $f(x)$ 의 표준분해가 다음과 같다고 하자(정리 8.4.6).

$$f(x) = q_1(x)^{n_1} \cdots q_r(x)^{n_r} \qquad (n_1 \geq 1, \cdots, n_r \geq 1)$$

이 때, T 의 최소다항식 $p(x)$ 의 표준분해는

$$p(x) = q_1(x)^{m_1} \cdots q_r(x)^{m_r} \qquad (1 \leq m_i \leq n_i)$$

과 같은 꼴이며 각 i $(1 \leq i \leq r)$ 에 대하여

$$W_i = \ker\, q_i(T)^{m_i} = \{w \in V \mid q_i(T)^{m_i}(w) = \mathbf{0}\}$$

이라 하고 $d_i = \deg q_i(x)$ 이라고 하면 다음의 (1) ~ (4) 가 성립한다.

(1) $V = W_1 \oplus \cdots \oplus W_r$ 이고, 각 W_i 는 T-불변 부분공간이다.

(2) 모든 양의 정수 k 에 대하여 $\ker q_i(T)^k \subseteq \ker q_i(T)^{m_i} = W_i$ 이다.

(3) 각 i $(1 \leq i \leq r)$ 에 대하여 $T_i : W_i \longrightarrow W_i$ 를 T 에 의하여 유도된 선형변환이라고 하면, T_i 의 고유다항식과 최소다항식은 $q_i(x)^{n_i}$, $q_i(x)^{m_i}$ 이고 $\dim_F W_i = \deg\, q_i(x)^{n_i} = d_i n_i$ 이다.

(4) 각 i $(1 \leq i \leq r)$ 에 대하여 다음 세 조건을 만족시키는 t_i 개의 영벡터가 아닌 벡터 $w_{i1}, \cdots, w_{it_i} \in W_i$ 와 양의 정수 $s_{i1}, \cdots, s_{it_i}$ 가 존재한다.

(i) $W_i = \mathrm{C}_{w_{i1}} \oplus \cdots \oplus \mathrm{C}_{w_{it_i}}$ 이고, 여기서 각 $\mathrm{C}_{w_{ij}}$ 는

$$\mathscr{C}_{ij} = \{w_{ij}, T(w_{ij}), \cdots, T^{d_i s_{ij}-1}(w_{ij})\}$$

를 기저로 가지는 T-불변 부분공간이다.

(ii) 각 j $(1 \leq j \leq t_i)$ 에 대하여 w_{ij} 의 T-최소다항식은 $q_i(x)^{s_{ij}}$ 이다.

(iii) $m_i = s_{i1} \geq \cdots \geq s_{it_i} \geq 1, \quad s_{i1} + \cdots + s_{it_i} = n_i$

더욱이, 각 i $(1 \leq i \leq r)$ 에 대하여 $\mathscr{C}_i = \mathscr{C}_{i1} \cup \cdots \cup \mathscr{C}_{it_i}$ 는 W_i 의 기저이고 $\mathscr{C} = \mathscr{C}_1 \cup \cdots \cup \mathscr{C}_r$ 는 V 의 기저이며 $[T]_{\mathscr{C}}$ 는 다음과 같다.

$$\begin{aligned}[T]_{\mathscr{C}} &= \mathrm{diag}\{[T_1]_{\mathscr{C}_1}, \cdots, [T_r]_{\mathscr{C}_r}\} \\ &= \mathrm{diag}\{C_{11}, \cdots, C_{it_1}, \cdots, C_{r1}, \cdots, C_{rt_r}\}\end{aligned}$$

여기서 각 C_{ij} 는 다항식 $q_i(x)^{s_{ij}}$ 의 동반행렬이다.

증 명 정리 8.3.4 에 의하여 $p(x) \mid f(x)$ 이므로 필요하다면 $f(x)$ 의 기약인수인 $q_1(x), \cdots, q_r(x)$ 의 순서를 적당히 바꾸어 $p(x)$ 를

$$p(x) = q_1(x)^{m_1} \cdots q_s(x)^{m_s} \qquad (1 \leq m_i \leq n_i)$$

으로 나타낼 수 있다. 이 때, 정리 8.4.10 에 의하여 다음이 성립한다.

(1)′ $V = W_1 \oplus \cdots \oplus W_s$ 이고, 여기서 각 W_i 는 T-불변 부분공간이다.

(2)′ 모든 양의 정수 k 에 대하여 $\ker q_i(T)^k \subseteq \ker q_i(T)^{m_i} = W_i$ 이다.

(3)′ 각 i $(1 \leq i \leq s)$ 에 대하여 $T_i : W_i \longrightarrow W_i$ 를 T 에 의하여 유도된 선형변환이라고 하면, T_i 의 최소다항식은 $q_i(x)^{m_i}$ 이다.

그런데, 각 i $(1 \leq i \leq s)$ 에 대하여 $f_i(x)$ 를 T_i 의 고유다항식이라고 하면, 정리 8.4.9 에 의하여 $f(x) = f_1(x) \cdots f_s(x)$ 이다.

그리고, $W_1, \cdots, W_s$ 위의 선형형변환 $T_1, \cdots, T_s$ 에 대하여 정리 8.5.2 를

적용하면, 각 i $(1 \le i \le s)$ 에 대하여 조건 (4) 의 세 조건을 만족시키는 t_i 개의 벡터 $w_{i1}, \cdots, w_{it_i} \in W_i$ 와 양의 정수 $s_{i1}, \cdots, s_{it_i}$ 가 존재하고, 또

$$s_{i1} + \cdots + s_{it_i} = e_i$$

이라고 하면, 정리 8.5.2 의 증명에 의하여 $f_i(x) = q_i(x)^{e_i}$ 이고 따라서 다음이 성립한다.

$$\begin{aligned} q_1(x)^{n_1} \cdots q_r(x)^{n_r} &= f(x) \\ &= f_1(x) \cdots f_s(x) = q_1(x)^{e_1} \cdots q_s(x)^{e_s} \end{aligned}$$

따라서

$$r = s, \qquad n_1 = e_1, \cdots, n_s = e_s$$

이므로 위의 결과와 정리 8.5.2 에 의하여 (1) ~ (4) 가 성립한다.

앞의 정리에서 각 i $(1 \le i \le r)$ 에 대하여 양의 정수 t_i 와 s_{i1} .$\cdots, s_{it_i}$ 는 단 한 가지로 정해지지만 벡터 $w_{i1}, \cdots, w_{it_i}$ 는 유일하지는 않으며 행렬 C_{ij} 의 순서를 무시한다면 행렬

$$[T]_{\mathscr{C}} = \text{diag}\{C_{11}, \cdots, C_{1t_1}, \cdots, C_{r1}, \cdots, C_{rt_r}\}$$

는 단 한 가지로 결정된다.

이 행렬을 T 의 **有理 표준형**(rational canonical form)이라고 한다.

그리고, 각 i $(1 \le i \le r)$ 에 대하여

$$q_i(x)^{s_{i1}}, \cdots, q_i(x)^{s_{it_i}} \qquad (s_{i1} + \cdots + s_{it_i} = n_i)$$

를 T 의 $\boldsymbol{q_i(x)}$**-單因子**라 하고 또

$$q_1(x)^{s_{11}}, \cdots, q_1(x)^{s_{1t_1}}, \quad \cdots, \quad q_r(x)^{s_{r1}}, \cdots, q_r(x)^{s_{rt_r}}$$

를 T 의 **單因子系**라고 한다.

그리고, 체 F 위의 n 차의 행렬 A 에 대하여 선형변환 $L_A : F^n \longrightarrow F^n$ 의 유리 표준형 B 를 A 의 **유리 표준형**이라 하고 L_A 의 단인자와 단인자계를 각각 A 의 **단인자**, **단인자계**라고 한다.

앞의 정리 8.5.4 에 의하여 다음 두 따름정리가 성립한다.

따름정리 8.5.5 체 F 위의 n 차의 행렬 A 에 대하여 A 의 고유다항식 $f(x)$ 의 표준분해가

$$f(x) = q_1(x)^{n_1} \cdots q_r(x)^{n_r} \qquad (n_i \geq 1)$$

일 때, A 의 최소다항식 $p(x)$ 의 표준분해는

$$p(x) = q_1(x)^{m_1} \cdots q_r(x)^{m_r} \qquad (1 \leq m_i \leq n_i)$$

와 같은 꼴이고 A 의 유리 표준형은 다음과 같은 꼴이다.

$$B = \mathrm{diag}\,\{C_{11}, \cdots, C_{1t_1}, \cdots, C_{r1}, \cdots, C_{rt_r}\}$$

여기서, 각 i $(1 \leq i \leq r)$ 에 대하여

$$m_i = s_{i1} \geq \cdots \geq s_{it_i} \geq 1, \qquad s_{i1} + \cdots + s_{it_i} = n_i$$

이고 각 C_{ij} 는 다항식 $q_i(x)^{s_{ij}}$ 의 동반행렬이다.

그리고, 적당한 정칙행렬 $P \in \mathrm{Mat}_n(F)$ 에 대하여 $B = P^{-1}AP$ 이다.

따름정리 8.5.6 체 F 위의 n 차원 벡터공간 V 에서 $T : V \longrightarrow V$ 를 V 위의 선형 변환이라 하고 또 A 를 체 F 위의 n 차의 행렬이라고 하자.

이 때, T 의 [A 의] 최소다항식 $p(x)$ 의 표준분해가

$$p(x) = q_1(x)^{m_1} \cdots q_r(x)^{m_r} \qquad (m_1 \geq 1, \cdots, m_r \geq 1)$$

이면, T 의 [A 의] 고유다항식 $f(x)$ 의 표준분해는

$$f(x) = q_1(x)^{n_1} \cdots q_r(x)^{n_r} \qquad (1 \leq m_i \leq n_i)$$

과 같은 꼴이다.

보기 8.5.2 실수체 $\mathbb{R}$ 위의 7 차의 행렬 A 에 대하여 A 의 고유다항식 $f(x)$ 와 최소다항식 $p(x)$ 가 각각 다음과 같다고 하자.

$$f(x) = (x^2+x+2)^2(x-3)^3,$$

$$p(x) = (x^2+x+2)^2(x-3)^2$$

이 때, 선형변환 $L_A : \mathbb{R}^7 \longrightarrow \mathbb{R}^7$ 에 대하여

$$m_1 = 2, \quad s_{11} = m_1, \qquad s_{11} = 2 = n_1$$

$$m_2 = 2, \quad s_{21} = m_2 = 2, \quad s_{22} = 1, \quad s_{21} + s_{22} = n_2 = 3$$

이므로 A 의 단인자계는 $(x^2+x+2)^2$, $(x-3)^2$, $x-3$ 이다. 그리고,

$$(x^2+x+2)^2 = 4 + 4x + 5x^2 + 2x^3 + x^4,$$

$$(x-3)^2 = 9 - 6x + x^2, \quad x - 3 = -3 + x$$

이므로 A 의 유리 표준형은 다음과 같다.

$$B = \begin{bmatrix} 0 & 0 & 0 & -4 & 0 & 0 & 0 \\ 1 & 0 & 0 & -4 & 0 & 0 & 0 \\ 0 & 1 & 0 & -5 & 0 & 0 & 0 \\ 0 & 0 & 1 & -2 & 0 & 0 & 0 \\ 0 & 0 & 0 & 0 & 0 & -9 & 0 \\ 0 & 0 & 0 & 0 & 1 & 6 & 0 \\ 0 & 0 & 0 & 0 & 0 & 0 & 3 \end{bmatrix}$$

보기 8.5.3 실수체 $\mathbb{R}$ 위에서 다음 행렬형을 구해 보자.

$$A = \begin{bmatrix} 0 & -1 & 0 & -1 & 0 \\ 0 & 0 & 4 & 0 & -4 \\ -2 & 0 & 3 & -2 & -2 \\ 1 & 0 & -1 & 2 & 1 \\ -2 & 1 & 3 & -2 & -2 \end{bmatrix}$$

벡터공공간 $\mathbb{R}^5$ 에서 $\mathscr{B} = \{e_1, e_2, e_3, e_4, e_5\}$ 를 표준기저라고 하자. 먼저 벡터 $e_1 = (1, 0, 0, 0, 0)$ 에 대하여

$$\begin{aligned} e_1 &= (1, 0, 0, 0, 0), \\ L_A(e_1) &= (0, 0, -2, 1, -2), \\ {L_A}^2(e_1) &= (-1, 0, -4, 2, -4) = -e_1 + 2L_A(e_1) \end{aligned}$$

이므로

$$\mathrm{C}_{e_1} = \langle e_1, L_A(e_1) \rangle = \langle (1, 0, 0, 0), (0, 0, -2, 1, -2) \rangle$$

이고 e_1 의 L_A-최소다항식은 $x^2 - 2x + 1$ 즉 $(x-1)^2$ 이다.

다음에 $e_2 = (0, 1, 0, 0, 0)$ 를 택하면, $e_2 \notin \mathrm{C}_{e_1}$ 이고 또

$$\begin{aligned} e_2 &= (0, 1, 0, 0, 0), \\ L_A(e_2) &= (-1, 0, 0, 0, 1), \\ L_A{}^2(e_2) &= (0, -4, 0, 0, 0) = -4\,e_2 \end{aligned}$$

이므로,

$$\mathrm{C}_{e_2} = \langle\, e_2, L_A(e_2)\,\rangle = \langle (0, 1, 0, 0, 0), (-1, 0, 0, 0, 1) \rangle$$

이고 e_2 의 L_A-최소다항식은 $x^2 + 4$ 이다.

마찬가지로, e_3, e_4, e_5 의 L_A-최소다항식은 각각

$$(x-1)^2\,(x^2+4), \quad (x-1)^2, \quad (x-1)^2(x^2+4)$$

이므로, A 의 [L_A 의] 최소다항식 $p(x)$ 는 다음과 같다(정리 8.3.11 참조).

$$p(x) = (x-1)^2\,(x^2+4)$$

그런데, A 의 [L_A 의] 고유다항식 $f(x)$ 는 5 차 다항식이므로

$$f(x) = (x-1)^3\,(x^2+4)$$

이고 따라서 A 의 단인자계는 $(x-1)^2$, $x-1$, x^2+4 이므로 A 의 유리 표준형은 다음과 같다.

$$B = \begin{bmatrix} 0 & -1 & 0 & 0 & 0 \\ 1 & 2 & 0 & 0 & 0 \\ 0 & 0 & 1 & 0 & 0 \\ 0 & 0 & 0 & 0 & -4 \\ 0 & 0 & 0 & 1 & 0 \end{bmatrix}$$

이제 벡터공간 $V = \mathbb{R}^5$ 에서

$$\begin{aligned} &W_1 = \ker\,(L_A - 1_V)^2, \qquad W_2 = \ker\,(L_A{}^2 + 4\,1_V) \\ &\mathrm{E}_1 = \ker\,(L_A - 1_V) \end{aligned}$$

이라고 하면, $\mathrm{E}_1 \subseteq W_1$ 이고 E_1 은 고유치 $\lambda_1 = 1$ 에 대응하는 A 의 [L_A 의] 고유공간이고 다음이 성립한다(정리 7.4.1, 정리 8.5.4)

$$V = W_1 \oplus W_2, \qquad \dim W_1 = 3, \qquad \dim W_2 = 2$$

두 부분공간 W_1, E_1 은 각각 다음 동차 연립일차방정식의 해공간이다.

$$(A-I_5)^2\begin{bmatrix}x_1\\x_2\\x_3\\x_4\\x_5\end{bmatrix}=\begin{bmatrix}0\\0\\0\\0\\0\end{bmatrix},\qquad (A-I_5)\begin{bmatrix}x_1\\x_2\\x_3\\x_4\\x_5\end{bmatrix}=\begin{bmatrix}0\\0\\0\\0\\0\end{bmatrix}$$

한편, $(A-I_5)^2$ 과 $A-I_5$ 은 기본 행 변형에 의하여 다음과 같이 변형된다.

$$(A-I_5)^2=\begin{bmatrix}0&2&-3&0&3\\0&-3&-8&0&8\\0&0&0&0&0\\0&0&0&0&0\\0&-2&3&0&-3\end{bmatrix}\longrightarrow\begin{bmatrix}0&1&0&0&0\\0&0&1&0&-1\\0&0&0&0&0\\0&0&0&0&0\\0&0&0&0&0\end{bmatrix},$$

$$A-I_5=\begin{bmatrix}-1&-1&0&-1&0\\0&-1&4&0&-4\\-2&0&2&-2&-2\\1&0&-1&1&1\\-2&1&3&-2&-3\end{bmatrix}\longrightarrow\begin{bmatrix}1&0&0&0&0\\0&1&0&0&0\\0&0&1&0&-1\\0&0&0&1&0\\0&0&0&0&0\end{bmatrix},$$

따라서 위의 두 동차 연립일차방정식의 해 전체는 각각

$$\begin{bmatrix}x_1\\x_2\\x_3\\x_4\\x_5\end{bmatrix}=t_1\begin{bmatrix}1\\0\\0\\0\\0\end{bmatrix}+t_2\begin{bmatrix}0\\0\\0\\1\\0\end{bmatrix}+t_3\begin{bmatrix}0\\0\\1\\0\\1\end{bmatrix}\qquad (t_1, t_2, t_3\in\mathbb{R})$$

$$\begin{bmatrix}x_1\\x_2\\x_3\\x_4\\x_5\end{bmatrix}=t\begin{bmatrix}0\\0\\1\\0\\1\end{bmatrix}\qquad (t\in\mathbb{R})$$

이므로 다음 결과를 얻는다.

$$W_1=\langle\,(1,0,0,0,0),(0,0,0,1,0),(0,0,1,0,1)\rangle$$

$$\mathrm{E}_1=\langle\,(0,0,1,0,1)\,\rangle$$

한편, 앞의 결과에 의하면, $w_1=e_1=(1,0,0,0,0)\in W_1-\mathrm{E}_1$ 에 대하여

$$\mathrm{C}_{w_1}=\langle\, w_1, L_A(w_1)\,\rangle=\langle\,(1,0,0,0,0),(0,0,-2,1,-2)\,\rangle$$

이고 $w_3 = (0, 0, 1, 0, 1) \in \mathrm{E}_1$ 를 택하면, $w_3 \notin \mathbf{C}_{w_1}$ 이고 또 $L_A(w_3) = w_3$ 이므로 $\mathbf{C}_{w_3} = \langle w_3 \rangle$ 이다. 따라서

W_1

w_1	
$L_A(w_1)$	w_3

$$W_1 = \mathbf{C}_{w_1} \oplus \mathbf{C}_{w_2}$$

이고, $w_4 = e_2 = (0, 1, 0, 0)$ 를 택하면, 앞의 결과에 의하여 다음이 성립한다.

W_2

w_4
$L_A(w_4)$

$$L_A(w_4) = (-1, 0, 0, 0, 1),$$

$$L_A{}^2(w_4) = -4\,w_4$$

$$\mathbf{C}_{w_4} = \langle w_4, L_A(w_4) \rangle = \langle (0, 1, 0, 0, 0), (-1, 0, 0, 0, 1) \rangle = W_2$$

그러므로 $\mathscr{C} = \{w_1, L_A(w_1), w_3, w_4, L_A(w_4)\}$ 는 V 의 기저이고,

$$\begin{aligned}
L_A(w_1) &= L_A(w_1) \\
L_A(L_A(w_1)) &= -w_1 + 2\,L_A(w_1) \\
L_A(w_3) &= w_3 \\
L_A(w_4) &= L_A(w_4) \\
L_A(L_A(w_4)) &= -4\,w_4
\end{aligned}$$

이므로 $[T]_{\mathscr{C}} = B$ 는 다음과 같다.

$$B = \begin{bmatrix} 0 & -1 & 0 & 0 & 0 \\ 1 & 2 & 0 & 0 & 0 \\ 0 & 0 & 1 & 0 & 0 \\ 0 & 0 & 0 & 0 & -4 \\ 0 & 0 & 0 & 1 & 0 \end{bmatrix} = P^{-1}AP, \quad P = \begin{bmatrix} 1 & 0 & 0 & 0 & -1 \\ 0 & 0 & 0 & 1 & 0 \\ 0 & -2 & 1 & 0 & 0 \\ 0 & 1 & 0 & 0 & 0 \\ 0 & -2 & 1 & 0 & 1 \end{bmatrix}$$

보기 8.5.4 다음 행렬을 복소수체 $\mathbb{C}$ 위에서 생각해 보자.

$$A = \begin{bmatrix} 0 & -1 & 0 & -1 & 0 \\ 0 & 0 & 4 & 0 & -4 \\ -2 & 0 & 3 & -2 & -2 \\ 1 & 0 & -1 & 2 & 1 \\ -2 & 1 & 3 & -2 & -2 \end{bmatrix}$$

이 경우에 보기 8.5.3 에 의하여 행렬 A 의 고유다항식과 최소다항식은

$$f(x) = (x-1)^3 (x-2i)(x+2i),$$

$$p(x) = (x-1)^2 (x-2i)(x+2i)$$

으로 인수분해되므로 A 의 단인자계는

$$(x-1)^2, \quad x-1, \quad x-2i, \quad x+2i$$

이고 A 의 유리 표준형은 다음과 같다.

$$B = \begin{bmatrix} 0 & -1 & 0 & 0 & 0 \\ 1 & 2 & 0 & 0 & 0 \\ 0 & 0 & 1 & 0 & 0 \\ 0 & 0 & 0 & 2i & 0 \\ 0 & 0 & 0 & 0 & -2i \end{bmatrix}$$

보기 8.5.5 체 F 위의 2차의 행렬 A 에 대하여 $f(x), p(x)$ 를 각각 A 의 고유다항식, 최소다항식이라고 할 때, 다음 세 가지 중 하나가 성립한다.

(1) $f(x) = x^2 + a_1 x + a_0$ 가 체 F 위에서 기약인 경우

이 경우에 $p(x) = f(x)$ 이고 A 의 유리 표준형은 다음과 같다.

$$B = \begin{bmatrix} 0 & -a_0 \\ 1 & -a_1 \end{bmatrix}$$

(2) 서로 다른 $\lambda_1, \lambda_2 \in F$ 에 대하여 $f(x) = (x-\lambda_1)(x-\lambda_2)$ 인 경우

이 경우에 $p(x) = f(x)$ 이고 A 의 유리 표준형은 다음과 같다.

$$B = \begin{bmatrix} \lambda_1 & 0 \\ 0 & \lambda_2 \end{bmatrix}$$

(3) 원소 $\lambda \in F$ 에 대하여 $f(x) = (x-\lambda)^2$ 인 경우

이 경우에 $p(x) = f(x)$ 또는 $p(x) = x-\lambda$ 이고 이에 따라 A 의 유리 표준형은 각각 다음과 같다.

$$B = \begin{bmatrix} 0 & -a_0 \\ 1 & -a_1 \end{bmatrix}, \qquad B = \begin{bmatrix} \lambda & 0 \\ 0 & \lambda \end{bmatrix}$$

연 습 문 제 (8.5)

*1. 실수체 $\mathbb{R}$ 위의 4차의 행렬

$$A = \begin{bmatrix} 0 & -1 & 5 & -3 \\ 1 & 0 & 0 & -1 \\ 0 & 0 & 3 & -2 \\ 0 & 0 & 5 & -3 \end{bmatrix}$$

의 고유다항식과 최소다항식은 각각

$$f(x) = (x^2+1)^2, \quad p(x) = x^2+1$$

임을 밝혀라. 그리고, 행렬 A의 유리 표준형 B를 구하고, 또 $B = P^{-1}AP$인 정칙행렬 P를 구하여라.

2. 실수체 $\mathbb{R}$ 위의 4차의 행렬

$$A = \begin{bmatrix} 2 & 0 & 0 & 0 \\ 1 & 2 & 0 & 0 \\ 0 & 1 & 2 & 0 \\ 0 & 0 & 0 & 2 \end{bmatrix}$$

의 고유다항식과 최소다항식을 구하고, A의 유리 표준형 B를 구하여라.

또, 두 벡터 $e_3 = (0, 0, 1, 0)$, $e_4 = (0, 0, 0, 1)$에 대하여 $\mathbb{R}^4 = \mathbf{C}_{e_3} \oplus \mathbf{C}_{e_4}$ 임을 밝히고, $B = P^{-1}AP$인 정칙행렬 P를 구하여라.

3. 실수체 $\mathbb{R}$ 위에서 다음 행렬의 유리 표준형을 구하여라.

(1) $A = \begin{bmatrix} 1 & 0 & 0 \\ 1 & 1 & 0 \\ 0 & 1 & 1 \end{bmatrix}$ (2) $A = \begin{bmatrix} 1 & 0 & 0 \\ 1 & 1 & 0 \\ 0 & 0 & 1 \end{bmatrix}$

4. 실수체 $\mathbb{R}$ 위에서 다음 행렬의 유리 표준형을 구하여라.

$$A = \begin{bmatrix} 0 & -4 & 12 & -7 \\ 0 & -1 & 3 & -3 \\ 0 & -1 & 6 & -4 \\ 0 & -1 & 8 & -5 \end{bmatrix}$$

5. 실수체 $\mathbb{R}$ 위에서 행렬 A 의 단인자계가 다음과 같을 때, A 의 유리 표준형을 구하여라. 그리고, 이 행렬을 복소수체 $\mathbb{C}$ 위의 행렬로 생각할 때의 A 의 단인자계를 구하고 A 의 유리 표준형을 구하여라.

*(1) $(x-4)^2,\quad x-4,\quad x-4$　　(2) $(x^2+4)^2,\quad (x+2)^2$

(3) $(x^2+9)^2,\quad x^2+9$　　(4) $(x^2+2x+2)^3$

6. 실수체 $\mathbb{R}$ 위의 7차의 행렬 A 에 대하여 다음 물음에 답하여라.

(1) 행렬 A 의 고유다항식이 $f(x)=(x-1)^3(x^2+x+1)^2$ 일 때, A 의 가능한 최소다항식 $p(x)$ 과 단인자계를 구하여라.

(2) 행렬 A 의 최소다항식이 $p(x)=(x-1)^2(x^2+x+1)$ 일 때, A 의 가능한 고유다항식 $f(x)$ 와 단인자계를 구하여라.

***7.** 체 F 위의 n 차원 벡터공간 V 에서 $T\in \mathrm{End}_F(V)$ 의 최소다항식 $p(x)$ 가

$$p(x)=q(x)^m \qquad (q(x)\in F[x]\text{는 모닉 기약다항식})$$

으로 인수분해될 때, 다음이 성립함을 밝혀라.

(1) $W=\ker(q(T)^{m-1})$ 는 V 의 T-불변 부분공간이고 $W\neq V$ 이다.

(2) $U=\mathrm{im}\,q(T)$ 는 V 의 T-불변 부분공간이고 또 선형변환 $T_U: U\longrightarrow U$ 의 최소다항식은 $q(x)^{m-1}$ 이다.

8. 체 F 위의 n 차원 벡터공간 V 에서 선형변환 $T\in \mathrm{End}_F(V)$ 의 고유다항식 $f(x)$ 의 표준분해가 $f(x)=q_1(x)\,q_2(x)$ 일 때, 다음이 성립함을 밝혀라.

(1) 다음 두 조건을 만족시키는 벡터 $w_1, w_2\in V$ 가 존재한다.

(i) $V=\mathbf{C}_{w_1}\oplus \mathbf{C}_{w_2}$　　(ii) 각 w_i 의 T-최소다항식은 $q_i(x)$ 이다.

(2) 다음 두 조건을 만족시키는 벡터 $w\in V$ 가 존재한다.

(i) $V=\mathbf{C}_w$　　(ii) w 의 T-최소다항식은 $f(x)$ 와 일치한다.

***9.** 체 F 위의 n 차원 벡터공간 V 에서 선형변환 $T\in \mathrm{End}_F(V)$ 가 대각화 가능한 선형일 때, T 의 유리 표준형은 대각행렬임을 밝혀라.

§8.6 기본 Jordan 행렬

이 절에서는, 체 F 위의 n차원 벡터공간 위에서의 선형변환과 n차의 행렬의 고유다항식이 $f(x) = (x-\lambda)^n$인 경우에 대하여 논한다.

보기 8.6.1 체 F 위의 5차원 벡터공간 V에서 $\mathscr{C} = \{v_1, v_2, v_3, v_4, v_5\}$가 V의 기저일 때, 선형변환 $T: V \longrightarrow V$의 기저 $\mathscr{C}$에 관한 행렬 $[T]_{\mathscr{C}}$가 다음과 같다고 하자.

$$[T]_{\mathscr{C}} = \begin{bmatrix} \lambda & 0 & 0 & 0 & 0 \\ 1 & \lambda & 0 & 0 & 0 \\ 0 & 1 & \lambda & 0 & 0 \\ 0 & 0 & 0 & \lambda & 0 \\ 0 & 0 & 0 & 1 & \lambda \end{bmatrix} = A$$

이 때, 행렬 A와 선형변환 T의 고유다항식은 $f(x) = (x-\lambda)^5$이므로 행렬 A와 선형변환 T의 고유치는 λ뿐이다. 그리고

$$A - \lambda I_5 = \begin{bmatrix} 0 & 0 & 0 & 0 & 0 \\ 1 & 0 & 0 & 0 & 0 \\ 0 & 1 & 0 & 0 & 0 \\ 0 & 0 & 0 & 0 & 0 \\ 0 & 0 & 0 & 1 & 0 \end{bmatrix}$$

에 대하여 $(A - \lambda I_5)^2 \neq O_5$, $(A - \lambda I_5)^3 = O_5$이므로 $A - \lambda I_5$는 지수 3인 멱영행렬이고 따라서 A와 T의 최소다항식은 $p(x) = (x-\lambda)^3$이다.

실제로,

$$(T-\lambda 1_V)(v_1) = v_2, \quad (T-\lambda 1_V)(v_2) = v_3, \quad (T-\lambda 1_V)(v_3) = 0$$
$$(T-\lambda 1_V)(v_4) = v_5, \quad (T-\lambda 1_V)(v_5) = 0,$$
$$(T-\lambda 1_V)^2(v_1) = v_3, \quad (T-\lambda 1_V)^2(v_2) = \cdots = (T-\lambda 1_V)^2(v_5) = 0,$$
$$(T-\lambda 1_V)^3(v_1) = \cdots = (T-\lambda 1_V)^3(v_5) = 0$$

이므로 $(T-\lambda 1_V)^2 \neq 0_V$, $(T-\lambda 1_V)^3 = 0_V$ 이고, 또 다음이 성립한다.

$$\begin{aligned} \mathrm{E}_\lambda &= \ker (T-\lambda 1_V) = \langle v_3, v_5 \rangle, \quad \dim_F \mathrm{E}_\lambda = 2 \\ \ker (T-\lambda 1_V)^2 &= \langle v_2, v_3, v_4, v_5 \rangle, \\ \ker (T-\lambda 1_V)^3 &= \langle v_1, v_2, v_3, v_4, v_5 \rangle = V \end{aligned}$$

정리 8.6.1 체 F 위의 n차원 벡터공간 V에서 선형변환 $T \in \mathrm{End}_F(V)$의 고유다항식 $f(x)$가 체 F 위에서

$$f(x) = (x-\lambda)^n$$

으로 인수분해될 때, T의 최소다항식 $p(x)$는

$$p(x) = (x-\lambda)^m \qquad (1 \le m \le n)$$

의 꼴로 인수분해되고 다음 네 조건을 만족시키는 t개의 영벡터가 아닌 벡터 $w_1, \cdots, w_t \in V$와 t개의 양의 정수 $s_1, \cdots, s_t$가 존재한다.

(i) $V = \mathrm{C}_1 \oplus \cdots \oplus \mathrm{C}_t$ 이고 여기서, 각 C_i는

$$\mathscr{C}_i = \{w_i, (T-\lambda 1_V)(w_i), \cdots, (T-\lambda 1_V)^{s_i-1}(w_i)\}$$

를 기저로 가지는 T-불변 부분공간이다.

(ii) 각 벡터 w_i의 T-최소다항식은 $(x-\lambda)^{s_i}$이다.

(iii) $m = s_1 \ge \cdots \ge s_t \ge 1, \qquad s_1 + \cdots + s_t = n$

(iv) $t = \dim_F \mathrm{E}_\lambda, \quad \mathrm{E}_\lambda = \ker (T-\lambda 1_V) = \{w \in V \mid T(w) = \lambda w\}$

더욱이 $\mathscr{C} = \mathscr{C}_1 \cup \cdots \cup \mathscr{C}_t$는 V의 기저이고 또 $[T]_{\mathscr{C}}$는 다음과 같다.

$$[T]_{\mathscr{C}} = \mathrm{diag}\{J_1, \cdots, J_t\},$$

$$J_i = \begin{bmatrix} \lambda & 0 & \cdots & 0 & 0 \\ 1 & \lambda & \cdots & 0 & 0 \\ 0 & 1 & \ddots & 0 & 0 \\ \vdots & \vdots & \ddots & \ddots & \vdots \\ 0 & 0 & \cdots & 1 & \lambda \end{bmatrix}_{s_i \times s_i}$$

증 명 정리 8.5.2에 의하여 T의 최소다항식은 $p(x)=(x-\lambda)^m$의 꼴이다. 이제 $S=T-\lambda 1_V$이라고 하면, $S: V \longrightarrow V$는 V 위의 선형변환이고 양의 정수 k에 대하여 다음이 성립한다.

$$S^k = 0_V \Longleftrightarrow (T-\lambda 1_V)^k = 0_V$$

따라서 $p_1(x)$와 $f_1(x)$를 각각 S의 최소다항식, 고유다항식이라고 하면, $p_1(x)=x^m$, $f_1(x)=x^n$이다(따름정리 8.5.6).

그러므로 선형변환 S에 정리 8.5.2를 적용하면, 다음 세 조건 (i)′, (ii)′, (iii)′을 만족시키는 t개의 영벡터가 아닌 벡터 $w_1, \cdots, w_t \in V$와 t개의 양의 정수 $s_1, \cdots, s_t$가 존재한다.

(i)′ $V = \mathbf{C}_1 \oplus \cdots \oplus \mathbf{C}_t$이고, 여기서 각 $\mathbf{C}_i$는

$$\mathscr{C}_i = \{w_i, S(w_i), \cdots, S^{s_i-1}(w_i)\}$$

를 기저로 가지는 S-불변 부분공간이다.

(ii)′ 각 벡터 w_i의 S-최소다항식은 x^{s_i}이다.

(iii)′ $m = s_1 \geq \cdots \geq s_t \geq 1, \quad s_1 + \cdots + s_t = n$

특히, (i)′에 의하여 $\mathscr{C} = \mathscr{C}_1 \cup \cdots \cup \mathscr{C}_t$는 V의 기저이다(정리 7.6.3). 따라서 임의의 벡터 $v \in V$는

$$v = \sum_{i=1}^{t} \sum_{j=0}^{s_i-1} a_{ij} S^j(w_i) \qquad (a_{ij} \in F)$$

의 꼴로 나타내어지고 또 조건 (iii)′에 의하여 $S^{s_i}(w_i) = \mathbf{0}$이므로

$$\begin{aligned} v \in \ker S &\Longleftrightarrow S(v) = \mathbf{0} \\ &\Longleftrightarrow \sum_{i=1}^{t} \sum_{j=0}^{s_i-1} a_{ij} S^{j+1}(w_i) = \mathbf{0} \\ &\Longleftrightarrow a_{ij} = 0 \qquad (1 \leq i \leq t,\ 0 \leq j < s_i - 1) \\ &\Longleftrightarrow v \in \langle S^{s_1-1}(w_1), \cdots, S^{s_t-1}(w_t) \rangle \end{aligned}$$

이고, 따라서 다음이 성립한다.

(iv)′ $\ker S = \langle S^{s_1-1}(w_1), \cdots, S^{s_t-1}(w_t) \rangle, \quad \dim_F \ker S = t$

한편, 부분공간 $\mathbf{C}_i$는 S-불변 부분공간이고 $T = S + \lambda 1_V$이므로 분명히

C_i 는 T-불변 부분공간이고 따라서 (i), (iii)가 성립한다. 또, (ii)$'$ 에 의하여 각 벡터 w_i 의 S-최소다항식은 x^{s_i} 이고, 양의 정수 k 에 대하여

$$S^k(w_i) = \mathbf{0} \Longleftrightarrow (T - \lambda 1_V)^k (w_i) = \mathbf{0}$$

이므로 w_i 의 T-최소다항식은 $(x-\lambda)^{s_i}$ 이고 따라서 조건 (ii)가 성립한다.

그리고, $\mathrm{E}_\lambda = \ker (T - \lambda 1_V) = \ker S$ 이므로 (iv)$'$ 에 의하여

$$\mathrm{E}_\lambda = \langle (T-\lambda 1_V)^{s_1 - 1}(w_1), \cdots, (T-\lambda 1_V)^{s_t - 1}(w_i) \rangle$$

이고 따라서 $\dim_F \mathrm{E}_\lambda = t$ 이므로 조건 (iv)가 성립한다.

더욱이, 각 C_i 에 대하여 $T_i : \mathrm{C}_i \longrightarrow \mathrm{C}_i$, $S_i : \mathrm{C}_i \longrightarrow \mathrm{C}_i$ 를 각각 T, S 에 의하여 유도된 선형변환이라고 하면,

$$T_i = S_i + \lambda 1_i \qquad (1_i \text{ 는 } \mathrm{C}_i \text{ 위의 항등변환})$$

이고 또

$$[S]_{\mathscr{C}} = \mathrm{diag}\,\{[S_1]_{\mathscr{C}_1}, \cdots, [S_t]_{\mathscr{C}_t}\}$$
$$[T]_{\mathscr{C}} = \mathrm{diag}\,\{[T_1]_{\mathscr{C}_1}, \cdots, [T_t]_{\mathscr{C}_t}\}$$

이며 각 $[S_i]_{\mathscr{C}_i}$ 는 다항식 x^{s_i} 의 동반행렬이다(정리 8.5.2 증명 마지막 부분).

그리고, 각 i $(1 \le i \le t)$ 에 대하여

$$[T_i]_{\mathscr{C}_i} = [S_i]_{\mathscr{C}_i} + \lambda I_{s_i} = J_i$$

이므로 $[T]_{\mathscr{C}} = \mathrm{diag}\,\{J_1, \cdots, J_t\}$ 이다.

앞의 정리에서 양의 정수 t 와 $s_1, \cdots, s_t$ 는 단 한 가지로 정해지지만, 벡터 $w_1, \cdots, w_t$ 는 일정하게 정해지지는 않으며, $J_1, \cdots, J_t$ 의 순서를 무시한다면 행렬 $[T]_{\mathscr{C}} = \mathrm{diag}\{J_1, \cdots, J_t\}$ 는 유일하게 결정된다.

행렬 $[T]_{\mathscr{C}}$ 를 선형변환 T 의 **Jordan 표준형**(Jordan canonical form)이라 하고 각 J_i 를 고유치 λ 를 가진 s_i 차의 **기본 Jordan 행렬**(elementary Jordan matrix)이라고 한다. 특히 $s_i = 1$ 인 경우에 $J_i = [\lambda]$ 이다.

또, 체 F 위의 n 차의 행렬 A 에 대하여 선형변환 $L_A : F^n \longrightarrow F^n$ 의 Jordan 표준형을 행렬 A 의 **Jordan 표준형**이라고 한다.

보기 8.6.2 체 F 위의 4차의 행렬 A가 지수 m인 멱영행렬이라고 하면, A의 고유다항식과 최소다항식은 각각 다음과 같다(보기 8.3.2 참조).

$$f(x) = x^4, \quad p(x) = x^m \qquad (1 \le m \le 4)$$

(1) $p(x) = x$ 인 경우에 $A = O_4$ 이다.

(2) $p(x) = x^2$ 인 경우에 $A \ne O_4$, $A^2 = O_4$ 이다. 그리고,

$$m = 2 = s_1, \quad s_2 = 2, \qquad t = 2 = n(A)$$

또는 $$m = 2 = s_1, \quad s_2 = 1, \quad s_3 = 1, \quad t = 3 = n(A)$$

이고 이에 따라 A의 Jordan 표준형은 다음과 같다.

$$B = \left[\begin{array}{cc|cc} 0 & 0 & 0 & 0 \\ 1 & 0 & 0 & 0 \\ \hline 0 & 0 & 0 & 0 \\ 0 & 0 & 1 & 0 \end{array}\right] \qquad \text{또는} \qquad B = \left[\begin{array}{cc|cc} 0 & 0 & 0 & 0 \\ 1 & 0 & 0 & 0 \\ \hline 0 & 0 & 0 & 0 \\ 0 & 0 & 0 & 0 \end{array}\right]$$

(3) $p(x) = x^3$ 인 경우에

$$m = 3 = s_1, \quad s_2 = 1, \quad t = 2 = n(A)$$

이고 A의 Jordan 표준형은 다음과 같다.

$$B = \left[\begin{array}{ccc|c} 0 & 0 & 0 & 0 \\ 1 & 0 & 0 & 0 \\ 0 & 1 & 0 & 0 \\ \hline 0 & 0 & 0 & 0 \end{array}\right]$$

(4) $p(x) = x^4$ 인 경우에

$$m = 4 = s_1, \quad t = 1 = n(A)$$

이고 A의 Jordan 표준형은 다음과 같다.

$$B = \begin{bmatrix} 0 & 0 & 0 & 0 \\ 1 & 0 & 0 & 0 \\ 0 & 1 & 0 & 0 \\ 0 & 0 & 1 & 0 \end{bmatrix}$$

위의 (2), (3), (4)에서 적당한 정칙행렬 P에 대하여 $B = P^{-1}AP$ 이다.

보기 8.6.3 실수체 $\mathbb{R}$ 위의 다음 행렬을 생각해 보자.

$$A = \begin{bmatrix} 1 & -1 & 4 \\ 1 & -1 & -4 \\ -1 & 2 & 6 \end{bmatrix}$$

행렬 A 의 고유다항식은

$$f(x) = \begin{vmatrix} x-1 & 1 & -4 \\ -x & x+1 & 4 \\ 1 & -2 & -6 \end{vmatrix}$$

$$= x^3 - 6x^2 + 12x - 8 = (x-2)^3$$

$$\begin{array}{r|rrrr} 2 & 1 & -6 & 12 & -8 \\ & & 2 & -8 & 8 \\ \hline & 1 & -4 & 4 & \boxed{0} \end{array}$$

이므로 A 의 고유치는 $\lambda = 2$ 뿐이다. 따라서
A 의 최소다항식 $p(x)$ 는 $x-2$, $(x-2)^2$, $(x-2)^3$ 중의 하나이며

$$A - 2I_3 = \begin{bmatrix} -1 & -1 & 4 \\ 1 & -3 & -4 \\ -1 & 2 & 4 \end{bmatrix}, \qquad (A - 2I_3)^2 = \begin{bmatrix} -4 & 12 & 16 \\ 0 & 0 & 0 \\ -1 & 3 & 4 \end{bmatrix}$$

는 모두 영행렬이 아니므로 $p(x) = (x-2)^3 = f(x)$ 이다.

그러므로 $m = 3 = s_1$, $t = 1$ 이고 A 의 Jordan 표준형은 다음과 같다.

$$B = \left[\begin{array}{cc:c} 2 & 0 & 0 \\ 1 & 2 & 0 \\ \hdashline 0 & 1 & 2 \end{array}\right]$$

이제 $V = \mathbb{R}^3$ 이라 하고

$$\mathrm{H} = \{ w \in V \mid (A - 2\,1_V)^2(w) = \mathbf{0} \}$$

이라고 하자. 이 때, H는 동차 연립일차방정식

$$(A - 2I_3)^2 \begin{bmatrix} x_1 \\ x_2 \\ x_3 \end{bmatrix} = \begin{bmatrix} 0 \\ 0 \\ 0 \end{bmatrix}$$

$$(A - 2I_3)^2 = \begin{bmatrix} -4 & 12 & 16 \\ 0 & 0 & 0 \\ -1 & 3 & 4 \end{bmatrix} \longrightarrow \begin{bmatrix} 1 & -3 & -4 \\ 0 & 0 & 0 \\ 0 & 0 & 0 \end{bmatrix}$$

의 해공간이고 이 해공간은 동차 일차 방정식 $x_1 - 3x_2 - 4x_3 = 0$ 의 해공간과 일치하므로 H는 다음과 같다.

$$\mathrm{H} = \{ (x_1, x_2, x_3) \in V \mid x_1 - 3x_2 - 4x_4 = 0 \}, \qquad \dim_{\mathbb{R}} \mathrm{H} = 2$$

그리고, 고유치 2 에 대응하는 A 의 고유공간 E 는 동차 연립일차방정식

$$A-2I_3=\begin{bmatrix}-1&-1&4\\1&-3&-4\\-1&2&4\end{bmatrix}\longrightarrow\begin{bmatrix}1&0&-4\\0&1&0\\0&0&0\end{bmatrix}$$

$$(A-2I_3)\begin{bmatrix}x_1\\x_2\\x_3\end{bmatrix}=\begin{bmatrix}0\\0\\0\end{bmatrix}$$

의 해공간이므로

$$\mathrm{E}=\langle(4,0,1)\rangle=\langle(-4,0,-1)\rangle\subsetneq\mathrm{H}$$

이고, 벡터 $w_1=(1,0,0)\notin\mathrm{H}$ 을 택하면

$$(A-2I_3)\begin{bmatrix}1\\0\\0\end{bmatrix}=\begin{bmatrix}-1\\1\\-1\end{bmatrix},\qquad(A-2I_3)\begin{bmatrix}-1\\1\\-1\end{bmatrix}=\begin{bmatrix}-4\\0\\-1\end{bmatrix}$$

이므로

$$w_2=(-1,1,-1),\quad w_3=(-4,0,-1)$$

이라고 할 때 $w_2\in\mathrm{H}$, $w_3\in\mathrm{E}$ 이고 다음이 성립한다.

w_1	V
w_2	H
w_3	E

$$(L_A-2\,1_V)(w_1)=(-1,1,-1)=w_2$$
$$L_A(w)-2w_1=w_2\qquad 즉\qquad L_A(w_1)=2w_1+w_2$$
$$(L_A-2\,1_V)(w_2)=(-4,0,-1)=w_3$$
$$L_A(w_2)-2w_2=w_3\qquad 즉\qquad L_A(w_2)=2w_2+w_3$$
$$(L_A-2\,1_V)(w_3)=\mathbf{0}\qquad 즉\qquad L_A(w_3)=2w_3$$

그러므로 $\mathrm{C}=\langle w_1,(L_A-2\,1_V)(w_1),(L_A-2\,1_V)^2(w_1)\rangle$ 이라고 하면, $\mathrm{C}=\langle w_1,w_2,w_3\rangle=V$ 이므로 $\mathscr{C}=\{w_1,w_2,w_3\}$ 는 V 의 기저이다. 또,

$$\begin{aligned}L_A(w_1)&=2w_1+w_2\\L_A(w_2)&=2w_2+w_3\\L_A(w_3)&=2w_3\end{aligned}\qquad[L_A]_{\mathscr{C}}=\begin{bmatrix}2&0&0\\1&2&0\\0&1&2\end{bmatrix}=B$$

이고

$$P=\begin{bmatrix}1&-1&-4\\0&1&0\\0&-1&-1\end{bmatrix}$$

이라고 하면, P 는 정칙행렬이고 $B=P^{-1}AP$ 이다.

보기 8.6.4 실수체 $\mathbb{R}$ 위에서 다음 행렬을 생각해 보자.

$$A = \begin{bmatrix} 0 & 2 & 1 \\ -4 & 6 & 2 \\ 4 & -4 & 0 \end{bmatrix}$$

먼저 행렬 A 의 고유다항식은

$$f(x) = x^3 - 6x^2 + 12x - 8 = (x-2)^3$$

이므로 행렬 A 의 고유치는 $\lambda = 2$ 뿐이다. 따라서 A 의 최소다항식 $p(x)$ 는 $x-2$, $(x-2)^2$, $(x-2)^3$ 중의 하나와 같고 또

$$A - 2I_3 = \begin{bmatrix} -2 & 2 & 1 \\ -4 & 4 & 2 \\ 4 & -4 & -2 \end{bmatrix} \neq O_3, \qquad (A-2I_3)^2 = O_3$$

이므로 $p(x) = (x-2)^2$ 이다. 그러므로 A 의 Jordan 표준형은 다음과 같다.

$$B = \left[\begin{array}{cc:c} 2 & 0 & 0 \\ 1 & 2 & 0 \\ \hdashline 0 & 0 & 2 \end{array}\right]$$

이제 $V = \mathbb{R}^3$ 이라 하고 E를 고유치 $\lambda = 2$ 에 대응하는 고유공간이라고 하면, E는 동차 연립일차방정식

$$(A - 2I_3)\begin{bmatrix} x_1 \\ x_2 \\ x_3 \end{bmatrix} = \begin{bmatrix} 0 \\ 0 \\ 0 \end{bmatrix}$$

$$A - 2I_3 = \begin{bmatrix} -2 & 2 & 1 \\ -4 & 4 & 2 \\ 4 & -4 & -2 \end{bmatrix} \longrightarrow \begin{bmatrix} 2 & -2 & -1 \\ 0 & 0 & 0 \\ 0 & 0 & 0 \end{bmatrix}$$

의 해공간이고 이 해공간은 동차 일차방정식 $2x_1 - 2x_2 - x_3 = 0$ 의 해공간과 일치하므로 E는 다음과 같다.

$$\mathrm{E} = \{(x_1, x_2, x_3) \in V \mid 2x_1 - 2x_2 - x_3 = 0\}, \quad \dim_{\mathbb{R}} \mathrm{E} = 2$$

그런데, 벡터 $w_1 = (1, 0, 0) \in V - \mathrm{E}$ 를 택하면,

$$(A - 2I_3)\begin{bmatrix} 1 \\ 0 \\ 0 \end{bmatrix} = \begin{bmatrix} -2 \\ -4 \\ 4 \end{bmatrix}$$

이므로 $w_2 = (-2, -4, 4)$ 이라고 할 때 $w_2 \in \mathrm{E}$ 이므로 다음이 성립한다.

$$\begin{aligned}(L_A - 2\,1_V)(w_1) &= (-2, -4, 4) = w_2 \\ L_A(w_1) - 2\,w_1 = w_2 \quad &\text{즉} \quad L_A(w_1) = 2\,w_1 + w_2 \\ (L_A - 2\,1_V)(w_2) = 0 \quad &\text{즉} \quad L_A(w_2) = 2\,w_2\end{aligned}$$

따라서

$$\mathrm{C}_1 = \langle w_1, (L_A - 2\,1_V)(w_1) \rangle = \langle w_1, w_2 \rangle$$

이라고 하면, C_1 은 동차 일차방정식

$$\begin{vmatrix} x_1 & x_2 & x_3 \\ 1 & 0 & 0 \\ -2 & -4 & 4 \end{vmatrix} = 0 \quad \text{즉} \quad x_2 + x_3 = 0$$

의 해공간이므로 $\mathrm{C}_1 = \{(x_1, x_2, x_3) \in V \mid x_2 + x_3 = 0\}$ 이다(정리 2.7.2).

한편 벡터 $w_3 = (1, 1, 0) \notin \mathrm{C}_1$ 를 택하면, $w_3 \in \mathrm{E}$ 이므로 $L_A(w_3) = 2\,w_3$ 이다. 그리고, $\mathrm{C}_2 = \langle w_3 \rangle$ 이라고 하면,

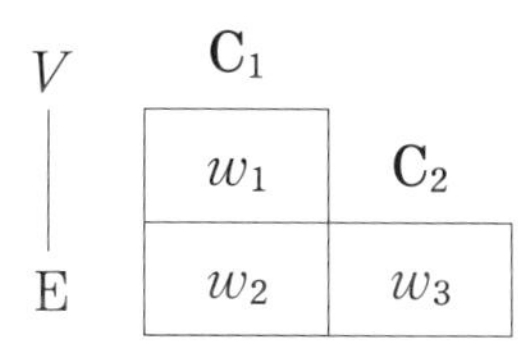

$$V = \mathrm{C}_1 \oplus \mathrm{C}_2 = \langle w_1, w_2, w_3 \rangle$$

이므로

$$\mathscr{C} = \{w_1, w_2, w_3\} = \{(1, 0, 0), (-2, -4, 4), (1, 1, 0)\}$$

는 V 의 기저이다. 또

$$\begin{aligned} L_A(w_1) &= 2\,w_1 + w_2 \\ L_A(w_2) &= 2\,w_2 \\ L_A(w_3) &= 2\,w_3 \end{aligned} \qquad [L_A]_{\mathscr{C}} = \begin{bmatrix} 2 & 0 & 0 \\ 1 & 2 & 0 \\ 0 & 0 & 2 \end{bmatrix} = B$$

이고

$$P = \begin{bmatrix} 1 & -2 & 1 \\ 0 & -4 & 1 \\ 0 & 4 & 0 \end{bmatrix}$$

이라고 하면, P 는 정칙행렬이고 $B = P^{-1}AP$ 이다.

연 습 문 제 (8.6)

1. 실수체 $\mathbb{R}$ 위의 4 차원 벡터공간 V 에서 선형변환 $T : V \longrightarrow V$ 의 고유다항식이 $f(x) = (x-3)^4$ 일 때, T 의 가능한 최소다항식과 Jordan 표준형을 구하여라.

2. 실수체 $\mathbb{R}$ 위의 행렬

$$A = \begin{bmatrix} 2 & 2 & -1 \\ -1 & -1 & 1 \\ -1 & -2 & 2 \end{bmatrix}$$

에 대하여 다음 물음에 답하여라.

(1) 행렬 A 의 고유다항식 $f(x)$ 와 A 의 최소다항식 $p(x)$ 는 각각

$$f(x) = (x-1)^3, \quad p(x) = (x-1)^2$$

임을 확인하고 또 A 의 Jordan 표준형 B 를 구하여라.

(2) A 의 고유치 $\lambda = 1$ 에 대응하는 고유공간 E 를 구하고, 또 $B = P^{-1}AP$ 인 정칙행렬 P 를 구하여라.

*3. 실수체 $\mathbb{R}$ 위의 4 차원 벡터공간 V 에서 기저 $\mathscr{B} = \{v_1, v_2, v_3, v_4\}$ 에 관한 선형변환 $T : V \longrightarrow V$ 의 행렬 $[T]_{\mathscr{B}}$ 가 다음과 같다고 하자.

$$A = \begin{bmatrix} 7 & 1 & 2 & 2 \\ 1 & 4 & -1 & -1 \\ -2 & 1 & 5 & -1 \\ 1 & 1 & 2 & 8 \end{bmatrix}$$

이 때, 다음 물음에 답하여라.

(1) A 의 고유다항식은 $f(x) = (x-6)^4$ 임을 밝혀라.

(2) $\mathrm{E} = \ker(T - 6\,1_V)$ 와 $W = \ker(T - 6\,1_V)^2$ 를 구하여라.

§8.7 Jordan 표준형

이 절에서는, §8.6에 이어 체 F 위의 n차원 벡터공간 위에서의 선형변환과 n차의 행렬의 고유다항식이 일차다항식의 곱으로 인수분해되는 경우에 대하여 논한다(정리 8.4.6 참조).

정리 8.7.1 체 F 위의 n차원 벡터공간 V에서 선형변환 $T \in \mathrm{End}_F(V)$의 고유다항식 $f(x)$의 표준분해가

$$f(x) = (x-\lambda_1)^{n_1} \cdots (x-\lambda_r)^{n_r} \qquad (n_1 \geq 1, \cdots, n_r \geq 1)$$

일 때, T의 최소다항식 $p(x)$의 표준분해는

$$p(x) = (x-\lambda_1)^{m_1} \cdots (x-\lambda_r)^{m_r} \qquad (1 \leq m_i \leq n_i)$$

과 같은 꼴이며, 각 i $(1 \leq i \leq r)$에 대하여

$$\mathrm{H}_i = \ker(T-\lambda_i 1_V)^{m_i} = \{w \in V \mid (T-\lambda_i 1_V)^{m_i}(w) = 0\},$$

$$\mathrm{E}_i = \ker(T-\lambda_i 1_V) = \{w \in V \mid T(w) = \lambda_i w\}$$

이라고 하면 다음이 성립한다.

(1) $V = \mathrm{H}_1 \oplus \cdots \oplus \mathrm{H}_r$이고 각 H_i는 T-불변 부분공간이다.

(2) 모든 양의 정수 k에 대하여

$$\mathrm{E}_i \subseteq \ker(T-\lambda_i 1_V)^k \subseteq \ker(T-\lambda_i 1_V)^{m_i} = \mathrm{H}_i$$

(3) 각 i $(1 \leq i \leq r)$에 대하여 $T_i : \mathrm{H}_i \longrightarrow \mathrm{H}_i$를 T에 의하여 유도된 선형변환이라 하고 $f_i(x)$, $p_i(x)$를 각각 T_i의 고유다항식, 최소다항식이라고 하면 $f_i(x) = (x-\lambda_i)^{n_i}$, $p_i(x) = (x-\lambda_i)^{m_i}$, $\dim_F \mathrm{H}_i = n_i$이다.

(4) 각 i $(1 \leq i \leq r)$에 대하여 다음 네 조건을 만족시키는 t_i개의 영벡터가 아닌 벡터 $w_{i1}, \cdots, w_{it_i} \in \mathrm{H}_i$와 t_i개의 양의 정수 $s_{i1}, \cdots, s_{it_i}$가 존재한다.

(i) $\mathrm{H}_i = \mathrm{C}_{i1} \oplus \cdots \oplus \mathrm{C}_{it_i}$

여기서, 각 C_{ij} 는

$$\mathscr{C}_{ij} = \{w_{ij}, (T-\lambda_i 1_V)(w_{ij}), \cdots, (T-\lambda_i 1_V)^{s_{ij}-1}(w_{ij})\}$$

를 기저로 가지는 T-불변 부분공간이다.

(ii) 각 벡터 w_{ij} 의 T-최소다항식은 $(x-\lambda_i)^{s_{ij}}$ 이다.

(iii) $m_i = s_{i1} \geq \cdots \geq s_{it_i} \geq 1, \quad s_{i1} + \cdots + s_{it_i} = n_i$

(iv) $t_i = \dim_F \mathrm{E}_i$

더욱이, 각 i $(1 \leq i \leq r)$ 에 대하여 $\mathscr{C}_i = \mathscr{C}_{i1} \cup \cdots \cup \mathscr{C}_{it_i}$ 는 H_i 의 기저이고 $\mathscr{C} = \mathscr{C}_1 \cup \cdots \cup \mathscr{C}_r$ 는 V 의 기저이며 $[T]_{\mathscr{C}}$ 는 다음과 같다.

$$[T]_{\mathscr{C}} = \mathrm{diag}\,\{J_{11}, \cdots, J_{1t_1}, \cdots, J_{r1}, \cdots, J_{rt_r}\}$$

$$J_{ij} = \begin{bmatrix} \lambda_i & 0 & \cdots & 0 & 0 \\ 1 & \lambda_i & \cdots & 0 & 0 \\ 0 & 1 & \ddots & 0 & 0 \\ \vdots & \vdots & \ddots & \ddots & \vdots \\ 0 & 0 & \cdots & 1 & \lambda_i \end{bmatrix}_{s_{ij} \times s_{ij}}$$

여기서, J_{ij} 는 고유치 λ_i 를 가지는 s_{ij} 차의 기본 Jordan 행렬이다.

증 명 정리 8.5.4 에 의하여 정리의 (1), (2), (3) 이 성립한다.

또, 각 i $(1 \leq i \leq r)$ 에 대하여 선형변환 $T_i : \mathrm{H}_i \longrightarrow \mathrm{H}_i$ 에 정리 8.6.1 을 적용하면 정리의 (4) 를 얻는다.

더욱이 각 i $(1 \leq i \leq r)$ 에 대하여 $\mathscr{C}_i = \mathscr{C}_{i1} \cup \cdots \cup \mathscr{C}_{it_i}$ 는 H_i 의 기저이고 $[T_i]_{\mathscr{C}_i} = \mathrm{diag}\,\{J_{i1}, \cdots, J_{it_i}\}$ 이다(정리 8.6.1).

따라서 정리 8.4.9 에 의하여 $\mathscr{C} = \mathscr{C}_1 \cup \cdots \cup \mathscr{C}_r$ 는 V 의 기저이고 또 다음이 성립한다.

$$\begin{aligned}[T]_{\mathscr{C}} &= \mathrm{diag}\,\{[T_1]_{\mathscr{C}_1}, \cdots, [T_r]_{\mathscr{C}_r}\}, \\ &= \mathrm{diag}\,\{J_{11}, \cdots, J_{1t_1}, \cdots, J_{r1}, \cdots, J_{rt_r}\}\end{aligned}$$

앞의 정리에서 각 $i\,(1 \le i \le r)$ 에 대하여 양의 정수 t_i 와 $s_{i1}, \cdots, s_{it_i}$ 는 유일하게 정해지지만 벡터 $w_{i1}, \cdots, w_{it_i}$ 는 유일하지는 않으며 J_{ij} 의 순서를 무시한다면 행렬

$$[T]_{\mathscr{C}} = \mathrm{diag}\{J_{11}, \cdots, J_{1t_1}, \cdots, J_{r1}, \cdots, J_{rt_r}\}$$

는 유일하게 결정된다. 이 행렬을 선형변환 T 의 **Jordan 표준형**이라고 한다. 또, 체 F 위의 n 차의 행렬 A 에 대하여 선형변환 $L_A : F^n \longrightarrow F^n$ 의 Jordan 표준형 B 를 A 의 **Jordan 표준형**이라고 한다.

앞의 정리에 의하여 다음 세 따름정리가 성립한다(정리 4.2.4 참조).

따름정리 8.7.2 체 F 위의 n 차의 행렬 A 에 대하여 A 의 고유다항식 $f(x)$ 와 최소다항식 $p(x)$ 의 표준분해가

$$f(x) = (x-\lambda_1)^{n_1} \cdots (x-\lambda_r)^{n_r} \qquad (n_i \ge 1)$$

일 때, A 의 최소다항식 $p(x)$ 의 표준분해는

$$p(x) = (x-\lambda_1)^{m_1} \cdots (x-\lambda_r)^{m_r} \qquad (1 \le m_i \le n_i)$$

과 같은 꼴이고 A 의 [L_A 의] Jordan 표준형은 다음과 같은 꼴이다.

$$\begin{aligned} &B = \mathrm{diag}\{J_{11}, \cdots, J_{1t_1}, \cdots, J_{r1}, \cdots, J_{rt_r}\} \\ &m_i = s_{i1} \ge \cdots \ge s_{it_i} \ge 1, \quad s_{i1} + \cdots + s_{it_i} = n_i \\ &t_i = n(A-\lambda_i I_n) = n - r(A-\lambda_i I_n) \end{aligned}$$

그리고, 적당한 정칙행렬 $P \in \mathrm{Mat}_n(F)$ 에 대하여 $B = P^{-1}AP$ 이다.

따름정리 8.7.3 체 F 위의 n 차원 벡터공간 V 에서 T 를 V 위의 선형변환이라 하고 또 A 를 체 F 위의 n 차의 행렬이라고 하자.

이 때, T 의 [A 의] 최소다항식 $p(x)$ 의 표준분해가

$$p(x) = (x-\lambda_1)^{m_1} \cdots (x-\lambda_r)^{m_r} \qquad (m_1 \ge 1, \cdots, m_r \ge 1)$$

이면, T 의 [A 의] 고유다항식 $f(x)$ 의 표준분해는 다음과 같은 꼴이다.

$$f(x) = (x-\lambda_1)^{n_1} \cdots (x-\lambda_r)^{n_r} \qquad (1 \le m_i \le n_i)$$

따름정리 8.7.4 체 F 위의 n 차원 벡터공간에서의 선형변환 T 와 체 F 위의 n 차의 행렬 A 가 중복을 허락하여 n 개의 고유치 $\lambda_1, \lambda_2, \cdots, \lambda_n \in F$ 를 가질 때, T 와 A 의 Jordan 표준형은 다음과 같은 꼴이다.

$$B = \begin{bmatrix} \lambda_1 & 0 & \cdots & 0 & 0 & 0 \\ * & \lambda_2 & \cdots & 0 & 0 & 0 \\ 0 & * & \ddots & 0 & 0 & 0 \\ \vdots & \vdots & \ddots & \ddots & \vdots & \\ 0 & 0 & \cdots & * & \lambda_{n-1} & 0 \\ 0 & 0 & \cdots & 0 & * & \lambda_n \end{bmatrix} \qquad (* \text{는 } 0 \text{ 또는 } 1)$$

보기 8.7.1 실수체 $\mathbb{R}$ 위의 8 차원 벡터공간 V 위에서 선형변환 T 의 고유다항식 $f(x)$ 와 최소다항식 $p(x)$ 가 각각 다음과 같다고 하자.

$$f(x) = x^4(x-2)^2(x-3)^2, \quad p(x) = x^3(x-2)^2(x-3)$$

이 때, T 의 고유치는 $\lambda_1 = 0,\ \lambda_2 = 2,\ \lambda_3 = 3$ 이다. 이제

$$\mathrm{H}_1 = \ker T^3, \quad \mathrm{H}_2 = \ker(T - 2\,1_V)^2, \quad \mathrm{H}_3 = \ker(T - 3\,1_V)$$

이라 하고 $\mathrm{E}_1, \mathrm{E}_2, \mathrm{E}_3$ 를 각각 고유치 $\lambda_1 = 0,\ \lambda_2 = 2,\ \lambda_3 = 3$ 에 대응하는 고유공간이라고 하면 $V = \mathrm{H}_1 \oplus \mathrm{H}_2 \oplus \mathrm{H}_3$ 이고 다음이 성립한다.

$$\begin{aligned} &\dim \mathrm{H}_1 = n_1 = 4, && m_1 = 3 = s_{11}, && s_{12} = 1, && \dim \mathrm{E}_1 = t_1 = 2, \\ &\dim \mathrm{H}_2 = n_2 = 2, && m_2 = 2 = s_{21}, && && \dim \mathrm{E}_2 = t_2 = 1, \\ &\dim \mathrm{H}_3 = n_3 = 2, && m_3 = 1 = s_{31}, && s_{32} = 1, && \dim \mathrm{E}_3 = t_3 = 2 \end{aligned}$$

따라서 선형변환 T 의 Jordan 표준형은 다음과 같다.

$$B = \begin{bmatrix} 0 & 0 & 0 & 0 & 0 & 0 & 0 & 0 \\ 1 & 0 & 0 & 0 & 0 & 0 & 0 & 0 \\ 0 & 1 & 0 & 0 & 0 & 0 & 0 & 0 \\ 0 & 0 & 0 & 0 & 0 & 0 & 0 & 0 \\ 0 & 0 & 0 & 0 & 2 & 0 & 0 & 0 \\ 0 & 0 & 0 & 0 & 1 & 2 & 0 & 0 \\ 0 & 0 & 0 & 0 & 0 & 0 & 3 & 0 \\ 0 & 0 & 0 & 0 & 0 & 0 & 0 & 3 \end{bmatrix}$$

보기 8.7.2 다음 행렬을 생각해 보자(보기 8.5.3 참조).

$$A = \begin{bmatrix} 0 & -1 & 0 & -1 & 0 \\ 0 & 0 & 4 & 0 & -4 \\ -2 & 0 & 3 & -2 & -2 \\ 1 & 0 & -1 & 2 & 1 \\ -2 & 12 & 3 & -2 & -2 \end{bmatrix}$$

(1) A를 실수체 $\mathbb{R}$ 위의 행렬로 생각할 때, A의 고유다항식 $f(x)$와 최소다항식 $p(x)$는 실수체 $\mathbb{R}$ 위에서

$$f(x) = (x-1)^3(x^2+4), \quad p(x) = (x-1)^2(x^2+4)$$

으로 인수분해되므로 A의 유리 표준형은 다음과 같다(보기 8.5.3).

$$B = \left[\begin{array}{cc|c|cc} 0 & -1 & 0 & 0 & 0 \\ 1 & 2 & 0 & 0 & 0 \\ \hline 0 & 0 & 1 & 0 & 0 \\ \hline 0 & 0 & 0 & 0 & -4 \\ 0 & 0 & 0 & 1 & 0 \end{array}\right]$$

그러나, 실수체 $\mathbb{R}$ 위에서 A의 Jordan 표준형은 없다.

(2) A를 복소수체 $\mathbb{C}$ 위의 행렬로 생각할 때, A의 고유다항식 $f(x)$와 최소다항식 $p(x)$는 복소수체 $\mathbb{C}$ 위에서

$$f(x) = (x-1)^3(x-2i)(x+2i), \quad p(x) = (x-1)^2(x-2i)(x+2i)$$

로 인수분해되므로, A의 유리 표준형과 Jordan 표준형은 다음과 같다.

$$B = \left[\begin{array}{cc|c|c|c} 0 & -1 & 0 & 0 & 0 \\ 1 & 2 & 0 & 0 & 0 \\ \hline 0 & 0 & 1 & 0 & 0 \\ \hline 0 & 0 & 0 & 2i & 0 \\ \hline 0 & 0 & 0 & 0 & -2i \end{array}\right], \quad B = \left[\begin{array}{cc|c|c|c} 1 & 0 & 0 & 0 & 0 \\ 1 & 1 & 0 & 0 & 0 \\ \hline 0 & 0 & 1 & 0 & 0 \\ \hline 0 & 0 & 0 & 2i & 0 \\ \hline 0 & 0 & 0 & 0 & -2i \end{array}\right]$$

보기 8.7.3 실수체 $\mathbb{R}$ 위에서 다음 행렬을 생각해 보자.

$$A = \begin{bmatrix} 3 & 1 & -2 \\ -1 & 0 & 5 \\ -1 & -1 & 4 \end{bmatrix}$$

행렬 A 의 고유다항식은 다음과 같다.

$$f(x) = x^3 - 7x^2 + 16x - 12 = (x-2)^2(x-3)$$

따라서 A 의 고유치는 $\lambda_1 = 2$ (이중근), $\lambda_2 = 3$ 이고, A 의 최소다항식 $p(x)$ 는 $(x-2)(x-3)$ 또는 $(x-2)^2(x-3)$ 이다. 한편,

$$A-2I_3 = \begin{bmatrix} 1 & 1 & -2 \\ -1 & -2 & 5 \\ -1 & -1 & 2 \end{bmatrix}, \quad A-3I_3 = \begin{bmatrix} 0 & 1 & -2 \\ -1 & -3 & 5 \\ -1 & -1 & 1 \end{bmatrix}$$

이고 $(A-2I_3)(A-3I_3) \neq O_3$ 이므로 A 의 최소다항식은

$$p(x) = (x-2)^2(x-3) = f(x)$$

이고, 따라서 A 의 Jordan 표준형은 오른쪽 행렬과 같다.

$$B = \left[\begin{array}{cc:c} 2 & 0 & 0 \\ 1 & 2 & 0 \\ \hdashline 0 & 0 & 3 \end{array}\right]$$

이제 $V = \mathbb{R}^3$ 이라 하고

$$\begin{aligned} \mathrm{H}_1 &= \ker(L_A - 2\,1_V)^2 = \{w \in V \mid (L_A - 2\,1_V)^2(w) = \mathbf{0}\}, \\ \mathrm{E}_1 &= \ker(L_A - 2\,1_V) = \{w \in V \mid L_A(w) = 2w\}, \\ \mathrm{H}_2 &= \ker(L_A - 3\,1_V) = \{w \in V \mid (L_A - 3\,1_V)(w) = \mathbf{0}\} \\ \mathrm{E}_2 &= \ker(L_A - 3\,1_V) = \{w \in V \mid L_A(w) = 3w\} \end{aligned}$$

이라고 하면, $\mathrm{E}_1 \subsetneq \mathrm{H}_1$, $\mathrm{E}_2 = \mathrm{H}_2$ 이고 다음이 성립한다(정리 8.7.1).

$$V = \mathrm{H}_1 \oplus \mathrm{H}_2, \quad \dim_{\mathbb{R}} \mathrm{H}_1 = 2, \quad \dim_{\mathbb{R}} \mathrm{H}_2 = 1$$

먼저 H_1 은 동차 일차방정식

$$(A-2I_3)^2 \begin{bmatrix} x_1 \\ x_2 \\ x_3 \end{bmatrix} = \begin{bmatrix} 0 \\ 0 \\ 0 \end{bmatrix}$$

$$(A-2I_3)^2 = \begin{bmatrix} 2 & 1 & -1 \\ -4 & -2 & 2 \\ -2 & -1 & 1 \end{bmatrix} \longrightarrow \begin{bmatrix} 2 & 1 & -1 \\ 0 & 0 & 0 \\ 0 & 0 & 0 \end{bmatrix}$$

의 해공간이고 이 해공간은 동차 일차방정식 $2x_1 + x_2 - x_3 = 0$ 의 해공간과 일치하므로 다음 결과를 얻는다.

$$\mathrm{H}_1 = \{(x_1, x_2, x_3) \in V \mid 2x_1 + x_2 - x_3 = 0\}$$

한편, E_1은 동차 연립일차방정식

$$(A-2I_3)\begin{bmatrix} x_1 \\ x_2 \\ x_3 \end{bmatrix} = \begin{bmatrix} 0 \\ 0 \\ 0 \end{bmatrix}$$

$$A-2I_3 = \begin{bmatrix} 1 & 1 & -2 \\ -1 & -2 & 5 \\ -1 & -1 & 2 \end{bmatrix} \longrightarrow \begin{bmatrix} 1 & 0 & 1 \\ 0 & 1 & -3 \\ 0 & 0 & 0 \end{bmatrix}$$

의 해공간이므로 $E_1 = \langle (-1, 3, 1) \rangle$ 이다.

그런데, 벡터 $w_1 = (1, -2, 0) \in H_1 - E_1$을 택하면,

$$(A-2I_3)\begin{bmatrix} 1 \\ -2 \\ 0 \end{bmatrix} = \begin{bmatrix} -1 \\ 3 \\ 1 \end{bmatrix}, \qquad (A-2I_3)\begin{bmatrix} -1 \\ 3 \\ 1 \end{bmatrix} = \begin{bmatrix} 0 \\ 0 \\ 0 \end{bmatrix}$$

이므로 $w_2 = (-1, 3, 1)$ 이라고 할때

$$(L_A - 2\,1_V)(w_1) = w_2 \quad 즉\ L_A(w_1) = 2w_1 + w_2$$
$$(L_A - 2\,1_V)(w_2) = \mathbf{0} \quad 즉\ L_A(w_2) = 2w_2$$

w_1	H_1
w_2	E_1

이고 $H_1 = \langle w_1, w_2 \rangle$, $E_1 = \langle w_2 \rangle$ 이다.

다음에 $H_2 = E_2$는 동차 연립일차방정식

$$(A-3I_3)\begin{bmatrix} x_1 \\ x_2 \\ x_3 \end{bmatrix} = \begin{bmatrix} 0 \\ 0 \\ 0 \end{bmatrix}$$

$$A-3I_3 = \begin{bmatrix} 0 & 1 & -2 \\ -1 & -3 & 5 \\ -1 & -1 & 1 \end{bmatrix} \longrightarrow \begin{bmatrix} 1 & 0 & 1 \\ 0 & 1 & -2 \\ 0 & 0 & 0 \end{bmatrix}$$

의 해공간이므로 다음 결과를 얻는다.

$$H_2 = E_2 = \langle (-1, 2, 1) \rangle$$

따라서 벡터 $w_3 = (-1, 2, 1) \in H_2$를 택하면,

$$V = H_1 \oplus H_2 = \langle w_1, w_2, w_3 \rangle$$

이고 또 $\mathscr{C} = \{w_1, w_2, w_3\} = \{(1, -2, 0), (-1, 3, 1), (-1, 2, 1)\}$는 V의 기저이다. 그리고,

$$\begin{aligned} L_A(w_1) &= 2w_1 + w_2 \\ L_A(w_2) &= 2w_2 \\ L_A(w_3) &= 3w_3 \end{aligned} \qquad [L_A]_{\mathscr{C}} = \begin{bmatrix} 2 & 0 & 0 \\ 1 & 2 & 0 \\ 0 & 0 & 2 \end{bmatrix} = B$$

이고

$$P = \begin{bmatrix} 1 & -1 & -1 \\ -2 & 3 & 2 \\ 0 & 1 & 1 \end{bmatrix}$$

이라고 하면 P는 정칙행렬이고 $B = P^{-1}AP$이다.

정리 8.7.5 체 F 위의 n차의 두 행렬 A, B가 모두 중복을 허락하여 n개의 고유치 $\lambda_1, \cdots, \lambda_n$을 가진다고 하자.

이들 고유치를 같은 순서로 정리하여 얻은 A, B의 Jordan 표준형을 J_A, J_B라고 할 때, A와 B가 서로 닮은 행렬이기 위한 필요충분조건은 $J_A = J_B$인 것이다.

증 명 먼저 두 행렬 A, B가 서로 닮은 행렬이면, A의 고유다항식과 최소다항식은 각각 B의 고유다항식, 최소다항식과 일치하므로 $J_A = J_B$이다(정리 8.3.8, 따름정리 8.7.2).

다음에 $J_A = J_B$이라고 하자. 따름정리 8.7.3에 의하여 적당한 두 정칙행렬 $P, Q \in \mathrm{Mat}_n(F)$에 대하여 $J_A = P^{-1}AP$, $J_B = Q^{-1}BQ$이므로

$$P^{-1}AP = Q^{-1}BQ \quad \text{즉} \quad B = (PQ^{-1})^{-1}A(PQ^{-1})$$

이고, 따라서 A와 B는 서로 닮은 행렬이다.

보기 8.7.4 실수체 $\mathbb{R}$ 위에서 다음 행렬을 생각해 보자.

$$A = \begin{bmatrix} -3 & 3 & -2 \\ -7 & 6 & -3 \\ 1 & -1 & 2 \end{bmatrix}, \qquad B = \begin{bmatrix} 0 & 1 & -1 \\ -4 & 4 & -2 \\ -2 & 1 & 1 \end{bmatrix}$$

$$C = \begin{bmatrix} 0 & -1 & -1 \\ -3 & -1 & -2 \\ 7 & 5 & 6 \end{bmatrix}, \qquad D = \begin{bmatrix} 0 & 1 & 2 \\ 0 & 1 & 1 \\ 0 & 0 & 2 \end{bmatrix}$$

행렬 A, B, C의 고유다항식은 모두 $f(x) = (x-1)(x-2)^2$이지만 D의 고유다항식은 $g(x) = x(x-)(x-2)$이므로 D는 A, B, C 중의 어느 행렬과도 닮은 행렬이 아니다.

그런데, A, B, C 의 고유치는 $\lambda_1 = 1$, $\lambda_2 = 2$ 뿐이고 이 고유치의 순서에 따라 A, B, C 의 Jordan 표준형 J_A, J_B, J_C 를 구하면 다음과 같다.

$$J_A = \begin{bmatrix} 1 & 0 & 0 \\ 0 & 2 & 0 \\ 0 & 1 & 2 \end{bmatrix}, \qquad J_B = \begin{bmatrix} 1 & 0 & 0 \\ 0 & 2 & 0 \\ 0 & 0 & 2 \end{bmatrix}, \qquad J_C = \begin{bmatrix} 1 & 0 & 0 \\ 0 & 2 & 0 \\ 0 & 1 & 2 \end{bmatrix}$$

따라서 A 와 C 는 서로 닮은 행렬이지만, A 와 B 는 닮은 행렬이 아니고 또 B 와 C 도 서로 닮은 행렬이 아니다.

정리 8.7.1에서 논한 T-불변 부분공간 H_i 에 대하여 다시 생각해 보자.

정리 8.7.6 체 F 위의 벡터공간 V 에서 $T : V \longrightarrow V$ 를 선형변환이라 하고 $\lambda \in F$ 라고 하자. 적당한 양의 정수 i 에 대하여

$$(T - \lambda 1_V)^i (w) = \mathbf{0}$$

인 벡터 $w \in V, w \neq \mathbf{0}$ 가 존재할 때, w 를 $\lambda \in F$ 에 대응하는 T 의 **일반 고유벡터**(geralized eigenvector)라고 한다.

위의 정의에서 적당한 양의 정수 i 에 대하여 $(T - \lambda 1_V)^i (w) = \mathbf{0}$ 이면,

$$(T - \lambda 1_V)^{s-1} (w) \neq \mathbf{0}, \qquad (T - \lambda 1_V)^s (w) = \mathbf{0}$$

인 양의 정수 s 가 존재하고, 이때 $u = (T - \lambda 1_V)^{s-1}(w) \neq \mathbf{0}$ 이라고 하면

$$(T - \lambda 1_V)(u) = (T - \lambda 1_V)^s (w) = \mathbf{0} \quad 즉 \quad T(u) = \lambda u$$

이므로 λ 는 T 의 고유치이다.

정리 8.7.7 체 F 위의 n 차원 벡터공간 V 에서 선형변환 $T \in \mathrm{End}_F(V)$ 에 대하여 $\lambda \in F$ 가 T 의 고유치일 때, 각 양의 정수 i 에 대하여

$$\mathrm{H}_{\lambda,\, i} = \ker\, (T - \lambda 1_V)^i = \{ w \in V \mid (T - \lambda 1_V)^i (w) = \mathbf{0} \}$$

이라고 하면 다음이 성립한다.

(1) 각 양의 정수 i 에 대하여 $H_{\lambda, i}$ 는 V 의 T-불변 부분공간이고, 특히 $H_{\lambda, 1}$ 은 λ 에 대응하는 T 의 고유공간 E_λ 와 일치한다.

(2) 각 양의 정수 i 에 대하여 $H_{\lambda, i} \subseteq H_{\lambda, i+1}$ 이다.

(3) 등식 $H_{\lambda, k} = H_{\lambda, k+1}$ 를 만족시키는 가장 작은 양의 정수 k 가 존재하고 이때 다음 결과를 얻는다.

$$\{\mathbf{0}\} \subsetneq H_{\lambda, 1} \subsetneq \cdots \subsetneq H_{\lambda, k-1} \subsetneq H_{\lambda, k},$$
$$H_{\lambda, k} = H_{\lambda, k+1} = H_{\lambda, k+2} = \cdots$$

증 명 (1) 따름정리 8.1.3 에 의하여 부분공간 $H_{\lambda, i} = \ker (T - \lambda 1_V)^i$ 는 V 의 T-불변부분공간이다.

특히, $H_{\lambda, 1} = \ker (T - \lambda 1_V) = E_\lambda$ 이다(정리 7.4.1 참조).

(2) 이제 $S = T - \lambda 1_V$ 이라고 하자. 이 때, $w \in H_{\lambda, i}$ 이라고 하면,

$$S^{i+1}(w) = S(S^i(w)) = S(\mathbf{0}) = \mathbf{0}$$

이므로 $w \in H_{\lambda, i+1}$ 이다. 따라서 $H_{\lambda, i} \subseteq H_{\lambda, i+1}$ 이다.

(3) 가정에 의하여 λ 가 T 의 고유치이므로 $\{\mathbf{0}\} \subsetneq H_{\lambda, 1} = E_\lambda$ 이다. 또,

$$\{\mathbf{0}\} \subsetneq H_{\lambda, 1} \subseteq \cdots \subseteq H_{\lambda, i} \subseteq H_{\lambda, i+1} \subseteq \cdots \subseteq V$$

이고 또 V 는 유한차원 벡터공간이므로, 등식 $H_{\lambda, k} = H_{\lambda, k+1}$ 을 만족시키는 가장 작은 양의 정수 k 가 존재한다.

이 때, $S = T - \lambda 1_V$ 이라 하고 $w \in H_{\lambda, k+2}$ 이라고 하면,

$$\mathbf{0} = S^{k+2}(w) = S^{k+1}(S(w))$$

이므로 $S(w) \in H_{\lambda, k+1} = H_{\lambda, k}$ 이고 따라서

$$S^{k+1}(w) = S^k(S(w)) = \mathbf{0}$$

이므로 $w \in H_{\lambda, k+1}$ 이다. 그러므로 $H_{\lambda, k+2} \subseteq H_{\lambda, k+1}$ 이다.

그런데, $H_{\lambda, k+1} \subseteq H_{\lambda, k+2}$ 이므로, $H_{\lambda, k+1} = H_{\lambda, k+2}$ 이다.

따라서 (3) 이 성립한다.

앞의 정리의 (3)에서 $H_\lambda = H_{\lambda, k}$이라고 하면, 모든 양의 정수 i에 대하여 $H_{\lambda, i} \subseteq H_\lambda$이고 따라서 H_λ는 λ에 대응하는 T의 일반 고유벡터 전체와 영벡터로 이루어진 T-불변 부분공간이다. 부분공간 H_λ를 λ에 대응하는 T의 **일반 고유공간**(generalized eigenspace)이라고 한다.

그리고, 체 F 위의 n차의 행렬 A에 대하여 $\lambda \in F$가 고유치일 때, λ에 대응하는 선형변환 $L_A : F^n \longrightarrow F^n$의 일반 고유벡터와 일반 고유공간 H_λ를 각각 A의 **일반 고유벡터, 일반 고유공간**이라고 한다.

실제로, $\lambda \in F$가 A의 [L_A의] 고유치일 때, 각 양의 정수 i에 대하여 $H_{\lambda, i} = \ker (L_A - \lambda 1_{F^n})^i$는 동차 연립일차방정식

$$(A - \lambda I_n)^i \begin{bmatrix} x_1 \\ \vdots \\ x_n \end{bmatrix} = \begin{bmatrix} 0 \\ \vdots \\ 0 \end{bmatrix} \quad \text{즉} \quad (\lambda I_n - A)^i \begin{bmatrix} x_1 \\ \vdots \\ x_n \end{bmatrix} = \begin{bmatrix} 0 \\ \vdots \\ 0 \end{bmatrix}$$

의 해공간이고, H_λ는 λ에 대응하는 A의 일반 고유벡터 전체와 영벡터로 이루어진 부분공간이다.

앞의 정리 8.7.7과 정리 8.7.1에 의하여 다음이 성립한다.

정리 8.7.8 체 F 위의 n차원 벡터공간 V에서 선형변환 $T \in \mathrm{End}_F(V)$의 고유다항식 $f(x)$와 최소다항식 $p(x)$의 표준분해가

$$\begin{aligned} f(x) &= (x-\lambda_1)^{n_1} \cdots (x-\lambda_r)^{n_r} \qquad (n_1 \geq 1, \cdots, n_r \geq 1) \\ p(x) &= (x-\lambda_1)^{m_1} \cdots (x-\lambda_r)^{m_r} \qquad (1 \leq m_i \leq n_i) \end{aligned}$$

일 때, 각 고유치 λ_i에 대응하는 T의 일반 고유공간 H_{λ_i}는 다음과 같다.

$$H_{\lambda_i} = \ker (T - \lambda_i 1_V)^{m_i} = \{ w \in V \mid (T - \lambda_i 1_V)^{m_i}(w) = 0 \}$$

보기 8.7.5 실수체 $\mathbb{R}$ 위에서 다음 행렬을 생각해 보자.

$$A = \begin{bmatrix} 1 & 0 & 0 \\ 0 & 2 & 0 \\ 0 & 1 & 2 \end{bmatrix}$$

행렬 A 의 고유다항식은

$$f(x) = \begin{vmatrix} x-1 & 0 & 0 \\ 0 & x-2 & 0 \\ 0 & -1 & x-1 \end{vmatrix} = (x-1)(x-2)^2$$

이므로 A 의 고유치는 $\lambda_1 = 1,\ \lambda_2 = 2$ (이중근)이다. 그런데,

$$(A-I_3)^i = \begin{bmatrix} 0 & 0 & 0 \\ 0 & 1 & 0 \\ 0 & i & 1 \end{bmatrix} \qquad (i \geq 1)$$

이므로 다음이 성립한다.

$$(A-I_3)^i = \begin{bmatrix} 0 & 0 & 0 \\ 0 & 1 & 0 \\ 0 & i & 1 \end{bmatrix} \longrightarrow \begin{bmatrix} 0 & 1 & 0 \\ 0 & 0 & 1 \\ 0 & 0 & 0 \end{bmatrix}$$

$$\mathrm{E}_{\lambda_1} = \mathrm{H}_{\lambda_1,\,1} = \langle (1, 0, 0) \rangle$$
$$= \mathrm{H}_{\lambda_1,\,2} = \mathrm{H}_{\lambda_1,\,3} = \cdots$$
$$\mathrm{H}_{\lambda_1} = \langle (1, 0, 0) \rangle$$

그리고,

$$A-2I_3 = \begin{bmatrix} -1 & 0 & 0 \\ 0 & 0 & 0 \\ 0 & 1 & 0 \end{bmatrix}, \quad (A-2I_3)^i = \begin{bmatrix} (-1)^i & 0 & 0 \\ 0 & 0 & 0 \\ 0 & 0 & 0 \end{bmatrix} \qquad (i \geq 2)$$

이고 이들 행렬은 기본 행 변형에 의하여

$$A-2I_3 = \begin{bmatrix} -1 & 0 & 0 \\ 0 & 0 & 0 \\ 0 & 1 & 0 \end{bmatrix} \longrightarrow \begin{bmatrix} 1 & 0 & 0 \\ 0 & 1 & 0 \\ 0 & 0 & 0 \end{bmatrix}$$

$$(A-2I_3)^i = \begin{bmatrix} (-1)^i & 0 & 0 \\ 0 & 0 & 0 \\ 0 & 0 & 0 \end{bmatrix} \longrightarrow \begin{bmatrix} 1 & 0 & 0 \\ 0 & 0 & 0 \\ 0 & 0 & 0 \end{bmatrix}$$

으로 변형되므로 다음이 성립한다.

$$\mathrm{E}_{\lambda_2} = \mathrm{H}_{\lambda_2,\,1} = \langle (0, 0, 1) \rangle$$
$$\mathrm{H}_{\lambda_2,\,2} = \{ (0, x_2, x_3) \mid x_2, x_3 \in \mathbb{R} \} = \mathrm{H}_{\lambda_2,\,3} = \mathrm{H}_{\lambda_2,\,4} = \cdots$$
$$\mathrm{H}_{\lambda_2} = \{ (0, x_2, x_3) \mid x_2, x_3 \in \mathbb{R} \}$$

연 습 문 제 (8.7)

1. 실수체 $\mathbb{R}$ 위의 5차의 행렬 A의 최소다항식이

$$p(x) = (x+4)^3$$

일 때, A의 고유다항식과 A의 가능한 Jordan 표준형을 구하여라.

*2. 실수체 $\mathbb{R}$ 위의 5차의 행렬 A에 대하여 다음 물음에 답하여라.

(1) A의 고유다항식이 $f(x) = (x-1)^3(x-3)^2$인 경우에, 행렬 A의 가능한 최소다항식과 가능한 Jordan 표준형을 구하여라.

(2) A의 최소다항식이 $p(x) = (x-1)^2(x-3)$인 경우에, 행렬 A의 가능한 고유다항식과 가능한 Jordan 표준형을 구하여라.

3. 실수체 $\mathbb{R}$ 위의 4차의 행렬 A의 최소다항식이

$$p(x) = x^4 + 8x^2 + 16$$

일 때, A의 고유다항식을 구하여라. 그리고, A를 복소수체 $\mathbb{C}$ 위의 행렬로 생각할 때의 A의 Jordan 표준형을 구하여라.

4. 실수체 $\mathbb{R}$ 위의 행렬

$$A = \begin{bmatrix} 2 & 0 & 0 & 0 & 0 \\ 1 & 2 & 0 & 0 & 0 \\ 0 & 0 & 2 & 0 & 0 \\ 0 & 0 & 0 & 3 & 0 \\ 0 & 0 & 0 & 1 & 3 \end{bmatrix}$$

에 대하여 다음 물음에 답하여라.

(1) A의 고유다항식 $f(x)$와 최소다항식 $p(x)$를 구하여라.

(2) 고유치 $\lambda = 2$에 대응하는 A의 고유공간 E_λ를 구하여라.

(3) 다음 두 동차 연립일차방정식의 해공간을 구하여라.

$$(A - 2I_5)^3 \begin{bmatrix} x_1 \\ \vdots \\ x_5 \end{bmatrix} = \begin{bmatrix} 0 \\ \vdots \\ 0 \end{bmatrix}, \qquad (A - 2I_5) \begin{bmatrix} x_1 \\ \vdots \\ x_5 \end{bmatrix} = \begin{bmatrix} 0 \\ \vdots \\ 0 \end{bmatrix}$$

*5. 실수체 $\mathbb{R}$ 위에서 다음 행렬의 Jordan 표준형을 구하여라.

(1) $A = \begin{bmatrix} 1 & -1 & 1 \\ -1 & 1 & -1 \\ -1 & 1 & -1 \end{bmatrix}$ (2) $A = \begin{bmatrix} -3 & 3 & -2 \\ -7 & 6 & -3 \\ 1 & -1 & 2 \end{bmatrix}$

6. 실수체 $\mathbb{R}$ 위에서 다음 행렬의 Jordan 표준형을 구하여라.

(1) $A = \begin{bmatrix} 2 & 0 & 0 \\ 3 & -1 & 0 \\ 1 & -1 & 2 \end{bmatrix}$ (2) $A = \begin{bmatrix} 2 & 0 & 0 \\ -1 & 3 & 0 \\ 1 & -1 & 2 \end{bmatrix}$

7. 실수체 $\mathbb{R}$ 위의 행렬 A의 Jordan 표준형 B를 구하고 또 $P^{-1}AP = B$인 정칙행렬 P를 구하여라.

*(1) $A = \begin{bmatrix} 11 & -4 & -5 \\ 21 & -8 & -11 \\ 3 & -1 & 0 \end{bmatrix}$ (2) $A = \begin{bmatrix} 1 & 1 & 2 \\ 0 & 1 & 2 \\ 0 & 0 & 2 \end{bmatrix}$

8. 실수체 $\mathbb{R}$ 위에 다음 행렬 중에서 서로 닮은 행렬을 찾아라.

$$A = \begin{bmatrix} 3 & 0 \\ 1 & 3 \end{bmatrix}, \quad B = \begin{bmatrix} 3 & 0 \\ 0 & 3 \end{bmatrix}, \quad C = \begin{bmatrix} 3 & 1 \\ 0 & 3 \end{bmatrix}$$

9. 실수체 $\mathbb{R}$ 위에서 다음 두 행렬이 서로 닮은 행렬인지를 판정하여라.

$$A = \begin{bmatrix} 2 & 0 & 0 & 0 \\ 1 & 2 & 0 & 0 \\ 0 & 0 & 2 & 0 \\ 0 & 0 & 0 & 4 \end{bmatrix}, \quad B = \begin{bmatrix} 2 & 0 & 0 & 0 \\ 1 & 2 & 0 & 0 \\ 0 & 1 & 2 & 0 \\ 0 & 0 & 0 & 4 \end{bmatrix}$$

§8.8 행렬의 무한급수

이 책을 처음 읽을 때에는 이 절을 생략하여도 좋다.

이 절에서는, 실수를 성분으로 가지는 행렬로 이루어진 무한수열에 대하여 극한과 무한급수를 정의하고 이에 관한 정리를 증명하기로 한다.

정의 8.8.1 실수체 $\mathbb{R}$ 위의 $m \times n$ 행렬로 이루어진 무한수열

$$(*) \qquad A_0, A_1, A_2, \cdots, A_k, \cdots$$

에서, 각 k $(k = 0, 1, 2, \cdots)$ 에 대하여 $A_k = [a_{ij,k}]_{m \times n}$ 이라고 하자.

이 때, 각 i, j $(1 \le i \le m, 1 \le j \le n)$ 에 대하여 극한 $\lim_{k \to \infty} a_{ij,k} = a_{ij}$ 가 존재하는 경우에 $(*)$ 는 $m \times n$ 행렬 $A = [a_{ij}]_{m \times n}$ 에 **수렴한다**고 하며 이 사실을

$$\lim_{k \to \infty} A_k = A$$

로 나타내고 극한 $\lim_{k \to \infty} A_k$ 는 **존재한다**고 한다.

실수로 이루어진 수열 $a_0, a_1, a_2, \cdots, a_k, \cdots$ 의 극한에 관한 정리로부터 다음 정리가 성립함을 쉽게 알 수 있다.

정리 8.8.2 실수체 $\mathbb{R}$ 위의 $m \times n$ 행렬로 이루어진 두 무한수열

$$A_0, A_1, A_2, \cdots, A_k, \cdots; \qquad B_0, B_1, B_2, \cdots, B_k, \cdots$$

에 대하여 두 극한 $\lim_{k \to \infty} A_k = A$ 와 $\lim_{k \to \infty} B_k = B$ 가 존재한다고 하자.

이 때, $\lim_{k \to \infty} {A_k}^T$ 와 $\lim_{k \to \infty} (A_k + B_k)$ 는 존재하고 그 극한은 다음과 같다.

(1) $\lim_{k \to \infty} {A_k}^T = (\lim_{k \to \infty} A_k)^T = A^T$

(2) $\lim_{k \to \infty} (A_k + B_k) = \lim_{k \to \infty} A_k + \lim_{k \to \infty} B_k = A + B$

정리 8.8.3 실수체 $\mathbb{R}$위에서 $m\times n$ 행렬로 이루어진 무한수열

$$A_0, A_1, A_2, \cdots, A_k, \cdots$$

과 $n\times r$ 행렬로 이루어진 무한수열

$$B_0, B_1, B_2, \cdots, B_k, \cdots$$

에 대하여 $\lim_{k\to\infty} A_k = A$ 와 $\lim_{k\to\infty} B_k = B$ 가 존재한다고 하자.

이 때, $\lim_{k\to\infty} A_k B_k$ 는 존재하고 그 극한은 다음과 같다.

$$\lim_{k\to\infty} A_k B_k = (\lim_{k\to\infty} A_k)(\lim_{k\to\infty} B_k) = AB$$

특히, $\lim_{k\to\infty} A_k = A$ 가 존재할 때, $r\times m$ 행렬 P 와 $n\times r$ 행렬 Q 에 대하여 $\lim_{k\to\infty} PA_k$ 와 $\lim_{k\to\infty} A_k Q$ 는 존재하고 $\lim_{k\to\infty} PA_k = PA$, $\lim_{k\to\infty} A_k Q = AQ$ 이다.

증 명 각 k 에 대하여

$$A_k = [a_{ij,\,k}]_{m\times n}, \quad B_k = [b_{ij,\,k}]_{n\times r}, \quad A_k B_k = [c_{ij,\,k}]_{m\times r}$$

이라 하고 $A = [a_{ij}]_{m\times n}$, $B = [b_{ij}]_{n\times r}$, $AB = [c_{ij}]_{m\times r}$ 이라고 하자.

이 때, $c_{ij,k} = \sum_{h=1}^{n} a_{ih,k}\, b_{hj,k}$, $c_{ij} = \sum_{h=1}^{n} a_{ih}\, b_{hj}$ 이고 또

$$\begin{aligned}\lim_{k\to\infty} c_{ij,k} &= \lim_{k\to\infty} \left(\sum_{h=1}^{n} a_{ih,k} b_{hj,k}\right) = \sum_{h=1}^{n} \lim_{k\to\infty} a_{ih,k} b_{hj,k} \\ &= \sum_{h=1}^{n} (\lim_{k\to\infty} a_{ih,k})(\lim_{k\to\infty} b_{hj,k}) = \sum_{h=1}^{n} a_{ih} b_{hj} = c_{ij}\end{aligned}$$

이므로 $\lim_{k\to\infty} A_k B_k = AB$ 이다.

정리 8.8.4 실수체 $\mathbb{R}$ 위의 n 차의 행렬 A 와 정칙행렬 P 에 대하여

$$P^{-1}AP = D, \qquad D = \operatorname{diag}\{\lambda_1, \cdots, \lambda_n\}$$

일 때, $-1 < \lambda_i \le 1 \quad (1 \le i \le n)$ 이면 $\lim_{k\to\infty} A^k$ 는 존재한다.

증 명 가정에 의하여 $A = PDP^{-1}$이므로 양의 정수 k에 대하여

$$A^k = PD^kP^{-1}, \qquad D^k = \text{diag}\ \{\lambda_1^{\ k}, \cdots, \lambda_n^{\ k}\}$$

이고 조건에 의하여 $\lim\limits_{k\to\infty} \lambda_i^{\ k} = 0$ 또는 $\lim\limits_{k\to\infty} \lambda_i^{\ k} = 1$ 이므로 $\lim\limits_{k\to\infty} D^k$는 존재한다. 따라서 정리 8.8.3에 의하여 다음이 성립한다.

$$\lim_{k\to\infty} A^k = \lim_{k\to\infty} (PD^kP^{-1}) = P\,(\lim_{k\to\infty} D^k)\,P^{-1}$$

보기 8.8.1 실수체 $\mathbb{R}$ 위에서 다음 행렬을 생각해 보자.

$$A = \begin{bmatrix} \frac{5}{6} & \frac{1}{3} \\ \frac{1}{6} & \frac{2}{3} \end{bmatrix}$$

행렬 A의 고유다항식은

$$f(x) = x^2 - \frac{3}{2}x + \frac{1}{2} = (x-1)(x-\frac{1}{2})$$

이므로 A의 고유치는 $\lambda_1 = 1,\ \lambda_2 = \frac{1}{2}$이고, 또 이들 고유치에 대응하는 A의 고유공간은 각각 $\mathrm{E}_1 = \langle (2, 1) \rangle$, $\mathrm{E}_2 = \langle (-1, 1) \rangle$이다.

그러므로 벡터공간 $\mathbb{R}^2$에서 $\mathscr{C} = \{(2, 1), (-1, 1)\}$는 A의 고유벡터로 이루어진 기저이고, 따라서

$$P = \begin{bmatrix} 2 & -1 \\ 1 & 1 \end{bmatrix}, \qquad D = \begin{bmatrix} 1 & 0 \\ 0 & \frac{1}{2} \end{bmatrix}$$

이라고 하면 P는 정칙행렬이고 $P^{-1}AP = D$이다.

그리고, 모든 양의 정수 k에 대하여 $D^k = P^{-1}A^kP$이므로 $A^k = PD^kP^{-1}$이고 따라서 다음 결과를 얻는다.

$$\lim_{k\to\infty} A^k = P\,(\lim_{k\to\infty} D^k)P^{-1} = P\begin{bmatrix} 1 & 0 \\ 0 & 0 \end{bmatrix}P^{-1} = \begin{bmatrix} \frac{2}{3} & \frac{2}{3} \\ \frac{1}{3} & \frac{1}{3} \end{bmatrix}$$

정리 8.8.5 실수체 $\mathbb{R}$위의 n차의 행렬로 이루어진 무한수열

$$A_0, A_1, A_2, \cdots, A_k, \cdots$$

의 극한 $\lim_{k\to\infty} A_k = A$가 존재할 때 다음이 성립한다.

(1) $\lim_{k\to\infty} (\det A_k) = \det A$

(2) 모든 A_k와 A가 정칙행렬이면, $\lim_{k\to\infty} {A_k}^{-1} = A^{-1}$이다.

증 명 먼저 $A_k = [a_{ij,k}]_{n\times n}$, $A = [a_{ij}]_{n\times n}$이라고 하자. 이 때,

$$\det A_k = \sum_{\sigma} (\operatorname{sgn} \sigma)\, a_{1j_1,k} \cdots a_{nj_n,k}$$

이고 $\lim_{k\to\infty} a_{1j_1,k} \cdots a_{nj_n,k} = a_{1j_1} \cdots a_{nj_n}$이므로 $\lim_{k\to\infty} (\det A_k) = \det A$이다.

또, 각 A_k에서 $a_{ij,k}$의 여인수를 $A_{ij,k}$이라 하고 A에서 a_{ij}의 여인수를 A_{ij}이라고 하면, $\lim_{k\to\infty} A_{ij,k} = A_{ij}$이므로 $\det A_k \neq 0$, $\det A \neq 0$일 때

$${A_k}^{-1} = \frac{1}{\det A_k} [A_{ji,k}]_{n\times n}, \quad A^{-1} = \frac{1}{\det A} [A_{ji}]_{n\times n},$$

$$\lim_{k\to\infty} \frac{A_{ji,k}}{\det A_k} = \frac{A_{ji}}{\det A} \qquad (1 \le i, j \le n)$$

이므로 $\lim_{k\to\infty} {A_k}^{-1} = A^{-1}$이다.

보기 8.8.2 실수체 $\mathbb{R}$ 위에서 2차의 행렬

$$A_k = \begin{bmatrix} 3+\dfrac{1}{k+1} & 2 \\ 1+\dfrac{1}{k+1} & 1 \end{bmatrix} \qquad (k = 0, 1, 2, \cdots)$$

에 대하여 $k \ge 1$일 때 $\det A_k = \dfrac{k}{k+1} \neq 0$이고 다음이 성립한다.

$${A_k}^{-1} = \begin{bmatrix} \dfrac{k+1}{k} & \dfrac{-2k-2}{k} \\ \dfrac{-k-2}{k} & \dfrac{3k+4}{k} \end{bmatrix}, \qquad \lim_{k\to\infty} A_k = \begin{bmatrix} 3 & 2 \\ 1 & 1 \end{bmatrix} = A$$

이므로 다음이 성립한다.

$$\lim_{k\to\infty} \det A_k = 1, \quad \det A = 1, \quad \lim_{k\to\infty} A_k^{-1} = \begin{bmatrix} 1 & -2 \\ -1 & 3 \end{bmatrix} = A^{-1}$$

정리 8.8.6 실수체 $\mathbb{R}$ 위의 $m \times n$ 행렬로 이루어진 무한수열

$$A_0, A_1, A_2, \cdots, A_k, \cdots$$

에 대하여 형식적인 합 $\sum_{k=0}^{\infty} A_k = A_0 + A_1 + \cdots + A_r + \cdots$를 이 무한수열의 **무한급수**(infinite series)라고 한다. 또, $\lim_{r\to\infty}(A_0 + A_1 + \cdots + A_r) = S$가 존재할 때, $\sum_{k=0}^{\infty} A_k$는 **수렴한다**고 하며 S를 이 **무한급수의 합**이라 하고 이 사실을 $\sum_{k=0}^{\infty} A_k = S$로 나타낸다.

실제로, $A_k = [a_{ij,k}]_{m\times n}$일 때, $\sum_{k=0}^{\infty} A_k$가 수렴하면 그 합은 다음과 같다.

$$\sum_{k=0}^{\infty} A_k = \begin{bmatrix} \sum_{k=0}^{\infty} a_{11,k} & \sum_{k=0}^{\infty} a_{12,k} & \cdots & \sum_{k=0}^{\infty} a_{1n,k} \\ \sum_{k=0}^{\infty} a_{21,k} & \sum_{k=0}^{\infty} a_{22,k} & \cdots & \sum_{k=0}^{\infty} a_{2n,k} \\ \vdots & \vdots & \cdots & \vdots \\ \sum_{k=0}^{\infty} a_{m1,k} & \sum_{k=0}^{\infty} a_{m2,k} & \cdots & \sum_{k=0}^{\infty} a_{mn,k} \end{bmatrix}$$

정리 8.8.7 실수체 $\mathbb{R}$ 위의 $m \times n$ 행렬로 이루어진 무한수열

$$A_0, A_1, A_2, \cdots, A_k, \cdots$$

에 대하여 $\sum_{k=0}^{\infty} A_k = S$일 때 다음이 성립한다.

(1) $\sum_{k=0}^{\infty} A_k^T = (\sum_{k=0}^{\infty} A_k)^T = S^T$

(2) 임의의 $s \times m$ 행렬 P와 $n \times s$ 행렬 Q에 대하여

$$\sum_{k=0}^{\infty} PA_k = P(\sum_{k=0}^{\infty} A_k), \qquad \sum_{k=0}^{\infty} A_k Q = (\sum_{k=0}^{\infty} A_k)Q$$

증 명 각 정수 r $(r = 0, 1, 2, \cdots)$ 에 대하여

$$(A_0 + \cdots + A_r)^T = A_0{}^T + \cdots + A_r{}^T,$$
$$P(A_0 + \cdots + A_r) = PA_0 + \cdots + PA_r,$$
$$(A_0 + \cdots + A_r)\,Q = A_0\,Q + \cdots + A_r\,Q$$

이므로 정리 8.8.2 와 정리 8.8.3 에 의하여 정리가 성립한다.

모든 실수 x 에 대하여 $\exp x$ 또는 e^x 를 다음과 같이 정의한다.

$$\exp x = e^x = \sum_{k=0}^{\infty} \frac{x^k}{k\,!} = 1 + \frac{x}{1\,!} + \frac{x^2}{2\,!} + \cdots + \frac{x^r}{r\,!} + \cdots$$

정리 8.8.8 실수체 $\mathbb{R}$ 위의 n 차의 행렬 $A = [a_{ij}]_{n\times n}$ 와 실수 x 에 대하여 다음과 같이 정의된 무한급수 $\exp A = e^A$ 와 $\exp xA = e^{xA}$ 는 수렴한다.

$$\exp A = e^A = \sum_{k=0}^{\infty} \frac{A^k}{k\,!} = I_n + \frac{A}{1\,!} + \frac{A^2}{2\,!} + \cdots + \frac{A^r}{r\,!} + \cdots$$

$$\exp\,(xA) = e^{xA} = \sum_{k=0}^{\infty} \frac{x^k A^k}{k\,!} = I_n + \frac{xA}{1\,!} + \frac{x^2 A^2}{2\,!} + \cdots + \frac{x^r A^r}{r\,!} + \cdots$$

증 명 $M = \max\{\,|\,a_{ij}\,| \;:\; 1 \le i, j \le n\}$ 이라 하고 모든 정수 k $(k \ge 0)$ 에 대하여 $A^k = [a_{ij,\,k}]_{n\times n}$ 이라고 할 때, 다음이 성립함을 밝힌다.

$$(*) \qquad |\,a_{ij,\,k}\,| \le (nM)^k \qquad (1 \le i, j \le n)$$

먼저 $k = 0$ 일 때, $A^0 = I_n = [\delta_{ij}]_{n\times n}$ 이므로 다음이 성립한다.

$$|\,a_{ij,\,0}\,| = |\,\delta_{ij}\,| \le 1 = (nM)^0 \qquad (1 \le i, j \le n)$$

그리고, 양의 정수 k 에 대하여 $(*)$ 가 성립한다고 가정하면,

$$|\,a_{ij,\,k+1}| = \left|\sum_{h=1}^{n} a_{ih}\,a_{hj,\,k}\right| \le \sum_{h=1}^{n} |\,a_{ih}\,|\,|\,a_{hj,\,k}\,|$$
$$\le \sum_{h=1}^{n} M\,(nM)^k \le (nM)^{k+1} \qquad (1 \le i, j \le n)$$

이므로 모든 정수 k $(k \ge 0)$ 에 대하여 $(*)$ 는 성립한다. 그러므로

$$\sum_{k=0}^{\infty} \left| \frac{a_{ij,k}}{k!} \right| \le \sum_{k=0}^{\infty} \frac{(nM)^k}{k!} = \exp(nM)$$

이고 따라서 $\sum_{k=0}^{\infty} \left| \frac{a_{ij,k}}{k!} \right|$ 는 수렴하므로 $\sum_{k=0}^{\infty} \frac{a_{ij,k}}{k!}$ 도 수렴한다.

그러므로 $\exp A = \sum_{k=0}^{\infty} \frac{A^k}{k!}$ 는 수렴한다.

마찬가지로, 임의의 실수 x 에 대하여 $\exp(xA)$ 는 수렴한다.

보기 8.8.3 대각행렬 $A = \operatorname{diag}\{\lambda_1, \cdots, \lambda_n\}$ 에 대하여 다음이 성립한다.

$$A^k = \operatorname{diag}\{\lambda_1{}^k, \cdots, \lambda_n{}^k\}, \qquad x^k A^k = \operatorname{diag}\{\lambda_1{}^k x^k, \cdots, \lambda_n{}^k x^k\},$$

$$\exp(xA) = \operatorname{diag}\{\exp \lambda_1 x, \cdots, \exp \lambda_n x\} = \begin{bmatrix} e^{\lambda_1 x} & 0 & \cdots & 0 \\ \vdots & \vdots & \ddots & \vdots \\ 0 & 0 & \cdots & e^{\lambda_n x} \end{bmatrix}$$

보기 8.8.4 실수체 $\mathbb{R}$ 위의 행렬

$$A = \begin{bmatrix} 0 & -1 \\ 1 & 0 \end{bmatrix}$$

에 대하여

$$A^1 = \begin{bmatrix} 0 & -1 \\ 1 & 0 \end{bmatrix}, \quad A^2 = \begin{bmatrix} -1 & 0 \\ 0 & -1 \end{bmatrix}, \quad A^3 = \begin{bmatrix} 0 & 1 \\ -1 & 0 \end{bmatrix}, \quad A^4 = I_2$$

이므로, 임의의 실수 x 에 대하여 다음이 성립한다.

$$\begin{aligned} &\exp(xA) \\ &= \begin{bmatrix} 1 & 0 \\ 0 & 1 \end{bmatrix} + \begin{bmatrix} 0 & -x \\ x & 0 \end{bmatrix} + \begin{bmatrix} \frac{-x^2}{2!} & 0 \\ 0 & \frac{-x^2}{2!} \end{bmatrix} + \begin{bmatrix} 0 & \frac{x^3}{3!} \\ \frac{-x^3}{3!} & 0 \end{bmatrix} + \cdots \\ &= \begin{bmatrix} 1 - \frac{x^2}{2!} + \frac{x^4}{4!} - \cdots & -x + \frac{x^3}{3!} - \frac{x^5}{5!} + \cdots \\ x - \frac{x^3}{3!} + \frac{x^5}{5!} - \cdots & 1 - \frac{x^2}{2!} + \frac{x^4}{4!} - \cdots \end{bmatrix} = \begin{bmatrix} \cos x & -\sin x \\ \sin x & \cos x \end{bmatrix} \end{aligned}$$

정리 8.8.9 실수체 $\mathbb{R}$ 위의 n 차의 행렬 A 와 n 차의 정칙행렬 P 에 대하여 다음이 성립한다.

(1) $\exp A^T = (\exp A)^T, \quad \exp(P^{-1}AP) = P^{-1}(\exp A)P$

(2) $A = \text{diag}\{A_1, \cdots, A_r\}$ 이면, $\exp A = \text{diag}\{\exp A_1, \cdots, \exp A_r\}$ 이다.

증 명 (1) 각 정수 r $(r \geq 0)$ 에 대하여

$$I_n + \frac{A^T}{1!} + \frac{(A^T)^2}{2!} + \cdots + \frac{(A^T)^r}{r!} = \left(I_n + \frac{A}{1!} + \frac{A^2}{2!} + \cdots + \frac{A^r}{r!}\right)^T,$$

$$I_n + \frac{P^{-1}AP}{1!} + \cdots + \frac{(P^{-1}AP)^r}{r!} = P^{-1}\left(I_n + \frac{A}{1!} + \cdots + \frac{A^r}{r!}\right)P$$

이므로, 정리 8.8.7 에 의하여 다음이 성립한다.

$$\exp A^T = \sum_{k=0}^{\infty} \frac{(A^T)^k}{k!} = \sum_{k=0}^{\infty} \frac{(A^k)^T}{k!} = \left(\sum_{k=0}^{\infty} \frac{A^k}{k!}\right)^T = (\exp A)^T,$$

$$\exp(P^{-1}AP) = \sum_{k=0}^{\infty} \frac{(P^{-1}AP)^k}{k!} = P^{-1}\left(\sum_{k=0}^{\infty} \frac{A^k}{k!}\right)P = P^{-1}(\exp A)P$$

(2) 정의 8.4.7 과 위의 (1) 에 의하여 (2) 가 성립한다(정의 8.4.7 참조).

보기 8.8.5 실수체 $\mathbb{R}$ 위에서 다음 행렬을 생각해 보자.

$$A = \begin{bmatrix} 8 & 2 & -8 \\ 13 & 3 & -14 \\ 10 & 2 & -10 \end{bmatrix}$$

행렬 A 의 고유다항식은 $f(x) = x^3 - x^2 - 4x + 4 = (x-1)(x^2-4)$ 이므로 A 는 서로 다른 세 고유치 $1, 2, -2$ 를 가지며 A 는 대각화 가능한 행렬이다(정리 4.4.4). 실제로, 다음이 성립한다.

$$P^{-1}AP = D, \qquad D = \begin{bmatrix} 1 & 0 & 0 \\ 0 & 2 & 0 \\ 0 & 0 & -2 \end{bmatrix}, \qquad P = \begin{bmatrix} 2 & 1 & 1 \\ 1 & 1 & 3 \\ 2 & 1 & 2 \end{bmatrix}$$

그러므로 임의의 실수 x 에 대하여 다음이 성립한다.

$$P^{-1}(xA)P = xD = \text{diag}\,\{x, 2x, -2x\}, \quad xA = P\,(xD)P^{-1},$$

$$\exp\,(xD) = \text{diag}\,\{e^x, e^{2x}, e^{-2x}\},$$

$$\exp\,(xA) = P\,(\exp xD)\,P^{-1} = P\begin{bmatrix} e^x & 0 & 0 \\ 0 & e^{2x} & 0 \\ 0 & 0 & e^{2x} \end{bmatrix}P^{-1}$$

정리 8.8.10 실수체 $\mathbb{R}$ 위의 n 차의 두 행렬 A, B 에 대하여 다음이 성립한다.

(1) $AB = BA$ 일 때, $\exp\,(A+B) = (\exp A)(\exp B)$ 이다.

(2) $\exp O_n = I_n$

(3) $\exp A$ 는 정칙행렬이고 또 $(\exp A)^{-1} = \exp\,(-A)$ 이다.

(4) A 가 교대행렬이면, $(\exp A)^{-1} = (\exp A)^T$ 이다.

증 명 (1) 상세한 증명 대신에 다음과 같이 간단히 증명하기로 한다. 정리 1.4.6 에 의하여 $AB = BA$ 일 때 임의의 양의 정수 k 에 대하여 다음이 성립한다.

$$\frac{(A+B)^k}{k!} = \frac{1}{k!}\sum_{i=0}^{k}\frac{k!}{(k-i)!\,i!}A^{k-i}B^i = \sum_{i=0}^{k}\frac{A^{k-i}}{(k-i)!}\cdot\frac{B^i}{i!}$$

$$= \frac{A^k}{k!} + \frac{A^{k-1}}{(k-1)!}\frac{B}{1!} + \frac{A^{k-2}}{(k-2)!}\frac{B}{2!} + \cdots + \frac{A}{1!}\frac{B^{k-1}}{(k-1)!} + B^k$$

따라서 다음 등식이 성립한다.

$$(\exp A)(\exp B)$$

$$= \left(I_n + \frac{A}{1!} + \frac{A^2}{2!} + \frac{A^3}{3!} + \cdots\right)\left(I_n + \frac{B}{1!} + \frac{B^2}{2!} + \frac{B^3}{3!} + \cdots\right)$$

$$= I_n + \left(\frac{A}{1!} + \frac{B}{1!}\right) + \left(\frac{A^2}{2!} + \frac{A}{1!}\frac{B}{1!} + \frac{B^2}{2!}\right)$$

$$+ \left(\frac{A^3}{3!} + \frac{A^2}{2!}\frac{B}{1!} + \frac{A}{1!}\frac{B^2}{2!} + \frac{B^3}{3!}\right) + \cdots$$

$$= I_n + (A+B) + \frac{(A+B)^2}{2!} + \frac{(A+B)^3}{3!} + \cdots$$

$$= \sum_{k=0}^{\infty}\frac{(A+B)^k}{k!} = \exp\,(A+B)$$

(2) $\exp O_n = I_n + \dfrac{O}{1!} + \dfrac{O^2}{2!} + \cdots + \dfrac{O^r}{r!} + \cdots = I_n$

(3) $A(-A) = (-A)A$ 이므로 (1), (2)에 의하여 다음이 성립한다.

$$I_n = \exp O_n = \exp\{A + (-A)\} = \exp A \ \exp(-A)$$

따라서 $\exp A$는 정칙행렬이고, 또 $(\exp A)^{-1} = \exp(-A)$ 이다.

(4) A가 교대행렬이면, 위의 (3)과 정리 8.8.9에 의하여 다음이 성립한다.

$$(\exp A)^{-1} = \exp(-A) = \exp A^T = (\exp A)^T$$

정리 8.8.10의 (1)에서 조건 '$AB = BA$'는 필요하다.

보기 8.8.6 실수체 $\mathbb{R}$ 위에서 다음 두 행렬을 생각해 보자.

$$A = \begin{bmatrix} 1 & 1 \\ 0 & -1 \end{bmatrix}, \qquad B = \begin{bmatrix} -1 & 0 \\ 0 & 1 \end{bmatrix}$$

분명히 $AB \neq BA$ 이고

$$\exp A = \begin{bmatrix} e & \dfrac{e-e^{-1}}{2} \\ 0 & e^{-1} \end{bmatrix}, \qquad \exp B = \begin{bmatrix} e^{-1} & 0 \\ 0 & e \end{bmatrix}$$

이므로 다음 결과를 얻는다.

$$(\exp A)(\exp B) = \begin{bmatrix} 1 & \dfrac{e^2-1}{2} \\ 0 & 1 \end{bmatrix}$$

한편,

$$A+B = \begin{bmatrix} 0 & 1 \\ 0 & 0 \end{bmatrix}, \quad (A+B)^2 = (A+B)^3 = \cdots = O_2$$

이므로

$$\exp(A+B) = \begin{bmatrix} 1 & 0 \\ 0 & 1 \end{bmatrix} + \begin{bmatrix} 0 & 1 \\ 0 & 0 \end{bmatrix} = \begin{bmatrix} 1 & 1 \\ 0 & 1 \end{bmatrix}$$

이고, 따라서 $\exp(A+B) \neq (\exp A)(\exp B)$ 이다.

실수체 $\mathbb{R}$ 위의 n차의 행렬 A의 고유다항식 $f(x)$와 최소다항식 $p(x)$가 서로 다른 실수 $\lambda_1, \cdots, \lambda_r$에 대하여

$$f(x) = (x-\lambda_1)^{n_1}\cdots(x-\lambda_r)^{n_r} \qquad (n_i \geq 1)$$

$$p(x) = (x-\lambda_1)^{m_1}\cdots(x-\lambda_r)^{m_r} \qquad (1 \leq m_i \leq n_i)$$

과 같은 꼴로 인수분해된다고 하자. 이 때, B를 A의 Jordan 표준형이라고 하면, 적당한 정칙행렬 P에 대하여 $B = P^{-1}AP$이고 또 B는 다음과 같은 꼴이다(따름정리 8.7.3).

$$B = \text{diag}\{J_1, \cdots, J_r\}, \qquad J_i = \text{diag}\{J_{i1}, \cdots, J_{it_i}\}$$

$$J_{ij} = \begin{bmatrix} \lambda_i & 0 & \cdots & 0 & 0 \\ 1 & \lambda_i & \cdots & 0 & 0 \\ 0 & 1 & \ddots & 0 & 0 \\ \vdots & \vdots & \ddots & \ddots & \vdots \\ 0 & 0 & \cdots & 1 & \lambda_i \end{bmatrix}_{s_{ij}\times s_{ij}}$$

그러므로 임의의 실수 x에 대하여

$$xB = P^{-1}(xA)P, \qquad xA = P(xB)P^{-1},$$

$$xB = \text{diag}\{xJ_1, \cdots, xJ_r\}, \quad xJ_i = \text{diag}\{xJ_{i1}, \cdots, xJ_{it_i}\}$$

이므로

$$\exp(xB) = \text{diag}\{\exp(xJ_1), \cdots, \exp(xJ_r)\},$$

$$\exp(xJ_i) = \text{diag}\{\exp(xJ_{i1}), \cdots, \exp(xJ_{it_i})\}$$

이고 따라서 성립한다(정리 8.8.9).

$$\exp(xA) = P(\exp xB)P^{-1}$$

$$= P\begin{bmatrix} \exp(xJ_1) & O & \cdots & O \\ O & \exp(xJ_2) & \cdots & O \\ \vdots & \vdots & \ddots & \vdots \\ O & O & \cdots & \exp(xJ_r) \end{bmatrix}P^{-1}$$

그러므로 $\exp(xA)$를 구하려면, 먼저 각 기본 Jordan 행렬 J_{ij}에 대하여 $\exp(xJ_{ij})$를 구해야 한다.

이제 λ를 고유치로 가지는 s차의 기본 Jordan 행렬

$$J = \begin{bmatrix} \lambda & 0 & \cdots & 0 & 0 \\ 1 & \lambda & \cdots & 0 & 0 \\ 0 & 1 & \ddots & 0 & 0 \\ \vdots & \vdots & \ddots & \ddots & \vdots \\ 0 & 0 & \cdots & 1 & \lambda \end{bmatrix}_{s \times s}$$

와 임의의 실수 x에 대하여 $\exp xJ$를 구해 보자. 먼저

$$N = J - \lambda I_s = \begin{bmatrix} 0 & 0 & \cdots & 0 & 0 \\ 1 & 0 & \cdots & 0 & 0 \\ 0 & 1 & \ddots & 0 & 0 \\ \vdots & \vdots & \ddots & \ddots & \vdots \\ 0 & 0 & \cdots & 1 & 0 \end{bmatrix}_{s \times s}$$

는 지수 s인 멱영행렬이므로 다음이 성립한다(따름정리 8.2.10 참조).

$$\begin{aligned} \exp(xN) &= \sum_{k=0}^{\infty} \frac{x^k}{k!} N^k \\ &= I_s + \frac{x}{1!} N + \frac{x^2}{2!} N^2 + \cdots + \frac{x^{s-1}}{(s-1)!} N^{s-1} \\ &= \begin{bmatrix} 1 & 0 & 0 & \cdots & 0 & 0 & 0 & 0 \\ x & 1 & 0 & \cdots & 0 & 0 & 0 & 0 \\ \frac{x^2}{2!} & x & 1 & \cdots & 0 & 0 & 0 & 0 \\ \frac{x^3}{3!} & \frac{x^2}{2!} & x & \cdots & \vdots & \vdots & \vdots & \vdots \\ \vdots & \vdots & \vdots & & \ddots & \vdots & \vdots & \vdots \\ \frac{x^{s-2}}{(s-2)!} & \cdots & \cdots & & \frac{x^2}{2!} & x & 1 & 0 \\ \frac{x^{s-1}}{(s-1)!} & \frac{x^{s-2}}{(s-2)!} & \cdots & \cdots & \cdots & \frac{x^2}{2!} & x & 1 \end{bmatrix}_{s \times s} \end{aligned}$$

그리고,

$$xJ = \lambda x I_s + xN, \qquad (\lambda x I_s)(xN) = (xN)(\lambda x I_s)$$

이므로 $\exp(xJ)$는 다음과 같다(정리 8.8.10, 보기 8.8.3 참조).

$$\exp(xJ) = \exp(\lambda x I_s + xN) = \{\exp(\lambda x I_s)\}\{\exp(xN)\}$$

$$= \begin{bmatrix} e^{\lambda x} & 0 & \cdots & 0 \\ \vdots & \vdots & \ddots & \vdots \\ 0 & 0 & \cdots & e^{\lambda x} \end{bmatrix} \exp(xN) = e^{\lambda x}\exp(xN)$$

보기 8.8.7 실수체 $\mathbb{R}$ 위에서 다음 행렬을 생각해 보자(보기 8.7.3).

$$A = \begin{bmatrix} 3 & 1 & -2 \\ -1 & 0 & 5 \\ -1 & -1 & 4 \end{bmatrix}$$

행렬 A 의 고유다항식 $f(x)$ 와 최소다항식 $p(x)$ 는

$$f(x) = p(x) = (x-2)^2(x-3)$$

이고 따라서 A 의 Jordan 표준형 B 는 다음과 같다.

$$B = \begin{bmatrix} 2 & 0 & 0 \\ 1 & 2 & 0 \\ 0 & 0 & 3 \end{bmatrix} = P^{-1}AP, \qquad P = \begin{bmatrix} 1 & -1 & -1 \\ -2 & 3 & 2 \\ 0 & 1 & 1 \end{bmatrix}$$

이 때, 실수 x 에 대하여 $xB = P^{-1}(xA)P$, $xA = P(xB)P^{-1}$ 이고,

$$B = \operatorname{diag}\{J_1, J_2\}, \qquad J_1 = \begin{bmatrix} 2 & 0 \\ 1 & 2 \end{bmatrix}, \qquad J_2 = [\,3\,]$$

이라고 놓으면 다음이 성립한다.

$$\exp(xJ_1) = e^{2x}\begin{bmatrix} 1 & 0 \\ x & 1 \end{bmatrix}, \qquad \exp(xJ_2) = [\,e^{3x}\,]$$

$$\exp(xB) = \operatorname{diag}\{\exp(xJ_1), \exp(xJ_2)\} = \begin{bmatrix} e^{2x} & 0 & 0 \\ x\,e^{2x} & e^{2x} & 0 \\ 0 & 0 & e^{3x} \end{bmatrix}$$

$$\exp(xA) = \exp\{P(xB)P^{-1}\}$$

$$= P(\exp xB)P^{-1} = P\begin{bmatrix} e^{2x} & 0 & 0 \\ x\,e^{2x} & e^{2x} & 0 \\ 0 & 0 & e^{3x} \end{bmatrix}P^{-1}$$

연 습 문 제 (8.8)

1. 다음 행렬에 대하여 $\lim_{k\to\infty} A^k$ 가 존재한다면 그 극한값을 구하여라.

(1) $A=\begin{bmatrix} \frac{1}{2} & 0 & 0 \\ 3 & 1 & 0 \\ -1 & 0 & 1 \end{bmatrix}$ (2) $A=\begin{bmatrix} 1 & 4 & -3 \\ -\frac{1}{2} & 3 & -\frac{1}{2} \\ -\frac{1}{2} & 2 & -\frac{1}{2} \end{bmatrix}$

2. 다음 행렬 A 와 실수 x 에 대하여 $\exp(xA)$ 를 구하여라.

(1) $A=\begin{bmatrix} 5 & -2 \\ 4 & -1 \end{bmatrix}$ (2) $A=\begin{bmatrix} 4 & 0 \\ 1 & 0 \end{bmatrix}$

3. 다음과 같은 행렬 A 와 실수 x 에 대하여 $\exp(xA)$ 를 구하여라.

*(1) $A=\begin{bmatrix} 2 & 0 & 0 \\ 0 & 3 & 0 \\ 0 & 1 & 3 \end{bmatrix}$ (2) $A=\begin{bmatrix} 2 & 0 & 0 & 0 \\ 1 & 2 & 0 & 0 \\ 0 & 1 & 2 & 0 \\ 0 & 0 & 1 & 2 \end{bmatrix}$

4. 실수체 $\mathbb{R}$ 위의 행렬 $A=\begin{bmatrix} 0 & 1 \\ 1 & 0 \end{bmatrix}$ 와 실수 x 에 대하여

$$\exp(xA)=\begin{bmatrix} \cosh x & \sinh x \\ \sinh x & \cosh x \end{bmatrix}$$

임을 밝혀라. 여기서, $\cosh x=\dfrac{e^x+e^{-x}}{2}$, $\sinh x=\dfrac{e^x-e^{-x}}{2}$ 이다.

*5. 실수체 $\mathbb{R}$ 위의 n 차의 행렬 A 에 대하여 $\lim_{k\to\infty} A^k=O_n$ 이면 $|\det A|<1$ 임을 증명하여라.

*6. 실수체 $\mathbb{R}$ 위의 n 차의 행렬 A 가 중복을 허락하여 n 개의 실수인 고유치 $\lambda_1, \cdots, \lambda_n$ 을 가질 때, $\det(\exp A)=\exp(\operatorname{tr} A)>0$ 임을 밝혀라.

참고 문헌

1. 김응태 · 박승안, 현대대수학, 제 8 판, 경문사, 2011
2. 박승안, 암호학과 부호이론 제 2 판, 2008
3. 박승안, 사영평면과 디자인, 제 3 판, http://kms.webhard.co.kr, 2012
4. 박승안, 이산수학 제 3 판, 경문사, 2012
5. 박승안, 유한군의 표현론, 경문사, 2004
6. Anton, H., Elementary linear algebra, 5 th ed., John Wiley, New York, 1987
7. Artin, E., Geometric algebra, Interscience, New York, 1957
8. Artin, M., Algebra, Prentice Hall, Englewood Cliffs, New Jersey, 1991
9. Batten, L. M., The theory of finite linear spaces, Cambridge University Press, Cambridge, 1993
10. Blauhut, R. E., Theory and practice of error control codes, Addison-Wesley, Reading, Mass., 1984
11. __________, Algebraic codes for data transformation, Cambridge University Press, 2003
12. Curtis, C. W., Linear algebra : an introductory approach, 3 rd ed., Allyn and Bacon, Boston, 1971
13. Dean, R. A., Classical abstract algebra, Harper Row, 1990
14. Friedberg S. H, Inscl, A. J., and L. E. Spence, Linear algebra, Prentice-Hall, Englewood Cliffs, N. J., 1979
15. Gallian, J. A., Contemporary abstract algebra, D. C. Heath and Company, Lexington, Massachusetts, 1986

16. Hoffman K. and R. Kunze, Linear algebra, Prentice-Hall, Englewood Cliffs, N. J., 1961

17. Hohn, F. E., Elementary matrix algebra, 3rd ed., The Macmillan Co., New York, 1973

18. Johnson, L. W., R. D Riess and J. T., Arnold, Introduction to linear algebra, 3rd ed., Addison-Wesley Pub. Oo., New York, 1993

19. Leon, S. J., Linear algebra, 6th ed., Prentice-Hall, Upper Saddle River, New Jersey, 2002

20. Lidl, R., and G. Pilz, Applied abstract algebra, second ed., Springer-Verlag, New York, 1998

21. Mansfield, L. E., Linear algebra with geometric applications, Marcel Dekker, New York, 1976

22. Poole D., Linear algebra : a modern introduction, second ed., Thomson books/cole, Belmont, Ca., 2006

23. Rorres, C., and H. Anton, Applications of linear algebra, Willey, New York, 1984

24. Smith, L., Linear algebra, 2nd ed., Springer-Verlag, New York, 1984

25. Spence L. E., Insel, A. J. and S. H. Friedberg, Elementary linear algebra, Prentice-Hall, Englewood Cliffs, N. J., 2000

26. Strang, G., Linear algebra and its applications, 2nd ed., Academic Press, New York, 1980

27. Usmani, R. A., Applied linear algebra, Pure and applied mathematics, Springer-Verlag, New York, 1987

28. van Lint, J. H., Introduction to coding theory, 2nd ed., Springer-Verlag, New York, 1992

찾아보기

□ 김 응 태 □

일본 광도고등사범학교 졸업
공주사범대학 전임강사
충남대학교 문리과대학 조교수
서울대학교 사범대학 수학교육과 교수
서울대학교 명예교수

저서 : 현대대수학 제 8 판(공저), 정수론 제 8 판(공저),
선형대수학 제 5 판(공저), 수학교육교재론(공저)

□ 박 승 안 □

서울대학교 사범대학 수학과 졸업(이학사)
서울대학교 대학원 수학과 졸업(이학석사)
University of Illinois at Urbana-Champaign 대학원 수학과
이학석사, 이학박사
서강대학교 이과대학 수학과 교수
University of Illinois at Urbana-Champaign 수학과 객원교수

현재 : 서강대학교 명예교수

저서 : 현대대수학 제 8 판 (공저), 정수론 제 8 판 (공저),
선형대수학 제 5 판 (공저), 유한군의 표현론,
대수학과 암호학, 사영평면과 디자인 제 2 판,
암호학과 부호이론 제 2 판, 이산수학 제 3 판

본문에 대한 해설과 일부 연습문제 및 보충문제의 풀이는
http://kms.webhard.co.kr(아이디, 비밀번호: kyungmoon)
에서 찾아볼 수 있습니다.

선형대수학, 제 5 판

2016 년 3 월 5 일 발행

저 자 : 김응태 · 박승안
발행자 : 조경희
발행처 : 경문사
서울특별시 마포구 와우산로 174
전화 : (02) 332-2004
FAX : (02) 336-5193
등록 1979. 11. 9. 제313-1979-23호

가격: 33,000 원

ISBN 978-89-6105-239-9

www.kyungmoon.com